地平线 2061
行星探测长期远景预见

【法国】米歇尔·布兰克（Michel Blanc）
【法国】皮埃尔·布斯凯（Pierre Bousquet）
【比利时】薇娜妮可·德汉特（Véronique Dehant）
【荷兰】伯纳德·佛英（Bernard Foing）
【英国】曼努埃尔·格兰德（Manuel Grande）
【中国】果琳丽（Linli Guo）   著
【荷兰】奥罗尔·赫茨勒（Aurore Hutzler）
【法国】热雷米·拉苏（Jérémie Lasue）
【美国】乔纳森·刘易斯（Jonathan Lewis）
【意大利】玛丽亚·安东尼埃塔·佩里诺（Maria Antonietta Perino）
【德国】海克·劳尔（Heike Rauer）

果琳丽　黄铁球　阎梅芝　等译著

北京理工大学出版社
BEIJING INSTITUTE OF TECHNOLOGY PRESS

版权专有 侵权必究

图书在版编目(CIP)数据

地平线2061：行星探测长期远景预见／（法）米歇尔·布兰克等著；果琳丽等译著. --北京：北京理工大学出版社，2024.5

书名原文：Planetary Exploration Horizon 2061：A Long-Term Perspective for Planetary Exploration
ISBN 978-7-5763-4033-4

Ⅰ.①地… Ⅱ.①米… ②果… Ⅲ.①行星-探测 Ⅳ.①V476.4

中国国家版本馆CIP数据核字（2024）第102035号

北京市版权局著作权合同登记号 图字：01-2023-1317
Planetary Exploration Horizon 2061：A Long-Term Perspective for Planetary Exploration，1st Edition
Michel Blanc
ISBN：9780323902267
Copyright © 2023 Elsevier Inc. All rights reserved. Authorized Chinese translation published by Beijing Institute of Technology Press Co., Ltd.
《地平线2061：行星探测长期远景预见》（果琳丽等译著）
ISBN：9787576340334
Copyright © Elsevier Inc. and Beijing Institute of Technology Press Co., Ltd. All rights reserved.

No part of this publication may be reproduced or transmitted in any form or by any means, electronic or mechanical, including photocopying, recording, or any information storage and retrieval system, without permission in writing from Elsevier (Singapore) Pte Ltd. Details on how to seek permission, further information about the Elsevier's permissions policies and arrangements with organizations such as the Copyright Clearance Center and the Copyright Licensing Agency, can be found at our website：www.elsevier.com/permissions.

This book and the individual contributions contained in it are protected under copyright by Elsevier Inc. and Beijing Institute of Technology Press Co., Ltd. (other than as may be noted herein).

This edition of Planetary Exploration Horizon 2061：A Long-Term Perspective for Planetary Exploration is published by Beijing Institute of Technology Press Co., Ltd. under arrangement with ELSEVIER INC.

This edition is authorized for sale in China only, excluding Hong Kong, Macau and Taiwan. Unauthorized export of this edition is a violation of the Copyright Act. Violation of this Law is subject to Civil and Criminal Penalties.

本版由ELSEVIER INC. 授权北京理工大学出版社有限责任公司在中国大陆地区（不包括香港、澳门以及台湾地区）出版发行。
本版仅限在中国大陆地区（不包括香港、澳门以及台湾地区）出版及标价销售。未经许可之出口，视为违反著作权法，将受民事及刑事法律之制裁。
本书封底贴有Elsevier防伪标签，无标签者不得销售。

注意

本书涉及领域的知识和实践标准在不断变化。新的研究和经验拓展我们的理解，因此须对研究方法、专业实践或医疗方法作出调整。从业者和研究人员必须始终依靠自身经验和知识来评估和使用本书中提到的所有信息、方法、化合物或本书中描述的实验。在使用这些信息或方法时，他们应注意自身和他人的安全，包括注意他们负有专业责任的当事人的安全。在法律允许的最大范围内，爱思唯尔、译文的原文作者、原文编辑及原文内容提供者均不对因产品责任、疏忽或其他人身或财产伤害及/或损失承担责任，亦不对由于使用或操作文中提到的方法、产品、说明或思想而导致的人身或财产伤害及/或损失承担责任。

责任编辑／李炳泉		**文案编辑**／李炳泉	
责任校对／周瑞红		**责任印制**／李志强	

出版发行／	北京理工大学出版社有限责任公司
社　　址／	北京市丰台区四合庄路6号
邮　　编／	100070
电　　话／	（010）68944439（学术售后服务热线）
网　　址／	http：//www.bitpress.com.cn

版 印 次／	2024年5月第1版第1次印刷
印　　刷／	北京地大彩印有限公司
开　　本／	787 mm×1092 mm　1/16
印　　张／	29.75
字　　数／	648千字
定　　价／	149.00元

图书出现印装质量问题，请拨打售后服务热线，负责调换

中文译校人员名单

总策划：果琳丽

翻译组：中国空间技术研究院神舟学院2021级研究生
    昌　飞　　代雨柔　　高　文　　高望远　　韩庆文　　贾志超
    刘一帆　　蓝　林　　林　晓　　牛子天　　宋冰冰　　宋程昊
    孙高展　　苏晓宇　　涂子寒　　唐家豪　　王　智　　王什达
    杨云超　　杨承旭　　杨　阳　　原宇琦　　于毅辉　　姚雪琦
    阴怡媛　　周雨荷　　张兆霖　　张枭瑞

校对组：中国空间技术研究院、中国科学院国家空间科学中心、北京交通大学
    黄铁球　　果琳丽　　阎梅芝　　代树武　　陈　鼎　　江长虹
    郑国宪　　孙　倩　　杨　悦　　胡　博　　马瑞笛　　彭晓东
    牛文龙　　刘子曜　　李　运　　黄千里

Dedication for the Chinese edition of the Horizon 2061 book.

To our esteemed and wonderful Chinese readers

This book is the result of a 5-year collaboration of a team of 10 scientists and engineers from 8 different nations. The contents integrate contributions of over 200 colleagues from even more countries. Working together, we wanted to tell the story of the beauty of the solar system, its planets, moons, comets and many more fascinating objects, which planetary exploration can reveal to our eyes over the forty coming years, thanks to the peaceful cooperation of all nations on Planet Earth.

The Solar System is our fragile home and shelter in the immensity of the Galaxy. There is room for everyone, every talent and every nation to take part in the great scientific endeavor of the discovery of its many fascinating worlds and hidden treasures. Scientists, engineers, managers, technical and administrative staff, all have their roles to play in this adventure. Even more, only by working together towards a common goal can they realize their dreams of flying to the planets! Their discoveries will not belong to a single nation; but become the shared heritage of all of humankind.

Planetary Exploration is not a matter only for the participants in the space program: it is an adventure, a dream, which everyone, every family, from grandparents to grandkids, can share and enjoy – and most importantly children: the dreams of "Planetary Exploration, Horizon 2061" are for them to accomplish!

I hope this book, wonderfully adapted by its Chinese translators so that it speaks to the public at large, will contribute to motivate and inspire a rising generation of Chinese scientists and engineers who will lead their country's great journey to the Moon and planets!

Michel Blanc
Beijing, August 21st, 2023

《地平线 2061》中文版致辞

致我们尊敬且优秀的中国读者们：

这本书是由来自 8 个不同国家的 10 名科学家和工程师组成的团队，历时 5 年跨国合作的结果。它的内容整合了来自更多国家的共 200 多名同行的智慧和贡献。通过共同努力，我们想要讲述美丽的太阳系故事，包括它的行星、卫星、彗星以及更多迷人的天体。我们期待，在未来的 40 年里，借助地球上所有国家都能开展和平合作，行星探测让我们能洞见未来！

在浩瀚的银河系中，太阳系是我们脆弱的家园和庇护所。每一个人、每一个人才和每一个国家，都欢迎参与到伟大的行星科学及深空探测事业中来，探索和发现更多迷人的世界和隐藏的宝藏。科学家、工程师、管理人员、技术人员和行政人员，在本次探险征程中都有自己的角色。更重要的是，只有我们朝着共同的目标努力，才能最终实现飞向这些星球的梦想！对它们的探测与发现成果将不属于任何一个国家，而将成为全人类的共同财富！

行星探测不仅仅是航天计划参与者们的事情，它更像是一次冒险，一个梦想！每个人，每个家庭，从祖父母到孙辈，都可以分享和享受喜悦——最重要的是为我们的孩子们！本书《地平线 2061：行星探测长期远景预见》的梦想将由他们来完成！

我希望这本书，经过中文翻译人员的精彩编译，能够面向更广大的公众人群，能够激励和启发正在崛起中的中国新一代行星科学家和航天工程师，他们将领航中国伟大的月球和行星探测之旅！

米歇尔·布兰克（Michel Blanc）
北京，2023-08-21

谨以此书献给玛丽亚·特雷莎·卡普里亚（*Maria Teresa Capria*）博士，她是一位杰出的行星科学家，在本书的写作过程中，她的支持和鼓励一直是宝贵的动力和灵感的来源！

作者简介

米歇尔·布兰克（Michel Blanc）：法国天体物理和行星研究所（IRAP）的名誉教授和行星科学家，也受聘于法国马赛的天体物理实验室（LAM）。他曾是"卡西尼·惠更斯"（Cassini-Huygens）土星探测任务的跨学科科学家，欧洲行星任务的首席协调员，木星探测 JUICE 任务的倡议者，目前是"朱诺号"（Juno）木星探测任务的联合主席。他领导了"地平线 2061：行星探测长期远景预见"项目。

皮埃尔·布斯凯（Pierre Bousquet）：法国国家空间研究中心（CNES）科学项目理事会的高级专家，致力于行星科学、空间探测和微重力探测任务。他参与了许多太阳系探测任务，如火星科学实验室（Mars Science Laboratory）、"比皮科伦坡"（BepiColombo）水星探测任务、"火星生物"（ExoMars）探测任务、"隼鸟 2 号"小行星着陆器（MASCOT Lander）、火星 2020 和木星探测 JUICE 任务等。

薇娜妮可·德汉特（Véronique Dehant）：比利时皇家天文台（ROB）的高级科学家，也是比利时鲁汶大学的特聘教授。她参与了几个典型的欧洲航天局（ESA）太阳系探测任务，例如火星快车（Mars Express）、"火星生物"（ExoMars）、"比皮科伦坡"（BepiColombo）水星探测任务、木星探测 JUICE 任务，以及美国国家航空航天局（NASA）的火星"洞察号"（InSight）探测任务。

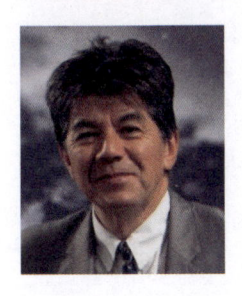

伯纳德·佛英（Bernard Foing）：LUNEX/ILEWG EuroMoonMars、国际空间复兴、国际宇航联合会（IAF）的 ITACCUS 等项目负责人，也是国际空间研究委员会（COSPAR）和探索小组副主席，曾在欧洲航天局（ESA）的欧洲航天技术中心（ESTEC）中担任首席科学家，欧洲智慧-1 月球探测（SMART-1）、火星快车（Mars Express）、"火星生物"（ExoMars）、国际空间站暴露平台（ISS Expose）以及对流旋转和行星凌日（CoRoT）空间望远镜等空间探测项目的负责人。

曼努埃尔·格兰德（Manuel Grande）：英国阿伯里斯特威斯大学的教授，负责向水星、金星、月球、地球、火星、木星和土星运送科学探测仪器。他对空间辐射及其与行星表面、磁层和科学探测仪器的相互作用特别感兴趣。

果琳丽（Linli Guo）：中国空间技术研究院（CAST）北京空间机电研究所的研究员，参加了中国的载人航天和深空探测等领域的工程任务，目前研究兴趣主要集中在月球基地建设、地外天体原位资源利用及地月空间安全等领域，同时致力于推动航天领域的国际合作与科技交流。

奥罗尔·赫茨勒（Aurore Hutzler）：欧洲航天局（ESA）的科学家。她正致力于让欧洲做好直接从太空中返回样品的接收、展出和处理等准备工作，目前正负责 ESA 火星样本返回任务的管理工作。

热雷米·拉苏（Jérémie Lasue）：法国天体物理和行星研究所（IRAP）的行星科学家。他专门研究火星和小天体，并参与了许多行星科学探测任务，如 NASA 领导的"好奇号"（Curiosity）和"毅力号"（Perseverance）火星车、"罗塞塔"（Rosetta）小行星探测、火星卫星探测（MMX）等任务。

乔纳森·刘易斯（Jonathan Lewis）：美国 NASA 约翰逊航天中心（JSC）的行星科学家。他的科学研究集中在原始小行星的地质过程，他有丰富的陨石分析和早期行星演化过程的研究经验。

玛丽亚·安东尼埃塔·佩里诺（Maria Antonietta Perino）：意大利泰雷兹阿莱尼亚宇航公司的空间经济探索和国际网络主任，她参与了促进航天工业年轻专业人员发展的各种活动。

海克·劳尔（Heike Rauer）：德国航空航天中心（DLR）行星科学研究所所长，柏林自由学院（Freie Universität Berlin）教授，她也是一名行星科学家，对系外行星和太阳系科学有研究兴趣，并参与了这两个领域的航天任务，包括"罗塞塔"（Rosetta）小行星探测、对流旋转和行星凌日（CoRoT）空间望远镜、系外行星特性探测卫星（CHEOPS）以及行星凌日和恒星振荡（PLATO）等探测任务。

序

我们生活在一个充满活力的行星探测时代。通过对太阳系的行星、行星的卫星及小天体的探测，我们才能对自身所在太阳系的起源、太阳系及其行星系统的演化史、行星系统的多样性等科学问题得以一窥。越来越多的商业航天公司及新兴航天国家参与其中，这将非常有助于实施更令人兴奋的行星探测任务，包括到达新的深空探测目的地，以及在近地和地月轨道上开展大规模的空间探测活动。预计在未来几十年内，行星探测任务将呈现显著增长趋势。无人/有人的行星探测任务均需要进行国际合作和技术创新，快速发展中的机器人和人工智能等新技术将显著改变未来行星探测的"游戏规则"。无人/有人行星探测任务为人类带来了挑战，不仅帮助我们扩大了科学知识面、推动了技术发展、创建了新的产业，更重要的是促进了国际合作。"地平线 2061：行星探测长期远景预见"项目至关重要，它不仅引领了未来前进的道路，而且评估了未来行星探测任务的愿景。这本书的各章节成功地将空间任务规划、关键技术、相应的基础设施和服务等内容融会贯通，形成了行星探测领域的长期规划。在本书中，行星探测远景预见的时间目标截止点选择在 2061 年，一是为了纪念哈雷彗星重返我们的内太阳系，二是纪念苏联航天员尤里·加加林（Yuri Gagarin）首次太空飞行 100 周年，三是纪念美国肯尼迪总统发出载人登月倡议 100 周年。

在过去的几十年里，从近地轨道（Low Earth Orbit，LEO）到太阳系边界，有许多令人兴奋的空间任务，大大激发了人们进行"太空探险"的灵感。国际空间站（International Space Station，ISS）是有史以来最大的国际合作型空间项目，刚刚举行了庆祝人类连续在近地空间轨道居住 20 周年成就的活动。在过去的 20 年里，国际空间站开展了来自 100 多个国家的 3 000 多项科学研究项目，包括与航天员健康和辐射生物学有关的重要空间医学项目，这些数据使我们认识到开展长期载人探测任务的局限性。目前人类在近地轨道开展的活动仅仅是一个过渡而已，一些新的努力和尝试，例如正在建设中的中国"天宫"空间站以及小型商业空间站等新项目和商业活动，将有助于我们进一步开展科学研究和技术开发，这必将开拓人类继续向深空进发的道路，并促进地月空间经济的发展。

在过去，众多的轨道器、着陆器和星球车等提供了有关行星地质演化、气候演化、寻找水和太阳系天体的宜居性等令人着迷的数据。2020 年 12 月，中国国家航天局（China National Space Administration，CNSA）成功实施了"嫦娥五号"（ChangE-5，

CE-5）月球采样返回任务，日本宇宙航空研究开发机构（Japan Aerospace Exploration Agency，JAXA）成功实施了"隼鸟2号"（Hayabusa-2）近地小行星龙宫（Ryugu）采样返回任务。更多的小行星采样任务，如NASA的"起源、光谱解释、资源识别、安全、风化层探索者"（Origins, Spectral Interpretation，Resource Identification，Security, Regolith Explorer, OSIRIS-REx）任务已于2023年返回地球。在2021年，我们共同见证了由阿拉伯联合酋长国、中国和美国开展的系列火星探测任务。阿拉伯联合酋长国的"希望号"火星轨道器成功测量了火星大气层和气候变化，而中国"天问一号"任务的"祝融号"火星车首次尝试着陆火星，就获得了成功。

NASA的"毅力号"火星车开始了探索火星的旅程，并致力于为未来国际合作的火星样本返回任务收集样本。预计在2025年，按照Artemis任务规划，美国及其国际合作伙伴将实现人类重返月球。俄罗斯和中国也宣布共同建设国际月球科研站（International Lunar Research Station，ILRS）。印度正在推进名为"太空飞行器"（Gaganyaan）的载人航天计划。

未来行星探测的主要目标是外太阳系中的巨行星及其卫星，因为其中的许多天体至今尚未探索过。新的行星探测任务将继续探测独特的彗星、小行星及太阳系外行星。迄今为止，我们已确认了近5 000颗系外行星，其中800多颗为多行星系统，探测系外行星将继续改变我们对宇宙宜居性的认识。

为提高我们对太阳系及其行星系统的起源、演化、特征和环境的认识，实现行星及其卫星，或小天体等行星探测任务，我们必须克服更多的技术挑战。"地平线2061：行星探测长期远景预见"项目列出了未来行星探测任务所需的关键技术，包括着陆器、行星采样钻机、原位资源利用设备，以及基于地基或天基的基础设施。对于激动人心的无人/有人行星探测任务而言，所有的关键技术都至关重要。尤其是当我们设想人类实现登陆火星时，载人火星探测任务所需的技术将实现跨越式发展。航天员必须免受辐射、温度和沙尘暴的危害，需要研究深空环境下航天员承受的压力等航天医学因素，以及在火星表面建立前哨站和居住地所需的新材料等技术。人工智能和机器人技术将广泛地应用于未来的行星探测任务中，包括数据分析、行星导航、深空通信、运营任务优化以及应急响应等。人工智能技术将显著增强无人深空探测任务的核心能力，包括提高探测器的自主性和多样化的移动能力。

此时，为什么这本关于行星探测长期远景预见的书显得如此引人注目？首先，我们是探索者。行星探测可以为"我们的存在"这个科学问题提供答案，如我们的太阳系是如何形成的地球之外是否存在生命以及我们的未来究竟会如何？其次，行星探测是创新的驱动力，行星探测技术有助于促进我们的地球经济。最后，行星探测推动了国际合作，有利于成本分担，并利用全球专业知识，实现大规模、长期可持续的航天任务。

这本书能够让你感受到作者们对未来行星探测任务惊人的洞见力。为揭示行星系统的特性，它概述了所需的不同类型探测任务、关键技术和相关的基础设施。通过这本书，米歇尔·布兰克（Michel Blanc）和他的合著者们提供了至关重要的行星探测远景预见，他们因这本优秀著作内容的广度和深度而广受赞扬。对科学、工程技术、教育、创业和社会参与进行适当投资，对孵育未来的行星探测任务是非常重要的。这本书不仅有助于科学家和感兴趣的读者了解行星探测的重要性，而且提供了一个令人信服的愿景，即我们将在未来如何探测我们的太阳系及其行星系统。

国际宇航联合会（IAF）主席
国际空间大学校长
帕斯卡·埃伦弗朗德（Pascale Ehrenfreund）教授

前言

1. 起源和动机

"地平线 2061：行星探测长期远景预见"项目起源于欧洲航空航天研究院（Air and Space Academy，AAE）发起的一项倡议，这是一个归属于欧洲的独特智库，旨在促进航空航天领域的科学、技术、文化和人类活动的融合发展。AAE 的成员均是来自航空航天领域的专家，覆盖不同的学科及专业方向，如科学、技术、历史、工业、服务、法律和社会等。2015 年，AAE 负责第一部分"空天科学知识与应用"和第二部分"应用科学与空天技术"的成员，共同提出了对未来行星探测活动开展长期远景预见的需求，目的是让技术专家们尽早了解到行星科学中的"大"科学问题，而在未来实施的科学任务中有助于解决这些科学问题。作为回报，技术专家将负责确定在遥远的未来，或者说数十年内，执行这些任务所需的未来技术、基础设施和服务。GT 2061 工作组（Groupe de Travail 2061，GT 2061），成员由 AAE 中负责第一和第二部分的专家共同组成，对行星探测长期远景预见项目进行了初步设计。2015 年和 2016 年举行了一系列内部会议，确定了四个高度复杂且互补的问题维度，后来被称为行星探测的四大"支柱"，它们必须在长期远景预见工作中得到解决。这四大"支柱"分别是：

（1）在未来几十年里行星系统面临的主要科学问题；
（2）解决这些问题所需的不同类型的行星探测任务；
（3）典型行星探测任务所需的关键技术；
（4）支持这些任务所需的地基或天基基础设施和服务。

GT 2061 远景预见项目的最终目标是：通过与太阳系探测领域相关的四大"支柱"专家（包括科学家、工程师、管理人员等）之间的国际对话，为"地平线 2061"绘制出这四大支柱的长期图景。GT 2061 还提出了该项目的主要科学对象、时间范围、主要参与者，最后提出了一种从长期远景预见实践活动中得出结论的方法。

2. 行星系统：远景预见的主要科学对象

对于参与这项工作的行星科学家来说，在跨学科研究中采用统一的概念是必然且十分重要的，如将"行星系统"的概念作为远景预见的主要科学对象。行星系统是一类天体物理的研究对象，包括了太阳系及其巨行星系统和系外行星系统，如本书第 1 章~第 3 章所述。在 1995 年瑞士天文学家及诺贝尔奖获得者 Michel Mayor 和 Didier Queloz 发现了第一颗系外行星[①]（exoplanetary）之后，又发现了数千颗系外行星，"行星系统"这一概念迅速出现，对于行星科学界而言，相当于"第二次哥白尼革命"：正如哥白尼将地球从宇宙中心"挪开"，变成围绕太阳运行的行星家族中的一员一样，20 多年来我们发现了数百个太阳系外行星系统，这使得我们的太阳系仅仅成为银河系附近庞大的行星系统家族中的一个行星系统而已。这一观点的重大变化为更综合性的研究开辟了新途径，使行星科学家能够将所有行星系统视为同一类天体进行研究，从它们在星盘中的形成到孕育出潜在的宜居世界，以及在它们的行星和卫星系统中有可能存在的生命。作为对未来几十年的预见，"地平线 2061：行星探测长期远景预见"项目必须使用这种统一的概念作为其主要科学研究对象。因此，在第 1 章中介绍的代表我们远景预见起点的高级科学问题，也是有关行星系统的关键问题。例如，它们是如何形成的？它们是如何运行和演化的？它们中的某些天体在哪里、怎样以及在什么条件下变得宜居的？其中一些天体上是否蕴藏着生命？

3. 2061 年：长期远景预见的地平线

为做好这种关于行星系统的大规模预见，必须覆盖整个太阳系的范围，从地球到其最遥远的区域，将边界延伸至星际介质，将它的科学问题与恒星和系外行星紧密相连。因此需要给未来的空间任务赋予足够的时间长度，从而能覆盖如此广度，

---

① 系外行星：又称太阳系外行星，是指太阳系之外的行星。1917 年发现了第一个可能存在系外行星的证据，但当时并未得到承认，在 1992 年确认了首次探测到的系外行星；1988 年探测到另一颗系外行星，并于 2003 年得到确认。截至 2024 年 3 月 1 日，4 155 个行星系统中共有 5 640 颗已确认的系外行星，其中 895 个行星系统拥有不止一颗行星。迄今为止发现的几乎所有行星都位于银河系内。然而，有证据表明，银河系外行星（又称河外行星，是指位于其他星系中的系外行星）也可能存在。

所以我们为此选择了长达数十年的时间跨度。

选择2061年作为远景预见项目代表时间的地平线[①]是具有三个象征意义的,且能将我们与行星探测的早期发展历史联系在一起。第一,2061年是哈雷彗星下一次重返内太阳系的日期,这让我们想起了上一次即1986年国际舰队访问哈雷彗星的日子,那是一个多么令人难忘的日子,提醒着欧洲空间科学家们怀念起欧洲航天局(European Space Agency,ESA)主导的乔托(Giotto)任务的巨大成功,该任务返回了有史以来第一张彗星核的图像照片。第二,2061年还是人类实现第一次载人航天飞行的百年纪念,1961年4月12日,尤里·加加林(Yuri Gagarin)首次进入空间轨道。第三,1961年也是美国肯尼迪总统向他的国家和国会发表"月球演讲"的年度,这标志着美国开始征服月球的起点。将我们的远景预见项目的地平线放在这三个具有标志性意义的一百周年事件纪念日上,完美地诠释了我们的意图,即在同一个视野里共同看待无人/有人的行星探测活动。此外,选择这个遥远的地平线,远远超出通常世界各国航天机构做战略规划的时间范围,为避免与它们可能出现的混淆,我们必须指出国际合作是最独有的特征之一。

4. 地平线2061:关键参与者及主要动机

选择做这种长期性战略性的远景预见项目可以充分释放参与者的想象力:邀请行星科学家确定最重要的科学问题,挑战我们对行星系统的理解,且与未来用于解决这些科学问题的空间技术保持相对的独立;工程师和技术专家也应邀探索创新的技术解决方案,以便能在2061年执行这些未来的任务。同时也激发了他们之间的自由对话。这种科技交流与对话有五个主要目标:

(1)确定将在未来几十年推动行星科学的"大"科学问题;

(2)提供各种概念性的航天任务概念,以解决这些"大"问题;

(3)确定执行这些任务所需的技术和基础设施;

(4)激发行星探测任务不同参与者之间的协调与合作;

(5)与公共/私营商业任务领导人和公众分享未来几十年推动行星探测任务所面临的主要科技挑战。

[①] 即指选择2061年作为"地平线2061"远景预见项目的时间目标截止点。

5. 长期远景预见活动的历程

在设计行星探测任务时，为新任务定义科学目标的科学家和开展新任务设计的航天任务工程师们，都使用一种称为"科学可追溯的矩阵"的方法，这是一种非常有效的交流沟通工具。简而言之，该矩阵描述了未来行星探测任务的科学目标与其探测需求和科学有效载荷之间，以及任务架构和空间平台与所需的先进空间技术之间的内在逻辑关系。

基于科学家、工程师和管理人员之间的类似对话，在"地平线2061：行星探测长期远景预见"项目中使用同样的工具，来设计展示四个"支柱"之间的逻辑关系也就不足为奇了。正如第1章所述，我们从高水平的科学目标开始定义所需的探测需求，然后是所需执行的典型空间任务，最后是执行这些典型任务所需的先进空间技术、基础设施和服务。这种合乎逻辑的科学和技术发展体系脉络，其复杂性主要源于需覆盖整个太阳系的探测活动。我们通过在2016—2019年期间连续举办三届国际会议，分成三个步骤来完成。

第一步，是在2016年9月13—15日，由国际空间科学研究所（International Space Science Institute，ISSI）在瑞士伯尔尼举办一场名为"国际空间科学研究所与欧洲行星协会（ISSI-Europlanet）"联合论坛。大约共50名科学家和工程师参加了为期两天的科学成果展示和研讨活动，形成了六大科学问题（支柱1）以及解决这些问题所需的初步建议。在第三天，科学家和工程师讨论了执行这些行星探测任务（支柱2）所需的技术。

第二步，是在2018年4月23—25日，由洛桑联邦理工学院（École Polytechnique Fédérale de Lausanne，EPFL）举办的"行星探测任务所需的关键技术和基础设施"科学研讨会。在第二次研讨会上与会者共同讨论了在步骤一中所确定的未来行星探测任务所需的关键技术（支柱3）和基础设施（支柱4）。

第三步，是在2019年9月11—13日，在法国图卢兹由天体物理和行星研究所（Institut de Recherche en Astrophysique et Planétologie，IRAP）和比利牛斯天文台（Observatoire Midi-Pyrénées，OMP）联合主办的一次研讨会，由国际空间研究委员会（Committee for Space Research，COSPAR）主办。它吸取了从前两步和其他贡献中总结的经验教训，审查了每个支柱的研究成果，定义了一种方法来得出最终结论并向国际科学界进行了报告。

第四次会议是在2019年2月19—20日，由国际空间科学研究所（ISSI）在瑞士伯尔尼举办的关于"立足未来几十年，看太阳系/系外行星科学协同效应"的 ISSI-Europlanet 联合论坛，探讨了这些协同效应如何帮助人们正确理解行星系统。在本书的第 2 章介绍了该论坛的成果，该论坛为"地平线 2061：行星探测长期远景预见"项目补充提供了重要的系外行星探测的任务背景。

这项工作的初步结论也于 2019 年 9 月 20 日在瑞士日内瓦举行的欧洲行星科学大会（European Planetary Science Congress，EPSC）和美国天文学会行星科学部（Division of Planetary Sciences of the American Astronomical Society，DPS-AAS）联席会议上发表。与本书最终的结论最接近的一次报告，是 2021 年 1 月 28 日—2 月 4 日在悉尼举办的线上 COSPAR 科学大会上发表的，并在 2021 年 10 月 25—29 日在迪拜举行的国际宇航大会（International Astronautical Congress，IAC）上报告了最终结论。

所有这些会议的日程和大部分演讲内容，都可以在我们专门设立的"地平线 2061：行星探测长期远景预见"项目的网站上找到。

6. 下一步是什么

未来几年我们将继续开展"地平线 2061"展望活动，以整合新的科学发现及新兴航天技术所提供的新能力。为此，由本书的作者们共同成立的"地平线 2061"行星探测委员会，将继续开展他们的工作，通过定期更新行星探测长期远景预见的内容，例如每五年一次，以及专门针对特定主题召开专题研讨会，仅在本书中特别提到。我们希望年青一代将加入并带头开展这些新活动。

7. 我们对 2061 年的梦想

在本书对未来行星探测展望活动提出的许多观点中，我们想最后再次总结强调一些代表我们 2061 年梦想的观点。

到 2061 年，对太阳系各类天体及其子系统的探测，以及对系外行星及其卫星、环和磁层的探测进展，将更新人们对行星科学的认知，帮助我们更深入地理解我们所处的太阳系及其巨行星系统、系外行星系统之间的相似性和差异。

到 2061 年，机器人、人工智能、小型化和其他平台关键技术的巨大进步，将使科学探测平台能够适应太阳系中的各类天体，从类地行星的表面和次表面到巨行星的卫星的冰壳和地下海洋，满足在这种极端环境下的多样性、复杂性操作需求。

到2061年，对太阳系不同天体家族的全面探测，将为我们了解太阳系及其巨行星系统、系外行星系统的形成过程提供独特的信息。

到2061年，对太阳系中主要的候选宜居地的探测活动，将以专门的行星探测任务来实施，从火星到不同的地外天体海洋世界，极有可能导致人们将在太阳系中某个天体上发现第二个生命起源地。

到2061年，行星际间的通信、导航、空间天气、样本管理等将发展为分布式网络，广泛使用月球、其他天体和行星际空间的资源，为深空探测任务提供覆盖整个太阳系范围的服务。

到2061年，对空间望远镜、行星探测任务和地面实验室内产生的大量科学数据进行存档和传播的不同信息系统，将演变成一个集成的分布式虚拟天文台，为科学用户和公众提供关于太阳系科学知识的无限导航。

在2061年的某段时间，永久月球基地的居民将通过行星际互联网跟随人类首次登陆火星。

这些观点，以及本书中提供的更多观点，会梦想成真吗？或者恰恰相反，它们中的一些观点会逐渐消失，而随着未来几十年的到来，新的观点会出现吗？答案是肯定的！

最后，本书的主要目的与其说是对几十年后行星探测活动的发展趋势做出准确的预测，还不如说是刺激行星探测领域的所有参与者之间，保持持续的思想沟通和交流。通过这项独特的远景预见活动，创造出一个辉煌而激动人心的未来，让行星探测领域的每位人才都能参与其中。我们坚信，参与本书写作的科学家、工程师和管理人员之间激动人心的对话，将继续推动我们对太阳系科学前沿的理解，最终揭示太阳系的奥秘！

致 谢

本书的作者们向为"地平线2061：行星探测长期远景预见"项目的不同阶段提供过支持的众多同事们和不同国家的航天机构表示最衷心的感谢！

首先，我们要感谢欧洲航空航天研究院（AAE）及其"GT 2061"工作组的成员，他们为本书中提到的所采用的工作方法做出了重要贡献（按字母顺序）：Jean-Loup Bertaux, Michel Blanc（项目召集人）, Christophe Bonnal, Jean Broquet, Michel de Gliniasty, Alain Hauchecorne, Marc Heppener, Wlodek Kofman, Jean-Pierre Lebreton, Alain de Leffe, Anne-Marie Mainguy, Maria Antonietta Perino, Roberto Somma。

此外，来自16个国家的200多名科学家和工程师，他们为本书的内容和提出的主要观点做出了重要贡献，衷心地感谢他们！

我们还要特别感谢积极支持本书诞生的不同国际会议的主办单位，例如位于瑞士伯尔尼的国际空间科学研究所（ISSI），感谢执行主任Rafael Rodrigo先生，感谢他的大力支持，他主持了第一次国际会议论坛，即国际空间科学研究所暨欧洲行星科学联合论坛，讨论了行星科学的关键驱动因素，并就相关技术挑战展开了讨论。感谢洛桑联邦理工学院（EPFL）在瑞士洛桑组织的第二次国际研讨会，在三天内讨论了未来的航天技术和基础设施。特别感谢Jean-Paul Kneib教授精心组织了这次会议。最后，第三次国际会议即"地平线2061综合研讨会"，是由法国图卢兹的比利牛斯天文台（OMP）与天体物理和行星研究所（IRAP）联合主办，我们特别感谢OMP主任Michael Toplis教授和IRAP主任Philippe Louarn教授的大力支持，感谢他们之间出色的合作及奉献精神，才能使这次会议取得圆满成功。

我们还要特别感谢在瑞士日内瓦举行的EPSC-DPS联合会议（2019年9月）、在澳大利亚悉尼举行的线上COSPAR科学大会（2021年1月）和在阿拉伯联合酋长国迪拜举行的IAC（2021年10月）的组织者们。能有机会在这些重要的国际会议上介绍这项工作成果，并与科技界的同行们进行许多有启发性的交流，对我们改进本书的内容大有裨益。

目 录

第1章 概 述 ... 1
1.1 远景预见的目标和方法 ... 2
1.2 行星系统简介 ... 4
1.2.1 行星系统：天体物理学中的一类新型天体 ... 4
1.2.2 行星系统的定义 ... 5
1.2.3 行星系统科学研究的总目标 ... 7
1.2.4 六个关键科学问题 ... 7
1.2.5 行星系统的观测技术 ... 8
1.3 构建"地平线2061"远景预见的四大支柱 ... 9
1.3.1 支柱1：从科学问题到观测需求 ... 9
1.3.2 支柱2：从观测需求到任务需求 ... 10
1.3.3 从代表性行星探测任务到关键技术和支持性基础设施与服务 ... 11
1.3.4 支柱3：未来行星探测任务所需的关键技术 ... 12
1.3.5 支柱4：未来行星任务的基础设施和服务 ... 13
1.4 国际合作的促进力 ... 15
参考文献 ... 16

第2章 立足未来数十年，看太阳系/系外行星的科学协同效应 ... 17
2.1 概述 ... 18
2.2 当前航天规划中的行星探测任务 ... 19
2.2.1 太阳系探测任务 ... 19
2.2.2 系外行星探测任务 ... 24
2.3 行星系统天体的多样性（Q1） ... 26
2.3.1 已知系外行星 ... 27
2.3.2 对太阳系天体认知的总结 ... 30
2.3.3 未来几十年内太阳系行星及系外行星的科学协同效应 ... 30
2.4 行星系统结构的多样性（Q2） ... 31
2.4.1 比较太阳系和系外行星系统的结构 ... 31
2.4.2 未来几十年内太阳系与系外行星的科学协同效应 ... 36
2.5 行星系统的起源与演化（Q3） ... 36
2.5.1 行星形成理论简介 ... 36
2.5.2 悬而未决的问题和挑战 ... 37
2.5.3 观测约束 ... 38
2.5.4 太阳系与系外行星形成理论的协同效应 ... 39

2.5.5 从行星形成理论中吸取的教训 40
2.5.6 巨行星的形成与演化 41
2.5.7 观察行星的形成 42

2.6 行星系统的运行机制（Q4） 43
2.6.1 恒星－行星在大气逃逸和演化中的相互作用 43
2.6.2 通过射电辐射探测磁层的前景 44
2.6.3 共振、潮汐加热和磁层粒子辐照的作用 45

2.7 行星系统的潜在宜居地（Q5） 46
2.7.1 早期地球上的环境条件 46
2.7.2 有机分子的起源 47
2.7.3 地表、大气环境与化学组成之间的相互作用 48
2.7.4 宏观生命出现的大气条件 48
2.7.5 小结 49

2.8 寻找系外行星上的生命（Q6） 49
2.8.1 从地基寻找宜居条件和生物特征 50
2.8.2 从天基寻找宜居条件和生物特征 51
2.8.3 对未来的规划 55
2.8.4 关键技术的研发 58

2.9 结论和建议 58

参考文献 61

第3章 从科学问题到太阳系探测 67

3.1 简介 68

3.2 太阳系天体的多样性（Q1） 69
3.2.1 行星 72
3.2.2 矮行星、常规卫星和海洋世界 90
3.2.3 小天体 92
3.2.4 宇宙尘埃粒子 96

3.3 太阳系结构的多样性（Q2） 97
3.3.1 概述 97
3.3.2 常规卫星系统 99
3.3.3 不规则卫星系统 100
3.3.4 环－卫星系统 100
3.3.5 行星磁层的多样性 103

3.4 太阳系的起源与演化（Q3） 104
3.4.1 太阳系形成与演化历史 105

3.4.2 原行星盘的形成和化学差异 106
　　3.4.3 星子的形成 108
　　3.4.4 行星的形成 109
　　3.4.5 小天体和捕获卫星的特征和分布 111
3.5 太阳系的运行机制（Q4） 112
　　3.5.1 探索类地行星和月球 112
　　3.5.2 岩质行星的内部过程 114
　　3.5.3 巨行星的内部过程 118
　　3.5.4 行星的大气特快自转现象 120
　　3.5.5 行星磁层中的一般运动过程 127
　　3.5.6 当地星际介质、日球层和日球层鞘相互作用区域 130
　　3.5.7 小天体的危害和空间态势感知 134
3.6 寻找太阳系的潜在宜居地（Q5） 136
3.7 寻找太阳系的生物特征（Q6） 142
3.8 总结 148
　　3.8.1 太阳系探测的详细科学目标 148
　　3.8.2 解决关键科学问题的探测技术和任务类型 152
参考文献 154

第4章 从科学目标到技术需求 175

4.1 概述 176
4.2 利用地基或天基望远镜观测太阳系 179
　　4.2.1 利用地基望远镜观测太阳系获得的杰出成果 179
　　4.2.2 预期2035年前使用的设备与能力 182
　　4.2.3 预期2035年后使用的设备与能力 186
　　4.2.4 小结 186
4.3 对太阳系不同区域的原位探测 188
　　4.3.1 地月系统 188
　　4.3.2 金星：采样与返回 194
　　4.3.3 火星：采样返回和超越 197
　　4.3.4 水星 205
　　4.3.5 小天体：小行星、彗星、海外天体 207
　　4.3.6 巨行星及其系统 212
　　4.3.7 从海外太阳系到星际介质 230
4.4 小结 234
　　4.4.1 概述 234

4.4.2　超越目前规划范围的新一代探测任务 ———————— 235
　　4.4.3　新一代探测任务的关键技术需求 ———————————— 235
　　4.4.4　新一代任务的先进基础设施需求 ———————————— 236
　参考文献 ————————————————————————————— 238

第5章　行星探测的关键技术 ———————————————— 247
　5.1　引言 ——————————————————————————— 248
　5.2　面向未来行星探测任务的先进科学仪器 ———————————— 250
　　5.2.1　简介 ————————————————————————— 250
　　5.2.2　用于表征行星环境、表面和内部特征的先进传感器和科学研究 ——— 254
　　5.2.3　尘埃和气体的原位探测 —————————————————— 263
　　5.2.4　寻找地外生命探测 ———————————————————— 270
　5.3　未来的任务体系架构 ————————————————————— 271
　　5.3.1　到达多个已知太阳系目的地的路径和距离 —————————— 271
　　5.3.2　"警戒状态"的任务架构 ————————————————— 276
　5.4　到达并返回的系统级技术 ——————————————————— 278
　　5.4.1　简介 ————————————————————————— 278
　　5.4.2　航天器系统设计与分析 —————————————————— 279
　　5.4.3　先进的电推进 —————————————————————— 279
　　5.4.4　先进的能源 —————————————————————— 280
　　5.4.5　面向未来的深空导航与通信 ———————————————— 285
　　5.4.6　自主控制与健康管理 ——————————————————— 287
　5.5　科学平台 ———————————————————————— 290
　　5.5.1　简介 ————————————————————————— 290
　　5.5.2　EDLA，地表平台，在固体、液体和气体等行星环境中起飞 ——— 291
　　5.5.3　行星表面移动探测 ———————————————————— 294
　　5.5.4　机器人探索智能体、智能仪器和人机协作 —————————— 295
　5.6　如何驻留和返回 ——————————————————————— 298
　　5.6.1　简介 ————————————————————————— 298
　　5.6.2　ISRU ————————————————————————— 300
　　5.6.3　在轨组装和制造 ————————————————————— 304
　　5.6.4　先进的环境控制和生命保障技术 —————————————— 307
　5.7　颠覆性技术 ———————————————————————— 307
　5.8　结论 ——————————————————————————— 311
　参考文献 ————————————————————————————— 313

第6章　行星探测的基础设施和服务····················325

6.1　概述····················326
6.2　行星探测任务所需的通用基础设施····················327
 6.2.1　运载火箭和发射服务····················328
 6.2.2　通信与导航基础设施····················331
6.3　样品收集、保管和分析基础设施····················333
 6.3.1　样品管理设施的设计特点····················333
 6.3.2　地外样品管理设施····················335
6.4　长期载人探测任务的基础设施····················338
 6.4.1　全球探索路线图（2018年）····················338
 6.4.2　月球轨道空间站····················340
 6.4.3　未来月球和火星的无人/有人前哨站····················343
 6.4.4　深空、月球和火星基地的医疗和服务····················345
6.5　监测空间天气和近地天体····················345
 6.5.1　面向全太阳系范围内的行星空间天气服务····················346
 6.5.2　监测小行星并降低碰撞风险····················349
6.6　地基模拟设施和实验室····················350
 6.6.1　欧洲行星学会跨国准入案例····················350
 6.6.2　两个支持行星探测的地基基础设施案例····················351
 6.6.3　模拟有人的月球火星基地····················351
6.7　数据系统和虚拟天文台····················353
 6.7.1　行星科学数据系统的任务与挑战····················353
 6.7.2　服务于行星科学数据系统的案例····················354
 6.7.3　面向行星科学的综合虚拟天文台····················356
 6.7.4　展望地平线2061年····················358
6.8　未来行星科学探测的能力建设者和劳动者····················358
 6.8.1　面向行星探测的大学和课程····················358
 6.8.2　研讨会与青年交流会····················359
 6.8.3　行星科学、社会与艺术间的桥梁····················360
6.9　结论和观点····················361
参考文献····················363

第7章　促进国际合作····················367

7.1　国际合作的历史回顾····················368

7.2 行星探测四大支柱的国际元素 ... 370
7.2.1 支柱 1：科学 ... 370
7.2.2 支柱 2：任务 ... 371
7.2.3 支柱 3：技术 ... 373
7.2.4 支柱 4：基础设施和服务 ... 374

7.3 迈向 2061 年的国际合作工作组：ISECG、COSPAR 和 ILEWG ——卓有成效的国际合作组织 ... 375
7.3.1 国际空间探测协调小组（ISECG） ... 375
7.3.2 国际空间研究委员会（COSPAR） ... 375
7.3.3 国际月球探测工作组（ILEWG） ... 376

7.4 开展国际合作的国家级项目案例 ... 377
7.4.1 美国 NASA 的行星探测计划和国际伙伴关系 ... 377
7.4.2 欧洲航天局的行星探测计划和国际伙伴关系 ... 379
7.4.3 日本的行星探测计划和国际伙伴关系 ... 381
7.4.4 中国的深空探测计划与国际合作 ... 382

7.5 结论 ... 383
7.5.1 行星探测领域的国际合作形式 ... 383
7.5.2 未来行星探测任务的国际合作目标 ... 386
7.5.3 国际合作的好处 ... 388

参考文献 ... 389

附 录 ... 391
附录一 行星探测领域的典型任务介绍 ... 392
附录二 地基观测天文台介绍 ... 410
附录三 火星地质历史 ... 416
附录四 在 2021—2030 年间已经开始或规划实施的全球深空探测任务简介 ... 418
附录五 国际重要会议的摘要 ... 424

缩略词 ... 427

知识链接索引 ... 434

译者后记 ... 438

第 1 章
概　述

[法国] Michel Blanc
[美国] Jonathan Lewis
[法国] Pierre Bousquet
[比利时] Véronique Dehant
[荷兰] Bernard Foing
[英国] Manuel Grande
[中国] Linli Guo
[荷兰] Aurore Hutzler
[法国] Jérémie Lasue
[意大利] Maria Antonietta Perino
[德国] Heike Rauer
[意大利] Eleonora Ammannito
[意大利] Maria Teresa Capria

1.1 远景预见的目标和方法

"地平线 2061：行星探测长期远景预见"项目主要研究的是关于行星科学及太阳系探测活动的长期远景预见，最初是欧洲航空航天研究院（AAE）提出倡议的，科学家、工程师和技术专家深度参与，最终目标是描绘出到 2061 年支撑太阳系探测活动长期愿景的四大"支柱"，分别是：

支柱 1 科学问题：行星系统面临的主要科学问题。

支柱 2 代表性的探测任务：解决这些科学问题所需的不同类型的行星探测任务。

支柱 3 关键技术：实现可能的行星探测任务所需的关键技术。

支柱 4 基础设施与服务：支持这些探测任务所需的地基和天基基础设施与服务。

2061 年是哈雷彗星即将重返太阳系的那一年，也是人类首次成功进入太空飞行和肯尼迪总统发出登月倡议的一百周年。选择 2061 年这个标志性时间节点，有力地诠释了我们的意图，即在同一个视野里共同看待无人/有人的行星探测活动。选择这个异常遥远的"地平线"，也远远超出了通常航天机构做战略规划的时间范围，以避免可能产生的混淆。更为重要的是，"地平线 2061：行星探测长期远景预见"项目的宗旨是"**释放想象力**"，即释放出行星科学家的想象力，通过邀请他们进行大胆的想象，提出他们认为的最相关、最重要的科学问题，而不考虑现有航天技术是否可能提供解决方案；释放出航天工程师和技术专家的想象力，邀请他们寻找创新性的技术解决方案，能够实现解决这些科学问题的、具有挑战性的行星探测任务。通过科学家和工程师之间的重要对话，可以实现如下四个主要目标：

目标 1：确定解决重大科学问题所需的关键技术和基础设施。

目标 2：为解决这些科学问题，提出各种规模和复杂程度的概念性行星探测任务。

目标 3：为更好地应对技术挑战，促进不同的行星探测任务参与者之间开展协调与合作，最大限度地协调那些单独的探测任务，从整体效能上增加开展行星探测活动获得的科学回报。

目标 4：与公众和国营/私营商业任务领导人分享实施行星探测活动面临的主要科学问题和技术挑战。

为构建"地平线 2061"的四大支柱，本书遵循了行星探测任务的"科学驱动"设计理念：在每章中都设计了一个科学可追溯矩阵（Science Traceability Matrix，STM），在 STM 中总科学目标（可以理解为行星系统）被分解为一组更详细的科学问题。然后，将这些科学问题转化为开展行星探测任务以及所需的科学仪器的需求。之后探讨了能够携带这些科学仪器到达预定的太阳系探测目标的"代表性"探测任务概况，以及支撑这些科学仪器运行所需的不同探测器平台的特点。最后，为确保每个适当的任务都能顺利实现，通过梳理科学仪器和探测平台所需的性能要求，可以推导出对关键技术、基础设施和服务的需求。

按照"地平线 2061"设计的 STM 方法，在本书的不同章节中都有提到，并不像通常 STM 方法那样仅描述单个深空探测任务；相反，它描述了一组可在 2061 年之前实现的、具有代表性的概念性行星探测任务，整体产生的科学回报将解决六个关键科学问题，从而挑战我们对行星系统的认知。这种 STM 方法的不同阶段与本书中各章节的对应关系如图 1-1 所示。

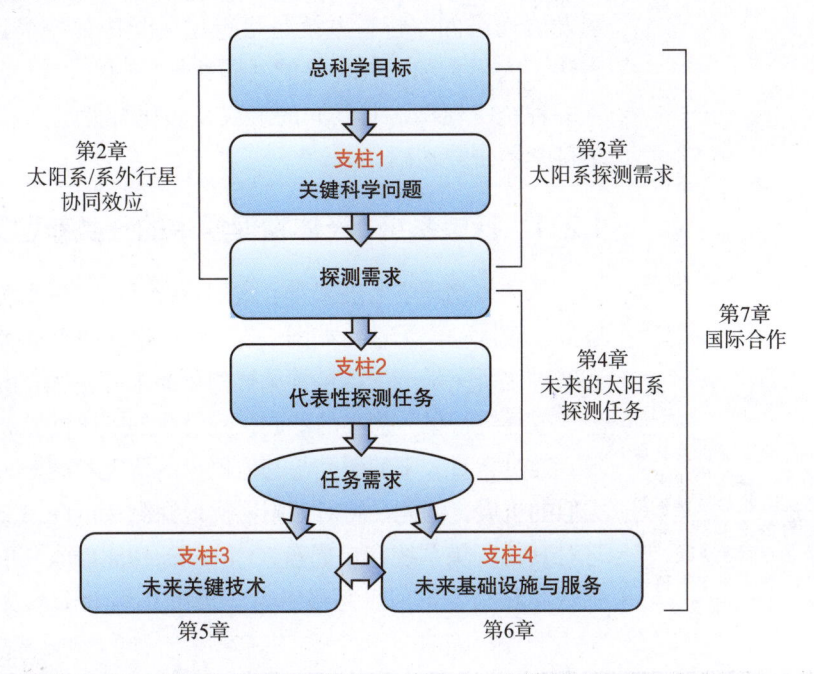

图 1-1　行星探测的四大支柱与各章节的对应关系

注："地平线 2061：行星探测长期远景预见"项目从顶部（总科学目标）到底部（对未来关键技术、基础设施和服务的需求）逐步形成了一系列的代表性任务，以解决关于行星系统的关键科学问题。本图列出与每个支柱相对应的章节。

为建立 STM 矩阵及其四个支柱，"地平线 2061：行星探测长期远景预见"项目在第 1 章中先给出行星系统的定义，然后介绍广义上的总科学目标，旨在提出我们对行星系统的整体理解。然后再将总科学目标分解为六个关键的科学问题。

第 2 章和第 3 章分析这六个关键科学问题以构建"支柱 1"，将这些关于行星系统的关键科学问题与回答这些问题所需的一组代表性的行星探测任务联系起来。第 2 章首先介绍了太阳系和系外行星研究在行星探测中的科学协同效应。第 3 章重点介绍太阳系的探测需求，明确太阳系各天体的关键性探测需求，这些探测需求形成了六个关键科学问题。

从这些探测需求开始，第 4 章（支柱 2）提出了未来能够完成这些探测需求、去往太阳系不同目的地的、具有代表性的行星探测任务，并分析了与这些任务相关的技术需求，然后得出以下结论：第 5 章（支柱 3）介绍了未来关键技术，第 6 章（支柱 4）介绍了未来基础设施与服务。

最后，第 7 章分析了国际合作的潜力。为实施这些宏伟的任务以解决关键科学问题，促进国际合作是最佳途径之一。

1.2 行星系统简介

"地平线 2061：行星探测长期远景预见"项目是一项前瞻性的科学驱动的实践活动。它是从关于行星系统的科学问题发展而来的，行星系统是指行星科学中的一类通用天体，表达了太阳系和系外行星的共同特征。因此，行星系统代表着一种统一模型，其共同的形成、演化特性是当前和未来行星科学的研究基础。

1.2.1 行星系统：天体物理学中的一类新型天体

从天体物理学角度来看，太阳系及其巨行星系统、系外行星都属于同一类天体，如图 1-2 所示。把这两类系统放在一起开展对比研究是产生新科学见解的重要来源，从它们在环绕恒星（或环绕行星）盘中的形成，到潜在的宜居世界和生命的出现。通过将对太阳的研究与其他恒星的研究相结合，也取得了类似的进展。因此，将对太阳系实地探测（Insitu Exploration）与对其他行星系统和星周盘（Circumstellar Disk）的天文遥感观测相结合，似乎是最有希望理解我们太阳系及其天体从

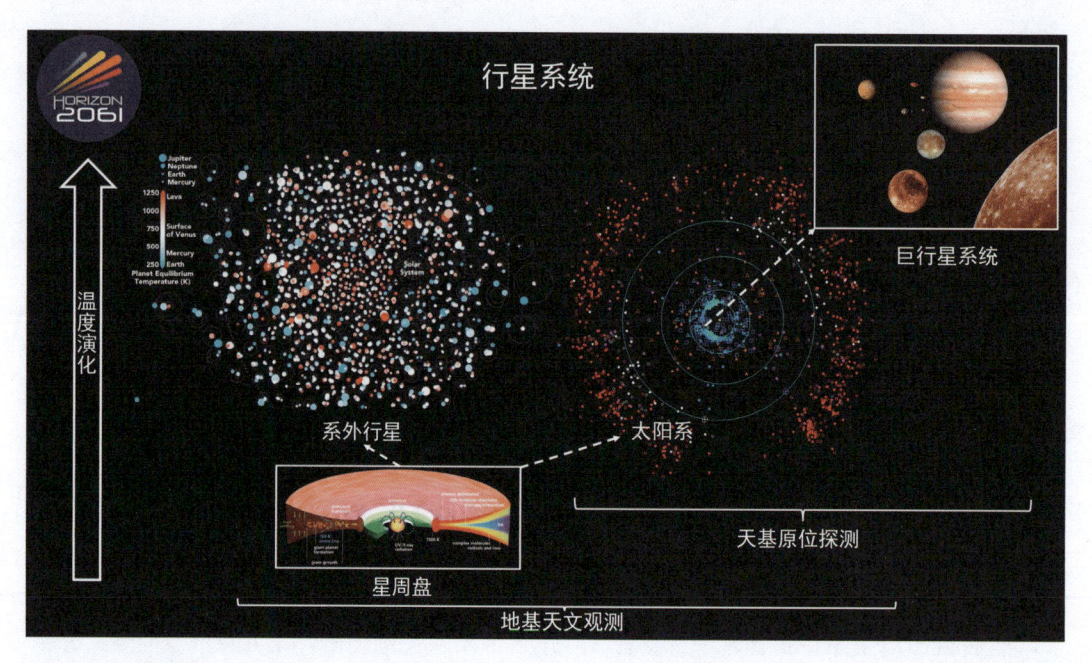

① 星周盘：是指围绕恒星旋转的盘状物质，由气体和尘埃组成，这些盘状物质通常形成在年轻的恒星周围，并且可能会演化为行星系统。星周盘对于理解宇宙中天体形成和演化过程具有重要意义。

图 1-2 行星系统

注：行星系统是天体物理学中的一类新天体。行星系统是被引力限制在恒星周围（"主"系统）或行星周围（"次"系统）有限空间区域的天体的总称或者中心天体的磁场。太阳系和太阳系外行星系统是"主"系统。巨行星系统和其他一些行星-卫星系统是嵌入到以恒星为中心的"主"系统中的"次"系统。为理解行星系统在其不同阶段的演化过程，人们必须将它们的当前结构与最初的星周盘或环绕行星盘联系起来，其中大多数行星系统是从后者中逐渐形成的。

形成到演化成目前结构全过程的途径，同时可以充分认识到它们与其他行星系统及其组成天体之间的关系。

目前行星系统研究的一些关键主题，包括理解它们的起源、形成和演化，以及宜居世界和生命的出现。这些主题将跨越所有的行星系统，通过实地探测、望远镜观测和其他天文遥感观测等技术手段，将它们联系起来。太阳星云是现在太阳系中所有天体的发源地，它就像我们目前观测到的众多环绕在年轻恒星周围的星周盘之一。虽然我们对太阳星云的了解完全依赖于构成其的少数残余物和示踪物，但它的历史仍然可以在太阳系天体中找到。在类似太阳的恒星演化的不同阶段，也可以直接观测到环绕恒星的星周盘，这为理解我们自己的起源提供了独特的线索。

1.2.2 行星系统的定义

"地平线2061：行星探测长期远景预见"项目给出了行星系统的定义，这个定义与对太阳系的详细探测，以及与围绕太阳以外恒星运行的500多个行星系统的观测结果相一致。在这里，**行星系统**是指：

> 由多个天体组成的系统，并通过引力或（在某些情况下）磁场的作用力，动态耦合并限制在有限的空间内。

这些天体通过各种辐射、碰撞、化学和动力学过程的相互作用，它们的组成物质处于不同相位（包括固体、液体、气体、等离子体和能量粒子），并且通常具有共同的形成和演化历史。行星系统也很复杂，根据其中心天体的性质，已知的各种行星系统可以分为两类，即主行星系统和次行星系统。

主行星系统： 它们是严格意义上的行星系统，被束缚在一个（或多个）中心恒星周围，包括中心恒星（一个或多个）、环绕恒星轨道运行的行星、卫星、各种各样的小天体，以及大量的尘埃和气体。同时主行星系统还包括等离子体和带电粒子，这些粒子可能会填充恒星周围的大片空间区域。

次行星系统： 它们是以一个（或多个）行星为中心，包括中心行星（一个或多个）、它的卫星、环，以及受行星引力限制的气体和尘埃粒子群。在某些情况下，等离子体和带电粒子也受到磁场的限制。

对于这两类行星系统，引力场和磁场是最重要的约束。在次行星系统中，受限制的引力区域是希尔球（Hill Sphere）[1]，

---

[1] 希尔球：也称为洛希球，是指一个小天体在面对着一个大许多的天体的重力影响下，只会受到摄动影响的引力球范围。简单来说，是环绕在天体（如行星）周围的空间区域，在那里被它吸引的天体（如卫星）受到它的控制，而不是被它绕行的较大天体（如恒星）所控制。因此，行星若要能保留住卫星，则卫星的轨道必须在行星的希尔球内。

它延伸到行星引力势阱的很大一部分。它还包括恒星-行星系统的 L4 和 L5 拉格朗日点周围的稳定捕获区域，该区域可能存在特洛伊小天体群。虽然主行星系统的引力作用区不太容易定义，但引力场对这些系统的形成和动力学演化至关重要。主行星系统中磁场作用区就是它的天球层，如在太阳系中称为日球层。在次行星系统中，带电粒子和等离子体群的动力学特性主要受到行星的磁场作用，即运行在行星的磁层内。

将主行星系统和次行星系统结合在一起表明，是天体引力形成了行星系统（例如太阳系）成为两级结构，即行星围绕恒星运行，卫星围绕行星运行。在某些情况下，磁场以类似的方式作用其等离子体和带电粒子群：行星磁场嵌套在天体球层中，同时，卫星也可能带有磁层，例如木星的卫星木卫三（Ganymede）。

在太阳系中类似的次级行星系统是丰富多样的，例如内太阳系的地月系统、火星与火卫一（Phobos）、火卫二（Deimos）系统，它们仅受引力场约束。外太阳系还有四个巨行星系统，其引力场和磁场约束对整个行星系统起作用。此外，在海王星外的天体群中也观测到类似的多天体系统，例如冥王星-卡龙（Pluto-Charon）矮行星双星系统，包括围绕其重心运行的四个较小卫星。它们的结构和运行机制的多样性，为更好地理解行星系统的起源、演化和最终的命运，提供了一个独特的"实验室"。

木星系统也是一个典型的次级行星系统，"先锋号"（Pioneer）"旅行者号"（Voyager）"尤利西斯号"（Ulysses）"卡西尼"（Cassini）"新视野号"（New Horizons）探测器对它进行了多次探测，还有"伽利略"（Galileo）轨道器及探测器任务。目前的木星探测活动主要是"朱诺号"（Juno）探测器进行环绕探测，未来的木星探测任务还包括 JUICE 和"欧罗巴快帆"（Europa Clipper），以及更多的新任务。图 1-3 显示了该系统如何在空间上受到两个主要行星场的限制，即图 1-3（a）所示的行星重力场和图 1-3（b）所示的行星磁场。引力在不同的空间范围内对该系统结构发挥着作用，从围绕在太阳-木星系统的 L4 和 L5 拉格朗日点的大量特洛伊小天体群，到围绕木星旋转到其希尔球半径（Hill Radius）[1]约一半的不规则轨道卫星群，再到四颗伽利略卫星（即木卫一、木卫二、木卫三、木卫四），最后到围绕该行星运行的四颗小卫星和环。

---

[1] 希尔球半径：如果较小的天体质量是 m，被它环绕的较大天体质量是 M，轨道半长轴是 a，离心率是 e，则较小天体的希尔球半径 r 近似值为

$$r \approx a(1-e)\sqrt[3]{\frac{m}{3M}}$$

当离心率可以忽略时，公式可以简化为

$$r \approx a\sqrt[3]{\frac{m}{3M}}$$

以地球为例，地球质量为 5.97×10^{24} kg，以 1.496 亿 km 的距离环绕着质量为 1.99×10^{30} kg 的太阳运行，则地球的希尔球半径大约是 150 万 km。月球绕地球的轨道平均距离是 38.4 万 km，所以它稳定地运行在地球引力场中，而没有被扯入独立绕太阳轨道运行的轨道中。木星的希尔球半径大约为 5 300 万 km；在太阳系中海王星有最大的希尔球，半径为 1.16 亿 km，大约 0.775 天文单位。

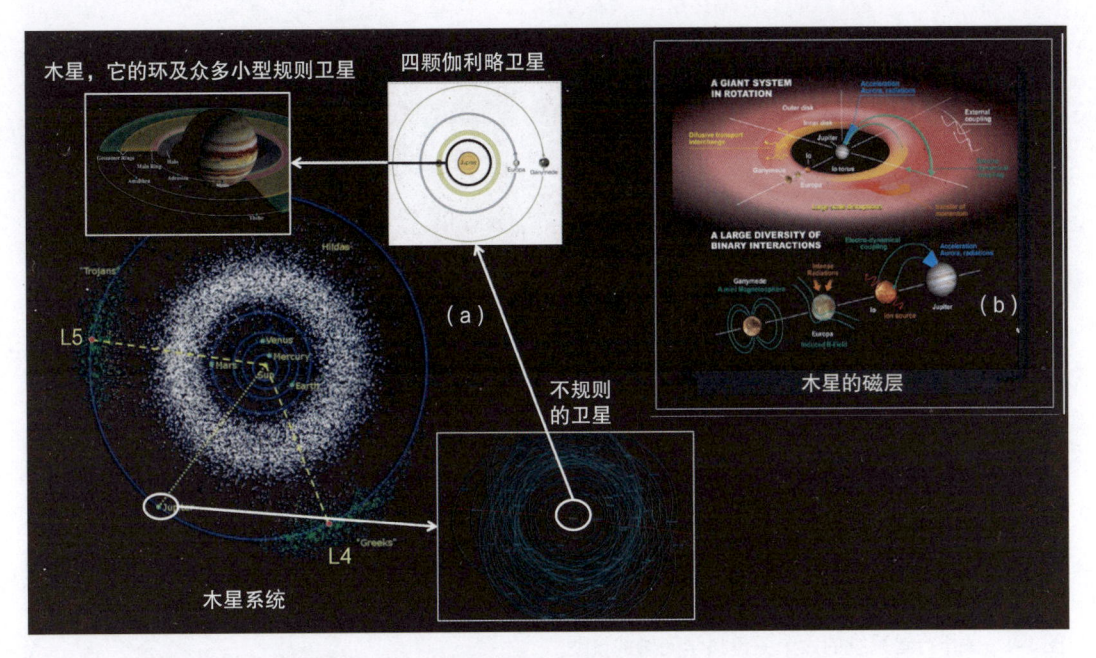

图 1-3　以木星系统为例说明构成次行星系统的各种天体的多样性

注：(a) 该系统的多尺度结构是由太阳 - 木星引力场及其三个主要的"引力深井"构成的；(b) 巨大的木星磁层及其与伽利略卫星、木卫一（Io）环面、延伸磁层和行星的相互作用。

木星的磁场将等离子体和带电粒子群限制在木星的磁层内，并与四颗伽利略卫星进行电动力的相互作用，从而引发了壮观的木星极光现象。

1.2.3　行星系统科学研究的总目标

对行星系统的科学探索的目的是试图理解它们的宇宙演化过程，从它们作为恒星形成过程的"副产品"，到构成它们的天体自身的物理和化学演化过程，再到可能出现的宜居世界，甚至到出现生命。因此，"地平线2061：行星探测长期远景预见"项目确定的总科学目标是：

探索和理解行星系统的演化过程，从它们的形成到可能出现的宜居世界和生命。

具体而言，该项目旨在开展对形成和演化过程的研究，这些过程导致了复杂性的增长以及最终出现生命，包括从星际介质到行星和卫星环境不断增加的分子复杂性，行星环境不断增加的复杂性，以及它们的演化路径，最终可能导致它们变得宜居。

1.2.4　六个关键科学问题

该项目的总科学目标可细分为三组共六个关键科学问题，如图1-4所示。

当探索一个新的领域或空间时，首要任务是对该领域中被发现天体的清单和特征进行表征，以了解它们的多样性、相对分布和相互关系。以下是前两个问题：

(a)

(b)

(c)

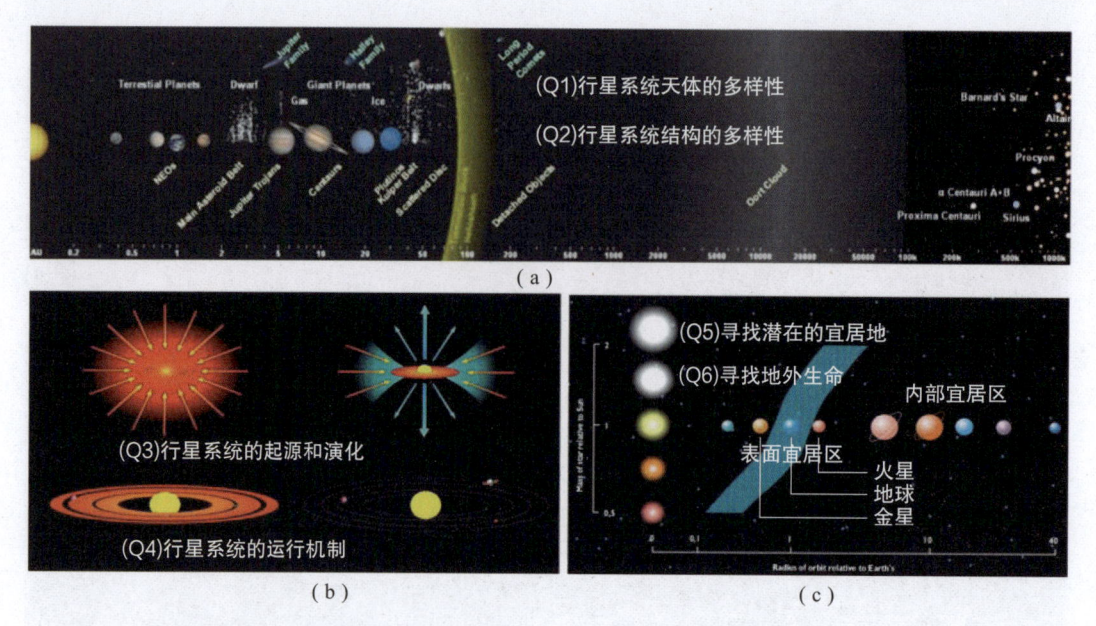

图 1-4 关于行星系统的六个关键科学问题的说明

注：作为"地平线 2061：行星探测长期远景预见"项目的起点，它们可以分为三组问题：①探索行星系统的多样性（Q1 天体多样性；Q2 结构多样性）；②理解产生多样性的原因（Q3 起源和演化；Q4 运行机制）；③寻找宜居世界（Q5 寻找潜在的宜居地；Q6 寻找地外生命）。

Q1：我们对行星系统天体的多样性了解多少？

Q2：我们对行星系统结构的多样性了解多少？

然后，探讨观测到的多样性的原因。观测到的多样性是它们形成的初始条件一致的结果，还是控制它们演化和相互作用的物理规律影响的结果？这就引出了第二组问题：

Q3：行星系统的起源与演化过程是什么样的？

Q4：行星系统是如何运行的？

最后，在太阳系和其他地方生命起源的问题，引出了第三组问题：

Q5：行星系统是否拥有潜在的宜居地？

Q6：在哪里以及如何寻找地外生命？

1.2.5 行星系统的观测技术

无论是太阳系及其巨行星系统（即四个次行星系统的例子），还是太阳系外行星系统，都可以通过使用不同类型的观测技术，有显著差异的测量分辨率来进行分别观测。虽然天文学广泛使用的遥感技术可以适用于观测所有系统，但在 21 世纪，只有太阳系内的天体可以采用强有力的实地探测方法。可用于行星系统研究的不同观测技术如图 1-5 所示。

图 1-5 中不同的蓝色箭头显示了不同观测技术的日心距离覆盖范围。从地球上或在轨进行地基/天基天文观测，我们可以探测到太阳系的大多数天体，以及我们自身所处的银河系，其中包着许许多多的行星系统。然而，在围绕日球层周围的局部的星际介质中，覆盖率还存在着相当大的差距。无人探测可以在有限的时间内逐个探测所有的太

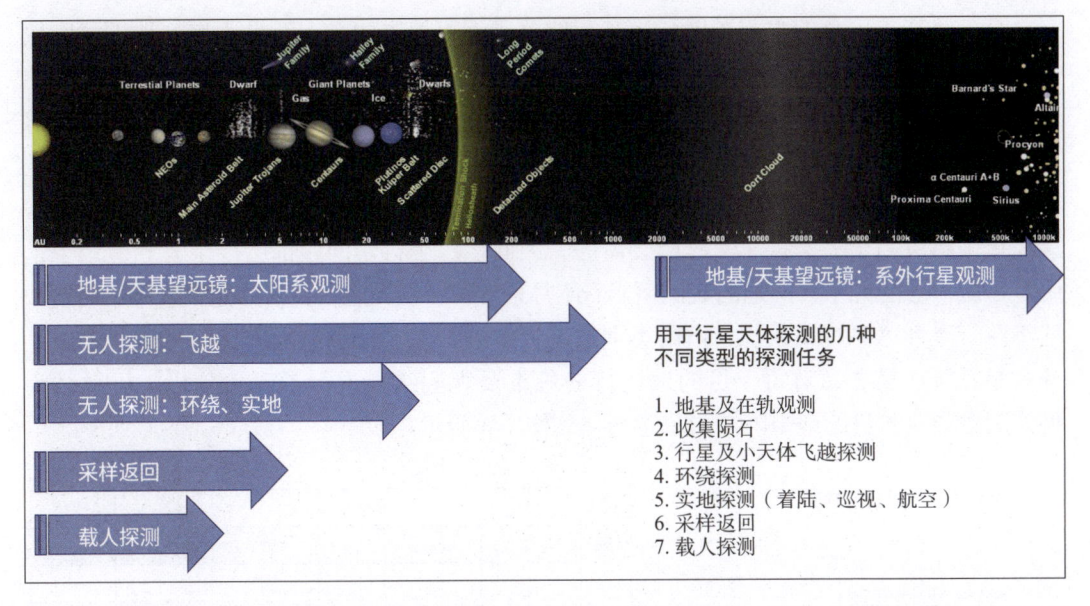

图 1-5　太阳系天体和附近恒星到太阳距离的对数标度，不同的蓝色箭头说明了使用不同观测技术进行行星天体观测的日心距离覆盖范围

注：从地球或在轨进行的天文观测；日益复杂的无人探测模式（飞越、环绕、实地探测等）；采样返回；以及有人探测。请注意，除了这些技术外，收集陨石（方法 2）还提供了直接获得地外天体物质的途径，但没有详细的介绍。

阳系天体。以最简单的飞越探测形式，对行星或天体进行首次观测，并且从探索"日球层顶"以外的星际介质的方式开始。轨道探测通常先于对大气层和天体表面进行不同形式的实地观测，可以首次表征出构成每个天体的物质组成，并且可以初步描绘出太阳系的八颗行星。深入表征天体的关键途径是实地采集样本并将其返回到地球实验室。在某段时期，在地球实验室使用分析工具的方法，将超过实地或遥感星载仪器的能力和精度范围。最后，载人探测（Human Exploration）的方式具备让科学家在大规模基础设施的支持下，直接在探测地点工作的独特能力，科学家们能够长期生存和工作。在未来几十年里，有人参与的探测活动范围将覆盖我们的月球、火星和金星，也可能会延伸到小行星主带（Asteroid Belt）。

上述不同类型的探测技术，再加上在地球表面收集陨石，在图 1-5 中被列为 7 种类型的用于行星天体探测的任务，常被用于构建四大支柱。

1.3　构建"地平线 2061"远景预见的四大支柱

1.3.1　支柱 1：从科学问题到观测需求

构建地平线 2061 四大支柱（见图 1-1）的第一步是从六个关键科学问题开始，为能正确分析每个问题确定所需的代表性行星探测任务，并在这个过程中推导出可应用于当前或未来航天任务的观测需求，它将遵循以下两条互补的思路：

首先，在更广泛的太阳系外行星系统的背景下审视太阳系，有助于更好地理解一般意义上的行星系统，以及太阳系及其天体在行星系统家族中所处的位置。第 2 章中介绍的对太阳系 / 系外行星科学协同效应的分析，已经提出了一系列的观测需求，这些需求可以应用于太阳系，也可应用于太阳系外行星系统。

其次，牢记在这个更宽广背景下，可以确定出对太阳系中不同天体的关键观测需求，这是正确解决六个关键科学问题所必需的。因此，每个科学问题都会产生一套适用于本研究中所考虑的九个目的地的观测需求：地月系统、三颗类地行星（水星、金星、火星）、气态巨行星和冰巨行星系统、不同类别的小天体群、是日球层边界和星际介质，以及系外行星系统。第 3 章对每个目的地进行的最重要观测结果进行了深入分析，可总结为科学问题与探测目的地矩阵结构示意图，如图 1-6 所示。

图 1-6 科学问题与探测目的地矩阵结构示意图

注：总结了与六个关键科学问题和"地平线 2061：行星探测长期远景预见"项目中提出的九个目的地中的逐个相关的观测需求。

最后，在这个矩阵的右边再加上一列，来介绍第 2 章对太阳系 / 系外行星科学协同作用的分析，以及所建议的太阳系外行星系统的观测需求。

1.3.2 支柱 2：从观测需求到任务需求

第 4 章专门介绍支柱 2：一组代表性行星探测任务，旨在开展关键性的观测来解决六个关键科学问题。对于九个行星系统目的地中的每一个，它确定了执行第 2 章和第 3 章中确定的所需观测的行星任务的类型和复杂性。在本研究中，按复杂性增加的顺序大致可将探测任务分为七类：

①地基及在轨观测；②收集陨石；③行星及小天体飞越探测；④环绕探测；⑤实地探测；⑥采样返回；⑦载人探测。

图 1-7 左侧从下到上显示了这七类探测任务的复杂程度，水平显示的是九个任务目的地，它们构成了任务类型与探测目的地矩阵，本项目研究中考虑的所有"代表性"探测任务都位于一个给定的方框中。

这些任务分为两个子集，对应于两个约 20 年的周期：

（1）第一个 20 年内（即从现在至 2040 年前）能够/应该合理实施的行星探测任务，使用现有或即将投入使用的航天技术，或采用其他领域可适应行星探测所需的技术（其中的许多项技术已经处于规划或实施阶段）。

（2）下一个 20 年内（即 2041—2061 年）的行星探测任务，可能需要采用更先进的技术，以及新的或升级的基础设施和服务，并提高行星探测任务的整体科学回报。

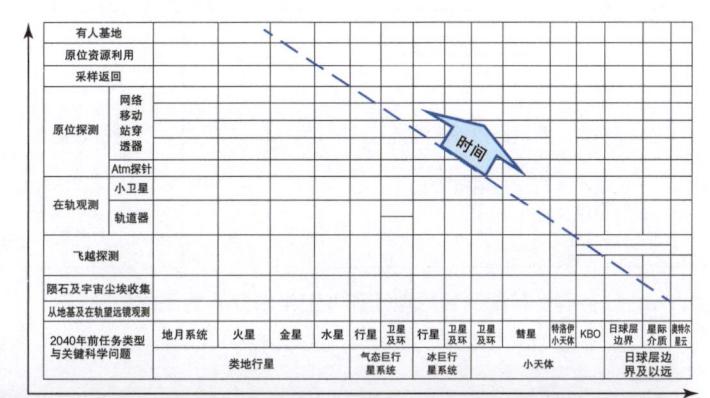

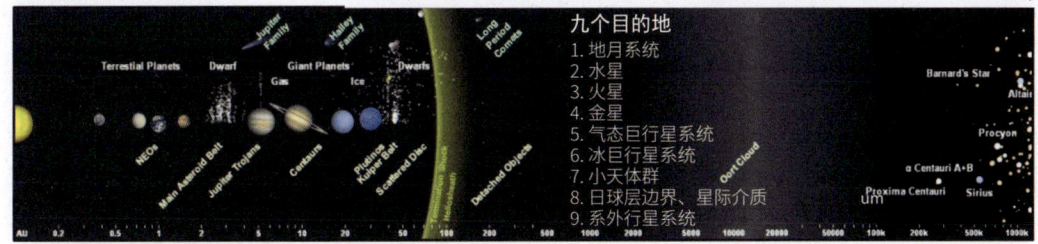

图 1-7 任务类型与探测目的地矩阵的结构示意图

注：用于确定一组到太阳系（及系外行星系统）的代表性行星探测任务。

1.3.3 从代表性行星探测任务到关键技术和支持性基础设施与服务

为未来几十年确定的"代表性行星探测任务"清单并不全面，也不代表未来计划要飞行任务的"目录清单"。综上所述，这些任务之所以被选中，是因为它们能够：①解决六个关键科学问题；②产生关于关键技术、基础设施和服务的代表性要求。所以，它们将"地平线 2061"项目的第一个支柱（科学问题）与最后两个支柱（关键技术和基础设施）相互联系起来。

图 1-8 说明了用于推导出支柱 3 和支柱 4 主题的方法：前往太阳系内八个目的地之一（不包括系外行星系统）的代表性任务，对工程实施所需的关键技术及支撑它的基础设施和服务产生的新的具体需求。通过全面分析这些需求，可以得出如图 1-8 所示的结构图，并将其归纳为一组通用性的关键技术或者基础设施及服务，从而得出支柱 3 和支柱 4 的内容。

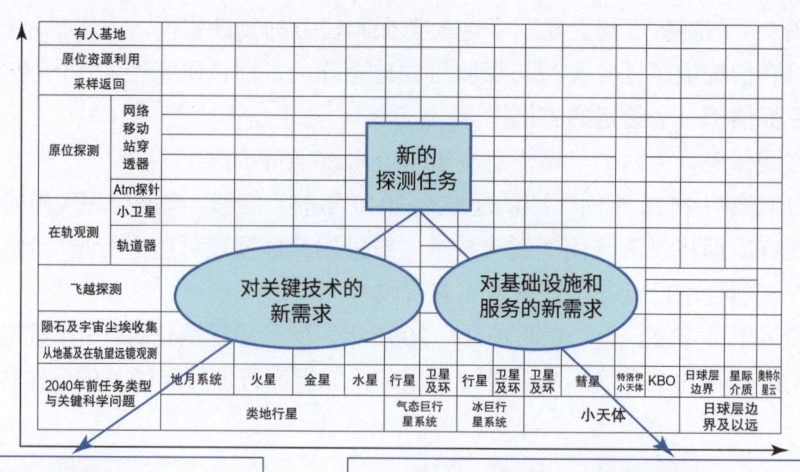

图 1-8　任务类型与探测目的地矩阵（上半部分）之间的关系

注：以及描述未来关键技术（支柱 3，左下部分）、支持未来行星探测的基础设施和服务（支柱 4，右下部分）所选主题列表。

1.3.4　支柱 3：未来行星探测任务所需的关键技术

支撑未来行星探测任务的关键技术需求被分为六个主题（见图 1-8 的左下角），包括无人/有人探测任务。第 5 章从这个列表开始，分析有潜力满足这些任务需求的新兴技术。其中部分技术需在行星探测任务需求牵引下，进行专门研究，部分技术有可能借鉴其他领域的发展，转而应用到行星探测领域。在第 5 章中将专题介绍并研讨这两类技术。通过审视在 2041—2061 年期间最具挑战性探测任务的技术需求，可以确定未来关键技术研发的六个主题分别是：

（1）**先进科学仪器**。被运送到探测目的地的各种各样的科学仪器，反映出日益增多的科学学科和探测技术正在应用于行星科学。例如用于采样返回、样本收集和存储的装置，用于表征行星体表面、次表面和内部特性的行星科学仪器，以及用于检测和表征生物信号的天体生物学实验设备，将在有效载荷中的占比越来越大。它们必须在不断增加的探测距离和极端环境下正常运行，这将需要极大地提高它们的复杂性，以及故障快速恢复、在轨数据自主处理和小型化的能力。

（2）**任务体系结构**。随着探测目标越来越多样化，适应长期星际飞行的探测器和适应极端环境的探测平台的功能逐渐变得分开独立，这将推动更复杂的任务体系结构。例如，探测首次在内太阳系过境的海外天体（Trans-Neptunian Object，TNO），如原始彗星和星际介质，将需要"处于警戒状态"任务场景和多平台任务架构，例如欧洲航天局将在

2029年发射的彗星拦截任务（Comet Interception Mission）❶。

(3) **系统级技术**。前往冰质巨行星、海王星外的太阳系和星际空间的任务属于长期深空巡航任务。对于它们来说，远离太阳和地球，能源、推进、数据下行容量的制约仍然是主要的瓶颈问题。它们可能需要采用非太阳能能源（例如核能）、长时间和高比冲推进系统（可能是电推），以及将数据发送到下行链路之前先进行深度的在轨数据处理和压缩等技术。在这些通用技术上取得的进展也可用于更近的探测目的地任务。

(4) **面向极端环境的探测平台技术**。巨行星及其卫星，就像金星和水星处在环境温度相反的极端值一样，将带来不同类型的重大挑战。探测平台的多样性将根据它们所处的极端环境量身定制：大气进入探测器、在极端温度/压力和辐射（某些时候）条件下运行的着陆器、表面和大气中移动探测器、具有严格部署要求的网络或平台集群。就像进化和选择推动地球上的生物物种适应越来越复杂多样的生态环境一样，未来的探测平台必须适应行星环境的复杂多样性，自主运行的能力将变得越来越高。

(5) **长期和可持续探索技术**。对于未来的月球和火星任务，在那里人类可能建立前哨站（或称有人基地），为他们的科学研究开启更大的可能性，在进行工程任务实施之前，必须开发和验证一整套能够实现人类在地外环境可持续存在的全新技术，包括原位资源利用（In-Situ Resource Utility，ISRU）技术、先进的环境控制和生命支持技术、在轨、原位组装和制造技术，以及其他具有挑战性和创新性的技术。

(6) **颠覆性技术**。对于所有目的地，优化质量、功率和通信数据量的预算需求，并不断提高对在轨自主、智能和计算能力的需求，将持续推动科学仪器和平台设备的进一步小型化，实现紧凑任务体系架构下的实地探测。只有通过"颠覆性"技术，如人工智能、微纳技术和未来技术的突破，才能实现探测效率的数量级增长，而这些技术在本质上是今天无法预测的。第5章将针对这些主题进行深入的探讨。

1.3.5 支柱4：未来行星任务的基础设施和服务

虽然每项行星探测任务都需要特定的关键技术和支持设施，但许多天基和地基的基础设施能同时服务于若干探测任务，有时必须是在国际合作框架内实现的。例如，其中一些设施可以在不同的任务之间共享［如深空探测网（Deep

---

❶ 彗星拦截任务：2022年ESA审查通过了彗星拦截任务，它的主要探测目标是第一次进入太阳系内的彗星，或者在太阳系内停留时间较短的天体。这个项目有助于了解长周期彗星的情况，特别是探测到彗星第一次进入太阳系时最原始的状态，就像2017年科学家发现的奥陌陌（Oumuamua，意为第一位来自远方的信使）。彗星拦截器将由三个部分构成，一个母探测器和两个较小的探测卫星，每个卫星的直径大约0.5 m。当发现值得探测的目标彗星进入它们的观测领域时，拦截器将把两颗小探测卫星释放，三个探测器将一起环绕探测对象，从多个角度对它进行拍照，收集各种数据。ESA计划把它们部署在日地L2点的位置，与韦布空间望远镜一样，距离地球150万mile*，整套设备质量不到1 000 kg，总体积大约10 m³，如果计划顺利，将在2029年发射。

* 1 mile=1 609.34 m。

Space Network，DSN）提供的任务支持服务］。其他的技术或科学设施（数据中心、地外样本收集管理设施等）促进了"跨任务"的科学分析，并产生显著的额外科学回报。支持未来行星探测任务所需的基础设施和服务，详见图 1-8 中列出的七个主题。本节简要介绍了第 6 章中探讨的内容，沿着行星探测任务或望远镜观测的路径，从获取数据到将数据交付给科学用户，再到产生新的科学成果，需要特别关注必要的人力资源。

这是一组直接支持获取新科学数据的基础设施，即观测工具本身。包括：

（1）用于科学观测的基础设施（如望远镜和天文台）。在第 4 章 4.2 节介绍了地球上的天文望远镜在行星科学中将继续发挥的关键作用，这些天文望远镜观测包括从射电到 X 射线的各种波长。对于行星科学界来说，研制新一代巨型望远镜，无论是在地面或在太空的望远镜，都将是极其重要的。

（2）支撑行星探测任务运行的基础设施。从发射设施到通信和导航等支持服务，再到任务运行中心，它们必须为支柱 2 提出的"代表性"探测任务提供高质量和长航时的服务。

（3）支持长期载人探测的基础设施。包括重型运载火箭、轨道站［如月球轨道空间站（Lunar Gateway）］，以及月球或火星前哨站，它们的设计必须支持航天员进行长期持续的在轨或原位科学实验。

（4）监测空间天气和其他空间威胁。监测并在可能的情况下预测空间天气事件，将是有人长期飞行的必要条件，就像今天的天气预报必须支持空中导航一样。

（5）支撑样本收集、管理和分析的基础设施。在未来几十年里，从太阳系的各类天体返回的样本将变得越来越重要。为遵循严格的行星保护规则，样本收集、返回地球、样本管理和分析处理的全过程处理链，将需要世界顶级的基础设施来进行保存、管理、分析及分发样本。

（6）数据系统和虚拟天文台（Virtual Observatory）[1]。在未来几十年里，行星科学研究的持续进展将更加依赖同时访问多源的信息和分析结果：天基和地基的观测数据、样本的分析结果、实验室进行的实验、数值模型和仿真结果、密集的计算结果等。最终的科学用户需要易于访问和管理这些由不同的分析途径独立产生的大量数据。先进的数据中心和虚拟天文台将在创造新的科学知识方面变得越来越关键。

---

[1] 虚拟天文台：在天文学中，对整个天区进行观测、普查称为巡天。利用伽马射线、X 射线巡天、紫外巡天、光学巡天、红外巡天和射电巡天所得到的观测数据，用适当的方法对数据进行统一规范的整理、归档，便可以构成一个全波段的数字虚拟天区；而根据用户要求获得某个天区的各类数据，就仿佛是在使用一架虚拟的天文望远镜；如果再根据科学研究的要求开发出功能强大的计算工具、统计分析工具和数据挖掘工具，就相当于拥有了虚拟的各种探测设备。这样，由虚拟的数字天区、虚拟的天文望远镜和虚拟的探测设备所组成的平台便是一个独一无二的虚拟天文台，这是互联网时代天文学研究发展的必然产物。

（7）人力资源和社会经济服务。最后，运营上述各种设施需要培训新一代年轻的科学家、工程师、任务规划专家和航天员。正是新一代多样化的"行星探索者"，再加上他们互补的技能，将在未来月球前哨站开展科学实验，或设计运行行星任务的新方法。长达数十年的太阳系边界探测任务，将构成人类在其自己所在的行星系统（指太阳系）外的第一步，这将需要新的方法来管理任务和开展几代人之间的知识传递，这项重要的人力资源挑战无形中也增加了星际航行任务的纯粹技术挑战。

第 6 章将对这些主题进行深入探讨。

1.4　国际合作的促进力

本书给出了指导"地平线 2061：行星探测长期远景预见"项目制订和发展的总科学目标：

> 探索和理解行星系统的演化过程，从它们的形成到可能出现的宜居世界和生命。

这需要在太阳系的各个区域开展大量探测活动，实施许多具有挑战性且成本高昂的探测任务，其中一些任务很可能是单个国家的航天机构无法完成的。完成如此艰巨的任务，甚至跨越几十年的时间，这显然需要国际社会进行广泛合作，努力提高大量行星探测任务所产生的综合性科学成果回报。

这就是为什么国际合作将在实现这一宏伟目标方面发挥关键作用的原因。本书第 7 章国际合作的促进力，呈现出这一最终的、特别令人振奋的视角。它从航天国际合作的历史根源出发，通过对"地平线 2061：行星探测长期远景预见"四大支柱的国际层面的分析，探讨了迄今为止证明成功的各种国际合作模式，从协调工作组和科学仪器设备级的合作，到更复杂的合作形式，例如相互协作的多平台探测任务和综合项目，介绍了三个不同的国家航天机构，将国际合作当成其航天战略的重要组成部分的案例。分析表明，国际合作可为实现"地平线 2061：行星探测长期远景预见"项目的重要目标带来显著的好处：在哈雷彗星下一次重返内太阳系前，成功地实施。相当一部分令人兴奋且具有挑战性的行星探测任务，将帮助我们更好地理解太阳系的形成和演化，以及现在是如何运行并孕育生命的。

参 考 文 献

[1] Blanc, M., Ammannito, E. , Bousquet, P. , Capria, M.-T., Dehant, V. ,Foing, B., Grande, M. , Guo, L., Hutzler, A. , Lasue, J. ,Lewis, J. , Perino, M. A., Rauer, H., 2021. Planetary Exploration, Horizon 2061. Elsevier(in press).

[2] Dehant V., Blanc, M., Mackwell, S., Soderlund, K. M., Beck, P., Bunce, E., Charnoz, S., Foing, B., Filice, V., Fletcher, L. N., Forget, F. , Griton, L., Hammel, H., Höning, D. , Imamura, T., Jackman, C., Kaspi, Y., Korablev, O., Leconte, J., Lellouch, E., Marty, B., Mangold, N., Michel, P., Morbidelli, A., Mousis, O., Prieto-Ballesteros, O., Spohn, T., Schmidt, J., Sterken, V. J., Tosi, N., Vandaele, A. C., Vernazza, P., Vazan, A. , Westall, F. ,2021. "Planetary Exploration, Horizon 2061" report - Chapter 3: From science questions to Solar System exploration. ScienceDirect, Elsevier(in press).

[3] Grande M., Guo, L., Blanc, M., Makaya, A., Asmar, S., Atkinson, D., Bourdon, A., Chabert, P., Chien, S., Day, J., Fairén, A. G., Freeman, A., Genova, A., Herique, A., Kofman, W. , Lazio, J., Mousis, O., Ori, G. G., Parro, V., Preston, R., Rodriguez-Manfredi, J. A., Sterken, V. J., Stephenson, K., Vander Hook, J., Waite, J. H., Zine, S. ,2021. "Planetary Exploration, Horizon 2061" report - Chapter 5: Enabling technologies for planetary exploration. ScienceDirect, Elsevier(in press).

[4] Foing B., Lewis, J., Hutzler, A., Plainaki, C., Wedler, A., Heinicke, C., Cinelli, I., Autino, A., Das Rajkakati, P., Blanc, M.,2021. "Planetary Exploration, Horizon 2061" report - Chapter 6: Infrastructures and services for planetary exploration: report on Pillar 4. ScienceDirect, Elsevier(in press).

[5] Lasue J., Bousquet, P., Blanc, M., André, N., Beck, P., Berger, G., Bolton, S., Bunce, E., Chide, B., Foing, B., Hammel, H., Lellouch, E., Griton, L., Mcnutt, R., Maurice, S., Mousis, O., Opher, M., Sotin, C., Senske, D., Spilker, L., Vernazza, P., Zong, Q, 2021. "Planetary Exploration, Horizon 2061" report - Chapter 4: From planetary exploration goals to technology requirements. ScienceDirect, Elsevier(in press).

[6] Perino M. A., Ammannito, E., Arrigo, G., Capria, M.-T., Foing, B., Green, J., Li, M., Kim, J. J.,Madi, M., Onoda, M., Toukaku, Y., Dehant, V., Blanc, M., Rauer, H., Bousquet, P., Lasue, J., Grande, M., Guo, L., Hutzler, A.,Lewis, J,2021. "Planetary Exploration, Horizon 2061" report - Chapter 7: The enabling power of international cooperation. ScienceDirect, Elsevier(in press).

[7] Rauer H., Blanc, M. ,Venturini, J., Dehant, V., Demory, B. , Dorn, C., Domagal-Goldman, S.,Foing ,B., Gaudi, S.,Helled, R., Heng, K., Kitzman, D., Kokubo, E., Le Sergeant d'Hendecourt, L., Mordasini, C., Nesvorny, D. , Noack, L., Opher, M., Owen, J., Paranicas, C., Qin, L., Snellen, I., Testi, L., Udry, S., Wambganss, J., Westall, F. ,Zarka, P., Zong, Q, 2021. "Planetary Exploration, Horizon 2061" report - Chapter 2: Solar System/Exoplanet Science Synergies in a multi-decadal Perspective. ScienceDirect, Elsevier(in press).

第 2 章

立足未来数十年，看太阳系／系外行星的科学协同效应

［德国］Heike Rauer
［瑞士］Julia Venturini
［瑞士］Brice Demory
［美国］Shawn Domagal-Goldman
［美国］B. Scott Gaudi
［瑞士］Kevin Heng
［日本］Eiichiro Kokubo
［瑞士］Christoph Mordasini
［德国］Lena Noack
［英国］James Owen
［瑞士］Sascha Quanz
［荷兰］Ignas Snellen
［瑞士］Stéphane Udry
［法国］Frances Westall
［中国］Qiugang Zong

［法国］Michel Blanc
［比利时］Véronique Dehant
［瑞士］Caroline Dorn
［荷兰］Bernard Foing
［瑞士］Ravit Helled
［瑞士］Daniel Kitzman
［法国］Louis Le Sergeant d'Hendecourt
［美国］David Nesvorny
［美国］Merav Opher
［美国］Chris Paranicas
［中国］Liping Qin
［德国］Leonardo Testi
［瑞士］Joachim Wambganss
［法国］Philippe Zarka

2.1 概述

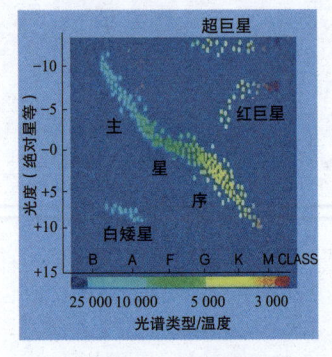

自从 1995 年 Mayor 和 Queloz 首次发现围绕主序星❶（Main Sequence Star）运行的行星以来（该发现获得了 2019 年度诺贝尔物理学奖），关于行星天体的研究范畴就被显著扩大了。在行星科学界出现了一个新的词汇——行星系统，这是指一类天体物理学意义上的天体，既包括太阳系及其巨行星系统，也包括太阳系外行星系统，两者相互关联。

太阳系及其巨行星系统构成了一类行星系统，也可以通过不同的技术观测到太阳系外行星系统，两者在观测分辨率及观测方法上存在着显著差异。在 21 世纪，遥感技术可用于观测所有的行星系统，但只有位于太阳系内的天体可以采用强有力的原位探测方式。尽管在观测技术的可达性上存在着巨大差异，但毫无疑问，它们构成了一类天体物理学意义上的天体。将所有行星天体及其系统用比较的方法进行研究，是新的科学见解的重要来源，就像太阳和恒星天文学那样，最终被认为是同一科学学科的两个互补项，即恒星物理学❷（Stellar Physics）。

太阳系和系外行星之间呈现出科学协同效应的本质原因，并不仅仅是因为天体和行星系统的多样性。随着高分辨率成像设备的甚大孔径望远镜，以及天基和地基望远镜的快速发展，对星周盘（如原行星盘❸（Protoplanetary Disk，简称星盘））的天文望远镜观测也取得了惊人的进展，可以提供从近紫外到可见光、红外和亚毫米直至毫米范围的光谱观测，光谱观测的范围逐渐增大。对这些环形星盘的气体和尘埃成分的空间分布及光谱特征的了解也取得了重大进展，在未来几十年也将继续保持飞速发展。这也为观测到这些迷人的"行星工厂"完整的时间演化历程提供了可能，即从它们在坍缩的原恒星云中形成的第一阶段，到行星在圆盘状内的形成。在先进的计算机模拟工具的帮助下，通过观测这些不同演化阶段的系外行星，可以推断出一些关于原行星盘是如何形成和孕育出所有太阳系天体的关键信息。

❶ 主序星：是指位于主星序的恒星。在赫罗图（见注图 1）上，恒星的分布不是随机的，而是集中在几个区域内。最显眼的是自左上到右下沿对角线的一条窄带，大多数恒星，包括太阳都在从左上至右下的这一条对角线上，这条对角线称为主星序，处于一生中最重要的氢燃烧阶段。当氢元素燃烧完后，就会开始氦燃烧，主序星膨胀成红巨星。太阳系中的太阳就是一颗主序星。

注图 1　赫罗图

❷ 恒星物理学：恒星物理学是天体物理学分支之一。它是应用物理学知识，从实验和理论两方面研究各类恒星的形态、结构、物理状态和化学组成的一门学科。同样，在恒星上发现的某些奇特物理现象，也能够启发和推动现代物理学的发展。恒星物理学主要研究内容包括恒星大气的观测、恒星内部结构的研究、恒星的能源和核合成的研究、恒星爆发现象的观测和研究、致密星的观测与相对论等。

❸ 原行星盘：许多新形成的恒星周围都有一种称为"原行星盘"的结构所包围，其中包含形成未来恒星系统的所有物质。典型的原行星盘来自主要由氢分子构成的分子云。分子云的大小达到临界质量或密度，将会因自身重力而坍缩。而云气开始坍缩时可称为太阳星云，其密度将变得更高，原本在云气中随机运动的分子，也因而呈现出星云平均的净角动量运动方向，角动量守恒导致星云缩小的同时，自转速度亦增加。这种自转也导致星云逐渐扁平，就像制作意大利薄饼一样，形成盘状。从坍缩起约 10 万年后，恒星表面的温度与主序带上相同质量的恒星相同时，恒星将变得可见，类似金牛座的情况。吸积盘（指一种由弥散物质组成的、围绕中心体转动的结构）中的气体在未来的 1 000 万年中，盘面消失前，继续落入恒星。盘面可能被年轻恒星的恒星风吹散，或仅仅是吸积之后，单纯停止辐射而结束。目前发现的最老的原行星盘已经存在了 2 500 万年之久。

本章探讨了对原行星盘、系外行星和太阳系进行协同研究的独特潜力，以便更深入地了解行星系统的演化历程。把它们视为一类通用的、天体物理意义上的天体，即从它们的起源和形成，到可能出现的宜居世界及生命，视为一个完整的演化过程。为此，分析了这些协同研究方法，为研究行星系统提供了更广阔的视角，以便更深入地理解本书第 1 章中介绍的六个关键科学问题，这些问题也是"地平线 2061：行星探测长期远景预见"项目的重要科学指南。

> Q1：我们对行星系统天体多样性了解多少？
> Q2：我们对行星系统结构多样性了解多少？
> Q3：行星系统的起源与演化过程是什么样的？
> Q4：行星系统是如何运行的？
> Q5：行星系统是否拥有潜在的宜居地？
> Q6：在哪里以及如何寻找地外生命？

第 2.2 节首先介绍了目前计划和未来预见的、可用于观测行星系统的探测任务。在接下来的第 2.3 节～第 2.8 节针对关心的六个关键科学问题分别探讨了太阳系及系外行星间的科学协同效应，并就如何利用这些协同效应更好地解决科学问题提出了建议。在第 2.9 节中，总结主要结论，并对未来如何开展原行星盘、系外行星和太阳系天体的科学协同研究提出了建议。

本章所介绍的内容，在很大程度上参考了由欧洲行星研究基础设施（Europlanet Research Infrastructure）和 ISSI 组织的，2019 年 2 月 19—20 日在瑞士伯尔尼联合举办的，主题为"立足未来几十年，看太阳系/系外行星科学协同效应"论坛中的演讲报告、讨论观点及最终的执行总结报告。

2.2 当前航天规划中的行星探测任务

自 20 世纪中期以来，充满了技术挑战性的航天任务推动了对太阳系的探测。深空轨道探测器提供了来自飞越和轨道环绕探测的遥感数据，而着陆器和巡视器提供了原位探测数据。在世界各国航天机构主导的项目中，用不同的术语阐述了对未来任务的不同科学驱动力，其中大部分可归为第 2.1 节中所述的六个关键科学问题。本节重点介绍未来几十年内正在实施、研究或规划论证中的探测太阳系及系外行星等的航天任务。

2.2.1 太阳系探测任务

2.2.1.1 内太阳系探测任务

1. 水星

水星是太阳系中最热的类地行星，也是最接近较热的系外类地行星的天体。2018 年，欧洲航天局成功发射了"比皮科伦坡"（BepiColombo）水星探测这项基石型任务，它将于2025年抵达水星。这项任务的科学主题包括研究水星的起源和演化、内部结构和组成、磁场和微弱磁层，以及表面的运动。对水星内部组成和结构及其形成过程进行深入了解，为未来的热类地系外行星提供有意义的比较价值。水星的演化历史是否是独一无二的，或者是否可以在其他行星系统中找到类似的天体，至今仍是未解之谜。

2. 金星

金星探测的科学主题包括更好地理解金星的地质和大气演化、金星曾存在水的潜在证据以及水的流失过程。当下人们对金星的研究热情重新被点燃，因为它可以为我们提供有用的经验教训，帮助我们更深入地了解地球的演化过程。此外，金星是温暖的类地系外行星的重要参照物，这些行星中有些会变得太热而无法继续演化或维持宜居状态。NASA 和 ESA 共制定了三项未来的金星探测任务，计划在 2030 年前后访问金星；俄罗斯也有一项正在规划论证中的金星探测任务，具体包括：

- 2026 金星-D（Venera D，俄罗斯 Roscosmos 提议项目，研究中）带有轨道器和着陆器，可能还有来自 NASA 的长寿命着陆器和高空气球等；
- 2028"真理号"金星探测任务（VERITAS，NASA 的"发现"级[1]任务）；
- 2030"达芬奇"金星探测任务（DAVINCI+，NASA 的"发现"级任务），用于观测金星大气层；
- 2031 欧洲金星探测任务（EnVision，ESA 的 M5 任务）。

金星的研究对开展系外行星的研究非常重要，因为金星与位于宜居带内缘温带的系外类地行星具有一定的相似性。对于二氧化碳占主导地位的稠密大气层、温室效应失控带来的影响，以及没有板块构造的行星是否宜居等问题，我们都可以在地球附近的这个"实验室"中开展对比研究。

3. 月球：地球的卫星

月球记录了地球附近区域的太阳系演化史，具有特殊的意义。对于实验室里的月球样本可以通过一系列现代仪器进行分析。当前和规划中的月球探测任务次数正在稳步增加，人们对月球探测的科学兴趣和载人重返月球的兴趣正在逐渐高涨，甚至进一步计划将月球基地作为未来载人太阳系探测任务的中转站。

---

[1] NASA 深空探测任务的分级情况：NASA 通常按照任务规模、技术复杂程度以及成本和研制周期等，将深空探测任务分为三级，即"发现"级小型任务、"新疆域"级中型任务及"旗舰"级大型任务。其中，"发现"级任务的成本通常低于 5 亿美元，具有研制成本低、研究时间短、科学回报率较高的特点；"新疆域"级任务的成本通常在 5 亿~9 亿美元，与"发现"级任务相比，研究的科学问题范围更宽、更具有挑战性，但同时任务成本更高、研发周期更长；"旗舰"级任务的成本高于 9 亿美元，通常为复杂的、着陆地外天体表面、巡视、跳跃及采样返回等任务，例如"欧罗巴快帆"（Europa Clipper）和"火星采样返回"（Mars Sample Return, MSR）项目的成本分别高达 25 亿美元和 45 亿美元。

近期已完成的和未来规划中的月球探测任务包括：中国着陆在月球背面的带有着陆器和月球车的"嫦娥四号"任务，成功完成了采样返回的"嫦娥五号"任务，以及在后续"探月四期"中规划了采样返回任务和资源勘探任务[1]。首个以色列太空商业着陆器（Israeli Space IL Beresheet commercial lander）已经坠毁了。印度继续推进月球探测任务，包括2019年发射的"月船2号"（Chandrayaan-2）任务，带有轨道器和着陆器，不幸的是也在着陆前坠毁了；2023年印度成功发射了带有着陆器和月球车的"月船3号"（Chandrayaan-3）任务。

实现商业月球探测是NASA商业月球载荷服务（Commercial Lunar Payload Service，CLPS）项目的主要目标，它从2023年的阿斯特机器人＆机器视觉（Astrobotic & Intuitive Machines）任务开始，计划在2023—2024年将继续执行三项去往月球南极的探测任务，包括2023年着陆在Mare Crisium、Reiner gamma 的任务和2024年着陆月球背面的薛定谔盆地（Schrodinger basin）任务。

NASA领导的阿尔忒弥斯（Artemis）任务，其中ESA承担了"猎户座"（Orion）飞船的推进服务舱研制任务，已在2022年成功发射到环月轨道上，并验证了自主飞行模式。目前计划在2025年进行载人环月飞行任务，随后将实现航天员重返月球的壮举。

NASA将无人"月球起飞"（Moon Rise）着陆探测任务列为下一个"新边疆"类型的候选任务之一，目标是从南极-艾特肯（South Pole-Aitken）盆地采样返回月球样本，在21世纪20年代中期之后的愿景包括实现载人登月任务和建立适合人类居住的环境，如永久性月球基地或支持未来探索太阳系的月球轨道空间站（Lunar Gateway）。

俄罗斯的月球探测计划包括2023年发射的"月球-25号"（已登月失败），2024年的"月球-26号"轨道飞行任务，2025年探测水冰资源的"月球-27号"着陆任务，以及后续的月球资源探测任务，如计划于2027—2030年进行的俄罗斯"月球28号～31号"任务，主要验证未来建设月球基地的技术。其他有探月计划的国家还有韩国，他们计划发射探路者月球轨道器（Korea Pathfinder Lunar Orbiter，KPLO）、韩国着陆探测器（Korea Lander Explorer，KLE），并计划于2025年发射轨道器、着陆器和巡视器。俄罗斯和中国还

[1] 中国"探月四期"任务规划：按照中国国家航天局公布的"探月四期"的任务规划，"嫦娥六号"任务已于2024年5月发射，着陆在月球背面，开展着陆区的现场调查分析与月背首次无人采样返回任务，并将获取世界首份来自月背的月壤样品；"嫦娥七号"任务将在2026年前后发射，包括月球轨道器、着陆器、巡视器及飞越器等，着陆区选址在月球南纬85°以上的南极—艾特肯盆地区域，拟实现对极区永久阴影坑水冰原位认证等科学目标；"嫦娥八号"拟于2028年前后发射，拟开展月球原位资源利用及关键技术先导验证且与"嫦娥七号"组成我国月球南极的国际月球科研站基本型。

宣布合作共建国际月球科研站（International Lunar Research Station，ILRS）。

虽然至今为止，对太阳系外行星的卫星的探测方式，还没有被可靠证实，但随着探测方法的改进，在未来有望突破这种探测模式。最近天文学家使用阿塔卡马大型毫米波/亚毫米波阵列（Atacama Large Millimetre/submillimeter Array，ALMA），探测到年轻的行星系统 PDS 70[1] 中有一个行星周盘，这些残留的尘埃可能是卫星形成过程中遗留的物质。尽管有这个令人兴奋的发现，但在不久的将来，在行星周盘观测系外卫星或其前身仍然具有挑战性。然而，将太阳系卫星与其他卫星进行比较的可能性，仍然是未来科学仪器研发的重要目标。月球探测对于系外行星科学研究的主要价值在于能够重建地月演化理论，深化我们对能进化出生命的行星原型——地球的认知。

4. 火星

火星位于太阳系宜居带的外边缘。它的低质量和化石地壳磁场对大气层逸散过程有影响，这对火星大气层的长期演化非常重要。如今，火星稀薄的大气难以使液态水在火星表面保持长期稳定。然而，现在普遍认同的说法是火星至少在其早期历史演化阶段存在液态地表水。这使火星成为许多深空探测任务的首选探测目标，这些任务或是研究火星表面和大气环境，或是寻找现存或灭绝生命迹象的目的地。最终，火星成为载人探索征途的一个重要目标。

近期已完成的和未来规划中的火星探测任务，包括 2020 年发射的三个探测器，即 NASA 的"火星 2020"（MARS2020）任务中的"毅力号"（Perseverance）火星车、阿联酋的"希望号"（Hope）火星轨道器和 CNSA 的"天问一号"（TianWen-1）任务，其中"天问一号"配备了火星全球遥感轨道器、着陆器和火星车。未来的国际联合探测任务包括欧洲和俄罗斯联合研制的火星着陆器（2022 年的 ExoMars 着陆器和火星车，目前已搁置），2024 年印度空间研究组织（ISRO）的"曼加里安 2 号"（Mangalyaan 2）轨道飞行器，2024 年日本宇宙航空研究开发机构（Japan Aerospace Exploration Agency，JAXA）的火星卫星探测（Martian Moons Exploration mission，MMX）任务，该任务包括在火卫一（Phobos）上的巡视探测火星车。未来的火星探测任务将以采样返回和载人登火为目标。所有这些任务会让人类更加了解火星。火星有着明显的大气逸散过程，并可能提供暂时的宜居条件。这

---

[1] PDS 70：是一个年轻的恒星系统，距离地球大约 370 光年。最近天文学家证实，围绕这颗恒星的轨道上存在着两颗巨大的类木行星。这一发现是由欧洲南方天文台的 ALMA 望远镜实现的，该望远镜探测到由氢气吸积到行星上自然发出的温暖辉光。将新的 ALMA 数据与早期甚大望远镜（Very Large Telescope，VLT）观测数据进行比较，天文学家确定，这颗被命名为 PDS 70 的年轻行星有一个环绕行星的圆盘，这个特征被强烈地认为是卫星的发源地。这是在遥远的恒星周围探测到的第一个具有这样特征的行星系统。

将有助于构建我们的系外行星原型，但是由于质量太小或距离其恒星太远，火星并不是寻找生命的理想目标。

2.2.1.2　小天体探测任务

小行星和彗星保留了太阳系形成早期阶段的初始信息。相关探测成果提供了原行星物质、气体/尘埃和同位素比率、矿物和化学成分、水和挥发物分馏以及它们的碰撞历史。近期和未来的飞行任务包括 JAXA 完成的"隼鸟2号"（Hayabusa-2），它抵达了小行星龙宫（Ryugu），并将一种罕见的小行星样本带回地球。NASA 负责的"起源、光谱解释、资源识别、安全、风化层探索者"（Origins, Spectral Interpretation, Resource Identification, Security, Regolith Explorer, OSIRIS-REx）任务将从太阳系边界的小行星贝努（Bennu）带回样本。其他 2021—2022 年执行的小行星任务还包括前往"木星-特洛伊族"小行星主带天体的"露西"（Lucy）、"普赛克"（Psyche）探测任务，以及双小行星重定向测试（Double Asteroid Redirection Test，DART）任务，这是一次验证近地小行星防御技术的验证试验。此外，2024 年 ESA 负责的赫拉（HERA）任务也将进行技术验证，随后是 2028 年的彗星拦截任务（Comet Interceptor Misson），这将是人类首次对长周期彗星进行的探测任务。

虽然 NASA 在 2019 年没有选择论证中的彗星天体生物学采样返回任务（Comet Astrobiology Exploration Sample Return，CAESAR）和彗星交会、样品采集、调查和返回（Comet Rendezvous, Sample Acquisition, Investigation, and Return，CORSAIR）等彗星探测任务，但它仍然是一个非常有趣的未来科学目标。2019 年，NASA 的"新视野号"（New Horizon）任务首次访问了柯伊伯带（Kuiper Belt）天体，其后续探测任务规划仍在制定中。

对这些太阳系早期形成的原始天体进行原位或实验室分析的价值很高，可与原行星盘及在其他恒星系统中观测到的系外彗星进行参考比较。

2.2.1.3　外太阳系探测任务

人们对冰卫星[1]（Ice Moons）尤其感兴趣，因为在它们地表下的海洋中极可能孕育着生命。木卫一（Io）、土卫二（Enceladns），可能还有木卫二（Europa）和土卫一（Mimas），它们都是活跃的天体，不断向地表和周围的空间输送物质，因此可以通过地基观测和原位分析寻找海洋特征（如盐）的

[1] 冰卫星：通常位于太阳系边缘较远、温度较低的地区，其表面会形成大量冰块和冰山。同时，由于这些天体受到母行星引力作用而产生强烈潮汐效应，其内部可能存在着液态海洋。2024 年巴黎天文台的研究员分析认为，土卫一也有可能存在地下液态海洋。

痕迹。探测冰卫星的科学目标包括确定冰壳厚度和成分，探测地下海洋中的有机分子，以及测定地下海洋的盐度、氧化还原状态和化学成分。

- ❖ 2023 "木星冰卫星探测器"（JUICE）[①]（ESA 主导），用于研究木卫三和木星系统；
- ❖ 2023 "欧罗巴快帆"（Europa Clipper）（NASA 主导），用于研究木卫二；
- ❖ 2025 "蜻蜓"（Dragonfly）（NASA 主导），一架用于研究土卫六大气成分和表面的无人机。

除了上述这些已经批准的任务外，几个新的重要任务正在论证之中。NASA 正在启动在木卫二着陆寻找生命任务的概念研究，目前 NASA 与 ESA 已初步论证了木卫二联合探测任务的概念性方案，在 ESA 的《2050 年远航》（*Voyage 2050*）研究报告中明确将探测气态巨行星的卫星确定为未来 L 级任务的主题。

在太阳系更远的地方有着两个"冰巨人"——天王星（Uranus）和海王星（Neptune），自从"旅行者 2 号"飞越探测以来，它们还没有被详细探测过。因此，国际科学界目前正在讨论如何进一步探测冰质巨行星及其卫星。鉴于目前已知的情况，在银河系中像冰质巨行星直径那么大的行星是普遍存在的（见图 2-1，详见第 2.3.1 节），可增加我们对天王星和海王星的形成机制、热演化、内部结构和磁层等关键的科学目标的认识，也是探索和理解太阳系及其他行星系统中行星多样性问题的必要条件。

本书第 3 章和第 4 章对当前、计划中和未来远景预见的太阳系行星探测任务进行了更详细的介绍。

2.2.2　系外行星探测任务

研究太阳系外行星（Exoplanetary）[①] 促使我们将太阳系放到更普遍的行星系统视野中去研究，从它们的形成到可能出现的生命。对它们的探测开始于对流旋转和行星凌日的空间望远镜任务（Convection, Rotation and planetary Transits, CoRoT）和 NASA 主导的 Kepler/K2 空间望远镜任务。在 2018 年 NASA 发射凌日系外行星巡天探测卫星（Transiting Exoplanet Survey Satellite, TESS）任务之后，围绕明亮恒星

---

[1] 系外行星：国际天文学联合会在 2018 年 8 月进一步修订了系外行星的定义，官方给出的定义如下：
——真实质量低于氘热核聚变（Thermonuclear Fusion of Deuterium）极限质量的天体（目前计算为太阳金属丰度天体质量的 13 倍木星），绕恒星、褐矮星或恒星遗迹运行，且与中心天体的质量比低于 L4/L5 不稳定性 $[M/M_{中心}<2/(25+\sqrt{621})]$，是"行星"（无论它们如何形成）。其中，热核聚变是指将两个或多个轻元素的原子核融合在一起形成一个更重的原子核，并释放出巨大能量的过程。其中，氘（Deuterium）是最常用的轻元素之一。
太阳系外天体被视为行星所需的最小质量/尺寸，应与太阳系中使用的质量/尺寸相同。国际天文学联合会指出，随着知识的进步，这一定义有望不断发展。

---

① JUICE 任务更新，已于 2023 年 4 月 14 日成功发射。

运转的短周期行星的天体目录正在迅速增加。ESA 领导的系外行星特性探测卫星（Characterising Exoplanet Satellite, CHEOPS）任务，提供了已知行星的高精度的半径和其他特征。在未来的几十年里，将会有更多新发现。JWST 能够探测到系外行星的红外光谱，通过这些光谱可以探测到水分子（H_2O）、二氧化碳（CO_2）和甲烷（CH_4）分子等。利用更大更热行星的光谱样本可以对目标行星的分子特征进行统计分析。由 ESA 领导的行星凌日和恒星振荡（PLAnetary Transits and Oscillations Mission, PLATO）任务将在 2026 年发射，具体目标是扩展行星的观测及统计数据，特别是长周期和较小行星的数据，从而通过凌日、视向速度和天体地震学方法，提供大量天体的精确的行星平均密度和年龄。此外，ESA 计划将于 2029 年发射大气遥感红外系外行星大型巡天任务（Atmospheric Remote-sensing Infrared Exoplanet Large Survey mission, ARIEL），目标是探测从热的亚海王星❶（Subneptune）到气态巨行星的凌星行星的系外行星大气层。因此在未来，对于更广范围的行星质量、平均温度和大气，对比系外行星的多样性将是可能的。这些信息可以用来更好地理解大气成分和整个行星化学组成成分之间的关系，以及它与行星形成和演化历史的关系。南希·格雷斯·罗曼（Nancy Grace Roman）空间望远镜的前身称为宽视场红外巡天望远镜（Wide Field Infrared Survey Telescope, WFIRST），将于 21 世纪 20 年代中期发射，还将通过微透镜技术进一步扩大对行星的统计范围。此外，ESA 的盖亚（Gaia）任务将通过天体测量提供大量行星探测数据。所有这些任务都是互补的，它们处理了不同范围的参数，但某些是重叠的，可以推导出具有不同不确定性的行星特征。鉴于构建行星及其环境的复杂过程，最终将需要通过结合来自所有任务的信息，给出大范围参数的特征。

未来几十年，系外行星任务将侧重于表征小型的、类地的、温带行星的大气特征，并使用更大孔径的太空望远镜来寻找生物特征。由 NASA 提出的计划在 2040 年发射的大型紫外/光学/红外测量仪（Large UV/Optical/Infrared Surveyor, LUVOIR）和宜居系外行星观测台（Habitable Exoplanet Observatory, HabEx）将以前所未有的精度探索太阳系外行星的大气层。起源空间望远镜（Origins Space Telescope, OST）也是 NASA 十年调查研究成果的一部分，将对 M 型恒星❷周围的小行星采用

❶ 亚海王星是指一颗半径比海王星更小的行星，尽管它的质量可能更大。亚海王星的半径 $R>3R_E$（R_E 是指地球半径），而海王星的半径 $R>3R_E$。这个"半径分割"被认为是在形成过程中，当气体吸积时，行星的大气层达到了迫使氢进入岩浆海洋所需的压力，从而阻碍了半径的增长。一旦岩浆海洋饱和，半径就会继续增长。2023 年，天文学家发现了围绕恒星 HD110067 运行的亚海王系外行星，半径范围为 $1.94R_E \sim 2.85R_E$。

❷ 恒星的光谱分类：哈佛大学根据恒星光谱中的一些谱线的强度比来对恒星的光谱进行分类。

O—B—A—F—G—K—M
　　　　　　　　　R—N
　　　　　　　S

从 O 型到 M 型，恒星的温度由高到低。O 型、B 型、A 型的恒星温度较高，称为早型星；而 K 型和 M 型的恒星温度较低，称为晚型星。O 型、B 型及早 A 型的恒星主要按光谱的电离和中性氢线-氦线的强弱来分类；晚 A 型、F 型、G 型及早 K 型的恒星是根据电离和中性金属线的强度比来分类，而晚 K 型和 M 型的恒星以及 S 型的恒星则主要看金属线和分子带的强弱程度。更冷的褐矮星以 L 和 T 表示。

[1] 行星凌星法：一种根据产生凌星现象时分析恒星亮度变化，从而推算行星轨道及质量参数的观测方法。其观测原理是在凌星期间，恒星的亮度因前方行星遮掩而减弱，并且这种亮度减弱现象的出现是周期性的，由此便可探知恒星周围有行星存在。该方法是截至2015年应用最广泛的观测系外行星的方法。

[2] 欧洲极大望远镜：选址在南美智利阿马索内斯山，靠近帕瑞纳天文台（VLT的组成部分），海拔达3 060 m，号称全世界最大的光学望远镜。ELT主镜直径39.3 m，由798个六边形小镜片拼接而成，聚光面积高达978 m²，望远镜可移动质量高达3 000 t，穹顶总质量5 000 t。ELT不仅聚光面积最大，而且聚光能力最强，比目前最大的光学望远镜（11.8 m等效口径的大双筒望远镜（Large Binocular Telescope, LBT）强15倍，比著名的VLT强26倍，比400年前伽利略制造的望远镜强800万倍，比人类肉眼强1亿倍。成像分辨率是哈勃空间望远镜（Hubble Space Telescope, HST）的16倍。ELT也是世界上最大的红外望远镜，不仅能够观测可见光，还可以观测近红外线波段的电磁波，装配的近红外相机灵敏度，可媲美2018年发射升空的韦布空间望远镜，能够探测到红外信号及其微弱的深空天体。

"行星凌星法"[1]（Planetary Transit Observation）进行观测。在欧洲，一项用于探测类地系外行星大气的红外干涉测量任务的概念设计正在论证中。最近，ESA的《2050年远航》项目已将针对温带岩质系外行星的任务确定为未来L级任务的潜在主题。第2.8节将介绍它们的目标和面临的技术挑战。

除天基任务外，地基设施还将推动关键技术的发展，并提供更多独特的机会。欧洲极大望远镜[2]（Extremely Large Telescope, ELT）将提供必要的大口径和空间分辨率，以开始研究附近冷恒星周围的类地天体的大气层。凌星光谱、高分辨率光谱和ELT上的高对比度直接成像，将使用从可见光到近红外波长范围，使表征位于小质量（M型）恒星周围的宜居带中的岩质行星成为可能。在中红外（10 μm波段）范围内，还将能够成像出最近的太阳型恒星周围的宜居带中的岩质行星。

总而言之，太阳系和系外行星系统均提供了丰富的数据，帮助我们更好地理解包括地球在内的所有行星的形成和演化过程，以及地球外是否存在生命。前往太阳系天体的探测任务越来越复杂，包括了使用着陆器、巡视器、钻机、无人机、气球、原位分析实验室和样本返回等各种手段。对于系外行星的表征，目前的技术主要依赖行星凌星法，使用大型望远镜（日冕仪和干涉仪）的直接成像法将成为未来系外行星探测任务的主要途径。

2.3　行星系统天体的多样性（Q1）

行星和系外行星科学经过过去几十年的发展，让我们获得了令人兴奋的新数据，可以帮助我们在未来更详细地了解天体物理学意义上的行星和行星系统。在太阳系内，我们只能研究八颗行星，尽管相当详细，但对系外行星的研究表明，在其他恒星周围存在着数千个此类行星。相反，除行星外的所有类型的行星系统天体（如小天体、卫星、环、尘埃和磁流体动力学等离子体相互作用过程等），则都可以在太阳系中进行观测。迄今为止，在太阳系外行星系统观测中的发现只有系外彗星和一些有争议的系外卫星，此外还可以观测到一些明亮的碎片盘，如柯伊伯带。

我们现在处于对系外行星特征的认识快速提升阶段，这些特征的变化也可用来比较研究太阳系。在未来几年到几十年内，我们希望能探测到新类型的天体（如卫星、环等），甚至是外磁层的电磁辐射。所有的新发展将进一步推动太阳系（主行星系统）及其巨行星系统（次行星系统）和太阳系外行星系统之间的协同效应，在解决我们的六个关键科学问题方面变得越来越有效。

2.3.1 已知系外行星

在过去的 30 年中，天文观测和空间探测手段的快速发展，使得探测和表征系外行星可以采用大部分重叠和部分互补的方法，这些方法包括：

（1）视向（径向）速度测量法，目前恒星视向速度的精度可达到 <1 m/s。

（2）凌星法，目前可观测到理想目标的恒星亮度下降到 0.01%～0.0001%。

（3）微透镜法，对行星探测普查特别有效。

（4）天体测量法，目前可用它来测量由行星引起的恒星的反射运动，对于明亮的恒星，精度可达到 10 μs。

（5）直接成像法。

图 2-1 所示为行星的质量和半径相对于轨道周期的分布，迄今为止这些参数已经过了各种技术手段的验证。图 2-1（a）表示了已探测到的 4 000 多颗系外行星的质量和轨道周期分布，并标明了八个太阳系行星的位置以供参考。尽管受不同技术手段的灵敏度限制而有偏差，这些数据均表明行星主要分布在三个不同的星团中。当前大多数探测到的系外行星属于小质量行星（0.5～20 倍的地球质量，相当于天王星和海王星的质量），轨道周期在 1～300 天。另外两个星团则质量较大：一是"热木星"（Hot Jupiter）[1] 星团，其轨道周期为几天，其质量分布在太阳系气态巨行星（木星）的附近，在热木星中还存在着一类特殊天体，称为超热木星（Super Hot Jupiter）[2]；二是"温木星"（Warm Jupiter），质量更大，轨道周期比"热木星"长得多，为 50～104 天。随着时间的推移和更多的行星发现得到证实，越来越多的系外行星将出现在这张分布图中，并且由于探测和表征技术的进步，其质量和轨道周期可能会进一步拓展。

---

[1] 热木星：是指和木星特征相似的气态巨行星，它们因为与其母恒星距离很近而有着很高的表面温度，它们的大小可以比木星大，而轨道则比水星到太阳的距离更近，可达 0.05 AV。由于与母恒星的距离太近通常会被潮汐锁定，以固定的一面朝向母星。当前在已探测到的 4 000 多颗系外行星中，已发现了超过 300 颗的热木星。

[2] 超热木星：是热木星的一种，指的是表面温度超过 2 200 K 的热木星。因为在这个温度下，热木星中的大气层中的大多数分子将会无法稳定存在。这些分子会在白天里被高温分解成原子，到了超热木星的黑夜面则会再次重新组合成分子。这些超热木星上的氢元素不再是以氢气的形式存在而是以氢原子的形式存在。水分子也会相当一部分分解成氢原子和氧原子。观测结果显示，一些超热木星白天的水分子比晚上的水分子少 35 个数量级。还有一些超热木星的表面温度甚至超过了很多恒星的表面温度，在这些温度下，各种我们熟知的物质都会被气化，如 WASP-178b 这颗距离我们 1 300 光年的系外行星，在大气层中含有很多一氧化硅气体，因为温度高得连岩石都融化了，还有一些超热木星的大气层中检测到气化的金属物质。超热木星如此过热的原因是距离恒星太近了，所以遭受强烈的辐射，超高的温度不但导致分子被分解成原子，而且还会在超热木星表面上形成超大的大风暴。

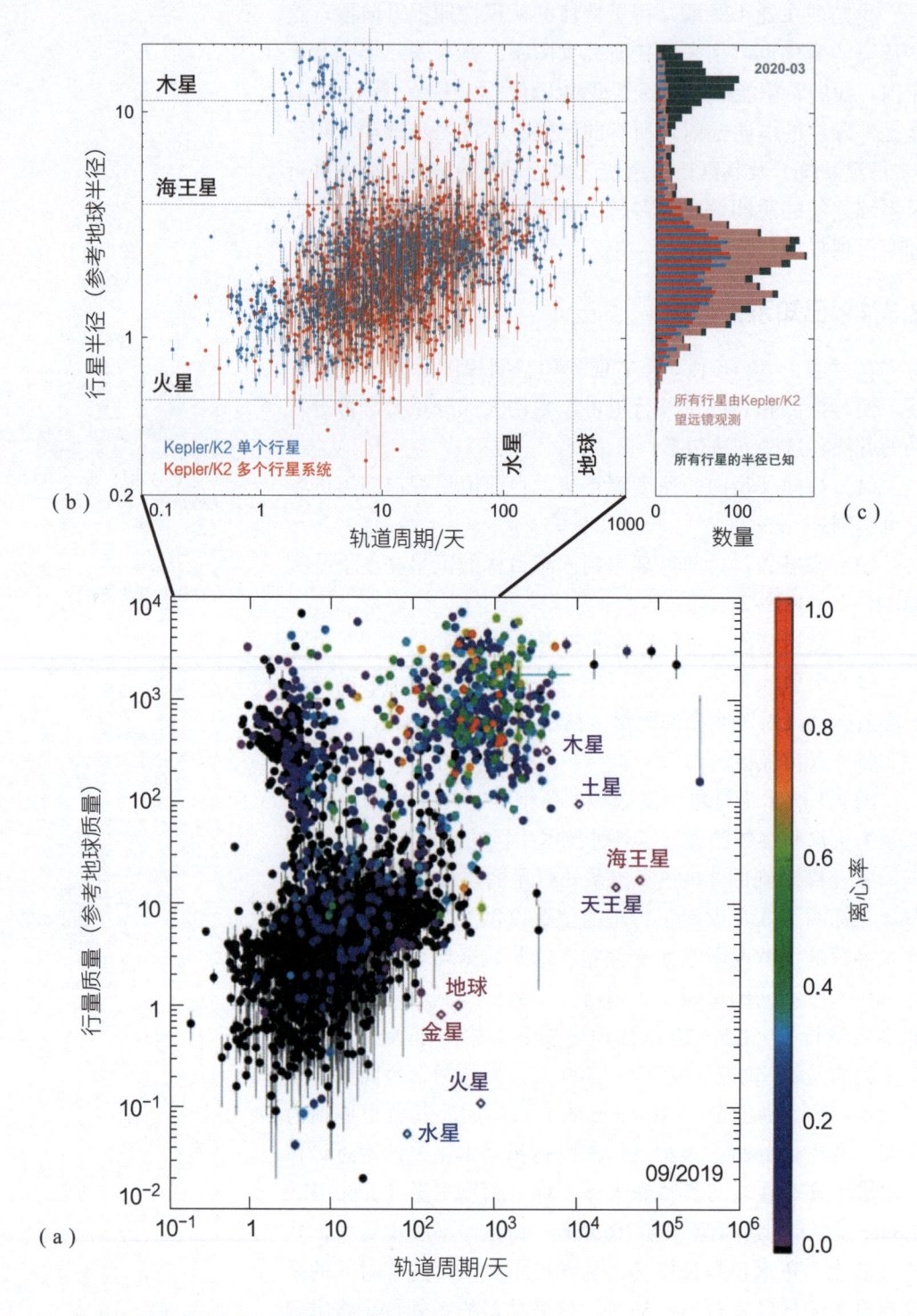

图 2-1 行星的质量和半径相对于轨道周期的分布

注：图（a）迄今为止已探测到的所有系外行星的质量与轨道周期分布；图（b）显示 2 404 颗系外行星的清单，这些行星的半径已由 Kepler/K2 望远镜观测确定为其轨道周期的函数；图（c）是按半径排序的统计分布直方图。

掩星（Occultation）技术的成功为直接获得行星半径提供了有效的途径，低质量和短轨道周期的行星种群得到了更密切和更准确的研究。图 2-1（b）显示的是由 Kepler/K2 望远镜观测确定的 2 404 颗系外行星的半径分布图，表明这些系外行星的大部分半径介于海王星和地球之间。图 2-1（c）是按半径排序统计分布（粉红色）的直方图，与已确定半径的所有行星的统计分布（灰色）重叠，表明该半径分布是双峰的，可以被描述为两个部分重叠的种群的叠加：第一个峰在 1.3 倍的地球半径附近，称为超级地球；第二个峰出现在 2.4 倍的地球半径附近，称为亚海王星。这两个峰在 1.8 倍的地球半径处被一个最小值分开。

图 2-1 显示，根据目前关于系外行星的收录清单，没有一颗太阳系内的行星与所观测到的系外行星具有直接可比性，它们要么质量明显较低，要么位于轨道周期明显较高的轨道上。一些罕见的类木星天体正好处于目前观测技术水平支持下的可观测到的行星质量范围的边缘。这反映了在可用的系外行星数据中，仍然存在对更大质量和更短周期的观测偏差。这种差异极大地限制了太阳系行星和系外行星之间的直接比较。然而，除了火星和水星外，太阳系行星的质量对应着不同的已确定的系外行星星团的特征质量，允许人们使用这些行星作为"模板"来了解这些不同星团中的行星，尽管它们的轨道周期更长。

预计在未来几十年，随着地基和天基的系外行星探测及表征技术的发展，这些差异会逐渐减少。对系外行星的观测会逐步将其参数范围扩展到图 2-1 的右侧和底部，最终覆盖所有太阳系行星的质量/大小和轨道周期范围。

为了充分利用这种预期的重叠现象，应同时提高太阳系行星表征的准确性，以提供有用的比较。对于太阳系行星中最鲜为人知的冰质巨行星来说尤其如此，因为冰质巨行星可以用作数量丰富的系外行星群的模板。未来实施的雄心勃勃的冰质巨行星探测任务，辅以使用巨型天基和地基望远镜观测，将在表征冰质巨行星方面取得显著进展。

对系外行星的理解与描述其宿主星（Host Star）的能力有关，这种能力包括了确定精确的行星参数（包括系统年龄），和对恒星环境如何影响行星多样性和行星演化的理解。长时间的详细跟踪观测，对于促进我们了解不同时间尺度上的恒星变化活动，以及它们对恒星类型和年龄的依赖性至关重要。CoRoT、Kepler/K2 和 TESS 任务完成了第一步，后续 ESA 的 PLATO 任务将继续扩大研究恒星的类型和系外行星系统的范围。这些观测工作将继续促进从恒星天体物理学到行星科学的理论研究。继续监测恒星紫外线（Ultraviolet Ray，UV）辐射很重要，因为它会影响行星大气的化学组成和散逸过程。

当前系外行星科学研究的另一个局限性是对它们的内部结构、成分组成和演化历史的了解很少，需要综合模型将少数可观测的特性与对系外行星的理解更好联系起来。与此同时，虽然似乎很难克服系外行星的所有参数退化（对太阳系天体来说也是一个挑战），但扩大可观测的数量是很重要的。2022 年，

> [1] 系外行星的勒夫数：勒夫数（h、k 和 l）是无量纲参数，用于测量行星体的刚度及其形状随潮汐而变化的敏感性。
> - 勒夫数 h 定义为固体潮高与静平衡潮高之比，即垂直（径向）位移或行星弹性特性的变化。
> - 勒夫数 k 定义为弹性行星形变后产生的附加引力位与相应的原引潮力位的比值。
> - 勒夫数 l 表示行星地壳质量元素的水平（横向）位移与相应的静态海洋潮的水平（横向）位移之比。
> 勒夫数的大小取决于球体的刚度和质量分布。勒夫数 h_n、K_n 和 L_n 可以计算出更高阶的球谐函数。

系外行星的勒夫数[1]（Lover Number）（$h2$）测量值首次公布，从而通过径向速度和凌星技术提供了额外的观测值。考虑到勒夫数只适用于少数太阳系天体，一旦未来的测量技术提供了更大的观测基础，研究天体统计样本的参数将变得十分有趣。

光学探测的最新迹象表明，通过观测系外行星产生或诱发的辐射量，最终能够描绘出系外行星的磁场结构。

未来把对恒星年龄的观测（如通过 PLATO 望远镜）与大气观测（如通过 JWST、ARIEL 望远镜）相结合，可用于进一步描绘出系外行星的成分组成和内部结构，特别是对于富含气体的行星，包括某些行星类型向其他行星类型的进化过程（如从亚海王星到超级地球的进化）。

2.3.2 对太阳系天体认知的总结

太阳系内的八大行星都至少被探测器"拜访"过一次了，其中一部分还可以用地基天文望远镜进行持续观测。与系外行星相比，对太阳系天体的各种化学和物理特性的研究深度要高出几个数量级，可以非常精确地测量出太阳系行星的各种化学和物理特性，包括它们的引力和磁场、大气成分、旋转速度、表面特征等。关于太阳系天体的部分发现包括太阳系行星复杂的形成历史，比如它们受气态巨星影响，包括动力学影响和极端撞击事件等。系外行星的多样性表明它们的不同特征是由它们形成和演化的特定条件决定的。类地行星的形成和冷却过程及其内部大气的相互作用也非常多样的，很可能受到特定撞击以及其他尚未完全了解的物理化学过程的影响。太阳系行星的磁场在强度和拓扑结构上也呈现出多样性，从而形成了多个具有非常不同特征的行星磁场。小天体和陨石是行星形成过程的残留物保留了太阳系诞生过程中物理及化学环境变化的重要信息。

2.3.3 未来几十年内太阳系行星及系外行星的科学协同效应

了解行星系统天体的多样性是一项具有挑战性的工作，需要优选行星探测任务和采用足够匹配的技术。对于系外行星系统，需要研究恒星特性（如质量、成分、年龄、出生时的原恒星盘）与行星特性（如质量、半径、轨道周期、大气特征）统计数据之间的关联性。探索研究每一种相关性都将需要耗费大量的资源，并涉及所有可用的检测方法。虽然这些方法是部分互补的，但它们对不同类型的恒星、行星和系统内部结构的相关参数都很敏感。在某些情况下，不同方法之间的敏感性并不重叠，需要用统计建模来研究观察到的不同样本。太阳系行星有可能被当作不同系外行星群的"模板"，以更好地描述它们并修正行星结构、形成和演化的理论模型。为了充分利用这种协同效应，必须同时发展系外行星探测和表征技术，并对最鲜为人知的太阳系行星的了解方面实现数量级的提高，包括在太阳径向距离范围的两个极端天体：冰质巨行星和水星。未来太阳系行星及系外行星间的科学协同效应将包括以下内容。

（1）在对太阳系的研究中，探测行星系统的子系统及其多样性天体（如卫星、环、尘埃和气体、等离子体和带电粒子、磁层），提供一个"基本事实"，可将它们的特性推广到系外行星系统等相似天体上，用来指导未来对它们的探测活动，并为确定它们的特征作好准备。

（2）在对系外行星的研究中，未来对新型天体（包括系外行星的卫星、卫星环等）的探测，将反过来加深我们对太阳系天体的理解。迄今为止，在系外行星的探索中，对我们探测不足的天体（如最小的岩质行星、遥远的冰质巨行星）的了解，将允许人们将太阳系中各自的类似天体置身于相关场景中，从而进行对比研究。

2.4 行星系统结构的多样性（Q2）

2.4.1 比较太阳系和系外行星系统的结构

太阳系外行星系统在银河系附近存在，并且在主行星的数量、轨道参数、相邻行星之间的周期比、行星密度和质量以及恒星属性方面各不相同。目前已知共有 500 多个不同的多行星系统。这些行星系统的现有数据表明，无论是行星特征（质量、半径、大气特性、恒星亮度等），还是轨道特性参数都呈现出广泛多样性，例如在几个小时的超短周期轨道上，乃至于距主恒星数百个天文单位（AU）的轨道上均可观测到系外行星。许多行星似乎经历了轨道迁移[1]（Orbital Migration），所以无法在最初形成的地方被检测到。

图 2-2 介绍的是从美国加利福尼亚开普勒调查局（California Kepler Survey，CKS）中获得的至少包含四个行星的行星系统的，由多个样本组成的体系结构示意图。图 2-2

[1] 轨道迁移：从对系外行星的计算机模拟和观测到的行星特性来看，系外行星毫无疑问是能够发生轨道迁移的。导致轨道迁移的机制有三种，即受到原行星盘、伴星（双星系统中）或多行星的影响，这些恒星系统内天体间存在相互作用，每一种机制都受到一组条件的制约，可以利用不同的时间尺度来判别三种机制中的哪一种机制才是真正的原因。

图 2-2 多行星系统体系结构示意图

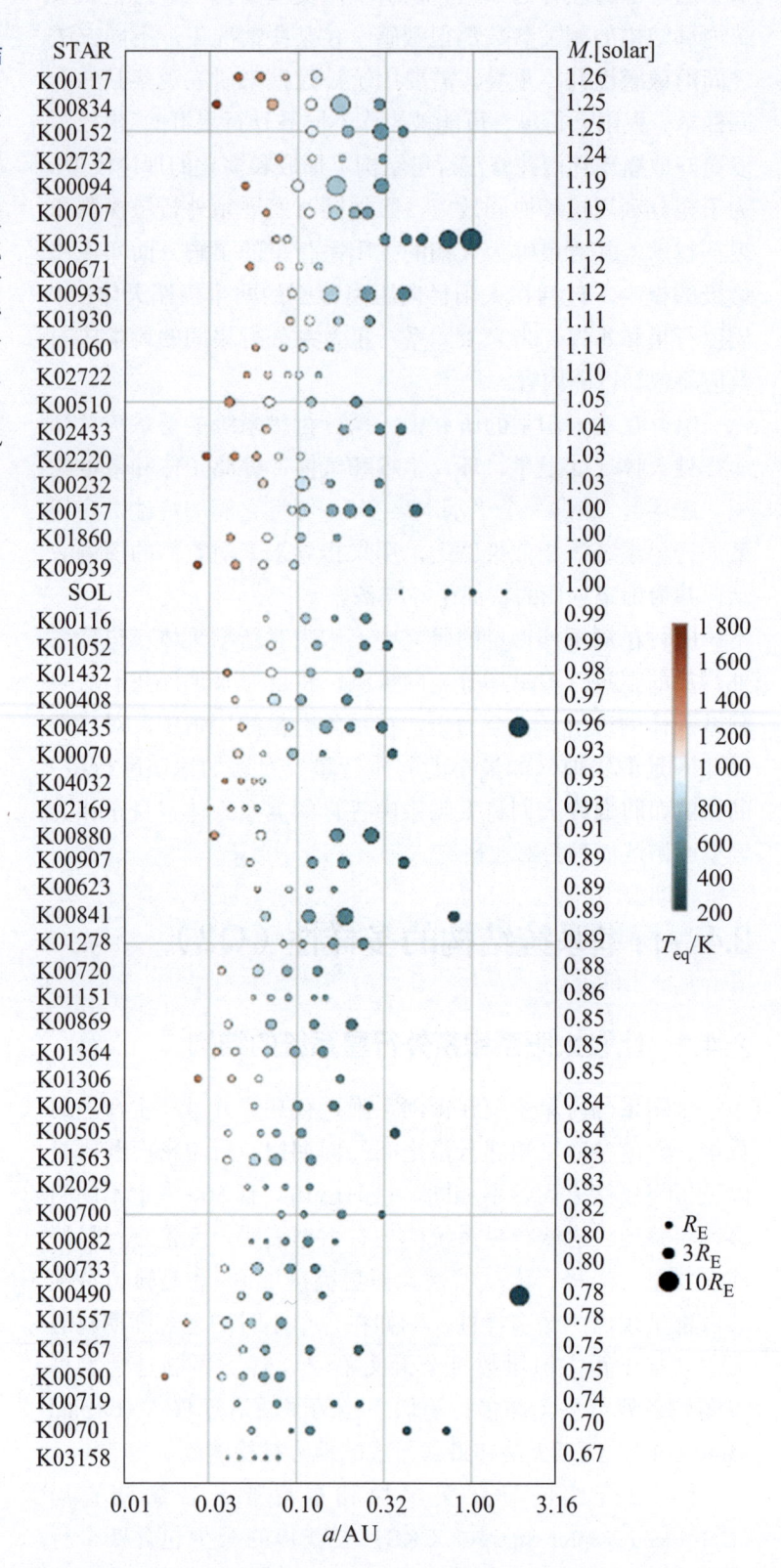

注：按主恒星质量从上到下递减排序，通过更准确的确定主星参数的方法修正了行星半径、质量和平衡温度。每行对应一个行星系统（纵轴上的名称）并显示行星的半长轴（横轴以对数形式表示）。点的大小对应于行星半径，它们的颜色对应于它们的平衡温度。内太阳系也包含在图中（即 SOL 一行）。

中从上到下按照主星质量依次递减排列，水平方向表示它们到主星的距离，以 AU 为单位，点的大小对应于行星半径，它们的颜色对应于它们的平衡温度。将它们的径向分布与太阳系内行星（见图 2-2 中的 SOL 行）进行比较表明，这些已观测到的行星系统大多数都集中在离它们的恒星更近的位置。这项统计研究还揭示了行星在质量和与恒星距离方面的分布规律：①相邻行星的质量往往相似；②一对相邻行星之间往往有相似的间隔；③相邻行星之间的距离往往随着行星质量的增加而增大，即质量较小的行星往往更"拥挤"；④这些行星间平均距离约为 20 个希尔球半径，最低不小于 10 个希尔球半径。但需注意的是，在本次研究中，各类行星系统中行星间距是有一个最低观测下限的。这些特征与内太阳系行星形成鲜明对比，如果将外太阳系行星也考虑在内，这种对比的结果就更加显著：一种类似于太阳系的结构特点，即在原始冰线（the Primordial Ice Line）内侧有小型岩质行星，外侧有巨行星，但这一现象在其他恒星周围并不常见。

对太阳系行星系统结构进行比较研究的另一项重要价值是，它提供了五种不同的结构，包括将太阳系看作一个整体行星系统，以及四个巨行星系统，它们可以被视为次行星系统。我们已经提到过由于对系外行星系统的观测存在偏差，在太阳系中可以观察到比在其他恒星周围更多样的天体（如环、卫星、尘埃、气体和等离子体环等）。这些天体在巨行星周围的空间分布结构也遵循多样化的特点，这也进一步凸显了（到目前为止）太阳系的独特性。如果仅考虑行星的常规卫星，它们的质量与其母星的距离如图 2-3 所示。

从图 2-3 中可以看出不同的趋势：①随着与行星中心距离的增加，行星卫星的质量也有增加的趋势，土星的卫星就很好地印证了这个趋势；②木星的卫星，四个伽利略卫星不遵循这一趋势，它们的质量相当；③海王星系统不同于其他系统，只有一颗常规的卫星（即海卫一），占行星卫星系统总质量的 90% 以上。此外，考虑到海卫一独特的逆行轨道，两者共同支持了目前的解释，即海卫一最初是一个 TNO，它捕获的物质可能摧毁了海王星的原始卫星系统（如果有的话），这是海卫一的独特之处。

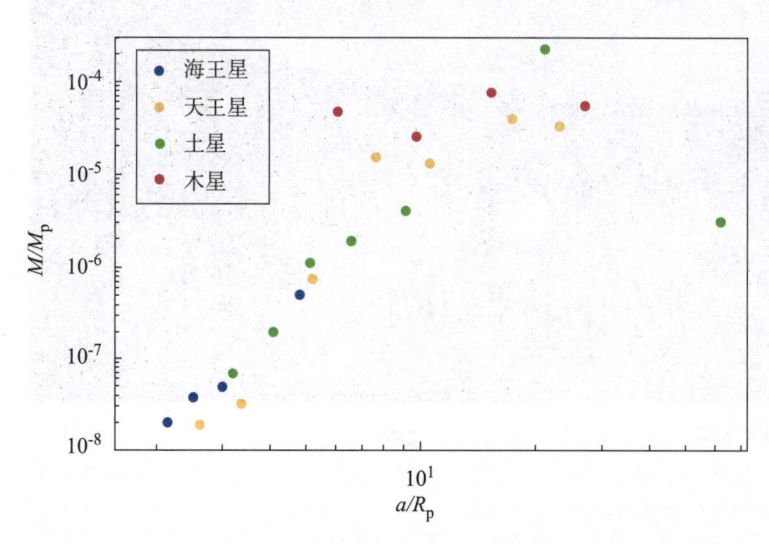

图 2-3　四个巨行星系统结构示意图

注：图中显示的是卫星的质量（归一化为其母行星的质量）和它们的长半轴（归一化为其母行星的半径），且只考虑常规卫星。

对巨行星系统、内太阳系和系外行星系统结构的比较研究，为更深入地了解它们的起源（Q3）、运行过程（Q4）和宜居性（Q5）提供了线索，其三者的协同效应如图 2-4 所示。TRAPPIST-1 系统的七颗行星被捕获在共振轨道中，可将它与伽利略卫星系统进行比较，木卫一/木卫二/木卫三系统也被困在称为拉普拉斯（Laplace）的 1∶2∶4 平均运动共振轨道[1]（Motion Resonance）中（还可参见 TOI-178 六行星系统的例子）。天文望远镜和空间探测器已经对这种共振及其影响进行了很长时间的研究。TRAPPIST-1 行星系统相对于其宜居带的位置可与内太阳系的行星情况进行比较，有助于未来的宜居性研究。另一个引人注目的特性是伽利略卫星与木星的质量比，其与 TRAPPIST-1 行星与其主行星的质量比具有相似性。

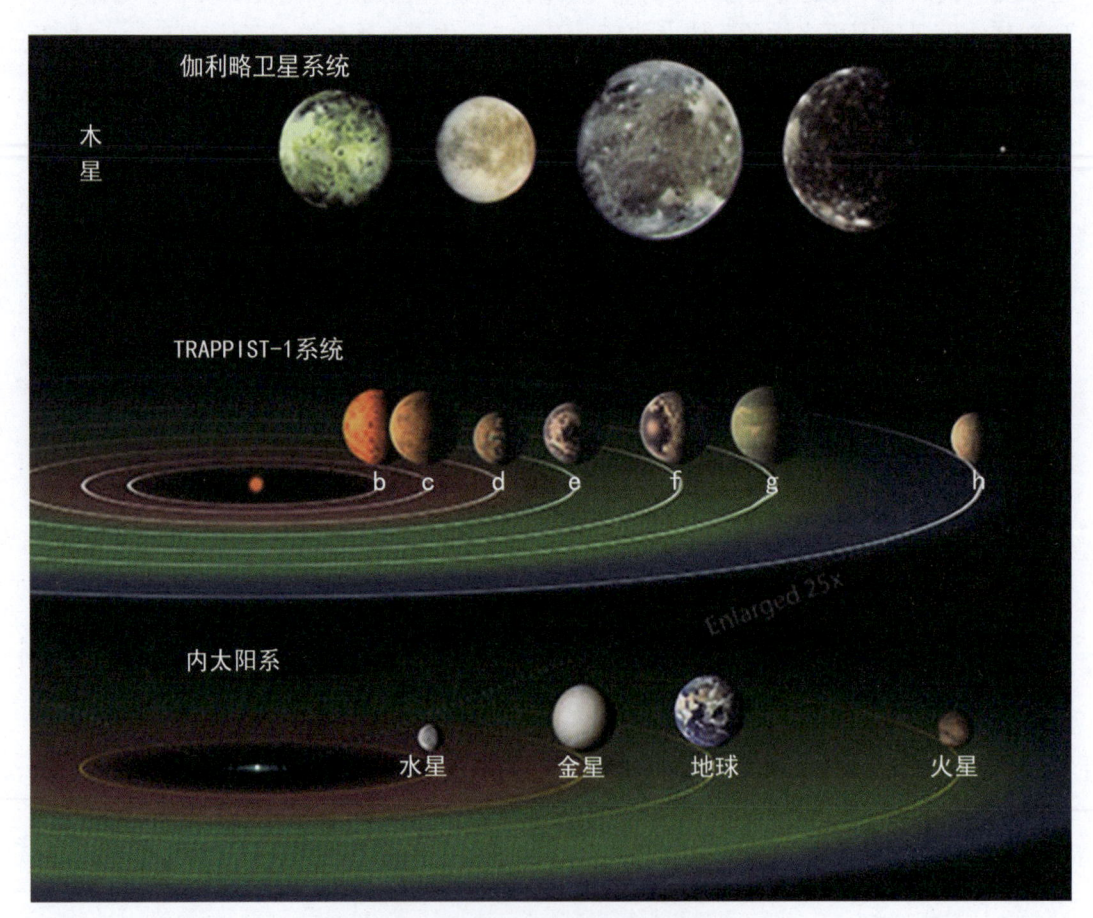

[1] 共振轨道是指在天体力学中，当两个天体各自以平太阳速度 n_1 和 n_2 绕同一中心天体运行，满足条件 $n_1/n_2=p/q$（p，q 为正整数），即构成两个运行轨道之间的 p/q 轨道共振。冥王星与海王星的轨道即 3∶2 的共振轨道，特洛伊小行星的轨道与木星的轨道正好构成 1∶1 的共振轨道。

图 2-4　巨行星系统、系外行星系统和内太阳系间的协同效应示意图

注：图中上排代表的是木星的伽利略卫星系统，中排代表的是 TRAPPIST-1 系统，下排代表的是内太阳系系统。可以研究伽利略卫星系统和 TRAPPIST-1 系统间的平均运动共振轨道。这反过来也是一个有趣的例子，可以将在宜居带有几颗行星的系统与内太阳系的类似状况进行比较。

最终，行星系统也被相互约束与联系在一起，并被它们的磁场保护，免受银河系辐射环境的影响。天球层（类似于我们的日球层）保护恒星及其行星系统免受来自银河系发出的高能粒子的影响，被称为银河宇宙线（Galactic Cosmic Ray，GCR）。天体对 GCR 的屏蔽是一个基本的、开放的问题，其答案对于评估系外行星的宜居性至关重要。但在研究其他天体的屏蔽特性以确定宜居性之前，必须了解唯一已知蕴藏着生命的天体——地球，以及它所在的日球层。

日球层是一个巨大的屏障，可以保护太阳系免受恶劣的银河宇宙射线的辐射。借助旅行者 1 号（Voyager 1）的飞行测量数据，我们知道日球层可以保护内太阳系免受 75% 的 1GeV 宇宙射线的影响。这种宇宙射线的辐射不仅影响着地球上的生命，也影响着载人航天活动。为了解日球层屏蔽特性的演变，需要了解它的结构和大尺度动力学。虽然现在能够建立一个预测性的（全球）日球层模型，但迄今为止，性能最优越的大型计算机也无法模拟重现关键的观测结果，如日球层的大小、等离子体的速度和方向以及日鞘的厚度，因此还需要在修正日球层模型研究方面取得重大突破。日球层是所有其他天体的模板，可以预测创造宜居行星所需的条件。

预计在未来几十年内，对太阳系附近恒星周围天体的天文探测（其中一些如图 2-5 所示），对日球层的实地探测和全球表征及其与当地星际介质（Local Interstellar Medium，LISM）的相互作用的研究，有望取得同步取得进展。随着这些研究工作的进展，日球层和天体层的协同研究将从单纯的概念联系，转变为数据（实地探测和遥

图 2-5 对天球层与日球层的研究及协同效应的示意图

注：图中介绍了对天球层的天文观测研究，与日球层（太阳系的天球层）的原位探测研究及二者之间日益增长的协同效应。有助于对在不同波长范围内（见图左侧）观察到的几个天球层与日球层之间进行比较，并加深对其 3D 结构的了解。天球层的外形就像行星一样（见图右下侧），是银河系附近恒星的固有特性。

感观测）和模型的实际定量对比，从而深化对天球层、日球层、与星际介质的相互作用、在行星宜居性中的作用，以及与银河系邻域的关系等方面的深入理解。

2.4.2 未来几十年内太阳系与系外行星的科学协同效应

总之，在当前和未来的行星系统结构的研究中，预计会将太阳系和系外行星进行对比研究，有望产生许多富有成效的关于协同效应的研究成果。

（1）实地探测五种不同的行星系统结构（包括太阳系及其四个巨行星系统），并与数百个系外行星系统结构进行比较研究。

（2）日球层（即太阳系的天球层）可以在其边界以外的区域与LISM进行实地探测研究，并为一般性的天球层研究提供"基本事实"。

比较太阳系外行星系统的结构、行星在质量和轨道参数上的分布、天球层的结构以及太阳系及其日球层，能够了解到更多的细节，包括行星系统结构与演化历史、演化机制、运行原理和宜居性之间的关系。它将告诉我们太阳系在何种程度上是"独特的"或是"通用的"。正如第2.5节将要介绍的，开展对星周盘，以及由它们耦合形成的原行星盘的研究，也将极大地帮助我们理解行星系统形成的初始状态，及其在行星系统结构形成过程中所起的作用。

2.5 行星系统的起源与演化（Q3）

2.5.1 行星形成理论简介

行星形成和演化过程按照经典理论描述的顺序如图2-6所示。核吸积理论是指在恒星及其环绕行星盘形成之后，行星的形成从微米级的尘埃颗粒开始，通过凝结为厘米级的卵石（Pebble）而迅速成长。这些卵石在圆盘中向内漂移。通过进一步的凝结或通过不稳定性，卵石进一步在圆盘的特定位置增长形成千米量级的星子（Planetesimal）。星子反过来又通过碰撞成长为原行星（Protoplanet），即直径约为1 000 km大小的天体。在气态星云（Ⅰ类和Ⅱ类圆盘）存在期间，一些原行星的质量变得足够大（几个地球质量），触发吸积了大量氢/氦气体，随后形成一颗巨大的行星。现在人们已经认识到，当原行星远小于10个地球质量时，氢/氦气体也可以被吸积，这与许多富含气体的小型系外行星的状况相一致。气态星盘中孕育的原行星可能会受到当地气体密度的影响而产生轨道迁移，导致原行星的初始位置和最终位置不同（即没有在原位形成）。然而，大多数原行星的质量还不足以引发快速的气体吸积。相反，一旦气体的抑制影响消失（如Ⅲ类圆盘），它们就会相互激发轨道发生偏离，导致一系列巨大的撞击，最终形成类地行星。在最后阶段，行星轨道重新排列以维持数十亿年稳定的位置。在此期间，个体行星经历了一个长期的热力学和成分演化过程，包括冷却和收缩、大气逃逸或大气间相互作用，如吸气和排气等。

2.5.2 悬而未决的问题和挑战

图 2-6 中的问号表明，即使是这样非常简单的"卡通"水平的理论描述，关于行星系统的起源也存在一些悬而未决的基本问题，主要包括以下内容。

（1）原行星盘作为行星形成的初始条件和边界条件有哪些特性？是什么导致了圆盘吸积并形成了原行星盘的结构？如果传统假设的湍流黏度以外的过程发挥了作用，原行星盘结构和行星形成过程将大不相同。

（2）是否至少存在一些行星质量尺度的伴星是由引力不稳定性形成的，而不是核心吸积？

（3）关于固体的吸积，随着时间的推移，卵石和星子各自的作用是什么以及它们相互作用的重要性是什么？行星各组成部分的空间和大小分布是什么？阿塔卡马大型毫米/亚毫米波阵（ALMA）最近的观测结果显示，具有堆积、环和间隙的非均匀分布，与经典假设的光滑最小质量太阳星云[1]（Mininum Mass Solar Nebula，MMSN）圆盘有很大不同。此外，在原行星盘条件下，尚不清楚固体的物理特性（如孔隙率、碎裂速度）会如何影响核吸积的结果。

[1] 最小质量太阳星云是指一个原行星盘，包含构建太阳系行星所需的最少固体材料，在这个经典模型设想中，原行星盘里充满了刚好足够的氢、氦和较重的元素，构成观测到的行星和小行星带，ALMA 推翻了行星形成的经典模型。

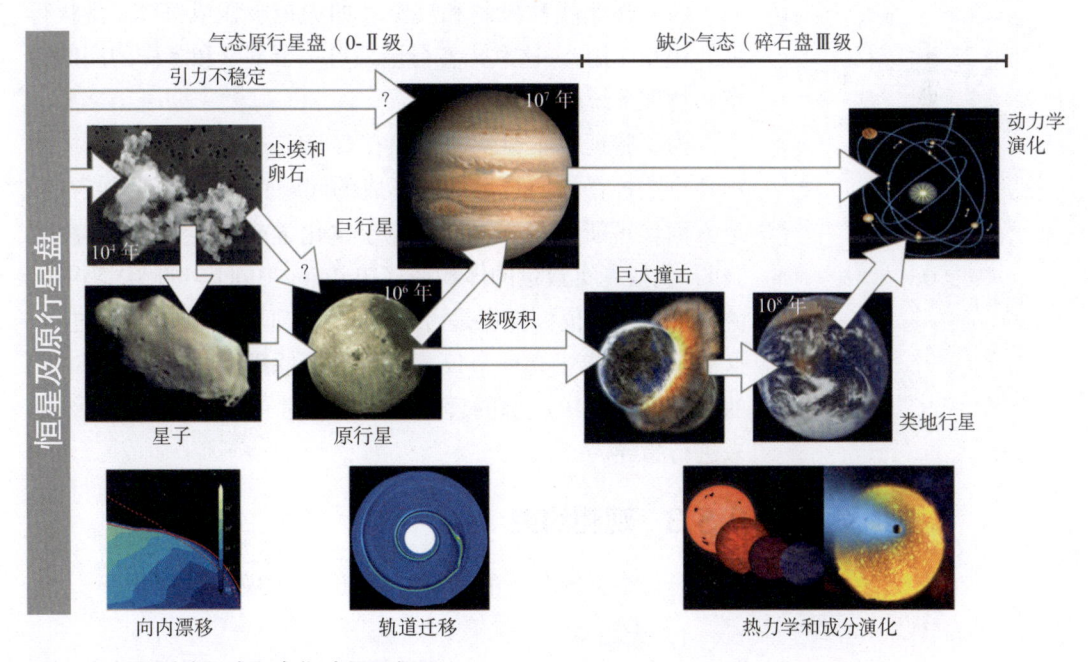

图 2-6 行星系统形成和演化过程示意图

注：箭头表示行星形成和演化过程的顺序，不同阶段的重要物理过程显示在最下一排。

（4）气态巨行星的预期成分和内部结构是什么？掌握巨行星的质量、半径和年龄将有助于对气态行星的组成的理解，可以将其联系起来，以更好地理解气态巨行星的演化和起源。

（5）关于气体的吸积，一维准静态行星内部结构模型所做的预测真的可以用来预测行星的气体吸积率吗？如果是，那么气体的动力学是否具备同样的作用？关于原行星大气的不透明度、气体的组成和状态方程、重元素的分布、巨行星形成的热力学（吸积冲击物理学）存在着重大不确定性，这是否影响了我们理解气体吸积过程的能力？

（6）轨道迁移有多强？根据圆盘的热力学描述以及圆盘和原行星的特性，轨道迁移在方向和速度上可能会有很大差异。这可能导致对新兴行星系统结构的不同预测（综合考虑轨道周期分布、堆积、捕获到平均运动共振轨道等因素）。

回答这些问题具有挑战性，因为图 2-6 中显示的过程涉及以下几个方面。

（1）在空间尺度上范围很广，从尘埃颗粒到巨行星（相差 13 个数量级）。

（2）在时间尺度上动态范围也很大，从 104 年到 100 兆年的动态时间范围。

（3）多学科多重输入物理参数，包括重力、流体动力学、辐射传输、热力学、磁场、高压物理等。

（4）强非线性机制和反馈（如失控吸积或气体/盘状行星的相互作用）。这意味着行星来自一个复杂和多样的高度动态和物理系统的耦合过程。

为了验证基本事实，采用在实验室进行实验这种传统的物理方法，在研究行星如何形成的问题背景下，仅可能在特定方面实现研究目标（如研究宇宙化学或尘埃增长/破碎实验）。包括真实数量的体积块（Building Block）的 3D 辐射磁流体动力学数值模拟也是可能实现的，但计算成本仍然过高。这意味着不能建立一个仅基于第一性原理[1]（First Principle）的关于行星系统起源的理论，因此非常有必要采用观测结果来进行指导。

2.5.3 观测约束

对行星系统起源的理解基于以下三类观测结果。

1. 太阳系

对太阳系的详细探测成果支撑了今天所能看到的最全面

---

[1] 第一性原理：根据原子核和电子相互作用的原理及其基本运动规律，运用量子力学原理，从具体要求出发，经过一些近似处理后直接求解薛定谔方程的算法，习惯上称为第一性原理。第一性原理通常是跟计算联系在一起的，是指在进行计算时，没有采用其他实验的经验性或者半经验的参数，具有很好的移植性。作为评价事物的依据，第一性原理和经验参数是两个极端。第一性原理是某些硬性规定或推演得出的结论，而经验参数则是通过大量实例得出的规律性的数据。通常，规律性的数据既可以来自第一性原理（称为理论统计数据），也可以来自实验（称为实验统计数据）。

的行星系统，包括太阳系的八大行星、矮行星以及小天体（彗星、小行星，它们提供了太阳系形成阶段的初始信息）。对陨石和采样返回样品的化学分析也提供了在太阳系形成过程中确定的历史年代事件，如月球形成撞击坑的时间或木星的演化时间历程。此外，太阳系内的行星是目前唯一可以详细表征出其内部结构和大气层结构的行星。而且，地球是目前宇宙中唯一已知的宜居行星。

2. 系外行星

目前对单个太阳系外行星或系统知之甚少，但统计研究结果表明系外行星和行星系统结构具有多样性。来自地基和天基的具有可控偏差的大量观测结果，对理解行星形成的场景发挥了重要作用。这些新观测结果的结论是必须放弃为太阳系行星形成量身定制的旧模型。统计观测结果的显著增长，如不同行星类型的占比、行星基本特性（质量、周期、偏心率的分布）以及与恒星特性相关性，使得如今可以对行星形成的模型进行统计检验。行星综合统计方法正是利用了太阳系外行星提供的全部统计数据，如在图 2-1 中介绍的行星质量和半径相对于轨道周期的分布，并对各种观测方法进行了颜色区分。结果发现，图 2-1 中这些行星的分布与恒星的赫罗图具有相似性。

3. 原行星盘

2022 年开展了对原行星盘中正在形成过程中的行星的观测。原行星盘的质量、大小、寿命和结构是关键的初始条件和边界条件，它们为行星起源模型发挥正确的作用奠定了基础。在系外行星经历革命性的阶段的同时，理解原行星盘也正在经历一个革命性的阶段。ALMA 天文台和高对比度成像仪器提供了高空间分辨率和灵敏度，这些仪器提供了前所未有的原行星盘的图像，通过反射光可以寻找到目前仍在孕育中的行星。几十年前，逆向工程[1]（Reverse Engineering）中的最小质量太阳星云（MMSN）必须作为原行星盘的唯一可用模型，但现在的人们正快速地观测和解释原行星盘的多样性和观测特性。

2.5.4 太阳系与系外行星形成理论的协同效应

就算掌握了所有的数据，行星形成理论至今仍然无法用一张连贯的图片来解释观测到的各式各样的行星系统的特征及其起源，其中也包括太阳系。在这种情况下，必须尽可能

---

[1] 逆向工程：又称逆向技术或反向工程，是指一种产品设计技术的再现过程，通常是根据已有的产品和结果，通过分析来推导出具体的实现方法。

地利用太阳系和太阳系外行星系统之间的协同效应来取得进展。在这里列出关于协同效应的重要例子。

（1）采用太阳系的初始条件进行研究，这些条件不仅基于最小质量太阳星云，还基于对原行星盘的观测。

（2）通过验证开发的途径了解太阳系外行星的起源，反之亦然。其中的一个重要例子是"大迁徙"模型[1]（Grand Tack Model），它建立在两颗巨行星（如木星和土星）的特殊轨道迁移行为之上。这使人们认识到太阳系的形成很可能是一个动态过程，在这个过程中行星的轨道经历了强烈的改变。

（3）基于为表征太阳系行星特性而研发的思想和方法，可以开展太阳系外行星的内部结构、大气和热力学表征研究，包括行星质量—半径和质量—光度关系的研究。研究中为太阳系外行星开发的模型通常更简单，可以使用太阳系行星的大量可用数据进行验证。

（4）在行星形成和可观测大气层光谱之间开展有意义的相关性研究。

2.5.5　从行星形成理论中吸取的教训

太阳系中巨行星形成的早期模型假设了一个静态的非整体图景：行星形成所涉及的时间尺度要么根本没有考虑，要么至少忽略了原行星盘的时间演化过程。行星也被认为是在原地形成的，并且独立于所有其他同时出现在原行星盘中的原行星。除此之外，关于初始条件的信息非常少，因此引入了一些参考以及太阳系的特定概念，如最小质量太阳星云。这张为太阳系量身定制的极其静态的图景缺乏相互作用和动态元素，无法解释发现的太阳系外行星所表现出的多样性。

对太阳系外行星的观测，以及对行星形成盘的性质和寿命期内的观测清楚地表明，现代行星形成理论必须考虑行星形成、行星迁移、原行星间的 N 体相互作用。行星盘演化都发生在相似的时间范围内，并密切地相互影响，这意味着我们不能剥离地单独对待每个过程。这也是我们研发综合全域模型的原因，要考虑行星形成期间发生的所有当前已知的各项主导因素，并以一种简化但自洽的方式将其联系起来。这样的全域模型能够预测新兴的行星系统的体系结构，直接基于新生原行星盘的特性预测出可观测的行星数量。使用这种办法，就可以弥合理论与观测结果之间的鸿沟。

从此类全域模型与观测结果的统计结果比较中，发现可

---

[1] "大迁徙"模型：以木星为例，是指在形成后，经历了两个阶段的迁移，在向内迁徙到 1.5 AU 之后，逆转航向向外迁徙。木星被认为是在距离太阳 3.5 AU 处形成，在逆转航向后，与捕获的土星形成轨道共振，最终停止在 5.2 AU 外，而土星则停留在大约 7 AU 的位置，后来因为其他作用力，土星被推向了 9.5 AU，直至它今天的位置。"大迁徙"模型很好地解释了主带小行星中为何既有岩质小天体，也有冰质小天体。

吸取的重要经验教训，可以概括成以下几点。

（1）固体物的集聚或空间不均匀的初始分布，对行星的快速增长是必要的，并解释了众多近在咫尺的系外行星。

（2）N体相互作用是导致轨道发生最终偏心和形成轨道倾角的关键因素。

（3）在观测到的行星质量函数中，在大约30个地球质量（M_E）处，存在着由于快速气体吸积而形成核心质量的印记。

（4）星子要足够小才能足够快速地成长为巨行星的核心，或者卵石吸积可能允许在更大的轨道距离上更快速地增长。

（5）行星在接近平均运动共振轨道时会发生轨道迁移，但它的效率似乎比（单个）行星的迁移时间尺度预测值要低。

（6）决定原行星盘形成结果的最重要的特征是它们的重元素含量，这决定了行星的平均质量、它们在系统中的数量、行星系统的体系结构，尤其是行星偏心率的分布。

2.5.6　巨行星的形成与演化

在未来几十年，对太阳系和太阳系外行星协同效应的研究将有助于回答的关键问题之一是气态巨行星是如何形成的。"伽利略"探测器的实地探测结果明确了木星大气层的成分，而"卡西尼"的探测结果明确了土星大气层的成分。在对系外行星的研究中，可将巨行星的透射光谱、高色散光谱和从年轻巨行星直接成像中提取的光谱与大气反演技术相结合，以此来估计大气层的成分（见图2-7）。然后可以将这些观测到的大气成分与行星形成模型和原行星盘模型进行比较，深入了解系外行星大气的起源和演化过程。然而，太阳系中的巨行星表明，系外行星的内部结构可能比以前想象的要复杂得多。这可能会影响到它们的演变过程，并使观测结果与理论模型之间的关系变得更具挑战性。

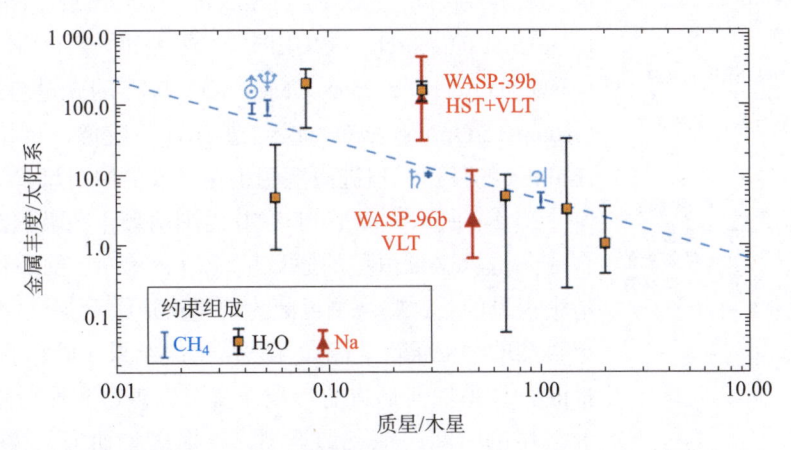

图2-7　太阳系行星和系外行星的质量-金属丰度示意图

注：甲烷（CH_4）和水（H_2O）是两种吸收光谱表示的成分，分别用于确定太阳系行星（蓝色条）和热气态巨行星（带有灰色误差条的橙色正方形）的大气中的金属丰度。每个误差条对应于1σ的不确定性。蓝线表示适合太阳系气态巨行星（淡蓝色符号表示太阳系行星）。

"朱诺号"木星探测任务提供了关于木星的更详细的结果，特别是它的氧丰度。综合考虑 JWST 与 TESS 观测到的目标结果，可以得到更多的热气态系外行星透射光谱的数量和质量信息，以及使用 ALMA 能够得到的更详尽的原行星盘的化学成分剖面。未来几十年，应该为太阳系和系外行星提供理解巨型系外行星大气起源和演化的机会。然而，目前尚不清楚水丰度是否反映了大气层的整体成分，这对于进一步修正行星形成模型非常重要。预计巨行星具有成分梯度并且不会完全混合，这一点尤其重要。

2.5.7 观察行星的形成

行星形成过程以及行星和行星系统的早期演化历史，直到最近才被直接观测到。但从行星形成到目前的观测结果，通常存在几亿年的持续时间差，这只能通过理论模型进行弥补。

然而，在过去的几年里，这种情况发生了巨大的变化。目前，三种不同的观测技术均可以实时地观察到行星的形成。

（1）气体运动学：原行星的存在局部扰乱了气体的开普勒运动。

（2）尘埃动力学：原行星的存在导致尘埃和卵石的空间分布出现环状和空隙。

（3）在近红外和观测波段中，通过使用像光谱偏振法高对比度系外行星研究[1]（Spectro-Polarimetric High-Contrast Exoplanet REsearch，SPHERE）或麦哲伦自适应光学[2]（Magellan Adaptive Optics，Mag AO）这样的先进自适应光学[3]（Adaptive Optics，AO）仪器进行直接成像，可以追踪类似 H-alpha 的吸积过程进而探测正在形成的原行星。

图 2-8 所示为恒星 PDS 70 周围两颗正在吸积的原行星的合成图像。这颗恒星的原行星盘和 PDS 70c 的环行星盘图是清晰可见的。这些观测可能为行星形成模型提供一种全新的、更直接的约束条件。因此无须从最终结果（成熟的行星系统）推断行星是如何形成的，现在就可以观察到原行星盘中出现的行星的时间、地点和类型，这对理论研究来说至关重要。通过观察不同年龄的圆盘（即恒星形成区域），甚至可以直接观察行星形成的时间维度。通过对行星系统出现各阶段的观察，可以明确图 2-6 中的各个阶段，并将它们与来自太阳系

[1] 光谱偏振法高对比度系外行星研究（SPHERE）是指一个在欧洲南方天文台（ESO）安装的高对比度成像系统，主要用于探测行星和盘状天体等暗弱目标。例如，在 2018 年，SPHERE 成功拍摄到了距离地球约 370 光年外被称为 PDS 70b 的系外行星。

[2] 麦哲伦自适应光学（Mag AO）是指位于智利马格拉尼斯山顶上的一个全球领先的自适应光学系统。它能够产生非常锐利且清晰的图像，并可用于研究恒星、行星和银河系中其他天体现象。

[3] 自适应光学（AO）是指一种用于改善地面望远镜图像质量的技术。它通过实时检测大气湍流引起的像差，并使用变形镜来补偿这些影响，从而使得成像更加清晰。

的宇宙化学成分进行比较。这种比较可以确定在其形成过程中发生的关键性历史事件的时间。

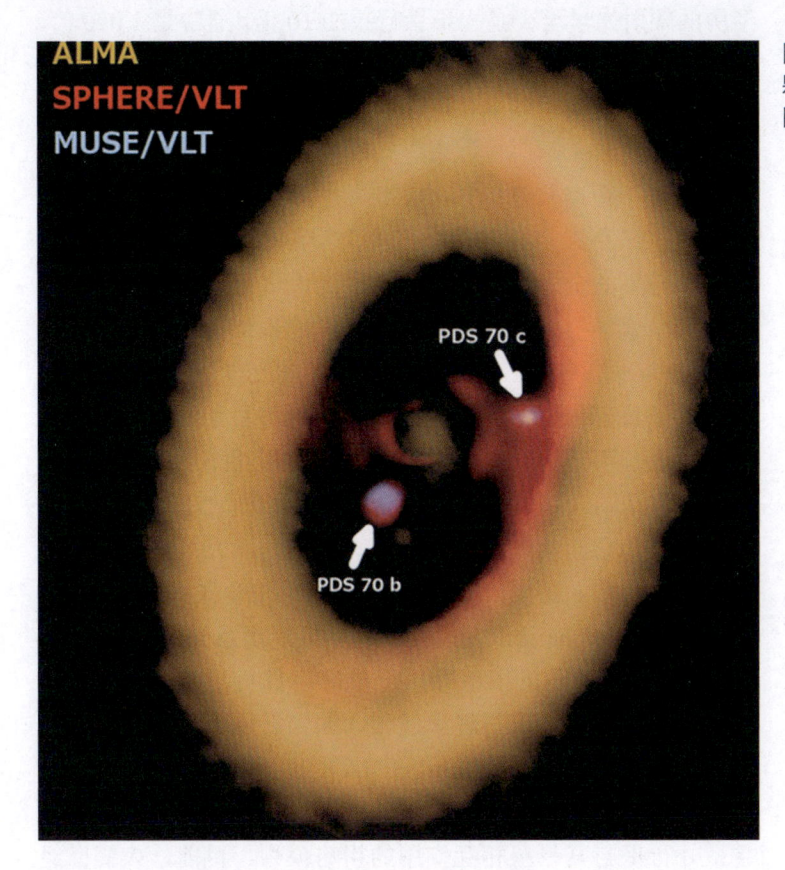

图 2-8　恒星 PDS 70 周围两颗正在吸积的原行星的合成图像

2.6　行星系统的运行机制（Q4）

对于太阳系内的天体，深空探测任务可以对其大气层和表面特性进行详尽的实地探测，甚至探测到它们的内部成分和结构。然而，对于系外行星，除了观测到它们的整体特性（见图 2-1 的质量和半径）之外，只可能对其大气层进行远程观测。但有些迹象表明，通过分析热木星的射电辐射（Radio Emission），掌握系外行星的勒夫数和磁场似乎是可行的，这对理解行星系统的年龄将发挥重要作用。一旦 PLATO 望远镜的数据变得可用时，就能更好地理解系外行星系统。太阳系行星与系外行星可采用观测手段类型的差异，导致了对太阳系行星和系外行星间的耦合和演化机制理解的显著差距。对于以下三个重要案例，采用分析比较协同效应的研究可能会有用。

2.6.1　恒星 – 行星在大气逃逸和演化中的相互作用

在系统演化过程中，恒星与行星大气的相互作用非常重要。太阳系天体经历了约 5 亿年的演化，大多数观测到的系外行星也有数十亿年的历史。恒星的活动可以导致大气的逃逸，影响行星及其卫星的磁层，决定恒星风和星际介质之间的相互作用。

① Lyα 或 HeI 等信号：科学家们曾经使用哈勃空间望远镜发现了一颗名为 WASP-12b 的热木星，在其周围形成了一个巨大而稀薄的云层，然而由于该行星距离地球较远且没有足够强烈的 Lyα 或 HeI 信号被探测到，因此我们无法直接观测到它是否正在流失气体。

② Lyα 谱线是指氢原子的一个特定能级跃迁所产生的光谱线。在紫外波段，Lyα 谱线是最强烈的发射线，其波长为 121.6 nm。这个能级跃迁通常是在高温、高密度等条件下激发而成的。

③ 循环加速器微波放大不稳定性是一种在等离子体物理学中常见的现象。它指的是当高能电子或其他带电粒子通过磁场时，由于其受到磁场力的作用而发生共振，从而导致微波辐射增强的过程。具体来说，在一个强磁场中，高能电子会沿着螺旋轨道运动，并且随着时间推移逐渐向外扩散。当这些电子与存在于等离子体中的低频波相互作用时，如果它们满足共振条件（即粒子自身回转周期与低频波周期相匹配），则会发生循环加速器微波放大不稳定性。在这个过程中，部分高能电子将吸收低频波并得到额外能量，然后重新辐射出更高功率和更窄谱线宽度的微波。这种现象类似于激光原理中的受激辐射效应。

大气逃逸被认为影响了太阳系中类地行星的化学组成。统计规律显示，检测到的系外行星距离它们的主恒星更近，经历的辐射通量至少是太阳系行星的 10 倍，通常是 1 000 倍，因此这是研究极端环境下的大气逃逸的最佳机会。目前对系外行星大气逃逸的观测仅限于少数几个邻近的系统，主要是通过 Lyα 或 HeI 等信号① 来进行探测。然而，根据理论模型预测，对于距离较近的以氢/氦为主的系外行星大气层，大气逃逸应该是许多行星完全失去大型原始氢/氦大气层的原因。在行星的全寿命周期内，逃逸的大气可能占行星总质量的 10%。这种损失过程导致了近距离的系外行星的半径呈现双峰分布，这一点在最近得到了证实。

对于日球层的研究以及对太阳系行星大气和磁层的研究，对理解用于解释系外行星—恒星的相互作用的模型的光学数据有帮助。例如，2013 年，科学家们研究了非常接近的系外行星和它们的母星之间的相互作用，研究其如何影响观测到的 Ly alpha 谱线② 的形状。2014 年，科学家们根据凌日现象期间 Ly alpha 谱线翅膀的形状，推断出系外行星的磁场。Ly alpha 谱线探测的细节可用于推断凌日行星外逸层中氢原子的速度分布。太阳物理学过程，如辐射压力、高能中性原子（Energetic Neutral Atom，ENA）的产生、光和电子撞击电离、太阳风与大气层和磁层的相互作用等，可用于指导建立系外行星与其母星相互作用的粗略模型。目前，人们已经详细研究了高辐射的系外行星的大气逃逸，这一研究仅针对以氢为主的大气。该过程需要与重元素主导的子系统的大气层（如地球、火星和金星）的大气逃逸模型联系起来，以了解系外行星大气如何随时间演化。这在寻找宜居世界的背景下显得尤为重要，因为我们需要知道围绕什么类型的恒星运行，以及什么类型的行星可以保留住宜居的大气层。

2.6.2 通过射电辐射探测磁层的前景

除了木星的卫星木卫三（Ganymede）之外，还有六颗太阳系的行星具有磁层。磁层在被磁化的行星周围创造了一个空间区域，该区域展现出与恒星环境不同的特性。例如，在木星上，磁层等离子体比在流经磁层外的太阳风等离子体要热得多。磁层可以捕获高能粒子，而这些粒子又会产生电磁辐射。木星磁层中的电子会产生强烈的同步辐射，可以远距离探测到。此外，沿磁力线加速的带电粒子也会因循环加速器微波放大不稳定性③（Cyclotron-Maser Instability，CMI）而产生强烈的极光现象,这已经在地球和最近的木星案例中得到充分证明。所以建议在观测系外行星系统时使用射电望远镜来探测类似的磁层,特别是近距离系外行星能够产生更大的射电功率(见图2-9)。虽然最近有报道称初步探测了 GJ 1151、Tau Boo b 以及半人马座比邻星(Proxima Centauri),但迄今为止,还没有可靠的探测方法。而平方千米阵列(Square Kilometer Array,SKA)将显著提高探测这些辐射的能力,从而为在未来几十年开展太阳系行星磁层和系外行星磁层之间的比较研究提供机会。

2.6.3 共振、潮汐加热和磁层粒子辐照的作用

以伽利略卫星为例,木星有三颗伽利略卫星,即木卫一(Io)、木卫二(Europa)和木卫三(Ganymede),运行在 4:2:1 的拉普拉斯共振(Laplace Resonance)轨道上。由于内部受以上共振运动引起的潮汐加热影响,这些天体不同于大多数外太阳系中较冷的冰岩卫星。这也是木卫一上有壮观的火山活动,木卫二和木卫三有可能存在地下海洋的重要原因。木卫二和木卫三也是 NASA 主导的"欧罗巴快帆"(Europa Clipper)和 ESA 主导的"木星冰卫星探测器"(JUICE)任务的主要探测目标,目前分别计划在 2024 年和 2023 年进行发射。它们的表面含有尚未证实的非冰物质,可能是盐、水合酸或其他化合物。

目前,"朱诺号"探测器已经运行在木星轨道上,它可以与地基观测数据互为补充,在轨道运行期间还可以观测到木星的极区。"朱诺号"探测器已经在探测木星的地表物质化学成分方面取得了显著进展。

虽然木卫二和木卫三的地下海洋中可能存在孕育生命的养分,但它们的行星表面并不适合居住,因为其表面温度太低,而且存在强磁场辐射,比木星的磁场多出数十万电子伏的离子和电子。这些辐射粒子可以影响到地表风化层 1 m 以下的物质成分,随着时

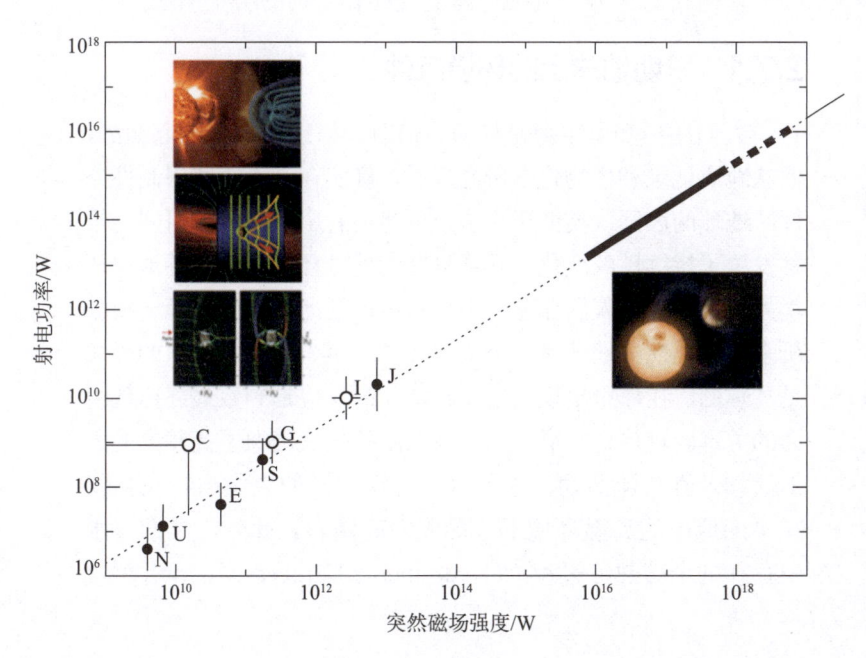

图2-9 磁层尺度规律(地球、木星、土星、天王星、海王星)和卫星(木卫一、木卫三、木卫四)诱发的平均射电辐射功率入射到障碍物上的等离子体流通量

注:虚线斜率为1,强调了纵坐标与横坐标之间的比例,二者之间的系数为~2×10^{-3}。要注意的是行星射电暴可达10(对应100)时间平均值的10%(对应1%)。粗线部分推断了热木星的磁层相互作用(实线)和卫星行星电动力学相互作用(虚线)。

间的推移，会形成足够的电离效应来破坏大分子。科学家们讨论了磁场辐射对保存木卫二表面生物特征的影响，绘制了一些最早将磁场辐射与卫星表面的光谱变化联系起来的示意图，并根据观测到的土星及卫星表面热红外光谱的变化，提出电子辐射正在使冰变得越来越紧密的假设。另外，磁场辐射作用使得冰也可以通过放射分解产生氧化剂。这些氧化剂如果被输送到海洋中，会形成冰盖（Ice Sheet）俯冲，并可以通过氧化还原反应提供化学能量来维持生命。

这个来自伽利略卫星的例子说明了在确定行星及其卫星表面特性，在它们的宜居性等方面，共振、潮汐作用和磁层粒子辐照等机制发挥着重要的作用。在对系外行星表面建模和寻找生物特征等方面，这样的例子应该牢记在心。此外，对行星的卫星进一步了解，也用来进一步修正巨行星形成过程的模型。在 ESA 的《2050 年远航》报告中，新提出了一项未来的 L 级任务，即准备前往巨行星的卫星任务。这项任务将有助于提高人们对太阳系中行星卫星的了解，以及进一步修正对系外行星的建模方法。

2.7 行星系统的潜在宜居地（Q5）

为恰当地探究岩质行星的潜在宜居性，或可能在这种环境中出现的生命体，使用一种跨学科的方法将天体物理、地球物理、地质学、生物化学和大气科学知识结合起来是必需的，如同我们努力去解决地球上气候和生物的历史问题。

2.7.1 早期地球上的环境条件

人们还不知道生命是如何、何时、何地在地球上起源的，但从地质记录和生物化学研究来看，确实存在着一些限制性条件。地球的表面（类似于火星，可能还有金星）随着时间的推移发生了持续性的变化，并且早期的地球环境与现在的地球环境大不相同。从人们保存下来的对最古老地形的研究及建模分析来看，早期的地球是一个厌氧环境，至少在岩石和水的界面是炙热的，在那里出现的生命起源前的反应是导致最终出现生命的关键。较热地幔形成的较高温度的热流确保了高频度的火山活动及其热流活动。这是由富含铁和镁的火山岩，包括仅在早期地球的高温环境下才形成的高镁岩。此外，早期海水中存在的全球热液过程[1]（Hydrothermal Process）记录并保留

---

[1] 热液过程，又称海底热循环，是指海水通过岩石裂隙形成的构造断裂带渗入海底地壳深层，并同地壳岩石发生化学成分交换的过程。下渗的海水被地下岩浆或未冷却的玄武岩加热后上升，并以海底热泉形式喷出海底。

了地球化学特征的丰富证据。

2.7.2 有机分子的起源

正如我们所知，通常被称为生命宜居的条件包括存在液态水、形成生命所需的化学元素（C、H、N、O、P、S元素，可以提供形成生命需要的营养）和能量。地球上大部分的有机物都被认为是起源于地外天体，由富含挥发物的岩石和冰物质等小天体携带而来，如在外太阳系形成的小行星和彗星所形成的碳质球粒陨石和微陨石等。通过对不同彗星的D/H比[1]的分析，以及对"罗塞塔"（Rosetta）探测67P-丘里莫夫-格拉西门科（67P-Churyomov-Gerasimenko）彗星的任务结果进行分析，发现它们的组成变化如此之大，其中有些小天体的D/H比与地球相似，而其他小天体如67P则不然。此外，尽管执行原位分析任务的可能性不大，但各种各样的有机分子仍可被检测出来。还有实验表明，小的冰颗粒受空间环境的影响，如紫外线辐射，构成了形成有机分子的有利环境，其中包括一系列糖（如核糖）和相关分子。另外，事实上行星际尘埃颗粒（Interplanetary Dust Particle，IDP）中的许多有机成分被推测为是太阳系起源前物质，即在太阳系母体分子云中形成的。目前已知的是有机分子种类繁多，在碳质球粒陨石中发现的有机分子种类的总和超过10 000种，如默奇森陨石[2]（Murchison Meteorite）。然而面对种类如此繁多的有机分子，必须指出的是生命只使用了有限种类的有机分子，这在某种程度上表明，从惰性物质到形成生命体的转变过程中，必须存在某种分子选择机制。直到最近，这些外星有机分子的直接痕迹才在地球的沉积物中被发现。

在早期的地球上，也存在前生物有机分子的内源性来源[3]（Endogenous Sources of Organic Molecules）。这种分子在早期还原性大气的形成过程中可能也起了作用，这取决于早期地球大气层的基本不受约束的组成。另一种分子来源可能是上层地壳的热液循环和高镁铁质/超镁铁质岩石产生的小有机物，如酮（Ketone）、甲烷（CH$_4$）和氢（H$_2$），所有生物起

[3] 前生物有机分子的内源性来源：生命在行星上的起源被认为有两种可能。一种是水和有机分子通过彗星、陨石和微陨石等到达行星，称为外源性来源；另一种是来自行星自身的海洋或者大气，称为内源性来源。

[1] 彗星的D/H比是指测定水或冰的氢同位素组成（氘/氢或D/H），这是科学家研究水的同源性的重要参考指标。一种假说认为，地球上的水是彗星撞击地球带来的。事实真的如此吗？需要采用科学的方法去验证。彗星的彗核由固态水和尘埃物质组成，如果地球上的水真的来自彗星，据天文学家估算，至少要2 000万颗中等以上体积彗星的水资源才能填满地球上的海洋。太阳系的演化历史难以提供相关的科学依据。地球海水的D/H比为$1.56×10^{-4}$，根据哈雷彗星（Halley）、百武彗星（Hyakutake）和海尔-波普彗星（Hale-Bopp）等彗星的D/H比，彗星水的D/H比是地球海水D/H比的2倍多。2014年8月，ESA的"罗塞塔"轨道器释放菲莱着陆器登陆67P的彗核表面，测定了彗星冰氢同位素的D/H比为$5.3×10^{-4}$，是地球上海水D/H比的3倍。这些数据表明，彗星水与地球水不是同源的，彗星水并不是地球水的来源。

[2] 默奇森陨石是指一块于1969年9月28日在澳大利亚维多利亚州默奇森附近发现的陨石，属于碳质球粒陨石，质量超过100 kg（或220 lb*），从化学成分上来看，铁占22.13%，水占12%，有机物含量较高。默奇森陨石中含有的有机物种类很多，目前已在其中发现了超过100种氨基酸，其中包括常见氨基酸，如甘氨酸、丙氨酸和谷氨酸，也包括一些罕见的氨基酸，如异缬氨酸和叔亮氨酸，以及二氨基酸类，一类含有两个氨基的氨基酸。各类物质的含量大致为：氨基酸17～60 ppm**，脂肪烃>35 ppm，芳香烃>3 319 ppm，富勒烯>100 ppm，羧酸>300 ppm，羟基酸>15 ppm，嘌呤类和嘧啶类>1.3 ppm，醇类>11 ppm，磺酸>68 ppm，膦酸>2 ppm。2001年在该陨石中又发现了多元醇类物质。2008年又发现了核碱基嘌呤和嘧啶。对核碱基的碳同位素含量分析同样显示这些化合物并非来自地球。

* 1 lb = 0.454 kg。
** ppm为已废止单位，本书为方便统一采用，1 ppm = $1×10^{-6}$。

源前化学的基本成分,全部来自费托合成[1](Fischer-Tropsch-Type Synthesis,FT)或超镁铁质岩石产生的热流,甚至来自碳质陨石。

2.7.3 地表、大气环境与化学组成之间的相互作用

所有成分都共存于早期的地球环境中,对比现在的地球环境而言,均被归类为"极端"环境。它们需要在一定温度、pH值、阳离子浓度等条件下,集中在微观尺度上,在活性矿物表面的催化下,产生生物起源前的反应。

岩石和矿物发挥了重要的作用。很多关于生命涌现的假设强调了热液环境的重要性,因为物理化学因素的组合将有利于生物起源前的反应。这些环境条件可能在太阳系早期历史上的岩石行星上很常见,而且可能在具有类似的化学和热条件的岩石系外行星表面也很常见。从这个角度来看,可能是这样的:生物学被视为化学的自然进化,在任何提供类似早期地球的环境条件、化学元素和有机物的地外天体上都是"自然的"。

2.7.4 宏观生命出现的大气条件

尽管最基本的生命形式出现在厌氧环境中;但对于人类和动物或者一般性的宏观生命的出现而言,氧气发挥了主要作用,因为它允许出现更高的代谢水平和更丰富的细胞功能。地球的氧气含量并非总是和今天一样,它是分两个步骤上升的,每个步骤都使得大气中氧气的浓度至少增加了一个数量级。上一次氧浓度的大幅上升出现在大约5.5亿年前,这与所谓的寒武纪大爆发有关,当时地球上出现了大量的动植物物种。大气中的第一次大氧化事件[2](Great Oxygenation Event,GOE)发生得更早,大约在26亿年前,而且已经被认定是光合细菌(Photosynthetic Bacteria)所致。然而,氧气的产生甚至可能更早,只是被地表的地球化学反应所吸收。在发生大氧化事件之前,新鲜玄武岩地壳反应通过向大气中释放氢气和甲烷等形式可能导致了大气的减少。板块构造可能进一步影响了不同种类气体的丰度。不断变化的脱气压力(从海底火山到陆地火山)也可能在塑造地球大气层方面发挥了重要作用,它将板块构造与海水俯冲以及地幔与大气演化的地球物理过程联系起来。目前还不清楚早期地球大气层实际上是如何被还原或氧化的,但对生命起源前生物化学的影响是相当清楚的。

---

[1] 费托合成是煤间接液化技术之一,可简称FT反应,它是以合成气(CO和H_2)为原料,在催化剂(主要是铁系)和适当反应条件下合成以石蜡烃为主的液体燃料的工艺过程。1923年由德国化学家Franz Fischer和Hans Tropsch开发,第二次世界大战期间投入大规模生产。其反应过程为 $nCO+2nH_2 \to [-CH_2-]_n+nH_2O$,副反应有水煤气变换反应 $H_2O+CO \to H_2+CO_2$ 等。

[2] 大氧化事件是指约26亿年前,大气中的游离氧含量突然增加的事件。这一事件的具体原因尚不得知,目前只有若干种假说能加以解释。有说法认为,是海藻类植物进行光合作用,使得地球上的氧气迅速增加,而破坏氧气的甲烷细菌所依赖的镍元素的数量急剧减少,也使大气中的含氧量大量增加,二者共同作用形成大氧化事件。大氧化事件使得地球上矿物的成分发生了变化,也使得日后生物的出现成为可能。

1959年，科学家证明了几种氨基酸——生命起源的前成分，更容易在还原性条件下形成，即在由水、甲烷、氨气和氢气组成的大气条件下，而不是在二氧化碳、氧气、水和二氧化硫等氧化气体混合物的条件下。此外，大气中氮的含量很可能影响氨基酸的形成。2020年，根据模型研究和分析数据得出：在生命进化的早期阶段，地球上存在小于420 mb的氮气。早期的地球是如何从最初的、早期的高温状态演化而来的，这是一个焦点问题。因此，科学家们重点讨论了地球地幔氧化还原状态对从热岩浆海洋阶段到随后出现的宜居阶段的演化过程的影响。表面环境的氧化还原状态和生物产生的气体之间的关系是理解生命复杂性历史的核心，它也是评估岩石系外行星的一个关键因素。

岩石行星的大气层经常受到以下因素的影响：①通过火山活动溢出的内部气体；②地壳的化学反应（如与水的反应）；③表面循环的风化作用；④岩石形成（如碳酸盐）；⑤大气中的光离解（Photodissociation）过程；⑥大气对空间的侵蚀；⑦与生物圈的相互作用，比如，处理掉生物圈排放的副产品，如二氧化碳气体等。

其中的一些过程只能对太阳系的行星以非常有限的方式进行研究，导致人类了解过去的机会很小，只能间接地探测地球、火星和金星最早的演化历史。这个问题仍然存在激烈的争论，例如，金星的表面是否曾经"像地球一样"，够拥有一个温度适中的液态海洋，而不是今天地狱般的气候。火星和金星都有充满了二氧化碳的大气层，而不像地球是以氮气和氧气为主的大气层，但在过去这可能有很大的不同。它们大气中的稀有气体只能给我们提示一些关于大气演化过程的线索。对年轻的系外行星系统的大气特征研究，可以彻底改变我们对大气演化的认知，特别是观测在同一行星系统中几颗特性（如行星质量、有效表面温度、挥发分含量）不同的系外行星时，其可以清楚地展示出太阳系中行星的演化历程，如我们所知的岩质行星的形成过程及孕育生命潜力。2020年，科学家们研究了如何应用关于太阳系的大气演变的知识来估算岩石系外行星大气的多样性。2021年，科学家们提出了系外行星建模研究可以以早期地球参数（如大气氧演化）为例，研究它们的大气信号是如何逐渐演化为围绕其他恒星运行的类似行星的。

2.7.5 小结

地球、太阳系行星和系外行星科学研究之间的协同效应，可在帮助我们更好地理解岩质行星出现宜居环境的条件，展示环境在生命可能出现的过程中的作用。这些协同效应的作用是双向的。从对地球演化历史上生命的出现和发展的有限知识中得到的经验教训，对更好地确定宜居行星的条件是至关重要的。表征处在不同演化阶段的岩质行星大气也正在不断地取得进展，这为了解岩质行星大气在太阳系中未知的演化历史同样提供了非常重要的参考。

2.8 寻找系外行星上的生命（Q6）

第2.7节介绍了在宜居的和有人居住的岩质行星间相互作用的大量过程，人们渴望尽可能多地了解这些行星的详细信息。其中的一些信息将来自观测结果，包括轨道性质、大气化学成分、表面有无海洋、恒星辐照以及某些地表特性等。其他信息将通

[1] RISTRETTO 是一种新型的高分辨率光谱仪，由 VLT 的高性能自适应光学系统提供。它将提供可见的高空间和光谱分辨率，使新的系外行星和太阳系科学研究成为可能。RISTRETTO 的主要科学目标是观测围绕非常近的恒星运行的系外行星的反射光光谱，如比邻星 b。其适用于许多不同大小和辐照水平的系外行星的大气和表面表征。此外，RISTRETTO 还提供了其他几个需要进一步开发的科学机会。它有望通过光谱分辨的 h-α 发射在探测和表征吸积原行星方面发挥重要作用。它还可以提供各种太阳系天体的空间分辨率和化学成分测量，如冰巨星（天王星和海王星）以及木星和土星的冰卫星。

过模型推导而得，例如，在次表层（地下）世界，现有生物圈产生的气流以及大气动力学等细节。这些信息对观测结果本身的要求就很高，因为它们需要详细地观测那些靠近时会明亮得多的恒星，以及自身显得暗淡的行星。而大多数的判断信息取决于这些较难获得的观测结果，从而收集到足够的"光子"用于将它们分割成空间和/或时间区。多年的技术积累与实践已经使我们处于这种观测能力的前沿。因此，未来几十年，可能会从两个互补的途径，即通过地基/天基望远镜的观测，得到对岩质行星世界的认识方面的重大进展。

2.8.1 从地基寻找宜居条件和生物特征

地基超大型望远镜，包括欧洲极大望远镜（ELT），美国主导的 30 m 望远镜（Thirty Meter Telescope，TMT）和巨型麦哲伦望远镜（Giant Magellan Telescope，GMT），或许有能力在数量相对有限的目标中探索生物特征。虽然直径为 D 的望远镜的光子收集率为 D^2，但 ELT 的主要优点是其衍射极限极小 $\left(\sim \dfrac{\lambda}{D} \sim \dfrac{1\ \mu m}{20\ m} \sim 0.01\ \text{mas}\right)$，如果这个公式可以实现，将为背景有限的光源提供 D^4 的优势。

ELT 能否通过自适应光学（AO）实现其衍射极限，特别是波长小于 1 μm 时，目前尚不清楚。然而，如果能达到这些目标，它们肯定会成为各种天体物理学研究的强大工具。以下是推荐 ELT 实施的任务。

（1）对于一些选定的目标，如 LHS 1140b，可以利用模型研究表征大气中存在的甲烷。假设其生物量（biomass）类似地球，在低霾负荷下用 20~100 个 ELT 观测就能探测到。

（2）对于一些系统，它们可能对来自其母星宜居带的类地行星，在 10 μm 量级的热辐射就很敏感。

（3）可在最近的 M 型恒星宜居带直接观测和表征类地行星。假设这些 ELT 可以使用它们灵敏的角分辨率，并且掌握了行星和主恒星之间的对比度，就可以实现自适应光学系统，那么地基的基础设施就极有可能做到这一点，这也是在太阳系外行星科学中采取的策略。

（4）结合高色散光谱和高对比度成像来探测围绕在恒星附近运行的岩质行星的大气。如用于探测行星大气中氧气的信号，这项技术的可行性将在欧洲甚大望远镜（VLT）上用 RISTRETTO[1] 科学仪器进行测试。

2.8.2 从天基寻找宜居条件和生物特征

在深空中有两组主要的目标恒星,可在它们宜居带范围内的系外行星上寻找生命。这两组目标恒星主要由主恒星的光度来描述。通常宿主星的宜居带范围是指距离恒星的位置范围,在那里的岩质行星必然存在大气层,且表面液态水可以稳定存在,比例为 $a_{HZ} \propto L_{*,bol}^{1/2}$。由于 $L_{*,bol}^{1/2}$ 的范围变化巨大(超过三个数量级),从主序列的底部到比太阳质量略大的恒星(主序列恒星的观测❶),目前有两种截然不同的方法用于观测和表征这两组恒星,它们的分界线大致位于 K 型和 M 型之间。

观测和表征低质量恒星附近可能的宜居行星通常需要凌星法,因此这样的观测经常被称为寻找"小黑影"。这种情况在未来可能会随着使用中红外波段范围内的空间干涉仪而改变,可以对 M 型恒星周围的岩质行星进行成像。用直接成像法在类太阳恒星周围探测和表征类地行星,通常称为寻找"暗淡蓝点"(Pale Blue Dot),这个词是由天文学家卡尔·萨根(Carl Sagan)在 1990 年的情人节,根据"旅行者 1 号"飞船拍摄的著名地球照片而命名的,当时它距离地球大约 40 AU。观测和表征潜在宜居行星的两种基本方法如图 2-10 所示。

图 2-10 观测和表征潜在宜居行星的两种基本方法

注:这是由它们的主序星的质量和热光度所描述的,这些质量和光度决定了它们宜居带的位置,以及决定了最适合这些观测活动的方法。值得一提的是,尽管未来的空间红外干涉仪,如系外行星大型干涉仪❷(Large Interferometer for Exoplanet, LIFE),可以在这些系统中对岩石类行星进行大量成像探测,但围绕类太阳恒星的宜居行星更适合采用直接成像法,而环绕低质量恒星轨道运行的行星最适合采用凌星法。

❶ 主序列恒星的观测:值得注意的是,在计划寻找潜在宜居行星时,宿主星通常会比光谱 A 型热得多,有时甚至恒星比 F 型晚期更热,这样的星球通常是不会考虑的。这在很大程度上是因为这类恒星很罕见,寿命相对较短,温度很高,或者正在快速旋转。用直接成像法,宜居带内行星与主恒星之间的对比度会随着光度的增加而增加。所有这些特征,往往使得用尽各种方法在这些恒星的宜居带内也很难探测到小的类地行星。人们常常担心它们的生命周期太短,无法孕育生命。大型的、基于天基的直接成像探测对附近的 F 型早期甚至 A 型晚期的恒星有一定的敏感性,此类恒星经常出现在探测目标的名单上。然而,它们通常代表性不足,仅仅因为它们更罕见、更遥远,与主恒星的宜居带之间的平均角度间隔较小,所以更有可能位于望远镜的角分辨率之内,而无法被观测到。

❷ 系外行星大型干涉仪(LIFE)是一个于 2017 年启动的项目,旨在发展寻找系外行星的科学、研发技术仪器及制定发展路线图,用以探测和表征数十颗温暖的类地系外行星的大气层。目前的计划是在中红外波段运行调零干涉仪,观察作为生命指标的化学物质,又称大气生物特性。

2.8.2.1 紫外/光学/近红外光谱与热红外的对比

通常有两个波长范围可以用来表征类地行星的大气层，从而确定它们是否具有潜在的宜居性并寻找生物特征，即紫外/光学/近红外，或大约 10 μm 的热辐射。对于前面这个波长范围，可以进行直接成像探测（如"暗淡蓝点"），并可以探测行星的反射光，尽管这些光已经被行星大气层过滤了两次。对于后面这个波长范围，可以探测行星的热辐射，考虑到液态水在行星表面稳定的温度范围，黑体的温度在 10 μm 左右达到峰值。对于前面这个波长范围的凌星探测（如"小黑影"），可用于寻找行星大气层的成分特征，就好像恒星发射的光在凌星期间被通过的行星过滤了。根据定义，对于后面这个波长范围，潜在宜居行星的热辐射峰值也是 10 μm。这种情况最好通过二次凌星谱学来探测，即在行星从恒星后面经过时测量光通量的下降值。测量光通量的下降值作为波长的函数，本质上是测量行星发射光谱，由于行星大气随波长变化，因此其不透明度随波长的变化而变化。

2.8.2.2 "小黑影"

使用凌星技术最容易发现 M 型恒星宜居带中的类地行星，它对这类行星有很大的倾向性，因为它们的凌星概率更高，凌星程度更深（在固定的行星大小情况下），占空比也更大。此外，这些行星也更容易以视向速度被确定。事实上，MEARTH ❶ 和 TRAPPIST/SPECULOOS ❷ 探测是为了在恒星主序列的底部找到可能存在的宜居行星，目前，已经发现了两个系外行星系统拥有潜在的宜居行星。NASA 领导的 TESS 探测也对极低质量恒星周围潜在的凌星行星非常敏感，而且确实已经发现了一颗地球大小的宜居行星。这种技术的最强大之处就在于目标是预先知道的。

绕 M 型红矮恒星运行的类地温带行星可以用 JWST 表征光谱特征，然而，除非在特别有利的情况下，否则很难唯一地识别生物特征。此处还有起源空间望远镜（OST）——美国国家科学院在《2020 年的十年调查》（*Astro2020 Decadal Survey*）报告中提出的四大战略任务之一，目前 NASA 正在考虑通过它来识别这些行星系统上的生物特征（见图 2-11）。接下来讨论 OST 以及其他大型战略任务的概念。

2.8.2.3 "暗淡蓝点"

在 F 型、G 型、K 型恒星宜居带内的类地行星很难通

❶ MEARTH 是一个由哈佛－史密森尼天体物理中心领导的项目，旨在通过观测红矮星周围的恒星风暴、光变和凌星等现象来探测类地行星。

❷ TRAPPIST/SPECULOOS 是一个更大规模、更高精度的调查项目。TRAPPIST 指的是 Transiting Planets and Planetesimals Small Telescope（过境行星和小型行星望远镜），而 SPECULOOS 则代表 Search for Habitable Planets Eclipsing Ultra-Cool Stars（探索宜居性行星环绕超冷恒星）。在 2018 年首次报道了一系列绕着同一颗 M 型矮行星运转的 7 颗岩质行星。SPECULOOS 团队已经发现了一些潜在宜居性行星，如 TOI Tood 等，它们都位于距离地球较近、温度较低、光度较暗的矮红星周围。

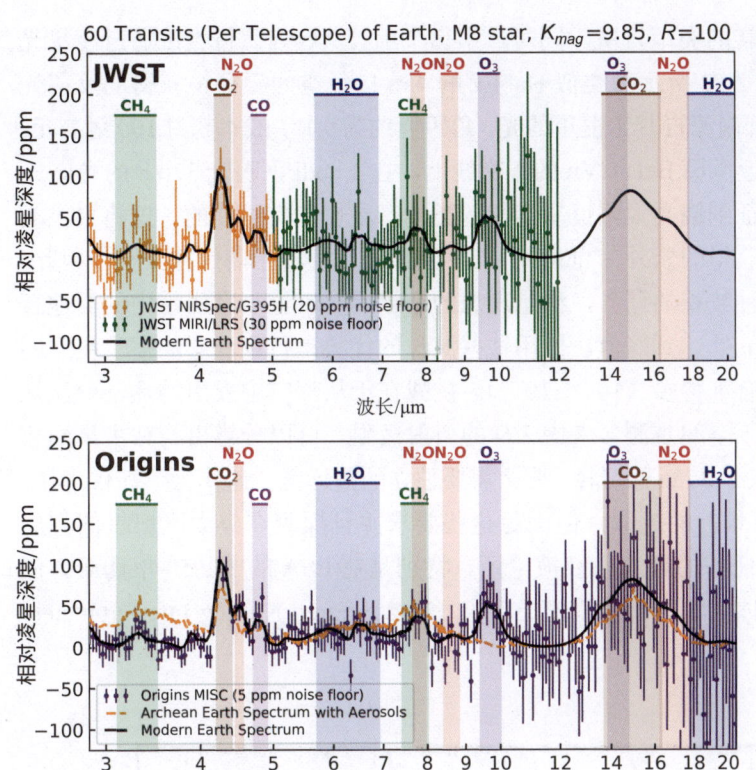

图 2-11 一颗与地球半径相当的行星的大气凌星光谱图

注：它正在凌星一颗 K 1/4 9.85 M8 恒星的宜居带内的一颗行星。（上）基于使用 JWST 进行 60 个堆叠凌星的预期信号。（下）基于用 OST 进行 60 次堆叠凌星的预期信号。需要注意，波长越长相当于整体信噪比越高（结论来自 OST 相对于 JWST 的系统噪声下限更低）。因为它的波长更长并假定系统误差下限较小，OST 将能够确定比 JWST 范围更广的光谱类型，很容易地分辨出现代地球和太古宇宙地球的光谱。

过凌星法发现，因为它们的信号弱且周期长。但如果使用大型空间望远镜，这些行星是最容易用直接成像法发现的。只是也存在相当程度的挑战：一颗地球大小的行星围绕太阳类型的恒星运行，其反射光信号是 100 亿分之一，并且对于距离恒星大约 10 pc ① 的系统，这颗行星的位置只有大约 0.1″。为易于理解打个比方，这类似于试图在距离工业探照灯大约 5 ft（1.524 m）的地方去探测一只萤火虫①，类似于洛杉矶和纽约之间的距离。同样在使用带有中红外波长范围的空间干涉仪时，也会遇到类似的挑战。

想探测到这样的信号，更不用说获取到一个谱段来寻找适宜居性条件，甚至是探测到生物特征信号，似乎都是不可能的。然而，正如我们将要讨论的，目前空间技术已经发展到一定的水平，这个目标预计在未来 10 年极有可能实现。事实上，NASA 开展研究的四个大型战略项目任务中，有两个（LUVOIR 和 HabEx）被设计成能够探测和表征在反射光下

❶ 太阳系内的距离单位一般用天文单位 AU 表示，1 AU≈1.5 亿 km，是以地球到太阳的平均距离确定的；而太阳系外的距离单位用光年（ly）或秒差距（pc）来表示，1 pc≈3.26 ly。

---

① 然而，这个类比是错误的，因为萤火虫与工业探照灯的亮度比大约是地球与太阳亮度比的 1 000 倍。

围绕类太阳恒星附近的运转的类地行星。同时，第三个项目（OST）将尝试通过凌星光谱学来描述这种特性。图 2-12 所示为类似 HabEx 的 4 m 口径空间望远镜获得的反射光光谱，它采用一种技术来抑制源自其主恒星的光，角距离约为 0.1″，成本超过 100 亿美元。它模拟的是现代地球在附近恒星 Beta CVn 的正交线上，在 1 zodi 下曝光 370 h 的光谱。

在热红外区探测和表征围绕类太阳恒星运行的类地行星也是有可能的。这将提供类地行星的关键信息，并与获得的紫外－可见光（UV-Visible）波段光谱信息互补。因此，如果我们最终有覆盖这两种波长的任务，将是理想的结果。对于位于宜居带中的类地行星，这种辐射通常在 10 μm 处达到峰值。使用这些波长的优势是行星和它的宿主星之间的对比度比使用反射光要有利得多（$10^{-6} \sim 10^{-10}$）。挑战在于从深空中发出的热辐射比从地面发出时明亮得多。对于空间观测，考虑 λ/D 的衍射极限，可以分辨出与宿主星间相距 0.1″ 的行星，要么需要大于 25 m 的口径，要么需要独立的望远镜一起作为干涉仪工作，间距为 25 m。尽管存在技术上的挑战，但满足这些要求并且探测在类太阳恒星的宜居带中的类地行星的热辐射任务的理念已经被论证。特别是在 ESA 的《2050 年远航》倡议报告中，已经提出了一种空间中红外零值干涉仪（Mid-infrared Nulling Interferometer）的概念性任务。

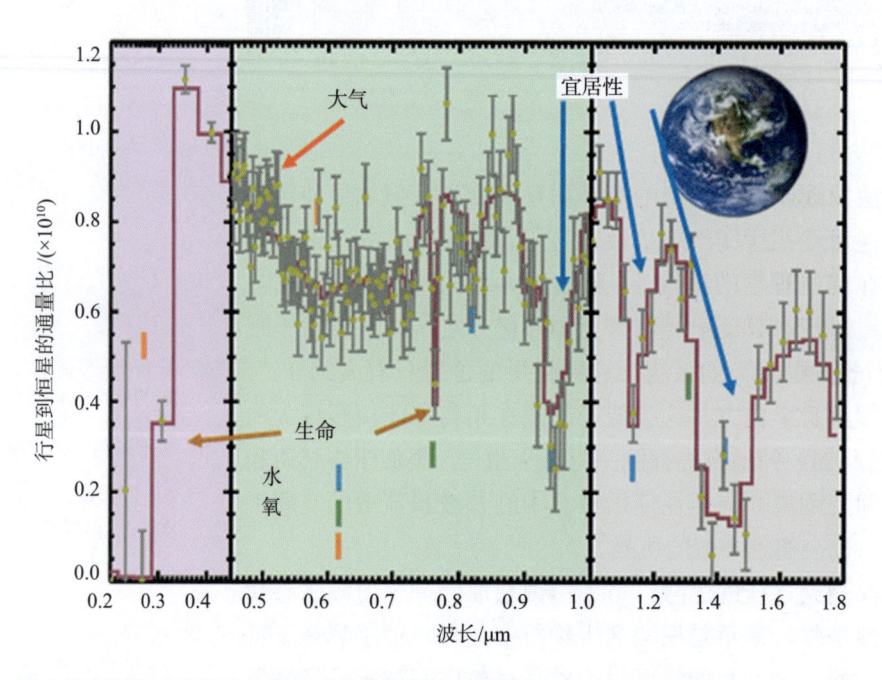

图 2-12 具有与现代地球相同大气层的类地行星的反射光光谱

注：光谱范围从近紫外到近红外（0.2～1.8 μm）。具有不确定因素的数据点是由一个直径 4 m 空间望远镜拍摄的，该望远镜拍摄的是围绕 Beta CVn 恒星（Chara，一个距离为 8.4 pc 的 G0V 恒星）运行的一个系外行星，假设观测时间为 370 h。在光学光谱分辨率 R=140 的情况下，在 0.55 μm 时产生的信噪比为 10。其中，瑞利散射（Rayleigh scattering）以及被 O_2、O_3、CO_2 和 H_2O 吸收的信号都是很容易被检测的。

2.8.3 对未来的规划

自 1970 年以来，在每个十年的开始，美国天文学界都会开展一项由美国国家科学院组织的"天文学和天体物理学十年调查"活动，目的是通知 NASA、美国国家科学基金会（National Science Foundation，NSF）和美国能源部（Department of Energy，DoE）的天文学和天体物理学界，关注未来十年的优先事项。"天文学十年调查"活动本身是由一个相对较小的指导委员会发起的，他们希望能考虑更广泛的学会成员的意见，将这三个国家机构的优先事项进行优化统筹，从而更符合它们的财政预算。2010 年的"天文学和天体物理学十年调查"优先将宽视场红外巡天望远镜（Wide Field Infrared Survey Telescope，WFIRST）[①] 作为可实现的首要空间任务。当然，美国的国家机构也非常认真地对待了这些建议的优先事项，而且 WFIRST 任务现在确实已处于研发的 B 阶段，并且鼓励全世界的天文团体在这个任务中发挥作用，如通过向"天文学和天体物理学十年调查"指导委员会提交概念或想法，这符合 NASA 与国外机构合作以实现具有挑战性的深空探测任务的长期传统。

为了 2020 年的"天文学和天体物理学十年调查"，在 2016 年初，NASA 启动了四项大型概念性任务的研究。这四项概念性任务目前分别被命名为起源空间望远镜（OST）、LUVOIR、林克斯 X 射线天文台（Lynx X-ray Observatory，Lynx）和 HabEx。每项概念性任务研究都被分配到 NASA 的一个中心，由科学和技术定义团队（Science and Technology Definition Team，STDT）组建专题论证小组，每个论证小组设置两名共同主席。这些 STDTs 的最终目标是发布一份最终报告，其中包括提出科学目标的科学案例、"目标"（Strawman）有效载荷、设计参考任务，以及启动新概念性任务所需的技术研发计划。论证小组于 2019 年提交最终报告，在 2021 年下半年正式发布了 2020 年版的《天文学和天体物理学十年调查》报告。最终报告在公开的网站上均可以下载查阅。

这些研究团队来自科学界和 NASA，与工业伙伴和国际科学代表团队一起工作了四年多。每个团队都花费了数千小时的人力和数百万美元，来为他们的使命创造科学和技术愿景。因此，这些概念性任务已经达到了细致和严格的设计水平，这在 NASA 以往的早期阶段的任务论证中较为罕见。

研究论证中的三个概念性任务项目（OST、HabEx 和 LUVOIR）将能够识别潜在的宜居世界，寻找生物特征，如存在生命的证据。

（1）OST 名义上的结构是一个直径 5.9 m 的主镜望远镜，可以被制冷到 4.5 K，衍射极限为 30 μm，运行在日地 L2 点轨道，寿命为 10 年。其波长范围为 2.88~588 μm，它将使用三种不同的仪器，结合成像、低分辨率和高分辨率光谱学及光谱偏振法。OST 将寻找在低质量恒星的宜居带（"小黑影"）范围内，凌星的类地系外行星周围的宜居条件。OST 的预测观测成果为搜寻到大约 10 个类地系外行星，它极可能探测到这些类地系外行星的宜居和生物特征信号。

（2）HabEx 论证中的首选结构是一个 4 m 口径的单片 $f/2.5$ 主镜，加一个离轴次镜。

[①] 后来改名为南希·格雷斯·罗曼空间望远镜（Nancy Grace Roman Space Telescope）。

[1] 日冕仪：日冕仪是一种天文仪器，用于观测太阳周围的大气层和行星。它通过遮挡太阳光来减弱或消除太阳耀斑等强烈的日冕物质喷发现象的影响，从而使观测目标变得更暗淡，在更靠近太阳时使该天体能被观测到。

它将采用两种星光抑制技术，即日冕仪[1]（Coronagraphic）和遮光罩（Star-Shade），每种都有各自独立的专用仪器。日冕仪工作在可见光和近红外（0.3～1.8 μm）波长范围内，而遮光罩工作的波长范围为 0.2～1.8 μm，较长或者较短的波长范围需要移动遮光罩。遮光罩其实是一个直径 52 m 的独立航天器，在约 75 000 km 的距离上与主望远镜编队飞行。它的阴影会阻止来自目标恒星的光线进入主望远镜的光圈，从而抑制它的影响。HabEx 的预计寿命为 5 年，如携带更多燃料则可延长至 10 年。HabEx 的探测结果预计可搜寻到 10 个类地系外行星，同时也极可能探测到这些类地系外行星的宜居和生物特征信号。

（3）LUVOIR 论证中的方案有两个望远镜，其中，LUVOIR A 是一个 15 m 口径的同轴望远镜，LUVOIR B 则是一个 8 m 口径的离轴望远镜。这两个望远镜都可以覆盖远紫外（Far Ultraviolet，FUV）到近红外（NIR）波段（0.1～2.5 μm），LUVOIR 共携带 4 个单独的科学仪器，其中一个是高性能日冕仪，其不使用遮光罩，它的预期可观测类地系外行星数量将远高于 OST 或 HabEx。

HabEx 和 LUVOIR 都能直接探测和获取类地行星的光谱，从而寻找宜居性的迹象，甚至生物特征。这两个任务完成上述探测目标的主要区别是探测波长范围不同。必须承认的是 2020 年版的《天文学和天体物理学十年调查》报告中提出的概念性任务需考虑各限制因素，即使是征求了更大的天文团体的意见，其探测结果都很难预料或者很可能随着时间而变化。在 HabEx 和 LUVOIR 的论证过程中共提出了 11 种不同的体系结构，所有的体系结构都可以直接成像和表征系外行星，尽管这覆盖了 HabEx 所考虑的最小直径的类地系外行星。

LUVOIR 的概念将产生一个相对较大的类地系外行星候选样本库，使之成为一个具有高置信度约束的生物特征的潜在宜居地，即使最终可能达不到预期结果。另外，HabEx 的样本量较小，但其设计仍然有非常低的可能性（小于 1.4%）无法表征任何可能的宜居世界。

欧洲联盟（European Union，EU，简称欧盟）表示非常有兴趣对所有这些概念性任务作出贡献，特别是 LUVOIR 和 HabEx 任务。

如前所述，欧盟对研发另一项任务概念也非常感兴趣，它通过使用中红外干涉仪测量热辐射来表征类地系外行星。系外行星大型干涉仪（Large Interferometer For Exoplanets，LIFE）计划正在研究天基编队飞行的零干涉仪在科学潜力和技术方面的挑战，来表征几十个温暖的、类地系外行星的大气特征。这样的概念性任务将允许通过干涉测量法将行星发出的光与它的主恒星发出的光分开，这是一个可能被接受，甚至可以应用于探测与恒星轨道很接近的行星，比如比邻星的半人马座 b。

目前 LIFE 的任务寿命预计为 5~6 年，其中搜索阶段约 2.5 年，表征阶段 2.5~3.5 年。目前 LIFE 干涉仪的概念设计是由一组共四个收集探测器和第五个光束合成探测器组成。目前计划运行在最小光谱分辨率为 $R=35~50$ 的条件下，至少覆盖 4~18.5 μm 的波长范围，其特征是：具有主要分子吸收带，如 CO_2、H_2O、O_3、CH_4、N_2 和 N_2O（如图 2-13 所示），以及 PH_3。根据收集航天器的光学口径大小（1~3.5 m），数百颗的太阳系外行星，包括数十颗可能的宜居行星，距离主序 FGK 和 M 型恒星 20 pc 范围以内的系外行星都可以被 LIFE 探测到。可以通过高信噪比的热辐射光谱对探测到的行星进行详细的表征。LIFE 将评估系外行星大气的多样性，研究表面宜居性和寻找生物的标记物（如 O_3 和 CH_4 的结合）。与专注于在反射光下探测系外行星的任务相比，探测热辐射是表征系外行星半径和有效温度的更直接和更高效的办法。

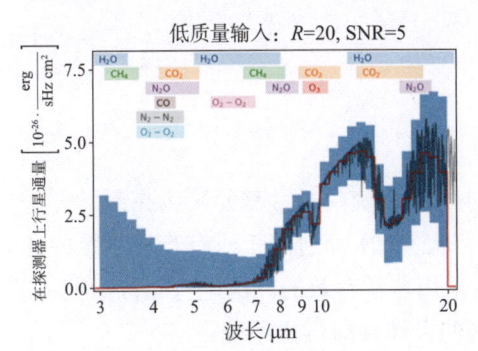

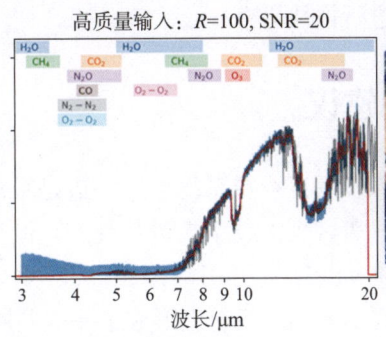

图 2-13　LIFE 提出的以现代地球热辐射光谱为例的参数研究图

注：在上述两幅图中，高分辨率光谱显示为灰色。红色的阶跃函数代表了它的统计版本（左边的 $R=20$；右边的 $R=100$）。蓝色阴影区域代表归入统计的光谱的通量不确定性，在两种基准情况下（左图信噪比 SNR=5；右图 SNR=20），考虑相关的天体物理噪声源，如恒星辐射，从来自黄道带尘埃和一颗相当于太阳系黄道带三倍的尘埃盘的辐射。大气中主要气体的吸收特征也同样示于图中。

最近，在 ESA 举办的"2050 年远航"研讨会上，正式公布了 ESA《2050 年远航》的最终报告，强调了寻找温带行星、表征行星特性以及寻找生物特征信号的重要性[①]。

这些对 ESA 长期科学任务规划的建议，包括来自宜居带系外行星的热辐射的主题，都可能是未来潜在的 L 级（即大型）任务。现在就需要开展技术预先研究，以便在今后 10 年能够研发出方案可行的科学仪器。

---

① ESA《2050 年远航》报告：详见（https://www.cosmos.esa.int/wel/voyage-2050.）

2.8.4　关键技术的研发

虽然 OST、HabEx 和 LUVOIR 任务都主要依赖相对成熟的技术，但它们都是由一些新兴技术实现核心价值的，这些新型技术需要在任务开始工程实施前提高技术成熟度。在这些关键技术中关于探测和表征可能宜居行星的核心关键如下。

- ❖ OST：低系统性噪声探测器。
- ❖ LUVOIR：测距仪（Picometer）望远镜的稳定性。
- ❖ HabEx：聚合星罩遮光技术。

每项概念性任务都制定了精心论证和规划的技术路线图，以及积极进取的研发时间表，降低了项目研发和计划的风险。事实上，大多数技术差距都正在通过 NASA 天体物理学的研发项目得到解决。

欧洲正在研究中红外零干涉仪，计划用于 LIFE 空间望远镜。其在未来的技术研究方面需要进一步投资的主要关键技术如下。

- ❖ 中红外探测器（如 OST）。
- ❖ 中红外波长下的低温集成光学系统。

在 ESA《2050 年远航》报告中，建议对表征宜居带系外行星特征的空间望远镜任务的技术成熟度进行评估研究。

2.9　结论和建议

一边是太阳系及其巨行星系统，另一边是系外行星系统，通常需要采用在测量分辨率和类型方面有显著区别的技术来进行观测，但是遥感技术却适用于所有行星系统的各种天文学观测需求。在 21 世纪，只有太阳系是可以采用非常有效的方法进行原位探测的。尽管存在这些重要的差别，但它们形成了一类共同的天体，即行星系统。

本章探索了将这些对象进行协同研究的好处，即跨越它们的不同种类。在未来的几十年里，人们将深化对它们的演化历史的理解，从原行星盘的形成，到行星天体和结构的多样性，再到潜在的宜居世界和可能出现的生命。第 3 章将更具体地介绍未来太阳系探测的详细科学目标，以及相关的关键观测技术，以便回答在第 1 章中介绍的"地平线 2061：行星探测长期远景预见"项目里提出的六个关键科学问题。

为了给此项研究奠定基础，本章简要介绍了目前正在进行的、正在准备或正在论证中的丰富多彩的航天任务，这些任务将探索行星系统的多样性，此外还介绍了它们的主要科学目标。由于探测太阳系内天体任务具有复杂性，使得到达目的地和面对的极端环境越来越有挑战性，因此需要探究更广泛的科学目标。目前，探测和表征系外行星及其大气层的任务主要依赖凌星法，但是人们期待着更常用的技术，例如直接成像法，这些技术将会随着采用日冕仪或干涉测量技术的大型空间望远镜的问世而到来。新一代的空间望远镜将有能力探索潜在宜居行星大气中的生物特征。地球上的巨型光学与无线电天文台（如 ELT、SKA）也将提供互补而又独特的观测结果。

人们对行星系统起源和形成的理解，将会极大地受益于对这些协同效应的研究。对太阳系的观测，获得了所有种类的行星系统天体、确定了它们形成过程中的关键事件的精确年代，以及详细表征了行星大气、磁层和内部结构。对太阳系外行星特征的表征，掌握了行星质量、距宿主星的距离，以及对于恒星的环境条件丰富的统计数据。最近对恒星周围形成的行星盘的观测，又发现了正在形成的原行星。利用上述这些丰富的数据，可以更好地确定原行星盘演化和行星形成模型的初始条件，从而更加深入地了解原行星盘演化如何导致行星系统的多样性，其中也包括人类自己所处的行星系统。

为了越来越精确地探测和表征系外行星及其大气层，在天基和地基上发展出来了各种各样的观测方法，如视向速度法、行星凌星法、微透镜法、天体测量和直接成像法。此外，射电观测也已经开始。在未来的几十年里，这些方法将继续为研究行星和行星系统结构的多样性以及它们对宿主星特性的依赖性，提供更好的统计数据和案例。迄今为止，我们认为太阳系的结构即使不是独一无二的，也是非常独特的。在未来 10 年里，随着地球上的巨型天文台和大型空间望远镜的投入使用，更多的惊喜在等待着我们。

行星及其卫星们通过大气、磁场、辐射带和磁层等耦合过程来进行与外部环境的相互作用。恒星大气和天体球（Astrosphere）也在行星与其星系环境的相互作用中发挥作用。所有这些过程都在演化历史中扮演着关键的角色，并可能导致每颗行星的大气层变化，最终影响其宜居性。对系外行星大气的研究能够支持更好地理解这一系列的过程，但是迄今为止这些理解还是基本限于气态巨行星。为更好地深入理解类地行星的宜居性，有必要对质量较低的行星进行类似的研究。与此同时，太阳系的气态巨行星及其海洋卫星，如木星的木卫二、木卫三或土星的土卫二，也告诉我们生命也许会悄悄地隐藏在环绕木星或土星的海洋卫星里，虽然我们的探测能力还存在相当大的差距。

日球层是研究得最好的天体球，也是其他天体的基准。虽然在过去的 10 年里，我们已经迈出了突破性的一步，建立了日球层模型，但我们还需要付出更多的努力来缩小模型、理论和关键性观测数据之间的差距。并且，要使日球层模型能够预测出对 GCR 的屏蔽量。这个关键步骤是必要的，它允许将其他天体扩展到星际介质。另外，射电观测有望支持外磁层的比较研究。

基于潜在宜居世界的特征，系外行星学界准备实现一个在科学上极其重要，但在技术上非常具有挑战性的目标：探测系外行星大气中的生物特征信号，重点是 45 颗位于宿主星的宜居带内的类地行星。主要有两个波段范围，在这两个波段范围内，我们可以表征类地行星的大气特征，以确定它们的宜居性和寻找生物特征信号。这两个波段范围分别为紫外/光学/近红外，以及大约 10 μm 的热辐射。人们需要探测到被认为是生命产物的气体类型，如 O_2 或 O_3。有两种方法来进行这些观测：通过凌星光谱学（"小黑影"）或通过直接成像得到由行星反射的恒星光（"暗淡蓝点"）或它的红外辐射。虽然这两种都是未来非常有应用前景的方法，但它们给未来的空间望远镜的设计带来了巨大的技术挑战。NASA 在最新的《天文学和天体物理学十年调查》的准备阶段对一些有前景的候选项目进行了相当详细的论证，如 HabEx 和 LUVOIR 项目。如果它们在未来数十年能够实施将带来希望，即我们正在一个合适的轨道上寻找系外行星大气中的生命特征。温带系外行星及其潜在宜居性科学主题的重要性，也在 ESA "2050 年远航"项目中被固化下来。这将推动未来的 LIFE 的概念性任务，扩大可解决的科学目标的参数范围。

2019年2月19—20日，国际空间科学研究所在伯尔尼主办了"国际空间科学研究所与欧洲行星协会"（ISSI-Europlanet）联合论坛。在该论坛的演讲报告和争论中包含了从关键的科学问题到未来的任务规划的广泛主题，清晰地描述了太阳系和系外行星系统的共同科学利益，以及这两大系统间协同研究的前景。希望本次论坛能激发出后续的行动，充分利用ISSI的全套模式，包括研讨会、国际团队、工作组或设立另一个论坛，以深化和推动这些协同效应。

图2-14所示为1900年的人们对于2000年飞行器的预测，它提醒我们，科学发现本质上是难以预测的。然而，可以对2061年的远景做出一个稳健的预测，许多惊喜在等待着我们：新的发现和意想不到的结果将引出新的、意想不到的科学问题，需要创新的跨学科方法、新的理论模型和新的航天任务来共同解决这些问题。

图2-14 1900年的人们对于2000年飞行器的预测

注：这幅美丽且富有灵感的作品，展示的是1900年的人们对2000年的飞行器的预测。它提醒着我们：未来是很难预测的。

参 考 文 献

[1] Alexander, C.M.O.'D., McKeegan, K.D., Altwegg, K., 2018. Space Sci. Rev. 214, 47. Article id. 36.

[2] Alibert, Y., Mordasini, C., Benz, W., Winisdoerffer, C., 2005. Astronom. Astrophys. 434, 343.

[3] Alibert, Y., et al., 2018. Nat. Astronom. 2, 873.

[4] Altwegg, K., et al., 2017. Phil. Trans. R. Soc. A 375, 20160253.

[5] Andrews, S.M., Huang, J., Perez, L.M., et al., 2018. Astrophys. J. 869, L41.

[6] Arndt, N.T., 1994. Archean komatiites. In: Condie, K.C. (Ed.), Archean Crustal Evolution. Elsevier, Amsterdam, pp. 11-44.

[7] Atreya, S.K., Wong, M.H., Owen, T.C., et al., 1999. PLANSS 47, 1243.

[8] Ayliffe, B.A., Bate, M.R., 2009. MNRAS 393, 49.

[9] Baglin, A., CoRot Team, 2016. The CoRoT Legacy Book: The Adventure of the Ultra High Precision Photometry from Space, by the CoRot Team - Coordination Annie Baglin, ISBN 978-2-7598-1876-1.

[10] Banfield, D., Murray, N., 1992. Icarus 99 (2), 390-401.

[11] Baruteau, C., Bai, X., Mordasini, C., et al., 2016. Space Sci. Rev. 205, 77-124.

[12] Baumeister, P., Padovan, S., Tosi, et al., 2020. Astrophys. J. 889. Article id: 42.

[13] Benisty, M., Bae, J., Facchini, S., et al., 2021. Astrophys. J. Lett. 916 (1), 15.

[14] Benz, W., Asphaug, E., 1999. Icarus 142, 5.

[15] Benz, W., Ida, S., Alibert, Y., et al., 2014. Protostars and Planets VI, p. 691.

[16] Benz, W., Broeg, C., Fortier, et al., 2021. Exp. Astronom. 51, 109-151.

[17] Berger, T.A., Huber, D., Gaidos, E., van Saders, J.L., Weiss, L.M., 2020. Astronom. J. 160, 108.

[18] Birnstiel, T., Dullemond, C.P., Brauer, F., 2010. Astronom. Astrophys. 513, A79.

[19] Blanc, M., Herczeg, G.J., Sterken, V., Lammer, H., Benz, W., Udry, S., Rodrigo, R., Falanga, M., 2018. From disks to planets: The making of planets and their early atmospheres. https://doi.org/10.1007/978-94-024-1518-6.

[20] Blanc, M., et al., 2020. Planet. Space Sci. 193, 104960.

[21] Blanc, M., et al., 2021. Space Sci. Rev. 217, 3.

[22] Blanc, M., Ammannito, E., Bousquet, P., Capria, M.-T., Dehant, V., Foing, B., Grande, M., Guo, L., Hutzler, A., Lasue, J., Lewis, J., Perino, M.A., Rauer, H., 2022b. "Planetary Exploration, Horizon 2061" Report - Chapter 1: Introduction to the "Planetary Exploration, Horizon 2061" Foresight Exercise. ScienceDirect, Elsevier.

[23] Blum, J., 2018. Space Sci. Rev. 214, 52.

[24] Bodenheimer, P., Pollack, J.B., 1986. Icarus 67, 391.

[25] Bolton, S.J., et al., 2001. Geophys. Res. Lett. 28.

[26] Booth, R.A., Ilee, J.D., 2019. MNRAS 487, 3998.

[27] Booth, R.A., Clarke, C.J., Madhusudhan, N., Ilee, J.D., 2017. MNRAS 469, 3994.

[28] Borucki, W., 2016. Rep. Prog. Phys. 79 (3). Article id: 036901.

[29] Borucki, W.J., Koch, D.G., Basri, G., et al., 2011. Astrophys. J. 736, 19.

[30] Boss, A., 1997. Science 276, 1836-1839.

[31] Bottke, Y.W.F., et al., 2015. Science 321-323.

[32] Bourrier, V., Lecavelier des Etangs, A., 2013. Lecavelier des Etangs, A. Astronom. Astrophys. 557.

[33] Bowens, R., et al., 2021. arXiv:2107.06375v2.

[34] Cabrera, J., Jiménez, M.F., García Muñoz, A., Schneider, J., 2018. Special cases: Moons, Rings, Comets, and Trojans. In: Handbook of Exoplanets. Springer International Publishing AG. Id: 158.

[35] Carlson, R.W., et al., 2009. In: Pappalardo, R.T., McKinnon, W.B., Khurana, K.K. (Eds.), Europa's Surface Composition, in Europa. University of Arizona Press, Tucson, pp. 283-327.

[36] Cauley, P.W., et al., 2019. Nat. Astronom. 3, 1128-1134.

[37] Charbonneau, D., et al., 2009. Nature 462, 891.

[38] Chazelas, B., et al., 2020, arXiv:2012.08182v1.

[39] Cowan, N.B., et al., 2015. PASP 127, 311.

[40] Csizmadia, S., Hellard, H., Smith, A.M.S., 2019. Astronom. Astrophys. 623. Id: A45.

[41] Damer, B., Deamer, D., 2020. Astrobiology 20, 429-452.

[42] Defrère, D., Léger, A., Absil, O., et al., 2018. Optical and Infrared Interferometry and Imaging VI, vol. 10701, p. 107011H.

[43] Dehant, V., Blanc, M., Mackwell, S., Soderlund, K.M., Beck, P., Bunce, E., Charnoz, S., Foing, B., Filice, V., Fletcher, L.N., Forget, F., Griton, L.,

Hammel, H., Höning, D., Imamura, T., Jackman, C., Kaspi, Y., Korablev, O., Leconte, J., Lellouch, E., Marty, B., Mangold, N., Michel, P., Morbidelli, A., Mousis, O., Prieto-Ballesteros, O., Spohn, T., Schmidt, J., Sterken, V.J., Tosi, N., Vandaele, A.C., Vernazza, P., Vazan, A., Westall, F., 2022. "Planetary Exploration, Horizon 2061" Report - Chapter 3: From Science Questions to Solar System Exploration. ScienceDirect, Elsevier.

[44] Deleuil, M., Polacco, D., Baruteau, C., Blanc, M., 2020. Space Sci. Rev. 216. Article id: 105.

[45] Delrez, L., Gillon, M., Queloz, D., et al., 2018. SPIE, vol. 10700, p. 107001I.

[46] Dittkrist, K.-M., Mordasini, C., Klahr, H., Alibert, Y., Henning, T., 2014. Astronom. Astrophys. 567, A121.

[47] Dittmann, J.A., et al., 2017. Nature 544, 333.

[48] Drazkowska, J., Alibert, Y., 2017. Astronom. Astrophys. 608, A92.

[49] Ehrenreich, D., et al., 2015. Nature 522, 45.

[50] Emsenhuber A., Mordasini C., Burn R., Alibert Y., Benz W., Asphaug E., 2020a. arXiv, arXiv:2007.05561.

[51] Emsenhuber A., Mordasini C., Burn R., Alibert Y., Benz W., Asphaug E., 2020b, arXiv, arXiv:2007.05562.

[52] ESA Voyage 2050, Report from Senior Committee. https://www.cosmos.esa.int/documents/1866264/1866292/Voyage2050-Senior-Committee-report-public.pdf/e2b2631e-5348-5d2d-60c1-437225981b6b?t1623427287109.

[53] Flasar, F.M., et al., 2005. Science 307, 1247.

[54] Fulton, B.J., Petigura, E.A., 2018. Astronom. J. 156, 264.

[55] Fulton, B.J., et al., 2017. Astronom. J. 154, 109.

[56] Gaillard, F., et al., 2011. Nature 478, 229-232.

[57] García Muñoz, A., Youngblood, A., Fossati, L., et al., 2020. Astrophys. J. 888, L21.

[58] Gaudi B. S., Christiansen J. L., Meyer M. R., 2020. arXiv:2011.04703.

[59] Gebauer, S., et al., 2020. Astrobiology 20 (12), 1413.

[60] Gebauer, S., Vilovic, I., Grenfell, J.L., et al., 2021. Astrophys. J. 909, 19.

[61] Ghail, R.C., et al., 2016. EnVision M5 Proposal. https://arxiv.org/abs/1703.09010.

[62] Gilbert, E., et al., 2020. Astronom. J. 160, 116.

[63] Gillon, M., et al., 2017. Nature 524, 456.

[64] Ginzburg, S., Schlichting, H.E., Sari, R., 2018. MNRAS 476, 759.

[65] Gourier, D., et al., 2019. South Africa. Geochem. Cosmochim. Acta 258, 207-225.

[66] Grady, M.M., Wright, I.P., Engrand, C., Siljeström, S., 2018. The Rosetta mission and the chemistry of organic species in comet 67P/Churyumov-Gerasimenko. Elements 14 (2), 95-100. https://doi.org/10.2138/gselements.14.2.95.

[67] Greenbaum, et al., 2018. Astronom. J. 155, 226.

[68] Grenfell, J.L., et al., 2020. Space Sci. Rev. 216, 98.

[69] Gronoff, G., et al., 2020. JGR Space Phys. 125 e2019JA027639.

[70] Haffert, S.Y., Bohn, A.J., de Boer, J., et al., 2019. Nat. Astronom. 3, 749-754.

[71] Haisch Jr., K.E., Lada, E.A., Lada, C.J., 2001. Astrophys. J. 553, L153.

[72] Hand, K.P., Murray, A., Garvin, J., et al., 2017. AAS/Division for Planetary Sciences Meeting Abstracts #49.

[73] Hellard, H., Csizmadia, S., Padovan, et al., 2019. Astrophys. J. 878, 119.

[74] Helled, R., Bodenheimer, P., Podolak, M., et al., 2014. In: Beuther, H., Klessen, R.S., Dullemond, C.P., Henning, T. (Eds.), Protostars and Planets VI. University of Arizona Press, Tucson, p. 914.

[75] Hellard, H., Csizmadia, S., Padovan, et al., 2020. Astrophys. J. 889, 10.

[76] Helled, R., 2018. The interiors of Jupiter and Saturn. In: Read, P., et al. (Eds.), Oxford Research Encyclopedia of Planetary Science. Oxford University Press, ISBN 978-0-190-64792-6. Id: 175.

[77] Helled, R., Lunine, J., 2014. Mon. Notices Royal Astron. Soc. 441 (3), 2273-2279. https://doi.org/10.1093/mnras/stu516.

[78] Herbst, K., et al., 2020. Astrophys. J. Lett. 897, L27.

[79] Hess, S.L.G., Zarka, P., 2011. Astronom. Astrophys. 531, A29.

[80] Hoeijmakers, H.J., et al., 2018. Nature 560, 453.

[81] Hofmann, A., Harris, C., 2008. Chemical Geology, vol. 257, pp. 221-239.

[82] Howard, A.W., Marcy, G.W., Johnson, J.A., et al., 2010. Science 330, 653.

[83] Howett, C.J.A., Spencer, J.R., Schenk, P., et al., 2011. Icarus 216, 221-226.

[84] Ida, S., Lin, D.N.C., 2004. Astrophys. J. 604, 388.

[85] Jia, et al., 2018. Planet. Space Sci. 162, 207-215.

[86] Jin, S., Mordasini, C., 2018. Astrophys. J. 853, 163.

[87] Ju, G., Bae, J., Choi, S.J., et al., 2013. In: 64th Int. Astronautical Congress (Final Programme) (Paris: IAF).

[88] Kasper, M., et al., 2021. The Messenger 182, 2021.

[89] Kattenhorn, S.A., Prockter, L.M., 2014. Nat. Geosci. 7, 762-767.

[90] Katyal, N., et al., 2020. Astronom. Astrophys. 643, A81.

[91] Keppler, M., Benisty, M., Muller, A., et al., 2018. Astronom. Astrophys. 617, A44.
[92] Kim, K.J., Wöhler, C., Ju, G.H., et al., 2016. Int. Arch. Photogram. Rem. Sens. Spatial Inf. Sci. XLI-B4, 417-423.
[93] Kislyakova, K.G., et al., 2014. Science 346.
[94] Kley, W., Nelson, R.P., 2012. ARAA 50, 211.
[95] Kokubo, E., Ida, S., 2000. Icarus 143, 15.
[96] Kruijer, T.S., Burkhardt, C., Budde, G., Kleine, T., 2017. Proc. Natl. Acad. Sci. U.S.A. 114, 6712-6716.
[97] Lambrechts, M., Johansen, A., 2014. Astronom. Astrophys. 572, A107.
[98] Lammer, H., Blanc, M., 2018. Space Sci. Rev. 214, 60.
[99] Lammer, H., Selsis, F., Ribas, I., et al., 2003. Astrophys. Lett. 598, L121.
[100] Lammer, H., Kasting, J.F., Chassefière, E., Johnson, R.E., Kulikov, Y.N., Tian, F., 2008. SSRv 139, 399.
[101] Lammer, H., et al., 2018. Astronom. Astrophys. Rev. 26 (2), 1-72.
[102] Laskar, J., 1997. Phys. Rev. Lett. 84, 3240.
[103] Lasue, J., Bousquet, P., Blanc, M., André, N., Beck, P., Berger, G., Bolton, S., Bunce, E., Chide, B., Foing, B., Hammel, H., Lellouch, E., Griton, L., Mcnutt, R., Maurice, S., Mousis, O., Opher, M., Sotin, C., Senske, D., Spilker, L., Vernazza, P., Zong, Q., 2021. "Planetary Exploration, Horizon 2061" Report - Chapter 4: From Planetary Exploration Goals to Technology Requirements. ScienceDirect. Elsevier (in press).
[104] Le Roy, L., Altwegg, K., Balsiger, H., et al., 2015. Astronom. Astrophys. 583, A1.
[105] Leleu, A., Alibert, Y., Hara, N.C., et al., 2021. Astronom. Astrophys. (in press) (arxiv 2101.09260).
[106] Ligier, N., et al., 2016. Astronom. J. 151, 16.
[107] Ligier, N., et al., 2019. Icarus 333, 496-515.
[108] Lin, I., Papaloizou, J., 1986. Astrophys. J. 309, 846L.
[109] Linder, E.F., Mordasini, C., Molliere, P., et al., 2019. Astronom. Astrophys. 623, A85.
[110] Louarn, P., Allegrini, F., McComas, et al., 2017. Geophys. Res. Lett. 44 (10), 4439-4446.
[111] Louis, C.K., Prangé, R., Lamy, L., et al., 2019. Geophys. Res. Lett. 46 (21), 11606-11614.
[112] Lovis, C., Snellen, I., Mouillet, D., Pepe, F., Wildi, F., et al., 2017. Astronom. Astrophys. 599, A16.
[113] Lu, et al., 2021. Icarus 354. Article id: 114086.
[114] Luger, R., Sestovic, M., Kruse, E., et al., 2017. Nat. Astronom. 1, 0129.
[115] Lyons, T.W., et al., 2014. Nature 506, 307-315.
[116] Marleau, G.-D., Mordasini, C., Kuiper, R., 2019. 881, 144.

[117] Masset, F., Snellgrove, M., 2001. MNRAS 320, L55.
[118] Mathavaraj, S., et al., 2020. Acta Astronaut. 177, 286-298.
[119] Maurette, M., 2006. Micrometeorites and the Mysteries of Our Origins. Springer, Berlin.
[120] Mayor, M., Queloz, D., 1995. Nature 378, 355.
[121] Mayor, M., Marmier, M., Lovis, C., et al., 2011. arXiv E-Prints, arXiv:1109. 2497.
[122] McDermott, J.M., Seewald, J.S., German, C.R., Sylva, S.P., 2015. Pathways for abiotic organic synthesis at submarine hydrothermal fields. Proc. Natl. Acad. Sci. U.S.A. 112, 7668-7672.
[123] McDonald, G.wD., Kreidberg, L., Lopez, E., 2019. Astrophys. J. 876, 22.
[124] Meech, K.J., 2017. Phil. Trans. R. Soc. A 375, 20160247.
[125] Meinert, C., Myrgorodska, I., de Marcellus, P., et al., 2016. Science 352 (6282), 208-212.
[126] Merouane, et al., 2012. Astrophys. J. 756, 154.
[127] Mikhail, S., Sverjensky, D.A., 2014. Nat. Geosci. 7, 816-819.
[128] Miller, S.L., 1953. Science 117 (3046), 528-529.
[129] Miller, S.L., Urey, H.C., 1959. Science 130 (3370), 245-251.
[130] Mizuno, H., 1980. PThPh 64, 544.
[131] Mordasini, C., 2014. Astronom. Astrophys. 572, A118.
[132] Mordasini, C., 2018. Handbook of Exoplanets, p. 143.
[133] Mordasini, C., Alibert, Y., Benz, W., 2009. Astronom. Astrophys. 501, 1139.
[134] Mordasini, C., Alibert, Y., Georgy, C., et al., 2012. Astronom. Astrophys. 547, A112.
[135] Mordasini, C., van Boekel, R., Mollière, P., Henning, T., Benneke, B., 2016. Astrophys. J. 832, 41.
[136] Mordasini, C., Marleau, G.-D., Mollière, P., 2017. Astronom. Astrophys. 608, A72.
[137] Müller, S., Helled, R., Cumming, A., 2020a. Astronom. Astrophys. 638. Id: A121, 11 pp.
[138] Müller, S., Ben-Yami, M., Helled, R., 2020b. Astrophys. J. 903 (2). Id.147, 13 pp.
[139] Mura, A., et al., 2020. Infrared observations of Ganymede from the Jovian InfraRed auroral mapper on Juno. JGR 125. Article id: e06508.
[140] Nordheim, T., Paranicas, C., Hand, K. P., 2017. American Geophysical Union, Fall Meeting 2017, abstract #P52B-03
[141] Nikolov, N., et al., 2018. Nature 557, 526.
[142] Oberg, K.I., Murray-Clay, R., Bergin, E.A., 2011. Astrophys. J. Lett. 743, L16.

[143] Opher, M., 2019. The Heliosphere: Lessons Learned from Voyager, Cassini, IBEX about Our Home in the Galaxy, Planetary Exploration Horizon 2061 Synthesis Workshop, Toulouse.

[144] Ormel, C.W., Klahr, H.H., 2010. Astronom. Astrophys. 520, A43.

[145] Owen, J.E., 2019. AREPS 47, 67.

[146] Owen, J.E., Wu, Y., 2013. Astrophys. J. 775, 105.

[147] Owen, J.E., Wu, Y., 2017. Astrophys. J. 847, 29.

[148] Paranicas, C., Cooper, J.F., Garrett, H.B., Johnson, R.E., Sturner, S.J., 2009. In: Pappalardo, R.T., McKinnon, W.B., Khurana, K.K. (Eds.), Europa's Radiation Environment and its Effects on the Surface, in Europa. University of Arizona Press, Tucson, pp. 529-544.

[149] Pérez-Torres, M., et al., 2021. Astronom. Astrophys. 645, A77.

[150] Pinte, C., Price, D.J., Menard, F., et al., 2018. Astrophys. J. Lett. 860, L13.

[151] Pollack, J.B., Hubickyj, O., Bodenheimer, P., et al., 1996. Icarus 124, 62.

[152] Qian, Y., Xiao, L., Head, J.W., et al., 2021. E&PSL 555, 116702.

[153] Quanz, S., 2019. In: EPSC-DPS Joint Meeting 2019, 13, p. 327.

[154] Quanz, S. P., et al., 2021, arXiv Preprint arXiv:2101.07500, (submitted to A&A).

[155] Quanz, S., et al., 2015. Int. J AsBio 14, 2.

[156] Rauer, H., Gebauer, S., Paris, P.V., Cabrera, J., Godolt, M., et al., 2011. Astronom. Astrophys. 529, 14.

[157] Rauer, H., Catala, C., Aerts, C., Appourchaux, T., Benz, W., et al., 2014. Exp. Astronom. 38, 249-330.

[158] Rauer, H., Aerts, C., Cabrera, J., PLATO Team, 2016. Astronom. Nachr. 337 (8-9), 961.

[159] Ricker, G.R., Winn, J.N., Vanderspek, R., et al., 2015. J. Astronomical Telesc. Instrum. Syst. Id: 014003.

[160] Safronov, V.S., 1969. In: Safronov, V.S. (Ed.), Evolution of the Protoplanetary Cloud and Formation of Earth and the Planets. Nauka. Transl. 1972 NASA Tech. F-677, Moscow.

[161] Schenk, P., Hamilton, D.P., Johnson, R.E., et al., 2011. Icarus 211, 740-757.

[162] Scherer, K., et al., 2015. Astronom. Astrophys. 576, A97.

[163] Schib, O., Mordasini, C., Wenger, N., Marleau, G.-D., Helled, R., 2021. Astronom. Astrophys. 645, A43.

[164] Schmitt-Kopplin, P., Gabelica, Z., Gougeon, et al., 2010. Proc. Natl. Acad. Sci. U.S.A 107, 2763S.

[165] Shock, E.L., McCollom, T.M., Schulte, M.D., 2002. The emergence of metabolism from within hydrothermal systems. In: Wiegel, J., Adams, M.W.W. (Eds.), Thermophiles: The Keys to Molecular Evolution and the Origin of Life. Taylor & Francis, London, pp. 59-76.

[166] Sim, C.K., et al., 2020. PASP 132 (015004), 11 pp.

[167] Sing, D.K., et al., 2016. Nature 529, 59.

[168] Smit, M.A., Mezger, K., 2017. Nat. Geosci. 10, 788-792.

[169] Smrekar, S., Dyar, D., Helbert, J., et al., 2020. In: EPSC, 14, p. 447S.

[170] Snellen, I.A.G., de Kok, R.J., de Mooij, E.J.W., Albrecht, S., 2010. Nature 465, 1049.

[171] Snellen, I.A.G., et al., 2013. Astrophys. J. 764, 182.

[172] Snellen, I., de Kok, R., Birkby, J.wL., et al., 2015. Astronom. Astrophys. 576, A59.

[173] Snellen, I.A.D., et al., 2019. Submission to the Voyage 2050 White Paper Call.

[174] Spake, J.J., et al., 2018. Nature 557, 68.

[175] Stone, E.C., et al., 2013. Science 341, 150-153.

[176] Stone, E.C., Cummings, A.C., Heikkila, B.C., Lal, N., 2019. Nat. Astronom. 3, 1013.

[177] Strøm, P., et al., 2020. PASP 132, 19.

[178] Stueken, E., et al., 2020. Space Sci. Rev. 216, 31.

[179] Sullivan, P.W., et al., 2015. Astrophys. J. 809 (77), 20159.

[180] Suzuki, T.K., Ogihara, M., Morbidelli, A., Crida, A., Guillot, T., 2016. Astronom. Astrophys. 596, A74.

[181] Teague, R., Bae, J., Bergin, E.A., et al., 2018. Astrophys. Lett. 860, L12.

[182] Testi, L., Birnstiel, T., Ricci, L., et al., 2014. Protostars and Planets VI, p. 339.

[183] Thorngren, D.P., Fortney, J.J., Murray-Clay, R.A., Lopez, E.D., 2016. Astrophys. J. 831, 64.

[184] Tinetti, G., Drossart, P., Eccleston, P., et al., 2018. Exp. Astronom. 46, 135-209.

[185] Tosi, N., et al., 2020. JGR 125 (11). Article id: e06522.

[186] Turner, N.J., Fromang, S., Gammie, C., et al., 2014. Protostars and Planets VI, p. 411.

[187] Turner, J.D., Zarka, P., Grießmeier, J.-M., et al., 2021. Astronom. Astrophys. 645, A59.

[188] Tychoniec, L., Tobin, J.J., Karska, A., et al., 2018. Astrophys. J. 238, 19.

[189] Udry, S., Santos, N.C., 2007. ARAA 45, 397.

[190] Valletta, C., Helled, R., 2020. Astrophys. J. 900 (133), 17.

[191] Van Eylen, V., Agentoft, C., Lundkvist, M.S., et al., 2018. MNRAS 479, 4786-4795.

[192] Vedantham, H.K., et al., 2020. Nat. Astronom. 4, 577-583.

[193] Venturini, et al., 2020b. Astronom. Astrophys. 644 (2020), A174.

[194] Venturini, et al., 2020c. Astronom. Astrophys. 643, 10. Id: L1.

[195] Venturini, J., Helled, R., 2017. Astrophys. J. 848 (95), 13.

[196] Venturini, J., Ronco, M.P., Guilera, O.M., 2020b. Space Sci. Rev. 216 (5), 86. https://doi.org/10.1007/s11214-020-00700-y,2006.07127.

[197] Vidal-Madjar, A., Lecavelier des Etangs, A., Désert, J.-M., et al., 2003. Nature 422, 143.

[198] Wagner, K., Follete, K.B., Close, L.M., et al., 2018. Astrophys. J. 863, L8.

[199] Wahl, S.M., Hubbard, W.B., Militzer, B., et al., 2017. Geophys. Res. Lett. 44, 4649.

[200] Walsh, K.J., Morbidelli, A., Raymond, S.N., O'Brien, D.P., Mandell, A.M., 2011. Nature 475, 206.

[201] Wang, J., Mawet, D., Fortney, J.J., et al., 2018. Astronom. J. 156, 272.

[202] Weidenschilling, S.J., 1977a. MNRAS 180, 57.

[203] Weidenschilling, S.J., 1977b. Astrophys. Space Sci. 51, 153.

[204] Weidenschilling, S.J., 1980. Icarus 44, 172-189.

[205] Weiss, L.M., et al., 2018. Astronom. J. 155, 48. https://doi.org/10.3847/1538-3881/aa9ff6.

[206] Westall, F., Hickman-Lewis, K., Hinman, N., et al., 2018. Astrobiology 18 (3), 259-293.

[207] Williams, J.P., Cieza, L.A., 2011. ARAA 49, 67.

[208] Wong, M.H., Mahaffy, P.R., Atreya, S.K., Niemann, H.B., Owen, T.C., 2004. Icarus 171, 153.

[209] Wunderlich, F., Scheucher, M., Godolt, M., et al., 2020. Astrophys. J. 901, 31.

[210] Youdin, A.N., Goodman, J., 2005. Astrophys. J. 620, 459.

[211] Zahnle, Z., Schaefer, L., Fegley, B., 2010. Cold Spring Harbor Perspect. Biol. 2 (10), a004895.

[212] Zarka, P., 1998. J. Geophys. Res. 103, 20159-20194.

[213] Zarka, P., 2007. Planet. Space Sci. 55, 598.

[214] Zarka, P., 2018. haex.book, vol. 22.

[215] Zarka, P., Treumann, R.A., Ryabov, B.P., Ryabov, V.B., 2001. Astrophys. Space Sci. 277, 293-300.

[216] Zarka, P., Lazio, J., Hallinan, G., 2015. In: ASKA Conf, p. 120.

[217] Zasova, L.V., Gorinov, D.A., Eismont, N.A., et al., 2020. Sol. Syst. Res. 53, 506.

[218] Zhang, S., Zhu, Z., Huang, J., et al., 2018. Astrophys. J. 869, L4.

第 3 章
从科学问题到太阳系探测

[比利时] Véronique Dehant
[美国] Steve Mackwell
[法国] Pierre Beck
[法国] Sébastien Charnoz
[比利时] Valerio Filice1
[法国] François Forget
[美国] Heidi Hammel
[日本] Takeshi Imamura
[以色列] Yohai Kaspi
[法国] Jérémy Leconte
[法国] Bernard Marty
[法国] Patrick Miche
[法国] Olivier Mousis
[德国] Tilman Spohn
[瑞士] Veerle J. Sterken
[比利时] Ann C. Vandaele
[以色列] Allona Vazan

[法国] Michel Blanc
[美国] Krista M. Soderlund
[英国] Emma Bunce
[荷兰] Bernard Foing
[英国] Leigh N. Fletcher
[法国] Léa Griton
[荷兰] Dennis Höning
[爱尔兰] Caitriona Jackman
[俄罗斯] Oleg Korablev
[法国] Emmanuel Lellouch
[法国] Nicolas Mangold
[法国] Alessandro Morbidelli
[西班牙] Olga Prieto-Ballesteros
[芬兰] Juergen Schmidt
[德国] Nicola Tosi
[法国] Pierre Vernazza
[法国] Frances Westall

3.1 简介

第 1 章对行星系统及其不同类别进行了分析，基于"地平线 2061：行星探测长期远景预见"项目的研究，我们确定了六个关键性的科学问题，这六个关键科学问题涉及行星系统的多样性、起源、运行机制和可居住性，分别如下。

Q1：我们对行星系统天体的多样性了解多少？
Q2：我们对行星系统结构的多样性了解多少？
Q3：行星系统的起源与演化过程是什么样的？
Q4：行星系统是如何运行的？
Q5：行星系统是否拥有潜在的宜居地？
Q6：在哪里以及如何寻找地外生命？

第 2 章介绍了对太阳系外行星系统进行观测的各类途径，能够在某种程度上帮助解决这些科学问题。未来对太阳系天体开展的持续观测研究仍将在解决这六个关键科学问题方面发挥独特的作用，主要包括以下 4 个原因。

（1）到目前为止，太阳系仍是可用最高空间分辨率观测的行星系统。使用深空探测器可对地外天体开展近距离的实地探测，再与使用甚高分辨率的地基及天基望远镜的遥感观测相结合，我们可以详细地观测到最遥远的天体，例如巨行星系统、海外天体等。此外，太阳系也是我们唯一能够通过使用下降和着陆探测器进行实地采样探测的行星系统。

（2）我们可以采用轨道器、着陆器和巡视器进行实地探测，同时结合巨型地基和天基望远镜进行遥感观测等手段来开展太阳系探测，因此太阳系是唯一能够对行星系统中包含的最广泛的天体进行详尽观测的行星系统。

（3）太阳系是唯一的可以观测到次系统的行星系统，次行星系统同样是由复杂多样的天体组合而成，包括许多复杂性各不相同的卫星、环和围绕其巨行星形成的等离子环。此外在我们已知的地月系统中已经进化出生命。因此，将次系统与整个太阳系放在一起研究，能为我们了解行星系统内部结构的多样性提供独特见解。

（4）同样将实地探测与望远镜观测相结合，有助于研究太阳系日球层顶与周围的星际介质的相互作用，这些研究成果将有助于我们快速迈出自己所在行星系统的第一步，从而探索太阳系外围的空间环境。

图 3-1 介绍了太阳系的三个重要特征：①太阳系天体分布在距太阳超过 4 个数量级的距离上，即从略大于 0.1 个天文单位（AU）到超过 100 个 AU，小型类地行星们聚集在太阳附近（称为内太阳系），巨行星们聚集在太阳外侧（称为外太阳系），还有几个小天体群分布在这个距离范围内；②次行星系统内部结构同样展现出多样性，主行星的常规卫星通常是类地行星和矮行星，其不规则的卫星通常是小天体家族的一部分；③太阳系边缘与星际介质的交界处的距离足够短，适用航天器进行原位探测。

在本章中，我们将利用太阳系的独特特征来分析未来的太阳系探测活动，将如何部分解决我们关心的六个关键性科学问题，对这些科学问题的描述将更加具体，以便我们进一步认识主行星系统及其次行星系统。对于每个关键科学问题，我们都将明确地提出所需采用的一系列观测方法，以及实施它们所需的不同天体及科学仪器的类型。我们还

气态巨行星系统

太阳系内的次行星系统

地月系统

冰质巨行星系统

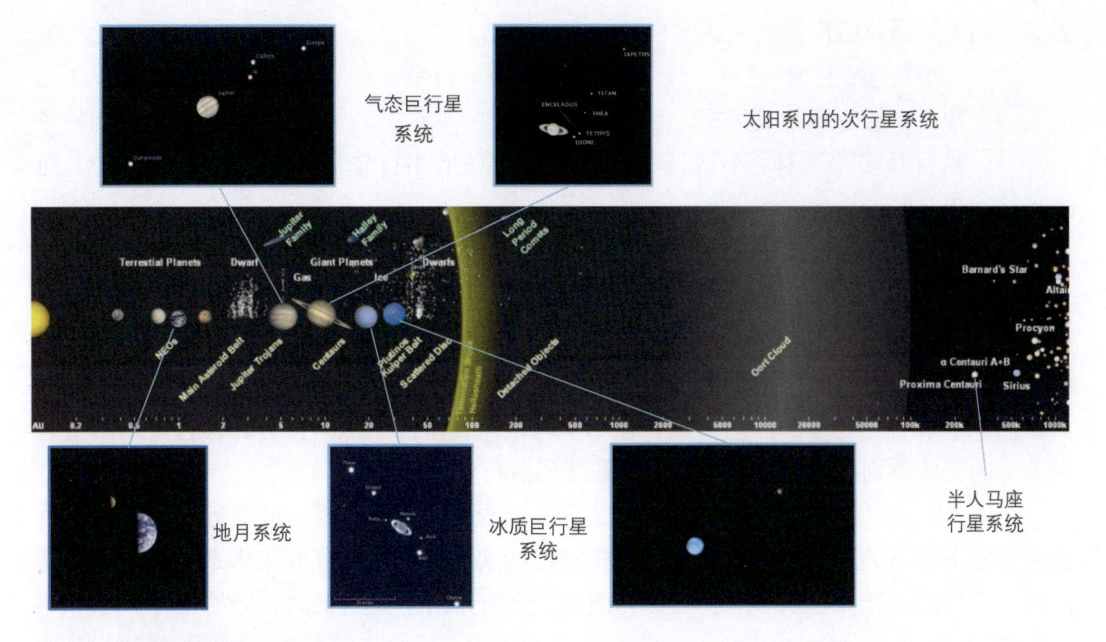

半人马座行星系统

图 3-1　太阳系天体概貌示意图

注：中间的图介绍的是太阳系内天体的径向分布（AU 的对数），显示出太阳系内部结构的多样性（行星、小天体、矮行星和卫星），以及它们与太阳距离超过 5 个数量级的分布，从略大于 0.1 AU 到超过 10^4 AU（这个距离仍然是我们与最近恒星距离的百分之几）。上图介绍的是太阳系内子行星系统展示出同样的结构多样性：气态巨行星系统；下图介绍的是气态巨行星系统（左上两图）、冰质巨行星系统（中下两图）与地月系统的对比，展现出非常不同的次行星系统的内部结构。

将提出为解决这些关键科学问题所需的典型的不同类型的深空探测任务的初步构想。

以这六个关键科学问题为纲，本章对太阳系未来科学探索的介绍顺序如下。在第 3.2 节中，我们将回顾对太阳系天体多样性的认识，并确定最重要的"知识空白"以填补其清单（Q1）。然后在第 3.3 节，我们将探讨太阳系中包含的主行星系统和次行星系统结构的多样性（Q2）。

对这两个问题的分析将为理解接下来的两个问题奠定基础：我们将在第 3.4 节研究太阳系的起源和演化（Q3），并在第 3.5 节研究它们最重要的运行机制（Q4）。

从脱离太阳星云形成太阳系的初始条件开始，并受其在多个相互关联的尺度上运行机制的驱动，太阳系朝着我们今天可以观测到的结构发展。探索太阳系行星系统中不同的空间及天体环境，可以帮助解决我们关心的六个科学问题中最具挑战性的两个问题：①太阳系是否存在潜在的其他宜居地？②据我们所知，这些宜居地是否满足或已经满足了生命出现的必要条件，还是在过去就已经实现了？寻找太阳系中潜在宜居地的问题（Q5）将在第 3.6 节中讨论。最后第 3.7 节将讨论寻找地外生命的问题（Q6），在哪里以及如何在太阳系中寻找到地外生命？

3.2　太阳系天体的多样性（Q1）

正是因为实施了深空探测实地探测任务和天基或地基望远镜观测任务，才让我们逐

步认识到太阳系具有广泛的天体多样性,它们包括:

(1) 三类行星:类地行星、气态巨行星和冰质巨行星。

(2) 数百个矮行星及其卫星。

(3) 数目众多小天体:小行星、彗星、半人马型小行星群、特洛伊小天体群、海外天体、奥尔特云天体。

(4) 小尺寸行星际(Interplantary)和星际(Interstellar)尘埃粒子群。

(5) 组成四大巨行星系统的环的粒子。

这些天体的尺寸从最大的木星约 10^8 m 到最小的尘埃颗粒约 10^{-7} m,其中一些天体如月球和火星虽已经被广泛研究,但仍值得进一步研究。然而,为了研究太阳系天体的多样性,本节将把更多的注意力集中在那些尚难以提上深空探测任务日程且难以用望远镜表征的天体类别,如最遥远的小天体和冰质巨行星。

图 3-1 展示了需要探测的深空距离范围,结合地基 / 天基望远镜的远程观测,以及轨道器和飞越器的遥感、着陆器和下降探测器的实地探测,建立起太阳系内天体的整个清单。作为对该清单的补充,图 3-2 和图 3-3 分别介绍了太阳系内天体的尺寸大小和相对质量。

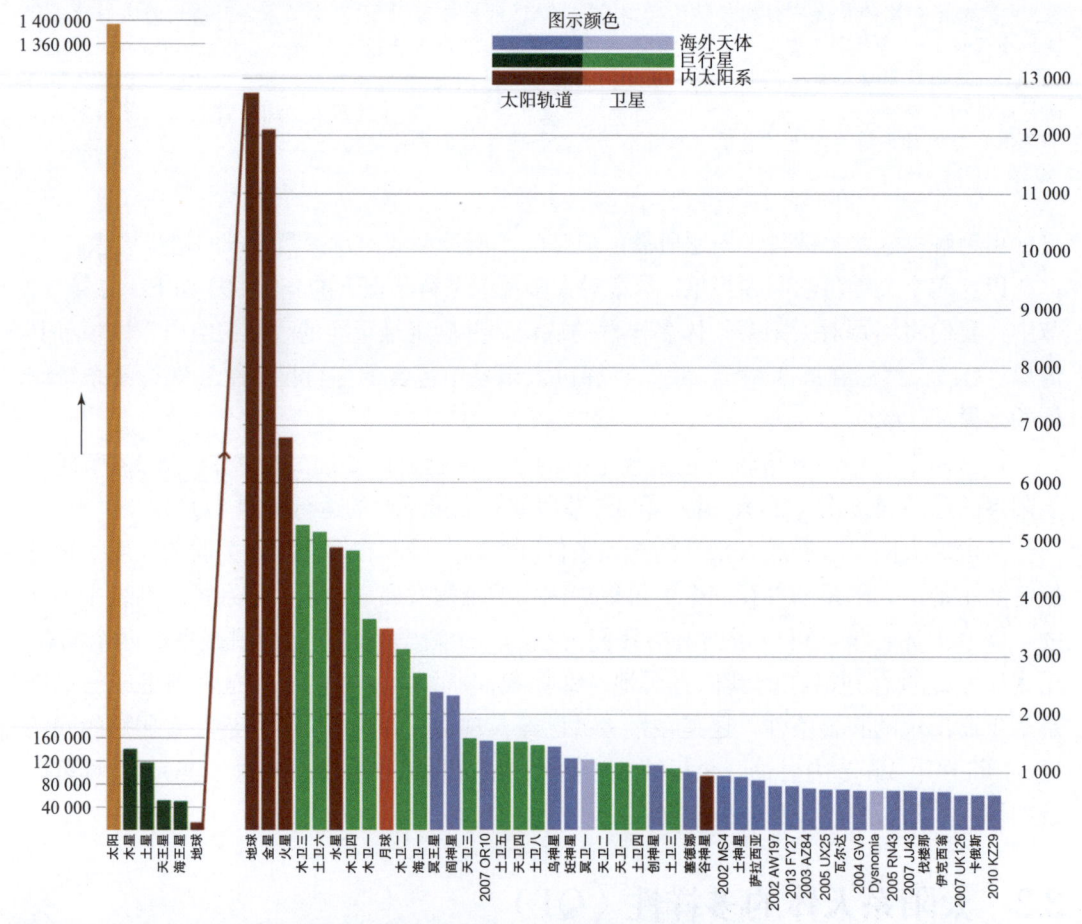

图 3-2 太阳系中 50 个较大天体的直径相对大小,按不同轨道区域着色

注:图中数值单位,即天体的直径单位为千米(km,为)线性比例。

太阳系中较大天体的相对质量

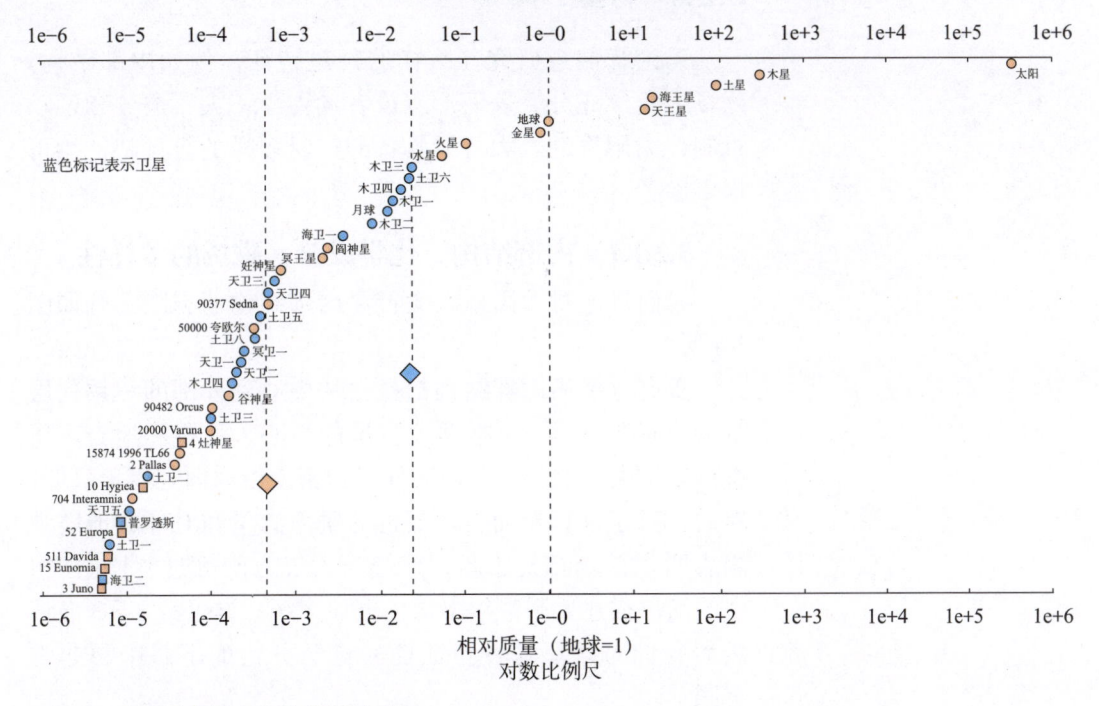

图 3-3　太阳系中较大天体的相对质量

注：在上图中柯伊伯带天体（Kuiper Belt Object，KBO）的总质量（蓝色钻石标）与主带小行星的总质量（红色钻石标）是重叠的。

　　图 3-3 展示了太阳系内天体（不包括太阳）的总质量是如何在不同类型天体之间分布的。太阳系的总质量大约为 446.6 个地球质量，其中仅木星就占到 71%，气态巨行星木星和土星合计占 92%。如果算上冰质巨行星，巨行星系统总计占太阳系总质量的 99.5%，而其他所有较小的天体，如类地行星、小天体及其卫星，仅占太阳系总质量的 0.5%。

　　考虑到两个主要的小天体群，根据天文望远镜观测和飞越探测的数据（如果有的话）估计，海外天体（TNO）的总质量为 $2\times10^{-2}\,M_E$（M_E 指地球质量），大约相当于木星的伽利略卫星的大小；小行星主带的总质量大约 $4\times10^{-4}\,M_E$，大约相当于天王星的一颗小型卫星，例如天卫三（Titania）或天卫四（Oberon）。从图 3-3 我们可以看出对于外太阳系的天体，即那些可能形成于原始太阳星云冰线之外的天体，代表了太阳系天体质量的绝大部分，包括巨行星和小天体。

　　最有趣的是，如果我们从图 3-3 中总结出被怀疑是宜居星球的总质量(详见第 3.6 节)，即地球、火星和巨行星的主要冰质卫星，它们的总质量大约是 $1.17\,M_E$（包括地球的质量）。换句话说，仅占太阳系天体总质量的 0.26%。

　　现在让我们来共同探索太阳系中种类多样的天体。

3.2.1 行星

无论我们想研究什么样的行星特征,例如内部结构、磁场、化学成分、表面形态或者动力学、大气成分和运动机制,太阳系的八大行星具备的广泛多样的行星特征均可提供参考。

3.2.1.1 内部结构、化学成分、磁场的多样性

我们目前对太阳系八大行星内部结构的有限了解如图3-4所示。

所有行星的内部结构都是由从中心到外部的一系列层结构来进行描述:包括类地行星的核心、地幔和地壳,还有可能被大气层包围着,大气层的密度由内向外逐步降低。然而,对于巨行星而言,最近的重力测量和对环的地震观测表明,在岩石与冰芯、地幔与大气之间的过渡比图3-4中的简单描述要平滑得多,也更加平缓(详见第3.5.3节)。然而我们对行星这种特征性的化学分化的了解来源非常有限:

❖ 所有行星的物质组成都来自太阳星云的初始成分。
❖ 重力测量信息提供了关于行星的体积密度及平均组分,以及内部结构的部分(尽管不十分明确)信息。就最遥远的行星如冰巨星而言,直接重力测量数据仅限于"旅行者2号"(Voyager 2)分别于1986年和1989年进行的射电科学试验。
❖ 环形地震学(Ring Seismology)[1]可以通过行星内部的脉动来识别稳定分层区域(Stably Stratified Region)[2]。
❖ 形成不同层的不同类型组分的热力学和流变学特性,有时可从地球这个独特"实验室"进行的高压实验中获得信息。
❖ 由这种多样性的数据和约束条件获得的内部结构模型适用于每个行星。

正是基于这些有限且不完整的信息,目前关于行星内部结构多样性组成的共识是基于:

❖ 对于气态巨行星而言,它是由岩石和冰组成的核心,被氢组成的地幔包围,在高压条件下含有少量氦和金属氢。
❖ 对于冰质巨行星而言,它是由岩石和冰组成的核心,

---

[1] 环形地震学:是指利用行星内部发生的地震波来研究其结构和性质。

[2] 稳定分层区域:指的是行星内部不同密度物质按照密度高低自然分层排列,并且这些物质之间没有明显混合或扰动现象。

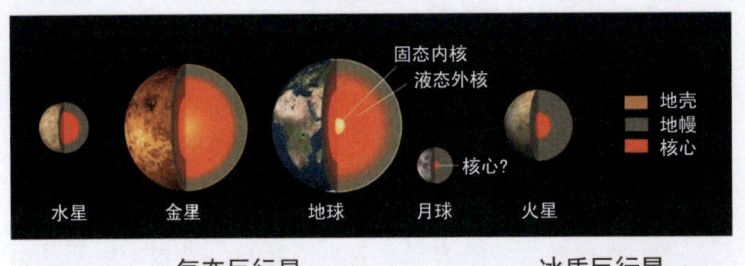

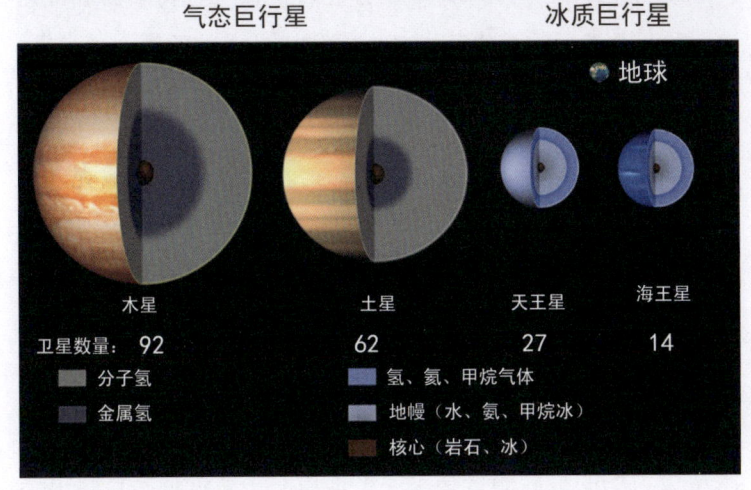

图 3-4　太阳系内八大行星概貌

注：将太阳系内的行星分为类地行星、气态巨行星和冰质巨行星的分类标准，反映了明显不同的体积组成、密度和可能的内部结构。虽然 4 颗类地行星的组成主要是硅酸盐和金属，挥发物只占少数，气态巨行星主要由太阳星云形成过程中捕获的氢和氦构成，而冰质巨行星可能主要由水和其他冰物质构成，这些冰被较浅的 H_2/He 组成的外地幔和大气层包围。离太阳的距离越远，我们对行星内部结构、行星分化（Planetary Differentiation）[1]程度以及层间耦合机制的了解就越急剧减少。

[1] 行星分化：是指在宇宙形成早期，由于重力和热力学作用，原始物质逐渐分离出不同的层次结构。这些层次包括内核、外核、下地幔、上地幔和地壳等。这个过程导致了行星内部的化学组成和物理性质的差异。例如，太阳系 4 颗巨行星当中，木星和土星具有厚实而密集的氢-氦大气层，且内部存在着岩石核心；而天王星和海王星则更类似于冰质行星，在其深处可能存在着液态水或甲烷等物质。总之，行星分化是一个复杂而重要的过程，对于我们理解宇宙演变历史以及寻找生命起源等问题都具有极为重要的意义。

由重分子组成［可能富含水，取决于鲜为人知的岩冰比（the rock-to-ice ratio）］的混合物形成的下地幔与由氢和氦组成的大气层的上地幔包围着。

❖ 对于类地行星而言，它有金属核心，被硅酸盐地幔和地壳包围着，其大气层成分各不相同。

我们还知道，行星的内部结构还由几个随时间变化的关键机制决定着，主要包括：

❖ 吸积机制：它们的吸积历史和促成这种吸积效应的物质。

❖ 热演化机制：它们的热演化历史是在浮力的作用影响下，行星组分会发生化学分化现象，如部分或全部熔化、对流和迁移等，导致某些层逐步冷却且有时会凝固。

❖ 相变边界机制：建立和维持固态（非晶态或晶态）、液态和气态之间的内部相变边界，在类地行星的固态和气态层之间形成了一个特别尖锐的边界，即地壳层与大气层的分界线非常明显。

第 3 章　从科学问题到太阳系探测

❖ "热发电机"机制：每颗行星的"热发动机"在其特定内部热源作用下的同时期工作——类地行星的放射性核元素衰变、行星体的持续性收缩以及巨行星可能的相分离（Phase Separation）[1]。

对行星而言，除了这些较通用的认识之外，许多内容还仍然鲜为人知：

❖ 我们对太阳系内探索较少的行星，对冰质巨行星和气态巨行星的基本组成（即岩冰比）的了解十分有限，因此我们对其内部质量和热量的径向传输机制了解不足。

❖ 对形成及其早期演化之后的内部结构认识不足，这对理解巨行星（不同于类地行星）内部结构的长期演化过程是至关重要的。

❖ 实际的行星分化程度，因此也包括化学成分的对比度和各层之间的混合程度，当可以采用更精确的测量时，也许会带来更多惊喜。

在"朱诺号"木星探测任务中开展的射电科学实验，对木星重力场的最新测量结果完美地说明了在低近木点轨道器上进行大规模射电科学实验，可以产生的重大认识飞跃：它们揭示了木星内部化学成分的转变比"朱诺号"任务实施之前的模型预测的要平滑得多，并改变了我们对木星内部模型的认识。图 3-5 所示为修订后的木星内部结构模型。

行星的磁场与重力场互补，行星磁场是每个行星分化和形成内部动力机制的另一个重要产物。行星磁场也是非常多样的，产生它们的机制通常被认为是一种 α~Ω 行星发电机理论（α~Ω Planetary Dynamo Theory）[2]（α 效应是通过螺旋流体运动将环形场转化为极向场；Ω 效应是通过差速旋转将极向场转换为环形场），在每个磁化行星的导电对流层中运行：类地行星的液态铁合金核心、气态巨行星的金属氢层，以及天王星和海王星内的离子/超离子液态海洋。磁场限制了这些层的径向分布和特性，以及它们维持内部发电机的能力。图 3-6 介绍了具有活跃发电机效应的行星（不包括木卫三（Ganymede），图上未显示）磁场径向分量表面分布的情况，该标准排除了金星，并在较小程度上排除了火星，尽管其化石磁场较弱。它显示了磁场表面分布的多样性，与高阶分量相比，偶极子分量的相对强度可变，偶极子轴的空间方向也可变。地球和木星磁场的长期变化，或者说随时间变化的磁

[1] 相分离：相分离本身是一个物理化学概念，二元或多元混合物会在一定的条件下分离为不同的相。生活中常见的水上漂浮油的现象，就是一种相分离现象。

[2] α~Ω 行星发电机理论：目前科学界普遍用行星发电机理论来解释行星磁场的起源，它的基本思想是行星外核的导电流体在某种或多种能源的驱动下进行对流运动，而与对流相应的电流产生磁场，也就是一个将动能转化成流体动能，动能再转化成磁能的过程，如果转化的磁能可以抵抗欧姆耗散的话，则该磁场就可以由对流运动所维持。总而言之：行星磁场是由行星液态核的导电流体进行对流运动产生和维持的，驱动行星核对流的能量有数种来源。其中最多讨论的是重力。在行星吸积过程中聚集的巨大的重力能转化成热能，导致行星内核熔化，形成高温高压的液核。行星形成后开始缓慢冷却（secular cooling），释放大量热量（也可能伴随液核内放射性元素释放的热量），从而引起液态核内物质的密度不均匀和温度不均匀。这两种不均匀性都可以驱动液核对流，进而产生行星磁场。

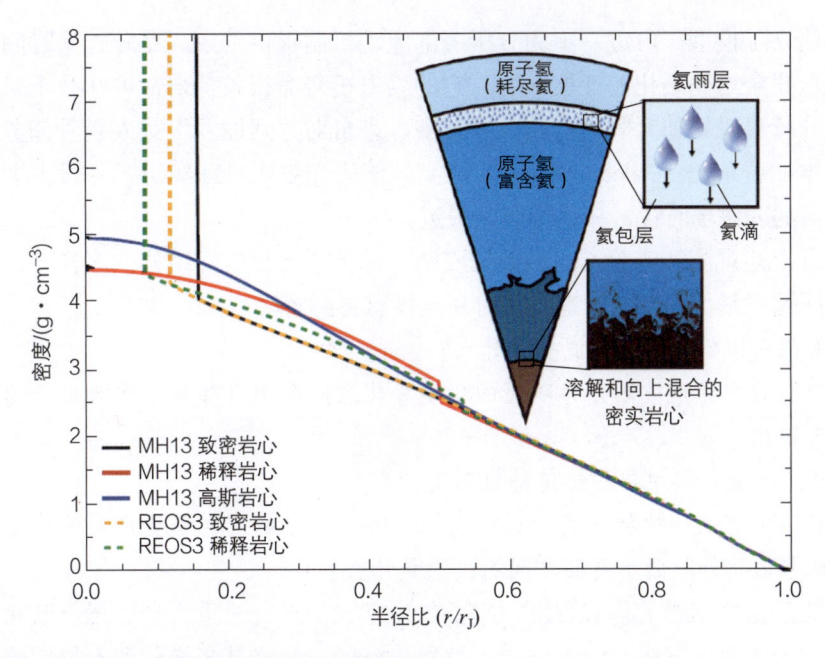

图 3-5 通过"朱诺号"木星探测任务获得的精确模型

注：利用计算机上模拟得出的氢氦混合物，内部模型的径向密度分布，来复现"朱诺号"任务获得的前所未有的精确模型，即球谐展开中高达 8 阶的"朱诺号"重力场偶矩。根据观测结果对模型的调整表明，稀释核心延伸到行星半径的很大一部分（由蓝色和红色的连续曲线表示），有助于协调计算出的重力系数 Jn 与朱诺的观测结果。插图显示了木星 11 个相应的内部结构，中心有一个致密的岩石核心，其部分重元素成分在周围的下地幔中部分溶解和混合。氦"降落"在浅层分子氢包层和较深的金属氢地幔之间的过渡处。

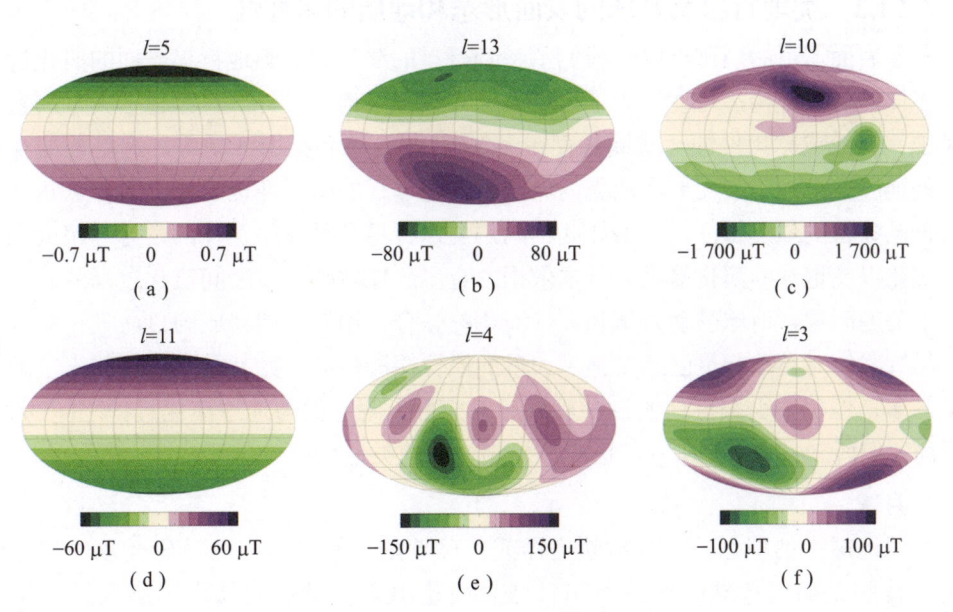

图 3-6 水星、地球、木星、土星、天王星和海王星表面的径向磁场
(a) 水星；(b) 地球；(c) 木星；(d) 土星；(e) 天王星；(f) 海王星

注：颜色代表场强，紫色（绿色）表示向外（向内）方向的场；每个行星的球谐度 l 观测的光谱分辨率在每个图示的上方表示；比较说明了冰质巨行星独特的磁场形态。

第 3 章 从科学问题到太阳系探测 75

场,已经建立了模型,可进一步为分析内部流动机制提供约束。在较长的时间尺度上来看,水星上残余地壳磁化的证据表明,它的发电机寿命很长,寿命可达数十亿年。我们对地球以外行星磁场随时间演化的最佳理解,来自对"阿波罗"载人登月任务采样返回的月球样本的古地磁(Paleomagnetic)研究,该研究表明月球经历了一段古老的高磁场时代和随后的弱磁场时代,一直持续到最近。

尽管有上述观测和实验方面的数据支持,但关于行星内部结构的多样性,迄今仍有许多基本问题只是得到部分解答,有时甚至没有得到解决:

❖ 太阳系中行星的主要成分是什么?
❖ 它们的内部是被划分为明显的化学分化层,还是仅部分分化为平滑的组成和动态转化?
❖ 每个行星内部主要的热传输机制是什么?
❖ 它们固有磁场的特征是什么?它们是如何产生的?在哪里产生的?磁场产生区域与磁化行星的不同层之间的关系是什么?

我们关于这些问题的理解程度,主要是由于我们对行星重力和磁场以及对行星的体积、内部、表面和大气组成的不完全了解所决定的,是极其多样化和不均匀的。造成的原因主要是因为地基天文望远镜的观测能力有限,以及访问过它们的深空探测器的数量和探测能力都有限。天王星和海王星这两个冰质巨行星的相关信息是迄今为止最鲜为人所知的。借助轨道器和着陆器的实地探测能力,能够以与其他两类行星相媲美的精度来表征它们,是一项紧迫的任务,从而获得关于整个太阳系行星的内部结构、动力学机制和物质组成的更好、更统一的认识。

3.2.1.2　类地行星及月球的表面形态和地质的多样性

行星表面留下的痕迹可以让我们了解到行星的演化史。类地行星表面的演化过程是多种多样的,内部构造运动形成了行星地形并改变了地表,外部过程包括大量因素,例如风蚀、河流或冰川侵蚀(前提是存在大气)、陨石坑和火山活动等,这是普遍存在的并深刻地改变了行星表面地形地貌的原因。这些过程的多样性也解释了为什么每个行星都有自己独特的地质特征。正因如此不同,类地行星及月球是互补的,为理解太阳系内部的演化以及地球的演化提供了基本依据。金星、地球和火星之间演化过程的差异仍然是一个关键问题,地球的动力学和大气演化的综合作用使得地球成为目前唯一的宜居天体。尽管我们对类地行星已经实施了大量的原位探测任务,尤其是对月球和火星的探测活动最多,但仍缺少关键性的科学成果,以充分了解它们与地球演化过程之间的差异。据目前我们所知,地球是唯一的已经演化出生命的类地行星。

1. 月球

利用地球上的望远镜、月球轨道器或月球着陆器都可以观测及研究月球的地质和地貌,特别是面向地球的那一面。月球表面是由多种过程共同作用形成的,特别是陨石撞击和火山活动的作用,同时也因为高能粒子和微陨石的作用而经历了太空风化（Space Weathering）[1]效应。月球地貌的显著特征是陨石坑及其喷溅物、一些火山、山丘、熔岩流和被岩浆填充的洼地。月球表面有典型的亮区和暗区，浅亮的表面是月球高地，由斜长岩（Anorthosite）组成；深暗的平原被称为月海，由玄武岩（Basalt）组成。由于高原上有更多的坑洞，所以高原的历史比月海更悠久。在月球的背面，只有几个月海。在这些月海里也存在熔岩管道和崩塌结构，这些结构归因于熔岩流动。月球上大型撞击盆地边缘附近的月海也有地堑等构造特征。撞击坑是月球上最明显的特征，因为它在月球表面随处可见。通过分析"阿波罗"载人登月任务从月球采样返回的样本，可以建立起月球表面演化过程的时间表。图3-7列出了所有的无人和有人月球探测任务的着陆点的概貌（截至2023年年底）。

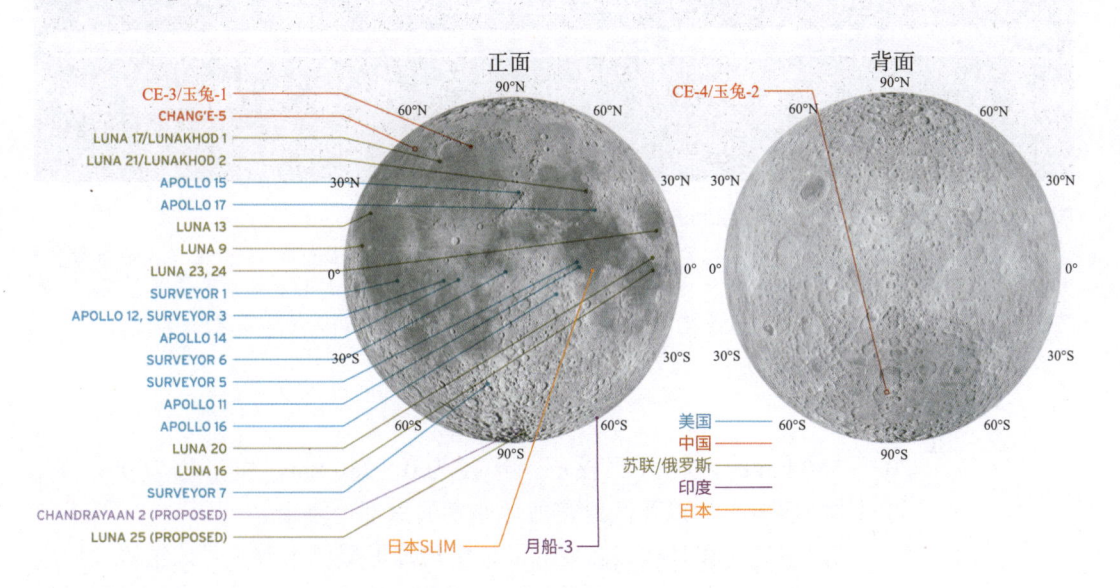

[1] 太空风化：是指受微陨石长期撞击、太阳风粒子注入、太阳系及宇宙高能射线辐射的作用，天体表面物质发生物质成分改变、微观结构破坏、颜色及光学特征改变的过程，其中微陨石撞击是主要影响作用因素。

图 3-7　所有无人／有人月球探测任务的着陆点的概貌

注：截至 2023 年年底。

利用美国 NASA 的月球重力回溯和内部实验室（Gravity Recovery and Interior Laboratory，GRAIL）卫星，也称为"圣杯"号双星的月球探测结果，借助高达 420 阶球谐函数构建的月球引力场，揭示了许多以前没有认识到的特征，包括构造结构、火山地貌、盆地环、陨石坑中新山峰和许多简单的陨石坑（见图 3-8）。这些高分辨率重力数据与遥感及采样返回数据相结合，证明了至少在地下几千米深处（平均地壳厚度为 34～43 km）存在着孔隙率为 12% 的低密度地壳。科学家们将密度、时间和洛夫数相匹配，进一步计算了半径为

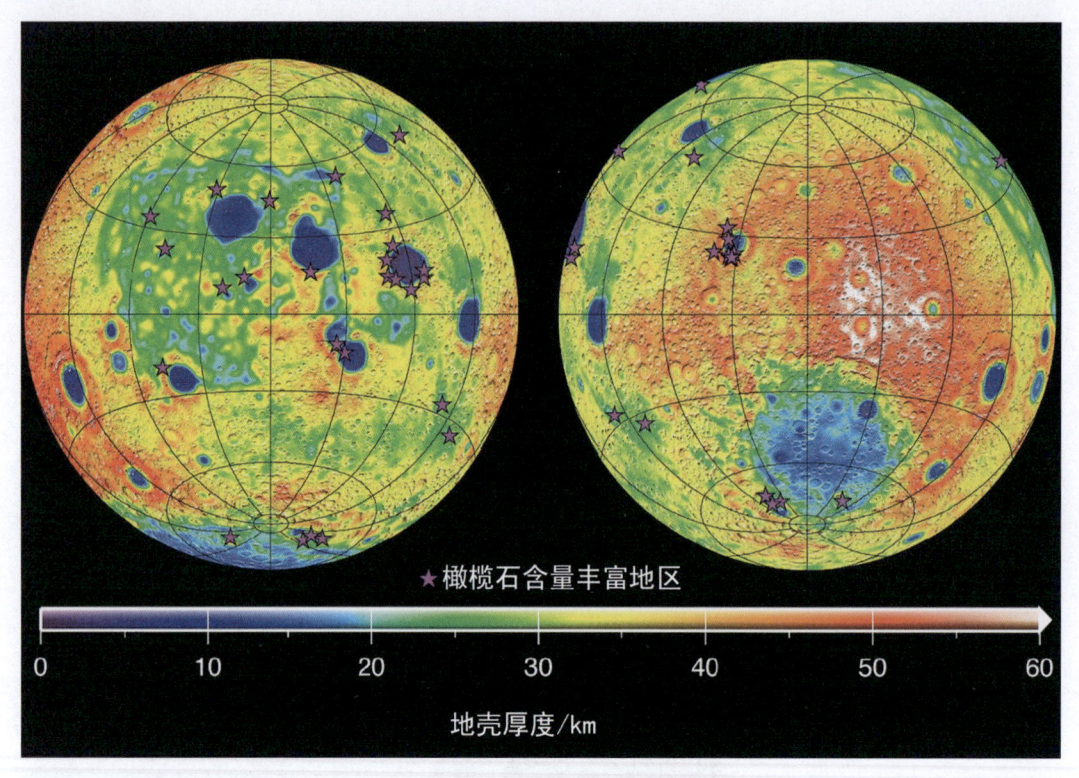

图 3-8　由 GRAIL 和 LOLA/LRO 绘制的月球地质地形和地壳厚度图

注：人们可以通过不同颜色的地层识别出月球地形的类型：高地（主要是红色）、月海（主要是绿色）和主要的撞击盆地（蓝色到深蓝色）。南极－艾特肯撞击盆地是最大的月球撞击盆地，位于月球背面很明显的地方。它具有特殊的意义，因为它可能是月球地壳上被挖掘到露出上地幔物质的地方。

200～380 km 的液体外层核心，半径为 0～280 km、质量比为 0%～1% 的固体内层核心，以及低地震剪切速度的深部地幔带。

阿波罗时代在月球表面安装的地震检波器提供了有关月球结构、形成和演化的信息。由于检测到发生月震，所以月球地壳和地幔的结构深度推测约为 1 000 km。这些数据最近被重新研究，并被用来表征月核。月核的尺寸大小也已通过月球激光测距数据（Lunar Laser Ranging Data，LLRD）进行了解析。这样确定的结构是大约 45 亿年前岩浆海洋形成后不久的分离结晶（Fractional Crystallization）作用造成的，这进一步被用来推断月球的分化历史。然而，不确定性仍然很大。图 3-9 所示是通过地震学分析得出的月球内部结构模型。

为了解决这些问题，继 20 世纪六七十年代阿波罗载人登月系列和无人月球探测任务取得历史性成就之后，第二波月球探测活动的高潮已经开始，中国、印度和日本相继成功登陆月球。其中，中国"嫦娥四号"月球着陆器首次在月球背面成功着陆，为月球提供了新的化学组成数据。那

图 3-9 通过地震学分析得出的月球内部结构模型

些被怀疑是地幔露头[1]（Outcrop）的区域目前正在评估用于未来的着陆任务，比如欧洲的"赫拉克勒斯"（Heracles）任务，现在已更名为欧洲大型后勤补给着陆器（European Large Logistics Lander，E3L）任务。目前，NASA 正在实施商业月球载荷服务（CLPS）和具有挑战性的阿尔忒弥斯（Artemis）重返月球计划，该计划将载人任务与技术和科学目标结合起来，包括为未来的载人登陆火星任务做准备（详见第 3.3.1 节）。在上述背景下，未来十年可能会有许多重要的科学发现。其中一个挑战是为航天员找到可利用的月球原位资源，包括水和能源在内。这一挑战将包括技术驱动（Technology-driven）的任务，但也将带来新的科学发现。例如，着陆到已探测到存在水冰的地区并估计含水量，这对评估其作为航天员可用资源的使用情况具有重要意义。与此同时，对其同位素组成的研究，例如，对 D/H 比或相关挥发物的研究，可为更好地理解这种水的来源提供重要信息，如这些技术是否是来自彗星。未来实施的有人/无人登月任务将解决更广泛的科学问题。

[1] 地幔露头：是指地幔被怀疑露出了地表。所以可以直接观察到这个原本位于深处的结构，并且对其进行更加详细的研究。

2. 水星

迄今为止，只有两次航天任务到达过水星，在内太阳

[1] 比较行星学是一门研究不同行星之间相似性和差异性的学科。它通过观察、测量和分析太阳系内以及其他恒星系统中的行星，来了解它们在物理特征、化学成分、形成过程等方面的差异。比较行星学旨在通过对不同行星之间相似性和差异性的比较，揭示宇宙中各种天体形成和演化规律。

系的比较行星学[1]（Comparative Planetology）研究中，水星经常被遗忘。其中一个原因是长期以来水星的表面一直被视为类似月球的表面，因为"水手10号"（Mariner 10）观测到它的表面坑坑洼洼。在2011—2015年，NASA的"信使号"水星探测任务，即"水星表面、空间环境、地质化学和测距"（Mercury Surface, Space Environment, Geochemistry and Ranging, MESSENGER）探测任务，确认了水星大部分表面的年龄，但这个特征不应该使水星成为一个被遗忘的行星。一方面，水星表面呈现出特定的火山和构造地貌，如由火山爆发形成的密集皱脊和火山口网络；另一方面，因为接近太阳，水星的表面可以作为月球撞击过程和相应年代，以及所有与太空风化作用有关过程的比较对象。太空风化可能是"信使号"轨道器上的光谱仪无法像月球轨道上的光谱仪那样成功地表征水星表面矿物特征的原因；一些低反射率的暗区可能是因为存在石墨（Graphite）。相比之下，X射线和伽马射线光谱法能够对水星表面的化学成分进行全球测绘，发现低一氧化铁（FeO<2 wt%，wt%为质量百分数单位）和高硫（S元素的质量比高达4 wt%）。这些结果与通常认为水星是富含金属且不易挥发的天体的观点形成了鲜明对比。目前还不清楚水星的地表是否保存着结晶岩浆海洋的痕迹，就像月球上那样。

由于缺乏对水星表面矿物的进一步认识，目前对于水星演化过程的了解仍然是一片空白。欧洲的"比皮科伦坡"水星探测任务计划将于2025年抵达水星，这将有助于改善这种情况，但是在轨道探测光谱分析方面，表面分析仍然具有挑战性。

来自水星实地分析的真实情况将有可能促成与光谱和伽马射线数据的比较，水星着陆器的探测结果有望极大地提高人们对水星表面的认识，尽管高温、高辐射的环境肯定会带来相当多的技术挑战。

关于水星的另一个有趣的观测结果与"信使号"中子谱仪在极区探测到的大量氢有关，这可能表明永久阴影坑中普遍存在水冰。事实上，两极地区附近的陨石坑底部的温度预计非常低（<100 K），特别是与在长时间的水星周期间暴露在太阳下的炎热地区（>600 K）相比。水星冰沉积的起源和年代尚不清楚。

进一步研究这些沉积物很有意义。然而，到达这些区域可能是个巨大的技术挑战，特别是考虑到已探测到存在水冰的前提下，潜在着陆点可能会存在巨大的温差和恶劣的空间环境等问题。

3. 火星

火星是继地球之后，表面活动种类最多的类地行星，同时还存在大气和地表的挥发物以及长时间的火山活动。虽然目前火星的气候寒冷干燥，但火星温暖潮湿的时期可以追溯到 3 Ga 或更早，目前对其过去的气候波动情况和持续时间仍不清楚。

火星历史上的一个主要未知点是它的早期演化过程（火星的地质历史详见附录三），该时期通常称为前诺亚纪（Pre-Noachian，大约 40 亿年前，大约在形成赫拉斯（Hellas）撞击盆地（直径 2600 km）和阿尔及尔（Argyre）撞击盆地直径 1 500 km 之前。火星表面并没有保存原始时期的形态，因此我们从轨道遥感图像分析中也无法得知。然而，在撞击坑的高地仍可能保存着古老的地壳物质。"好奇号"（Curiosity）火星车在盖尔（Gale）陨石坑中发现了一块可追溯到 44 亿年前的含碱长石（Alkali Feldspar）的古代陨石和长英质（Felsic）岩石，这为了解原始火星地壳的组成提出了几个问题：①它们是否保留了由岩浆海洋结晶形成的原始地壳碎片，就像在月球上一样；②古代地壳是否相比在地表普遍观察到的玄武岩（Basaltic）火山活动有更多的长英岩；③古老的岩浆岩中是否含有挥发物。火星 2020 任务中的"毅力号"（Perseverance）火星车可以分析杰泽罗（Jezero）撞击坑边缘的古老地壳，甚至可能会从这些岩石中返回样本。

然而，在火星表面有许多地幔露头的古代地壳，这一发现值得实施一次专门的探测任务，在着陆器或火星车的帮助下可以对岩石进行实地分析，在这些航天器上可以使用岩石分析技术，如通过相机、特写成像仪、各种光谱仪［红外（IR）、拉曼（Raman）、穆斯堡尔（Mossbauer）］和/或分子分析仪，提供准确的表面视觉和光谱表征。

火星车的主要目标是研究古代沉积物，地质学家可以借此重建它们形成时的古代气候，如果火星上曾经出现过生命，这些沉积物可能还保存着生物特征。迄今为止，火星车只被送到晚诺亚纪（Late Noachian）至西方纪（Hesperian）形成的沉积岩地区，包括新的"毅力号"火星车，它已降落在晚诺亚纪至西方纪形成的古湖中。尽管 ExoMars 任务的火星车将对较古老的沉积物进行采样，但其来源尚不确定。从轨道飞行器收集的与诺亚纪（Noachian）有关地区的光谱数据显示，火星上广泛存在与水蚀变有关的叶状硅酸盐。

对轨道器收集的光谱数据中观察到的前诺亚纪古地壳中残留的沉积岩的分析，可为当前数据集无法追踪的火星早期历史的新观点铺平道路。这需要轨道器在火星南部高地着陆，因此可以使用远程操作设备（Remote Handling Unit，RHU）和精确着陆技术。

与古老的气候相比，我们对火星当前的气候了解得更多，但与 CO_2 霜冻、埋藏冰或沙尘暴相关的具体形成过程仍需详细的研究，因为这些过程对有人探测活动具有重要意义。在这方面，已存在的典型的冰缘地貌（多边形裂缝等）、中子谱仪检测到的氢的丰度，以及"凤凰号"（Phoenix）着陆器在火星北纬 69°地区拍摄的真实情况，证明了近地表（即几厘米处）存在水冰。然而，由于温度低于 −120℃的 CO_2 霜冻会季节性发生，因此人们不认为这些高纬度地区是适宜进行早期有人探测活动的地区。长期以来，人们已经知道，在中纬度地区（25°~60°）也存在许多潜在的冰缘地貌［叶片裙状（Lobate

Aprons)、升华滞后（Sublimation Lags）等］，这表明水冰在当地被作为埋藏冰或永久冻土遗迹，也作为一种潜在的原位资源被保存下来。

正是因为在这些纬度地区水冰的表面热力学不稳定，升华地貌表明水冰部分消失了，因此用地下探测及钻孔（约 10 m 规模）的方法来探索这些地区是有价值的。在正式实施有人火星登陆探测活动之前，需要提供当地存在水冰的证据。

4. 金星

金星仍然是一颗神秘的行星，拥有厚厚的大气层和神秘的表面，"麦哲伦号"（Magellan）探测器的雷达数据表明，金星的整个表面在 500～700 Ma（Ma 指百万年）的时间内被重新覆盖，包括许多火山堆，但也有在其他行星或月球上很少看到的结构，如圆冠[1]（Circular Coronae）。与其他类地行星不同，金星似乎没有保留其早期历史上形成的任何地形，这引发了关于其最初 40 亿年如何演化的问题。从理论上讲，早期的金星可能比火星甚至地球更适合生命存在，因为它离微弱的年轻太阳更近。

虽然金星的这段早期历史很难重建，但它目前地壳的组成成分，包括挥发物的状况，可能会为过去的演变提供一些线索，或者至少是提供了解天体动力学的重要窗口。

20 世纪七八十年代，苏联的着陆器曾到达过金星表面。"金星 13 号""金星 14 号"（Venera 13，Venera 14）和"织女星 2 号"（Vega 2）上的 X 荧光仪器在其短暂的存活期间（1～2 h）分析了岩石的化学成分，表明金星岩石主要由玄武岩组成，从辉长苏长岩（Gabbro-norite）到拉斑玄武岩（Tholeiitic Basalt）不等。然而，这些着陆器只在远离高地的金星赤道低地采集了地表样本。"金星 8 号"（Venera 8）着陆点伽马射线光谱仪测量到的高浓度 Th、U 和 K（高达 5 wt% K_2O）也表明，金星存在更多分化的岩石，因此质疑它们作为天体动力学过程内部加热的作用。此外，当前热异常的状况表明，至少在区域内存在持续的天体动力学活动。尽管金星的演化需要从地幔到大气挥发物的起源来全面了解，但地幔的组成仅能从理论研究中得知。来自大气的挥发物在表面蚀变过程中起着重要作用。

需要更好地理解高酸性气体［如盐酸（HCl）、氟化氢（HF）、硫酸（H_2SO_4）］在大于 400 ℃时对玄武岩的作用，就像金星表面的情况一样，尤其是这些过程会导致地下产生富

[1] 圆冠：在天文学中，通常是指行星表面上呈现出的一种类似于辐射状、放射状或同心圆状等特殊地貌的结构，例如，在金星和火星等行星上都有发育良好的圆冠。

含硫的化合物，进而潜在地将大气中的硫捕获在地壳中。地表、地壳和地幔演化过程对大气演化的反馈是一个尚待探索的完整领域。

ESA 的"金星快车"（Venus Express）和 JAXA 的"曙光号"（Akatsuki）任务是过去十年中最后一次从轨道上探测金星的任务，而苏联"织女 2 号"（Vega 2）探测器是 1986 年最后一次登陆金星的任务，即那是三十多年前的任务了。目前，几项新的金星任务正在研发中，如一项新的欧洲金星探测任务（EnVision，计划于 2032 年发射），配备了干涉雷达、探空雷达和热成像仪等仪器。NASA 项目"真理号"金星探测任务，即金星发射率、射电科学、InSAR、地形学和光谱学（Venus Emissivity，Radio Science，InSAR，Topography and Spectroscopy，VERITAS）任务已入选发现项目。另一项金星深层稀有气体、化学和成像调查（Deep Atmosphere Venus Investigation of Noble Gas，Chemistry，and Imaging，Plus，DAVINCI+）任务虽然被提出但是未入选"新边疆"项目。一项新的俄罗斯–欧洲合作任务（IKI Venera-D）也正在论证中，可能会在 2026 年或 2031 年发射，它包括一个轨道器和一个着陆器。然而，这些任务仍然面临着严峻的科学和技术挑战，特别是由于厚厚的云层遮挡，使用轨道光谱分析地表成分受到限制。

使用气球或在着陆器降落过程中进行光谱分析是一种可能的替代方法，至少可以实现区域覆盖。因为金星表面压力大，温度高，大气具有腐蚀性，适用于金星固体表面的实地探测技术仍然具有挑战性，尤其是开发着陆器长寿命的电子系统。然而，如果没有获得从关键区域采样返回的样本，没有更多的实地探测数据，就不可能更好地理解金星的内部结构和表面演化过程。综合下降过程获得的遥感图像，进行实地分析和采样返回的任务肯定是未来探索金星最雄心勃勃的任务。然而，采样返回任务需要研发新的火箭，因为金星的重力几乎与地球相同，因此需要巨大的能量来实施金星表面起飞。金星的一些谜团可能需要未来整个世纪才能解开。

3.2.1.3　太阳系行星大气层的多样性

对太阳系的探测揭示了太阳系的行星及其卫星上主要有两类大气层。

（1）原生大气层：形成于太阳星云气体成分消散之前的行星吸积（最大可达 10 Myr，Myr 为百万年）时期，主要由太阳星云中最轻和最多的挥发物组成，即 H_2、He 和以还原或氢化等形式存在的微量挥发物。这些气体早期就被保存下来，只有在那些引力足够强的行星上才能防止这些行星大气逃逸[1]（Planetary Gas Escape），避免它们流失到行星际空间。原生大气层在巨行星上普遍存在。

（2）次生大气层：形成在重力较弱、温度过高、无法保持原生大气层的行星上，如类地行星和土卫六（Titan）。在行星历史早期，原始的较轻的大气层气体逃逸到太空，由从行星或卫星的固体外壳中脱气的挥发物，以及从彗星或陨石/微陨石中富含的挥发性物质补充，这种脱气现象主要发生

[1] 行星大气逃逸：在富含气体的行星中，行星大气会吸收宇宙高能辐射，从而加热大气使其膨胀以克服行星的引力势能而逃逸，这种现象即行星大气逃逸。该过程可以使行星损失大量的物质，对行星的组成、演化和可宜居性等方面都有重要的影响。

在地球历史上不同时间尺度的两个不同过程：灾难性的脱气，主要是 H_2O 和 CO_2，是在岩浆海洋凝固的初始阶段（50万～300万年）产生的，因为这两种成分不能保持在行星硅酸盐地幔的固相中；后来，在地质时间尺度（数十亿年）内，火山喷发物逐渐释放出被困在固体地幔中的其他挥发物，如 H_2S、SO_2、CH_4、NH_3、稀有气体等，连同 H_2O 和 CO_2，再次产生了可在类地行星上观察到的不同的化学成分组成的大气层。

对太阳系的观测揭示了这两类大气层具有广泛多样性，可能仅次于在不久的将来预计发现的系外行星大气层的多样性。

1. 类地行星

影响行星大气形成和演化的所有过程，包括大气层气体的吸积、逃逸、脱气、凝结和风化过程等，主要是由气体的化学成分和每个行星大气的环境条件等因素决定的。为便于理解，后者可以简化为行星的平衡温度和质量，图 3-10 所示为温度与行星质量的关系，根据这种关系可将行星大气划分为不同区域。

图 3-10 各类型行星大气层的示意图

注：每条线代表着从一种类型"过渡"到另一种类型，但请注意，这些"过渡"绝不是硬性限制，仅指预期的大气层类型，但也会存在其他微量气体。

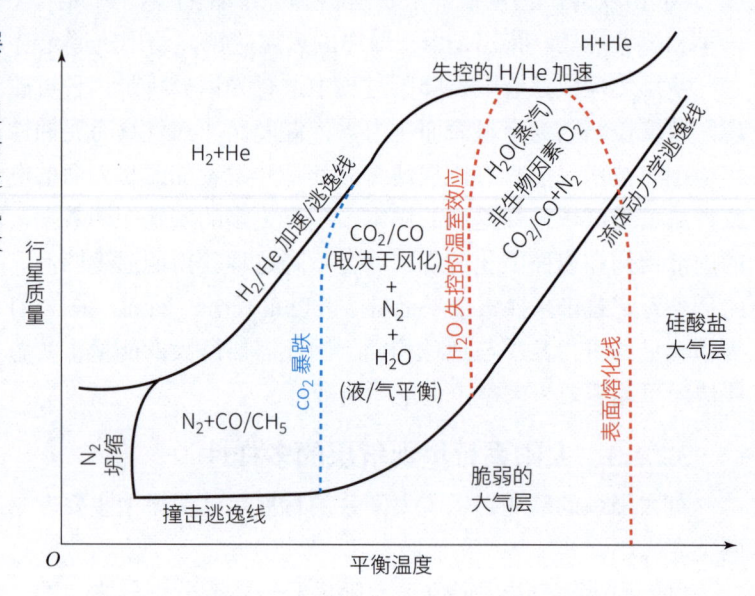

① 流体动力学逃逸：按照逃逸机制来区分，行星大气逃逸包括热逃逸和非热逃逸两大类。热逃逸包含了流体静力学逃逸（俗称金斯逃逸）和流体动力学逃逸两种极端情况。前者代表一种随机、缓慢的粒子外流，后者代表一种有序、高速的粒子外流。非热逃逸包括电离复合逃逸、星冕电离逃逸、电离层离子上行逃逸和离子溅射逃逸等。

两条黑色曲线将平衡温度与行星质量从空间上划分为三个区域。在最上边黑色曲线的左上方，主要是 H 与 He 构成的大气层区域，主要是指巨行星的大气层，因为它们的质量足够大，可以在吸积阶段捕获 H_2 并防止逃逸到太空。在最下边黑色曲线的右下方，行星质量不足以留住较重的气体，由于流体动力学逃逸①（Hydrodynamic Escape），行星失去了稠密的大气。在中等到较高的温度下，这种情况发生的行星质量极限会随着温度的升高而增加。在低温条件下，质量较轻的行星大气层会因与其他行星或小天体的碰撞而消失。在这个区域里只能维持脆弱的大气层，低温区域侧主要是蒸发的冰大气层，巨行星的卫星也同样拥有脆弱的大气层，高温区域侧主要是汽化的硅酸盐大气层。（目前在太阳系中没有遇到，但可能会在靠近其恒星的质量较小的系外行星中遇到）。

因此，上下黑色曲线之间的区域是类地行星可以保持相对稳定稠密大气的区域。这个区域本身又可以分为几个子域，对应于不同的行星气体成分和演化历史，以彩色近垂直虚线曲线为界具体如下。

- ❖ 在蓝色曲线的左边，温度低到足以使 CO_2（和水）凝结，氮气可能会成为大气中的主要成分（如土卫六）；在最左边的黑色垂直曲线的左边，当温度更低时，氮也会凝结，如海卫一（Triton）。
- ❖ 在蓝色和红色曲线之间，水处于液相和气相的平衡状态，可能存在水循环，也可能存在碳酸—硅酸盐循环，可调节大气中 CO_2 的量和引发的温室效应，地球的大部分大气演化过程一直在此区域。
- ❖ 红色虚线曲线右侧和下一条红色虚线曲线对应的硅酸盐表面熔化，水被蒸发到大气中，没有风化作用限制了大气中 CO_2 的积累。在这里，行星可能会经历失控的温室效应，就像金星那样。
- ❖ 在第二条红色曲线的右侧，温度高到足以融化表面硅酸盐，并可能产生硅酸盐次级大气。

在图 3-10 中划分出了许多子域，分别代表一个或几个类型的太阳系大气层，如巨行星的卫星（除土卫六外）、小质量侧的水星、高质量侧的巨行星，而金星、地球、火星和土卫六分别位于中间区域，需要重点关注这四个特别重要的天体。表 3-1 列出了它们的主要大气参数。

表 3-1　大气密度较大的四个天体的主要大气参数

	金星	地球	火星	土卫六
离太阳的距离 /AU	0.72	1	1.52	9.53
赤道的半径 /km	6 052	6 376	3 380	2 574
太阳流量 /(W·m^{-2})	2 613	1 364	589	15
表面压力 /bar*	92	1	0.006	1.45
大气层中气体的种类与比例	CO_2 97% N_2 3% SO_2 0.015%	N_2 79% O_2 18% Ar 1% H_2O 2% CO_2 0.04%	CO_2 96% Ar 2% N_2 1.8%	N_2 95.0% CH_4 4.9% H_2 0.2%
反射率	0.9	0.306	0.25	0.22
表面温度 /°C	462	14/(−90...+57)	−63（−40...130）	−179.5
温室效应 /K	+230	+33	+3	+20/(−9)(net+12)

* 1 bar = 100 kPa。

这四个距离太阳不同位置的天体大气层，具有大量的相似和不同之处，可能会指导我们寻找它们起源的原因、不同的演化路径，以及运行机制，并传授我们关于地球大气和气候的知识。

（1）金星和火星的大气以 CO_2 为主，并经历了非常不同的温室效应。火星几乎不存在温室效应，而金星的温室效应失控，这是两种截然相反的极端情况。与地球相比，地球处于让液态水稳定存在的"舒适区"，但像金星那样出现失控的温室效应很可能就是地球的未来。

（2）金星和土卫六是大气层全球超自旋的例子（即相对于天体自旋的额外的旋转差），尽管太阳的日照和其自转速率非常不同，但可以用来更好地理解出现这种现象的影响因素。

（3）火星大气的两个重要特征是冬季极冠冰帽上 CO_2 的季节性凝结和沙尘暴的存在。它们是否告诉了我们气候的"雪球-地球"时期，以及过去对地球气候造成的严重大气冷却事件？

（4）地球上的水凝结/蒸发循环以及 CO_2 引发的温室效应，提供了一些类似于土卫六上的 CH_4 凝结/循环以及分子氮温室效应的例子，尽管这两个天体的温度和大气成分不同，但大气之间却具有相似性。

收集所需的关键数据并进一步记录这些相似性和差异性，对深入理解整个行星大气的多样性至关重要。因此，需对天体表面和其大气层进行局部观测，辅以轨道器的遥感（从紫外到红外，甚至无线电频谱波段）观测结果，从而确定大气层的组成和性质及其随时间的变化。

2. 巨行星

巨行星保留了它们的原始大气层，主要由 H_2 和 He 组成，并富含更重的挥发物（宇宙中常见的元素 C、O、N、S 和其他以还原和氢化形式存在的元素）。在这样的情况下，它们的内部结构和大气之间没有突然的不连续，即没有"界面"。事实上，不断变化的气象、"可见的"高层大气环流与内部深层结构之间的相互作用过程，仍然是当今开展巨行星探测活动的关键动力。这四颗巨行星可作为行星尺度的"实验室"，用于研究大气和海洋运行过程。其参数范围十分广泛，从快速旋转、大半径、以氢为主的木星和土星，到缓慢旋转、中等半径、以冰为主的天王星和海王星，在这两类天体中，天王星和海王星仍然是探测最少的，以至于它们的基本岩冰比（为何它们被定义为冰质巨行星）仍然尚未确定。

对巨行星大气的了解主要来自地基/天基望远镜的远程观测，以及到访的深空探测器（包括飞越器和轨道探测器）。通过不同波长的遥感成像，每个特定的光谱波段都探测了这些大气"谜题"的一部分，但即便如此，尚有很多谜题仍待解决。每个光谱范围都探测到反射的太阳光（从紫外到近红外波段）或探测到大气的热发射（从中红外到亚毫米和一小部分射电光谱波段），以及探测到不同的深度和大气的不同成分。在红外和无线电波段，由于能探测到的 H_2 和 He 的深度是有限的，除了"窗口"到附近的更深层次的大气 5 μm（感知木星 2~6 bar 大气层的形成区域）和微波范围（1~100 cm，感知木星 1~100 bar 大气层的区域）。

通过这种方式收集到的关于这四颗巨行星大气的不同和互补的多光谱信息如图 3-11 所示。可见光和近红外图像利用 CH$_4$ 吸收带的强度来探测整个对流层上层的云层和气溶胶（Aerosol）。红外图像利用对流层吸收特征和平流层发射特征来确定三维大气层的温度和气体组成。气溶胶在微波（厘米和毫米）波长下是透明的，可以探测到较深的对流层。当云随着盛行的区域风向东和向西移动时，追踪云的运动使得研究巨行星气象学成为可能。此外，电离层和热层中离子的排放揭示了上层大气中的环流机制，包括极光能量的再分配。

图 3-11　木星（上排）、土星（中排）、天王星和海王星（下排）的多波段图像

注：近红外波段的图像对应于 CH$_4$ 吸收带（(a),(g),(i)）样本复杂的雾霾层；可见光波段的图像（(b),(d),(f),(h)）对应于主上层云的顶部（木星和土星的 NH$_3$、天王星和海王星的 CH$_4$）；4～5 μm 波段的红外图像（(c),(e)）对应于次级和深层云层的浊度，很可能是木星和土星上的 NH$_4$SH。

通过观察这些多个不同波长的遥感图像，可以发现巨行星大气层的两个共同特征。

（1）在水平方向上，这些大气主要呈现出纬度条带，被大规模的反气旋、气旋、对流风暴和波浪等现象所打断。这些条带与东西向气流有关，表现为对流层温度、气溶

[1] 准守恒化学示踪剂：此概念可参考在地球系统中，一些物质虽然不是完全守恒的，但其浓度变化相对较小，可以用来追踪某些过程或现象。例如，在大气环境中，二氧化碳就是一个常见的准守恒化学示踪剂。尽管二氧化碳会被吸收和释放，但由于其生命周期长，分布广泛且变化缓慢，在研究大气环境时仍然有很高的应用价值。

胶反照率/颜色和对流层化学成分的纬度差异。在木星上，低温的反射白色条带、气溶胶浊度的升高和准守恒化学示踪剂[1]（Quasi-Conserved Chemical Tracer）的增强称为"区域"。相反，温度升高、气溶胶减少和准守恒化学示踪剂减少的深色带称为"条纹"。对于这种主云层上方的条带结构，已经在所有四大巨行星上进行了广泛的研究，但最近从地面进行的微波观测和"朱诺号"探测器的遥感观测结果，揭示了带状结构延伸到四颗巨行星的对流层深处。其波段随时间变化，在准可预测的非季节周期（多年）中变化，但人们对其了解甚少。最后，低纬度和中纬度区域的带状结构让高纬度区域呈现出令人着迷的动力学状态，包括木星上的湍流和有条理的环极气旋（Circumpolar Cyclone）、土星和海王星上的极性涡旋（Polar Vortice）、天王星上的季节性云和土星上的六角形波。

（2）在垂直方向上，巨行星大气层由不同大气层的挥发物凝结而成的一系列云和霾组成。在它们存在的每个高度，云层中都存在空隙形成的纬度间隙，从而形成了一个从上面看到的条带结构。图3-12所示为目前基于热化学平衡原理对四颗巨行星上这些不同层的可凝结物的垂直结构的估计值。顶层的云层进一步受到 CH_4 光化学的反应物污染，它们从平

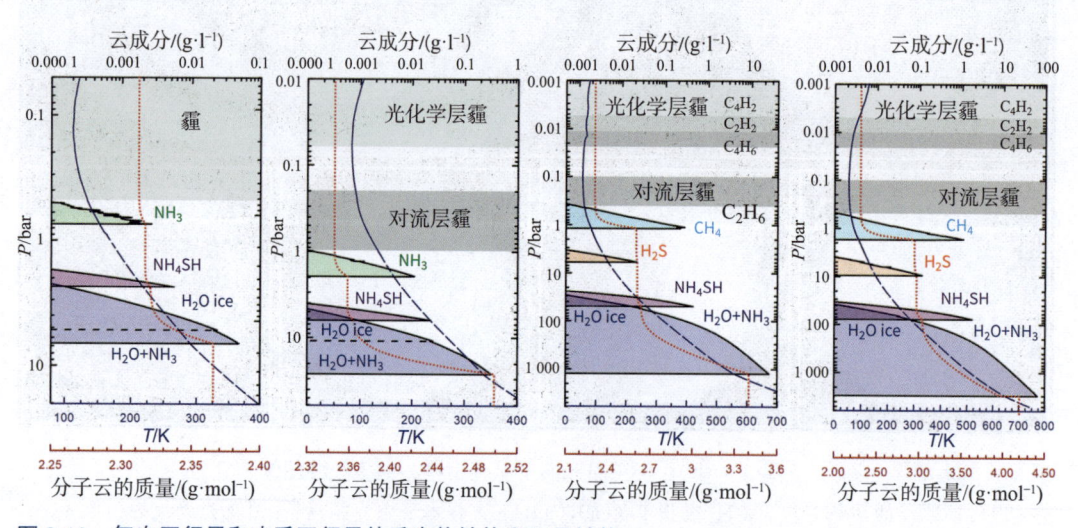

图 3-12　气态巨行星和冰质巨行星的垂直热结构和云层结构

注：上图中从左到右，分别表示木星、土星、天王星和海王星。基于"旅行者号"热廓线（实蓝线）的潮湿绝热延伸线（蓝色虚线）。这些轮廓预估木星的凝结物含量是太阳的2.7倍，与"朱诺号"的最新的观测结果一致。土星的凝结物含量是太阳的5.0倍。天王星和海王星的凝结物含量分别是太阳的30倍和80倍，除了氨。预估天王星和海王星的氨含量为太阳丰度的3~8倍，这与低层大气中检测到 H_2S 但未检测到氨云相一致。冰质巨行星中的凝结物非常不确定，在深水和离子/超离子水海洋中，氨和水云可能会耗尽。上层大气也是几个光化学层（Photochemical）的所在地。

流层向下沉积，形成离散的雾霾层。这些可凝结物质的相对浓度从左到右增加，从木星到土星，再到天王星和海王星，反映了冰相对于氢的体积相对浓度随着行星质量的减少而增加。现实情况可能要复杂得多，因为云粒子物理、风暴和降水过程改变了云层，远离了这些平衡预期。

把从多波长观测中获得的多样但稀疏的信息整合到同一张图中，用于描述各级纵向平均纬向和经向环流，这本身就是一个挑战。木星和冰质巨行星的最新研究揭示了研究巨行星大气的复杂性。科学家们提出了关于巨行星大气层条带结构的现有测量数据的最新整合结果，最符合所有现有的观测约束条件。图3-13展示了他们在子午面上对木星大气环流的观测结果，从图底部的稳定区域到顶部的对流层顶。图中显示了从上到下分别由NH_3、NH_4SH和H_2O组成的三个云层，以及它们的纬度分布，并以连续的空地带为标志。那里的大气环流被描述为"堆叠单元"（Stacked Cells）的叠加，一个处于浅层压力的单元已经被研究了几十年，另一个位于凝结云中的某个"过渡高度"以下的更深的单元。这些单元类似于地球上的法雷尔式环流[1]（Ferrel-like Circulation），由涡旋动量通量汇聚而成，但在对流层顶附近和大气层之下

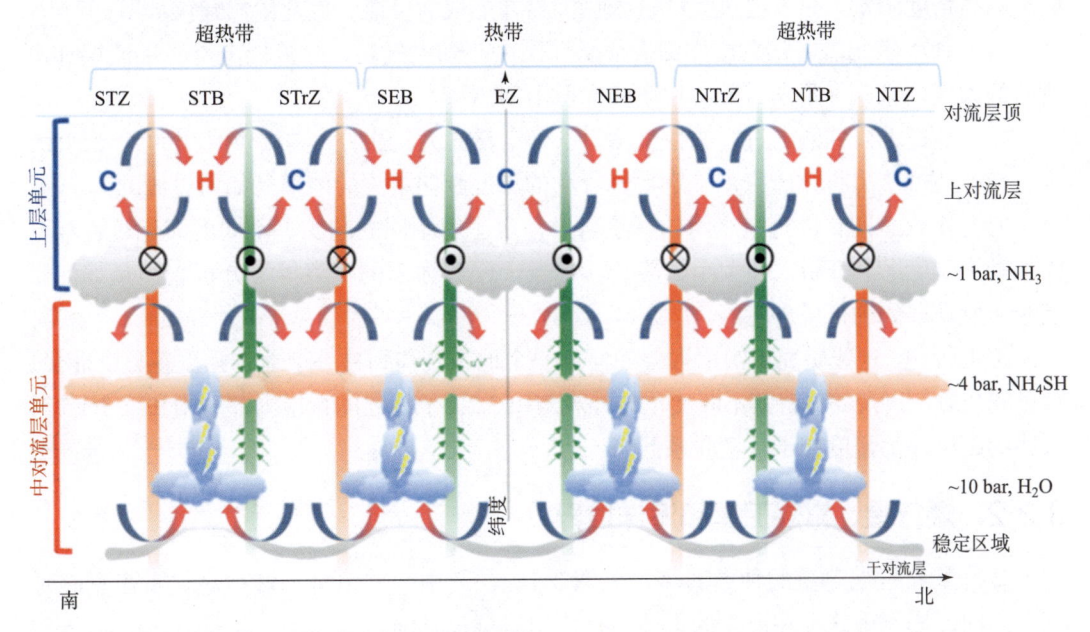

[1] 法雷尔式环流：在"朱诺号"对木星的探测中，科学家通过追踪氨气，在木星的南北两个半球都发现了喷射流的环流圈，它们本质上与控制地球大部分气候的法雷尔式环流圈相似。不同的是地球每个半球只有一个法雷尔式环流圈，而木星每个半球有8个环流圈，并且尺寸扩张了30倍。

图3-13 木星大气子午面纬向平均环流的示意图

注：这是两个"堆叠单元"的叠加，一个在凝结云之上，一个在"过渡高度"之下，基于对不同高度层相关观测约束的整合。向东的喷流用绿色条带表示，圆圈和黑点表示流出页面。向西喷流用橙色条带表示，用圆圈和十字表示流入。绿色小箭头表示涡旋动量流向东喷流；假定闪电的羽流活动出现在气旋带的中心；相关的条带到区域的经向运输显示在这个单元的顶部。灰色阴影线表示水汽下方稳定的逆温层，将湿润的大气层与对流层底层的稳定区域分离开来。

深处的高压下,"关闭"这些环流的摩擦力的来源仍是一个活跃的争论话题。图 3-13 是试图整合观测到的条带和区域的性质,具体如下。

（1）由木星和土星云层涡旋角动量收敛到向东的纬向喷流和湿对流活动的盛行推断出经向翻转。

（2）从对流层上部温度结构推断出相反的经向运动,这意味着纬向喷流随云层高度的衰减和消散。

这种解释方案当然不能解决这个问题,而云粒子物理、降水和化学不平衡过程都可能使问题复杂化。然而,它为未来的观察者和建模者提供了有用的参考,以验证或反驳它的某些方面,并可能对这些复杂的大气模型提供更准确和一致的模型。

虽然对另一颗气态巨行星——土星也有类似的表述,但它们对冰质巨行星大气层的推断则更具推测性。特别地,天王星和海王星都观测到与风和温度无关的精细尺度的反照率带,关键挥发物（CH_4 和 H_2S）呈现出从赤道到两极的显著的梯度,而在气态巨行星上则没有观测到。此外,天王星和海王星在垂直混合的强度和能量平衡方面表现出明显的差异,可能与对流过程的抑制有关,这可能会将环流单元分离成堆叠层。冰质巨行星的对流层环流（以及相关的气象特征,如风暴和旋涡）如何以及为什么与木星和土星的研究案例不同,仍是一个值得积极研究的主题。

全面了解两类行星（气态巨行星和冰质巨行星）大气的共同特征和多样性,需要针对每颗行星采用类似于"朱诺号"探测器上使用的微波辐射计（Microwave Radiometer, MWR）的红外亚毫米波的深度探测能力,以及对高垂直分辨率和气体和凝聚相的化学成分的高精度测定,只有通过大气进入探测器才能成为可能。因此给出建议如下。

（1）利用多光谱遥感数据详细表征从深层大气到大气层、对流层上部、平流层和电离层的大气环流、气象学、云、化学和辐射平衡。

（2）通过下降探测器进行原位探测,以确定整体大气成分,并提供真实的大气剖面。

（3）通过重力科学研究,确定大气流动的深度和向更深的内部是如何过渡的。

（4）比较这四颗巨行星之间的行星科学,以了解不同的起源、不同的演化过程和不同的动力学/化学机制,如大小、旋转、富集、距离太阳的距离等,分析它们是如何影响今天所观察到的行星环境的。

综上所述,这些研究将揭示大气如何从一个地方转移到另一个地方并重新分配能量、动量和物质,以及如何将其不断变化的外观与第 3.2.1 节所述的行星内部结构和第 3.3.5 节所述的磁层外部带电粒子环境联系起来。

3.2.2 矮行星、常规卫星和海洋世界

矮行星和常规卫星的种类繁多（见图 3-14）,其中一些卫星和矮行星显示出存在地下海洋的证据。确认存在海洋的天体包括木卫二（Europa）、木卫三（Ganymede）、木卫四（Callisto）、土卫六（Titan）和土卫二（Enceladus）,诸如冥王星（Pluto）、海卫一（Triton）、土卫四（Dione）、土卫一（Mimas）和谷神星（Ceres）也被认为可能存在地下海洋。其中,土卫二和木卫二具有直接证据表明天体表面下、天体表面和由羽流活动引起的稀薄、局部和时变的大气之间存在相互作用（仅在木卫二偶发性存在）。木卫一（Io,在这种情况

图 3-14 太阳系中矮行星和常规卫星的多样性

注：与矮行星冥王星相比，最小的行星——水星的大小与地球的卫星、伽利略卫星和土卫六的尺寸相当。

下为岩浆）是内部物质最终决定天体的大气和地表成分的另一典范，随着硫化物质（SO_2、SO、S_2）和盐（$NaCl$、KCl）的注入形成永久但随时间和空间变化的大气，最终影响木卫一等离子体环以及木卫一和其他伽利略卫星的表面化学成分。低温火山作用可能为海卫一的羽流活动提供内在动力，尽管其内部或外部的起源仍有待确定。

鉴于（次）表层活动固有的时变特征，需要长时间的数据采样才能监测这些天体上的观测情况，如大气密度和成分、表面成分、表面形态等，并且只能通过地基观测实现。

冥王星和海卫一的大气层相对而言，更直接地源于升华－冷凝作用以及富含挥发物区域的异质表面交换作用。这种交换随着季节和（冥王星）日心距离的相互作用而沿轨道变化，从而导致挥发性冰（成分如 N_2、CH_4、CO）随时间重新分布，并伴随大气成分和结构的演化。虽然"新视野号"拍摄了冥王星系统的精美图像，但它仅限于 2015 年的某个时间点。因此科学家需要从时间尺度进行轨道监测，以解决 2110 年冥王星到达其 49.3 AU 近日点时的大气层命运问题。不需要大型仪器但需要多望远镜联合的恒星掩星（Stellar occultations）观测，非常适合监测不断变化的行星大气层表面压力。另外，大型地基基础设施也可以提供高空间分辨率观测，如阿塔卡马大型毫米波／亚毫米波阵（ALMA）、甚大望远镜（VLT）阵列，以及韦布空间望远镜（JWST）和在不久的将来建设的欧洲极大望远镜（ELT），以跟踪冥王星复杂气候循环的细节。同样的方法也适用于其他疑似拥有大气层的 KBO，如阋神星（Eris）、鸟神星（Makemake）等。

3.2.3 小天体

太阳系中各种各样的小天体被分成不同的类型，它们以各种各样的距离围绕太阳运行，按照与太阳的距离的远近，分为近地小行星（Near Earth Asteroids）、主带小行星（Asteroid Belt）、木星特洛伊小天体群（Jupiter Trojans）。半人马座（Centaurs）的一些小天体群是在巨行星、海王星特洛伊小行星（Neptune Trojans）、TNO 及奥尔特云（Oort Cloud）范围内运行的小天体。彗星通常起源于这几种类型的小天体。

这些小天体群主要是从地面进行观测，作为补充可以通过深空探测任务对某个小天体进行近距离探测，甚至能够对距离最近的小天体进行表面采样返回。事实上，这些小天体表面的详细特性（如存在的表土及其特性、巨石分布情况等），以及内部结构等只能通过深空探测器进行实地探测。此外，最近实施的采样返回任务显示，仅从获取的图像推断表面力学特性可能会产生误导，而这些重要知识实际上是需要直接的物理交互的。例如，虽然美国的 OSIRIS-REx 任务探测器在贝努（Bennu）小行星着陆期间，原本预计会发生一些表面反应，但结果是小行星表面表现出几乎没有任何黏性的特性。日本的"隼鸟 2 号"（Hayabusa-2）探测器在龙宫（Ryugu）小行星上进行的撞击实验也是如此，尽管该小行星表面粗糙且存在巨大的石砾，但只有在假设黏性可以忽略不计的情况下，才能解释探测到的结果。图 3-15 所示为已经探测过的三个小天体概貌。它们分别属于三类不同的小天体群，且已被三个单独实施的深空探测任务探测过，JAXA 的"隼鸟 2 号"探测了近地小行星龙宫，ESA 的"罗塞塔"（Rosetta）任务探测了 67/P 丘留莫夫－格拉西缅科（67/P Churyumov-Gerasimenko）彗星，NASA"新视野号"（New Horizons）任务第二次飞越了 486958 阿罗科斯（Arrokoth）彗星。虽然只有通过望远镜观测才能了解每个小天体家族和所有小天体呈现出的多样性，但这些近距离深空探测任务可以前所未有地实地探测它们的形状、多尺度表面特性、质量和密度等，除了能够揭示它们的化学组成成分外，还为未来实施对此类小天体的越来越多的采样返回任务铺平了道路。

综上所述，在过去 50 年中，对太阳系小天体的观测及探测结果，使我们对太阳系的行星系统结构（详见第 3.3 节）以及太阳系内小天体的表面成分类型有了初步的认识（轨道半长轴 ≤ 5 AU）。但它们也展示出小天体的每个动态群中存在的一些令人费解的特征，例如，小行星带的成分分布和多样性、木星特洛伊小行星群的倾斜分布和 TNO 的特殊轨道分布等。

因此，有必要收集和分析解释新一代小天体数据（尤其是轨道半长轴 ≥ 5 AU），以进一步修正太阳系的形成模型。虽然对主带小行星和木星特洛伊小行星的表面成分进行了初步表征，但对其体积组成、形状和陨石坑形成历史知之甚少。对于太阳系外的小天

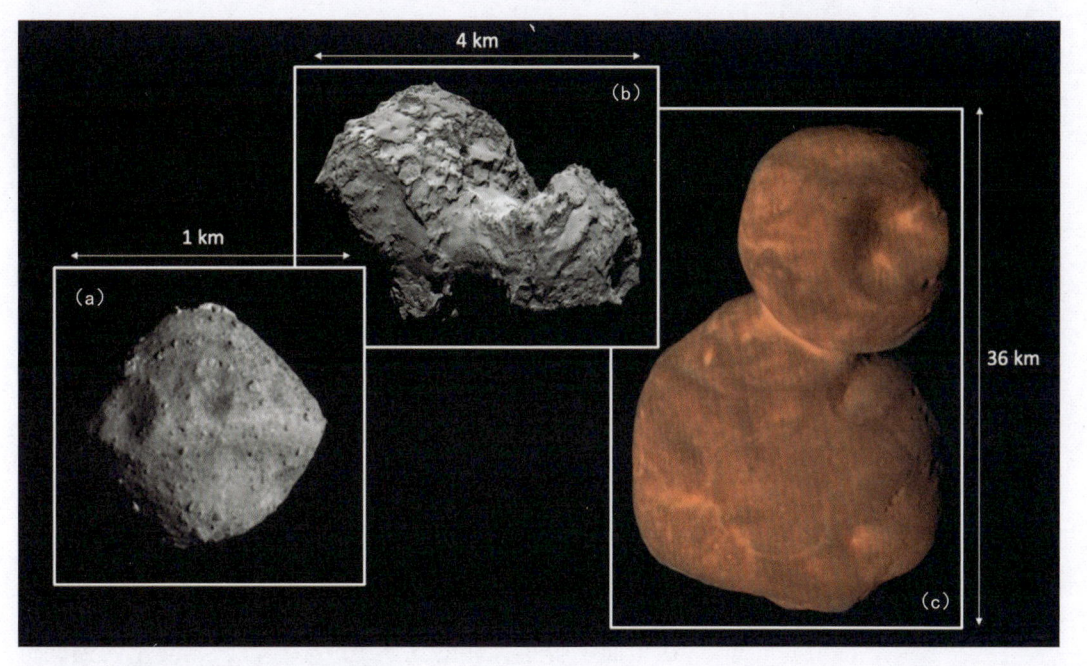

图 3-15 已探测过的三颗小天体概貌

注：由不同国家航天局组织实施的深空探测任务，对太阳系内的三类小天体分别进行轨道观测、实地探测或近距离飞越：① JAXA 的"隼鸟 2 号"采样返回任务探索了近地小行星龙宫星；② ESA 的"罗塞塔"任务探测了 67/P 丘留莫夫－格拉西缅科彗星的核心；③ NASA 的"新视野号"任务在与冥王星－卡戎（Pluto-Charon）系统近距离交会 5 年后，在交会过程中飞越了称为"天涯海角"（Ultima Thule）的 TNO 486958 阿罗科斯彗星。上图显示了不同类型小天体的大致尺寸。

体（轨道半长轴 >>5 AU）目前，仅对少数小天体有所了解。因此不可避免的是，未来实施的采样返回将是更好地理解太阳系小天体的途径，就像 JAXA 对"隼鸟 1 号"和"隼鸟 2 号"任务中探测伊藤川（Itokawa）和龙宫小行星那样，以及 NASA 对 OSIRIS-REx 任务探测贝努（Bennu）小行星那样。

3.2.3.1 表面成分的多样性

小天体表面成分表明它们是复杂多样的，但事实上可能更加复杂多样，特别是考虑到内太阳系的主带小行星（Main-Belt Asteroid，MBA）尚有丰富数据，关于其他类型小天体组成的可用信息量会随着与太阳距离的增加而急剧减少。

此外，即使这些小天体离太阳的距离不远（如近地小行星），从地球上进行的光谱观测也只能提供关于它们实际组成的有限且模糊的信息。巨行星的许多不规则卫星最初是从日心轨道上捕获的。科学家使用三种标准滤色器（蓝色、紫色和红色）对行星外部的不规则卫星进行了光学观测，并比较了颜色比率 B-V 和 V-R，这是合理表征这些天体存在的或多或少的蓝色或红色，以便获得可能反映出卫星起源的相似性和差异的信息。他们发现红外物质（颜色指数为 B–R ≥ 1.6 的物质）在柯伊伯带和半人马小天体群中数量丰富，但在不规则卫星中快速枯竭（见图 3-16）。

由于光源亮度、望远镜尺寸、探测器性能和地球大气的透射率等方面的限制，可用数据主要受限于近红外波长（$\lambda \leqslant 2.5\ \mu m$）。这种波长限制使研究人员无法获得更多冰、矿物和有机化学物质的具有高度诊断性的关键光谱特征。这也就解释了为什么目前还无法解答下列基本问题。

（1）太阳系外（轨道半长轴 >5 AU）天体的成分是什么？这些天体中存在哪些类型的挥发物和有机物，以及它们的难熔相[1]（Refractory Phase）的组成是什么？

（2）太阳系内部小天体（主带小行星和木星特洛伊小天体群）的表面上存在哪些类型的挥发物和有机物？

为了加深对太阳系小天体表面成分分布的理解，可以在吸收和发射光谱段进行光谱检测和分析，包括冰（有效范围为 $1\sim 5\ \mu m$），硅酸盐（有效范围为 $0.6\sim 3\ \mu m$ 和 $6\sim 28\ \mu m$）和有机物（有效范围为 $3\sim 4\ \mu m$ 和 $5\sim 10\ \mu m$）。此外，这些天体的几何反照率将提供有关其表面成分的有用补充信息。

在全面了解小天体的化学组成多样性及其对不同类型行星的构造组成和挥发物含量的影响之前，需要确定每个不同类型小天体的至少一到两个代表的表面成分。

[1] 难熔相是指天体成分中的固体材料是否为无水分或含水分状态，以及是否为非晶态或晶态结构。

图 3-16 太阳系小天体群的颜色比率图

注：黄色数据点代表柯伊伯带天体，蓝色数据点代表彗星或类似彗星的天体。标有 C 和 D 的圆圈分别代表 C 级和 D 级小行星群的平均颜色。红色数据点是四颗巨行星中每类不规则卫星的平均颜色。太阳的颜色由大的黄色圆点表示。

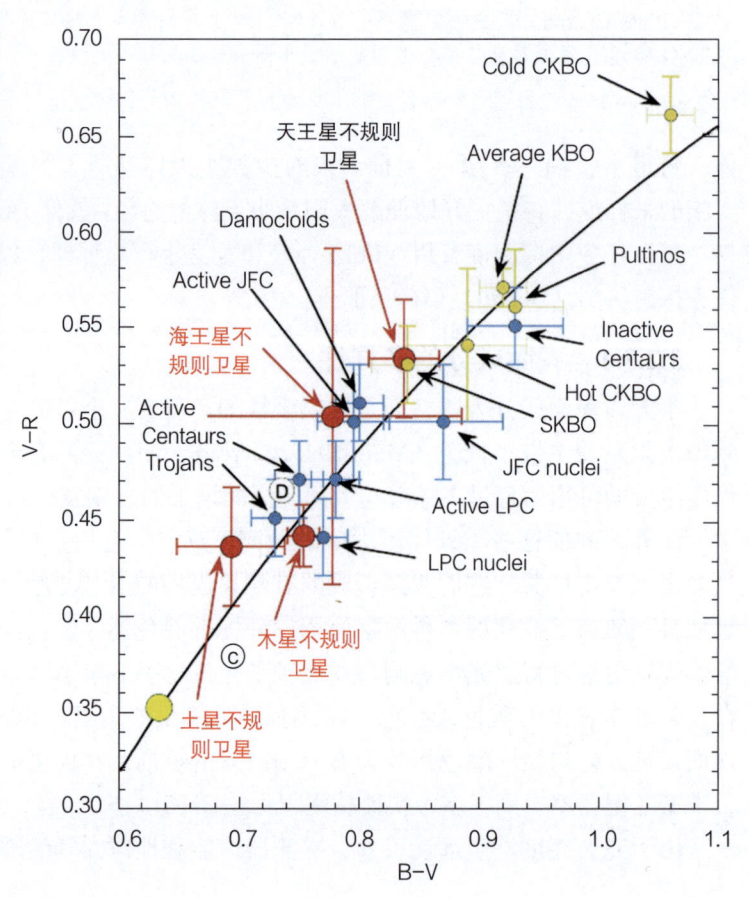

需要对彗星的化学元素和同位素组成进行测量，以揭示元素是来自太阳系内还是来自太阳系外部的星际介质。这些结果将影响到彗星挥发物对类地行星大气和海洋的输送情况的认识，同时解决这些问题将对理解地球上生命的起源问题以及太阳系物质的不同来源问题产生重要影响。

在探讨和规划"地平线 2061"任务时，建议从每一大类小天体中选出代表性小天体，包括主带小行星、木星特洛伊小天体和不规则卫星，以及最终从 TNO，或至少从与该家族相关的短周期彗星中，规划相应的采样返回任务。

3.2.3.2　总成分、形状和陨石坑历史的多样性

目前，科学家对于太阳系小天体的密度、总成分、形状和陨石坑形成历史知之甚少，只对屈指可数的小天体探测了这些物理特性这些探测主要是借助于实地探测任务和地基望远镜观测主带小行星，这已经表现出了可能的多样性。事实上，最近实施的小天体探测任务，如 OSIRIS-REx 和"隼鸟2号"表明，不仅在小天体群中存在广泛的多样性，即使是单一的小天体，也同样存在地质特征和岩石类型的多样性。即使在直径小到只有几百米的小天体上，这种地质丰富多样性仍不清楚，虽然它可以告诉我们一些关于其形成历史及演化的信息。

因此，以下基本问题仍未得到解答。

（1）在吸积过程结束时，星子的形状是什么？直径大于 200 km 小天体的形状是否接近平衡形状？

（2）主带小行星、木星特洛伊小天体群和 TNO 群的碰撞历史以及它们对小天体形状的影响是什么？

（3）大型（直径 >100 km）小天体的体积密度是多少？与它们的表面成分有关系吗？有没有证据表明这些天体存在区别？

（4）预计将被划入外太阳系的天体（如 P/D 型小行星和木星特洛伊小天体）的密度是否与 TNO 的密度一致？

为了得到这些问题的答案，需要使用巨型的地基望远镜或深空探测器进行近距离的高角分辨率成像观测。小天体的星掩源[1]（Stellar Occultation）也是获得小天体尺寸信息的主要来源，应该继续关注它们，在国际范围内进行协调，并系统地记录下它们的数据。

[1] 星掩源是天文学的专业术语，是指恒星掩星现象。当一个天体（通常是行星或卫星）从地球上看来经过一颗恒星时，它会遮挡住这颗恒星的光芒，使得观测者无法直接看到这颗恒星，该现象称为掩星。通过观察和记录不同时间、位置的掩星事件，可以研究天体运动，确定其轨道参数等。

3.2.4 宇宙尘埃粒子

太阳系中质量最小的天体是宇宙尘埃粒子。它可以分为两类：星际尘埃（Interstellar Dust，ISD）粒子，它的可见性是指阻挡银河系恒星光线的尘埃；行星际尘埃颗粒（IDP），它的可见性是指被行星际尘粒散射的黄道光，即太阳光。ISO 存在于漫射云（Diffuse Cloud）中或致密云（Dense Cloud）中，是最终形成恒星、行星和生命的基本组成部分。它在天体化学中对云热力学起着至关重要的作用。ISD 的特征化对于天文观测非常重要。例如，ISD 是我们观察宇宙的媒介，尘埃的物理特性是解释遥远的原行星盘观测所必需的。在长千秒[1]（Long Kiloparsec，kpc）尺度上对 ISD 进行的经典天文观测，通常是通过测量与波长依赖性消光和偏振来揭示 ISD 的组成和大小分布，以及尘埃在红外线中的发射规律和对气体中化学丰度的观测（假设与以太阳为参考物的丰度相比，缺失的元素被锁定在尘埃中）。利用这种观测集合，建立 ISD 的规模分布和成分组成的模型。

1993 年，出现了一种新的观测方式，它为我们提供了 ISD 的真实信息：首次在太阳系中用"尤利西斯号"（Ulysses）探测器上的尘埃探测器实地探测到 ISD。由于太阳系和当地星际云的相对运动，该事件是完全可能发生的。"尤利西斯"探测器飞出黄道面，其轨道几乎垂直于 ISD 的流入方向，这有助于区分 ISD 和 IDP。在 16 年的时间内"尤利西斯"共探测到了 500~900 个粒子，开启了太阳系实地 ISD 研究的时代。随后实施了更多的探测任务，如"伽利略"（Galileo）、"太阳神"（Helios）、"卡西尼"（Cassini）土星探测任务。在 2016 年，"卡西尼"探测器携带的宇宙尘埃分析仪（Cosmic Dust Analyzer，CDA），即一种飞行时间质谱仪，共测量了 36 个 ISD 粒子的组成，而"星尘"（Stardust）任务也在其样本返回舱中带回了一些 ISD 样本。

半个多世纪以来，我们一直用实地探测器探测黄道带尘埃。除了普通的 IDP 之外，还研究了行星之间的各种类型的尘埃，如来自活跃卫星的尘埃、流粒子（Stream Particles）、行星环、彗星尘埃和无大气天体周围的尘埃云。

土卫二（Enceladus）就是这类带有地下海洋的活跃卫星的代表，那里的水冰粒子通过冰表面裂缝口逃逸到太空中。"卡西尼"探测器携带的 CDA 测量了土卫二的羽流和土星 E 环中的尘埃颗粒的物质成分组成，结果表明，无须登陆这类

---

[1] 长千秒是一个物理学术语，表示长度单位。其中 kiloparsec 是一种距离单位，相当于 1 000 个帕秒（parsec），而帕秒是天文学中常用的距离单位，约等于 3.26 光年。因此，长千秒用于表示非常长的距离，通常用来描述宇宙中星系、星云等天体之间的距离，例如，在银河系外围发现了一些巨大而遥远的星系群落，其大小可以达到几十甚至上百个长千秒。

卫星表面，也可以探测到地下海洋的物质成分组成。此外，木卫一（Io）还有一些火山活动，它们的微小颗粒在木星磁场中被加速，并迅速变成纳米级的流粒子。它们的成分也通过"卡西尼"探测器携带的宇宙尘埃分析仪CDA进行了测量。尘埃对无大气天体的影响会使之产生喷出物，所以无大气层的卫星会被喷出物形成的尘埃云包围。对这些喷出物的观测数据可以用于绘制这些卫星表面的合成图，而无须使用着陆探测的方式。

因此，宇宙尘埃原位测量的重要性远远超出了仅仅测量尘埃的范围。此外，IDP主要是彗星活动和小行星碰撞的产物，它为我们了解太阳系的历史提供了可进行深度研究的信息；这些粒子同时也是我们了解活跃卫星地表下的天体化学情况和探测无大气层天体表面成分的重要手段。另外，通过尘埃的物理运动过程和将尘埃作为带电探测器来研究行星际磁场（Interplanetary Magnetic Field，IMF）或行星磁层，也是非常重要的研究主题。

3.3 太阳系结构的多样性（Q2）

3.3.1 概述

对太阳系外行星系统的观测表明，太阳系有一种特殊的结构（详见第2.3节）。图3-17所示为八颗行星和小天体群（包括这类矮行星）到太阳的径向距离和轨道倾角。

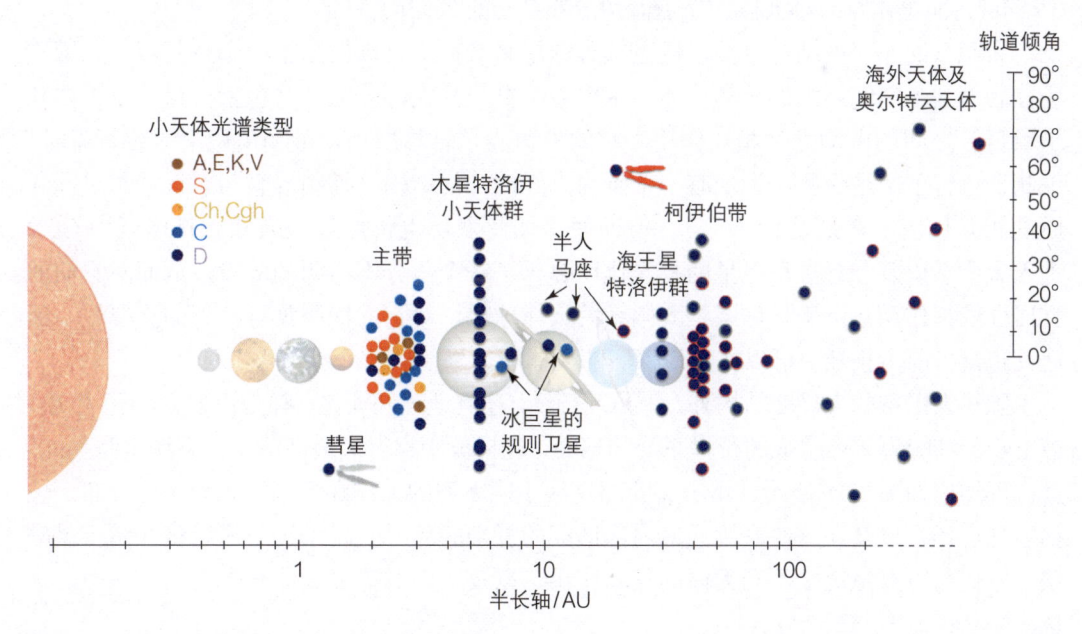

图3-17 太阳系天体径向距离分布和轨道倾角

注：本图使用对数比例尺简化表示方法，包括了太阳系天体的轨道倾角和天体类型。左上角标出了小天体的不同光谱类型，并用不同颜色表示。

行星的分布是由它们引力相互作用形成的，可以用几个关键特征来描述。

（1）四个较小的行星（$R_{PL} = 0.4R_E \sim 1.0R_E$，其中 R_{PL} 指行星的半径，R_E 指地球的半径）分布一定被包含在四个更大的行星（$R_{PL} = 3.9R_E \sim 11.2R_E$）的轨道内部。

（2）小质量行星分布在太阳系的内侧，而大质量的巨行星分布在太阳系的外侧。

（3）行星轨道接近圆形，平均偏心率为 0.06，单个偏心率为 0.006 8～0.21，它们几乎是共面的，相对于与太阳系总角动量正交的平面（即不变平面），均方根倾角为 1.9°。

（4）它们占太阳系 99.5% 的角动量（相比之下，太阳的角动量仅为 0.5%）。

（5）相邻轨道的半径大小之比为 1.4～3.4，但各天体轨道之间存在明显的差距，一是在火星和木星之间，二是海王星外的以小天体为主导的区域。

与行星相比，这些小天体和归入此类的少数矮行星的分布可简要描述如下。

（1）它们主要占据行星之间或行星之外的空隙，主带小行星主要分布在火星和木星之间，而 TNO 和奥尔特云天体主导了海王星外太阳系的区域。

（2）在类地行星（近地天体）和巨行星（木星和海王星的特洛伊小行星和半人马群）所占据的区域内，这类小天体的数量较少。

（3）这类天体表面成分和径向分布的多样性，就像它的光谱颜色那样，可以分为几个光谱（或分类学）类别，这些类别分别由图 3-17 中的短名称和不同的颜色来表示。虽然"蓝色"（C 型和 D 型）天体（对应的含冰量最高）是木星轨道外的主要类型，而其他类型（更可能为"岩石"型）是内太阳系的主要类型，但整体表现出高度的径向混合趋势，这只能由太阳系形成演化理论来解释。

（4）与占据极低倾斜轨道的行星相比，小天体轨道倾角的分布范围更广，通常为 0°～40°，而奥尔特云小天体的轨道倾角分布甚至是各向同性的。

太阳系的大尺度结构也可以通过其日球层来表征，日球层是指一个空间域，太阳磁场控制着这个空间域内的等离子体、带电粒子群与其大部分天体（包括行星、小天体和尘埃群）之间的电动力学相互作用。它的外边界是日球层顶，最初由两个"旅行者号"探测器进行了实地探测，发现有一个鲜为人知的几何结构，控制着它与附近局部星际介质的相互作用（详见第 3.5.5 节）。但即便是如此发现也仍然鲜为人知。日球层为 GCR 进入太阳系以及与行星和卫星的相互作用提供了一个部分不透明的屏障，从而对它们的宜居性发挥作用。由于日球层是太阳系的天体球层，对它的探测具有特殊的重要性，因此其也是目前为止唯一可以在实地探测的天体层。

除了太阳系的大尺度结构外，每颗巨行星，还有地球和火星，都是由卫星、环、尘埃、带电粒子和等离子体组成的行星系统的核心，包括被研究得最透彻的土星系统也是如此，其内部结构如图 3-18 所示。本节将介绍这些不同系列的天体在不同子系统中的分布，包括卫星、环，以及在这些系统的最内部形成的复杂的环-卫星系统。最后将介绍行星磁层、它们与行星系统中不同天体的相互作用，以及它们对等离子体和带电粒子群中的磁场影响（详见第 3.3.5 节）。

（a） （b）

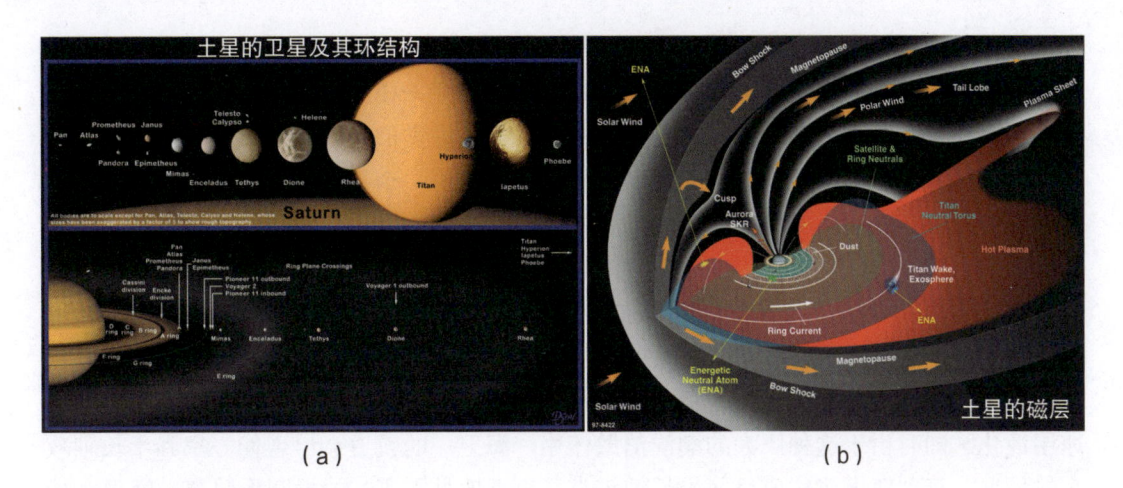

图 3-18　土星系统内部结构示意图

注：这是"卡西尼－惠更斯（Cassini-Huygens）"土星探测任务中获得的最多样、探索最充分的子系统，其天体结构受到重力场（a）的影响，呈径向分布，距离行星最近的密集环向外延伸至冰的洛希极限[1]（Roche Limit），然后是包括土卫六在内的常规卫星家族，以及向外延伸得更远的不规则卫星。同时，充满尘埃粒子的 E 环沿着土卫二的轨道延伸。并且，该行星的磁场（b）将等离子体和带电粒子约束在土星磁层内，在行星和系统的大多数天体之间诱发额外的电动力学相互作用。

[1] 洛希极限是指一个天体自身的引力与第二个天体引发的潮汐力相等时的距离。当两个天体的距离少于洛希极限时，天体就会倾向碎散，继而成为第二个天体的环。

3.3.2　常规卫星系统

太阳系中巨行星的一个显著特征是存在围绕每颗巨行星运转的常规卫星系统。这些卫星被认为主要是在原地形成的（详见第 3.4 节），因此，它们通常被认为是在其母行星形成时期的普遍性的副产品。这些卫星中许多目前地质活动仍然非常活跃，其中一些可能蕴含地下海洋。

这四颗巨行星的常规卫星系统的结构表现出丰富的多样性，这可能是由于其不同的形成场景（详见第 3.4 节）。天王星的四颗大卫星沿着接近赤道平面的近圆形轨道运行，而海王星的一颗大卫星——海卫一（Triton），则沿着与海王星赤道平面呈很大倾角的逆行轨道运行，这种巨大反差非常有趣。

为进一步补充所有常规卫星系统的种类清单和特征，需要使用望远镜观测或探测器进行飞越探测及轨道环绕探测。

最近，太阳系中重新引起人们兴趣的一个小天体是海卫一。尽管海卫一是太阳系中最大、最迷人的天然卫星之一，但它却是一个几乎从未被探索过的天体，仅在 1989 年"旅行者 2 号"执行飞越任务时探测过一次。由于地球与海王星之间的距离较远，基于地球轨道的观测分辨率有限，目前只有很少的与这颗卫星的自然和物理特性有关的数据可供参考。然而从各种意义上看，海卫一都是太阳系中最有价值和挑战性的星体之一。它有一个特殊的、高度倾斜且逆行的轨道，这表明它显然不是在原地形成的，而是在海王星形成后被捕获的。考虑到海卫一的物质成分，它很可能是被海王星捕获的一个 KBO。一种说法是，它可能是在10亿年前漂移到海王星附近的天体。另一种说法是，海王星对海卫一的捕获可能早于对其他常规卫星的捕获，即在尼斯模型动力学不稳定性之前。海卫一很可能是太阳系外的其他冰矮行星和原始天体，在类似的围绕太阳运行的区域形成的。这使得海卫一独一无二，因为它将是太阳系中唯一一个不是围绕其主行星而形成的大型卫星。海卫一的物理特性是理解遥远柯伊伯带冰矮行星的关键，这是与其他行星系统大相径庭的地方。事实上，它和其他冰质卫星一样，受到潮汐、辐射和碰撞环境的影响，但其初始成分为KBO。捕获它一定是发生在一个比现在更大、更偏心的轨道上。这个早期的轨道，有一个非常近的近中心点（Pericenter）和一个非常远的远中心点（Apocenter），会在海卫一上掀起巨大的潮汐，造成巨大的潮汐加热，这可能会使其内部冰层液化。同时由于这种巨大的潮汐消散作用，海卫一的轨道会出现偏心率和半长轴减小的情况，直到轨道演化成目前半长轴较小（小于地月距离）的近圆形轨道。海卫一捕获后的演化可能主导了随后的海王星系统的演化过程，灾难性的破坏碰撞、重力散射和潮汐加热，使行星卫星系统受到极端的影响。

目前对海卫一的了解都基于很少的观测数据和模型数据，要解决上述问题需要对海卫一实施轨道探测和着陆探测任务。

3.3.3 不规则卫星系统

虽然规则卫星深藏在巨行星的引力深井中，位于靠近其主行星的近圆形轨道，但在距离这四颗巨行星更远的地方，已经发现存在大量的小型不规则卫星，它们之间的距离可达希尔半径的1/2或2/3。图3-19给出了这些不规则卫星轨道参数分布的主要特征：普遍存在逆行轨道，与顺行轨道相比，受其他行星扰动时更稳定；轨道倾角主要为30°～60°（顺行）以及130°～170°（逆行）；存在0.1～0.5的较大的偏心率。海王星不规则的卫星因其大倾角而显得尤为突出。

正如第3.3.2节所述，如果要进一步补充所有不规则卫星的种类清单和特征，需要通过望远镜观测或者发射深空探测器进行飞越探测或轨道遥感探测。

3.3.4 环-卫星系统

所有太阳系的巨行星都拥有环系统。尽管形成所有行星环系统的物理过程是相同的，但在每个环系统中存在着令人惊讶的各种环类型和结构，并且在系统之间观察到了巨大的差异性（见图3-20）。

一般来说，我们可以区分由宏观颗粒（颗粒大小通常从厘米级到米级）形成的稠密环和尘埃环（颗粒大小从亚微米级到数百微米级），同时我们也知道存在同时含有稠密颗粒和尘埃成分的环。迄今为止，研究得最透彻的系统是土星环（包含稠密颗粒和多尘埃成分）和木星环（大多是多尘埃成分）。

土星的主环（A、B和C）是稠密环的原型，粒子碰撞和环物质的自引力是决定环演化并导致结构形成的重要物理机制。环内粒子的碰撞是耗散性的，内聚力和引力的作

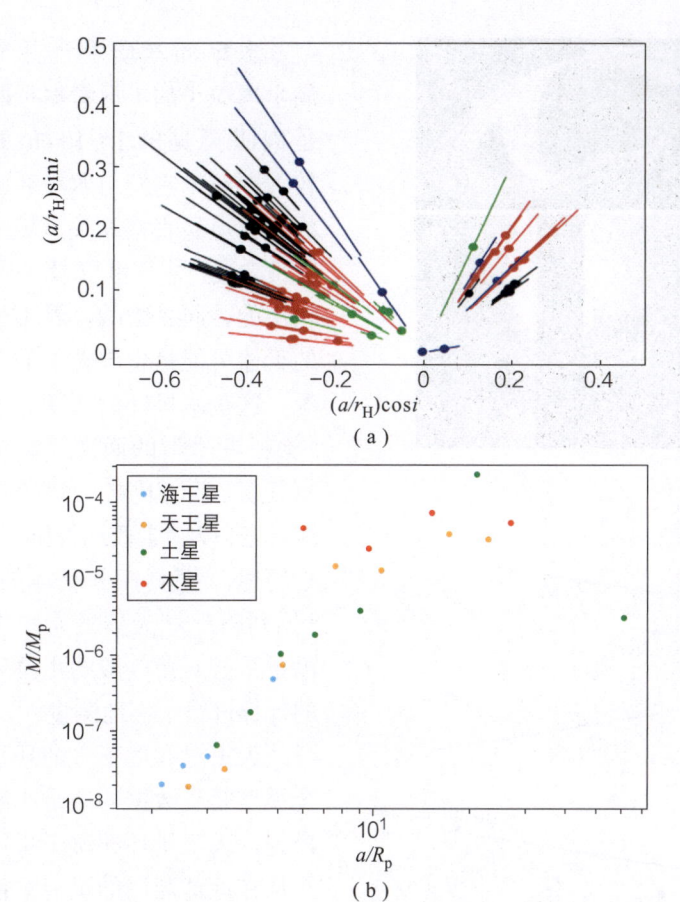

图 3-19 巨行星卫星轨道主要参数的分布

注：(a) 为木星、土星、天王星和海王星的不规则卫星分布，以 $(a/r_H)\cos i$ 相对于 $(a/r_H)\sin i$ 的平面坐标图的形式显示。其中 (a/r_H) 是以希尔半径为单位的半长轴，i 是轨道倾角。每颗卫星与原点的距离表示半长轴，与 x 轴的角度表示倾角（顺行卫星在图中为 $x>0$），直线的长度表示从近心点到远心点的径向偏移。(b) 为四颗巨行星的规则卫星系统的结构，图中表示的是卫星的质量 M（归一化到其母行星的质量 M_p）与卫星半长轴 a（归一化为其母行星的半径 R_p）之间的相对关系，并且只表示出了主要卫星的数据。

用可能会导致聚集体的形成，而聚集体又会被碰撞和开普勒剪切[1]（Keplerian Shear）破坏。此外，环与环外部或嵌入环中的卫星的引力相互作用，会导致环物质与这些卫星之间进行扭矩交换，这一过程可以在环中形成共振结构，用于维持各种环段锐边的持续存在，或者限制窄环的生成（对土星 F 环的长期假设）。环粒子会受到行星际抛射物的外部通量的影响，这些行星际抛射物会侵蚀环粒子，产生外源物质污染它们的表面，并使角动量在相邻环段之间重新分布。土星环系统也包括尘埃成分，其中一些嵌在主环中，而其他的环，如 G 环和 E 环或菲比环（Phoebe）位于外环。系统中的较大颗粒物是尘埃的来源和集合。重要的尘埃产生过程包括行星际流星体对表面的侵蚀、碰撞和破坏事件（如土星的 F 环或天王星和海王星的小卫星）以及卫星的火山活动（如土卫二形成的 E 环）。同时，观测到的尘埃环形状在很大程度上取决于单个尘埃粒子的轨道动力学，它们受到作用于带电粒子的电磁力、太阳辐射力以及与磁层等离子体的相互作用的扰动。

[1] 开普勒剪切是指由于行星或恒星的引力作用，物质旋转速度随距离变化而产生的剪切效应。这种剪切效应会使得内部物质旋转速度较快，外部物质旋转速度较慢。

木星环本质上也是充满尘埃粒子的，尽管据推断是肉眼可见的 1~10 cm 的较大颗粒。它们与木星环内的小型卫星直接相关（见图 3-20），这些卫星以及一些较小的、厘米级的、看不见的天体可能是尘埃粒子的来源。这些木星环的图像是由"旅行者号"的两次飞越探测任务、"伽利略"轨道探测任务以及"卡西尼"和"新视野号"探测任务获得的。"伽利略"航天器的尘埃探测子系统对薄纱般的木星环的外部进行了实地测量。

天王星和海王星的环系统模型是受数据约束最小的模型。天王星环和海王星环是从在地球观测的星掩源记录中发现的。"旅行者2号"获得了天王星环和海王星环的图像（见图 3-20），"旅行者2号"的射电掩星（Radio Occultation）揭示了密集的天王星环的结构。人们也使用哈勃空间望远镜和带有自适应光学系统的大型地基天文望远镜对两个环系统进行了各种观测。

环的动力学和组成，以及与巨行星周围卫星的相互作用需要进一步研究，尤其是在冰质巨行星周围，对它们的表征探测任务还远未完成。除了结合"旅行者号"的观测，还可以借助望远镜以及未来围绕天王星和海王

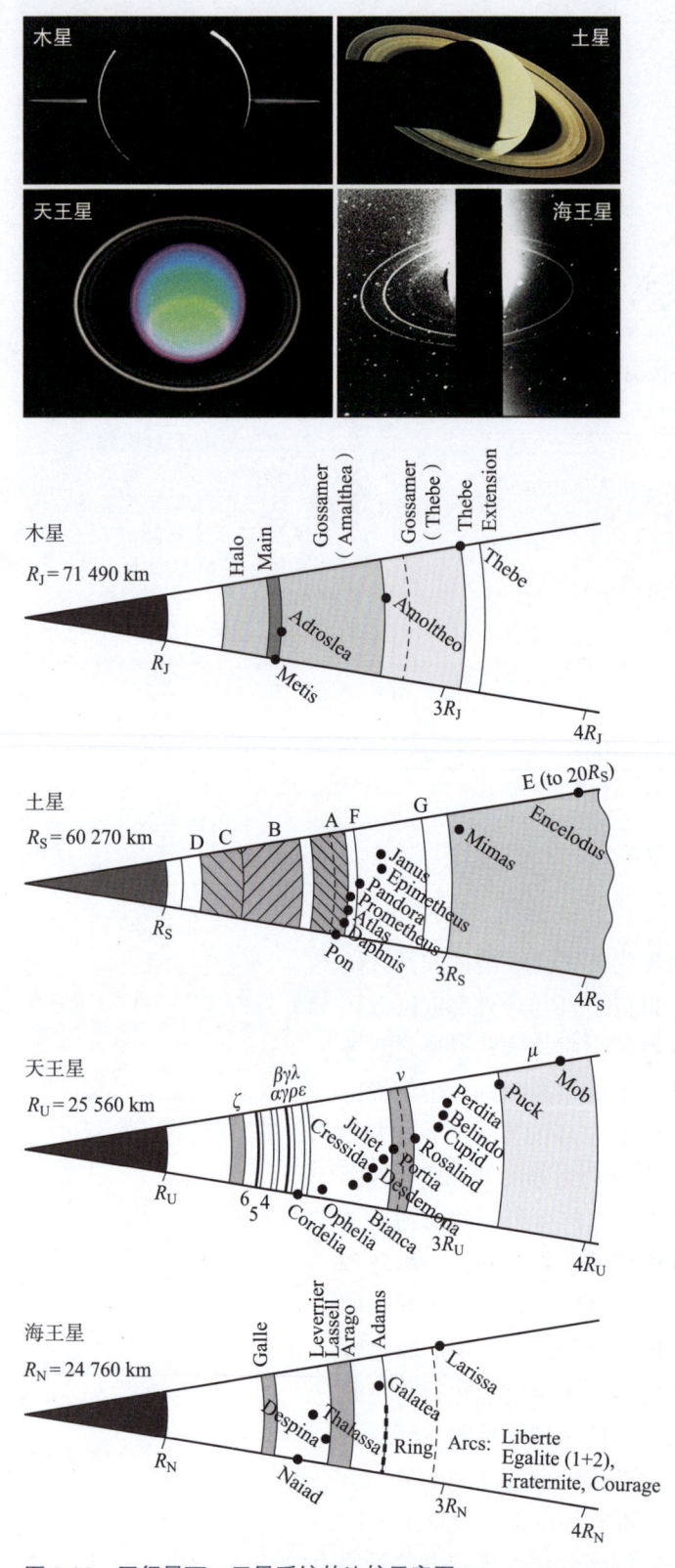

图 3-20 巨行星环-卫星系统的比较示意图
注：冰的洛希半径在图中显示为虚线。

星的大量轨道探测任务，捕捉它们在数十年时间尺度上变化的关键信息。

3.3.5 行星磁层的多样性

太阳风从太阳传播到日球层的外边界，在此过程中会途经太阳系内的所有天体。当太阳风吹到行星磁场时，该磁场在太阳风流中形成了一个长空腔，由行星磁场填充，因此称为"磁层"。这种情况适用于水星、地球和所有的巨行星等的固有磁层（Intrinsic Magnetosphere）。而在太阳风直接与"障碍物"（如金星、火星和彗星）的电离层上层大气相互作用时，行星或彗星电离层中感应的电流效应会形成一个类似的空腔，将其称为感应磁层（Induced Magnetosphere），其大小与障碍物的大小相当。当太阳风直接撞击一个既缺乏大气又缺乏磁场的天体（如一些卫星和小行星）时，下游的太阳风中只会产生一个小空洞。

行星固有磁层是由行星主导的磁场，它围绕着任何具有固有磁场的行星（在目前太阳系中有水星、地球和巨行星）。行星磁层与周围的超声速太阳风（位于磁层日半侧外边界的弓形激波原点）和太阳发出的 IMF 相互作用。太阳系中的每个行星磁层都是独一无二的。巨行星有大范围的磁层，可以用不同的标准进行交叉比较。迄今为止，就使用等离子体/磁场仪器进行实地探测而言，进行探测次数最多的是地球的磁层，其次是土星和木星，由于仅有"旅行者 2 号"的飞越探测数据，天王星和海王星的探测情况都不太理想。1974 年，"水手 10 号"飞越水星时，首次发现了水星的固有磁场。赫耳曼（Hermean）磁层是唯一一个与行星本身具有相同长度（在白天）的行星磁层，这是由 NASA 的"信使号"任务探测到的。目前科学家们正在等待两个由 ESA 和 JAXA 研制的"比皮科伦坡"探测器，通过更全面的等离子体仪器和协调的观测进行更好的探测。在全球范围内，巨行星的磁层大小不一，水星的磁层在大小和形状上可与木星的磁卫星木卫三相媲美。行星磁层的典型高度由预期的日下磁层顶距离给出，这是行星磁场的磁压力与太阳风的动态压力完美平衡的距离，如图 3-21（a）和图 3-21（b）所示。

由于这四颗巨行星比地球大得多，自转周期较短（木星和土星的一天持续 10 h，天王星的一天持续 18 h，海王星的一天持续 16 h），行星自转率在这四个行星磁层的全球动力学中起着重要作用，比太阳风动力学或行星磁场与行星际磁场的相互作用更为重要。巨行星磁层的全球动力学也取决于磁轴和自旋轴之间的倾斜角 [见图 3-21（c）]。从这个角度来看，木星和土星属于同一类天体，在它们的这两个轴之间都有一个小夹角（木星）或零夹角（土星）。对于这两颗巨行星，全球磁层物理学的典型时间尺度由行星自转周期和卫星的轨道周期决定，通过质量加载过程和高能辐射吸收与磁层（木星的木卫一、土星的土卫二和土卫六）相互作用。这些质量加载过程导致了磁层亚暴[1]（Magnetospheric Substrom），通过磁尾（磁层的夜半侧，沿太阳风方向膨

---

[1] 磁层亚暴是磁层物理研究的重要主题，是指磁层的高纬度地区夜半侧和磁尾的强烈扰动。扰动区域包括整个磁尾等离子体片及极光带附近的电离层，持续的时间为 1～2 h 磁层亚暴时磁尾和极光带电离层整体受扰，表现出光、电磁等离子体多方面现象，其中被了解最多的就是极光。

(a) 预期的日下磁层顶距离（以行星半径作为量度）

(c) 自旋轴和磁轴方向
- - -▶ 自旋轴
—▶ 磁轴

赤道

45 22 11

(b) 预期的日下磁层顶距离（以绝对距离来衡量）

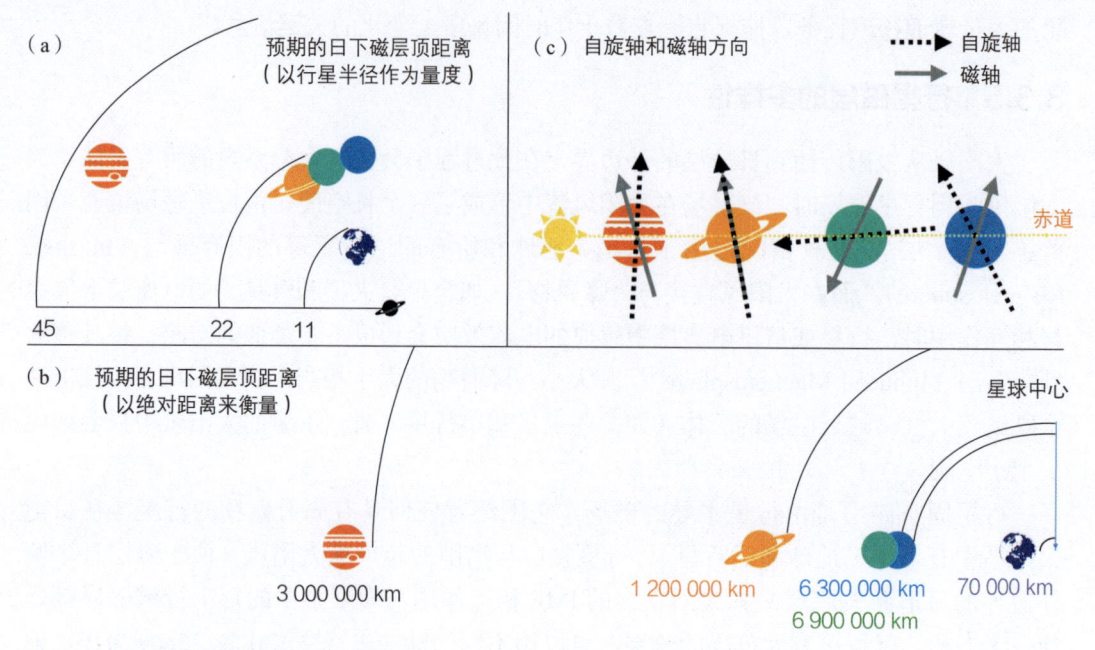

星球中心

3 000 000 km   1 200 000 km   6 300 000 km   70 000 km
                                6 900 000 km

图 3-21　行星磁层的典型高度示意图

注：对于地球和巨行星，在（a）图中磁层顶的预期日下距离是以行星的半径来量度的（行星用一个黑色土星来示意）；在（b）图中，其是以绝对比例来衡量的，并且是用蓝点来表示星球中心；图（c）显示了每个巨行星的自旋轴和磁轴相对于黄道面（黄色虚线）的各自倾角。不能用相同的比例规则将水星添加进去，因为它的日下磁层顶位于两个水星半径内，而水星的半径为 2 440 km。水星的磁轴和自旋轴完全对齐并正交于黄道面。

胀数百万千米）参与疏散质量。根据磁轴和自旋轴之间的倾斜角度不同，另一类天体是天王星和海王星，它们的磁轴分别与自旋轴倾斜约 60° 和 47°。这些巨大的倾斜角产生了一个动态磁层。相对于太阳风，这两个行星上的磁层结构几乎每天都在发生变化。但在天王星上也有季节性变化，其自旋轴几乎位于黄道面上。目前这两个磁层仍然鲜为人知。

至于天王星和海王星的内部等离子体源、它们的卫星和环以及辐射带的作用，至今仍然是众说纷纭，由于缺乏原位的等离子体和磁层测量，因此无法得到确切地了解。

3.4　太阳系的起源与演化（Q3）

本节介绍目前对导致太阳星云形成的原始坍缩之前的星际介质初始条件的理解，以及太阳星云的初始结构（径向、纬度、化学成分等）。我们确定了太阳和可能的邻近恒星，以及其在太阳星云形成和早期演化直至气体星云消散过程中的作用。然后，介绍关于太阳系天体和子系统形成的知识，它们形成了当前太阳系的结构（见图 3-1）。

3.4.1 太阳系形成与演化历史

太阳系形成和演化历史可以描述为三个连续的阶段，每个阶段都由不同的演化过程主导，如图 3-22 所示。在第一个是太阳星云时期，太阳系的形成主要由气固相互作用来主导。巨行星和至少第一代常规卫星是通过吸积作用形成的，分别在太阳星云内部和形成巨行星的圆行星盘（Circum Pianetary Disk，CPD）中。第二个是原始太阳系时期，它随着太阳星云的气体成分的消散而开始，在行星和星子之间留下引力，这推动太阳系向其最终的演化结构接近。在外层行星和星子轨道的大规模混沌重构之后，太阳系的形成被认为是随着小天体导致的晚期重轰炸[1]（Late Heavy Bombardment，LHB）的剧烈重构而结束的。请注意，LHB 除了是撞击率显著上升的结果之外，也可能有另一个起源，它也相当于吸积尾。根据这种观点，自类地行星形成以来，撞击是单调衰减的。

LHB 的结束开启了现代太阳系时期，其特征是一个缓慢的、不那么剧烈的长期演化阶段。正是在这段较为平静的时期，今天所能观测到的行星和卫星表面的大多数陨石坑被保存下来。但这些记录已经被缓慢改变它们表面的各种作用过程部分地抹去和覆盖了，如地质构造、火山活动、风化作用、太空风化作用，甚至不同天体之间的物质运输，如"卡西尼"探测器在土卫二和土星的其他卫星之间发现的，或者"新视

[1] 晚期重轰炸（LHB）是指 40 亿年至 38 亿年前影响太阳系内部的高频率碰撞事件。地球没有保存这些重大撞击事件的痕迹。LHB 的痕迹可以在月球和火星等其他行星的撞击坑广布的表面，或来自小行星带陨石撞击熔化的年龄记录中发现。LHB 代表的要么是行星增生过程中缓慢减少时期的尾声，要么是时间上集中分布的灾难性事件，即太阳系形成很久之后，由巨行星轨道的重新调整引发。

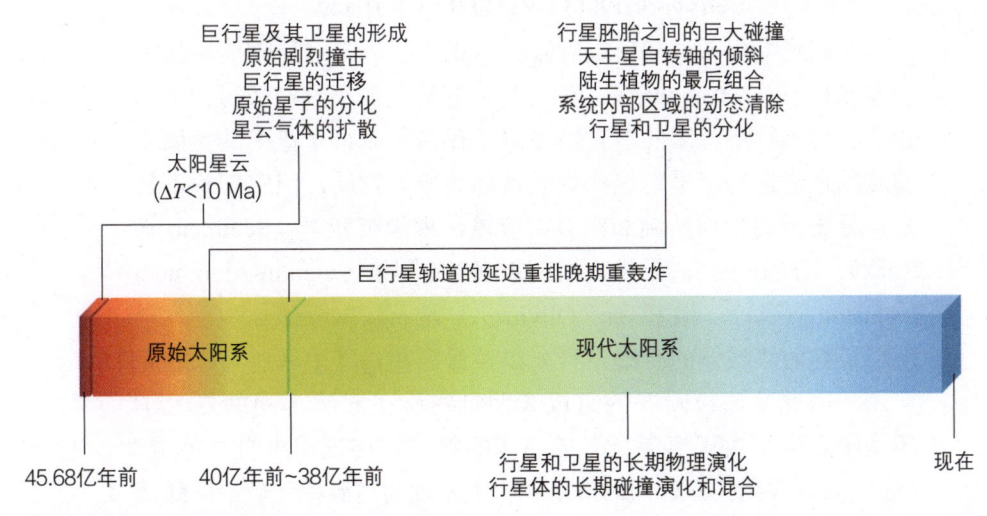

图 3-22　太阳系形成和演化的历史分为三个时期

注：分别是最长 1 000 万年的太阳星云时期、最长 38 亿年以前的原始太阳系时期和现代太阳系时期。

野号"探测器在冥王星－卡戎（Pluto-Charon）系统中发现的现象。这种后期的演化，在一定程度上抹去或掩盖了历史记录，给寻找固体表面行星、卫星和行星环的起源带来了额外的困难。

上述描述包含了一些关于不同时期和起作用的关键机制的重要开放性问题。但总体来说，除了 LHB，它提供了充分达成共识的"故事"，为分析太阳系形成的不同时期和事件提供了合理的解释。

下面依次讨论如何确定太阳星云的初始条件、星子的形成，以及如何确定行星和巨行星系统的集合。再介绍当前小天体的分布和特征，以及如何为行星的迁移提供关键约束。在每一步中，我们都会找出一些悬而未决的问题和关键的观测方法，以揭开太阳系形成的复杂谜题。

3.4.2 原行星盘的形成和化学差异

形成太阳系的太阳星云是由富含氢气的星际气体和尘埃组成的分子云的一小部分。尘埃起源于不同的恒星源，它们的难熔残余物存在于原始陨石中，也是恒星光子与气态物质相互作用产生的有机物。由于主分子云的引力坍缩或附近超新星的冲击波，太阳星云与主分子云分离。由于角动量守恒，太阳星云形成了一个围绕中心原恒星旋转的原行星盘。角动量向外传输，而重要质量向内传输并吸积到原恒星上，或者通过磁驱动的风和远紫外（FUV）光蒸发而丢失质量。因此，初生的太阳系是高能量的，至少某些部分属于湍流介质。

3.4.2.1 读取原始陨石和小行星上的信息

人们对太阳系最初形成阶段的认识主要来自对所谓的原始陨石或球粒陨石（Chondrites）的分析，它们起源于没有经历行星分化过程的小行星。因此，它们保留了存在于原行星盘中的太阳系物质的古老遗迹。尽管这些物质被称为原始物质，但它们绝不是来自分子云的尘埃的温和组合，应该被视为沉积岩（Sedimentary Rock），其成分包括高温矿物相（如钙铝夹杂物（Calcium-Aluminum Inclusion，CAI）、橄榄石（Olivine）、辉石（Pyroxene）等，产生于最初的热气体的冷凝序列）以及低温相，其中一些与水相互作用。因此，球粒陨石的组成表明，物质在截然不同的热力学环境中发生了大规模混合。进一步的物质迁移证据来自"星尘"（Stardust）探测任务返回的彗星颗粒中发现的高温相（包括硅酸盐金属 CAI）。一些陨石群如碳质球粒陨石（Carbonaceous Chondrite，CC），具有不同于其他陨石群[如非碳质球粒陨石（Noncarbonaceous

Chondrite，NC）] 的核合成 [1]（Nucleosynthetic）特征，强烈表明太阳星云（以及延伸到母体分子云）具有显著的异质性（Heterogeneity）。碳质球粒陨石富含高挥发性元素（O、C、N、惰性气体），可能是因为它们形成于水冰存在的冷环境中。相比之下，非碳质球粒陨石的挥发性较差，这表明它们形成于离初生太阳较近的地方，那里的冰和/或有机物不稳定。原始核合成的异质性似乎与距离中心恒星的距离有关，但目前还存在争议。

总的来说，出现了圆盘的日心环带，内部区域为热的贫水区域和经历了与冰相互作用的外部冷却区域。现在在行星中可以看到质量和化学上的分带，其中外部行星（木星、土星、天王星、海王星）富含气体和冰，而内部的岩石行星（水星、金星、地球、火星）缺乏高挥发性的（O、C、N、惰性气体）元素。然而，人们对导致这种分带的过程和来源的理解是不完整的。更具体地说，虽然挥发性冷凝导致的分带是由径向温度梯度驱动的，但人们对同位素分带还没有完全理解，例如，人们还不理解为什么顽火辉石（Enstatite, e 型）球粒陨石和普通球粒陨石中的难熔元素（如铝）会耗尽，尽管它们是在热盘中形成的。特别重要的是可以向太阳系内部输送高挥发性元素，从而允许在地球和其他一些内行星上建立起宜居条件。此外，在内行星形成之前形成的巨行星可能会发生迁移，极大地扰乱了包括星子在内的盘状物质的原始分布。因此，目前太阳系天体的分布并不能很好地代表圆盘的初始形成阶段的结构。

像球粒陨石这样能够记录太阳系形成初期的古代物质是非常罕见的。现有的陨石起源于特定的和限制区域的圆盘，不代表其整体结构。此外，原始陨石的成分可能在它们从母体喷射出来、在行星际空间运输和传送到地球（如进入大气层、着陆地球）的过程中发生剧烈变化。为了解决这个问题，已经实施了几个从小行星采样返回的任务，并已将岩石样本带回到地面实验室。目前，JAXA 的"隼鸟 1 号"任务已经采样了一颗 NCS 型丝川（Itokawa）小行星，"隼鸟 2 号"任务采样了一颗 CbC 型龙宫小行星，NASA 的 OSIRIS-REx 任务已经采样了一颗 B 型贝努（Bennu）小行星。

尽管非常有价值，但这些任务只能采样圆盘上非常有限的区域，这些区域可能已经进行了陨石采样，还需要从不同类型的小行星和距日心越来越远的行星体中采集和返回样本，但这些不太可能是陨石的来源，如 D 型小行星、活跃的

[1] 核合成是一个化学术语，指的是在恒星内部或高能环境中发生的原子核合成过程。这个过程可以产生新的元素，对于理解宇宙演化和物质组成非常重要。例如，在恒星内部氢原子核会通过聚变反应形成更重要的元素，如氦、碳、氧等。而在超新星爆炸中，则会产生更多种类的元素，包括铁等金属元素。

小行星（即具有类似小行星的轨道，但具有类似彗星的视觉特征的太阳系小天体）、特洛伊小天体群和彗星。

3.4.2.2 读取彗星的信息

对彗星元素和同位素组成成分进行测量，揭示了圆盘大规模的非均质性，与太阳系内部的储层（内行星、陨石）相比，D 和 ^{15}N 的富集程度较强，这表明存在与日心距相同的同位素梯度。这些同位素的富集可能是由于圆盘边缘或分子云中的光子 – 气体相互作用，也可能是由于外太阳系的贡献。与这种可能性相一致的是，ESA 领导的"罗塞塔"分析的 67P/ChuryumovGerasimenko 彗星上的几个关键元素的同位素组成与太阳系内部物质的同位素组成明显不同。这就增加了彗星上的冰和有机物部分起源于星际的可能性，因为一方面，当研究原行星盘中的氢时，星盘中水的升华和再冷凝可能会平衡 D/H 比；另一方面，有机分子可以直接从星际介质中衍生出来，或者可以在原行星盘中合成。这些分析首次用于对彗星挥发物向地面大气和海洋的输送模型的修正。解决这些问题将会对解答地球上生命的起源和太阳系物质的不同来源产生重要的影响。

尽可能广泛地记录太阳系外小天体和"水库"的组成将是极为重要的。原位分析[1]（Insitu Analysis）将允许开展第一阶段的表征和研究彗星的多样性。专门的采样返回任务将使人们获得无价的样品，并使分析精度达到确定太阳系物质的恒星来源所必需的水平（为千分之一至百万分之一量级），精确地记录太阳系外部环境，并建立彗星组成的年代表。

3.4.3 星子的形成

太阳前颗粒[2]（Presolar Grain）和星际气体通过热加工，甚至可能是升华和再冷凝而发生转变。此外，亚微米级和微米级的颗粒会转化为更大的颗粒，直到它们足够大，以至于它们的相互碰撞能量超过了静电力将颗粒粘在一起的能力。在这个阶段，在颗粒与颗粒的碰撞过程中会发生质量损失，而不是质量增加。最大尺寸的颗粒称为卵石（Pebble）。

气动阻力最初被认为是行星生长的障碍。它从卵石中移除能量，使卵石在很短的时间内以螺旋状进入太阳。现在，它被视为潜在的解决方案：漂流的卵石对气体的反作用可能导致流体动力学不稳定性，如形成卵石团的流动不稳定性[3]（Streaming Instability）。其中一些团块可以足够密集，以至于

---

[1] 原位分析是指一种分析方法，指的是在原地或现场进行样品分析。这种方法可以避免将样品带回实验室进行处理和分析，从而节省时间和成本，并且可以更快速地获取结果。

[2] 太阳前颗粒是指在太阳系形成之前就已经存在的微小颗粒物质。这些颗粒物质通常来自其他恒星或超新星爆炸，它们在宇宙中漂浮了数十亿年后被吸附到行星、彗星等天体的表面。这些太阳前颗粒可以提供有关太阳系形成和早期宇宙历史的重要信息，例如，科学家通过分析这些颗粒物质中的同位素，可以推断出其来源以及所处环境条件等信息。一个著名的例子是 1996 年 NASA 发射了一枚探测器"星尘"去采集彗星尘埃，并将其带回地球进行分析。通过对其中包含的太阳前颗粒的研究，科学家们得出了许多有关太阳系起源和演化过程的重要结论。

[3] 流动不稳定性是指在流体中存在的一种现象，即当某些条件满足时，流体会发生不稳定的运动或变化。这种不稳定性通常表现为局部扰动逐渐增强并导致整个系统产生大规模的结构形态改变，如水龙卷风的形成，当空气中存在垂直上升的气流和水平风切变时，由于湍旋效应以及其他因素影响，空气中形成了旋转起伏的旋涡结构。随着时间推移，这些旋涡会逐渐加强并最终形成一个巨大而有序的旋风。

卵石可以通过共同重力聚集在一起。这些自引力团块的收缩导致了星子的形成，其特征尺寸约为 100 km。星子可以通过相互碰撞进一步增长。当星子的质量达到月球质量的一小部分时，由于引力和气体阻力的联合作用，它们开始有效地吸积卵石。巨行星的核心或具有火星质量的行星胚胎被认为是类地行星的前身。流动不稳定性和卵石吸积的理论还需要进一步检验。

关于卵石物理性质的问题仍然没有得到解决。卵石就是陨石球粒吗？陨石球粒是再加工材料吗？我们收集的陨石可能还不足以得出结论。

经典的观点是，一些星子形成较早，因此由于短寿命同位素的放射性衰变释放的热量，它们被熔化并分化。灶神星（Vesta）就是这样的星子之一。其他的则是铁陨石和其他无球粒陨石（不含球粒的石质陨石）的母体。另外，有些星子形成得很晚，以至于放射性衰变释放的热量不足以融化它们。这些星子是球粒陨石，以及今天观测到的大多数小行星和柯伊伯带天体的母体。

古地磁测量的一些证据动摇了这一经典观点，这些证据表明，即使是球粒母体也可能经历了内部分化。球粒陨石是太阳系最早期固体的未熔化的、不同程度的变质聚集体。球粒陨石的各种变质结构促成了母体的"洋葱壳"模型，即球粒陨石起源于母体内部的不同深度，主要由短寿命的放射性同位素加热，最高变质程度起源于最靠近中心的地方。然而，少数球粒陨石具有单向磁化性，这可以用其母体中的核心发电机进行解释，表明内部熔融和分化（内部分化）。母体可能产生了持续超过千万年的磁场。一些球粒陨石，如以维加拉诺（Vigarano）陨石命名的 CV 球粒陨石，其特征是存在亲石元素和丰富的太阳前同位素[1]（Presolar Isotope），可能起源于内部分化的星子的原外壳。这样的星子可能存在于今天的小行星带，但很难识别。小行星鲁特西亚（Lutetia）具有粒状外观，但密度很高，可能是候选行星。

因此，一个需要回答的科学问题是：我们能在球粒小行星中找到关于内核的确凿证据吗？

3.4.4 行星的形成

如上所述，行星被认为是通过星子的碰撞和卵石吸积形成的。木星和土星的大部分质量都集中在 H 和 He 中，这是从太阳星云周围一个 $10\,M_E \sim 20\,M_E$（M_E 指地球质量）的天

[1] 太阳前同位素是指在太阳系形成之前就已经存在的同位素。这些同位素通常来自其他恒星或超新星的爆炸，随着宇宙尘埃漫长地飘荡和沉积，最终被包含在行星、陨石等天体中。铝26(Al-26) 是一种典型的太阳前同位素，在太阳系形成时已经存在于星云中，并且可以通过对陨石样本进行分析来检测到它的存在。

体核心处捕获的。海王星和天王星也含有一些地球质量的气体，大约有 10 个 M_E 的核。这清楚地表明，巨行星是在气体从圆盘消散之前形成的。巨行星的聚集很可能因为气体的消散而停止了。如果星云持续的时间更长，巨行星的质量就会更大。巨行星的卫星也可能是在气体消散期间形成的，因为这是唯一的时刻，环绕行星的圆盘变得足够冷，可以使冰凝结。小质量的卫星可能没有经历过地质变化，这使得研究它们非常有意义，因为它们可能是巨行星卫星系统形成的早期见证者。

3.4.4.1 巨行星及其系统

由于巨行星是在气体从圆盘消散之前形成的，因此由于行星与圆盘的相互作用，它们应该经历过轨道迁移。这可能对气体的化学成分和组成产生了影响。轨道迁移也可能对类地行星的形成产生了重大影响。然而，轨道迁移导致了一种不同于当前的轨道分布：迁移的行星应该有相互靠近的共振轨道，通常也不那么偏离圆心并且相互倾斜。尼斯模型[1]（Nice Model）解释了巨行星当前的轨道是原行星盘气体消散后发生的动力不稳定阶段的结果。这种不稳定性不仅使行星当前的轨道与通过迁移而形成的原始轨道相一致，而且还解释了奥尔特云的形成以及太阳系小天体群的存在和轨道结构，包括柯伊伯带小天体，海王星和木星特洛伊小行星群，以及以海王星为主的众多

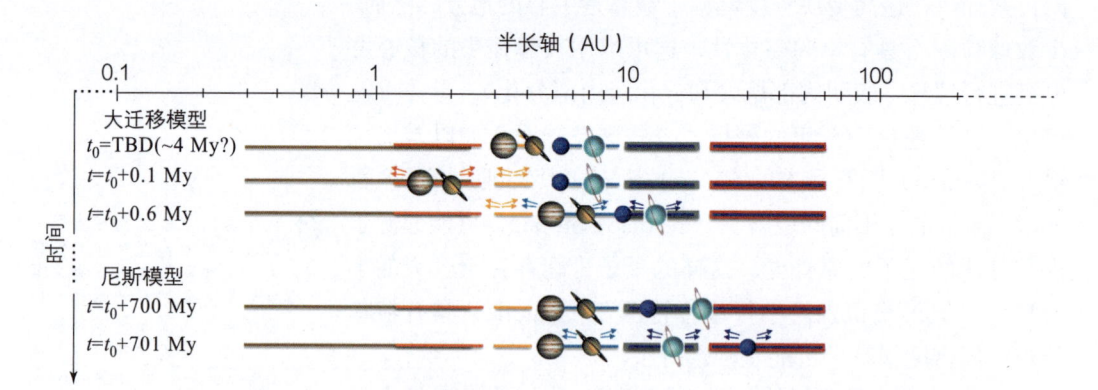

[1] 尼斯模型是指一个太阳系动力演化理论，用来解释太阳系中的类木行星迁移到今日位置的机制。该模型成功预测了许多对太阳系天体观测的结果，但并未被行星科学家普遍接受，其中一个原因是外太阳系行星的卫星和柯伊伯带小天体未得到完美的解释。

图 3-23 对太阳系早期巨行星迁移机制的综合描述

注：由描述其时期结构构造的两个主要模型说明：在大迁移模型[2]中，巨行星在太阳星云阶段经历了大幅轨道迁移；在尼斯模型中，在太阳星云消散约 7 亿年后，太阳系会发生大规模的动力不稳定。

[2] 大迁移模型是一种关于太阳系形成的假说，该模型认为在太阳系形成初期木星和土星在向内迁移时受到了火星的引力影响，从而改变了它们的轨道，这个过程被称为"大迁移"。随后，木星和土星开始向外迁移并最终停留在它们现在所处的位置上。

共振 TNO 以及巨行星的不规则卫星。图 3-23 证明建立太阳系早期巨行星演化过程的模型是困难的，因为演化过程不能被直接观测到。然而，成功的动力学模型可以通过将模拟结果与观测结果进行比较来判断。目前，尼斯模型在许多方面都与观测到的太阳系结构最匹配。

3.4.4.2 类地行星

类地行星的形成可能始于分布在太阳系内侧和主带的小行星的星子。然而，在这种情况下，它将以形成 2 AU 内 $0.5\ M_E \sim 1.0\ M_E$ 的行星结束，这远大于火星的实际质量，或 $0.1\ M_E$。为获得地球和火星之间的数量级上的质量差异，星子必须集中在距离太阳 1 AU 范围以内。这种星子分布可以通过两种方式获得。

"大迁移模型"是指木星在约 3.5 AU 处形成后，向内迁移至 1.5 AU，然后由于在轨道共振中捕获土星而反转轨道，最终在 5.2 AU 处的当前轨道附近停止。由于木星的迁移，内部的星子盘在 1.0 AU 处被截断，在这个半径之外只留下了一个质量耗尽、动态受激的小行星带。第二种可能性是流动不稳定性仅在 1 AU 内有效。超过这个极限，小行星只能在之后形成，在圆盘照射蒸发[1]（Photo Evaporation）时，产生了一个小质量的天体群。

行星是在数千万年的时间里慢慢形成的，正如放射性天文钟[2]（Radioactive Chronometer）所显示的那样，可以通过星子和行星胚胎的原行星盘的碰撞吸积模型来解释。地球主要是在原行星盘的气体消失后，通过一系列的巨大撞击形成的。地球的前身——行星的胚胎，在原行星盘的生命周期内形成，其质量大概比火星的小。因此，它们在原行星盘中没有明显的迁移。

从上面可以清楚地看出，科学家需要对不同种类的小行星进行进一步研究，因此既要实施原位探测任务，也要实施采样返回任务。此外，要测试这些演化模型，对行星（冰质巨行星、气态巨行星或类地行星）的实地探测或遥感观测任务也是必要的。对土星、天王星和海王星的元素和同位素组成的原位测量也将具有特别的价值。

3.4.5 小天体和捕获卫星的特征和分布

在整个太阳系中观测到的小天体的特征和分布可用来解释太阳系的形成和演化（如尼斯模型和大迁移模型）。在这些

[1] 照射蒸发是指在恒星周围的行星或天体表面，由于恒星辐射的作用导致物质逐渐流失的现象。这种现象通常发生在太阳系外行星和彗星上。

[2] 放射性天文钟是指利用放射性衰变来测量时间的仪器。这些计时器可以用于确定地球或者其他天体上事件的发生时间，如岩石形成、化石年龄等。

模型的基础上，太阳系历史的静态变化观点戏剧性地转变为动态变化和混合演化的观点。事实上，根据这些模型进行的预测已经被证实为是以其他一些指标为基础的（例如木星特洛伊和TNO之间分布的相似性）。

然而，目前对动态隔离的小天体群之间的成分相似性关键测试仍然难以捉摸。虽然很明显，在影响了绝大多数小天体和巨行星形成本身的太阳系演化历史中，确实发生了重要的迁移事件，但目前尚不清楚这种事件的形成和随后的演化过程，包括轨道迁移事件的时间和性质。

3.5 太阳系的运行机制（Q4）

本节把太阳系看作研究行星系统如何运行的"实验室"。首先，探索类地行星和月球，这些天体的宜居性和演化过程具有高度相关性，这仍然是最重要的问题。然后，探索太阳系其他类地行星的动态演化过程（这些过程与质量和能量的传输过程有关），进一步研究太阳系内巨行星和大气层内部的运动。最后，总结小天体可能造成的危害和空间态势（Space Awareness），这是太阳系动力学的重要组成部分，可能会危及人类自身的存在。

3.5.1 探索类地行星和月球

太阳系最内层的行星体是由水星、金星、地月系统和火星四颗类地行星构成的。它们在太阳系形成的早期阶段形成于冰线以内，主要由硅酸盐矿物组成，由于每个天体都在历史早期发生了分化，因此它们有金属内核。它们也代表了太阳系中被研究得最多的天体，每个都曾被几个无人探测器访问过，在月球上还出现过人类探险家。虽然地球是目前唯一一个有移动板块构造❶（Mobile Lid Tectonics）的类地行星，但在过去的数亿年里，所有这些天体（月球除外）都发生了局部的构造变化——火山活动。尽管如此，除了地球以外，我们对任何类地行星内部的动力学过程都只有初步的了解。

未来几十年，需要从以下几个方面更好地了解太阳系类地行星的内部运动过程。

（1）类地行星的化学成分和物理结构。

（2）类地行星内部的地球动力学过程，包括热传输和化学传输机制。

（3）产生化学层状行星体的分化过程。

❶ 移动板块构造是指地球表面由多个大型板块组成，这些板块在地幔中漂浮并不断移动。这种运动导致了许多现象，如山脉、火山和海洋沟等。太平洋环火山带就是一个典型例子，该区域位于太平洋周围，并且有很多活跃的火山且易发生地震。这是因为该区域正处于两个板块之间，并且它们相互移动。移动板块构造理论解释了我们所看到的许多自然现象，并提供了对地球内部结构和运动方式更深入的理解。

（4）磁场的建立和维持以及它们如何与太阳风耦合。

（5）热量在行星体内部丢失或保留的过程。

（6）行星体内部和表面无数化学和物理过程的相互作用和演化，包括表面—大气相互作用。

就对太阳系内的探索而言，我们已经飞过（全部），轨道绕飞（全部），登陆（金星、月球、火星），漫游（月球、火星）一些天体，并从月球返回样本，且将人类探险家送往月球。在实施的这些活动中，我们收集了大量的图像和数据，为理解行星表面化学、地貌和演化过程，以及内部结构和运动过程提供了很大的帮助。在所有的太阳系内部天体中，我们对月球内部最了解（除了地球），这要归功于月球阿波罗任务期间安置的地球物理仪器和重力恢复与内部实验室（GRAIL）双星进行的详细重力测量。最近抵达火星的"洞察号"（InSight）任务利用地震调查、大地测量和热传输进行了内部探测，它使用搭载的法国地震仪、德国热探测器和美国射电科学天线进行测量，极大地扩展了我们对火星内部结构和动力学的理解，这是了解火星火山活动历史的关键，也是了解该行星宜居性的关键。NASA领导的"信使号"（MESSENGER）探测器最近访问了水星，ESA/JAXA研制的"比皮科伦坡"水星探测器开展了环绕探测任务。这些任务用于研究水星的内部结构和组成以及磁场等。地球的"孪生姐妹"金星笼罩在浓密的云层中，它仍然是一个谜，主要是因为它不透明的大气和极端的地表条件，迄今为止，金星着陆器最多只能在这些条件下生存几个小时。虽然我们对它的内部结构有一些了解，并有迹象表明可能有相对较新的地表重建和火山活动，但它的构造和地球动力学历史仍不清楚。最近，NASA提出的DAVINCI+（金星深层稀有气体、化学和成像调查）、VERITAS（金星发射率、射电科学、InSAR、地形学和光谱学）任务和ESA提出的EnVision任务均被选中，这三项探测金星的任务将共同揭开许多金星的奥秘。

虽然许多信息可以通过望远镜或从轨道探测进行远程收集，但大多数局限于理解行星的组成和结构，例如，可以测量行星体的转动惯量来确定其内部的体积密度分布，从而表征行星核的大小和状态。除了地震学，其他重要的手段还包括射电科学。射电科学允许测量地球等天体的旋转和方向，两者都对地球内部的深层属性很敏感，如地球内部是否有液态或部分液态的铁核。

尽管如此，要详细了解内部的热和化学结构以及动力学行为，确实需要在地表或浅层放置各种地球物理和地热设备。并且，在行星表面的多个地点安置地震仪，可以提供有关行星结构和动力学的关键信息。行星特征分析所需的地震仪具有非常具体且具有挑战性的设计标准。由于地球是唯一具有移动板块构造的类地行星体，其他行星体的地震仪通常必须非常灵敏，并能够承受、补偿当地环境条件。对于月球来说，其昼夜温差很大，而且人类需要熬过14天的寒冷夜晚，月夜生存是一个严峻的挑战。对于火星来说，防止风的干扰是一个潜在的挑战。对于金星来说，其表面的高温高压不适合传统电子和通信基础设施的长期存在。水星上恶劣的热环境也给能源供应系统带来了挑战。

对行星内部进行射电频率探测，特别是寻找水冰沉积物，可以使人类在行星上长期生存，并可能帮助了解类地行星的内部结构和化学性质。这种能力已经在月球和火星上得到了证实，但如果需要确定局部水冰沉积物的特征，则还需要进一步研发。正如阿波罗登月期间安装的仪器难以确定月球上的热通量，以及"洞察号"任务上的热剖面测量面临的挑战所表明的那样，对火星内部热通量的测量需要更加复杂的科学仪器，但这些仪器目前仍在研发过程中。

通过电磁测深可以获得行星内部结构的更多信息。在未来几十年中，这些仪器和其他仪器将在面向特定行星设计任务方面取得重大技术发展。中微子层析成像[1]（Neutrino Tomography）等技术还处于起步阶段，可能会为未来的探测任务提供重要的新见解。

总的来说，在理解类地行星内部结构和作用过程方面取得重大进展需要实施着陆探测任务，并可能需要进行表面机动探测，以获得二维和三维关键信息。

3.5.2 岩质行星的内部过程

岩质行星（Rocky Planet）、大型常规卫星和矮行星的演化在物理上是由其内部质量和能量的运输过程决定的。通过如黏度、导热系数和热膨胀等物质输运特性，输运率主要取决于压力和温度等热力学状态变量。从行星视角上看，太阳系内部（水星、金星、地球、火星和月球）的主要结构是硅酸盐地壳和地幔以及富含铁的地核。此外，一些太阳系外行星的卫星（如木卫二、木卫三和土卫二）的核心和地幔可能被相当大的"水库"包围。对于大多数行星体来说，其化学分化导致了分层，物质密度随深度增加而增加，这一点已被惯性矩的测量所证明，随着深度的增加，质量更加密集。两个值得注意的例外是木星的卫星木卫四（Callisto）和土星的卫星土卫六（Titan），它们可能只是部分区域进行了分化。

行星是否在吸积过程中形成了至少部分层状的天体（例如，在吸积过程的后期加入水），或者行星是否均匀吸积，仍是有争议的问题。在后一种情况下，核心的形成需要将金属从硅酸盐中有效地分离，并且原行星会大规模熔化，最有可能形成早期岩浆海洋。在行星形成的早期阶段，重力势能的耗散转化为热量，巨大的撞击可能提供了足够的能量，导致大规模的地幔熔化，从而形成了深层岩浆海洋。在岩浆结晶过程中，某些物质，特别是挥发物、放射性产热元素和氧化铁，倾向于优先进入到剩余的液相中。因此，岩浆海洋凝固的过程可以导致所谓的原始地壳的形成，其成分与下层地幔

---

[1] 中微子层析成像技术是一种利用中微子进行物质探测的技术。中微子是一种极小质量、电荷为零的基本粒子，能够穿透大部分物质而不与之相互作用。因此，通过观测中微子在物质内部传播时发生的变化，可以了解到该天体内部结构和组成，例如，在地球上使用这项技术可以帮助科学家研究地球深处的结构和岩石组成等，在医学领域可应用于肿瘤检测等方面。

不同。月球的斜长岩地壳长期以来被认为是原生的，即直接由岩浆海洋凝固形成，而类地行星的地壳则被认为是次生的，即地幔（和可循环地壳）部分熔融的分化产物，这可能在地球的大部分（如果不是全部）演化过程中持续存在。

尽管很难根据太阳系中仅有的少数几颗大型类地行星和几十颗富含硅酸盐的卫星进行概括，但这是在假定的岩浆海洋的吸积和凝固过程之后发生的，类地天体的长期演化在很大程度上取决于亚固体蠕变❶（Subsolidus Creep）和地幔中局部区域的部分熔化。只要地核的外层部分是液体，地核基本上可以被认为是物理上与地幔分离的。这是因为固态地幔和液态地核的（有效）黏度存在巨大差异（大约相差20个数量级）。虽然这两个储层是热耦合的，但由于地核的质量大，它在行星的整体能量平衡中只发挥了很小的作用。地核被地幔覆盖，这一简单的事实导致地核的冷却速度受地幔的冷却速度控制。因为一个行星范围的磁场通常被认为是由液态地核的发电机作用产生的，或者可能受到地幔底部潜在的岩浆海洋作用，而且发电机在许多方面取决于地核的冷却速度，甚至磁场的产生也受地幔过程的控制。

考虑构造作用和火山作用时，强调了地幔对整个行星整体演化的重要性。构造作用和火山作用塑造了地球的地表。火山作用将挥发物从地幔输送到大气和海洋（或冰冻圈），从而影响它们的演化。一方面，在地球板块构造的独特情况下，内部、大气和海洋之间的物质运输是双向的，俯冲作用将富含挥发性物质的地壳运输到内部，火山作用产生新的地壳并将挥发性物质运输到大气和海洋。并且，构造作用和火山作用对行星气候的长期演化具有强大的影响，反过来又可以反馈内部过程，它们也很可能进一步影响到生物圈。这个过程是复杂的，但在很大程度上取决于地壳内部和近地表储层与大气之间的交换过程。另一方面，地球以外的类地天体的特点是其板块是固定的，这在很大程度上阻碍了从地表到深层内部的物质运输，因此火山活动或地幔柱（Plume）构造是连接深层内部和地表的唯一途径。

虽然在过去的几十年里，我们对行星热化学发动机理论❷（Planetary Thermo-Chemical Engine Theory）有了一些基本的了解，但仍然缺少许多基础知识，例如，对于大多数行星，我们的知识仅限于轨道飞行器可以测量的重力场和磁场。此外，光谱学和成像技术推动了行星组成的研究，在某种程度

❶ 亚固态蠕变是指在高温下，材料在固态下发生的持续性变形。这种变形通常发生在晶体之间或者晶体内部的位错滑移和扩散过程中，它与熔融态下的流动不同，因为它仅限于固态。例如，在地球深处，岩石会因极高的压力和温度而产生。亚固态蠕变现象也是造成板块运动、火山喷发等地质活动的原因之一。

❷ 行星热化学发动机理论是指一种理论上可以用来解释行星内部热量来源的模型。根据这个模型，地球内部的热量主要来自放射性元素衰变和原始物质在形成过程中释放出来的能量。这些能量会被转化为地震、火山喷发等现象。其他的类地行星，也存在类似于地核那样的高温高压环境，也可通过行星热化学发动机机制产生内部能量。

上，也间接帮助了行星演化的研究，例如，推断出深部地幔中产生一定年龄的表面熔岩时的压力和温度条件。这对火星来说尤其如此，因为有大量的航天器探测任务访问了火星，我们甚至在陨石中收集了火山岩样本。此外，最近的火星探测任务中携带了第一批实地探测岩石的火星车，以及在"洞察号"任务携带了第一个地球物理站（Geophysical Station）。然而，对于另一颗相邻行星金星来说，情况就不是这样了。虽然我们确实有雷达测高和重力数据，但无法在可见光下观察到金星表面，加上令人望而却步的金星表面环境条件，进行实地测量的可行性受到限制，这个事实严重影响了目前对金星表面和内部结构的了解。然而，规划中的三个任务，即 ESA 的 EnVision 和 NASA 的 VERITAS 和 DAVINCI+ 在未来 20 年内有望取得重大进展。尽管"信使号"任务取得了巨大的进展，并且"比皮科伦坡"任务有望在 2025 年到达水星的过程中取得预期的进展，但水星探测活动仍处于初级阶段，主要是由于水星探测任务的技术挑战。相比之下，科学家针对月球实施了多次有人探测任务，阿波罗任务采样返回的岩石样本有助于人们对太阳系早期演化历史的理解。此外，将这些岩石样本的年代测定与表面陨石坑密度的分析相结合，可以对这些区域的年龄进行估计。这一概念已应用于太阳系中所有表面有陨石坑的行星体，并以月球记录作为衡量标准。

除木星的卫星外，太阳系外的许多卫星在很大程度上尚未被探索。其中，木卫二（Europa）和木卫三（Ganymede）将被即将到来的"欧罗巴快帆"（Europa Clipper）和"木星冰卫星探测器"（JUICE）任务进一步探索。土星的卫星土卫六（Titan）和土卫二（Enceladus）尤其相关，因为它们的天体生物学潜力和土卫六的大气与地球的大气化学存在相似性。

理解岩质行星内部的过程需要对它们的结构有精确的了解。首先，这涉及确定地壳的平均厚度和外部液态核的半径/组成，如果存在的话，还包括固体内核的半径/组成。虽然得益于地震断层扫描，我们有一个非常精确的地球径向结构图像，甚至对地幔的三维结构在不同空间尺度上的理解有了增长，但我们仍然不知道其他主要类地行星内部结构的基本一维分层情况。水星液态核的大小受到各种大地测量数据的相对限制，估计约为 2 000 km。火星液态核的半径被认为是（1 830 ± 40）km，但不确定性至少为 100 km。通过对金星自旋状态的高精度测量，刚刚确定金星核心的大小约为 3 500 km，但存在较大的不确定性。虽然大地测量数据似乎支持水星存在一个相对较大的固态核心，但并没有数据证明或反驳火星存在这种情况，尽管这可能会因"洞察号"任务的射电科学实验中预期获得的精确旋转数据而改变。有关"洞察号"火星探测任务的初步结果，可参考 Johnson 等人在 2020 年发表的论文以了解"洞察号"着陆点的地壳和时变磁场，参考 Giardini 等人在 2020 年发表的论文以了解火星的地震活动，参考 Lognonn 等人在 2020 年发表的论文以了解地震数据中的地幔和地壳结构，参考 Kahan 等人在 2021 年发表的论文以了解射电科学的数据分析结果。

在现在和/或过去，由行星发电机产生的磁场对类地天体的全球演化产生了间接而有利的影响。水星、地球和冰卫星木卫三是目前已知的拥有行星发电机产生磁场的岩石行星。地基实验室对十亿年前岩石样品的测量表明，在地球历史的大部分时间里，行星发电机都一直很活跃。同样，对阿波罗样品的分析表明，在月球历史的大部分时间里也存在磁场。在没有古代岩石样品的情况下，关于其他天体的磁场信息来源于地壳磁化强度的测量。"信使号"水星探测器在最后的低空活动期间发现了水星高磁化地壳的一个古老区域，这为大约37亿年的磁场活跃提供了证据。然而，在地球的演化过程中，磁场是否一直是活跃的还不得而知，而且，"比皮科伦坡"任务没有安排开展全球低纬度测绘，因此需要填补这一空白。从轨道探测中推断的火星地壳磁化表明，在火星演化的最初几亿年间，行星发电机是活跃的。然而，"洞察号"火星探测器着陆点的最新测量结果表明，局部磁化强度比此前从轨道探测中推断的要高得多，再次验证了着陆任务实地收集数据的重要性。今天的金星没有内部磁场，我们也不知道它过去是否有磁场，这使我们无法将金星内部的演化与任何与行星发电机有关的影响相联系。

尽管长期以来，人们一直认为金星的地壳因高温而无法保持任何磁化强度，但最近的研究表明，这实际上可以通过低空磁强计[1]（Low-Altitude Magnetometer）来识别。

对内部传热和流变特性的定量评估与内部结构的基础知识同样重要，但更难获得。迄今为止，只有阿波罗15号和阿波罗17号任务的航天员在月球上对地外天体进行了热流测量。"洞察号"火星着陆器上的热流和物理特性组件（Heat Flow and Physical Propertie Package，HP^3）未能成功测量火星上的热流。它配备了一个自锤式探头——"鼹鼠"——设计用于穿透3～5 m的深度，并测量其沿途的热导率。然而，"鼹鼠"探头在前几厘米就被堵住了。

这就对上述技术在测量热流方面的适用性提出了质疑，尽管如此，热流仍然是一个基本的观测目标，因为它能够为解释行星的热演化理论提供强大的支撑。替代技术可能需要钻孔，就像阿波罗任务期间所做的那样，但必须深入火星深处。钻孔可以协同用于其他科学领域，如寻找生命的痕迹。

传统上，直接估计地幔的有效黏度有两种方法：一是通过将静态重力数据与地幔对流相关的内部载荷的黏弹性响应模型相结合；二是将与时间相关的重力数据与较短时间尺度发生的过程相关的表面载荷的黏弹性响应模型相结合，如最后一次冰川消退。前者依赖驱动地幔对流的地球三维密度分

[1] 低空磁强计是一种用于测量地球表面或近地空间中的磁场强度和方向的仪器，它通常被安装在飞机、卫星等载体上，以便对大范围区域进行高精度的磁场勘测，例如，NASA曾使用低空磁强计来探测火星表面的磁场情况，从而更好地了解这颗行星的内部结构和演化历史。

布假设，可以通过地震层析成像[1]（Seismic Tomography）来推断；后者除了需要对地球重力场的时间依赖性进行精确测量外，还取决于相对近期发生的影响深层内部物质传输的大尺度变形。将类似的方法推广应用于其他行星将是困难的。一方面，由于地球上缺乏强震源和广泛分布的地震仪，推断其他天体内部密度异常的三维分布将是一项重大挑战；另一方面，虽然测量随时间变化的重力是可能的，但由于缺乏导致大规模地幔物质再分布的近期事件，所以使用这些数据用于研究短期过程受到限制，这几乎不影响深层内部。在这个意义上，火星极地冰盖质量的季节性变化提供了一个很好的例子。对流变学、热流量和火山过程的评估需要对依赖时间的过程进行测量，因此未来对活动行星体的探测任务至关重要。

3.5.3　巨行星的内部过程

外太阳系的四颗巨行星，木星、土星、天王星和海王星的内部过程与类地行星有根本的不同。第一，巨行星含有大量的气体，主要是来自原行星盘上的氢和氦。气体的存在塑造了行星的条件和过程——它影响了行星形成时的固体吸积过程，并决定了后来热量和物质在内部的运输。第二，巨行星内部的压力要高得多，这是因为巨行星的质量要大得多。在这样的高压下，物质的相互作用和性质尚知之甚少。第三，巨行星的形成位置，在原行星盘中的更远处，显示出丰富的挥发性成分。因此，巨行星的内部结构更加不确定，预计与类地行星的内部结构会有很大不同。目前，关于每颗行星的化学成分及其内部分布，还有许多悬而未决的问题（详见第3.2.1.1 节）。

正如第 3.2.1 节所述，巨行星的标准模型由氢、氦为主的包层包围的岩石—冰核组成。这种内部结构仍有争议，因为最近的一些研究反驳了这种简化的核心—包层结构[2]（Core-Envelope Structure）。对中等质量行星和气态巨行星形成过程的研究表明，相当数量的核心体积块（金属）在吸积层中消散，没有到达核心。这种形成过程导致内部成分逐渐分散，从深层内部到气体包层，金属成分逐渐减少。在氢气环境中，金属之间的相容性会导致内部金属进一步溶解在以氢为主的包层中，并阻碍金属分化和沉淀到一个独立的核心。有趣的是，太阳系的观测结果与在巨行星内部成分逐渐分布的情况一致。木星和土星的组成分布与新的"朱诺号"任务测量的

[1] 地震层析成像是一种利用地震波传播路径和速度变化来研究地球内部结构的方法。通过在不同位置记录地震波，然后将这些数据进行处理和分析，可以得到关于岩石密度、温度、压力等物理参数的信息。

[2] 核心—包层结构是指在系统或组织中，核心部分与外围部分之间的关系。通常来说，核心部分是该系统或该组织最重要、最基础的一部分，而外围则是其次要、辅助性质更强的一些元素。

引力矩和"卡西尼"任务的环状地震学观测结果是一致的。天王星中逐渐分布的成分也被认为是解释其低光度的原因。

决定内部条件和结构的主要过程是热传输和物质运输。热量可以通过对流、传导和辐射在内部传输，这取决于行星条件和内部物质特性随时间的变化。在基本模型中，假设均匀成分的每一层都是绝热的（即完全对流的），行星的最外层是辐射的。这个简单的绝热模型可以进行很好的初步估计，但难以解释观测到的巨行星的性质，例如，木星的渐变结构、土星的高亮度，以及天王星的低光度。

巨行星内部的热传输不仅仅是通过大规模（绝热）对流进行的。导致非绝热结构的原因是金属在行星内部的分布。稳定成分梯度的存在可以抑制对流，减缓深部物质的冷却，但可能会导致深部和超绝热剖面的温度升高。不仅上述因素会影响行星的冷却速度，更高的内部温度也会影响从内部模型推断出的重元素质量分数[1]（Mass Fraction），因为更高的温度允许更多金属元素适应现有的质量—半径关系。这种内部结构模型可以解释太阳系中巨行星的观测特性。

[1] 质量分数是指在一个混合物中，某种组分的质量与整个混合物的质量之比，通常用百分数表示。

随着巨行星的演化，可能会产生物质运输过程并影响行星结构及其能量运输。两种主要机制是沉降（向下过程）和混合（向上过程）。两个气态巨行星的一种沉降过程是氦雨（Helium Rain），在一定的压力—温度条件下，氦与氢分离并沉降到更深处。这一过程导致了内部重元素深处上方富氦壳的形成。随着引力能的释放，这种富氦层的形成过程增加了行星的亮度。富氦层改变了内部结构，尤其是包层的均匀性。反过来，这种更复杂的结构可以改变从深层向外的热传输。在冰质巨行星中另一个可能很重要的沉降过程是冰凝结。行星包层中挥发物的凝结会影响外层的能量传输，从而影响其亮度。混合是向上的物质传输机制，主要通过对流混合。在富含金属的不均匀区域中开始对流，可能导致来自内部深处的物质混合。随着行星的演化，有效的对流可以使行星内部均匀化并改变金属的分布。此外，向上混合使外层富含金属，反过来影响地球的热演化，并导致其产生磁场。

在过去的十年里，专门实施的"卡西尼"土星探测任务和"朱诺号"木星探测任务分别对这些气态巨行星进行了广泛的探索。相比之下，冰质巨行星只被单次飞越访问过。其性质和所处的位置决定了它们是了解太阳系形成的关键。虽然木星和土星经历了一个巨大的（失控的）气体吸积阶段，成为以氢氦为主的气态巨行星，但天王星和海王星没有达到气体吸积条件，因此仍然小得多。在这种情况下，冰质巨行星可以被视为潜在气态巨行星的胚胎。因此，它们具有行星形成过程的更清晰的印记。它们内部存在陡峭的成分梯度，这种结构比较稳定，不容易被对流混合所影响，因此保留了表面的原始状态。这两颗冰质巨行星的复杂磁场（见图3-6）是其非均匀内部成分分布的额外证据。

对冰质巨行星的探测不仅可以揭示它们的奥秘，还将极大地促进对太阳系的形成、一般行星的形成以及中等质量行星内部的了解。在前往天王星或海王星的专门探测任务中，最好使用大气探测器，以收集行星引力矩、大气丰度和环境以及磁场等信息。这些互补数据将为揭示冰质巨行星的内部结构提供更好的支持，据此可以得出更普遍类别的巨行星和系外行星家族的结论，如富含挥发性物质的系外行星、中等质量的系外行星和更遥远的系外行星。

3.5.4 行星的大气特快自转现象

3.5.4.1 大气特快自转简介

大气特快自转（Super Rotation），即行星大气在赤道地区比其母体行星旋转得更快且方向相同的趋势，是行星大气的经典动力学机制之一。对行星大气特快自转现象的观测结果和支持的理论解释如下。在金星和土卫六这样的慢旋转体以及气态巨行星这样的快速旋转体中都发现了大气特快自转现象（见图3-24）。在金星和土卫六上观察到大气特快自转现象是全球性的，即在所有纬度都以不同的程度运行，而在木星，它从赤道延伸到只有大约15°的纬度，即在土星达到30°范围。在一些靠近母星运行的潮汐锁定的系外行星上也检测到了大气特快自转的特征，表现为其日照面的红外热点向东移动。这意味着大气特快自转可能在这些行星的宜居性方面发挥作用，因为它允许热量在暗面和亮面之间重新分配。

表3-2给出了从金星（顶行）到系外行星HD 189733b的这些天体的大气特快自转特征的关键参数。

大气特快自转似乎是动态大气中相邻纬度和高度之间角动量交换的最终结果，这种交换涉及经向对流单元、湍流涡流和普通的大气波之间的复杂相互作用，包括热潮汐和行星波[1]（Thermal Tide and Planetary Wave）等行星尺度波，这些波可以重新分配全球角动量。使用理想化的大气环流模型（General Circulation Model，GCM）和深层对流模型可以研究

[1] 热潮汐和行星波是大气层中两种不同类型的运动方式，其中热潮汐是指大气中因温度差异而产生的垂直运动，类似于海洋中的潮汐；行星波则是指在大气环流中出现的一种特殊形式。它们可以影响到天气和气候，例如，在地球上，赤道附近会出现一个称为"副热带高压"的区域，这个区域会导致空气下沉并且干燥。这就是热潮汐引起的现象之一。而对于行星波来说，北极涡旋就是一个例子。当暖空气从南方流向北极时，暖空气会与冷空气相遇并形成涡旋。

土卫六　　　　　　　　金星

木星　　　　　　　　土星

图 3-24　土卫六、金星、木星和土星大气特快自转的方向和纬度范围示意图

注：大气特快自转延伸到土卫六和金星的高纬度地区，但在木星和土星上只延伸到低纬度地区。大气特快自转在金星向西，在其他行星向东，在所有情况下都与行星自转方向相同。土卫六、木星和土星的图像由 NASA 提供，JAXA 提供了金星图像。

表 3-2　大气特快自转的基本信息

行星	半径 /km	自转周期 / 天	赤道自转速度 /(m·s^{-1})	赤道区风速 /(m·s^{-1})	大气特快自转在赤道区域的旋转轴角度 /(°)
金星	6 052	243	1.81	100～120	55～66
土卫六	2 576	16.0	11.7	100～180	8.5～15
木星	69 911	0.41	12 300	60～140	0.005～0.011
土星	58 232	0.44	9 540	350～430	0.037～0.045
HD 189733b	79 500	2.2	2 600	2 400	0.92

地球和火星等行星从亚自转过渡到超自转的条件。如果能够根据观测和建模结果确定关键的控制参数，如大气的罗斯贝数❶（Rossby Number）和大气热惯性，就可以更好地理解包括大气特快自转在内的环流系统。

❶ 罗斯贝数是描述流体运动中旋转效应和惯性力相互作用的一个无量纲参数。它通常用于描述大气和海洋等自然界中的流体运动现象。具体来说，罗斯贝数是由旋转时间尺度、速度尺度和长度尺度三个物理量组成的比值。罗斯贝数越小，旋转效应对流体运动的影响就越显著；反之，则惯性力更加重要。在地球上观测到了一种称为"罗斯贝波"（Rossby Wave）的天气现象，这种波动与罗斯贝数有关。此外，在研究海洋环流或者行星大气层等领域也会使用罗斯贝数进行分析和解释。

第 3 章　从科学问题到太阳系探测

经发现，大气特快自转现象在行星大气中普遍存在，而且这种大气中不仅有很多不同成分和含量的可冷凝气体，而且具有完全不同的旋转速率和热源。

（1）在像金星和土卫六这样的缓慢旋转的卫星上，压力梯度主要由惯性力（较大的罗斯贝数）来平衡；在像木星和土星这样的大气特快自转的行星上，压力梯度主要由科里奥利力（Coriolis Force，小的罗斯贝数）来平衡。

（2）这种由太阳辐射的热量产生的云层附近的浅层环流现象是很普遍的，但在气态巨行星大气中，由于内部传导热量的对流作用，也会出现深层大气环流。

需要了解的是，在这种不同的情况下，大气特快自转为什么以及通过哪些机制会占主导地位。这里将用两个例子来说明。金星是一个具有浅层环流的慢速旋转体，而气态巨行星木星和土星是两个快速旋转体，根据最近的观测结果，深层环流可能占主导地位。

3.5.4.2 金星的大气特快自转

迄今为止，对金星的大气特快自转现象记录得最好，这要归功于地基望远镜的观测，以及通过轨道器、下降探测器和气球等探测平台提供关键测量参数的若干空间任务，如"金星号"（Venera）和"织女星号"（Vega）系列、"先锋号"（Pioneer）"金星轨道器、"金星快车"（Venus Express）和最近的JAXA研发的"曙光号"（Akatsuki）任务。积累的大气环流数据结合了多种技术：大气探测器和气球对风的实地测量、红外光谱仪和光谱成像仪测量的温度图、无线电掩星以及跟踪各种波长的云层运动。这些丰富多样的数据不断地为大气环流模型（GCM）提供新的信息，使得模型能够变得更加复杂和准确。同时，通过将数据和模型之间进行有效的双向反馈，可进一步完善GCM。作为说明，图3-25显示了由"曙光号"任务的紫外成像仪（Ultraviolet Imager，UVI）探测到的云层纬向和经向风的数据［见图3-25（a）和图3-25（b）］，及皮埃尔·西蒙拉·普拉斯研究所（Institut Piewe Simon Laplace，IPSL）的金星GCM的预测［见图3-25（c）］。

通过详细分析观测数据和最先进的金星GCM之间的趋同和差异，得出结论，尽管取得了惊人的进展，但模型还没有完全捕捉到观测数据的几个特征。虽然最近的GCM在很大程度上再现了在云层观测到的大气特快自转现象，但在低层大气中的特快自转建模方面仍然存在问题。非常小的垂直黏度对于在低层大气中发生大气特快自转至关重要。虽然维持大气特快自转的动量通量的观测证据有限，但通过使用"曙光号"UVI拍摄的图像进行云图分析，研究人员在赤道附近发现了与热潮相关的涡旋角动量通量的汇聚现象。研究人员利用GCM重现了这种动量通量，在底层大气中，全球尺度的剪切不稳定性所驱动的赤道涡流角动量通量可能对此发挥作用，然而目前缺乏观测证据来支持该观点。

未来有关过程了解方面的进展需要实施新的金星探测任务，以便提供从表面到云顶的大气动力学和温度场的全面时空覆盖。大气的总角动量应通过大气与固体行星之间的角动量交换来控制，但对近地表风的观测尤为重要，但目前对近地表风的观测还非常弱。此外，与土卫六情况相比（这是最相似的，但在日照等关键参数上有所不同），将特别具有指导意义。

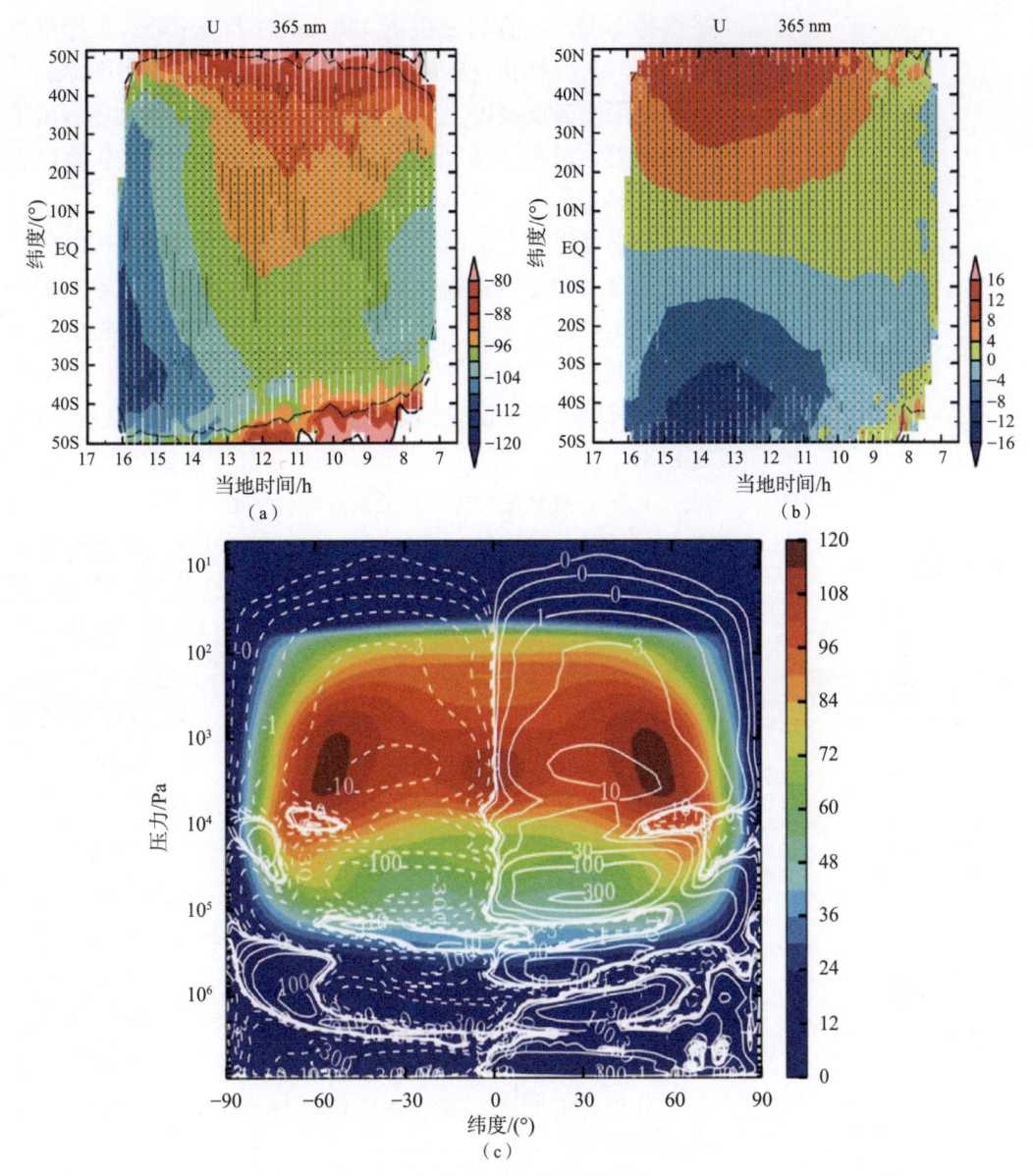

图 3-25 图中所示为 2015 年 12 月—2017 年 3 月，利用"曙光号"任务的 UVI 探测到的对 365 nm 图像进行云层跟踪获得的平均风速，它是当地时间和纬度的函数。

注：(a) 纬向风 (m/s)；(b) 经向风 (m/s)；(c) IPSL Venus GCM 中的纬向风分布（左）彩色 (m/s)，以平均经向流函数为等值线（单位为 10^9 kg/s）。

3.5.4.3 气态巨行星的大气特快自转

直到最近，我们对木星和土星大气环流的了解主要是依靠对云层大气环流的研究（详见 3.2.1.2 节），而对所观察到的大气环流的性质，即是否深入到大气层的内部以及驱动形成环流能量的来源是浅层还是深层等问题尚无定论。唯一的实地测量来自"伽利略"探测器，该探测器于 1995 年下降到木星大气层北纬 6.5°附近。该探测器发现，纬向风速从探测器进入云层的 80 m/s 增加到在 4 bar 深度处约 160 m/s，在这以下，纬向风速几乎保持不变，一直到云层下 130 km 的 21 bar 处，在那里信号消失。大气特快自转的赤道风层深度很大，这表明赤道气流不局限于云层高度上几个尺度高的薄层中，而且还引出了一个问题：它在"伽利略"探测器观测到云层水平面以下究竟有多深？

科学家们对"朱诺号"探测器在木星上进行无线电科学实验的重力测量实验数据，以及几乎同时在"卡西尼"探测器的收尾阶段在土星上进行的重力测量实验，所获得的关键测量数据进行了广泛的分析，发现使用反演技术可以确定两颗行星云层下深处的气流结构，其中重力场精度可以合理确定到 10 阶。这一反演的主要结果显示如图 3-26 所示。它们显示了木星和土星的大气气流的垂直剖面 [见图 3-26（a）和图 3-26（b）] 和它们在子午面上的分布。从这些测量中得出了两个重要结论：①推断出的带状气流对这两颗行星来说都或多或少精确地延伸到了 10^5 bar 水平，且已知其对应于行星内部导电层[1]（Conducting Layer）的顶部，在这些行星的内部，其磁场被认为是由行星发电机作用产生的；②从赤道沿轴线平行于行星自转的圆柱体投影，在木星约 13°和土星约 31°的纬度穿过天气层（Weather Layer），几乎与这两颗行星以赤道为中心的大气特快自转区的范围完全吻合（见图 3-26）。

这些当然不是最终的结论，人们必须牢记所使用的反演技术所固有的模糊性。然而，科学家们在补充证据后提供了一个强有力的理由，支持木星和土星的深层大气环流从云层顶部向下延伸到内部导电层，并沿着与行星自旋轴严格平行的圆柱体旋转。他们对冰质巨行星上有限的观测结果也进行了分析，并得出结论：冰质巨行星上的大气环流可能要浅得多。

3.5.4.4 未来的关键测量需求

这里介绍的两个案例说明了行星大气显示特快自转的情况和流动机制的多样性（"天气层"中的浅层循环，与深处驱动的深层循环）。尽管在建模方面取得了惊人的进展，但仍然远未理解驱动大气特快自转的普遍机制及其在每个行星上展现出的具体特征。未来几十年的进展应该来自以下方面。

（1）全面描述"代表性"的行星（金星、气态巨行星之一、冰质巨行星之一等）的大气环流机制，采用一种三维图谱的方法，用来研究 GCM 的基本参数（如压力/温度、速度、可凝结物质的浓度），从平流层到行星表面或内部导电层顶部的分布情况。

---

[1] 行星内部导电层是指在一些行星内部结构中，存在由金属或其他导体构成的导电层，这些物质可以传导电流。而在这些行星内部，通常会有一个较高温度和压力的区域，称为核心。当热量和压力足够大时，金属或其他导体就会变成液态，并形成一个类似于地球上岩浆的物质。此时，在液态金属中就会产生电流，并且这个电流是由自身引起的。例如，在木星等气态巨行星中，其内部可能存在由氢、氦等元素组成的液态金属面。当这些物质受到足够强烈的压力和温度作用时，它们就能够形成一个具有良好导电性能的环境，并且产生出由自身引发的磁场效应。

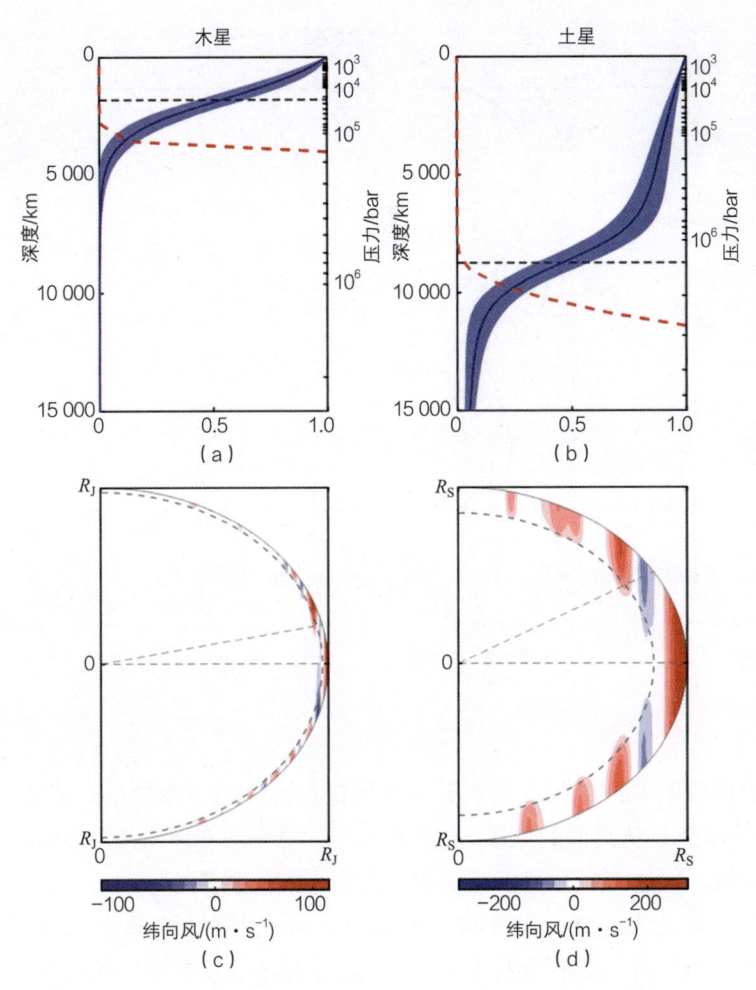

图 3-26 木星和土星的纬向风垂直衰减剖面与深度的函数关系（蓝色曲线，不确定性用蓝色阴影表示）

注：对应于"朱诺号"和"卡西尼"上的无线电科学实验对重力矩测定的最佳拟合。同一图上的红色虚线显示了木星和土星的电导率曲线，单位为（m·s⁻¹），比例从 0 到 100 呈线性变化。衰减曲线的中间点，即木星和土星的深度分别为 1 831 km 和 8 743 km，由水平虚线标记。图 3-26（c）和图 3-26（d）带状流剖面（m·s⁻¹）是球面投影中纬度和深度的函数。图中的中间点显示为弯曲的虚线。径向虚线显示的是沿自旋轴方向延伸流动深度得出的角度（纬度）。

（2）比较这些行星之间的情况，与太阳系中的类似情况（即金星与土卫六、木星与土星、天王星与海王星），以及未来与系外行星进行比较。

对于太阳系来说，在每个行星上结合现有不同的探测技术将是强制性的，可以利用轨道遥感和通过大气探测器对浅层大气进行实地探测，通过重力和磁场测量对大气及其深部进行深层探测。

3.5.4.5 类地行星大气和气候演化

在类地行星中，火星和金星一直是世界各国深空探测任务中访问最多的探测目标，这些任务侧重于调查它们的大气层与太阳风的相互作用，以及（次）表面的不同挥发性物质及逃逸到太空的情况（见图 3-27）。尽管现在已经收集了大量关于这些天体的数据，更具体地说是关于它们的大气层的探测数据，但关于它们的演化和宜居性的几个关键问题仍未得到解答。

金星是距离地球最近的邻居行星，被认为是地球的"孪生兄弟"，因为这两颗行星有一些共同的特性，如质量和大小。此外，它们的体积密度以及碳和氮的储量都很相似。在火星和金星上发生的气象学和地质学现象在地球上都可以找到。我们目前对行星形成

图 3-27 对地球、金星和火星的大气温度曲线的比较

注：这种比较揭示了这三颗行星之间惊人的差异，尽管它们在形成时的初始成分可能相似。（1）对有无温室效应的表面温度的比较，揭示了这种效应在每个星球上的作用的不同。在金星上，大气中二氧化碳的积累和水的逸出导致了失控的温室效应；在地球上，由于自然温室气体而获得的 30 ℃ 的温度，对于大部分生命而言，保持了宜居性的条件；在火星上，大部分大气的逸出使该星球没有任何明显的温室效应来温暖其表面。（2）地球温度曲线中向上的温度梯度是臭氧层存在的标志。

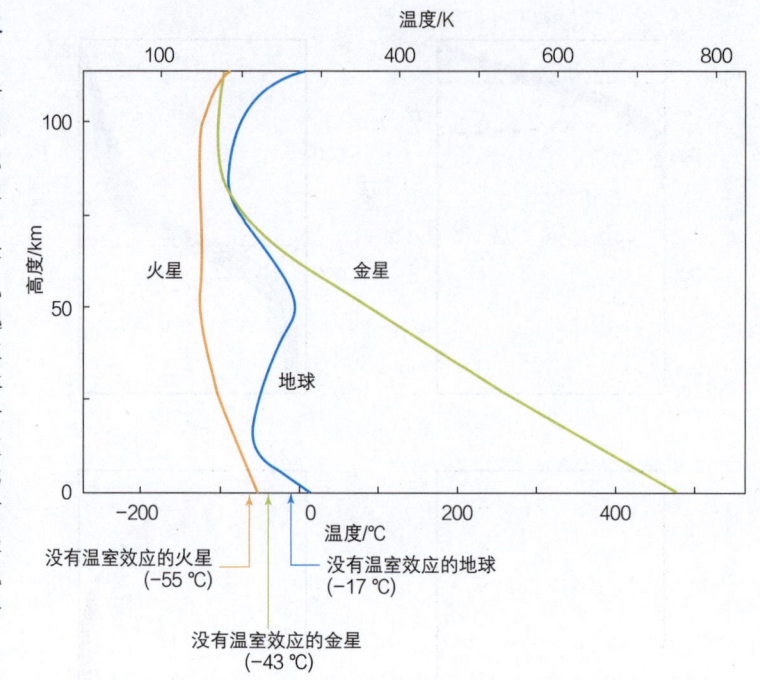

的理解，加上对其组成成分的现有观测结果，特别是对其同位素特征的观测数据，表明这三颗行星，火星、金星和地球都是从类似的地质、表面和大气环境中演变而来的。然而，尽管它们距离很近，起源相似，但这三颗行星已经演化成相当不同的状态。

请注意，太阳系中其他天体的大气层，如海卫一（Triton）或土卫六（Titan），也已经通过"旅行者号"和"卡西尼"等飞越探测任务，或通过着陆器（"惠更斯"探测器）进入（在土卫六的大气层中下降并在其表面进行着陆探测）完成了初步探测。土卫六是太阳系中第二大的卫星，通常被认为是太阳系中最大的非生物有机工厂。土卫六的大气层，就像地球、火星和金星的大气层一样，都是通过"温室"效应使其表面变得温暖。它和地球一样有一个以氮为基础的大气层，但是有机物在其构成中发挥了更重要的作用，如形成云层和作为雨水沉淀下来。今天的土卫六在多大程度上类似于生命起源之前的地球尚不清楚。例如，现在的土卫六比地球更缺氧，但在地球缺氧的历史早期，就形成了有机物。虽然将土卫六与早期地球的类比并不完美（例如，地球总是比土卫六更温暖），但它们已经足够接近，因此可以开展更仔细的探测研究。

土卫六正处于快速失去挥发性物质的状态，这种情况过去也曾在火星和金星上发生过。在金星上，失控的温室效应通过氢气的逃逸而导致水被破坏。在火星上，随着火星内部发电机效应的结束，保护性磁场的丧失可能加速了大气层的消失。

通过实施探测任务进一步了解土卫六的大气情况，将有助于理解土卫六的大气层与早期地球的差异和相似之处。

通过对其他行星大气层的研究，可以了解到更多关于地球大气层的情况。水是这些不同大气层的共同组成部分。它现在或曾经存在，是我们所知的出现生命和维持自身的

前提条件。了解在整个行星的历史上曾有多少水，以及它是如何和何时消失的，将为理解"行星大气层是如何演变的"这一基本问题提供线索。

然而，行星大气层是一个在空间和时间上都在动态变化的环境。在太阳系及更远的地方，不同天体的大气为我们提供了一个理解各种大气演化历史的舞台。类似土卫六的系外行星可能在宇宙中很常见，围绕M型恒星（最常见的恒星类型）的行星，如果处在地球与太阳的距离上，将像土卫六一样寒冷。土卫六可以有效地告诉我们关于它们的有机化学成分和潜在宜居性的有用信息。许多类似地球或金星大小的系外行星已经被发现。其中是否有宜居的？目前，这些系外行星中大多数被认为相比地球更像金星。对金星和类似天体的研究将提高我们对导致完全不宜居行星演化过程的理解。

在未来的几十年里，对太阳系中类地行星上发生的演化过程的进一步了解将有助于回答以下问题。

- ❖ 详细的大气成分和化学成分是什么？同位素比率能告诉我们关于它们的过去、历史或宜居性的什么信息？
- ❖ 水到哪里去了？当我们知道或推测水在其过去存在时，什么样的演化过程可以用来解释其当前丰度？
- ❖ 尘埃和云的作用是什么？尘埃是如何与地表交换的？
- ❖ 构造、挥发性循环和火山重现对大气层的演化历史有什么影响？行星内部的影响以及与大气层物质交换的影响是什么？
- ❖ 跨越地表的挥发物作用是什么？表面风化作用的影响是什么？
- ❖ 大气层是如何变化的？这些变化的原因是什么？
- ❖ 这些行星中是否有宜居的时期？目前的大气层中是否有可以孕育出生命的区域？我们如何检测出生命，包括过去的、已灭绝的或现存的？

为了找到这些问题的答案，未来实施的深空探测任务将需要以足够高的时空分辨率来表征行星大气层的组成成分和分布结构，并需要利用与（次）地表和空间的交换机制，涵盖全球到区域的范围。这不仅涉及温度和总密度，还包括风和能量的来源（尤其是辐射升温/降温、温室变暖效应、热通量等）。

在实施新的深空探测任务的同时，行星大气建模的进展，以及将系统地使用的数据同步到模型中，对于有效地解决这些具有挑战性的问题将是至关重要的。通过比较模型分析结果和观测结果，可以帮助我们发现在某些起作用的过程中存在的不足。通过数据同步，模型可以直接整合观测数据，从而提供对大气状态的预测，以支持轨道和着陆探测任务；同时，模型还能用来研究系统对影响大气的不同变化的反应。

3.5.5 行星磁层中的一般运动过程

1928年，欧文·郎缪尔（Irving Langmuir，1881—1957）提出了"等离子体"（Plasma）一词，定义一种部分或完全电离的气体。1963年，戴维·A.弗兰克·卡梅涅茨（David A. Frank Kamenezki）首次将等离子体称为"物质的第四状态"。太阳风是一种等离子体，它在远离太阳的过程中不断演化。从目前的地球距离上看，太阳风的密度比地球上海平面的空气低 100 亿倍，它的温度超过 10 万℃，平均速度超过 100 万 km/h。在这些极端条件下，我们不再谈论气体，而是谈论等离子体，因为物质处于原子被电离的状态。因此，等离子体是带电粒子、离子和电子的集合，它们总体上是电中性的，但却表现出集体行为。集体行为意味着，当对等离子体施加扰动时，等离子体中的大量粒子参与到对扰动的宏观响应中。等离子体导电并与磁场相互作用，磁场引导着等离子体，但等离子体反过来也能改变磁场。

目前已使用不同的理论对等离子体进行了不同尺度的研究。带电粒子在一定方向的磁场作用下，沿着与磁场方向一致的方向做圆周运动（见图 3-28），其半径取决于粒子的质量、磁场的局部强度和粒子的速度。这种圆周运动称为旋转运动（Gyration），旋转半径又称拉莫尔半径[1]（Larmor Radius）。这种旋转运动也与旋转周期有关。在空间和时间都缓慢变化的强磁场中（相对于粒子的旋转），可以使用导中心理论[2]（Guide Center Theory）来描述粒子相对于磁通量管的运动。因此，这个理论使我们能够理解带电粒子是如何相对于磁场演化的。然而，由于计算量巨大，运动方程不可能对我们在天体尺度上感兴趣的现象所涉及的数百万或数十亿粒子中的每一个进行求解。因此，为了理解构成等离子体的粒子行为，必须依赖统计计算，特别是获取在特定位置存在一个具有特定速度的粒子的概率，这个概率函数称为分布函数。

对于等离子体，通常情况下粒子之间很少发生碰撞（即"无碰撞"等离子体），详细描述粒子分布函数是必要

[1] 拉莫尔半径是指电荷粒子在磁场中做匀速圆周运动所需的最小曲率半径。

[2] 导中心理论是指一种数学模型，可以用来计算和预测带电粒子在不同环境下的运动轨迹。它经常被用于解释和探索范艾伦辐射带内部离子等物质颗粒的运动规律及其演化机制等问题。

[3] 磁重联是指在磁场中，两个原本不相连的磁场线发生交错、断裂并重新连接形成新的拓扑结构的过程。这种现象通常出现在高温等离子体或者太阳风等环境中，例如，在地球磁层与太阳风相互作用时，会产生大量能量释放和粒子加速现象，其中就包括磁重联。

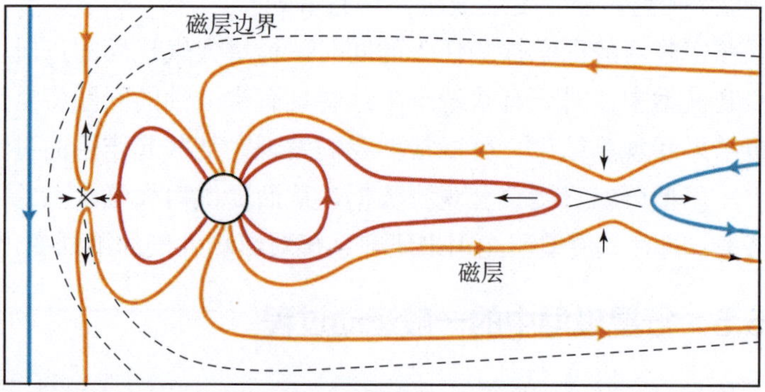

图 3-28 能量交换的一个例子

注：行星际磁场（蓝色场线）和行星磁场（红色场线）之间的磁重联[3]（Magnetic Reconnection）（通常在位置上用黑色十字标记）将磁能转换为动能，是全球公认的允许太阳风等离子体进入行星磁层的一个有效机制。

的，特别是当人们对小尺度（低于粒子的旋转半径）感兴趣时。这是等离子体动力学理论的领域，最常见的是玻尔兹曼方程[1]（Boltzmann Equation），其具有复杂的相互作用力项，用它们来模拟大尺度的等离子体（如行星磁层）是非常困难的，因为它们在数值计算资源方面要求很高。当人们主要对大尺度的等离子体感兴趣时，可以忽略（在某些条件下）微观现象，将等离子体视为离子和电子的流体，甚至视为带电粒子的单一流体，基于这种假设的理论称为磁流体动力学[2]（Magnetohydrodyamics, MHD）。

未来对太阳系的探索将要求我们突破物理学知识的边界，考虑最经常遇到的参数空间中已经观察到的现象，并且可能需要调整测量和分析技术，以适应更多的地外环境条件，如与日心的距离、行星磁场强度和旋转率以及辐射环境等。人类在地球磁层进行测量已经有几十年了，相关的任务和仪器也随着时间的推移而不断地改进，但实地测量的基本内容保持不变，主要包括以下几个方面。

- ❖ 等离子体所有成分的分布函数。
- ❖ 直流（DC）/交流（AC）磁场和电场。
- ❖ 高能粒子的分布函数。

所有这些都使用高空间、时间分辨率和方向信息进行测量。

仅凭原位测量并不能全面说明系统性工作原理，它们需要与地基的遥感信息相结合。此外，单航天器任务测量带来了将空间和时间效应分开的挑战：观测到的变化是由于航天器通过空间结构的运动，还是由于航天器位置的时间变化？多航天器任务与地面基础设施协同监测空间等离子体环境（即电离层和磁层），可为地面系统提供良好的服务。在地球上取得重大科学突破的多航天器任务包括：①向地球磁层不同位置编队飞行的任务［如 ISEE1 和 ISEE2、范艾伦探测器（Van Allen Probes）、THEMIS］；②研究小尺度过程的任务（如 Cluster、MMS）；③监测上游的太阳风，为磁层和电离层反应提供背景（如 ISEE3、AMPTE）。在地球以外的探测任务，如气态巨行星（"卡西尼"土星探测、"朱诺号"木星探测），面临着在没有上游的太阳风监测等情况下进行解释研究结果的挑战。因此，实施多航天器任务是未来行星探索的不可避免的选择，正如现在正在前往水星的由 ESA 和 JAXA 领导的"比皮科伦坡"水星探测任务一样。

另一个改进的方法是设计同时提供更高的性能，但尺寸更小、功率和成本更低的科学仪器。未来开展探测行星磁层

---

[1] 玻尔兹曼方程是描述气体分子运动的重要方程之一。它可以用来计算气体中分子的速度、温度和密度等物理量，从而研究气体的性质和行为。玻尔兹曼方程最初是由奥地利物理学家路德维希·玻尔兹曼在 19 世纪末提出，其基本思想是将气体看作由大量微小粒子组成的系统，并通过统计力学方法推导出描述这些粒子运动规律的数学公式。在研究空气流动时，可以使用玻尔兹曼方程来计算空气中各个分子在不同位置和时间点上的速度、能量等信息，进而预测空气流动情况。因此，玻尔兹曼方程在工业生产、天文学、化学等领域都有广泛应用。

[2] 磁流体动力学是一种研究电离气体和等离子体中的磁场与流体运动相互作用的物理学分支。它主要探讨了在强磁场环境条件下，导电流体（如等离子体）受到的影响以及这些影响对于该系统整个行为的影响。对于太阳而言，由于存在大量带电粒子，因此会产生强磁场，并且这些带电粒子也会随着磁场而移动。通过应用磁流体力学原理，可以更好地理解太阳风活动、日冕物质抛射等现象。

的多航天器任务的关键点可能是在保持能力的同时，使当前的科学仪器小型化。此外，辐射耐受性（如"朱诺号"/"欧罗巴快帆"任务遭受很多辐射）也很重要。

在地球上，等离子体并不以其自然状态存在，但却构成了宇宙中 99% 以上的重子物质（Baryonic Matter）。太阳系内的等离子体是唯一可以进行实地测量的物质。在地球上，人们正在研究"人造"等离子体，试图通过太阳那样的核聚变（而不是像目前的核电站那样通过裂变）来生产核能，以减少目前与核能生产有关的大量浪费。因此，将等离子体物理学理论与太阳风和磁层环境中的观测结果结合起来，是推进等离子体物理学（Plasma Physics）理论本身的一个极好的方法，对人类未来大有裨益。

3.5.6 当地星际介质、日球层和日球层鞘相互作用区域

太阳系以 26 km/s 的相对速度通过当地星际介质[1]（LISM）。直到最近，人们还认为太阳系位于本星际云[2]（Local Interstellar Cloud，LISC）的边缘附近或过渡区域，并朝着邻近的 G 云[3] 方向移动。这两个云是由部分电离气体（H、He）和尘埃（占总质量的 1%）组成的温暖、低密度的星际云。当太阳喷射出太阳风时，太阳系周围形成了一个称为"日球层"的气泡，并穿过当地的星际环境。这种环境相当复杂。最近的研究表明，日球层实际上与四种不同的星际云接触，即本星际云、G 云、AQL 云[4]（AQL Cloud）和蓝云[5]（Blue Cloud）（见图 3-29）并且日球层要么已经在 LISC 之外，要么仍处于过渡区，并将在未来 3000 年离开 LISC。这些相邻的云可能会带来在南极发现的 ^{60}Fe 元素（这是一种放射性元素，它不常见于地球，但在太阳系中却普遍存在）。

迄今为止，与太阳系相邻的本地星际空间在很大程度上还没有被探索过，只有两艘航天器跨越了星际空间的边界并发回了实地探测数据，它们是"旅行者 1 号"和"旅行者 2 号"。

日球层（见图 3-30）的经典观点是一个由电离气体组成的流线型气泡，它与当地的环境相互干扰。如果 LISM 是超声速的，那么弓形激波会在日球层的上风处形成一个数百天文单位的冲击波，在那里部分电离的星际气体会变成亚声

---

[1] 当地星际介质是指太阳系周围的星际介质。它由部分电离的等离子体气体、尘埃和磁场组成，尺度约 60 光年，位于本地泡中。太阳正在携带整个太阳系穿越这个局部气体结构，它与太阳系内部环境相互作用。在 LISM 中，最常见的元素是氢和氦。此外，还有一些重元素如碳、氧等。这些物质通常以稀薄的形式存在于空间中，并且受到来自恒星风、超新星爆发等事件影响。在太阳系周围大约 1.3 光年处就有一个名为 Alpha Centauri α/β/γ（半人马座 α）的三合星系统。该系统产生了强烈的恒星风，对其周围区域造成了影响。因此，研究 LISM 可以帮助我们更好地理解宇宙中不同天体之间的相互作用及其演化过程。

[2] 本星际云是指当前包裹着太阳系运行的、在其周围的一片星际云区，它由等离子体气体和尘埃组成。这个星际云区边界距离我们大约 16 光年，是太阳系所处的银河系中的一个小区域。类似于地球上的天气系统，星际云也有自己的运动规律和变化。研究人员发现，在过去几十万年里，LISC 曾经多次与太阳系相遇，并对太阳系内部环境产生了影响。例如，在最近一次相遇时（大约 1.3 万年前），LISC 中高能粒子数量增加了许多，这可能会导致太阳风强度下降、辐射屏蔽效应减弱等。因此，研究 LISC 对太阳系环境变化具有重要意义。

[3] G 云（或 G 云复合体）是坐落在本星系群的一个星际云，太阳目前正在向着它移动。目前并不确定太阳是在本地星际云中，还是在这两个星际云交互作用的地区。G 云包括南门二（半人马座 α）、比邻星和牛郎星（可能还有其他的）。

[4] AQL 云是一种高速运动中的恒星残骸所产生的尘埃和气体混合物。

[5] 蓝云是由银河系内恒星形成过程中释放出来的物质构成的。

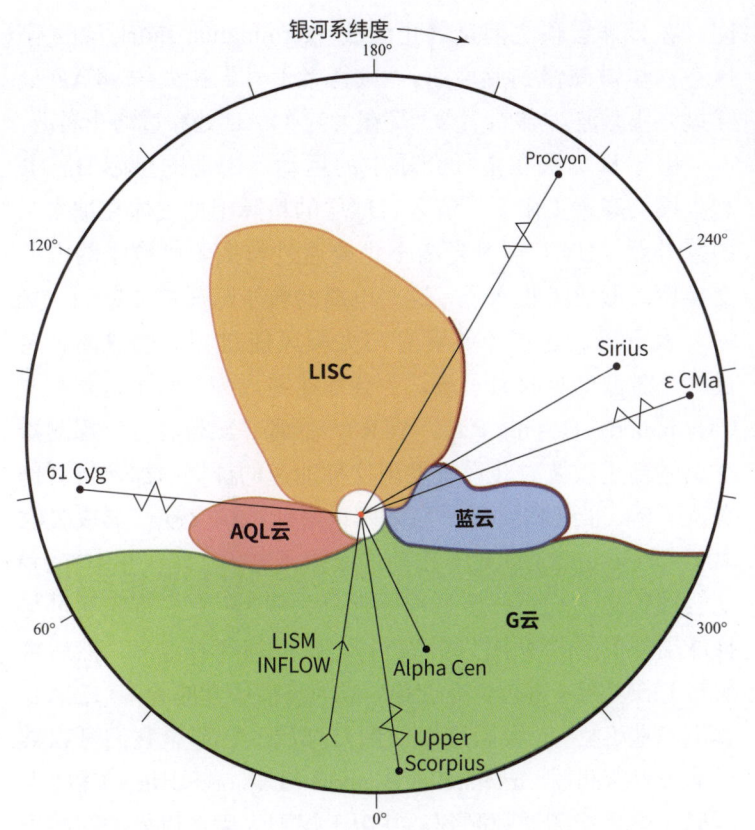

图 3-29 从银河系北极看太阳 3pc 范围内的 LISM 区域。

注：此图显示了与外日球层接触的四个部分电离云的位置，没有显示的是位于这四个云层之外的其他云层。图中显示的是太阳（点）、夸张的日球层（围绕太阳的圆圈）以及 LISC、G、AQL 和蓝云。显示了五颗恒星投射到银河系赤道上的视线。红色阴影显示了由 ε CMa 的 EUV 辐射产生的 Strömgren 壳。图中还显示了从太阳看到的星际气体流入的方向，以及通往天蝎座-半人马座联盟的上天蝎座地区的方向，最近的超新星可能在那里爆发。

速。它的存在取决于 LISM 的参数和太阳系通过 LISM 的速度，这一点是有争议的。有的科学家认为有一个弱的弓形冲击；有的认为只有一个缓慢的冲击存在；还有人认为没有冲击，只有一个渐进的弓形波。"旅行者 1 号"和"旅行者 2 号"探测器的寿命太短，无法达到弓形冲击区域。日球层顶（Heliopause）是空间中由星际介质主导的区域和由来自太阳的物质主导的区域之间的边界。日球层顶位于来自星际介质和太阳风的压力平衡的地方。它随着太阳风压力在太阳周期的变化而向内和向外移动。"旅行者 1 号"于 2012 年 8 月在大约 122AU 处穿越了日光顶，介于太阳的最小值和最大值之间，而"旅行者 2 号"于 2018 年 11 月在大约 119AU 处穿越了它，介于太阳最大值和太阳最小值之

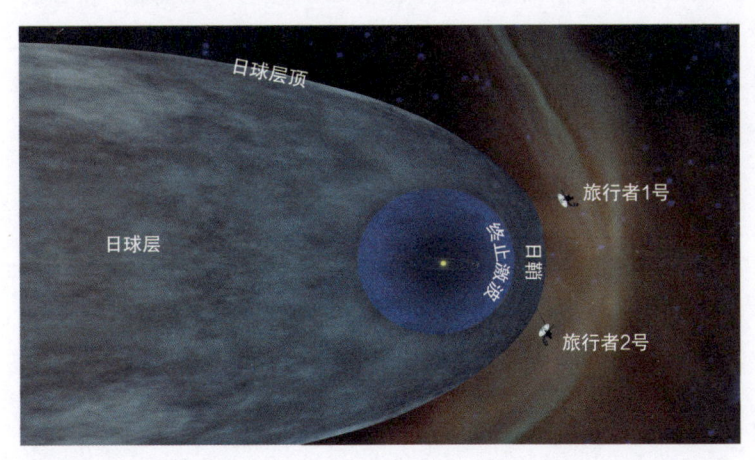

图 3-30 日球层及其不同区域（日鞘、终止激波、日球层顶）和两次"旅行者号"探测任务的效果图。日球层的形状仍在讨论中。

间。在日球层顶之前是终止激波（termination shock），太阳风在这里被减慢到亚声速。"旅行者1号"在大约94 AU处穿过终止激波，"旅行者2号"在大约84 AU处穿过终止激波。

由于日球层在星际介质中的运动，中性的星际H、He和尘埃会穿过太阳系。流入日球层的星际中性气体在被太阳的紫外线（UV）辐射光离子化或通过与太阳风粒子的电荷交换后，形成吸收离子。这些电离的粒子随后被加速到（平均）太阳风的速度，并具有与太阳风能量相等的热能。越过终止激波的吸收离子被认为会加速并成为反常宇宙射线[1]（Anomalous Cosmic Ray，ACR），尽管"旅行者号"探测器在越过终止激波时并没有发现这种加速的证据，加速机制仍有待了解。当LISM原子与太阳风进行电荷交换，形成吸收离子（Pick-up Ions）时，以前的太阳风离子（现在是中性的）就会被移出太阳系。该过程通常分为两步：它们首先通过与日球层外的LISM中性物质进行电荷交换而被电离，然后再次与LISM离子进行电荷交换，成为高能中性原子[2]（ENA）。其中一些ENA向太阳移动回到日球层，在那里它们可以被星际边界探测器（Interstellar Boundary Explorer，IBEX）和"卡西尼"土星探测器观测到，并用于探测太阳系以外的等离子体状况（和磁场）。有多少ENA来自日球层鞘，有多少来自日球层顶以外，这一点是有争议的。地球的磁场保护我们不受本地银河宇宙线（GCR）的影响，但日球层磁场在这些高能粒子到达地球之前就为我们遮挡了很大一部分能量。太阳风随太阳周期的变化导致通过太阳系的GCR和星际尘埃粒子的数量都有变化。小于大约0.015 μm的尘埃粒子被完全从日球层中过滤掉，因为这些有高电荷质量比[3]（Charge-to-Mass Ratio）尘埃粒子上具有洛伦兹力。中等大小（约0.3 μm）的星际尘埃粒子的电荷质量比低到足以进入日球层，然后被太阳风中随太阳周期变化的洛伦兹力过滤掉。大的微米级颗粒的电荷质量比很低，不会受到日球层中磁场的显著影响。

3.5.6.1 主要开放性问题

除了上面提到的ACR加速机制、ENA的起源和弓激波的存在等悬而未决的问题外，关于日球层的其他未解之谜仍然存在。"旅行者号"探测任务探索了未知的领域，带来了许多新的发现，并在理解我们的星际近邻方面带来了令人惊讶的挑战。新的发现有：①日鞘比理论模型预测的

---

[1] 反常宇宙射线是指一种在太阳系外部区域产生的高能粒子。这些粒子通常被认为是来自银河系中心或其他星系的宇宙射线，但其具体来源仍不清楚。ACR主要由氢、氦和重元素组成，其能量范围从几十兆电子伏到数千兆电子伏不等。这些粒子在进入太阳系时会因受到太阳风和磁场的影响而发生偏转，并最终被地球磁层所捕获。

[2] 高能中性原子是指高能量的中性原子。这些原子通常在太阳系外部或者地球磁层之外的空间环境中产生，因为它们不带电荷，所以可以穿过磁场和物质屏障而被探测到。在太阳风与行星磁场相互作用时，会产生大量的ENA。科学家们通过观测这些ENA来了解太阳风与行星磁场之间的相互作用情况。

[3] 电荷质量比：在物理学中，电荷质量比是指一个粒子所带电荷与其质量的比值。如果这个比值很大，那么说明这个粒子具有很强的电磁相互作用能力。例如，离子体中的离子就具有较高的电荷质量比。

要薄得多，这表明我们对日球层及其周围环境的相互作用机制的了解相对有限；②当"旅行者号"探测器越过日球层顶时，磁场方向预计会向星际磁场方向急剧变化，但令人惊讶的是，它并没有；③星际磁场强度和 LISM 的方向也尚未确定，在太阳系的远程测量中，使用来自 IBEX 和"卡西尼"任务的不同能量的 ENA 测量，得出的磁场强度和方向与从"旅行者号"实地探测数据的模型中得出的磁场强度和方向不同；④来自星际空间的尘埃粒子已经在太阳系内用"尤利西斯号""伽利略"和"卡西尼"任务的尘埃探测器进行了实地测量。这些尘埃主要由硅酸盐组成。当地星际尘埃中是否存在碳是有争议的。尘埃动力学（Dust Dynamics）还没有被完全理解：日球层磁场阻止最小的颗粒进入日球层，并以一种依赖太阳周期的方式间歇性地过滤从几十纳米到半微米的粒子；然而，由于对星际尘埃在日球层中移动规律的计算机模拟还不能完全解释对尘埃的实地观测结果，所以完整的动力学机制还没有被理解。最吸引人的悬而未决的研究问题可能是我们所处的日球层的形状。目前的基准模型是彗星形状的流线型日球层模型。然而，来自"卡西尼"成像中性相机（Imaging Neutral Camera，INCA）的 ENA 数据表明日球层是球形的，而考虑到太阳风磁场的模型预测日球层为羊角形；最后是磁流体动力学（MHD）/中性模型预测出了一个更细长的水母形日球层。其他悬而未决的问题是，为什么两个"旅行者号"探测器观测到的等离子体流动如此不同，日球层顶的性质（如孔隙度）如何，为什么以及在多大程度上来自太阳的等离子体中的扰动仍然存在于日球层外层和 LISM 中，日球层和极局域星际介质（Very Local Interstellar Medium，VLISM）在恒星和行星系统的演化中发挥了什么作用。

这些研究问题最终指向了空间等离子体物理学（Space Plasma Physics），也最终对天体球研究发挥了重要作用。

3.5.6.2 未来的探测任务

"旅行者号"探测器及其携带的科学仪器主要是为任务期间经历的（星际间）行星间的各研究阶段量身定做的，它们在太阳周期的两个特定时间段代表着空间中"仅有的"两条测量"线"，它们的能源供应将在 2028 年左右耗尽，因此它们无法提供对弓激波以外的"未受干扰的"星际空间的观测结果。"旅行者 1 号"等离子体仪器在 10 AU 处失效（但通过等离子波仪器的测量结果可以推导出 LISM 中的一些等离子体密度），此外，两个"旅行者号"探测器上没有配备任何仪器来测量从 6 keV 到 30~40 keV 的重要粒子能量范围，这限制了获得的离子范围。此外，航天器周围的场使磁强计难以测量外日球层和星际空间中的弱场。尽管等离子波仪已经记录了尘埃对探测器自身的一些影响，但"旅行者号"探测器并没有携带专用的星际尘埃探测仪器，没有对终止激波附近或之外的尘埃影响进行实地测量，以提供

[1] 飞行时间质谱法是指一种常用的质谱分析技术。它通过测量离子在电场中加速所需的时间来确定其质量电荷比，从而得到样品中不同离子的相对丰度和质量信息。根据牛顿第二定律和运动学原理，具有较大动能的离子会以更高速度穿过直通道并更快地到达检测器；而具有较小动能的离子则会以较低速度穿过直通道并需要更长时间才能到达检测器。因此，在经过一段固定距离后，具有不同质荷比（即不同质量但相同电荷）的离子将按照其大小顺序依次到达检测器。通过记录每个离子到达检测器所需的时间，并结合已知参数如加速电压、直通道长度等信息，可以计算出每个被测试种对应于特定信号峰位置上所观察到的"飞行"时间。由此可推断出各种物种存在于样品中的相对丰度及其准确质量值。

对尘埃质量和撞击速度的可靠估计，也没有采用飞行时间质谱法[1]（Time of Flight Spectrometry）获得星际和太阳系外尘埃的化学成分。

为了解决这些悬而未决的问题，有必要对日球层内外的星际近邻进行新的实地探测。为了做到这一点，应该利用日球层顶以外的测量以及来自太阳系内的航天器对来自星际空间的物质进行远程观测以获得协同作用。由一个已经到达很远距离的航天器对太阳系的日球层进行远程测量，也可能为我们在星际空间中自己的"家"打开令人惊奇的新视野。这类任务最好配备专门为日球层、在日球层和星际介质之间的相互作用区域以及星际空间本身的实地探测而量身定做的科学仪器。这项任务的关键测量内容包括所有能量范围内（包含 1~40 keV）的等离子体特性、对外日球层和星际介质中的弱场具有足够高灵敏度和精确度的磁场测量、对 GCR 的测量，特别是对尘埃粒子数量、质量、速度和组成的测量。微小的（几十纳米）星际尘埃粒子不能进入日球层，但可能在日球层以外数量密度最大。因此，把尘埃探测器带到我们所处家园的"泡泡"外，它将提供有关我们星际邻居的新的引人注目的天体物理信息。因此，测量日球层顶以外的星际空间中的尘埃，将是研究弥漫星云中星际尘埃的巨大进步，这要归功于独特的原位或"基本事实"信息。此外，整个测量任务期间尘埃流量的时间变化将有助于了解日球层磁场对尘埃流量的影响。这样的任务目标应该至少到达未受干扰的星际空间（约 500 AU），这意味着对遥测和能源供应的更严格的需求。

3.5.7 小天体的危害和空间态势感知

当小行星的轨道接近地球轨道时，它们会对人类造成重大威胁，系统的观测可以帮助预测并可能减轻这种威胁，这属于空间态势感知（行星防御）领域。在 1994 年 7 月观测到的舒梅克－利维（Shoemaket Levy）彗星的 21 个碎片撞击木星，是人类第一次使用肉眼直接观察到的这类事件，并有直接证据表明小行星撞击在太阳系中不断发生，可能会造成严重后果。

类地行星的撞击体是属于近地天体（Near-Earth Object，NEO）群中的小天体。其中大部分来自火星和木星之间的主带小行星，在那里轨道动力学共振可以增加它们的轨道偏心率，从而使它们从该区域的圆形轨道转移到与包括地球在内的类地行星交叉轨道上。其中大部分会在 100 万年（1 Myr）时间尺度上由于它们的离心率而直接进入太阳。这些天体中的一小部分在共振过程中被行星在近距离接近时捕获，并可以深入到近地空间，在那里它们主要受到行星交会和与类地行星共振的扰动。其中一些近地天体最终与行星相撞，而另一些最终在主共振中重新进入轨道，驱使它们进入太阳或越过木星（前提是如果它们在远日点遇到这颗巨行星）。近地天体的平均寿命约为 1 000 万年。

对月球陨石坑的研究表明，在过去的 30 亿年里，内太阳系的撞击量（Impact Flux）平均来说是恒定的，尽管在此之前它更高。地球上的撞击速率可以通过月球上的撞击速率来进行校准，因为它保留了内太阳系撞击历史的最佳记录。月球与地球不同，它没有海洋、板块构造、风和其他随着时间推移能够消除陨石坑的活跃过程。这一恒定的撞击量意味着，尽管单个近地天体的寿命很短，但整个群体保持在稳定状态，因此撞击量不会随着时间的推移而减少。事实上，在小行星带中，小行星之间的碰撞不断地发生，从而产生新的天体，雅可夫斯基效应❶（Yarkovsky Effect）等动力学机制可以使这些碎片慢慢扩散到可以将它们转移到近地空间的其中一个共振轨道中。

对近地天体群体的撞击量和数值模拟的分析使人们得以估计这些天体对类地行星的平均撞击频率。由此估计，直径为 10 km 的天体（物种灭绝阈值）每十亿年撞击地球一次，而直径 1 km 的天体（全球破坏阈值）每百万年撞击地球一次，直径约 140 m 的天体（区域破坏阈值）每几万年撞击地球一次。1908 年 6 月 30 日，一个物体在西伯利亚通古斯卡（Tungska）森林上空爆炸，将 2 000 km^2 的森林夷为平地。考虑到该物体的估计尺寸（约 50 m），这类事件的频率估计约为 1 000 年。2013 年 2 月 15 日，一个直径 17 m 的物体在车里雅宾斯克市上空爆炸，爆炸能量相当于 50 万 t TNT（约 30 枚广岛核弹的能量），造成 1 000 人受伤。这样的事件平均每世纪发生一次，然而，这是第一次在有人类居住的地区发生。这是因为地球的大部分地区被水和沙漠覆盖，所以，在人口稠密的地区发生此类事件的可能性仍然非常小。

小行星撞击的风险被认为是最不可能发生的自然灾害之一。然而，不同于地震、海啸和火山等其他更有可能发生的灾害，我们可以用可行和合理的手段来预测和预防它们。此外，考虑到撞击频率，我们知道或早或晚的一段时期内，人

❶ 雅可夫斯基效应：是指一种影响小天体轨道演化的物理现象。它主要由于小天体表面吸收和辐射太阳光能量产生的非均匀加热而引起。当一个小天体绕着恒星运动时，其表面会被不同程度地加热。在这个过程中，该天体会吸收部分太阳光能量，并将其转化为热能。然后，在它自身旋转的作用下，这些热能会以不均匀的方式重新辐射出去。由于辐射方向与运动方向有微弱差异，就会对小天体产生一个微弱但持续存在的推力。这个推力可以改变小天体的速度和轨道形态。长期积累下来，雅可夫斯基效应可能导致小行星或彗星轨道发生显著变化，并且可能使得它们逼近地球或其他行星。

类将面临这种威胁。此外，目前，我们只知道大约 30% 的直径大于 140 m 的近地天体会对人类造成危害，即使概率依然非常小，也无法保证没有其他天体会撞击地球。对于所有概率低但后果严重的风险，明智的做法是在发生之前预先做好准备，尤其是当我们有能力这样做时。

作为对小行星和其他潜在的飞越地球的小天体的科学研究的补充，必须部署、维护和运行一个地基 / 天基联合观测系统，从而能够提前较长时间识别出与这些近地天体的碰撞风险。此外，还需要对致力于减缓小天体碰撞威胁的潜在天基技术继续进行研究。到 2061 年，预计将全面部署天基预警和减缓空间系统。第 4 章将介绍该空间系统目前的状况。

为真正的减缓行动作好准备还需要进行进一步研究。在地基探测方案并行的同时，需要部署天基观测站（光学和 / 或红外）来探测识别潜在的撞击体，尤其是那些主要位于近地轨道（Low Earth Orbit, LEO）上的撞击体。需要在后续的观测任务中提供基本特征（如大小、形状、自旋、光谱诊断等组合信息），但与减缓撞击有关的性质如物理性质和热性质，以及表面结构等信息，需要在实地进行航天器探测才能获得，因为这方面的知识无法在地球上测量得到。一支低成本的航天器舰队可以通过多次飞行，在不同大小的范围内，根据观测结果推断出全球范围的分类和物理类型。专门的层析成像和物理特性任务（包括可展开的着陆器）可提供地下结构和物理特性的真实情况。ESA 近地天体任务咨询小组（Near-Earth Object Mission Advisory Panel, NEOMAP）报告已经对这两类任务进行了介绍。第二次动能撞击器减缓试验任务将允许直接测试预期能力。根据 NASA 双小行星重定向试验（Double Asteroid Redirect Test, DART）、ESA 赫拉（Hera）任务和实验室研究验证模型的结果，第二次任务将具备偏转特定数量的由远程观测确定特征的物体能力。由行星防御目标驱动需求的任务也有很高的科学回报，因为它们极大地有助于理解小行星的科学表征和对外部撞击等活动的反应；而且碰撞在太阳系历史的所有阶段都发挥着巨大作用，需要在这些天体的实际尺度上进一步了解它们，这远远大于地面实验室中使用的天体尺度。使用动能撞击技术进行的偏转测试提供了小行星实际尺度的撞击实验的完整记录，这可为研究小天体群的碰撞演化模型提供更可靠的参数。

3.6　寻找太阳系的潜在宜居地（Q5）

宜居性的概念简而言之涉及三个主要条件：能量来源、可获得的营养和溶解剂（如水）。其中最后一个条件通常被简化为是否存在液态水，因为水是众所周知的地球上维持生命的基本溶剂。这三个条件可能在行星表面和 / 或行星地表下的浅层得到满足。这些条件也可能在冰层下的海洋中同时得到满足，这引发了对土卫二和木卫二存在生命的猜测。潮汐加热和放射性衰变提供了足够的能量将这两颗卫星的地下海洋维持为液态。此外，内部热流可能导致热液喷口，这可能为潜在的海洋生物提供能源。

尽管导致生命出现的过程仍然存在争议，但模型表明，可能在活火山或其附近发现的热力学不平衡是必不可少的，这使得冰质卫星的地下海洋成为太阳系中存在潜在生命的颇为有趣的候选者。

土卫二（Enceladus）是土星的卫星，"卡西尼"土星探测任务在土卫二上观测到了羽流现象，评估土卫二的宜居性包括了解土卫二与存在潜在液态水有关的几乎所有方面，无论是在次表层海洋中还是在羽流喷口区域。对土卫二实施的专门探测任务将使人们能够更好地了解它的宜居性和动态环境，并可用于寻找存在生命的证据。

对木卫二和土卫二进行地下探测的任务已经被考虑过，但将需要着陆器或穿透器，这通常伴随着高成本的任务。然而，对冰火山喷发出的颗粒进行化学分析也可以推断这些海洋内的生物化学过程。如果仅仅考虑到这些天体很远的距离，以及在海洋提取物中识别生物标志物的困难，那么在结冰的海洋世界寻找生命比在宜居带的行星上寻找生命更具挑战性，但木卫二和土卫二是太阳系中最有可能存在生命的地方。

行星表面存在液态水需要合适的温度和压力条件。这主要取决于恒星的光度、到恒星的轨道距离以及大气及其温室气体。大气的演变与行星的内部结构和动力学密切相关，在火星和金星大气中由火山释放出的二氧化碳占了大气成分的最大比例。在地球上，长期的碳酸盐—硅酸盐循环❶（Carbonate-Silicate Cycle），包括碳从地幔转移到海洋和大气的表层"储存库"以及在俯冲带循环回到地幔的过程。为了有效循环利用，沿俯冲板块的低温度梯度地热是防止碳酸盐在混合到地幔之前分解的关键。早期地球上的俯冲带可能很热，因此循环很少，这使 CO_2 在大气中积累。太阳系中板块构造行星（地球）的存在表明，在其他行星系中也应该有类似的行星，但它们出现的可能性完全不清楚。尽管岩石的流变性及其对温度和存在的挥发物与浓度的依赖似乎是关键，但板块构造发生的确切条件仍存在争议，甚至在地球上也是如此，甚至行星大小的影响也存在争议。

除了通过长期的碳酸盐—硅酸盐循环确保气候稳定外，还有其他原因说明板块构造应该有利于生命的演化，例如，与静止盖层行星相比，这种构造模式意味着较大的地幔热流，从而允许更有效地冷却地核和维持磁场。通常认为，磁场的存在对于保护生命免受有害辐射和保护大气免受太阳风的侵蚀非常重要。板块构造的另一个潜在结果是地球的双峰高度❷

❶ 碳酸盐—硅酸盐循环是指地球上的碳和硅元素之间相互转化的过程，它对于维持地球生态系统平衡非常重要。具体来说，这个循环包括了以下几个步骤。首先，二氧化碳（CO_2）从大气中溶解到海水中形成碳酸根离子（HCO_3^-）。然后，一些有机物质会沉积到海底并逐渐变成石油、天然气等能源资源；同时，在海洋中生活着一些微生物和浮游植物，它们通过光合作用吸收二氧化碳，并将其转换为有机物质，这些有机物质最终会被分解并释放出二氧化碳。接下来，当岩石受到风化侵蚀时，其中的硅元素会与二氧化碳反应生成硅酸根离子（SiO_4^-），进而形成新的岩石。整个过程可以看作一个闭合回路，在不同时间尺度上影响着全球大气、水文、地理等方面，例如，在从数百万年前到今天的历史时期内，长期的碳酸盐—硅酸盐循环就起到了调节全球温度等的重要作用。

❷ 双峰高度是一个地理学术语，是指一种具有两个高峰值的地形高程分布模式。这种模式通常出现在山脉或者岛屿等复杂地形上，其中存在两个不同海拔的主要峰值。例如，在喜马拉雅山脉中存在两个主要峰值，一个位于 4 000～5 000 m 之间，另一个则位于 7 000～8 000 m 之间，这就是典型的双峰高度。

第 3 章　从科学问题到太阳系探测　137

（Bimodal Hypsometry），在海洋盆地和大陆上有大量的水，为生命提供了获得太阳能的途径。此外，板块构造可以使地壳循环，从而不断地循环使用地壳中最基本的元素——岩石。

板块构造将活跃的地表循环到地幔可能意味着地表生物圈在俯冲过程和固体地球的演化中发挥了作用，甚至有人推测，陆地的存在可能是由于生物活动，因此这是一个生物特征，而生物活动可能阻止了地球变成主要由大陆岩石覆盖的荒漠行星或主要由水覆盖的海洋行星，即使在活跃的板块构造存在的情况下也是如此。显然，地表生物圈通过光合作用捕获太阳能，在地球系统的能量收支中发挥着重要作用。但它需要基于板块构造理论，才能在地球的大部分范围内，循环运行所捕获的能量。生物圈对行星宜居性的主要影响是硅酸盐风化的生物活动增强，它是碳酸盐—硅酸盐循环的一个关键组成部分，有助于调节大气中的二氧化碳浓度。由于生物初级生产力[1]（Biological Primary Productivity）随温度的升高而增加，而当日照增加时，会出现一种负反馈机制，这个机制可以抵消或减少日照增加所带来的影响，从而使得有人居住行星的居住期的延长。有些科学家认为，为了防止地球变得不适合居住，地球生物圈在早期塑造环境的特殊能力是必要的。研究表明，陆地和海洋中活跃的生物圈不仅稳定了气候，抵御不断增加的日照，而且进一步削弱了大范围时间尺度内的气候振荡，如图 3-31 所示。

[1] 生物初级生产力是指在一个特定的时间和空间内，由光合作用转化为有机物质的速率。它反映了生态系统中植物对太阳能的利用效率和碳循环过程，通常以单位面积或体积内固定的二氧化碳量来衡量。例如，在海洋中，浮游植物通过光合作用将二氧化碳转化为有机物质，并成为食物链底层的基础；而在陆地上，草原、森林等植被也通过光合作用进行初级生产力。总之，生物初级生产力是维持整个生态系统稳定运行所必需的重要因素之一。

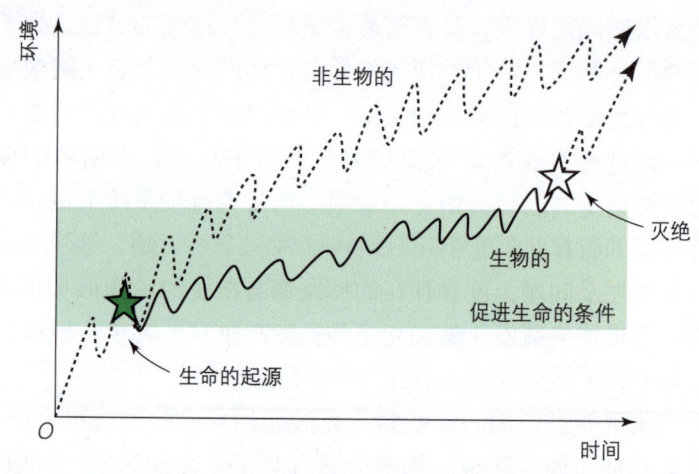

[2] 盖亚规则是指一种以地球为中心的监管模式，旨在保护和维护地球生态系统的健康。这种监管模式强调人类与自然环境之间的相互依存关系，并试图通过减少对环境的破坏来实现可持续发展。例如，许多国家已经开始采取措施限制化石燃料使用、推广可再生能源等，以减少温室气体排放并降低对全球气候变化的影响。

图 3-31　行星宜居性的盖亚规则[2]（Gaian Regulation）。

注：虽然宜居条件（绿色区域）随着时间的推移保持不变，但环境条件会发生变化，可能会偏离宜居条件（虚线曲线、金星、火星）。如果活跃的生物量没有变得足够广泛和足够大，不足以影响行星环境和稳定宜居性，这种情况就会发生。相反，有人居住的行星将在更长的一段时间内保持宜居状态（实线曲线）。

关于板块构造对生命至关重要的猜想已经受到了挑战，因为原始生命可能会找到有能力维持它的局部（小规模）能量和化学循环，至少对于局部宜居地的原始生命形式来说是这样。毕竟，火山喷发的 CO_2 可能会导致地球大小的静止盖层行星的温和气候。依赖温度和 CO_2 的风化作用可能在一定程度上调节这些行星的气候，尽管让碳循环回到地幔将非常困难。

在这种背景下，提出了以下两个问题。

（1）生命能否在一个没有板块构造的行星上繁衍生息，甚至长期存在？如果可以，还需要哪些必要的构造成分或过程？

（2）什么因素导致一颗行星有板块构造？

寻找火星上的生命将有助于回答第一个问题。可以寄希望于 ESA/俄罗斯航天局合作的 ExoMars 任务的实地火星车探测（已暂停），以及 ESA/NASA 计划于 2032 年实施的火星采样返回任务（MSR，已推迟）和/或通过其他航天国家进行的火星探测任务，确定火星上是否有灭绝或现存的生命。在太阳系中，没有其他行星像火星一样更适合回答这个问题，火星的表面环境条件是所有太阳系天体中最接近地球条件的。火星将帮助我们了解是否需要板块构造来维持长期的宜居条件。接下来需要确定火星上生命活跃的持续时间及其进化阶段。即使计划中的任务未能在行星表面（或火星车上的采样钻头深入地下 2 m 的地方）发现生命的痕迹，但也很难确切地证明生命不存在，尤其是由于我们知道地球地壳内存在巨大的微生物量，而且火星地壳内也可能存在。可能应该在考虑找到生命证据的基础上给出答案，而不是考虑它明确存在或不存在。

如果在火星上发现生命——无论是灭绝的还是现存的，人们当然会对它与这颗行星的详细的相互作用感兴趣，这需要像在地球上那样进行实地考察。探索微生物生命与岩石的相互作用（如德国 EarthShape 探测项目等）将十分重要。由于火星上的宜居地（如果有的话）可能在地下找到，技术障碍将会更大。野外工作可以使用火星车或爬行器来完成，这些火星车或爬行器需要能够进入复杂的地形，如陡峭的斜坡。例如，尽管液态水在热力学上不稳定，但在那里液态水可以在"沟渠"以及洞穴中保持一段时间。

更好地理解金星的气候演化也将有助于深入了解板块构造对气候调节的必要性。尽管目前金星表面太热了，但它可能在其历史的早期曾适合人类居住。了解金星地壳的岩石变化可能有助于发现潜在的岩石—流体相互作用，从而更好地理解其气候演化的过程。

第二个问题，确定是什么因素导致了板块构造的出现。这是一个至关重要的问题，不仅有利于了解地球的运行方式，还有利于评估这个过程及其所有关键结果是否会发生在其他岩质行星上。从力学的观点来看，地球表面的特点是宽、薄，大部分是刚性的板块，由狭窄而脆弱的边界分隔，这些边界是大部分变形的集中处。以上特点最终使得俯冲和表面再循环发生。岩石黏度对温度的强烈依赖自然导致了静止盖层的形成，这个连续的刚性板块目前占据了除地球以外所有已知类地天体的表层，可能金星是一个例外。考虑到静止盖层假说，后者也可以像地球或其他行星一样有静止盖层。形成构造板块需

① 非线性伪塑性流变学是指物质在受到外力作用时，不会像弹簧一样按比例回弹，而是会出现形变率随应力增加而逐渐减小的情况。这种特殊的流变学模型可以很好地解释地球上板块运动、岩浆活动等自然现象。例如，在地球科学中，我们知道大陆漂移和海底扩张都与板块构造有关。而非线性伪塑性流变学可以以合理且简单的解释方式来描述这些复杂过程。

② 哈德良壳是指地球形成后的第一个时期——哈德良时期（一般为46亿年前—40亿年前），在这个时期，地球表面开始出现了一些固体岩石层，称为哈德良壳。这种壳主要由硅酸盐和铝质矿物组成，厚度不均匀，在某些区域可能只有几千米，在其他区域则可能达到数十千米。由于该时期距今已经非常遥远，并且没有直接观测到相关的岩石样本，因此对其性质和构成仍存在许多争议。但是通过对现代地球上类似环境下形成的岩石进行分析以及模拟计算等手段，科学家们逐渐揭示了哈德良壳的一些特点。例如，在哈德良时期，地球表面温度极高、大气稀薄、陨石撞击频率较高等因素导致了比现代更加剧烈的火山活动和板块运动。因此，哈德良壳相对于后来的基底岩层，具有更多变化复杂、由火山喷发产生的玄武岩等特殊类型的岩石。

要一种或多种机制来弱化原本坚固的地表和岩石圈，这种弱化机制背后的物理原理仍然没有被完全理解。由于其产生类似板块构造行为的简单性和能力，通常利用非线性伪塑性流变学① （Nonlinear Pseudoplastic Rheology）进行研究。假设岩石圈具有有限强度，即所谓的屈服应力，并在超过临界屈服应力时失效，例如，因为一股羽流到达了岩石圈底部或由于地幔对流产生了岩石圈下的应力。然而，使板块构造行为发生的临界屈服应力通常远低于实验室的估计值，这表明有必要进一步弱化。水的存在被认为是降低岩石圈强度和有利于板块构造的重要因素。在过去的二十年里，发展出了一种复杂的理论，即基于多固相之间的相互作用和剪切带中颗粒尺寸减小产生的弱化效应。这个理论不仅成功地解释了地球板块构造的重要特征，而且还解释了为什么金星表面的高温往往会导致受损的岩石圈迅速愈合，从而阻止类似于地球的板块构造行为的发展。然而，该理论依赖一些在实验室受限的参数，这表明需要更多的实验和理论工作才能在寻找板块构造起源的最终原因方向上取得进展。

地球化学记录可以提供关于板块构造的适宜条件的见解。然而请注意，许多解释都是基于对古锆石（Ancient Zircon）的分析，其中大多数并不像之前认为的那样古老，即关于哈德良壳② （Hadean Crustal）成分和原大陆地壳形成的推断需要小心。而且，长英质陆壳被认为是俯冲的产物，重建地球大陆增长的历史可能会限制板块构造的形成。在这方面，有科学家认为早期快速产生陆壳，这将意味着在哈德良时期已经存在地表再循环。同样，到太古代中期，现代大陆地壳相当大的一部分是由早期的板块构造形成的。然而，这两项研究没有考虑到上述保留意见。另外，一些地质学家发现在32亿年前—25亿年前之间，地球上的板块构造风格发生了变化，这意味着可能需要较冷的地幔才能启动板块构造。

当然，把金星和地球作对比有助于深入理解板块构造的成因。有人提出了金星的俯冲作用，然而，要获得有关俯冲方式的细节，如潜在俯冲板块的稳定性，则需要进行地震测量。对金星的物理探测以及对地球的持续研究将有助于提高我们对板块构造理论的理解。从长远来看，有可能识别系外行星上板块构造的特征或大规模循环过程。例如，一颗系

外行星的大气光谱被认为取决于是否存在地球化学循环。此外，板块构造有可能促进活跃磁场的形成。如果未来的望远镜能够表征系外行星的表面反照率特征，甚至可以探测到大陆的存在的话，那将是存在板块构造的重要依据。

总而言之，如果板块构造对类地行星上生命的长期存在和演化是重要的，而且已知仅在地球上存在板块构造，那么许多研究需要集中在地球上，以研究行星与生命的相互作用以及这种板块构造模式的成因。这必须包括对生物圈和行星内部之间的相互作用进行研究，对因生物而产生和蚀变的沉积物进行生物地球化学研究，同时还包括对它们在俯冲带中所起的作用进行岩石学和数值研究。然而，重要的是研究其他行星和卫星［这些行星和卫星似乎呈现出横向构造运动（如木卫二和金星），也有高能的行星和卫星（如木卫一）］，以确定它们与地球有何不同或在哪些方面相似。并且，只要外星生命的问题未得到回答，就必须继续对所有被考虑的天体进行探索工作。就长期宜居性而言，了解它们的构造特征也是必要的。

正如关于太阳系类地天体相互作用和演化过程所解释的那样，宜居性必须从一般意义上加以考虑。内部演化作用及其与潜在大气的相互作用对于有大气层并可能存在地表液态水的天体来说至关重要。在地表下也可以找到水，地球就是这样的情况，火星等较冷的天体也可能是这样的情况。通过雷达地下探测可能观测到火星地表以下的液态存储层（见图 3-32），这将是一项关键技术，可用于表征木卫二和木卫三的冰壳特征，包括"欧罗巴快帆"（Europa Clipper）和"木星冰卫星探测器"（JUICE）任务对地下海洋液态水的探索。

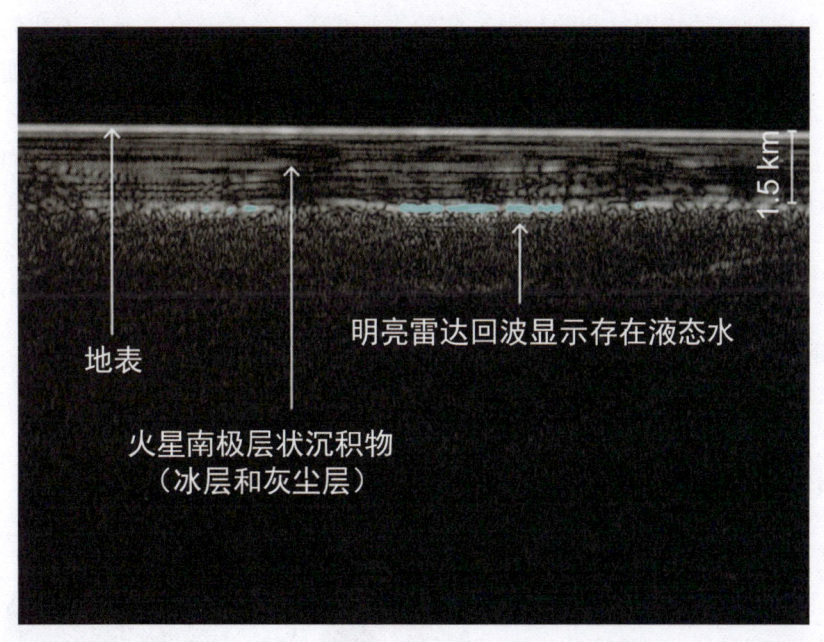

图 3-32 对行星内部的雷达探测可以探测到地下结构和沉积物。探地雷达显示，在火星南极附近的冰和沉积物下面有一层液态水。

3.7 寻找太阳系的生物特征（Q6）

ESA 和 NASA 规划中的一系列任务将开启太阳系天体生物学探索的新纪元。其中包括"火星 2020－毅力号"（Mars 2020-Perseverance）、"探索火星生命 2022 任务——罗莎琳·富兰克林"（ExoMars 2022 Rosalyn Franklin）、"蜻蜓"（Dragonfly）土卫六探测以及仍在讨论中的 NASA 木卫二着陆器（Europa Lander）和土卫二轨道器（Enceladus Orbiter）等任务。火星 2020 任务的目标是采集可能包含生命痕迹的样本，而考虑到每个天体潜在宜居环境的主要特征，其他任务都有寻找生命的明确目标。半个世纪前，来自火星"海盗号"着陆器的模糊不清的结果，证明了在设计实验和解释与寻找生命有关的发现方面十分困难。人们认识到了解环境的高度重要性，因此重新开启了一个更谨慎的探索期，在这段时间内优先考虑表征环境特征。基于水基介质中碳化学的生命特征定义了以现有的技术可被探测到的参数，用于火星和冰质卫星的天体生物学任务。碳在宇宙中普遍存在，具有与其他大量元素（特别是 H、O、N、P、S）建立稳定的共价键的独特能力，易于合成数百万种有机分子。水是一种完美的溶剂，在宇宙中含量也是非常丰富的。它在一些化学反应中发挥积极作用，而且可以提供辐射防护，为碳基化学生命体的繁衍提供有利的环境。

目前对生命的探索得益于关于地球上生命极限知识的不断发展，也得益于与生物特征有关的科学成果以及满足空间使用条件的分析仪器的技术发展。1994 年，NASA 地外天体生物学学科小组（Exobiology Discipline Group）定义了生命的基本概念，为太空探索提供了一些前景：生命是一个自我维持的化学系统，能够进行达尔文式（Darwinian）的进化。考虑到这种特别复杂的化学系统的主要性质是分区组合（类似于我们熟悉的细胞结构）、新陈代谢和繁殖的结合，许多天体生物学家建议将寻找生命的基础建立在探索这些生物化学过程特征之上，因为这些特征是生物化学过程的重要组成部分。在过去的环境中寻找生命的痕迹可能是非常具有挑战性的，因为存在模拟或改变它们的形态或化学的非生物过程，但黏土矿物提供了最高的保存保真度，如图 3-33 所示。

图 3-33 生命的基本要素

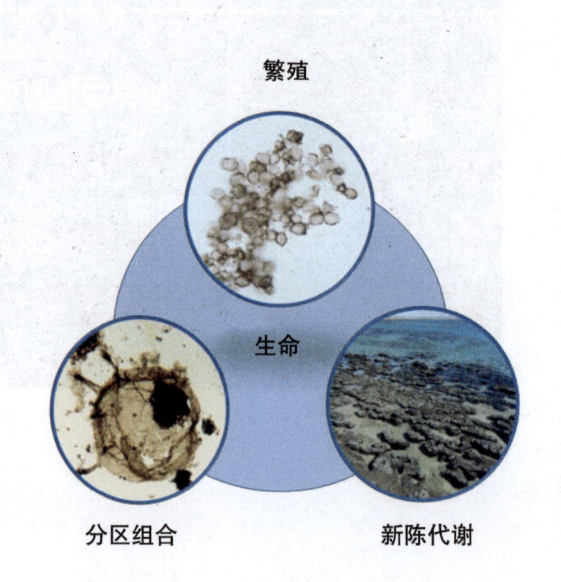

注：分区组合、新陈代谢和繁殖，有助于定义生命在环境中运行时的现象。分区组合说明了化学组织和系统的个体化；新陈代谢允许从环境中收集物质资源和能量并将其转化，用于整个系统的自我维护；繁殖将系统的基因传递给包括突变在内的后代，从而导致多样性和进化。

在 2003 年，科学家定义了生物特征（Biosignature），它是指任何需要生物因素介入才能产生的物体、物质和/或模式。这些生物特征可以是化学不平衡、与结构相关化合物的分布模式、同位素特征等，它们都反映了在生命体系中，催化作用和适应性所起到的重要作用。生物特征与环境密切相关，所以控制主要的环境参数是识别假阳性或假阴性的关键。最近，科学家讨论了寻找生命方面取得的主要进展，从可疑的生物材料到我们所知的强有力的生命证据。标准包括与仪器和环境有关的参数，如可检测性、特异性和模糊性。有趣的是，赋予功能的一组分子和结构在生命组织图的阶梯中被分配到最低的模糊性（如聚合物、有机分子的结构、对映体过量、色素）。虽然并不是所有特征都可以被认为是通用的，在某些情况下，它们的检测需要为空间用途做进一步的技术发展，但这是一组有前途的、用于未来的探索行星的生物特征。对更高水平的化学复杂性和组织结构的探测将能够推断在其他行星上是否存在高度发达的前生命化学[1]（Prebiotic Chemistry）或活跃的生物化学特征。

基于高分子的复杂化学成分可以通过几种专门用于测量功能特性的技术组合来表征。科学家提出了一种具有三个组件的微流控仪器来寻找生命：显微镜、拉曼光谱仪和生物标志物传感器。显微镜可以识别超微结构和类似细胞的形态；拉曼光谱仪可以检测普遍的分子内复杂性，并解析三维二级和三级高分子结构；生物标志物传感器可以检测多达 200 种与生命相关的和与生命无关的化学物质。多个生物亲和探针（抗体和适配体）能够识别探测到的分子的性质和结构，至少能识别遵循"锁与钥匙"原理[2]（Lock-and-Key Principle）的已被受体分子（抗体或抗原）捕获的那部分分子。

如前所述，海洋世界是未来天体生物探测的主要目标，特别是木卫二、土卫二和土卫六。除了寻找现存/灭绝生命的迹象外，它们还使寻找太阳系潜在的第二个起源和非传统生物化学物质成为可能。木卫二显示了地下海洋与岩石海底接触的证据，它可能处于地热活动状态。事实上，自从哈勃空间望远镜和夏威夷天文台探测到从木星的卫星表面喷出的羽流以来，这颗卫星似乎很活跃。就土星的卫星土卫二来说，"卡西尼"探测器直接探测和实地分析了羽流物质，发现其中含有有机分子、水、盐和二氧化硅颗粒，这些可能是岩石层变化的产物。另外，土卫六在大气以及固体和液体表面都拥

[1] 前生命化学是指在生命出现之前的化学反应和过程。这些化学反应和过程可能会导致有机分子的形成，如氨基酸、核苷酸等，这些有机分子是构成生命体的基础。例如，在地球早期，大量闪电活动产生了许多能量，并促进了原始海洋中无数种类的元素结合形成复杂有机物质。这些复杂有机物质最终演化为单细胞生物体并发展出更加高级别的组织结构，从而诞生了人类及其他各种动植物。

[2] "锁与钥匙"原理是指当一个物质（如酶）需要和另一个物质（如基底）发生反应时，它们之间必须要有一种特定的结合方式，就像锁和钥匙一样。只有当它们的形状、大小、电荷等方面都能够相互配合时，才能完成化学反应。例如，在免疫系统中，抗体可以识别并结合外来物质（如细菌、病毒等），从而触发身体产生免疫反应。这种识别和结合过程就是基于"锁与钥匙"原理进行的。

有丰富的有机前生物分子[1]（Organic Prebiotic Molecule）。

> 未来前往这些卫星的实地探测任务应该是探索它们的宜居环境。这可以通过克服一系列的风险和技术挑战的任务来实现，以便最终到达并探测海洋世界，如图 3-34 所示。

其他行星和卫星上存在生命的条件取决于我们对地球上生命出现条件的理解。这显然是一种地球上的偏见，但在这里我们的职责不是深入研究关于其他生命形式的假设。从一开始，关于地球上哈德良时代（45 亿年前—40 亿年前）生命的出现方式就已经有许多不同的理论。认为热液活动在陆地上和水下环境中产生生命的理论是最流行的，因为这些环境结合了原始有机分子、水、活性矿物表面和不同类型的梯度（pH、温度、离子组成等），可以促进生命的出现。

更仔细地观察对比水上和水下场景，对于研究太阳系其他天体上出现生命的可能性具有重要意义。关于陆地上生命出现的假说的共同特征是干湿循环[2]（Dry-Wet Cycling）现象，这种现象在火山环境中可以将有机前生物分子浓缩并与反应性矿物质进行物理对比。此外，需要紫外线辐射来推动光化学反应，从而引起核糖核酸（RNA）和脱氧核糖核酸（DNA）的形成和选择。干循环期间紫外线辐射对碱基产生负面影响，所以，它们必须以极快的速度出现，才能避免几乎立即被分解。然而，科学家提出了一种假设，即在具备光合作用能力的生物出现之前，原始细胞或原型细胞（Protocell）可能已经存在，它们适应并占领了从陆地上淡水到海洋的环境，并且开始大量繁殖，如图 3-35 所示。

---

[1] 有机前生物分子是指在地球形成之初，由一些非生命过程产生的化学物质，它们可能是构成最早的细胞所需的基础材料。例如，甘油醛和脱氧核糖等有机前生物分子被发现存在于陨石中，并且这些陨石可以从太空飘落到地球上。此外，在海洋深处也能找到一些含有这种分子的岩层。这些证据表明，在地球形成之初就已经存在了一定数量的有机前生物分子。

[2] 干湿循环是指通过不断的湿润和干燥循环，使得原本稀散的前生物分子聚集到一起，并且与周围的反应性矿物质发生化学反应，从而形成更加复杂的有机分子。这些有机分子最终可能演化为早期生命体。

图 3-34　图为 NASA-JPL 开发的机器人潜水器 BRUIE（用于冰下探测的浮力漫游器）

注：用于探测木卫二和土卫二等卫星上覆盖冰层的海洋。这张照片拍摄于 2015 年活动期间巴罗附近的一个北冰洋湖泊

正如对保存完好的最古老火山环境的野外和地球化学研究所证明的那样，水下热液环境（见图3-36）不仅包括火山口和火山体，还包括周围的沉积物。并且，这些环境将分子成分集中在有利的微环境（Microenvironment）中，微环境的特征是显著的梯度促进了生命起源前的反应。这些海底环境的一个重要组成部分是早期海水中普遍存在的硅胶，其功能是作为多孔分子筛和反应的载体。虽然在早期地球上所有保存下来的环境中的热液环境和活动都很丰富，但只有特定部分的早期地壳被保存下来，即为相对较浅的水域环境（从浪基面以下，即10～100 sm，到沿海环境），代表了熔岩和沉积物充填的盆地结构，而深水区早期的陆地环境没有被保存下来。这些环境在很大程度上防止了紫外线辐射，尤其是在与保护性矿物基质混合时，只有在沿海环境中，辐射可以穿透几米。在海底环境中出现生命的场景中，假设生命出现之后可能会在裸露的陆地表面定居。事实上，在35亿年前—33.3亿年前，光合微生物团[1]（Phototrophic Microbial Mat）存在于海岸环境中的证据已经非常充分。这意味着早期地球上已经存在能够进行光合作用的微生物并且它们可以在陆地和水环境中自由移动。

[1] 光合微生物团是指一种由光合细菌、蓝藻等组成的微生物群落，它们通过吸收阳光并利用其能量进行代谢活动。

图3-35 陆地火山环境中出现的生命与淡水和海水环境条件的相互作用

[2] 金发姑娘化学（Goldilocks Chemistry）：是一个化学术语，是指一种恰到好处的化学反应条件。这种条件既不太热也不太冷，既不太酸也不太碱，而是恰好适合某个特定的化学反应发生。因此，金发姑娘化学可以帮助化学家们更加精确地控制他们所进行的实验，并且提高了实验结果的可重复性和准确性。

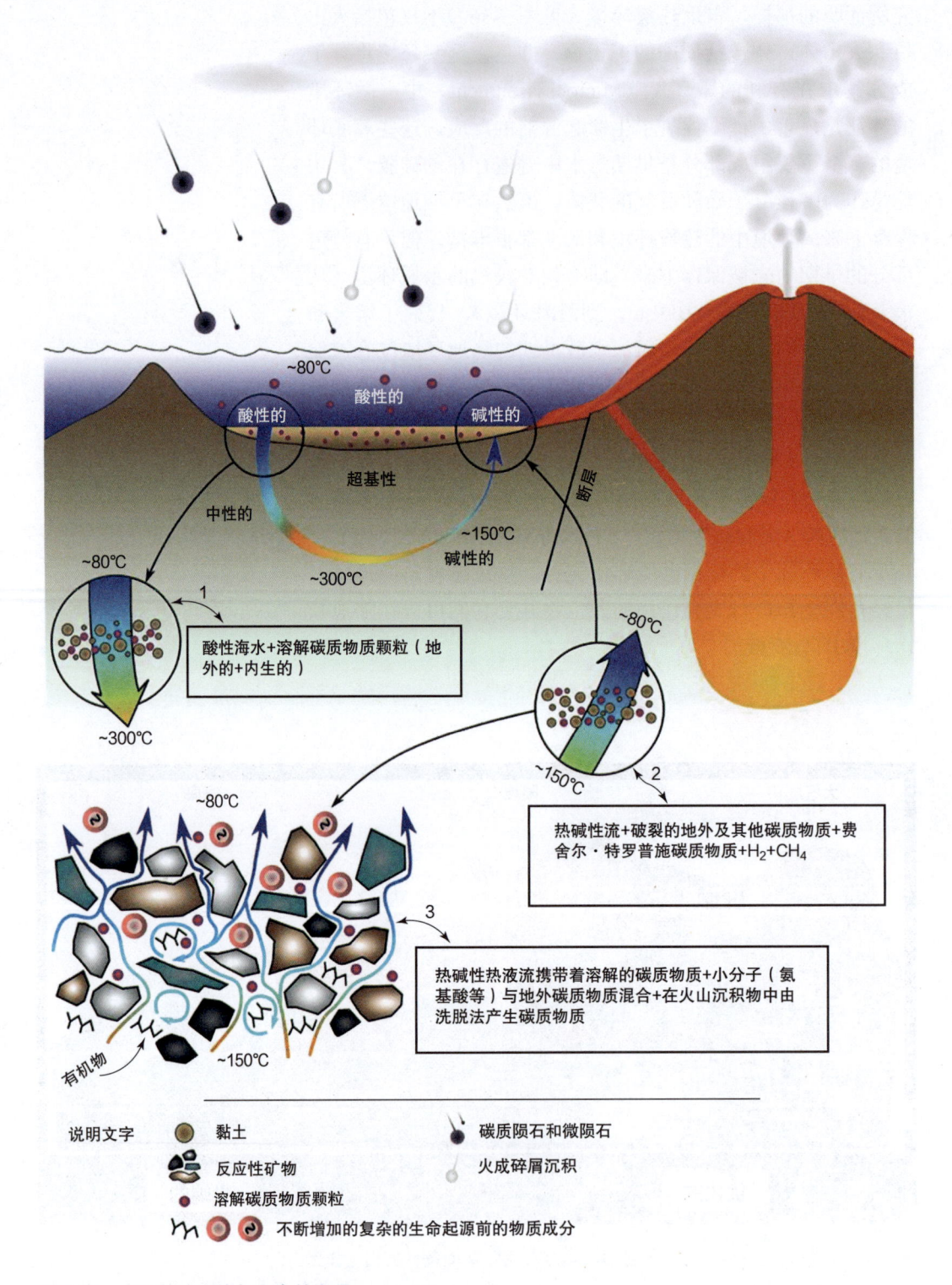

图 3-36 水下热液环境与生命的出现

我们可能永远不会确切地知道地球上的生命是如何出现的，也许这两种情形中都有一部分是正确的，也许有用的复杂分子既在淡水中形成，也在咸水中形成，并在沿海地带混合在一起（除了一些防紫外线的环境中）。然而，如果仅是其中一种情况是正确的，这将对太阳系和系外其他地方出现的生命产生重大影响。如果生命只出现在陆地上的淡水中，那么显然它不可能出现在任何没有形成裸露陆地块的冰卫星上。另外，如果生命出现在水下环境中，那么生命有可能出现在其他类地行星上，如金星和火星，以及覆盖着水/冰的木星及土星的卫星。我们将进一步讨论太阳系中是否存在地外生命，以及如何寻找地外生命。

假设我们接受生命可能出现在太阳系的其他地方，现在需要解决的是我们正在寻找什么类型的生命。地球的优势在于，在其历史的大部分时间里，虽然陆地质量和相关浅水环境持续不断地发生变化，但地球一直是宜居的。除了可以明确金星目前在地表或次地表不适合居住这一事实外，对于它的其他情况尚不清楚。从拥有大量水体的意义上来说，它曾经适合人类居住吗？这取决于它的地质历史和发展过程。这些因素很难被证实，尽管有各种各样的模型支持它在不同的地质阶段的宜居性，但这取决于具体的模型。

在火星上，情况肯定更加清楚：我们了解到，火星上发生了一次重大的气候变化，可能与其大气层的丧失、磁场发电机及其产生的保护性磁场的下降有关，这可能导致在火星历史早期阶段大部分挥发性储存物质的丧失，包括水。然而，在这颗行星的早期历史中，水的存在可能并不是持续的。有大量证据表明，直到约37亿年前（详见第3.2.1.2节），大洪水才冲刷了这片土地，再加上来自太空的碳质陨石和微陨石中四处降落的有机分子，对生物起源具有重要意义。正如美国火星实验室（MSL）的"好奇号"上携带的SAM仪器所证明的那样，火星具有与早期地球相似的火山成分、热液活动和微环境。关于这颗红色星球上可能出现生命的假设是完全可信的——至少足够可信，以至于已经围绕这颗行星开展了相当多的探测任务，或者正在前往那里寻找（过去的）生命的痕迹。探测盖尔陨石坑（Gale Grater）的MSL任务证明了以前充满湖泊的陨石坑具有容纳生命的潜力，尽管生命不太可能起源于那里，因为陨石坑不满足热液活动和生命元素长期共存的条件，该条件使得生命从头开始（至少需要几十万年到数十万年）出现，而目前的理解认为这是必要的。然而，考虑到陨石坑的年代很长（约36亿年前），其他地方存在的生命可能是通过地下水和/或含水层循环，甚至是通过撞击运输进入陨石坑的。否则，盖尔陨石坑将成为无生物居住的栖息地的一个例子。这种有/无生物居住的栖息地在早期火星上可能很常见。事实上，生命可能在不同的时间出现在不同的地点，因为潜在的栖息地可能彼此隔绝（火星从来不是一个被海洋覆盖的行星，而不像地球那样自哈德良时期以来就被海洋覆盖）。尽管火星上的任何栖息地都曾经可能有生命的出现或大量繁殖，但这颗行星最终都变得不适合居住。

宜居地之间缺乏联系并最终消失的重要后果是，宜居地不可能像地球上那样在漫长的地质时期内持续演变。在35亿年前，地球上充满了厌氧微生物，它们已经在所有水

① 化能营养生物是指一类通过化学反应来获取能量的生物。这些生物可以利用无机或有机化合物进行代谢，从而产生 ATP 等能量分子。例如，许多细菌和古菌就属于化能营养生物范畴。它们可以利用硫酸盐、氨、甲烷等无机或有机化合物作为电子供体，在缺乏氧气时进行呼吸作用，并获得所需的能量。此外，某些动植物也具备部分化学发酵功能，在特定情况下也可被视为一种"半"化能营养生物。

② 光合营养生物是指能够通过光合作用来获取营养的生物。例如，植物就属于一类典型的光合营养生物，它们可以利用阳光、二氧化碳和水进行光合作用，并从中获得所需的营养。还有一些细菌也属于光合营养生物，它们同样可以利用阳光或其他电磁辐射来进行能量转换并获取营养。

下环境和部分地下区域定居。生命已经从最初的原始化能营养生物①（Chemotrophs）转变为光合营养生物②（Phototrophs），光合营养生物在浅水环境中拥有大量的容易辨认的遗骸。尽管不能断定光合营养生物不可能在火星上进化，但因为缺少机会，它们出现的可能性很低。这种情况在古代陆地沉积物中得到了证实，类似于早期的火星。化学营养菌落只在热液活动区域附近发育良好，虽然它们也出现在营养不足的环境中，但只在碎屑火山颗粒表面发育不良。虽然在沉积岩中，光营养藻的残骸相对容易识别，同时也可能在宏观上可见，但化学营养菌落，即使发育良好，也是神秘的，对它们的识别更有争议。对这类生物的原位识别可能必须依赖对其碳质残骸的分析，以发现其分子组成和形成生命的模式。为了确认发现的任何生命痕迹，必须实施采样返回任务。

在太阳系更远的地方，冰卫星的本质阻碍了光合微生物的发展。这意味着在那里，生命形式也会具有化学营养性，以存在于冰壳下的碳和无机营养物质为食。

考虑到以碳分子和水为基础的生命形式，可以得出结论：有水和热液活动的岩质行星最有可能是先决条件。其他恒星系统可能有任意数量的岩质行星变体，但只要存在必要的挥发物，即液体水和有机分子，并且生命出现的条件足够持久，允许细胞生命形成，生命就会出现在那里，无论是原始化能营养生物，还是光合营养生物，甚至是更进化的形式（含氧光合作用者和更复杂的形式，如真核生物）。

在太阳系其他地方探索生命的任务，应该利用多个探测器组合进行，如显微镜、拉曼光谱仪和生物标志物传感器等，这些都必须进一步研发，以便在恶劣的环境中依然能够使用。当然，实施采样返回任务是在样本中发现生命或过去生命迹象的最佳选择。

3.8 总结

本章从行星系统天体和结构的多样性、起源、运行、宜居性和生命等六个关键科学问题出发，探讨了太阳系及其天体，表明可以使用多种测量技术对太阳系中各类不同的天体进行观测，以互补的方式解决这些问题。

3.8.1 太阳系探测的详细科学目标

为解决这些问题，需总结每个主要太阳系目的地的详细科学目标,如表 3-3 所示。表 3-3 介绍了六个关键科学问题,以及天基/地基观测的科学目标所涉及的太阳系中各个主要目的地。通过对太阳系的探测,可以进一步深入了解这个特殊的行星系统。

Q1:我们对行星系统天体的多样性了解多少?

我们还远没有对太阳系中复杂多样的天体探索出详细的特征,因为它们种类繁多,距离地球的距离远近各不相同。捕捉太阳系天体的复杂性和多样性的全局策略应考虑到不同天体的可达性和每一类天体的数量差异。

对于行星来说,了解它们的内部、表面、大气和等离子体包覆层的关键特性是至关重要的,而且要有相当的精确度。对太阳系中的每一类行星(类地行星、气态巨行星和冰质巨行星)的准确描述,不仅对了解它们的多样性至关重要,而且能够将它们用作在其他恒星周围发现的不同类型的系外行星的模板。鉴于目前的知识,最紧迫的任务是填补对冰质巨行星的知识空白。

另一项紧迫的任务是用行星的术语来描述矮行星和围绕巨行星的常规卫星,特别是那些可能是海洋世界的行星的卫星。

不同类别的小天体,即使小到宇宙尘埃大小,也都需要进行更好的表征,首先是访问或观测到更多的星体,然后对每一类星体的代表性样本进行足够详细的表征,并更好地建立它们与陨石和地球环境中收集到的行星际尘埃颗粒之间的联系。

探索太阳系的外部边界,即探索在太阳系边缘、日球层边界和附近星际空间不同方向运行的大量小天体,应该是未来几十年的优先事项之一。

Q2:我们对行星系统结构的多样性了解多少?

第 2 章介绍了太阳系外行星系统的多样性。本章第 3 节阐述了太阳系研究对深入理解行星系统结构多样性的诸多贡献。

首先,太阳系整体作为一个行星系统,包括不同的次级系统。太阳系提供了仔细研究各种各样的行星系统结构的可能,作为一个整体,其独特的结构需要更好地进行理解,以便与其他多行星系统和人们可以在其他恒星周围观察到的碎片圆盘进行比较。它具有多样的次系统,从地月系统(一个特别重要的潮汐锁定双星系统)到四个巨行星系统,再到 TNO 中发现的独特而有趣的次系统。必须对它们进行全面的轨道探测任务,首先是探测天王星和海王星系统,然后是冥王星—冥卫一系统,目前只有一次飞行任务对它们访问过。

其次,在相当长的一段时间内,太阳系仍将是唯一可以实地观测到次系统(规则和不规则的卫星、环、高能粒子和等离子体群)之间动态相互作用的系统。对这四颗巨行星的探测必须具有相当的准确性,这意味着在实践中,至少要将我们对冰质巨行星系统的了解提高到与"伽利略""卡西尼""朱诺号"等木星探测任务教会我们的,关于气态巨行星系统的相同的知识水平。

最后,为深入理解行星磁层的多样性,它们在空间中的几何形状和拓展、它们与中心行星的相互作用、它们与围绕中心行星运行的天体以及与太阳风的相互作用,要求未来的探测任务携带全面但紧凑的粒子及场仪器,并具备多点探测能力。探索这些

表3-3 太阳系探测关键科学问题与探测任务目的地的科学目标

太阳系探测关键科学问题	类地行星 地月系统	类地行星 火星	类地行星 金星	类地行星 水星	气态巨行星 行星	气态巨行星 卫星	冰质巨行星 卫星	冰质巨行星 行星	小行星及矮行星 小行星及其彗星	小行星及矮行星 特洛伊群及希尔达群	小行星及矮行星 TNO	小行星及矮行星 矮行星	日球层顶及以外	太阳系外行星系统
Q1：太阳系天体的多样性	月球作为最近的类地行星，深度理解类地行星，表面的内部结构、表面特征、地貌地质特征，建立矿产资源目录以及挥发分、月球冰层	详细地比较地球、月球和火星的内部结构、动力学特征、地壳、大气层、磁场及磁层等	深入理解金星的内部结构：地壳、内部的动力学、表面、大气层、磁场及磁层等	深度理解水星的表面和表征：水星内部结构，动力学、表面结构，貌地质特征，矿产资源目录，建立发现产资源目录以及挥发分、月球冰层及磁层	详细地表征：气态巨行星的结构和内部的动力学机制，大气层、磁场和磁场层	比较研究巨行星的不规则/规则卫星：体积成分、形状及同相互作用、包括海洋地理、表层地貌、空间环境等	详细地表征：冰质巨行星的结构和内部的动力学机制、各星同相互作用、大气层、磁场和磁场层	详细地表征：冰质巨行星的结构和内部的动力学机制、大气层、磁场和磁场层	对来自不同种群和类别的不同小天体的代表性的样品进行表征，包括质量、密度、形状、撞击坑、内部结构情况、反射率、挥发分及有机物的组成等	探索在太阳系中不同类别小天体的分布，最外围的代表性小天体群，如TNO、半人马群及TNO，撞击双星及双卫一系统	来自不同类别小天体的信息以及对探测它们与恒星系统的联系，进行原位采样和表征，然后对它行星的特征伊特小天体和未规则双星返回探测	表征矮行星：体积成分，它们的轨道，半人马群及TNO，撞击双星及双卫一系统	探测海外天体，有可能包括遥远距离的特洛伊群，尔米斯、VLISM、离子、B场及GCR	以太阳系内所有类型天体的特性为模板，对系外行星系统有距离行星进行表征；对系外行星表征其他冰质巨行星表征其他行星，注意比较精度
Q2：太阳系结构的多样性	研究月球月幔，以月球系统中最近的含子卫星系统的行星系统	研究火卫一和火卫二，作为在类地行星系统中的含子卫星的行星系统的第二个例子			对四大巨行星进行详细研究：包括位于中心的行星、卫星系统，视规则及不规则的天体和恒星巨行星系统的相互作用		理解巨行星的卫星与其适应机制，以及它们与太阳系形成过程中的相互作用	理解冰质卫星形成机制，以及它们在太阳系形成过程中的角色	探索太阳系不同种类小天体群，如TNO、特洛伊群其他星群进行比较；探索TNO群的双星王星及冥卫一系统				理解和表征日球作为太阳系所外球层的界中3D形状和自洽特性	理解太阳系其他行星系统结构以在其他太阳系结构，更好地理解太阳层中的巨行星系统中的巨行星系统的起源
Q3：太阳系的起源与演化	研究月球在不同形成区域之间的区别	研究火星在不同形成区域之间的区别		理解在太阳最热的区域中，行星是如何形成的	理解巨行星云其形成机制的形成现象，以及它们与太阳系形成过程中的关系	理解观测规则卫星之间的主体适应机制	理解冰质巨行星的形成现象，以及它们与太阳系形成过程中的关系	理解冰质巨行星的形成现象，以及它们形成过程中太阳系中的角色	从不同类别小天体的组成和元素组成上，懂得太阳系小天体信息以及观测的形成和恒星系的联系，进行原位采集测小天体和未规则双星返回采样			使用直接观测法，观测绕其他恒星的行星盘，更好地理解太阳系与太阳系结构中的巨行星系统中的起源		
Q4：太阳系的运行机制	理解地月系统在地球月系统在地月相互的相互相互的物质迁移以及在相互作用下地质构造的影响，理解月球表面如何让月球月的变化随时间月球变化之间的关系	理解类地行星间它们的内部动力学机制以及它们的内部相互作用：理解它们内部导致它们化学成分演化、大气失去以及气候演化的因素	理解金星的内部结构，它们的内部动力学机制、结构及磁场，包括磁场之间如何运行的	理解在太阳最热的区域中，行星是如何形成的	理解观测规则卫星的主体适应机制 "一环和卫星间的动力学耦合机制——磁层、等离子体粒子和带电粒子的耦合机制 理解"系统中的系统"，环和卫星风一太阳风之间的耦合系统"	理解观测规则卫星之间的主体适应机制	理解冰质卫星结构，包括大气层、磁场之间如何运行的	理解冰质巨行星结构，包括大气层、磁场之间如何运行的	理解与地球轨道有交的天体的轨道动力学，进行监视与预警，以及消除它们对地球的威胁			将太阳系看作位实验的日球层太阳同区域太阳风上的物质的穿越以及如何穿透日球边界层和日球层内部的影响，包括运动，辐射和穿透日球边界层的粒子		
Q5：寻找太阳系内的潜在宜居地	评估地月系统中地月之间的相互作用在地月相互特性发挥的作用，以及何让月球变化随时间变化之间的关系	比较地球、火星及火星上的天体环境条件下，水和有机物质的区别，理解环境、大气演化的影响和随时间变化的宜居性之间的关系				表征土卫二及其卫星，海洋卫星的宜居性	探索天王星的宜居性		探测小天体上的"水库"，评估它们给地球上带来初始水的可能性				理解太阳系宜居性在日球层所扮演的角色、学会适应其所需的条件，以太阳系外行星系统中发现宜居性的作用	研究太阳系的宜居性，更好地理解宜居所需的条件，以适应其他系外行星和系外卫星探索生物特征信号的能力
Q6：寻找太阳系的生物特征		主动寻找火星上已灭绝的和现存的生命				寻找土卫二及其卫星上的生命，也可能在木卫二、土卫六上存在的生命								理解在太阳系月应如何寻找生命，以提高在系外行星上探索生物特征信号的能力

注：此表列出了太阳系探测的六大关键科学问题以及太阳系探测任务目的地的科学目标，为设计"地平线2061：行星探测长期远景预见"项目的地基观测和行星探测任务提供指导。

多样性也是为将来观测系外行星磁层[1]（Exomagnetosphere）做的准备。

Q3：行星系统的起源与演化过程是什么样的？

了解像太阳系这样复杂的天体是如何形成的，以及它的多尺度和多目标结构，还有其中的各类次级系统，是一个巨大的科学挑战。应对该挑战需要多目标、多仪器、多任务的方法和足够长的时间来完成。展望2061年的地平线探测任务，可以规划并实施一项解决此问题的全球计划，类似于探索太阳系起源的任务。需要对所有保留了太阳星云初始条件和一系列事件的记忆（即使是很小的记忆）的天体进行充分的探测，这些事件在太阳系形成早期塑造了当前的结构：小天体（特别是那些与太阳系外有关的天体，如彗星和TNO）、巨行星大气，以及那些没有被化学分异和表面/次表面活动抹掉记录的矮行星和巨行星卫星。对于所有包含太阳系起源记忆的天体的探测任务，应在轨道器上携带科学仪器设备并能够读取这些记录，或在可能的情况下将样本返回地球，或进行更深入分析的原位探测，通过精心设计组合，掌握关键参数或证据。

Q4：行星系统是如何运行的？

太阳系是一个多尺度系统，可以在不同的尺度上对所有天体进行实地观测。它是一个学习和理解行星和行星系统是如何运行的独特实验室。本章选取了几个例子，只是部分谈到这个问题。研究的多样性涵盖了尺度的多样性，从最小尺度到最大尺度。

如何对行星、矮行星和它们的卫星（即不同的天体）的运行进行综合理解，是一项非常重要的持续任务。这需要更好地理解每一层（地核、包覆层或地幔、存在的地表、存在的大气、等离子体层和空间环境的界面）内的动力和能量转移机制。了解它们的运行和耦合过程在宜居条件的产生和维持中所起的作用，以及类地行星大气如何运行和演化，具有特殊的重要性。

本着同样的精神，随着时间的推移，建立对地月和巨星系统的综合理解，是行星探测任务的一个非常有价值的目标。这需要对每个行星系统的所有对象之间相互耦合过程的多样性进行有计划的研究。在设计这些系统的未来任务时，应将这些天体的轨道和原位探测结合起来，这是专门为研究它们的耦合作用而设计的。

---

[1] 系外行星磁层是指系外行星的磁层。在宇宙中，许多行星都拥有自己的磁场，磁场可以保护行星表面免受太阳风暴等高能粒子的侵袭。而对于那些没有大气层或者磁场保护的行星，其表面可能会因长时间受到辐射而变得不适合生命存在。例如，地球拥有强大的磁场，在太阳风暴来袭时可以将其中一部分带电粒子引导到极区附近，并与大气层中的原子发生反应从而产生美丽绚丽的北极光和南极光现象。但如果没有这样强大的磁场保护，这些带电粒子就会直接撞击地球表面并造成灾难性后果。同样，在寻找类似地球般适合人类居住环境的系外行星时，科学家们也需要考虑该行星是否拥有足够强度和覆盖全球表面以及防止高能辐射入侵进入其大气圈内的系外行星磁层。

最后，尝试了解太阳系与银河系环境是如何相互作用，以及这些相互作用对其过去、现在和未来的宜居性有何影响，这个时机已经成熟。这个目标目前指向了对日球层边界及其三维形状的更深入探索、对围绕日球层运行的鲜为人知的遥远天体的探索，以及对超越日球层顶、向附近恒星延伸的 LISM 的探索。

Q5：行星系统是否拥有潜在的宜居地？

在未来几十年里寻找宜居地将进入成熟阶段，目前来看，至少有三个研究方向。

（1）追溯从太阳星云和早期太阳系的"水"流向不同的候选宜居地，识别不同的"水库"，并了解每一类对向行星和卫星输送"水"的贡献。

（2）在每个有足够水能够满足首要宜居条件的地方，检查其他宜居条件是否满足。通过对火星探测任务和"卡西尼 - 惠更斯"土星探测任务结果的分析，研究人员对火星和土卫二宜居性达成了共识，现在的重点应该是表征其他海洋世界的宜居性，首先是木卫二，然后是木卫三、土卫六、海卫一和谷神星。

（3）了解候选宜居地环境对其宜居性的影响，以及气候演化和板块构造等不同层次动力学对宜居性的影响。在板块构造方面，需要获取俯冲样式的细节，如潜在俯冲板块的稳定性，且需要进行地震测量。此外，活跃的磁场（也可能受到板块构造的推动）可能在内部、地下、地表、大气和太空之间的物质交换中发挥重要作用。

未来实施的用于确定行星或其卫星目的地的宜居性的探测任务，应结合下降成像、原位分析和采样返回等多种途径。它们还应使用高时空分辨率表征大气成分和结构以及与（次）地表和太空的物质交换。

Q6：在哪里以及如何寻找生命？

一旦对行星或拥有海洋世界的卫星的宜居性完成评估，下一个步骤就是将新任务的探测器发送到最有前途的宜居地寻找生命。从评估火星和土卫二的宜居性开始，将对寻找生命迹象扩展到新的具有宜居性特征的栖息地。

为了探测火星上已经灭绝或现存的生命，需要探测满足宜居性条件的地点包括火星地下和南部高地最古老的地区，这涉及重大的技术障碍，特别是行星保护要求中提及的火星环境正向污染，防止如果发现生物而产生的混乱。野外工作可以使用火星车或爬行器完成，需要能够进入陡峭的斜坡等复杂地形。例如，尽管存在热力学不稳定性，但液态水可以在沟壑和洞穴中保持一段时间。太阳系外的海洋世界是非常具有挑战性的目标，需要在轨道上使用专用的天体生物学仪器包探测它的表面，或者使用钻具或潜入器探测它的次表面。进一步的测量需要在实地或在穿越羽流的过程中进行，或在任何可能的地方实施采样返回任务。保存生物特征是太阳系生物特征检测的关键问题。

3.8.2　解决关键科学问题的探测技术和任务类型

图 3-37 的左侧列出了太阳系探测的关键科学问题和更详细的科学目标。这些问题可以通过右侧的多种探测技术来解决。

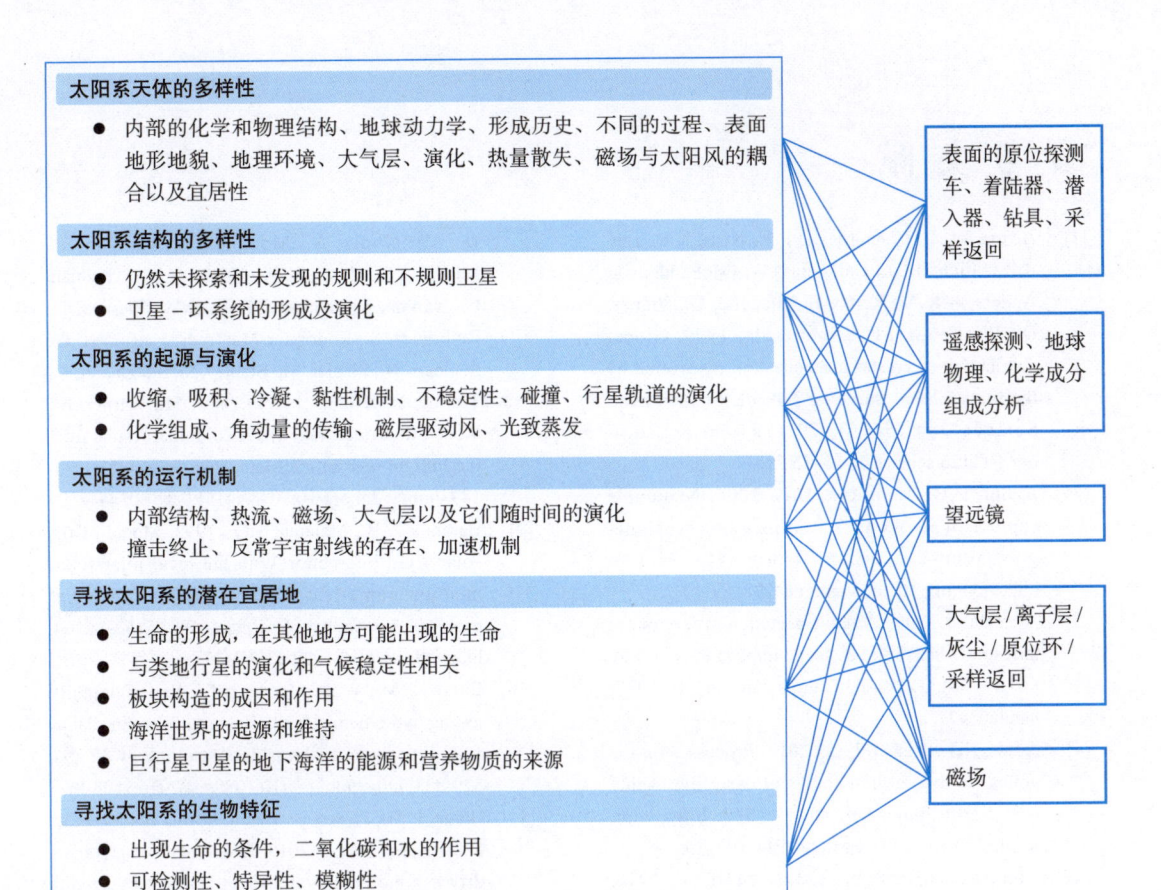

太阳系天体的多样性
- 内部的化学和物理结构、地球动力学、形成历史、不同的过程、表面地形地貌、地理环境、大气层、演化、热量散失、磁场与太阳风的耦合以及宜居性

太阳系结构的多样性
- 仍然未探索和未发现的规则和不规则卫星
- 卫星–环系统的形成及演化

太阳系的起源与演化
- 收缩、吸积、冷凝、黏性机制、不稳定性、碰撞、行星轨道的演化
- 化学组成、角动量的传输、磁层驱动风、光致蒸发

太阳系的运行机制
- 内部结构、热流、磁场、大气层以及它们随时间的演化
- 撞击终止、反常宇宙射线的存在、加速机制

寻找太阳系的潜在宜居地
- 生命的形成,在其他地方可能出现的生命
- 与类地行星的演化和气候稳定性相关
- 板块构造的成因和作用
- 海洋世界的起源和维持
- 巨行星卫星的地下海洋的能源和营养物质的来源

寻找太阳系的生物特征
- 出现生命的条件,二氧化碳和水的作用
- 可检测性、特异性、模糊性

表面的原位探测车、着陆器、潜入器、钻具、采样返回

遥感探测、地球物理、化学成分组成分析

望远镜

大气层/离子层/灰尘/原位环/采样返回

磁场

图 3-37　关键科学问题对应的探测需求概述

为了使用好这些仪器并回答关键科学问题,需要建立或实施许多不同类型的地基观测和太阳系实地探测任务。行星探测任务从简单到复杂分为以下 7 个方面。

(1) 在地球表面进行观测。
(2) 飞越探测。
(3) 从小天体、行星或行星系统的轨道上进行探测。
(4) 从行星的卫星轨道上进行探测。
(5) 用于大气层及地表的原位探测器、着陆器及星球车。
(6) 采样返回地球。
(7) 载人登陆行星表面。

即使考虑到未来深空探测技术研发计划的预期进展,最后两种类型的任务可能仍局限于较近的目的地,甚至在"地平线 2061:行星探测长期远景预见"项目中也是如此。载人探测任务最多到主带小行星或木星的特洛伊小天体群,采样返回任务可能包括从木星和土星的卫星上采样并返回。第 4 章探讨了前往太阳系不同目的地的多样化任务,这些任务必须解决这六个关键科学问题。

参考文献

[1] Acuna, M.H., Connerney, J.E.P., Ness, N.F., Lin, R.P., Mitchell, D., Carlson, C.W., McFadden, J., Anderson, K.A., Reme, H., Mazelle, C., Vignes, D., Wasilewski, P., Cloutier, P., 1999. Global distribution of crustal magnetization discovered by the Mars Global Surveyor MAG/ER experiment. Science 284 (5415), 790-793. https://doi.org/10.1126/science.284.5415.790.

[2] Agnor, C.B., Hamilton, D.P., 2006. Neptune's capture of its moon Triton in a binaryeplanet gravitational encounter. Nature 441, 192-194. https://doi.org/10.1038/nature04792.

[3] Albarede, F., 2009. Volatile accretion history of the terrestrial planets and dynamic implications. Nature 461 (7268), 1227-1233. https://doi.org/10.1038/nature08477.

[4] Arndt, N.T., Nisbet, E.G., 2012. Processes on the young Earth and the habitats of early life. Annu. Rev. Earth Planet Sci. 40, 521-549. https://doi.org/10.1146/annurev-earth-042711-105316.

[5] Atkinson, D.H., Pollack, J.B., Seiff, A., 1996. Galileo Doppler measurements of the deep zonal winds at Jupiter. Science 272 (5263), 842-843. https://doi.org/10.1126/science.272.5263.842.

[6] Atreya, S.K., Hofstadter, M.H., In, J.H., Mousis, O., Reh, K., Wong, M.H., 2020. Deep atmosphere composition, structure, origin, and exploration, with particular focus on critical in situ science at the icy giants. Space Sci. Rev. 216 (1). https://doi.org/10.1007/s11214-020-0640-8. Id: 18.

[7] Aurnou, J., Heimpel, M., Wicht, J., 2007. The effects of vigorous mixing in a convective model of zonal flow on the ice giants. Icarus 190 (1), 110-126.

[8] Banerdt, W.B., Smrekar, S.E., Banfield, D., Giardini, D., Golombek, M., Johnson, C., Lognonné, P., Spiga, A., Spohn, T., Perrin, C., Stähler, S., Antonangeli, D., Asmar, S., Beghein, C., Bowles, N., Bozdag, E., Chi, P., Christensen, U., Clinton, J., Collins, G., Daubar, I., Dehant, V., Drilleau, M., Fillingim, M., Folkner, W., Garcia, R., Garvin, J., Grant, J., Grott, M., Grygorczuk, J., Hudson, T., Irving, J., Kargl, G., Kawamura, T., Kedar, S., King, S., Knapmeyer-Endrun, B., Knapmeyer, M., Lemmon, M., Lorenz, R., Maki, J., Margerin, L., McLennan, S., Michaut, C., Mimoun, D., Mittelholz, A., Mocquet, A., Morgan, P., Mueller, N., Murdoch, N., Nagihara, S., Newman, C., Nimmo, F., Panning, M., Pike, W., Plesa, A.C., Rodriguez, S., Rodriguez-Manfredi, J., Russell, C., Schmerr, N., Siegler, M., Stanley, S., Stutzmann, E., Teanby, N., Tromp, J., van Driel, M., Warner, N., Weber, R., Wieczorek, M., 2020. Initial results from the InSight mission on Mars. Nat. Geosci. 13, 183-189. https://doi.org/10.1038/s41561-020-0544-y.

[9] Baranov, V.B., Malama, Y.G., 1993. Model of the solar wind interaction with the local interstellar medium numerical solution of self-consistent problem. J. Geophys. Res. 98 (A9), 15157-15164. https://doi.org/10.1029/93JA01171.

[10] Barge, L.M., White, L.M., 2017. Experimentally testing hydrothermal vent origin of life on Enceladus and other icy/ocean worlds. Astrobiology 17 (9), 820-833. https://doi.org/10.1089/ast.2016.1633.

[11] Barge, L.M., Flores, E., Baum, M.M., VanderVelde, D.G., Russell, M.J., 2019. Redox and pH gradients drive amino acid synthesis in iron oxyhydroxide mineral systems. Proc. Natl. Acad. Sci. U.S.A. 116, 4828-4833. https://doi.org/10.1073/pnas.1812098116.

[12] Baross, J.A., Hoffman, S.E., 1985. Submarine hydrothermal vents and associated gradient environments as sites for the origin and evolution of life. Orig. Life Evol. Biosph. 15, 327-345. https://doi.org/10.1007/BF01808177.

[13] Basilevsky, A.T., Nikolaeva, O.V., Weitz, C.M., 1992. Geology of the Venera 8 landing site region from Magellan data: morphological and geochemical considerations. J. Geophys. Res. 97 (E10), 16315-16335. https://doi.org/10.1029/92JE01557.

[14] Batygin, K., Morbidelli, A., 2020. formation of giant planet satellites. Astrophys. J. 894 (2), 23. https://doi.org/10.3847/1538-4357/ab8937. Id: 143.

[15] Baumjohann, W., Blanc, M., Fedorov, A., Glassmeier, K.-H., 2010. Current systems in planetary magnetospheres and ionospheres. Space Sci. Rev. 152, 99-134.

[16] Benkhoff, J., Van Casteren, J., Hayakawa, H., Fujimoto, M., Laakso, H., Novara, M., Ferri, P., Middleton, H.R., Ziethe, R., 2010. BepiColombodcomprehensive exploration of

Mercury: mission overview and science goals. Planet. Space Sci. 58 (1-2), 2-20. https://doi.org/10.1016/j.pss.2009.09.020.

[17] Bennett, J.O., Donahue, M.O., Schneider, N., Voit, M., 2019. The Cosmic Perspective: The Solar System. Pearson, pp. 1-832. ISBN-10: 0134874366, ISBN-13: 978-0134874364.

[18] Bercovici, D., Ricard, Y., 2014. Plate tectonics, damage, and inheritance. Nature 508, 513-516. https://doi.org/10.1038/nature13072.

[19] Berner, R.A., 1992. Weathering, plants, and the long-term carbon cycle. Geochimica et Cosmochimica Acta 56 (8), 3225-3231. https://doi.org/10.1016/0016-7037(92)90300-8.

[20] Blanc, M., Ammannito, E., Bousquet, P., Capria, M.-T., Dehant, V., Foing, B., Grande, M., Guo, L., Hutzler, A., Lasue, J., Lewis, J., Perino, M.A., Rauer, H., 2022. "Planetary Exploration, Horizon 2061" Report - Chapter 1: Introduction to the "Planetary Exploration, Horizon 2061" Foresight Exercise. ScienceDirect, Elsevier.

[21] Blanc, M., Mandt, K., Mousis, O., André, N., Bouquet, A., Charnoz, S., Craft, K.L., Deleuil, M., Griton, L., Helled, R., Hueso, R., Lamy, L., Louis, C., Lunine, J., Ronnet, T., Schmidt, J., Soderlund, K., Turrini, D., Turtle, E., Vernazza, P., Witasse, O., 2021. Science goals and mission objectives for the future exploration of ice giants systems: a horizon 2061 perspective. Space Sci. Rev. 217 (3). https://doi.org/10.1007/s11214-020-00769-5.

[22] Bodenheimer, P., Stevenson, D.J., Lissauer, J.J., D'Angelo, G., 2018. New formation models for the Kepler-36 system. Astrophys. J. 868 (2), 17. https://doi.org/10.3847/1538-4357/aae928. Id: 138.

[23] Bolton, S.J., Adriani, A., Adumitroaie, V., et al., 2017. Jupiter's interior and deep atmosphere: the initial pole-to-pole passes with the Juno spacecraft. Science 356 (6340), 821-825. https://doi.org/10.1126/science.aal2108.

[24] Bolton, S.J., Bagenal, F., Blanc, M., Cassidy, T., Chané, E., Jackman, C., Jia, X., Kotova, A., Krupp, N., Milillo, A., Plainaki, C., Smith, H.T., Waite, H., 2015. Jupiter's magnetosphere: plasma sources and transport. Space Sci. Rev. 192, 209-236. https://doi.org/10.1007/s11214-015-0184-5.

[25] Borderies, N., Goldreich, P., Tremaine, S., 1982. Sharp edges of planetary rings. Nature 299, 209-211. https://doi.org/10.1038/299209a0.

[26] Borovsky, J.E., Valdivia, J.A., 2018. The Earth's magnetosphere: a systems science overview and assessment. Surv. Geophys. 39 (5), 817-859. https://doi.org/10.1007/s10712-018-9487-x.

[27] Brasser, R., Morbidelli, A., 2013. Oort cloud and Scattered Disc formation during a late dynamical instability in the Solar System. Icarus 225 (1), 40-49. https://doi.org/10.1016/j.icarus.2013.03.012.

[28] Breuer, D., Moore, W.B., 2015. Dynamics and thermal history of the terrestrial planets, the Moon and Io. In: Spohn, T., Schubert, G. (Eds.), Treatise in Geophysics, second ed., vol. 10. Elsevier, Amsterdam, pp. 255-305.

[29] Brilliantov, N.V., Pimenova, A.V., Goldobin, D.S., 2015. A dissipative force between colliding viscoelastic bodies: rigorous approach. Europhys. Lett. 109 (1). https://doi.org/10.1209/0295-5075/109/14005. Id: 14005.

[30] Brouwers, M.G., Vazan, A., Ormel, C.W., 2018. How cores grow by pebble accretion. I. Direct core growth. Astronom. Astrophys. 611, 12. https://doi.org/10.1051/0004-6361/201731824. Id: A65.

[31] Buratti, B.J., Bauer, J.M., Hicks, M.D., Hillier, J.K., Verbiscer, A., Hammel, H., Schmidt, B., Cobb, B., Herbert, B., Garsky, M., Ward, J., 2011. Photometry of Triton 1992-2004: surface volatile transport and discovery of a remarkable opposition surge. Icarus 212 (2), 835-846.

[32] Burlaga, L.F., Ness, N.F., Stone, E.C., 2013. Magnetic field observations as Voyager 1 entered the heliosheath depletion region. Science 341 (6142), 147-150. https://doi.org/10.1126/science.1235451.

[33] Burlaga, L.F., Ness, N.F., Berdichevsky, D.B., Park, J., Jian, L.K., Szabo, A., Stone, E.C., Richardson, J.D., 2019. Magnetic field and particle measurements made by Voyager 2 at and near the heliopause. Nat. Astronom. 3, 1007-1012. https://doi.org/10.1038/s41550-019-0920-y.

[34] Burns, J.A., Showalter, M.R., Hamilton, D.P., Nicholson, P.D., de Pater, I., Ockert-Bell, M.E., Thomas, P.C., 1999. The formation of Jupiter's faint rings. Science 284 (5417), 1146. https://doi.org/10.1126/science.284.5417.1146.

[35] Burns, J.A., Simonelli, D.P., Showalter, M.R., Hamilton, D.P., Porco, C.D., Throop, H., Esposito, L.W., 2004. Jupiter's ring-moon system. In: Bagenal, F., Dowling, T.E., McKinnon, W.B. (Eds.), Jupiter. The Planet, Satellites and Magnetosphere, Cambridge Planetary Science, vol. 1. Cambridge University Press, Cambridge, UK, ISBN 0-521-81808-7, pp. 241-262.

[36] Cady, S.L., Farmer, J.D., Grotzinger, J.P., Schopf, J.W., Steele, A., 2003. Morphological biosignatures and the search for life on Mars. Astrobiology 3 (2), 351-368. https://doi.org/10.1089/153110703769016442.

[37] Canup, R.M., Ward, W.R., 2006. A common mass scaling for satellite systems of gaseous planets. Nature 441 (7095), 834-839. https://doi.org/10.1038/nature04860.

[38] Carrera, D., Gorti, U., Johansen, A., Davies, M.B., 2017. Planetesimal formation by the streaming instability in a photoevaporating disk. Astrophys. J. 839 (1), 16. https://doi.org/10.3847/1538-4357/aa6932.

[39] Cawood, P.A., Hawkesworth, C.J., Pisarevsky, S.A., Dhuime, B., Capitanio, F.A., Nebel, O., 2018. Geological archive of the onset of plate tectonics. Phil. Trans. Math. Phys. Eng. Sci. 376 (2132), 20170405. https://doi.org/10.1098/rsta.2017.0405.

[40] Chabrier, G., Baraffe, I., 2007. Heat transport in giant (Exo)planets: a new perspective. Astrophys. J. 661 (1), L81eL84. https://doi.org/10.1086/518473.

[41] Chopras, A., Lineweaver, C., 2016. The case for a Gaian Bottleneck: the biology of habitability. Astrobiology 16 (1). https://doi.org/10.1089/ast.2015.1387.

[42] Cockell, C.S., Balme, M., Bridges, J.C., Davilad, A., Schwenzer, S.P., 2012. Uninhabited habitats on Mars. Icarus 217, 184-193. https://doi.org/10.1016/j.icarus.2011.10.025.

[43] Cockell, C.S., Bush, T., Bryce, C., Direito, S., Fox-Powell, M., Harrison, J.P., Lammer, H., Landenmark, H., Martin-Torres, J., Nicholson, N., Noack, L., O'Malley-James, J., Payler, S.J., Rushby, A., Samuels, T., Schwendner, P., Wadsworth, J., Zorzano, M.P., 2016. Habitability: a review. Astrobiology 16 (1), 89-117. https://doi.org/10.1089/ast.2015.1295.

[44] Colwell, J.E., Nicholson, P.D., Tiscareno, M.S., Murray, C.D., French, R.G., Marouf, E.A., 2009. The structure of Saturn's rings. In: Dougherty, M.K., Esposito, L.W., Krimigis, S.M. (Eds.), Saturn from Cassini-Huygens, vol. 375, ISBN 978-1-4020-9216-9. https://doi.org/10.1007/978-1-4020-9217-6_13.

[45] Coradini, A., Turrini, D., Federico, C., Magni, G., 2011. Vesta and Ceres: crossing the history of the Solar System. Space Sci. Rev. 163 (1-4), 25-40. https://doi.org/10.1007/s11214-011-9792-x.

[46] Coustenis, A., Encrenaz, T., 2013. Life Beyond Earth. Cambridge University Press. https://doi.org/10.1017/CBO9781139206921.

[47] Crameri, F., Tackley, P.J., 2016. Subduction initiation from a stagnant lid and global overturn: new insights from numerical models with a free surface. Prog. Earth Planet. Sci. 3 (1), 1-19. https://doi.org/10.1186/s40645-016-0103-8.

[48] Crida, A., Charnoz, S., 2012. Formation of regular satellites from ancient massive rings in the Solar System. Science 338 (6111), 1196-1199. https://doi.org/10.1126/science.1226477.

[49] Cuk, M., Gladman, B.J., 2005. Constraints on the orbital evolution of Triton. Astrophys. J. 626, L113eL116. https://doi.org/10.1086/431743.

[50] Cuzzi, J.N., Filacchione, G., Marouf, E.A., 2018. The rings of Saturn. In: Tiscareno, M.S., Murray, C.D. (Eds.), Planetary Ring Systems - Properties, Structure, and Evolution. Cambridge University Press, pp. 51-92. https://doi.org/10.1017/9781316286791.003.

[51] Dale, A.M.S., Cruikshank, P., 1996. In: Cruikshank, D.P. (Ed.), Mildred Shapley Matthews, Neptune and Triton. University of Arizona Press.

[52] Damer, B., Deamer, D., 2020. The hot spring hypothesis for an origin of life. Astrobiology 20 (4), 429-452. https://doi.org/10.1089/ast.2019.2045.

[53] Dasgupta, R., Hirschmann, M.M., 2010. The deep carbon cycle and melting in Earth's interior. Earth Planet Sci. Lett. 298 (1-2), 1-13. https://doi.org/10.1016/j.epsl.2010.06.039.

[54] Dass, A.V., Jaber, M., Brack, A., Foucher, F., Kee, T.P., Georgelin, T., Westall, F., 2018. Potential role of inorganic confined environments in prebiotic phosphorylation. Life 8 (1), 7. https://doi.org/10.3390/life8010007.

[55] Davaille, A., Smrekar, S.E., Tomlinson, S., 2017. Experimental and observational evidence for plume-induced subduction on Venus. Nat. Geosci. 10 (5), 349-355. https://doi.org/10.1038/ngeo2928.

[56] De Pater, I., Lissauer, J., 2015. Planetary Sciences. Cambridge University Press, Cambridge. https://doi.org/10.1017/CBO9781316165270.

[57] De Pater, I., Hamilton, D.P., Showalter, M.R., Throop, H.B., Burns, J.A., 2018a. In: Tiscareno, M.S., Murray, C.D. (Eds.), The Rings of Jupiter. N: Planetary Ring Systems. Properties, Structure, and Evolution. Cambridge University Press, ISBN 9781316286791, pp. 112-124. https://doi.org/10.1017/9781316286791.006.

[58] De Pater, I., Renner, S., Showalter, M.R., Sicardy, B., 2018b. The Rings of Neptune. A review of the jovian ring system. In: Tiscareno, M.S., Murray, C.D. (Eds.), Planetary Ring Systems. Properties, Structure, and Evolution. Cambridge University Press, ISBN 9781316286791, pp. 125-134. https://doi.org/10.1017/9781316286791.005.

[59] Debras, F., Chabrier, G., 2019. New models of Jupiter in the context of Juno and Galileo. Astrophys. J. 872 (1), 22. https://doi.org/10.3847/1538-4357/aaff65. Id: 100.

[60] DeMeo, F.E., Carry, B., 2013. The taxonomic distribution of asteroids from multi-filter all-sky photometric surveys. Icarus 226 (1), 723-741. https://doi.org/10.1016/j.icarus.2013.06.027.

[61] DeMeo, F.E., Carry, B., 2014. Solar System evolution from compositional mapping of the asteroid belt. Nature 505 (7485), 629-634. https://doi.org/10.1038/nature12908.

[62] Des Marais, D.J., 2003. Biogeochemistry of hypersaline microbial mats illustrates the dynamics of modern microbial ecosystems and the early evolution of the biosphere. Biol. Bull. 204, 160-167. https://doi.org/10.2307/1543552.

[63] Des Marais, D.J., Allamandola, L.J., Benner, S.A., Boss, A.P., Deamer, D., Falkowski, P.G., Farmer, J.D., Hedges, S.B., Jakosky, B.M., Knoll, A.H., Liskowsky, D.R., Meadows, V.S., Meyer, M.A., Pilcher, C.B., Nealson, K.H., Spormann, A.M., Trent, J.D., Turner, W.W., Woolf, N.J., Yorke, H.W., 2003a. The NASA astrobiology roadmap. Astrobiology 3 (2), 219-235. https://doi.org/10.1089/153110703769016299.

[64] Des Marais, D.J., Beard, B., Canfield, D., 2003b. Stable isotopes. In: Kerridge, J.F. (Ed.), Biosignatures for Mars Exploration. NASA publication SP-XXX, U.S. Government Printing Office, Washington DC.

[65] Des Marais, D.J., Jakosky, B.M., Hynek, B.M., 2008. Astrobiological implications of Mars surface composition and properties. In: Bell, J.A. (Ed.), The Martian Surface: Composition, Mineralogy and Physical Properties, Cambridge Planetary Science Series, vol. 9. Cambridge University Press, New York, pp. 599-623. https://doi.org/10.1017/CBO9780511536076.027.

[66] Dialynas, K., Krimigis, S.M., Mitchell, D.G., Decker, R.B., Roelof, E.C., 2017. The bubble-like shape of the heliosphere observed by Voyager and Cassini. Nat. Astronom. 1. https://doi.org/10.1038/s41550-017-0115. Id: 0115.

[67] Dias Pinto, J.R., Mitchell, J.L., 2014. Atmospheric superrotation in an idealized GCM: parameter dependence of the eddy response. Icarus 238, 93-109. https://doi.org/10.1016/j.icarus.2014.04.036.

[68] Djokic, T., Van Kranendonk, M.J., Campbell, K.A., Walter, M.R., Ward, C.R., 2017. Earliest signs of life on land preserved in ca. 3.5 Ga hot spring deposits. Nat. Commun. 8. Id: 15263.

[69] Dougherty, M.K., Esposito, L., Krimigis, S. (Eds.), 2009. Saturn from Cassini-Huygens. Springer SciencetBusiness Media B.V. https://doi.org/10.1007/978-1-4020-9217-6_9 (Chapter 9).

[70] Drazkowska, J., Alibert, Y., Moore, B., 2016. Close-in planetesimal formation by pile-up of drifting pebbles. Astronom. Astrophys. 594 (A105), 1-12. https://doi.org/10.1051/0004-6361/201628983.

[71] Driscoll, P.E., 2018. Planetary interiors, magnetic fields, habitability. In: Handbook of Exoplanets, part of Springer Nature. https://doi.org/10.1007/978-3-319-55333-7_76. Id: 76.

[72] Eastwood, J.P., Nakamura, R., Turc, L., Hesse, M., 2017. The scientific foundations of forecasting magnetospheric space weather. Space Sci. Rev. 212, 1221-1252. https://doi.org/10.1007/s11214-017-0399-8.

[73] Eigenbrod, J.L., Summons, R.E., Steele, A., Freissinet, C., Millan, M., Navarro-González, R., Sutter, B., McAdam, A.C., Franz, H.B., Glavin, D.P., Archer Jr., P.D., Mahaffy, P.R., Conrad, P.G., Hurowitz, J.A., Grotzinger, J.P., Gupta, S., Ming, D.W., Sumner, D.Y., Szopa, C., Malespin, C., Buch, A., Coll, P., 2018. Organic matter preserved in 3-billionyear-old mudstones at Gale crater, Mars. Science 360, 1096-1101. https://doi.org/10.1126/science.aas9185.

[74] Elkins-Tanton, L.T., Weiss, B.P., Zuber, M.T., 2011. Chondrites as samples of differentiated planetesimals. Earth Planet Sci. Lett. 305 (1-2), 1-10. https://doi.org/10.1016/j.epsl.2011.03.010.

[75] Elkins-Tanton, L.T., 2012. Magma oceans in the inner Solar System. Annu. Rev. Earth Planet Sci. 40, 113-139. https://doi.org/10.1146/annurev-earth-042711-105503.

[76] Elliot, J.L., Dunham, E., Mink, D., 1977. The rings of Uranus. Nature 267 (5609), 328-330. https://doi.org/10.1038/267328a0.

[77] Esposito, L.W., 2006. Planetary Rings. Cambridge University Press, ISBN 0521362229.

[78] Estrada, P.R., Durisen, R.H., Latter, H.N., 2018. Meteoroid bombardment and ballistic transport in planetary rings. In: Tiscareno, M.S., Murray, C.D. (Eds.), Planetary Ring Systems. Properties, Structure, and Evolution. Cambridge University Press, ISBN 9781316286791, pp. 198-224. https://doi.org/10.1017/9781316286791.009.

[79] Fairén, A.G., Gómez-Elvira, J., Briones, C., Prieto-Ballesteros, O., Rodríguez-Manfredi, J.A., López Heredero, R., Belenguer, T., Moral, A.G., Moreno-Paz, M., Parro, V., 2020. The Complex Molecules Detector (CMOLD): a fluidic-based instrument suite to search for (bio)chemical complexity on Mars and icy moons. Astrobiology 20 (9), 1076-1096. https://doi.org/10.1089/ast.2019.2167.

[80] Fan, S., Li, C., Li, J.Z., Bartlett, S., Jiang, J.H.,

Natraj, V., Crisp, D., Yung, Y.L., 2019. Earth as an exoplanet: a twodimensional alien map. Astrophys. J. Lett. 882 (1), L1. https://doi.org/10.3847/2041-8213/ab3a49.

[81] Ferrais, M., Vernazza, P., Jorda, L., et al., 2020. Asteroid (16) psyche's primordial shape: a possible Jacobi ellipsoid. Astron. Astrophys. 638, 1-9. https://doi.org/10.1051/0004-6361/202038100. L15.

[82] Fétick, R.J.L., Jorda, L., Sevecek, P., et al., 2020. A basin-free spherical shape as an outcome of a giant impact on asteroid Hygiea. Nature Astronomy 4, 136-141. https://doi.org/10.1038/s41550-019-0915-8.

[83] Filiberto, J., Dasgupta, R., 2015. Constraints on the depth and thermal vigor of melting in the Martian mantle. J. Geophys. Res.: Planets 120 (1), 109-122. https://doi.org/10.1002/2014JE004745.

[84] Fleischmann, E.M., 1989. The measurement and penetration of ultraviolet radiation into tropical marine water. Limnol. Oceanogr. 34 (8), 1623-1629. https://doi.org/10.4319/lo.1989.34.8.1623.

[85] Fletcher, L.N., Greathouse, T.K., Guerlet, S., Moses, J.I., West, R.A., 2018. Saturn's seasonally changing atmosphere. Thermal structure composition and aerosols. In: Baines, K.H., Flasar, F.M., Krupp, N., Stallard, T. (Eds.), Saturn in the 21st Century. Cambridge University Press, Cambridge Planetary Science, ISBN 9781316227220, pp. 251-294. https://doi.org/10.1017/9781316227220 (Chapter 10).

[86] Fletcher, L.N., Kaspi, Y., Guillot, T., Showman, A.P., 2020a. How well do we understand the belt/zone circulation of Giant Planet atmospheres? Space Sci. Rev. 216 (2). https://doi.org/10.1007/s11214-019-0631-9. Id: 30.

[87] Fletcher, L.N., Simon, A.A., Hofstadter, M.D., Arridge, C.S., Cohen, I.J., Masters, A., Mandt, K., Coustenis, A., 2020b. Ice giant system exploration in the 2020s: an introduction. Philos. Trans. R. Soc. London, Ser. A 378 (2187). https://doi.org/10.1098/rsta.2019.0473.

[88] Fletcher, L.N., Helled, R., Roussos, E., Jones, G., Charnoz, S., André, N., Andrews, D., Bannister, M., Bunce, E., Cavalié, T., Ferri, F., Fortney, J., Grassi, D., Griton, L., Hartogh, P., Hueso, R., Kaspi, Y., Lamy, L., Masters, A., Melin, H., Moses, J., Mousis, O., Nettleman, N., Plainaki, C., Schmidt, J., Simon, A., Tobie, G., Tortora, P., Tosi, F., Turrini, D., 2020c. Ice giant systems: the scientific potential of orbital missions to Uranus and Neptune. Planet. Space Sci. 191. https://doi.org/10.1016/j.pss.2020.105030. Id: 105030.

[89] Foley, B.J., 2018. The dependence of planetary tectonics on mantle thermal state: applications to early Earth evolution. Phil. Trans. R. Soc. A (2132), 376. https://doi.org/10.1098/rsta.2017.0409.

[90] Foley, B.J., 2019. Habitability of earth-like stagnant lid planets: climate evolution and Recovery from snowball states. Astrophys. J. 875 (72), 1-20. https://doi.org/10.3847/1538-4357/ab0f31.

[91] Forget, F., Leconte, J., 2014. Possible climates on terrestrial exoplanets. Philos. Trans. R. Soc. A 372, 20130084. https://doi.org/10.1098/rsta.2013.0084.

[92] Forget, F., Korablev, O., Venturini, J., Imamura, T., Lammer, H., Blanc, M., 2021. Understanding the diversity of planetary atmospheres. Space Sci. Rev. 51, 1572-9672. https://doi.org/10.1007/s11214-021-00820-z. Topical Collection - Space Sci. Series of ISSI #81, ISSN: 0038-6308; editorial: 217.

[93] Fortney, J.J., Hubbard, W.B., 2003. Phase separation in giant planets: inhomogeneous evolution of Saturn. Icarus 164 (1), 228-243. https://doi.org/10.1016/S0019-1035(03)00130-1.

[94] Fortney, J.J., Nettelmann, N., 2010. The interior structure, composition, and evolution of giant planets. Space Sci. Rev. 152 (1-4), 423-447. https://doi.org/10.1007/s11214-009-9582-x.

[95] Fortney, J.J., Ikoma, M., Nettelmann, N., Guillot, T., Marley, M.S., 2011. Self-consistent model atmospheres and the cooling of the solar system's giant planets. Astrophys. J. 729 (1), 14. https://doi.org/10.1088/0004-637X/729/1/32. Id: 32.

[96] Fraser, W.C., Brown, M.E., Morbidelli, A., Parker, A., Batygin, K., 2014. The absolute magnitude distribution of Kuiper belt objects. Astrophys. J. 782 (2), 14. https://doi.org/10.1088/0004-637X/782/2/100. Id: 100.

[97] Freissinet, C., Glavin, D.P., Mahaffy, P.R., Miller, K.E., Eigenbrode, J.L., Summons, R.E., Brunner, A.E., Buch, A., Szopa, C., Archer, P.D., Franz Jr., H.B., Atreya, S.K., Brinckerhoff, W.B., Cabane, M., Coll, P., Conrad, P.G., Des Marais, D.J., Dworkin, J.P., Fairén, A.G., François, P., Grotzinger, J.P., Kashyap, S., ten Kate, I.L., Leshin, L.A., Malespin, C.A., Martin, M.G., Martin-Torres, F.J., McAdam, A.C., Ming, D.W., Navarro-González, R., Pavlov, A.A., Prats, B.D., Squyres, S.W., Steele, A., Stern, J.C., Sumner, D.Y., Sutter, B., Zorzano, M.-P., The MSL Science Team, 2015. Organic molecules in the Sheepbed mudstone, Gale crater, Mars. J. Geophys. Res. Planets 120, 495-514. https://doi.org/10.1002/2014JE004737.

[98] French, R.G., Nicholson, P.D., Porco, C.C., Marouf, E.A., 1991. Dynamics and structure of the Uranian rings. In: Uranus (A92-18701 05-91). University of Arizona Press, Tucson, AZ, pp. 327-409.

[99] Frisch, P.C., Redfield, S., Slavin, J.D., 2011. The interstellar medium surrounding the Sun. Annu. Rev. Astronom. Astrophys. 49 (1), 237-279. https://doi.org/10.1146/annurev-astro-081710-102613.

[100] Garate-Lopez, I., Lebonnois, S., 2018. Latitudinal variation of clouds' structure responsible for Venus' cold collar. Icarus 314, 1-11. https://doi.org/10.1016/j.icarus.2018.05.011.

[101] Garvin, J.B., Arney, G., Getty, S., Johnson, N., Kiefer, W., Lorenz, R., Ravine, M., Malespin, C., Webster, C., Campbell, B., Izenberg, N., March 2020. DAVINCI+: deep atmosphere of Venus investigation of noble gases, chemistry, and imaging plus. In: Lunar and Planetary Science Conference, p. 2599. No. 2326.

[102] Genova, A., Goossens, S., Mazarico, E., Lemoine, F.G., Neumann, G.A., Kuang, W., Sabaka, T.J., Hauck II, S.A., Smith, D.E., Solomon, S.C., Zuber, M.T., 2019. Geodetic evidence that Mercury has a solid inner core. Geophys. Res. Lett. 46 (7), 3625-3633. https://doi.org/10.1029/2018GL081135.

[103] Gerya, T., Stern, R., Baes, M., Sobolev, S., Whattam, S., 2015. Plate tectonics on the Earth triggered by plume-induced subduction initiation. Nature 527, 221-225. https://doi.org/10.1038/nature15752.

[104] Ghail, R., 2015. Rheological and petrological implications for a stagnant lid regime on Venus. Planet. Space Sci. 113, 2-9. https://doi.org/10.1016/j.pss.2015.02.005.

[105] Giardini, D., Lognonné, P., Banerdt, W.B., Pike, W.T., Christensen, U., Ceylan, S., Clinton, J.F., van Driel, M., Stähler, S.C., Böse, M., Garcia, R.F., Khan, A., Panning, M., Perrin, C., Banfield, D., Beucler, E., Charalambous, C., Euchner, F., Horleston, A., Jacob, A., Kawamura, T., Kedar, S., Mainsant, G., Scholz, J.-R., Smrekar, S.E., Spiga, A., Agard, C., Antonangeli, D., Barkaoui, S., Barrett, E., Combes, P., Conejero, V., Daubar, I., Drilleau, M., Ferrier, C., Gabsi, T., Gudkova, T., Hurst, K., Karakostas, F., King, S., Knapmeyer, M., Knapmeyer-Endrun, B., Llorca-Cejudo, R., Lucas, A., Luno, L., Margerin, L., McClean, J.B., Mimoun, D., Murdoch, N., Nimmo, F., Nonon, M., Pardo, C., Rivoldini, A., Rodriguez Manfredi, J.A., Samuel, H., Schimmel, M., Stott, A.E., Stutzmann, E., Teanby, N., Warren, T., Weber, R.C., Wieczorek, M., Yana, C., 2020. The seismicity of Mars. Nat. Geosci. 13 (3), 205-212. https://doi.org/10.1038/s41561-020-0539-8.

[106] Gillmann, C., Tackley, P., 2014. Atmosphere/mantle coupling and feedbacks on Venus. J. Geophys. Res. 119 (6), 1189-1217. https://doi.org/10.1002/2013JE004505.

[107] Guillot, T., Gautier, D., 2015. Giant planets. In: Spohn, T., Schubert, G. (Eds.), Treatise on Geophysics, second ed., vol. 10. Planets and Moons, p. 42. https://doi.org/10.1016/B978-0-444-53802-4.00176-7.

[108] Guillot, T., Stevenson, D.J., Hubbard, W.B., Saumon, D., 2004. The interior of Jupiter. In: Bagenal, F., Dowling, T.E., McKinnon, W.B. (Eds.), Jupiter. The Planet, Satellites and Magnetosphere, vol. 1. Cambridge University Press, Cambridge planetary science, ISBN 0-521-81808-7, pp. 35-57.

[109] Goldreich, P., Tremaine, S.D., 1978a. The velocity dispersion in Saturn's rings. Icarus 34 (2), 227-239. https://doi.org/10.1016/0019-1035(78)90164-1.

[110] Goldreich, P., Tremaine, S.D., 1978b. The formation of the Cassini division in Saturn's rings. Icarus 34 (2), 240-253. https://doi.org/10.1016/0019-1035(78)90165-3.

[111] Goldreich, P., Tremaine, S., 1979. The rings of Saturn and Uranus. In: Instabilities in Dynamical Systems: Applications to Celestial Mechanics. Proceedings of the Advanced Study Institute, Held July 30-August 12, 1978 in Cortina d'Ampezzo, Italy. NATO ASI Series C, vol. 47. Dordrect: D. Reidel Publishing Co., pp. 129-133

[112] Goldreich, P., Murray, N., Longaretti, P.Y., Banfield, D., 1989. Neptune's story. Science 245 (4917), 500 500-504. https://doi.org/10.1126/science.245.4917.500.

[113] Gomes, R., Levison, H.F., Tsiganis, K., Morbidelli, A., 2005. Origin of the cataclysmic Late Heavy Bombardment period of the terrestrial planets. Nature 435, 466-469. https://doi.org/10.1038/nature03676.

[114] Gomes, R., Nesvorný, D., 2016. Neptune Trojan formation during planetary instability and migration. Astronom. Astrophys. 592, 8. https://doi.org/10.1051/0004-6361/201527757. Id: A146.

[115] Grasset, O., Dougherty, M.K., Coustenis, A., Coustenis, A., Bunce, E., Erd, C., Titov, D., Blanc, M., Coates, A., Drossart, P., Fletcher, L., Hussmann, H., Jaumann, R., Krupp, N., Lebreton, J.P., Prieto-Ballesteros, O., Tortora, P., Tosi, F., Van Hoolst, T., 2013. JUpiter ICy moons Explorer (JUICE): an ESA mission to orbit Ganymede and to characterise the Jupiter system. Planet. Space Sci. 78, 1-21. https://doi.org/10.1016/j.pss.2012.12.002.

[116] Granvik, M., Morbidelli, A., Jedicke, R., Bolin, B., Bottke, W.F., Beshore, E., Vokrouhlický, D., Nesvorný, D., Michel, P., 2018. Debiased orbit

and absolute-magnitude distributions for near-Earth objects. Icarus 312, 181-207. https://doi.org/10.1016/j.icarus.2018.04.018.

[117] Graykowski, A., Jewitt, D., 2018. Colors and shapes of the irregular planetary satellites. Astronom. J. 155 (4), 184. https://doi.org/10.3847/1538-3881/aab49b.

[118] Grenfell, J.L., Leconte, J., Forget, F., Godolt, M., Carrión-González, Ó., Noack, L., Tian, F., Rauer, H., Gaillard, F., Bolmont, A., Charnay, B., Turbet, M., 2020. Possible atmospheric diversity of low mass exoplanets - some central aspects. Space Sci. Rev. 216 (5), 98. https://doi.org/10.1007/s11214-020-00716-4.

[119] Grotzinger, J.P., Crisp, J., Vasavada, A.R., Anderson, R.C., Baker, C.J., Barry, R., Blake, D.F., Conrad, P., Edgett, K.S., Ferdowski, B., Gellert, R., Gilbert, J.B., Golombek, M., Gómez-Elvira, J., Hassler, D.M., Jandura, L., Litvak, M., Mahaffy, P., Maki, J., Meyer, M., Malin, M.C., Mitrofanov, I., Simmonds, J.J., Vaniman, D., Welch, R.V., Wiens, R.C., 2012. Mars Science Laboratory mission and science investigation. Space Sci. Rev. 170, 5-56. https://doi.org/10.1007/s11214-012-9892-2.

[120] Grotzinger, J.P., Sumner, D.Y., Kah, L.C., Stack, K., Gupta, S., Edgar, L., Rubin, D., Lewis, K., Schieber, J., Mangold, N., Milliken, R., Conrad, P.G., DesMarais, D., Farmer, J., Siebach, K., Calef III, F., Hurowitz, J., McLennan, S.M., Ming, D., Vaniman, D., Crisp, J., Vasavada, A., Edgett, K.S., Malin, M., Blake, D., Gellert, R., Mahaffy, P., Wiens, R.C., Maurice, S., Grant, J.A., Wilson, S., Anderson, R.C., Beegle, L., Arvidson, R., Hallet, B., Sletten, R.S., Rice, M., Bell III, J., Griffes, J., Ehlmann, B., Anderson, R.B., Bristow, T.F., References 161 Dietrich, W.E., Dromart, G., Eigenbrode, J., Fraeman, A., Hardgrove, C., Herkenhoff, K., Jandura, L., Kocurek, G., Lee, S., Leshin, L.A., Leveille, R., Limonadi, D., Maki, J., McCloskey, S., Meyer, M., Minitti, M., Newsom, H., Oehler, D., Okon, A., Palucis, M., Parker, T., Rowland, S., Schmidt, M., Squyres, S., Steele, A., Stolper, E., Summons, R., Treiman, A., Williams, R., Yingst, A., MSL Science Team, 2014. A habitable Fluvio-Lacustrine environment at Yellowknife Bay, Gale Crater, Mars. Science 343 (6169), 1242777. https://doi.org/10.1126/science.1242777.

[121] Grün, E., Krüger, H., Srama, R., 2019. The dawn of dust astronomy. Space Sci. Rev. 215 (46), 97. https://doi.org/10.1007/s11214-019-0610-1.

[122] Gurnett, D.A., Ansher, J.A., Kurth, W.S., Granroth, L.J., 1997. Micron-sized dust particles detected in the outer Solar System by the Voyager 1 and 2 plasma wave instruments. Geophys. Res. Lett. 24 (24), 3125-3128. https://doi.org/10.1029/97GL03228.

[123] Gurnett, D.A., Kurth, W.S., Burlaga, L.F., Ness, N.F., 2013. In-situ observations of interstellar plasma with Voyager 1. Science 341 (6153), 1489-1492. https://doi.org/10.1126/science.1241681.

[124] Gurnett, D.A., Kurth, W.S., 2019. Plasma densities near and beyond the heliopause from the Voyager 1 and 2 plasma wave instruments. Nat. Astronom. 3, 1024-1028. https://doi.org/10.1038/s41550-019-0918-5.

[125] Halliday, A.N., 2013. The origins of volatiles in the terrestrial planets. Geochim. Cosmochim. Acta 105, 146-171. https://doi.org/10.1016/j.gca.2012.11.015.

[126] Hansen, B.M.S., 2009. Formation of the terrestrial planets from a narrow annulus. Astrophys. J. 703 (1), 1131-1140. https://doi.org/10.1088/0004-637X/703/1/1131.

[127] Hanus, J., Marsset, M., Vernazza, P., et al., 2019. The shape of (7) Iris as evidence of an ancient large impact. Astronomy & Astrophysics 624, 1-17. https://doi.org/10.1051/0004-6361/201834541.A121.

[128] Harris, A.W., Benz, W., Fitzsimmons, A., Galvez, A., Green, S.F., Michel, P., Valsecchi, G.B., 2004. The near-earth object impact hazard: space mission priorities for risk assessment and reduction. ESA NEOMAP (Near-Earth Object Mission Advisory Panel) report. In: Proc. International Seminar on Nuclear War and Planetary Emergencies - 32nd Session. https://doi.org/10.1142/9789812701787_0021, 185-185.

[129] Hartmann, W.K., 2019. History of the terminal cataclysm paradigm: epistemology of a planetary bombardment that never (?) happened. Geosciences 9 (7), 285. https://doi.org/10.3390/geosciences9070285.

[130] Hatzes, A.P., 2016. The architecture of exoplanets. Space Sci. Rev. 205 (1-4). https://doi.org/10.1007/s11214-016-0246-3.

[131] Helled, R., Anderson, J.D., Podolak, M., Schubert, G., 2011. Interior models of Uranus and Neptune. Astrophys. J. 726 (1), 7. https://doi.org/10.1088/0004-637X/726/1/15. Id: 15.

[132] Hendrix, A.R., Hurford, T.A., Barge, L.M., Bland, M.T., Bowman, J.S., Brinckerhoff, W., Buratti, B.J., Cable, M.L., Castillo-Rogez, J., Collins, G.C., Diniega, S., German, C.R., Hayes, A.G., Hoehler, T., Hosseini, S., Howett, C.J.A., McEwen, A.S., Neish, C.D., Neveu, M., Nordheim, T.A., Patterson, G.W.,

Patthoff, D.A., Phillips, C., Rhoden, A., Schmidt, B.E., Singer, K.N., Soderblom, J.M., Vance, S.D., 2019. Astrobiology. https://doi.org/10.1089/ast.2018.1955.

[133] Heng, K., Showman, A.P., 2015. Atmospheric dynamics of hot exoplanets. Ann. Rev. Earth Planet. Sci. 43, 509-540. https://doi.org/10.1146/annurev-earth-060614-105146.

[134] Hewins, R.H., Zanda, B., Humayun, M., Nemchin, A., Lorand, J.-P., Pont, S., Deldicque, D., Bellucci, J.J., Beck, P., Leroux, H., Marinova, M., Remusat, L., Göpel, C., Lewin, E., Grange, M., Kennedy, A., Whitehouse, M.J., 2017. Regolith Breccia Northwest Africa 7533: mineralogy and petrology with implications for early Mars. Meteoritics Planet. Sci. 52, 89-124. https://doi.org/10.1111/maps.12740.

[135] Hickman-Lewis, K., Cavalazzi, B., Sorieul, S., Gautret, P., Foucher, F., Whitehouse, M.J., Jeon, H., Georgelin, T., Cockell, C.S., Westall, F., 2020. Metallomics in deep time and the influence of ocean chemistry on the metabolic landscapes of Earth's earliest ecosystems. Sci. Rep. 10, 4965. https://doi.org/10.1038/s41598-020-61774-w.

[136] Höning, D., 2020. The Impact of Life on Climate Stabilization Over Different Timescales. Geochemistry, Geophysics, Geosystems 21 (9), e2020GC009105. https://doi.org/10.1029/2020GC009105.

[137] Höning, D., Spohn, T., 2016. Continental growth and mantle hydration as intertwined feedback cycles in the thermal evolution of Earth. Phys. Earth Planet. Interiors 255, 27-49. https://doi.org/10.1016/j.pepi.2016.03.010.

[138] Höning, D., Tosi, N., Spohn, T., 2019. Carbon cycling and interior evolution of water-covered plate tectonics and stagnant-lid planets. Astronom. Astrophys. 627 (A48), 1-15. https://doi.org/10.1051/0004-6361/201935091.

[139] Horányi, M., 1996. Charged dust dynamics in the solar system. Ann. Rev. Astronom. Astrophys. 34, 383-418. https://doi.org/10.1146/annurev.astro.34.1.383.

[140] Horányi, M., Burns, J.A., Hedman, M.M., Jones, G.H., Kempf, S., 2009. Diffuse rings. In: Dougherty, M.K., Esposito, L.W., Krimigis, S.M. (Eds.), Saturn from Cassini-Huygens. Springer SciencetBusiness Media B.V., ISBN 978-1-4020-9216-9, p. 511. https://doi.org/10.1007/978-1-4020-9217-6_16

[141] Hori, Y., Ikoma, M., 2011. Gas giant formation with small cores triggered by envelope pollution by icy planetesimals. Month. Notices Royal Astronom. Soc. 416, 1419-1429. https://doi.org/10.1111/j.1365-2966.2011.19140.x.

[142] Horinouchi, T., Kouyama, T., Lee, Y.J., Murakami, S.-Y., Ogohara, K., Takagi, M., Imamura, T., Nakajima, K., Peralta, J., Yamazaki, A., Yamada, M., Watanabe, S., 2018. Earth Planet. Space 70 (1), 19. https://doi.org/10.1186/s40623-017-0775-3. Id: 10.

[143] Horinouchi, T., Hayashi, Y.-Y., Watanabe, S., Yamada, M., Yamazaki, A., Kouyama, T., Taguchi, M., Fukuhara, T., Takagi, M., Ogohara, K., Murakami, S.-Y., Peralta, J., Limaye, S.S., Imamura, T., Nakamura, M., Sato, T.M., Satoh, T., 2020. How waves and turbulence maintain the super-rotation of Venus' atmosphere. Science 368, 405-409. https://doi.org/10.1126/science.aaz4439.

[144] Hubbard, W.B., Militzer, B., 2016. A preliminary Jupiter model. Astrophys. J. 820 (1), 13. https://doi.org/10.3847/0004-637X/820/1/80. Id: 80.

[145] Hubbard, W.B., Pearl, J.C., Podolak, M., Stevenson, D.J., 1995. The interior of Neptune. In: Cruishank, D.P. (Ed.), Neptune and Triton. University of Arizona Press, pp. 109-138.

[146] Hueso, R., Sánchez-Lavega, A., 2019. Atmospheric dynamics and vertical structure of Uranus and Neptune's weather layers. Space Sci. Rev. 215. https://doi.org/10.1007/s11214-019-0618-6. Id: 52.

[147] Hubbard, W.B., Brahic, A., Sicardy, B., Elicer, L.-R., Roques, F., Vilas, F., 1986. Occultation detection of a neptunian ring-like arc. Nature 319 (6055), 636-640. https://doi.org/10.1038/319636a0.

[148] Iess, L., Stevenson, D.J., Parisi, M., Hemingway, D., Jacobson, R.A., Lunine, J.I., Nimmo, F., Armstrong, J.W., Asmar, S.W., Ducci, M., Tortora, P., 2014. The gravity field and interior structure of Enceladus. Science 344 (6179), 78-80. https://doi.org/10.1126/science.1250551.

[149] Imamura, T., Mitchell, J., Lebonnois, S., Kaspi, Y., Showman, A.P., Korablev, O., 2020. Superroration in planetary atmospheres. Space Sci. Rev. 216, 87. https://doi.org/10.1007/s11214-020-00703-9.

[150] Ingersoll, A.P., Dowling, T.E., Gierasch, P.J., Orton, G.S., Read, P.L., Sánchez-Lavega, A., Showman, A.P., Simon-Miller, A.A., Vasavada, A.R., 2004. Dynamics of Jupiter's atmosphere. In: Bagenal, F., Dowling, T.E., McKinnon, W.B. (Eds.), Jupiter. The Planet, Satellites and Magnetosphere. Cambridge University Press, Cambridge Planetary Science, ISBN 9780521035453, pp. 105-128 (Chapter 6).

[151] Jakosky, B.M., Grebowsky, J.M., Luhmann, J.G., Connerney, J., Eparvier, F., Ergun, R., Halekas, J., Larson, D., Mahaffy, P., McFadden, J., Mitchell, D.L., Schneider, N., Zurek, R., Bougher, S., Brain,

D., Ma, Y.J., Mazelle, C., Andersson, L., Andrews, D., Baird, D., Baker, D., Bell, J.M., Benna, M., Chaffin, M., Chamberlin, P., Chaufray, Y.-Y., Clarke, J., Collinson, G., Combi, M., Crary, F., Cravens, T., Crismani, M., Curry, S., Curtis, D., Deighan, J., Delory, G., Dewey, R., DiBraccio, G., Dong, C., Dong, Y., Dunn, P., Elrod, M., England, S., Eriksson, A., Espley, J., Evans, S., Fang, X., Fillingim, M., Fortier, K., Fowler, C.M., Fox, J., Gröller, H., Guzewich, S., Hara, T., Harada, Y., Holsclaw, G., Jain, S.K., Jolitz, R., Leblanc, F., Lee, C.O., Lee, Y., Lefevre, F., Lillis, R., Livi, R., Lo, D., Mayyasi, M., McClintock, W., McEnulty, T., Modolo, R., Montmessin, F., Morooka, M., Nagy, A., Olsen, K., Peterson, W., Rahmati, A., Ruhunusiri, S., Russell, C.T., Sakai, S., Sauvaud, J.-A., Seki, K., Steckiewicz, M., Stevens, M., Stewart, A.I.F., Stiepen, A., Stone, S., Tenishev, V., Thiemann, E., Tolson, R., Toublanc, D., Vogt, M., Weber, T., Withers, P., Woods, T., Yelle, R., 2015. MAVEN observations of the response of Mars to an interplanetary coronal mass ejection. Science 350 (6261). https://doi.org/10.1126/science.aad0210.

[152] Jakosky, B.M., 2017. MAVEN observations of the Mars upper atmosphere, ionosphere, and solarwind interactions. J. Geophys. Res. Space Phys. 122 (9), 9552-9553. https://doi.org/10.1002/2017ja024324.

[153] Janssen, M.A., Ingersoll, A.P., Allison, M.D., Gulkis, S., Laraia, A.L., Baines, K.H., Edgington, S.G., Anderson, Y.Z., Kelieher, K., Oyafuso, F.A., 2013. Saturn's thermal emission at 2.2-cm wavelength as imaged by the Cassini RADAR radiometer. Icarus 226, 522-535. https://doi.org/10.1016/j.icarus.2013.06.008.

[154] Janssen, M.A., Oswald, J.E., Brown, S.T., Gulkis, S., Levin, S.M., Bolton, S.J., Allison, M.D., Atreya, S.K., Gautier, D., Ingersoll, A.P., Lunine, J.I., Orton, G.S., Owen, T.C., Steffes, P.G., Adumitroaie, V., Bellotti, A., Jewell, L.A., Li, C., Li, L., Misra, S., et al., 2017. MWR: microwave radiometer for the Juno mission to Jupiter. Space Sci. Rev. 213 (1-4), 139-185. https://doi.org/10.1007/s11214-017-0349-5.

[155] Javaux, E.J., 2019. Challenges in evidencing the earliest traces of life. Nature 572, 451-460. https://doi.org/10.1038/s41586-019-1436-4.

[156] Jewitt, D., Haghighipour, N., 2007. Irregular Satellites of the Planets: Products of Capture in the Early Solar System. Annual Review of Astronomy and Astrophysics 45 (1), 261-295. https://doi.org/10.1146/annurev.astro.44.051905.092459.

[157] Johnson, T.V., Castillo-Rogez, J.C., Matson, D.L., Morbidelli, A., Lunine, J.I., 2008. Constraints on outer Solar System early chronology. In: Early Solar System Impact Bombardment Conference, Lunar and Planetary Institute Science Conference Abstracts, March 1, 2008, vol. 39, p. 2314.

[158] Johnson, C.L., Phillips, R.J., Purucker, M.E., Anderson, B.J., Byrne, P.K., Denevi, B.W., Feinberg, J.M., Hauck II, S.A., Head III, J.W., Korth, H., James, P.B., Mazarico, E., Neumann, G.A., Philpott, L.C., Siegler, M.A., Tsyganenko, N.A., Solomon, S.C., 2015. Low-altitude magnetic field measurements by MESSENGER reveal Mercury's ancient crustal field. Science 348 (6237), 892-895. https://doi.org/10.1126/science.aaa8720.

[159] Johnson, C.L., Mittelholz, A., Langlais, B., Russell, C.T., Ansan, V., Banfield, D., Chi, P.J., Fillingim, M.O., Forget, F., Fuqua Haviland, H., Golombek, M., Joy, S., Lognonné, P., Liu, X., Michaut, C., Pan, L., Quantin-Nataf, C., Spiga, A., Stanley, S., Thorne, S.N., Wieczorek, M.A., Yu, Y., Smrekar, S.E., Banerdt, W.B., 2020. Crustal and time-varying magnetic fields at the InSight landing site on Mars. Nat. Geosci. 13 (3), 199-204. https://doi.org/10.1038/s41561-020-0537-x.

[160] Kahan, D.S., Folkner, W.M., Buccino, D.R., Dehant, V., Le Maistre, S., Rivoldini, A., Van Hoolst, T., Yseboodt, M., Marty, J.C., 2021. Mars precession rate determined from radiometric tracking of the InSight lander. Planet. Space Sci. 199, 105208. https://doi.org/10.1016/j.pss.2021.105208.

[161] Kaltenegger, L., Sasselov, D., 2009. Detecting planetary geochemical cycles on exoplanets: atmospheric signatures and the case of SO_2. Astrophys. J. 708 (2), 1162-1167. https://doi.org/10.1088/0004-637X/708/2/1162.

[162] Kane, S.R., Arney, G., Crisp, D., Domagal-Goldman, S., Glaze, L.S., Goldblatt, C., Grinspoon, D., Head, J.W., Lenardic, A., Unterborn, C., Way, M.J., Zahnle, K.J., 2019. Venus as a laboratory for exoplanetary science. J. Geophys. Res. Planets 124 (8), 2015-2028. https://doi.org/10.1029/2019JE005939.

[163] Kaspi, Y., Galanti, E., Showman, A.P., Stevenson, D.J., Guillot, T., Iess, L., Bolton, S.J., 2020. Comparison of the deep atmospheric dynamics of Jupiter and Saturn in light of the Juno and Cassini gravity measurements. Space Sci. Rev. 216, 84. https://doi.org/10.1007/s11214-020-00705-7.

[164] Kasting, J.F., Catling, D., 2003. Evolution of a habitable planet. Ann. Rev. Astronom. Astrophys. 41 (1), 429-463. https://doi.org/10.1146/annurev.astro.41.071601.170049.

[165] Kasting, J.F., Whitmire, D.P., Reynolds, R.T.,

1993. Habitable zones around main sequence stars. Icarus 101 (1), 108-128. https://doi.org/10.1006/icar.1993.1010.

[166] Kawahara, H., 2020. Global mapping of the surface composition on an exo-earth using color variability. Astrophys. J. 894 (1). https://doi.org/10.3847/1538-4357/ab87a1. Id: 58.

[167] Kerrick, D.M., Connolly, J.A.D., 2001. Metamorphic devolatilization of subducted oceanic metabasalts: implications for seismicity, arc magmatism and volatile recycling. Earth Planet. Sci. Lett. 189 (1-2), 19-29. https://doi.org/10.1016/S0012-821X(01)00347-8.

[168] Khan, A., Ceylan, S., van Driel, M., Giardini, D., Lognonné, P., Samuel, H., Schmerr, N.C., Stähler, S.C., Duran, A.C., Huang, Q., et al., 2021. Upper mantle structure of Mars from InSight seismic data. Science 373 (6553), 434-438. https://doi.org/10.1126/science.abf2966.

[169] Khan, A., Liebske, C., Rozel, A., Rivoldini, A., Nimmo, F., Connolly, J.A.D., Plesa, A.-C., Giardini, D., 2018. A geophysical perspective on the bulk composition of Mars. J. Geophys. Res. Planets 123 (2), 575-611. https://doi.org/10.1002/2017JE005371.

[170] King, E.M., Aurnou, J.M., 2013. Turbulent convection in liquid metal with and without rotation. Proc. Natl. Acad. Sci. 110 (17), 6688-6693.

[171] Kite, E.S., Manga, M., Gaidos, E., 2009. Geodynamics and rate of volcanism on massive Earth-like planets. Astrophys. J. 700 (2), 1732-1749. https://doi.org/10.1088/0004-637X/700/2/1732.

[172] Kleidon, A., 2016. Thermodynamic Foundations of the Earth System. Cambridge University Press.

[173] Kleine, T., Touboul, M., Bourdon, B., Nimmo, F., Mezger, K., Palme, H., Jacobsen, S.B., Yin, Q.-Z., Halliday, A.N., 2009. Hf-W chronology of the accretion and early evolution of asteroids and terrestrial planets. Geochim. Cosmochim. Acta 73, 5150-5188. https://doi.org/10.1016/j.gca.2008.11.047.

[174] Koll, D., Korschinek, G., Faestermann, T., Gómez-Guzmán, J.M., Kipfstuhl, S., Merchel, S., Welch, J.M., 2019. Interstellar 60Fe in Antarctica. Phys. Rev. Lett. 123 (7). https://doi.org/10.1103/PhysRevLett.123.072701. Id: 072701.

[175] Konstantinidis, K., Martinez, C.L.F., Dachwald, B., Ohndorf, A., Dykta, P., Bowitz, P., Rudolph, M., Digel, I., Kowalski, J., Voigt, K., Förstner, R., 2015. A lander mission to probe subglacial water on Saturn's moon Enceladus for life. Acta Astronaut. 106, 63-89. https://doi.org/10.1016/j.actaastro.2014.09.012.

[176] Korenaga, J., 2007. Thermal cracking and the deep hydration of oceanic lithosphere: a key to the generation of plate tectonics? J. Geophys. Res. Solid Earth 112 (B5). https://doi.org/10.1029/2006JB004502. Id: B05408.

[177] Koschny, D., Soja, R.H., Engrand, C., Flynn, G.J., Lasue, J., Levasseur-Regourd, A.C., Malaspina, D., Nakamura, T., Poppe, A.R., Sterken, V.J., Trigo-Rodríguez, J.M., 2019. Interplanetary dust, meteoroids, meteors and meteorites. Space Sci. Rev. 215 (4), 62. https://doi.org/10.1007/s11214-019-0597-7. Id: 34.

[178] Krimigis, S.M., Decker, R.B., Roelof, E.C., Hill, M.E., Armstrong, T.P., Gloeckler, G., Hamilton, D.C., Lanzerotti, L.J., 2013. Search for the exit: Voyager 1 at heliosphere's border with the galaxy. Science 341 (6142), 144-147. https://doi.org/10.1126/science.1235721.

[179] Krimigis, S.M., Decker, R.B., Roelof, E.C., Hill, M.E., Bostrom, C.O., Dialynas, K., Gloeckler, G., Hamilton, D.C., Keath, E.P., Lanzerotti, L.J., 2019. Energetic charged particle measurements from Voyager 2 at the heliopause and beyond. Nat. Astronom. 3, 997-1006. https://doi.org/10.1038/s41550-019-0927-4.

[180] Krüger, H., Hamilton, D.P., Moissl, R., Grün, E., 2009. Galileo in-situ dust measurements in Jupiter's gossamer rings. Icarus 203 (1), 198-213. https://doi.org/10.1016/j.icarus.2009.03.040.

[181] Kurosaki, K., Ikoma, M., 2017. Acceleration of cooling of ice giants by condensation in early atmospheres. Astronom. J. 153 (6), 9. https://doi.org/10.3847/1538-3881/aa6faf. Id: 260.

[182] Lambrechts, M., Johansen, A., 2012. Rapid growth of gas-giant cores by pebble accretion. Astronom. Astrophys. 544, 13. https://doi.org/10.1051/0004-6361/201219127. Id: A32.

[183] Lambrechts, M., Lega, E., Nelson, R.P., Crida, A., Morbidelli, A., 2019. Quasi-static contraction during runaway gas accretion onto giant planets. Astronom. Astrophys. 630, 10. https://doi.org/10.1051/0004-6361/201834413. Id:A82.

[184] Lammer, H., Bredehöft, J.H., Coustenis, A., Khodachenko, M.L., Kaltenegger, L., Grasset, O., Prieur, D., Raulin, F., Ehrenfreund, P., Yamauchi, M., Wahlund, J.-E., Grießmeier, J.-M., Stangl, G., Cockell, C.S., Kulikov, Y.N., Grenfell, J.L., Rauer, H., 2009. What makes a planet habitable? Astronom. Astrophys. Rev. 17 (2), 181-249. https://doi.org/10.1007/s00159-009-0019-z.

[185] Lammer, H., Blanc, M., 2018. From disks to

planets: the making of planets and their early atmospheres. An introduction. Space Sci. Rev. 214 (2), 35. https://doi.org/10.1007/s11214-017-0433-x. Id: 60.

[186] Lang, K.R., 2011. The Cambridge Guide to the Solar System, second ed. Cambridge University Press.

[187] Langmuir, I., 1928. Oscillations in ionized gases. Proc. Natl. Acad. Sci. 14, 627-637. https://doi.org/10.1073/pnas.14.8.627.

[188] Langseth, M.G., Keihm, S.J., Peters, K., 1976. Revised lunar heat-flow values. In: Lunar and Planetary Science Conference Proceedings, vol. 7, pp. 3143-3171.

[189] Lasue, J., Bousquet, P., Blanc, M., André, N., Beck, P., Berger, G., Bolton, S., Bunce, E., Chide, B., Foing, B., Hammel, H., Lellouch, E., Griton, L., Mcnutt, R., Maurice, S., Mousis, O., Opher, M., Sotin, C., Senske, D., Spilker, L., Vernazza, P., Zong, Q., 2021. "Planetary Exploration, Horizon 2061" Report - Chapter 4: From Planetary Exploration Goals to Technology Requirements. ScienceDirect, Elsevier (in press).

[190] Lawrence, D.J., Feldman, W.C., Goldsten, J.O., Maurice, S., Peplowski, P.N., Anderson, B.J., Rodgers, D.J., 2013. Evidence for water ice near Mercury's north pole from MESSENGER Neutron Spectrometer measurements. Science 339 (6117), 292-296. https://doi.org/10.1126/science.1229953.

[191] Leconte, J., Chabrier, G., 2012. A new vision of giant planet interiors: impact of double diffusive convection. Astronom. Astrophys. 540, 13. https://doi.org/10.1051/0004-6361/201117595. Id: A20.

[192] Leconte, J., Chabrier, G., 2013. Layered convection as the origin of Saturn's luminosity anomaly. Nat. Geosci. 6 (5), 347-350. https://doi.org/10.1038/ngeo1791.

[193] Ledoux, P., 1947. On stellar models with convection and discontinuity of the mean molecular weight. Astronom. J. 52, 155. https://doi.org/10.1086/105977.

[194] Lenardic, A., Jellinek, A.M., Foley, B., O'Neill, C., Moore, W.B., 2016. Climate-tectonic coupling: variations in the mean, variations about the mean, and variations in mode. J. Geophys. Res. 121 (10), 1831-1864. https://doi.org/10.1002/2016JE005089.

[195] Lenton, T.M., von Bloh, W., 2001. Biotic feedback extends the life span of the biosphere. Geophysical research letters 28 (9), 1715-1718. https://doi.org/10.1029/2000GL012198.

[196] Levison, H.F., Bottke, W.F., Gournelle, M., Morbidelli, A., Nesvorný, D., Tsiganis, K., 2009. Contamination of the asteroid belt by primordial trans-Neptunian Objects. Nature 460 (7253), 364-366. https://doi.org/10.1038/nature08094.

[197] Levison, H.F., Morbidelli, A., Van Laerhoven, C., Gomes, R.S., Tsiganis, K., 2007. Origin of the Structure of the Kuiper Belt during a Dynamical Instability in the Orbits of Uranus and Neptune. Icarus 196 (1), 258. https://doi.org/10.1016/j.icarus.2007.11.035.

[198] Li, C., Ingersoll, A., Bolton, S., Levin, S., Janssen, M., Atreya, S., Lunine, J., Steffes, P., Brown, S., Guillot, T., Allison, M., Arballo, J., Bellotti, A., Adumitroaie, V., Gulkis, S., Hodges, A., Li, L., Misra, S., Orton, G., Oyafuso, F., Santos-Costa, D., Waite, H., Zhang, Z., 2020. The water abundance in Jupiter's equatorial zone. Nat. Astronom. 4 (6), 609-616. https://doi.org/10.1038/s41550-020-1009-3.

[199] Linsky, J.L., Redfield, S., Tilipman, D., 2019. The interface between the outer heliosphere and the inner local ISM: morphology of the local interstellar cloud, its hydrogen hole, Strömgren shells, and 60Fe accretion. Astrophys. J. 886 (1), 1-19. https://doi.org/10.3847/1538-4357/ab498a. Id: 41.

[200] Liu, J., Goldreich, P.M., Stevenson, D.J., 2008. Constraints on deep-seated zonal winds inside Jupiter and Saturn. Icarus 196 (2), 653-664. https://doi.org/10.1016/j.icarus.2007.11.036.

[201] Lognonné, P., Banerdt, W.B., Pike, W.T., et al., 2020. Constraints on the shallow elastic and anelastic structure of Mars from InSight seismic data. Nat. Geosci. 13, 213-220. https://doi.org/10.1038/s41561-020-0536-y.

[202] Longaretti, P.-Y., 2018. Theory of narrow rings and sharp edges. In: Tiscareno, M.S., Murray, C.D. (Eds.), Planetary Ring Systems. Properties, Structure, and Evolution. Cambridge University Press, ISBN 9781316286791, pp. 225-275. https://doi.org/10.1017/9781316286791.010.

[203] Lozovsky, M., Helled, R., Rosenberg, E.D., Bodenheimer, P., 2017. Jupiter's formation and its primordial internal structure. Astrophys. J. 836 (2), 16. https://doi.org/10.3847/1538-4357/836/2/227. Id: 227.

[204] Magnabosco, C., Lin, L.H., Dong, H., et al., 2018. The biomass and biodiversity of the continental subsurface. Nat. Geosci. 11, 707-717. https://doi.org/10.1038/s41561-018-0221-6.

[205] Mangold, N., Dromart, G., Ansan, V., Massé, M., Salese, F., Kleinhans, M., 2020. Fluvial regimes, age and duration of Jezero crater paleolake and its significance for the 2020 rover mission landing site. Astrobiology 20 (8), 994-1013. https://doi.

org/10.1089/ast.2019.2132.

[206] Mankovich, C., Fortney, J.J., Moore, K.L., 2016. Bayesian evolution models for Jupiter with helium rain and doublediffusive convection. Astrophys. J. 832 (2), 13. https://doi.org/10.3847/0004-637X/832/2/113. Id: 113.

[207] Mankovich, C., Fuller, J., 2021. A Diffuse Core in Saturn Revealed by Ring Seismology. arXiv arXiv:2104.13385.x.

[208] Margot, J.-L., Hauck, S.A., Mazarico, E., Padovan, P.S.J., 2018. Mercury's internal structure. In: Solomon, S.C., Anderson, B.J., Nittler, L.R. (Eds.), Mercury, the View after MESSENGER. Cambridge University Press, Cambridge, UK.

[209] Margot, J.L., Campbell, D.B., Giorgini, J.D., Jao, J.S., Snedeker, L.G., Ghigo, F.D., Bonsall, A., 2021. Spin state and moment of inertia of Venus. Nat. Astronom. 1-8.

[210] Marley, M.S., Gómez, P., Podolak, M., 1995. Monte Carlo interior models for Uranus and Neptune. J. Geophys. Res. 100 (E11), 23349-23354. https://doi.org/10.1029/95JE02362.

[211] Marsset, M., Broz, M., Vernazza, P., et al., 2020. The violent collisional history of aqueously evolved (2) Pallas. Nature Astronomy 4, 569-576. https://doi.org/10.1038/s41550-019-1007-5.

[212] Martin, W., Baross, J., Kelley, D., Russell, M.J., 2008. Hydrothermal vents and the origin of life. Nat. Rev. Microbiol. 6, 805-814. https://doi.org/10.1038/nrmicro1991.

[213] Masset, F., Snellgrove, M., 2001. Reversing type II migration: resonance trapping of a lighter giant protoplanet. Month. Notice. Royal Astronom. Soc. 320, L55eL59. https://doi.org/10.1046/j.1365-8711.2001.04159.x.

[214] Mattingly, R., May, L., 2011. March. Mars sample return as a campaign. In: 2011 IEEE Aerospace Conference, pp. 1-13.

[215] McComas, D.J., Alexashov, D., Bzowski, M., Fahr, H., Heerikhuisen, J., Izmodenov, V., Lee, M.A., Möbius, E., Pogorelov, N., Schwadron, N.A., Zank, G.P., 2012. The heliosphere's interstellar interaction: No bow shock. Science 336 (6086), 1291-1293. https://doi.org/10.1126/science.1221054.

[216] McComas, D.J., Bzowski, M., Frisch, P., Fuselier, S.A., Kubiak, M.A., Kucharek, H., Leonard, T., Möbius, E., Schwadron, N.A., Sokół, J.M., Swaczyna, P., Witte, M., 2015. Warmer local interstellar medium: a possible 166 3. From science questions to Solar System exploration resolution of the Ulysses-IBEX enigma. Astrophys. J. 801 (1), 1-7. https://doi.org/10.1088/0004-637X/801/1/28.

[217] McKay, C.P., Porco, C.C., Altheide, T., Davis, W.L., Kral, T.A., 2008. The possible origin and persistence of life on Enceladus and detection of biomarkers in the plume. Astrobiology 8 (5), 909-919. https://doi.org/10.1089/ast.2008.0265.

[218] McKinnon, W.B., Lunine, J., Banfield, D., 1995. Origin and evolution of Triton. In: Neptune and Triton, pp. 807-877.

[219] Meyer-Vernet, N., 2007. Basics of the Solar Wind. Cambridge University Press.

[220] Michalski, J., Cuadros, J., Niles, P., et al., 2013. Groundwater activity on Mars and implications for a deep biosphere. Nat. Geosci. 6, 133-138. https://doi.org/10.1038/ngeo1706.

[221] Milillo, A., Fujimoto, M., Murakami, G., et al., 2020. Investigating Mercury's environment with the two-spacecraft BepiColombo mission. Space Sci. Rev. 216, 93. https://doi.org/10.1007/s11214-020-00712-8.

[222] Mitrovica, J.X., Forte, A.M., 2004. A new inference of mantle viscosity based upon joint inversion of convection and glacial isostatic adjustment data. Earth Planet. Sci. Lett. 225 (1-2), 177-189. https://doi.org/10.1016/j.epsl.2004.06.005.

[223] Molter, E.M., de Pater, I., Luszcz-Cook, S., Tollefson, J., Sault, R.J., Butler, B., de Boer, D., 2021. Tropospheric Composition and Circulation of Uranus with ALMA and the VLA. Planet. Sci. J. 2 (1). https://doi.org/10.3847/psj/abc48a.

[224] Moore, W.B., Hussmann, H., 2009. In: Europa, Pappalardo, R.T., McKinnon, W.B., Khurana, K. (Eds.), Thermal Evolution of Europa's Silicate Interior. University of Arizona Press, pp. 369-380.

[225] Morbidelli, A., Levison, H.F., Tsiganis, K., Gomes, R., 2005. The chaotic capture of Jovian Trojan asteroids during the early dynamical evolution of the Solar System. Nature 435, 462-465. https://doi.org/10.1038/nature03540.

[226] Morbidelli, A., Crida, A., 2007. The dynamics of Jupiter and Saturn in the gaseous protoplanetary disk. Icarus 191, 158-171. https://doi.org/10.1016/j.icarus.2007.04.001.

[227] Morbidelli, A., Tsiganis, K., Crida, A., Levison, H.F., Gomes, R., 2007. Dynamics of the giant planets of the solar system in the gaseous protoplanetary disk and their relationship to the current orbital architecture. Astronom. J. 134, 1790-1798. https://doi.org/10.1086/521705.

[228] Morbidelli, A., Lunine, J.I., O'Brien, D.P., Raymond, S.N., Walsh, K.J., 2012. Building terrestrial planets. Ann. Rev. Earth Planet. Sci.

40, 251-275. https://doi.org/10.1146/annurev-earth-042711-105319.

[229] Morbidelli, A., Raymond, S.N., 2016. Challenges in planet formation. Journal of Geophysical Research: Planets 121 (10), 1962-1980. https://doi.org/10.1002/2016JE005088.

[230] Morbidelli, A., Raymond, S.N., 2018. Challenges in planet formation. J. Geophys. Res. 121 (10), 1962-1980. https://doi.org/10.1002/2016JE005088.

[231] Morbidelli, A., Nesvorny, D., Laurenz, V., Marchi, S., Rubie, D.C., Elkins-Tanton, L., Wieczorek, M., Jacobson, S., 2018. The timeline of the lunar bombardment: Revisited. Icarus 305, 262-276. https://doi.org/10.1016/j.icarus.2017.12.046.

[232] Moses, J.I., Cavalié, T., Fletcher, L.N., Roman, M.T., 2020. Atmospheric chemistry on Uranus and Neptune. Philos. Trans. Royal Soc. Lond. Ser. A 378 (2187). https://doi.org/10.1098/rsta.2019.0477.

[233] Mousis, O., Atkinson, D.H., et al., 2021. In Situ Exploration of the Giant Planets. White Paper submitted in response to ESA's Call for Voyage 2050 Science Themes. https://www.cosmos.esa.int/documents/1866264/3219248/MousisO_WP_final.pdf/f60f9c82-aa40-8c67-788a-81212dbb5291?t1565184649007.

[234] Müller, S., Ben-Yami, M., Helled, R., 2020. Theoretical versus observational uncertainties: composition of giant exoplanets. Astrophys. J. 903 (2), 13. https://doi.org/10.3847/1538-4357/abba19. Id: 147.

[235] Nakajima, M., Stevenson, D.J., 2015. Melting and mixing states of the Earth's mantle after the Moon-forming impact. Earth Planet. Sci. Lett. 427, 286-295. https://doi.org/10.1016/j.epsl.2015.06.023.

[236] Namur, O., Collinet, M., Charlier, B., Grove, T.L., Holtz, F., McCammon, C., 2016. Melting processes and mantle sources of lavas on Mercury. Earth Planet. Sci. Lett. 439, 117-128. https://doi.org/10.1016/j.epsl.2016.01.030.

[237] Nanne, J.A.M., Nimmo, F., Cuzzi, J.N., Kleine, T., 2019. Origin of the non-carbonaceous-carbonaceous meteorite dichotomy. Earth Planet. Sci. Lett. 511, 44-54. https://doi.org/10.1016/j.epsl.2019.01.027.

[238] Nesvorný, D., Vokrouhlický, D., Morbidelli, A., 2007. Capture of irregular satellites during planetary encounters. Astronom. J. 133 (5), 1962-1976. https://doi.org/10.1086/512850.

[239] Nesvorný, D., Morbidelli, A., 2012. Statistical study of the early solar system's instability with four, five, and six giant planets. Astronom. J. 144 (4), 20. https://doi.org/10.1088/0004-6256/144/4/117. Id: 117.

[240] Nesvorný, D., Vokrouhlický, D., Morbidelli, A., 2013. Capture of Trojans by Jumping Jupiter. Astronom. J 768 (1), 8. https://doi.org/10.1088/0004-637X/768/1/45. Id: 45.

[241] Nesvorný, D., 2015a. Evidence for slow migration of Neptune from the inclination distribution of Kuiper belt objects. Astronom. J 150 (3), 18. https://doi.org/10.1088/0004-6256/150/3/73. Id: 73.

[242] Nesvorný, D., 2015b. Jumping Neptune can explain the Kuiper belt Kernel. Astronom. J. 150 (3), 14. https://doi.org/10.1088/0004-6256/150/3/68. Id: 68.

[243] Nesvorný, D., Broz, M., Carruba, V., 2015. Identification and dynamical properties of asteroid families. In: Michel, P., DeMeo, F.E., Bottke, W.F. (Eds.), Asteroids IV. University of Arizona Press, Tucson, ISBN 978-0-816-53213-1, p. 895. https://doi.org/10.2458/azu_uapress_9780816532131-ch016, 297-321.

[244] Nesvorný, D., Vokrouhlický, D., 2016. Neptune's orbital migration was grainy, not smooth. Astrophys. J. 825 (2), 18. https://doi.org/10.3847/0004-637X/825/2/94. Id: 94.

[245] Nesvorný, D., 2018. Dynamical evolution of the early solar system. Ann. Rev. Astronom. Astrophys. 56, 137-174. https://doi.org/10.1146/annurev-astro-081817-052028.

[246] Nettelmann, N., Becker, A., Holst, B., Redmer, R., 2012. Jupiter models with improved ab initio hydrogen equation of state (H-REOS.2). Astrophys. J. 750 (1), 10. https://doi.org/10.1088/0004-637X/750/1/52. Id: 52.

[247] Nettelmann, N., Helled, R., Fortney, J.J., Redmer, R., 2013. New indication for a dichotomy in the interior structure of Uranus and Neptune from the application of modified shape and rotation data. Planet. Space Sci. 77, 143-151. https://doi.org/10.1016/j.pss.2012.06.019.

[248] Nettelmann, N., Wang, K., Fortney, J.J., Hamel, S., Yellamilli, S., Bethkenhagen, M., Redmer, R., 2016. Uranus evolution models with simple thermal boundary layers. Icarus 275, 107-116. https://doi.org/10.1016/j.icarus.2016.04.008.

[249] Neveu, M., Hays, L.E., Voytek, M.A., New, M.H., Schulte, M.D., 2018. The ladder of life detection. Astrobiology 18 (11), 1375-1402. https://doi.org/10.1089/ast.2017.1773.

[250] Nicholson, P.D., De Pater, I., French, R.G., Showalter, M.R., 2018a. The rings of Uranus. In: Tiscareno, M.S., Murray, C.D. (Eds.), Planetary Ring Systems. Properties, Structure, and Evolution. Cambridge University Press, ISBN 9781316286791, pp. 93-111. https://doi.org/10.1017/9781316286791.004.

[251] Nicholson, P.D., French, R.G., Spitale, J.N., 2018b. Narrow rings, gaps, and sharp edges. In: Tiscareno, M.S., Murray, C.D. (Eds.), Planetary Ring Systems. Properties, Structure, and Evolution. Cambridge University Press, ISBN 9781316286791, pp. 276-307. https://doi.org/10.1017/9781316286791.011.

[252] Nijman, N., Kloppenburg, A., de Vries, S.T., 2014. Archaean basin margin geology and crustal evolution: an East Pilbara traverse. J. Geol. Soc. 174, 1090-1112. https://doi.org/10.1144/jgs2016-127. June 29, 2017.

[253] Nimmo, F., 2002. Why does Venus lack a magnetic field? Geology 30 (11), 987-990. https://doi.org/10.1130/0091-7613(2002)030<0987:WDVLAM>2.0.CO;2.

[254] Nittler, L.R., Starr, R.D., Weider, S.Z., McCoy, T.J., Boynton, W.V., Ebel, D.S., Ernst, C.M., Evans, L.G., Goldsten, J.O., Hamara, D.K., Lawrence, D.J., McNutt Jr., R.L., Schlemm 2nd, C.E., Solomon, S.C., Sprague, A.L., 2011. The major-element composition of Mercury's surface from MESSENGER X-ray spectrometry. Science 333 (6051), 1847-1850. https://doi.org/10.1126/science.1211567.

[255] Noack, L., Breuer, D., 2014. Plate tectonics on rocky exoplanets: influence of initial conditions and mantle rheology. Planet. Space Sci. 98, 41-49. https://doi.org/10.1016/j.pss.2013.06.020.

[256] Nogueira, E., Brasser, R., Gomes, R., 2011. Reassessing the origin of Triton. Icarus 214 (1), 113-130. https://doi.org/10.1016/j.icarus.2011.05.003.

[257] O'Neill, C., Jellinek, A.M., Lenardic, A., 2007. Conditions for the onset of plate tectonics on terrestrial planets and moons. Earth Planet. Sci. Lett. 261 (1-2), 20-32. https://doi.org/10.1016/j.epsl.2007.05.038.

[258] O'Rourke, J.G., Buz, J., Fu, R.R., Lillis, R.J., 2019. Detectability of remnant magnetism in the crust of Venus. Geophys. Res. Lett. 46 (11), 5768-5777. https://doi.org/10.1029/2019GL082725.

[259] Oeser, R.A., Stroncik, N., Moskwa, L.M., Bernhard, N., Schaller, M., Canessa, R., van den Brink, L., Köster, M., Brucker, E., Stock, S., Fuentes, J.P., Godoy, R., Matus, F.J., Pedraza, R.O., McIntyre, P.O., Paulino, L., Seguel, O., Bader, M.Y., Boy, J., Dippold, M.A., Ehlers, T.A., Kühn, P., Kuzyakov, Y., Leinweber, P., Scholten, T., Spielvogel, S., Spohn, M., Übernickel, K., Tielbörger, K., Wagner, D., von Blanckenburg, F., 2018. Chemistry and microbiology of the Critical Zone along a steep climate and vegetation gradient in the Chilean Coastal Cordillera. CATENA 170, 183-203. https://doi.org/10.1016/j.catena.2018.06.002.

[260] Ormel, C.W., Klahr, H.H., 2010. The effect of gas drag on the growth of protoplanets. Analytical expressions for the accretion of small bodies in laminar disks. Astronom. Astrophys. 520, 15. https://doi.org/10.1051/0004-6361/201014903. Id: A43.

[261] Ormel, C.W., Vazan, A., Brouwers, M.G., 2021. How planets grow by pebble accretion. III. Emergence of an interior composition gradient. Astronom. Astrophys. 647, 19. https://doi.org/10.1051/0004-6361/202039706. Id: A175.

[262] Opher, M., 2016. The heliosphere: what did we learn in recent years and the current challenges. Space Sci. Rev. 200 (1-4), 475-494. https://doi.org/10.1007/s11214-015-0186-3.

[263] Opher, M., Drake, J.F., 2013. On the rotation of the magnetic field across the heliopause. Astrophys. J. Lett. 778 (2), 1-6. https://doi.org/10.1088/2041-8205/778/2/L26. Id: L26.

[264] Opher, M., Drake, J.F., Zieger, B., Gombosi, T.I., 2015. Magnetized jets driven by the Sun: the structure of the heliosphere revisited. Astrophys. J. Lett. 800 (2), 1-7. https://doi.org/10.1088/2041-8205/800/2/L28. Id: L28.

[265] Opher, M., Loeb, A., Drake, J., Toth, G., 2020. A small and round heliosphere suggested by magnetohydrodynamic modelling of pick-up ions. Nat. Astronom. 4, 675-683. https://doi.org/10.1038/s41550-020-1036-0.

[266] Pappalardo, R.T., Senske, D.A., Korth, H., Klima, R., Vance, S.D., Craft, K., Phillips, C.B., Europa Science Team, 2017. The planned Europa Clipper Mission and its role in investigating ice shell exchange processes. In: Europa Deep Dive 1: Ice-Shell Exchange Processes, Proceedings of the Conference Held 1-2 November, 2017 in Houston, Texas. LPI Contribution No. 2048, Id: 7003.

[267] Parker, E.N., 1961. The stellar-wind regions. Astrophys. J. 134, 20. https://doi.org/10.1086/147124.

[268] Pearce, B.K.D., Pudritz, R.E., Semenov, D.A., Henning, T.K., 2017. Origin of the RNA World: the fate of nucleobases in warm little ponds. Proc. Natl. Acad. Sci. USA 114, 11327-11332. https://doi.org/10.1073/pnas.1710339114.

[269] Peplowski, P.N., Klima, R.L., Lawrence, D.J., Ernst, C.M., Denevi, B.W., Frank, E.A., Goldsten, J.O., Murchie, S.L., Nittler, L.R., Solomon, S.C., 2016. Remote sensing evidence for an ancient carbon-bearing crust on Mercury. Nat. Geosci. 9 (4), 273-276. https://doi.org/10.1038/ngeo2669.

[270] Piel, A., 2010. Definition of the plasma state. In: Plasma Physics. Springer, Berlin, Heidelberg. https://doi.org/10.1007/978-3-642-10491-6_2.

[271] Pierens, A., Raymond, S.N., Nesvorný, D., Morbidelli, A., 2014. Outward migration of Jupiter and Saturn in 3:2 or 2:1 resonance in radiative disks: implications for the grand tack and Nice models. Astrophys. J. Lett. 795 (1), 1-6. https://doi.org/10.1088/2041-205/795/1/L11. Id: L11.

[272] Pitjeva, E.V., Pitjev, N.P., 2016. Masses of asteroids and total mass of the main asteroid belt. In: Chesley, S.R., Morbidelli, A., Jedicke, R., Farnocchia, D. (Eds.), Proceedings IAU Symposium No. 318, 2015. International Astronomical Union. https://doi.org/10.1017/S1743921315008388.

[273] Pitjeva, E.V., Pitjev, N.P., 2018. Mass of the Kuiper belt. Celest. Mech. Dyn. Astronom. 130, 57. https://doi.org/10.1007/s10569-018-9853-5.

[274] Plesa, A.C., Tosi, N., Grott, M., Breuer, D., 2015. Thermal evolution and Urey ratio of Mars. J. Geophys. Res. 120 (5), 995-1010. https://doi.org/10.1002/2014JE004748.

[275] Plesa, A.C., Padovan, S., Tosi, N., Breuer, D., Grott, M., Wieczorek, M.A., Spohn, T., Smrekar, S.E., Banerdt, W.B., 2018. The thermal state and interior structure of Mars. Geophys. Res. Lett. 45 (22), 12-198. https://doi.org/10.1029/2018GL080728.

[276] Podolak, M., Pollack, J.B., Reynolds, R.T., 1988. Interactions of planetesimals with protoplanetary atmospheres. Icarus 73 (1), 163-179. https://doi.org/10.1016/0019-1035(88)90090-5.

[277] Podolak, M., Helled, R., Schubert, G., 2019. Effect of non-adiabatic thermal profiles on the inferred compositions of Uranus and Neptune. Month. Notices Royal Astronom. Soc. 487 (2), 2653-2664. https://doi.org/10.1093/mnras/stz1467.

[278] Pogorelov, N.V., Borovikov, S.N., Heerikhuisen, J., Zhang, M., 2015. The heliotail. Astrophys. J. Lett. 812 (1), 1-7. https://doi.org/10.1088/2041-8205/812/1/L6. Id: L6.

[279] Pollack, J.B., Hubickyj, O., Bodenheimer, P., Lissauer, J.J., Podolak, M., Greenzweig, Y., 1996. formation of the giant planets by concurrent accretion of solids and gas. Icarus 124 (1), 62-85. https://doi.org/10.1006/icar.1996.019.

[280] Porco, C.C., Helfenstein, P., Thomas, P.C., Ingersoll, A.P., Wisdom, J., West, R., Neukum, G., Denk, T., Wagner, R., Roatsch, T., Kieffer, S., Turtle, E., McEwen, A., Johnson, T.V., Rathbun, J., Veverka, J., Wilson, D., Perry, J., Spitale, J., Brahic, A., Burns, J.A., DelGenio, A.D., Dones, L., Murray, C.D., Squyres, S., 2006. Cassini observes the active south Pole of Enceladus. Science 311 (5766), 1393-1401. https://doi.org/10.1126/science.1123013.

[281] Postberg, F., Grün, E., Horanyi, M., Kempf, S., Krüger, H., Schmidt, J., Spahn, F., Srama, R., Sternovsky, Z., Trieloff, M., 2011. Compositional mapping of planetary moons by mass spectrometry of dust ejecta. Planet. Space Sci. 59 (14), 1815-1825. https://doi.org/10.1016/j.pss.2011.05.001.

[282] Postberg, F., Khawaja, N., Abel, B., Choblet, G., Glein, C.R., Gudipati, M.S., Henderson, B.L., Hsu, H.-W., Kempf, S., Klenner, F., Moragas-Klostermeyer, G., Magee, B., Nölle, L., Perry, M., Reviol, R., Schmidt, J., Srama, R., Stolz, F., Tobie, G., Trieloff, M., Waite, J.H., 2018. Macromolecular organic compounds from the depths of Enceladus. Nature 558 (7711), 564-568. https://doi.org/10.1038/s41586-018-0246-4.

[283] Prieto-Ballesteros, O., et al., 2019. Searching for (Bio)chemical Complexity in Icy Satellites, with a Focus on Europa. White paper ESA Voyage 2050. https://www.cosmos.esa.int/documents/1866264/3219248/Prieto-BallesterosO_WP-complex.pdf/9be87764-b230-5497-d98f-77693b0b9add?t1565184652275.

[284] Quantin-Nataf, C., Carter, J., Mandon, L., Thollot, P., Balme, M., Volat, M., Pan, L., Loizeau, D., Millot, C., Breton, S., Dehouck, E., Fawdon, P., Gupta, S., Davis, J., Grindrod, P.M., Pacifici, A., Bultel, B., Allemand, P., Ody, A., Lozach, L., Broyer, J., 2021. Oxia Planum: the landing site for the ExoMars "Rosalind Franklin" rover mission: geological context and prelanding interpretation. Astrobiology 21 (3), 345-366. https://doi.org/10.1089/ast.2019.2191.

[285] Rauer, H., Blanc, M., Venturini, J., Dehant, V., Demory, B., Dorn, C., Domagal-Goldman, S., Foing, B., Gaudi, S., Helled, R., Heng, K., Kitzman, D., Kokubo, E., Le Sergeant d'Hendecourt, L., Mordasini, C., Nesvorny, D., Noack, L., Opher, M., Owen, J., Paranicas, C., Qin, L., Snellen, I., Testi, L., Udry, S., Wambganss, J., Westall, F., Zarka, P., Zong, Q., 2022. "Planetary Exploration, Horizon 2061" Report - Chapter 2: Solar System/Exoplanet Science Synergies in a Multi-Decadal Perspective. ScienceDirect, Elsevier (in press).

[286] Raymond, S.N., O'Brien, D.P., Morbidelli, A., Kaib, N.A., 2009. Building the terrestrial planets: constrained accretion in the inner Solar System. Icarus 203, 644-662. https://doi.org/10.1016/j.icarus.2009.05.016.

[287] Read, P.L., Lebonnois, S., 2018. Superrotation on Venus, on Titan, and elsewhere. Ann. Rev. Earth

Planet. Sci. 46, 175-202. https://doi.org/10.1146/annurev-earth-082517-010137.

[288] Redfield, S., Wood, B.E., Linsky, J.L., 2004. Physical structure of the local interstellar medium. Adv. Space Res. 34 (1), 41-45. https://doi.org/10.1016/j.asr.2003.02.053.

[289] Regenauer-Lieb, K., Yuen, D.A., Branlund, J., 2001. The initiation of subduction: criticality by addition of water? Science 294 (5542), 578-580. https://doi.org/10.1126/science.1063891.

[290] Richardson, J.D., Belcher, J.W., Garcia-Galindo, P., Burlaga, L.F., 2019. Voyager 2 plasma observations of the heliopause and interstellar medium. Nat. Astronom. 3, 1019-1023. https://doi.org/10.1038/s41550-019-0929-2.

[291] Rosas, J.C., Korenaga, J., 2018. Rapid crustal growth and efficient crustal recycling in the early Earth: implications for Hadean and Archean geodynamics. Earth Planet. Sci. Lett. 494, 42-49. https://doi.org/10.1016/j.epsl.2018.04.051.

[292] Rosing, M.T., Bird, D.K., Sleep, N.H., Glassley, W.E., Albarède, F., 2006. The rise of continentsdan essay on the geologic consequences of photosynthesis. Palaeogeograph. Palaeoclimatol. Palaeoecol. 232 (2-4), 99-113. https://doi.org/10.1016/j.palaeo.2006.01.007.

[293] Roth, L., Saur, J., Retherford, K.D., Strobel, D.F., Feldman, P.D., McGrath, M.A., Nimmo, F., 2014. Transient water vapor at Europa's south Pole. Science 343 (6167), 171-174. https://doi.org/10.1126/science.1247051.

[294] Rubie, D.C., Jacobson, S.A., Morbidelli, A., O'Brien, D.P., Young, E.D., de Vries, J., Nimmo, F., Palme, H., Frost, D.J., 2015. Accretion and differentiation of the terrestrial planets with implications for the compositions of early-formed Solar System bodies and accretion of water. Icarus 248, 89-108. https://doi.org/10.1016/j.icarus.2014.10.015.

[295] Russell, M.J., Hall, A.J., Cairns-Smith, A.G., Braterman, P.S., 1988. Submarine hot springs and the origin of life. Nature 336, 117. https://doi.org/10.1038/336117a0.

[296] Russell, M.J., Hall, A.J., 1997. The emergence of life from iron monosulphide bubbles at a submarine hydrothermal redox and pH front. J. Geol. Soc. 154, 377-402. https://doi.org/10.1144/gsjgs.154.3.0377.

[297] Russell, C.T., Luhmann, J.G., Strangeway, R.J., July 2016. 2016, Space Physics: An Introduction. Cambridge University Press.

[298] Salo, H., Ohtsuki, K., Lewis, M.C., 2018. Computer simulations of planetary rings. In: Tiscareno, M.S., Murray, C.D. (Eds.), Planetary Ring Systems - Properties, Structure, and Evolution. Cambridge University Press, ISBN 9781316286791, pp. 434-493. https://doi.org/10.1017/9781316286791.016.

[299] Sánchez-Lavega, A., Lebonnois, S., Imamura, T., Read, P., Luz, D., 2017. The atmospheric dynamics of Venus. Space Sci. Rev. 212, 1541-1616. https://doi.org/10.1007/s11214-017-0389-x.

[300] Sánchez-Lavega, A., Heimpel, M., 2018. Atmospheric dynamics of giants and icy planets. In: Handbook of Exoplanets, p. 51.

[301] Saunders, R.S., Pettengill, G.H., 1991. Magellan: mission summary. Science 252 (5003), 247-249. https://doi.org/10.1126/science.252.5003.247.

[302] Sautter, V., Toplis, M., Wiens, R., Cousin, A., Fabre, C., Gasnault, O., Maurice, S., Forni, O., Lasue, J., Ollila, A., Bridges, J., Mangold, N., Le Mouélic, S., Fisk, M., Meslin, P.-Y., Beck, P., Pinet, P., Le Deit, L., Rapin, W., Stolper, E., Newsom, H., Dyar, D., Lanza, N., Vaniman, D., Clegg, S., Wray, J., 2015. In-situ evidence for continental crust on early Mars. Nat. Geosci. 8, 605-609. https://doi.org/10.1038/ngeo2474.

[303] Scheinberg, A.L., Soderlund, K.M., Elkins-Tanton, L.T., 2018. A basal magma ocean dynamo to explain the early lunar magnetic field. Earth Planet. Sci. Lett. 492, 144-151.

[304] Scherer, K., Fichtner, H., 2014. The return of the bow shock. Astrophys. J. 782 (1), 1-5. https://doi.org/10.1088/0004-637X/782/1/25. Id: 25.

[305] Schwartzman, D.W., Volk, T., 1989. Biotic enhancement of weathering and the habitability of Earth. Nature 340 (6233), 457-460. https://doi.org/10.1038/340457a0.

[306] Sherwood, B., Lunine, J., Sotin, C., Cwik, T., Naderi, F., 2018. Program options to explore ocean worlds. Acta Astronaut. 143, 285-296. https://doi.org/10.1016/j.actaastro.2017.11.047.

[307] Showalter, M.R., 2020. The rings and small moons of Uranus and Neptune. Philos. Trans. Royal Soc. A 378, 2187. https://doi.org/10.1098/rsta.2019.0482. Id: 20190482.

[308] Showman, A.P., de Pater, I., 2005. Dynamical implications of Jupiter's tropospheric ammonia abundance. Icarus 174 (1), 192-204. https://doi.org/10.1016/j.icarus.2004.10.004.

[309] Showman, A.P., Ingersoll, A.P., Achterberg, R., Kaspi, Y., 2018. The global atmospheric circulation of Saturn. In: Baines, K.H., Flasar, F.M., Krupp, N., Stallard, T. (Eds.), Saturn in the 21st Century. Cambridge University Press, Cambridge Planetary Science, ISBN 9781316227220, pp. 295-336.

[310] Sicardy, B., Talbot, J., Meza, E., Camargo, J.I.B., Desmars, J., Gault, D., Herald, D., Kerr, S., Pavlov, H., Braga-Ribas, F., Assafin, M., Benedetti-Rossi, G., Dias-Oliveira, A., Gomes-Júnior, A.R., Vieira-Martins, R., Bérard, D., Kervella, P., Lecacheux, J., Lellouch, E., Beisker, W., et al., 2016. Pluto's atmosphere from the 2015 June 29 ground-based stellar occultation at the time of the new horizons flyby. Astrophys. J. Lett. 819 (2), 8. https://doi.org/10.3847/2041-8205/819/2/L38. Id: L38.

[311] Sleep, N.H., Bird, D.K., Pope, E., 2012. Paleontology of Earth's mantle. Ann. Rev. Earth Planet. Sci. 40, 277-300. https://doi.org/10.1146/annurev-earth-092611-090602.

[312] Smith, D.E., Zuber, M.T., Torrence, M.H., Dunn, P.J., Neumann, G.A., Lemoine, F.G., Fricke, S.K., 2009. Time variations of Mars' gravitational field and seasonal changes in the masses of the polar ice caps. J. Geophys. Res. 114 (E5). https://doi.org/10.1029/2008JE003267.

[313] Smrekar, S.E., Stofan, E.R., Mueller, N., Treiman, A., Elkins-Tanton, L., Helbert, J., Piccioni, G., Drossart, P., 2010. Recent hotspot volcanism on Venus from VIRTIS emissivity data. Science 328 (5978), 605-608. https://doi.org/10.1126/science.1186785.

[314] Smrekar, S.E., Hensley, S., Dyar, D., Helbert, J., 2019a. VERITAS (Venus emissivity, radio science, InSAR, topography and spectroscopy): a proposed discovery mission. In: EPSC-DPS Joint Meeting 2019. Id. EPSC-DPS2019-1124.

[315] Smrekar, S.E., Lognonné, P., Spohn, T., Banerdt, W.B., Breuer, D., Christensen, U., Dehant, V., Drilleau, M., Folkner, W., Fuji, N., Garcia, R.F., Giardini, D., Golombek, M., Grott, M., Gudkova, T., Johnson, C., Khan, A., Langlais, B., Mittelholz, A., Mocquet, A., Myhill, R., Panning, M., Perrin, C., Pike, T., Plesa, A.C., Rivoldini, A., Samuel, H., Stähler, S.C., van Driel, M., Van Hoolst, T., Verhoeven, O., Weber, R., Wieczorek, M., 2019b. Premission InSights on the interior of Mars. Space Sci. Rev. 215 (3), 1-72. https://doi.org/10.1007/s11214-018-0563-9.

[316] Soderlund, K.M., Heimpel, M.H., King, E.M., Aurnou, J.M., 2013. Turbulent models of ice giant internal dynamics: dynamos, heat transfer, and zonal flows. Icarus 224 (1), 97-113.

[317] Soderlund, K.M., Kalousová, K., Buffo, J.J., Glein, C.R., Goodman, J.C., Mitri, G., Patterson, G.W., Postberg, F., Rovira-Navarro, M., Rückriemen, T., Saur, J., 2020. Ice-ocean exchange processes in the jovian and Saturnian satellites. Space Sci. Rev. 216 (5), 1-57.

[318] Soderlund, K.M., Stanley, S., 2020. The underexplored frontier of ice giant dynamos. Philos. Trans. Royal Soc. A 378 (2187). https://doi.org/10.1098/rsta.2019.0479.

[319] Sohl, F., Schubert, G., 2015. Interior structure, composition, and mineralogy of the terrestrial planets. In: Spohn, T., Schubert, G. (Eds.), Treatise in Geophysics, second ed., vol. 10. Elsevier, Amsterdam, pp. 23-64.

[320] Solomon, S.C., Nittler, L.R., Anderson, B.J. (Eds.), 2018. Mercury: The View after MESSENGER. Cambridge University Press. https://doi.org/10.1017/9781316650684 (chapters 16 and 17).

[321] Southam, G., Westall, F., Spohn, T., 2015. Geology, life, and habitability. In: Spohn, T., Schubert, G. (Eds.), Treatise in Geophysics, second ed., vol. 10. Elsevier, Amsterdam, pp. 473-486.

[322] Spohn, T., Schubert, G., 2002. oceans in the icy Galilean satellites of Jupiter? Icarus 161, 456-467. https://doi.org/10.1016/S0019-1035(02)00048-9.

[323] Spohn,T.,Grott,M.,Smrekar,S.E.,Knollenberg, J., Hudson,T.L.,Krause,C.,Müller,N.,Jänchen,J.,Börner,A.,Wippermann,T.,Krömer,O.,Lichtenheldt,R., Wisniewski,L.,Grygorczuk,J.,Fittock,M.,Rheershemius,S.,Spröwitz,T.,Kopp,E.,Walter,I., Plesa,A.C., Breuer,D.,Morgan,P.,Banerdt,W.B.,2018.The heat flow and physical properties package(HP3) for the In Sight mission.Space Sci.Rev.214(5).https://doi.org/10.1007/s11214-018-0531-4.Id:96.

[324] Squyres, S.W., 1989. 1989, Urey prize lecture: water on Mars. Icarus 79, 229-288. https://doi.org/10.1016/0019-1035(89)90078-X.

[325] Squyres, S.W., Arvidson, R.E., Baumgartner, E.T., Bell III, J.F., Christensen, P.R., Gorevan, S., Herkenhoff, K.E., Klingelhöfer, G., Madsen, M.B., Morris, R.V., Rieder, R., Romero, R.A., 2003. Athena Mars rover science investigation. J. Geophys. Res. 108 (E12). https://doi.org/10.1029/2003JE002121.

[326] Stähler, S.C., Khan, A., Banerdt, W.B., Lognonné, P., Giardini, D., Ceylan, S., Drilleau, M., Duran, A.C., Garcia, R.F., Huang, Q., Kim, D., Lekic, V., Samuel, H., Schimmel, M., Schmerr, N., Sollberger, D., Stutzmann, E., Xu, Z., et al., 2021. Seismic detection of the martian core. Science 373, 443-448. https://doi.org/10.1126/science.abi7730.

[327] Stam, D.M., 2008. Spectropolarimetric signatures of Earth-like extrasolar planets. Astronom. Astrophys. 482 (3), 989-1007. https://doi.org/10.1051/0004-

6361:20078358.

[328] Stamenkovi/c, V., Beegle, L.W., Zacny, K., Arumugam, D.D., Baglioni, P., Barba, N., Baross, J., Bell, M.S., Bhartia, R., Blank, J.G., Boston, P.J., Breuer, D., Brinckerhoff, W., Burgin, M.S., Cooper, I., Cormarkovic, V., Davila, A., Davis, R.M., Edwards, C., Etiope, G., Fischer, W.W., Glavin, D.P., Grimm, R.E., Inagaki, F., Kirschvink, J.L., Kobayashi, A., Komarek, T., Malaska, M., Michalski, J., Ménez, B., Mischna, M., Moser, D., Mustard, J., Onstott, T.C., Orphan, V.J., Osburn, M.R., Plaut, J., Plesa, A.-C., Putzig, N., Rogers, K.L., Rothschild, L., Russell, M., Sapers, H., Lollar, B., Sherwood, S.T., Tarnas, J.D., Tuite, M., Viola, D., Ward, L.M., Wilcox, B., Woolley, R., 2019. The next frontier for üplanetary and human exploration. Nat. Astronom. 3, 116-120. https://doi.org/10.1038/s41550-018-0676-9.

[329] Sterken, V.J., Westphal, A.J., Altobelli, N., Malaspina, D., Postberg, F., 2019. Interstellar dust in the Solar System. Space Sci. Rev. 215 (7), 1-32. https://doi.org/10.1007/s11214-019-0607-9. Id: 43.

[330] Stevenson, D.J., Salpeter, E.E., 1977. The dynamics and helium distribution in hydrogen-helium fluid planets. Astrophys. J. Suppl. Ser. 35, 239-261. https://doi.org/10.1086/190479.

[331] Stevenson, D.J., 1982. Interiors of the giant planets. Ann. Rev. Earth Planet. Sci. 10, 257. https://doi.org/10.1146/annurev.ea.10.050182.001353.

[332] Stevenson, D.J., Spohn, T., Schubert, G., 1983. Magnetism and thermal evolution of the terrestrial planets. Icarus 54 (3), 466-489. https://doi.org/10.1016/0019-1035(83)90241-5.

[333] Stone, E.C., Cummings, A.C., McDonald, F.B., Heikkila, B.C., Lal, N., Webber, W.R., 2013. Voyager 1 observes lowenergy galactic cosmic rays in a region depleted of heliospheric ions. Science 341 (6142), 150-153. https://doi.org/10.1126/science.1236408.

[334] Stone, E.C., Cummings, A.C., Heikkila, B.C., Lal, N., 2019. Cosmic ray measurements from Voyager 2 as it crossed into interstellar space. Nat. Astronom. 3, 1013-1018. https://doi.org/10.1038/s41550-019-0928-3.

[335] Sugimoto, N., Takagi, M., Matsuda, Y., 2019. Fully developed superrotation driven by the mean meridional circulation in a Venus GCM. Geophys. Res. Lett. 46, 1776-1784. https://doi.org/10.1029/2018GL080917.

[336] Surkov, Y.A., Moskaleva, L.P., Kharyukova, V.P., Dudin, A.D., Smimov, G.G., Zaitseva, S.E., 1986. Venus rock composition at Vega 2 landing site. J. Geophys. Res. 91 (B13), E215-E218. https://doi.org/10.1029/JB091iB13p0E215.

[337] Tackley, P., 2000. Self-consistent generation of tectonic plates in time-dependent, three-dimensional mantle convection simulations, 1. Pseudoplastic yielding. Geochem. Geophys. Geosyst. 1 (8). https://doi.org/10.1029/2000GC000036.

[338] Tang, M., Chen, K., Rudnick, R.L., 2016. Archean upper crust transition from mafic to felsic marks the onset of plate tectonics. Science 351 (6271), 372-375. https://doi.org/10.1126/science.aad5513.

[339] Tarduno, J.A., Cottrell, R.D., Bono, R.K., Oda, H., Davis, W.J., Fayek, M., van't Erve, O., Nimmo, F., Huang, W., Thern, E.R., Fearn, S., Mitra, G., Smirnov, A.V., Blackman, E.G., 2020. Paleomagnetism indicates that primary 172 3. From science questions to Solar System exploration magnetite in zircon records a strong Hadean geodynamo. Proc. Natl. Acad. Sci. 117 (5), 2309-2318. https://doi.org/10.1073/pnas.1916553117.

[340] Taylor, S.R., 2016. Lunar Science: A Post-Apollo View. Pergamon Press, p. 392.

[341] Taylor, S.R., McLennan, S., 2009. Planetary Crusts: Their Composition, Origin and Evolution, vol. 10. Cambridge University Press.

[342] Teanby, N.A., Irwin, P.G.J., Moses, J.I., Helled, R., 2020. Neptune and Uranus: ice or rock giants? Philos. Trans. Royal Soc. A 378 (2187), 20190489.

[343] Throop, H.B., Porco, C.C., West, R.A., Burns, J.A., Showalter, M.R., Nicholson, P.D., 2004. The jovian rings: new results derived from Cassini, Galileo, Voyager, and Earth-based observations. Icarus 172 (1), 59-77. https://doi.org/10.1016/j.icarus.2003.12.020.

[344] Tikoo, S.M., Weiss, B.P., Shuster, D.L., Suavet, C., Wang, H., Grove, T.L., 2017. A two-billion-year history for the lunar dynamo. Sci. Adv. 3 (8). https://doi.org/10.1126/sciadv.1700207. Id: e1700207.

[345] Tiscareno, M.S., Murray, C.D., 2018. The future of planetary rings studies. In: Tiscareno, M.S., Murray, C.D. (Eds.), Planetary Ring Systems - Properties, Structure, and Evolution. Cambridge University Press, ISBN 9781316286791, pp. 577-579. https://doi.org/10.1017/9781316286791.021.

[346] Tosi, N., Breuer, D., Spohn, T., 2014. Evolution of planetary interiors. In: Spohn, T., Breuer, D., Johnson, T. (Eds.), Encyclopedia of the Solar System, third ed. Elsevier, pp. 185-208 (Chapter 9).

[347] Tosi, N., Godolt, M., Stracke, B., Grenfell, J.L., Höning, D., Nikolaou, A., Plesa, A.-C., Breuer, D., Spohn, T., 2017. The habitability of a stagnant-lid Earth. Astronom. Astrophys. 605 (A71), 1-21.

https://doi.org/10.1051/0004-6361/201730728.

[348] Trompert, R., Hansen, U., 1998. Mantle convection simulations with rheologies that generate plate-like behaviour. Nature 395, 686-689. https://doi.org/10.1038/27185.

[349] Tsiganis, K., Gomes, R., Morbidelli, A., Levison, H.F., 2005. Origin of the orbital architecture of the giant planets of the Solar System. Nature 435 (7041), 459-461. https://doi.org/10.1038/nature03539.

[350] Turrini, D., Politi, R., Peron, R., Grassi, D., Plainaki, C., Barbieri, M., Lucchesi, D.M., Magni, G., Altieri, F., Cottini, V., Gorius, N., Gaulme, P., Schmider, F.-X., Adriani, A., Piccioni, G., 2014. The comparative exploration of the ice giant planets with twin spacecraft: unveiling the history of our Solar System. Planet. Space Sci. 104, 93-107. https://doi.org/10.1016/j.pss.2014.09.005.

[351] Vago, J.L., Westall, F., Pasteur Teams, landing site selection working group, and other Contributors, 2017. Habitability on early Mars and the search for biosignatures with the ExoMars rover. Astrobiology 17, 471-510. https://doi.org/10.1089/ast.2016.1533.

[352] Valencia, D., O'connell, R.J., Sasselov, D.D., 2007. Inevitability of plate tectonics on super-Earths. Astrophys. J. Lett. 670 (1), L45. https://doi.org/10.1086/524012.

[353] Valletta, C., Helled, R., 2020. Giant planet formation models with a self-consistent treatment of the heavy elements. Astrophys. J. 900 (2), 17. https://doi.org/10.3847/1538-4357/aba904. Id: 133.

[354] Vazan, A., Helled, R., 2020. Explaining the low luminosity of Uranus: a self-consistent thermal and structural evolution. Astronom. Astrophys. 633, 10. https://doi.org/10.1051/0004-6361/201936588. Id: A50.

[355] Vazan, A., Helled, R., Kovetz, A., Podolak, M., 2015. Convection and mixing in giant planet evolution. Astrophys. J. 803 (1), 11. https://doi.org/10.1088/0004-637X/803/1/32. Id: 32.

[356] Vazan, A., Helled, R., Podolak, M., Kovetz, A., 2016. The evolution and internal structure of Jupiter and Saturn with compositional gradients. Astrophys. J. Lett. 829 (2), 11. https://doi.org/10.3847/0004-637X/829/2/118. Id: 118.

[357] Vazan, A., Helled, R., Guillot, T., 2018. Jupiter's evolution with primordial composition gradients. Astronom. Astrophys. 610, 5. https://doi.org/10.1051/0004-6361/201732522. Id: L14.

[358] Vernazza, P., Beck, P., 2017. In: Elkins-Tanton, L.T., Weiss, B.P. (Eds.), Composition of Solar System Small Bodies. Chapter 13 of Planetesimals - Early Differentiation and Consequences for Planets. Cambridge University Press, pp. 269-297.

[359] Viswanathan, V., Rambaux, N., Fienga, A., Laskar, J., Gastineau, M., 2019. Observational constraint on the radius and oblateness of the lunar core-mantle boundary. Geophys. Res. Lett. 46, 7295-7303. https://doi.org/10.1029/2019GL082677.

[360] Von Bloh, W., Bounama, C., Cuntz, M., Franck, S., 2007. The habitability of super-Earths in Gliese 581. Astronomy & Astrophysics 476 (3), 1365-1371. https://doi.org/10.1051/0004-6361:20077939.

[361] Wacey, D., Saunders, M., Roberts, M., et al., 2014. Enhanced cellular preservation by clay minerals in 1 billion-yearold lakes. Sci. Rep. 4, 5841. https://doi.org/10.1038/srep05841.

[362] Wahl, S.M., Hubbard, W.B., Militzer, B., Guillot, T., Miguel, Y., Movshovitz, N., Kaspi, Y., Helled, R., Reese, D., Galanti, E., Levin, S., Connerney, J.E., Bolton, S.J., 2017. Comparing Jupiter interior structure models to Juno References 173 gravity measurements and the role of a dilute core. Geophys. Res. Lett. 44, 4649-4659. https://doi.org/10.1002/2017GL073160.

[363] Walsh, K.J., Morbidelli, A., Raymond, N., O'Brien, D.P., Mandell, A.M., 2011. A low mass for Mars from Jupiter's early gas-driven migration. Nature 475 (7355), 206-209. https://doi.org/10.1038/nature10201.

[364] Wang, P., Mitchell, J.L., 2014. Planetary ageostrophic instability leads to superrotation. Geophys. Res. Lett. 41, 4118-4126.

[365] Warren, P.H., 1985. The magma ocean concept and lunar evolution. Ann. Rev. Earth Planet. Sci. 13 (1), 201-240. https://doi.org/10.1146/annurev.ea.13.050185.001221.

[366] Way, M.J., Del Genio, A.D., Kiang, S.L.E., Grinspoon, D.H., Aleinov, I., Kelley, M., Clune, T., 2016. Was Venus the first habitable world of our Solar System? Geophys. Res. Lett. 43 (16), 8376-8383. https://doi.org/10.1002/2016GL069790.

[367] Way, M.J., Del Genio, A.D., May 2020. 2020, Venusian habitable climate scenarios: modeling Venus through time and applications to slowly rotating Venus-like exoplanets. JGR Planets 25 (5). https://doi.org/10.1029/2019JE006276e2019JE006276.

[368] Weber, R.C., Lin, P.Y., Garnero, E.J., Williams, Q., Lognonné, P., 2011. Seismic detection of the lunar core. Science. https://doi.org/10.1126/science.1199375.

[369] Weiss, P., Yung, K.L., Kömle, N., Ko, S.M., Kaufmann, E., Kargl, G., 2011. Thermal drill

[370] West, R.A., Baines, K.H., Friedson, A.J., Banfield, D., Agent, B.R., Taylor, F.W., 2004. Jovian clouds and haze. In: Bagenal, F., Dowling, T.E., McKinnon, W.B. (Eds.), Jupiter. The Planet, Satellites and Magnetosphere. Cambridge University Press, Cambridge Planetary Science, ISBN 9780521035453, pp. 79-104 (Chapter 5).

[371] Westall, F., de Ronde, C.E.J., Southam, G., Grassineau, N., Colas, M., Cockell, C., Lammer, H., 2006. Implications of a 3.472-3.333 Ga-old subaerial microbial mat from the Barberton greenstone belt, South Africa for the UV environmental conditions on the early Earth. Phil. Trans. Roy. Soc. Lond. Ser. B. 361, 1857-1875. https://doi.org/10.1098/rstb.2006.1896.

[372] Westall, F., Loizeau, D., Foucher, F., Bost, N., Betrand, M., Vago, J., Kminek, G., 2013. Habitability on Mars from a microbial point of view. Astrobiology 13 (9), 887-897. https://doi.org/10.1089/ast.2013.1000.

[373] Westall, F., Foucher, F., Bost, N., Bertrand, M., Loizeau, D., Vago, J.L., Kminek, G., Gaboyer, F., Campbell, K.A., Bréhéret, J.-B., Gautret, P., Cockell, C.S., 2015. Biosignatures on Mars: what, where, and how? Implications for the search for Martian life. Astrobiology 15 (11), 998-1029. https://doi.org/10.1089/ast.2015.1374.

[374] Westall, F., Brack, A., 2018. The importance of water for life. Space Sci. Rev. 214, 50. https://doi.org/10.1007/s11214-018-0476-7.

[375] Westall, F., Hickman-Lewis, K., Hinman, N., Gautret, P., Campbell, K.A., Bréhéret, J.-G., Foucher, F., Hubert, A., Sorieul, S., Kee, T.P., Dass, A.V., Georgelin, T., Brack, A., 2018. A hydrothermal-sedimentary context for the origin for life. Astrobiology 18, 259-293. https://doi.org/10.1089/ast.2017.1680.

[376] Whitehouse, M.J., Nemchinb, A.A., Pidgeonb, R.T., 2017. What can Hadean detrital zircon really tell us? A critical evaluation of their geochronology with implications for the interpretation of oxygen and hafnium isotopes. Gondwana Res. 51, 78-91.

[377] Widemann, T., Ghail, R.C., Wilson, C.F., Titov, D.V., 2020. EnVision: Europe's proposed mission to Venus. In: Exoplanets in Our Backyard: Solar System and Exoplanet Synergies on Planetary Formation, Evolution, and Habitability, Held 5-7 February 2020 in Houston, TX. LPI Contribution No. 2195, Id.3024.

[378] Wieczorek, M.A., Neumann, G.A., Nimmo, F., Kiefer, W.S., Taylor, G.J., Melosh, H.J., Phillips, R.J., Solomon, S.C., Andrews-Hanna, J.C., Asmar, S.W., Konopliv, A.S., Lemoine, F.G., Smith, D.E., Watkins, M.M., Williams, J.G., Zuber, M.T., 2013. The crust of the Moon as seen by GRAIL. Science 339 (6120), 671-675. https://doi.org/10.1126/science.1231530.

[379] Williams, G.P., 1988. The dynamical range of global circulationseI. Clim. Dyn. 2, 205-260. https://doi.org/10.1007/BF01371320.

[380] Williams, J.G., Konopliv, A.S., Boggs, D.H., Park, R.S., Yuan, D.-N., Lemoine, F.G., Goossens, S., Mazarico, E., Nimmo, F., Weber, R.C., Asmar, S.W., Melosh, H.J., Neumann, G.A., Phillips, R.J., Smith, D.E., Solomon, S.C., Watkins, M.M., Wieczorek, M.A., Andrews-Hanna, J.C., Head, J.W., Kiefer, W.S., Matsuyama, I., McGovern, P.J., Taylor, G.J., Zuber, M.T., 2014. Lunar interior properties from the GRAIL mission. J. Geophys. Res. Planets 119, 1546-1578. https://doi.org/10.1002/2013JE004559.

[381] Anderson, J.D., Lau, E.L., Sjogren, W.L., Schubert, G., Moore, W.B., 1997. Gravitational evidence for an undifferentiated Callisto. Nature 387 (6630), 264-266. https://doi.org/10.1038/387264a0.

[382] Benn, M., Jorgensen, L.J., Denver, T., Brauer, P., Jorgensen, P.S., Andersen, A.C., Connerney, J.E.P., Oliversen, R., Bolton, S.J., Levin, S., 2017. Observations of interplanetary dust by the Juno magnetometer investigation. Geophys. Res. Lett. 44 (10), 4701-4708. https://doi.org/10.1002/2017GL073186.

[383] Jorgensen, J.L., Benn, M., Connerney, J.E.P., Denver, T., Jorgensen, P.S., Andersen, A.C., Bolton, S.J., 2021. Distribution of interplanetary dust detected by the Juno spacecraft and its contribution to the zodiacal light. J. Geophys. Res. Planets 126. https://doi.org/10.1029/2020JE006509. Id. e2020JE006509.

[384] Malaspina, D.M., Horányi, M., Zaslavsky, A., Goetz, K., Wilson Ⅲ, L.B., Kersten, K., 2014. Interplanetary and interstellar dust observed by the Wind/WAVES electric field instrument. Geophys. Res. Lett. 41, 266-272. https://doi.org/10.1002/2013GL058786.

[385] Marsal, O., Venet, M., Counil, J.L., Ferri, F., Harri, A.-M., Spohn, T., Block, J., 2002. The Net Lander geophysical network on the surface of Mars: general mission description and technical design status. Acta Astronaut. 51 (1-9), 379-386. https://doi.org/10.1016/S0094-5765(02)00069-3.

[386] Mousis, O., Atkinson, D.H., Cavalié, T., Fletcher,

L.N., Amato, M.J., Aslam, S., Ferri, F., Renard, J.B., Spilker, T., Venkatapathy, E., Wurz, P., 2018. Scientific rationale for Uranus and Neptune in situ explorations. Planet. Space Sci. 155, 12-40.

[387] Thorpe, J.I., Parvini, C., Trigo-Rodríguez, J.M., 2016. Detection and measurement of micrometeoroids with LISA Pathfinder. Astronom. Astrophys. 586, A107. https://doi.org/10.1051/0004-6361/201527658.

[388] Wilson, H.F., Militzer, B., 2012. Rocky core solubility in Jupiter and giant exoplanets. Phys. Rev. Lett. 108, 11. https://doi.org/10.1103/PhysRevLett.108.111101. Id: 111101.

[389] Winn, J.N., Fabrycky, D.C., 2015. The occurrence and architecture of exoplanetary systems. Ann. Rev. Astronom. Astrophys. 53, 409-447. https://doi.org/10.1146/annurev-astro-082214-122246.

[390] Witte, M., 2004. Kinetic parameters of interstellar neutral helium. Review of results obtained during one solar cycle with the Ulysses/GAS-instrument. Astronom. Astrophys. 426 (3), 835-844. https://doi.org/10.1051/0004-6361:20035956.

[391] Woolfson, M.M., 1999. Neptune-Triton-Pluto system. Month. Notices Royal Astronom. Soc. 304 (1), 195-198. https://doi.org/10.1046/j.1365-8711.1999.02304.x.

[392] Wu, W., Li, C., Zuo, W., 2019. Lunar farside to be explored by Chang'e-4. Nat. Geosci. 12, 222-223. https://doi.org/10.1038/s41561-019-0341-7.

[393] Xu, J., Guo, J., Xu, M., Chen, X., 2020. Enhancement of microbial redox cycling of iron in zero-valent iron oxidation coupling with deca-brominated diphenyl ether removal. Sci. Total Environ. 748. https://doi.org/10.1016/j.scitotenv.2020.141328. Id: 141328.

[394] Yamamoto, M., Ikeda, K., Takahashi, M., Horinouchi, T., 2019. Solar-locked and geographical atmospheric structures inferred from a Venus general circulation model with radiative transfer. Icarus 321, 232-250. https://doi.org/10.1016/j.icarus.2018.11.015.

[395] Yang, C.-C., Johansen, A., Carrera, D., 2017. Concentrating small particles in protoplanetary disks through the streaming instability. Astronom. Astrophys. 606 (A80), 1-16. https://doi.org/10.1051/0004-6361/201630106.

[396] Zellner, N.E.B., 2017. Cataclysm No more: new views on the timing and delivery of lunar impactors. Orig. Life Evol. Biosph. 47 (3), 261-280. https://doi.org/10.1007/s11084-017-9536-3.

[397] Zieger, B., Opher, M., Schwadron, N.A., McComas, D.J., Tóth, G., 2013. A slow bow shock ahead of the heliosphere. Geophys. Res. Lett. 40 (12), 2923-2928. https://doi.org/10.1002/grl.50576.

[398] Ziegler, L.B., Stegman, D.R., 2013. Implications of a long-lived basal magma ocean in generating Earth's ancient magnetic field. Geochem. Geophys. Geosyst. 14 (11), 4735-4742.

[399] Zolotov, M., 2019. Chemical weathering on Venus. In: Oxford Research Encyclopedia of Planetary Science. https://doi.org/10.1093/acrefore/9780190647926.013.146.

[400] Zuber, M.T., Smith, D.E., Watkins, M.M., Asmar, S.W., Konopliv, A.S., Lemoine, F.G., Melosh, H.J., Neumann, G.A., Phillips, R.J., Solomon, S.C., Wieczorek, M.A., Williams, J.G., Goossens, S.J., Kruizinga, G., Mazarico, E., Park, R.S., Yuan, D.-N., 2013. Gravity field of the Moon from the Gravity Recovery and Interior Laboratory (GRAIL) mission. Science 339 (6120), 668-671. https://doi.org/10.1126/science.1231507.

第 4 章
从科学目标到技术需求

[法国] Jérémie Lasue
[法国] Michel Blanc
[法国] Pierre Beck
[美国] Scott Bolton
[法国] Baptiste Chide
[美国] Heidi Hammel
[法国] Lea Griton
[法国] Sylvestre Maurice
[美国] Merav Opher
[美国] Dave Senske
[法国] Pierre Vernazza

[法国] Pierre Bousquet
[法国] Nicolas André
[法国] Gilles Berger
[英国] Emma Bunce
[荷兰] Bernard Foing
[法国] Emmanuel Lellouch
[美国] Ralph Mcnutt
[法国] Olivier Mousis
[法国] Christophe Sotin
[美国] Linda Spilker
[中国] Qiugang Zong

4.1 概述

本章介绍了为达到探测太阳系不同区域中的目标天体的目的，而需要设计和实施的只有代表性任务的体系架构，以便在2061年前全面地认识和了解太阳系。"地平线2061：行星探测长期远景预见"项目是以六个关键的科学问题为指导，即Q1～Q6，包括了太阳系等行星系统的多样性、起源、运行机制和宜居性等，这些问题被确定为研究的起点：

Q1：行星系统天体的多样性

Q2：行星系统结构的多样性

Q3：行星系统的起源与演化

Q4：行星系统的运行机制

Q5：寻找潜在的宜居地

Q6：寻找地外生命

在第2章中，在探测所有的行星系统这个更广泛的背景下，这些问题得到了有效解决。分析表明，分析系外行星系统和太阳系之间的协同效应，对回答这六个关键科学问题发挥关键作用，特别是将太阳系置于系外行星系统及其天体探测的研究背景下。第3章为回答这六个关键科学问题，确定了更详细的科学目标，需要在面向太阳系不同区域的探测任务中分别回答。

第3章的表3-3所示为"地平线2061：行星探测长期远景预见"项目中提出的代表性任务的"关键科学问题与探测任务目的地的对应关系"，重点对前两章中详细描述的科学目标（有时也包括探测要求）进行简要总结。表中的垂直列代表的是六个关键性科学问题，即Q1～Q6，表中的水平列代表的是探测任务目的地，包括不同的天体，从地月系到日球层顶和星际介质（Interstellar Medium，ISM）。在表格最右边的一列，象征性地表示为"太阳系外行星系统"目的地，并列出了在第2章中从太阳系与系外行星科学研究协同效应中额外获得的科学目标。

从表3-3可以看出：为寻找六个关键科学问题的答案，行星探测任务的目的地是非常丰富多样的，为执行必要的关键探测所需的任务体系结构和探测仪器也是复杂多样的。

在Q1～Q6的广泛科学问题指导下，我们不会试图像各国航天局必须完成的规定动作那样，例行开展规划论证研究，如ESA的《2050年远航（Voyage 2050）》及NASA的《天体物理学十年调查（Astrophysics Decadal Survey）》那样，提出应及时组织和优先考虑未来任务的"路线图"。不同的是，我们的目的是尽可能全面地研究执行未来行星探测任务所需的复杂技术，以便在后续各章中阐述实施这些任务所需的关键技术和基础设施。

在深入探讨未来任务之前，有必要回顾在过去几十年里，行星探测领域所取得的辉煌成就，从地基望远镜观测到空间探测任务，再到距离越来越远、越来越复杂的太阳系探测任务。鉴于行星探测任务的复杂性，人们应同时掌握所有的探测技术，包括使用轨道器、着陆器、星球车、卫星星座、采样返回、载人探测等，以及到达太阳系不同区域所必须克服的与距离相关的限制。即使存在这些限制，在过去 60 年左右的时间里，人们努力了解宇宙，更具体地说，在了解我们的太阳系方面取得了极大的成功。在这个相对较短的时间跨度内，人类探测器已造访探测了太阳系的八大行星、小行星、彗星等小天体，柯伊伯带的首个天体（冥王星及其卫星卡戎，以及 486958 号小行星 Arrokoth）。随之研发出许多复杂先进的探测技术，截至目前还有几个火星车正在火星表面进行探索，并已从月球和近地小行星上取回了样本，还有 12 个人类航天员曾经登陆并行走于月球表面。

表 4-1 所示为任务类型与探测目的地的对应关系，探测能力和探测距离这两种因素显然影响着迄今为止的所有深空探测方式。由表 4-1 中浅绿色区域形成的特殊对角线形状（表示任务已经完成），从横轴上可知，感兴趣的天体位置越远，用于探测任务的方式就越简单，到最后只是用地基望远镜观测到的最远处的星际介质。相比之下，月球探测任务几乎用到了所有类型的探测方式，因为月球是我们在太阳系中最近的邻居，人类早在 1969 年就实现了载人登月探测。在表 4-1 的中心位置，列出了太阳系中一类特殊的小天体，它们具备不少值得探测的矿藏"储库"。一些具有高偏心率轨道的小天体更靠近地球，通常比巨行星更容易探测。

为推动深空探测任务向前发展，需要逐步地将表 4-1 中新任务的覆盖范围推向右上角。针对更遥远的探测目标设计出更复杂和更雄心勃勃的探测任务，这将在后面的章节进行介绍。

"阿波罗"载人登月系列任务的宝贵科学成果表明，相较于无人探测任务而言，载人探测任务极大地提高了科学产出。人类航天员极有可能会在"地平线 2061：行星探测长期远景预见"项目预见的时间范围内（即 2061 年前）登陆火星，这将有助于在火星上选择和收集样本，或建设可以深度钻探的基础设施等。在月球背向地球的一面，人类可以建立一个巨大的射电望远镜网络，天体物理学家将因此受益于地球上无法比拟的低噪声环境。在本章的最后，将重点讨论未来机器人探测任务所需的技术需求。换句话说，我们不会详细说明面向载人探测任务的技术需求，例如生命支持系统、核裂变反应堆、能够在火星上着陆 20 t 有效载荷的大型防热罩等。为载人探测任务开展的准备工作将在科学能够支持的范围内尽可能多地进行，包括环境表征、火星气候变化、"水"资源绘图以及着陆点选址等。

本章首先介绍许多高价值的观测结果，它们可以并且应该远程使用地基和天基望远镜进行观测。新一代的巨型望远镜将在未来几十年逐步建成，它们将使我们观测到前所未见的、太阳系最遥远的天体，并探索它们不同族群的多样性。然后，将介绍面向太阳系不同区域和各类天体族群执行原位观测或采样返回探测任务的重要贡献。接下来，介绍已经在计划或准备中的任务（浅绿色标记）和即将执行的新任务（浅蓝色标记）。最后，所有这些浅绿色和浅蓝色标记的任务，将用于确定因确保实施这些任务而产生的新技术和基础设施的新需求。

表 4-1　任务类型与探测目的的对应关系

在 2040 年实施的（浅绿色）2061（浅蓝色）年前有望实施的代表性科学任务		地月系统	类地行星			气态行星		小天体				日球层顶及其他		
		Artemis 月球基地	火星	金星	水星	行星	卫星及环	行星	卫星及环	小行星	彗星	特洛伊小天体 (Trojans) 群	柯伊伯带天体 (KBO)	日球层边界	极局域顶星际介质 (VLISM)	奥尔特云 (Oort Cloud)
载人前哨站		PROSPECT	火星深度钻取												
原位资源利用		"阿波罗"系列、"月球"系列、"嫦娥"系列	"毅力号"												
采样返回			火星采样返回任务、卫星探测任务	ATM，表面采样返回			土卫二、木卫二？			"隼鸟"系列	彗星采样返回				
	网络式	国际月球科研站	星际地理网络												
	移动式	"月球"系列、"嫦娥"系列、月兔车	火星探测漫游车、火星实验室、"洞察号" "凤凰号" "毅力号"	气球			月球着陆器			"隼鸟 2 号"之小行星着陆器 (MASCOT)					
原位探测	站点式	"月球"系列、"嫦娥"系列着陆器	"凤凰号"、"洞察号"火星着陆器	"织女星"系列			？				"菲莱号"着陆器				
	穿透式	月球撞击坑观测与遥感卫星		"织女星"系列		"伽利略"	"惠更斯" (Huygens)	探测器		近地小行星采样返回 (ARM)	"深度撞击号" (Deep Impact)				
	探测式	？													
小卫星															
轨道观测	轨道器	月球勘测轨道飞行器 (LRO)、"月船 1 号"、"智慧 1 号"(SMART-1)、"女神"、"嫦娥"系列	火星快车 (MEX)、火星勘测轨道飞行器 (MRO)、"奥德赛"、火星探测器、火星大气与挥发演化 (MAVEN) 探测器、微量气体轨道器 (TGO)、"曼加里安号"	"麦哲伦号"、金星探测器、金星快车 (Venus Express)、"哦"号金星气候轨道器、"曙光号"	"信使号"、比皮科伦坡	"伽利略"、"卡西尼"、"朱诺"号、木星探测器 JUICE 等	木卫三轨道器 JUICE	冰质巨行星系统	海卫一轨道器	"黎明号"探测器、近地小行星交会探测器、普赛克探测器	"罗塞塔"彗星探测器	轨道器+着陆器	冥王星-卡戎系统轨道器			
												"露西号"探测器	多探测器	"旅行者号"探测器	
陨石与宇宙尘采集												"斯特号"哈雷彗星探测器、"星尘号"、深度撞击号、彗星拦截器	第一个星际气球层探测器	新视野号探测器	
飞越探测															
在地球与近地轨道上的望远镜观测															

注：上图中"绿色任务"表示已经飞行的任务、"蓝色任务"(表示计划中、规划中或将在 2041—2061 年间飞行的任务)，实施这些任务需要回答本项目中提出的六个关键科学问题。

178　地平线 2061：行星探测长期远景预见

4.2 利用地基或天基望远镜观测太阳系

在太阳系科学中，可以使用地基观测（包括从地面或地球附近轨道）与原位探测进行互补。通过几种重要的技术途径，地基观测可以提供开展原位探测任务前所必须了解的天体初步特征；使用更多波段观测以补充原位探测任务中的波段不足；可为单一地点的原位探测任务生成大规模的背景数据；可开展长时间观测，为时变现象提供更广阔的视角；可为未来的探测任务遴选探测目标等。

实际上，行星科学领域中的某些最重要的科学发现正是由地基观测完成的，例如，首次在发现冥王星后探测到海外天体（TNO）；首次观测到太阳系外行星；首次观测到星际天体；借助射电辐射首次观测到木星的磁场。例如哈勃空间望远镜为太阳系科学研究的许多领域作出了重要贡献，例如对柯伊伯带（Kuiper Belt）天体和远距离彗星的综合研究；对火星任务的背景成像和光谱分析；评估巨行星大气特征的稳定性；对巨行星极光活动的成像；表征巨行星的海洋卫星的内部特征；前往冥王星及更远的"新视野号"任务发现的卫星以及随后的探测目标。在类似的例子中，还有通过斯皮策空间望远镜（Spitzer Space Telescope）了解到的整个太阳系科学，对理解彗星、半人马座和柯伊伯带天体作出了贡献，也加深了我们对小行星、行星和黄道带云（Zodiacal Cloud）[1]的认识。

本节简要介绍未来几十年太阳系科学中需要解决的关键科学问题，以及如何使用未来的地基和天基设施回答这些问题。

4.2.1 利用地基望远镜观测太阳系获得的杰出成果

4.2.1.1 小天体

正如第 3 章所述，小天体家族是种类繁多且复杂多样的，仅用深空探测器甚至无法访问从统计规律上来看最具代表性的某个子群。深空探测器在用于小天体的近距离表征时发挥着重要作用，使人们能够了解小天体的质量（在飞越探测时利用无线电科学）、形状（深空探测器可以在可分辨可及的距离上接近它们），并进而得到密度、物理状态、陨石坑分布和表面化学成分等，以及对它们地下特性的初步了解。更重要

---

[1] 黄道带云：是指一种由位于太阳系内的尘埃和小行星碎片组成的云状结构，分布在太阳系中与地球轨道平面相近的区域。它主要由彗星释放的尘埃颗粒以及小行星碰撞产生的碎片组成。黄道带云通常呈现为一个带状结构，沿着黄道（即天球上太阳经过时所处位置）延伸。这个带状结构可以在适当条件下从地球上观测到，在清晰无污染的黑暗天空中，特别是在日出前或日落后。

的是，深空探测器可以将在小天体表面收集到的样本返回地球，并做进一步的分析研究，但实际上采样返回探测这种方式能够探测到的目标天体数量是非常有限的。

此外，参考"罗塞塔"小行星探测任务，如果想对这些小天体进行环绕探测，那么随着它们与地球的距离越来越远，预期采样返回的样本质量越来越多，任务成本也就会相应地变得越来越高，技术难度也会越来越大。例如，对 TNO 而言，即 2061 年，我们也无法实施更多的环绕或采样返回任务去造访它们。

同时，在相同的时间尺度上，如果能够在地表或地月轨道上投入使用一些巨型望远镜，达到全新的和前所未有的光谱范围、时间和空间分辨率，并能够获得足够的观测时间，它们将非常适用于研究距离越来越远且大量的小天体的光谱和光度特征。特别是对以往很少观测到的 TNO 的大规模观测，将会对这个特殊的小天体族群产生新的认识，这些新的探测任务对提高我们对太阳系起源和演化的认知，是至关重要的。对这些遥远天体群的深入探测也可能带来大量的新发现，包括那些将首次穿越到太阳系内部区域，运行在双曲线或高偏心率轨道上的太阳系外的原始天体。

任何旨在成数量级地提高对外太阳系小天体认知的科学计划，都需要将大规模的巡天观测与针对部分少量天体的实地探测任务相结合。其中一些任务可能会在"预警状态"下启动，例如，ESA 主导的彗星拦截器任务。

4.2.1.2　行星及其卫星

与小行星或无大气的小天体不同，行星及其卫星是时变（即随时间发生变化）的天体，很容易通过远程重复观测来捕捉这些变化。这适用于拥有"稠密"大气层的天体（如金星、火星、巨行星、土卫六），它们的大气会经历从数小时到数十年不等的季节性或不可预测的动态变化，也适用于卫星和其他行星大小的天体（如冥王星），它们的特征是存在地下、地表和大气之间的相互作用。地基观测也提供了有关水星大气外逸层季节性变化的信息。

4.2.1.3　行星大气

对金星、火星、木星和土星系统实施的探测任务已充分表明，行星大气层存在强耦合机制。它们充满了复杂的相互作用，包括气体成分、中性和离子化学、霾和云的形成、热场、垂直混合、大气运动和逃逸，这些都强烈地依赖于日照的季节性变化（如火星、土星和土卫六）。例如，"卡西尼"通过 13 年的探测，获取了土卫六的化学成分、雾霾和温度等特征详细的 3D 制图。深空探测任务还能对远程观测无法获取的元素和同位素丰度进行独特的测量，包括期待已久的木星氧氢元素比[1]（O/H elemental ratio）的测量，以及获得云下可凝聚物的随机性水平/垂直变化的证据。值得一提的是，它们还基于重力场测量确定了木星和土星大气层深层风的垂直范围及其内部结构。这些测量结果都用于构建木星大气的形成模型和云层顶下的木星大气气象学，包括小尺度对流和闪电的作用。显然，深空探测任务对于理解这些具有显著特征的天体所发挥的作用是无可替代的。尽管如此，对某些领域而言，从地球上进行远程观测仍是主要手段，并且在未来很长一段时间内依旧如此。

（1）有些测量是可以通过尚未在行星探测器上使用过的技术来实现的。例如，基于光谱多普勒效应的风测量，或是探测不存在风示踪物的云层之上的大气（例如对土卫六）。ESA 领导的"木星冰卫星探测器"（JUICE）将携带能够进行此类测量的亚毫米波仪器，这在行星探测任务中尚属首次使用。

（2）地基观测具备的时间基准、时间分辨率和快速响应能力，比较适合研究行星基础性的变化现象（通常是以不可预知的方式）。即使是"卡西尼"探测器提供的 13 年基线的信息总量，也只相当于土星或土卫六不足半年（行星年）的信息。大型气象扰动，如土星上的超级风暴，通常在土星上是一年发生一次，但并不具有恒定的规律性（例如，2011 年观测到的土星风暴就发生在 10 年前），而表征这些正是理解湿对流的产生机理，以及偶发风暴是如何从内部携带热流的关键。外部因素引发的事件，如彗星撞击，基本上是随机发生的。然而，这类事件通过突然改变大气成分和热流状态，提供了独特的机会，可在从几分钟到几十年的时间尺度上影响行星的化学及动态演化进程。

（3）除了"旅行者 2 号"在 1986 年和 1989 年进行过短暂的飞越探测外，天王星和海王星还没有被单独探测过。然而，和气态巨行星一样，这些冰质巨行星（它们也是发现的众多亚海王星系外行星的基准）表现出复杂的气象特征（例如挥发物中呈现出明显的赤道 - 极区梯度），并且在平流层和对流层的可观测大气成分方面表现出巨大差异，这可能与它们的内部热流和轴向倾斜的巨大差异有关。需要对这两颗冰质巨行星进行地基观测，以在与其轨道周期（分别是 84 年和 165 年）相关的时间尺度上，监测可观测的气象和风。而 30 m 级的望远镜（如 ELT 和 TMT）在 1 μm 时的衍射极限分

[1] 木星 O/H 元素比：是指木星大气中氧和氢元素之间的比例。举个例子，如果一个物质中含有 1 000 个氢原子和 10 个氧原子，那么它的 O/H 元素比就是 0.01。这种测量可以帮助我们更好地了解木星内部化学成分的组成，并进一步研究木星形成和演化过程中发生的化学反应。

辨率为 8 mas，这相当于距离海王星约 200 km 处观测到的精细程度，几乎可以与"旅行者号"近距离探测时约 80 km 的分辨率相媲美。

4.2.1.4 卫星、海洋世界、矮行星

一些卫星和矮行星表现出存在地下海洋的证据。已确认存在海洋的卫星包括木卫二（Europa）、木卫三（Ganymede）、土卫六（Titan）和土卫二（Enceladus），而冥王星（Pluto）、海卫一（Triton）、土卫四（Dione）和谷神星（Ceres）等天体也被认为是其候选天体。其中，木卫二和土卫二作为具有直接证据的天体，表现出在其次表面、表面发生的羽流活动（仅在木卫二上）与引起的稀薄、局部且时变的大气之间存在相互作用。木卫一是另一个由内部（这里指火山）最终决定行星大气和表面成分的例子，通过注入含硫物质（SO_2、SO、S_2）和盐（$NaCl$、KCl）来形成永久存在但随时、空变化的大气，最终影响了木卫一的等离子体环、木卫一及其他伽利略卫星的表面化学成分。冰火山作用也被认为是海卫一上出现羽流的动力源。

鉴于（次）地表活动固有的时变特征，需要对这些天体进行高时效采样的监测（包括大气密度和成分、地表成分和地表形态），显然这只能通过地基监测才能实现。

冥王星和海卫一的大气更直接地受其地表上方空间分布不均匀、富含挥发物的升华-凝结交换过程的影响。这种交换随着季节和日心距及轨道变化（如冥王星）的影响，这会导致挥发性冰（如 N_2、CH_4、CO）物质随时间的再分布，以及随之而来的大气成分和结构的演化。虽然"新地平线（New Horizon）"探测器提供了一幅冥王星系统的精美画面，但它仅局限在 2015 年的某个时间节点上，我们需要从时间尺度上，随轨道的变化进行持续的监测来解决问题。例如，当 2110 年左右冥王星到达 49.3AU 的近日点时，其大气的命运将会如何。如果采用恒星掩星地基监测方法，不需要大型的观测科学仪器，用多望远镜联合观测即可监测其表面压力的变化。另外，跟踪冥王星复杂的气候呈现出的周期性变化细节，则需要大型地面基础设施，例如使用 ALMA、VLT 以及近期发射的 JWST 和 ELT，可能给出冥王星表面的空间解析信息。对可能有大气层的其他柯伊伯带天体也有同样的考虑，如阅神星和鸟神星（Makemake）。

4.2.2 预期 2035 年前使用的设备与能力

目前，几个大型地基望远镜和新的太空望远镜项目正在研发中，并计划在 2035 年投入使用。本节简要介绍它们的性能、时间线以及与太阳系观测的相关性。

詹姆斯·韦伯太空望远镜（James Webb Space Telescope，简称 JWST 或 Webb）是 NASA、ESA 和 CSA 联合研制的任务，旨在发射一架经红外成像优化后的 6.5m 口径太空望远镜。韦伯太空望远镜原计划由阿丽亚娜 5（Ariane 5）运载火箭发射至日地 L2 点，但由于 Covid-19 危机导致计划放缓，最终在 2021 年 12 月 25 日成功发射。自正式立项以来，韦伯太空望远镜的任务就包含了太阳系观测任务，计划中的行星观测是从近地小行星到遥远的柯伊伯带。此外，所有计划中的太阳系观测任务中的已批准观测时间和早期公布的科学项目都是公开的。

简而言之，韦伯太空望远镜的近红外光谱仪（0.6~5 μm）和中红外仪（5~28 μm）

所提供的高灵敏度和宽波长覆盖,将首次使我们能够在冰、硅酸盐和有机材料的吸收和发射光谱波段进行探测分析,从而了解外太阳系的暗弱环境下小天体(大于 5AU)的光谱特征。韦伯太空望远镜也将提供内太阳系小天体(小于 5AU)表面成分的新发现(尤其是对挥发物、水合矿物和有机物),之前的望远镜无法对这些天体的 2.5～5 μm 光谱范围进行准确的探测。对大多数明亮行星及其卫星的研究,将受益于韦伯太空望远镜的近中红外光谱探测能力。

罗曼空间望远镜(Roman Space Telescope,简称 Roman),前身是宽视场红外探测望远镜(Wide Field Infrared Survey Telescope,WFIRST),计划于 2024 年后发射的一个 2.4 m 口径的宽视场望远镜。这个任务曾是美国《天体物理学十年调查(Astrophysics Decadal Survey)》的首要任务,将利用其宽视场进行功能强大的太阳系观测任务。宽视场仪器是一个具有 2.88 亿像素的多波段近红外摄像机,覆盖 0.28 平方度的视场,是哈勃空间望远镜在相同分辨率下的 100 倍(如图 4-1 所示)。此观测能力将对如近地小天体、主带小行星、彗星、柯伊伯带天体等小天体科学具有特别吸引力,因为统计调查对于数量有限的、可实施原位探测的个别天体来说是重要的补充。罗曼空间望远镜的潜在突破性发现还包括:将发现第一个在奥尔特云内部轨道上运行的小天体、甄别更多的特洛伊小天体群,以及发现和表征类似于 Ida/Dactyl 的小行星双星系统(Asteroid Binary System)❶。

欧洲极大望远镜(ELT)是一架在智利建造的 39 m 口径的望远镜,预计将在 2025 年首次使用。未来 ELT 强大的自适应光学成像观测(Adaptive-optics Imaging Observation)❷能力可分辨主带小行星表面 2～5 km 直径的陨石坑,这意味着我们将能够从地表上表征它们的地质历史特征,以及直径大于 30 km 小行星的三维立体形状。利用 ELT 将有可能分辨出更遥远的小天体,意味着我们将能探测到最大的木星特洛伊小天体和海外天体(TNO)的形状。就表面化学组成而言,将有可能收集到与"新地平线号"探测目标之一——阿罗科斯(Arrokoth)一样小的海外天体的光谱信息。在另一个领域中,ELT 搭载的近红外积分视场光谱仪 HARMONI 对木星的观测,将会比 ESA 领导的 JUICE 任务中使用的近红外成像光谱仪 MAJIS 具有更高的空间分辨率(至少是 3 倍)。图 4-2 给出了 NGC 3063 星云在三个不同望远镜中的成像差别对比。

❶ 小行星双星系统:是指两个小天体相互绕转并共同运动。例如,Ida/Dactyl 就是一个已知的小行星双星系统。它们被认为是在早期太阳系初始时形成的,提供了有关太阳系演化历程和碰撞事件等方面重要信息。因此,对这种类型的天体进行深入研究可以帮助我们更好地理解宇宙中各种物质之间的相互作用和影响。

❷ 自适应光学成像观测:是一种先进的技术,用于改善地基或天基望远镜的图像质量。它通过实时监测和校正大气湍流引起的光学畸变,利用实时监测和校正大气湍流引起的畸变来提高地面或空间望远镜所获取的图像质量,并可通过一个包含探测器、计算机和补偿元件组成的自适应光学系统(AO)完成相关操作,使得望远镜能够获得更清晰、更精确的图像。

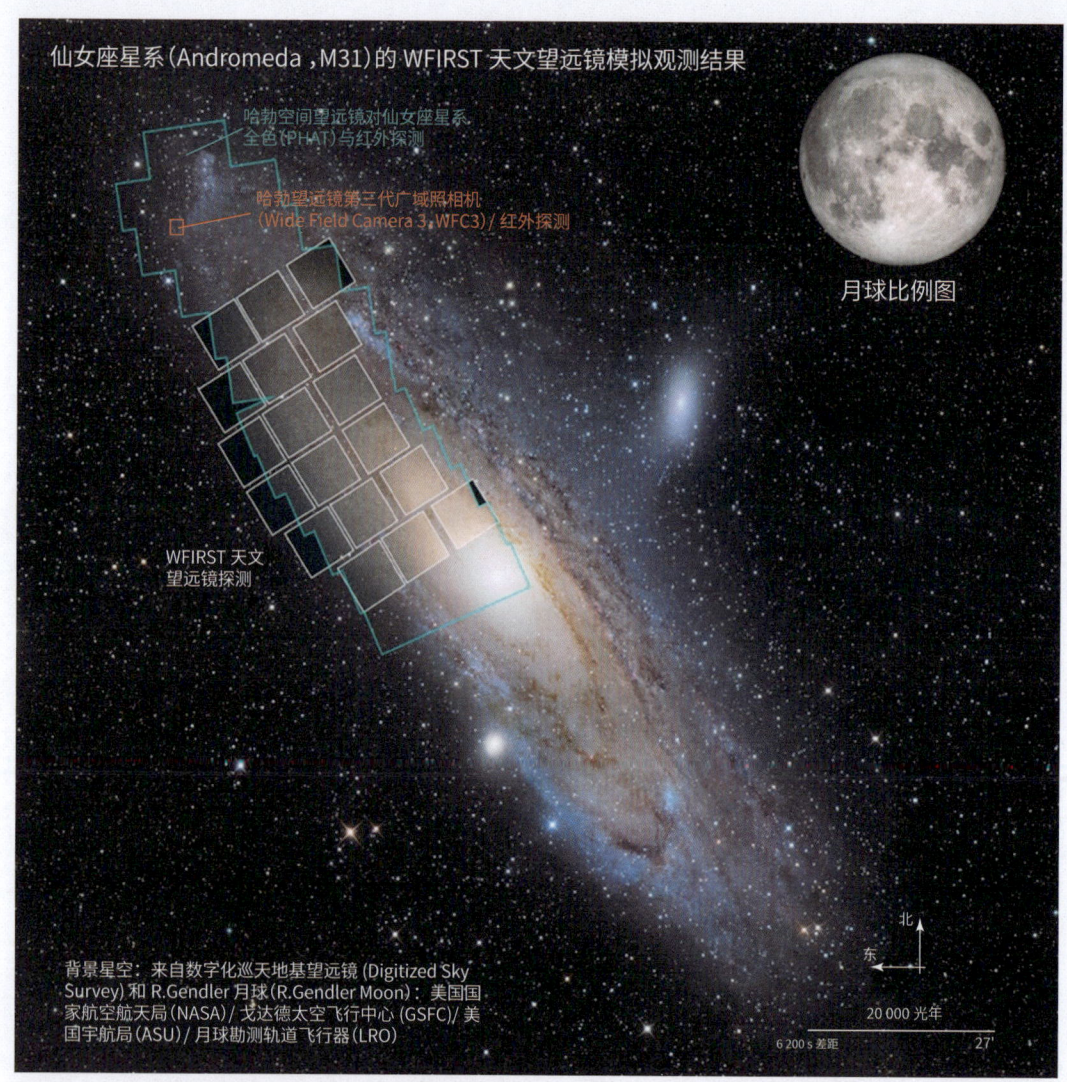

图 4-1 罗曼空间望远镜与哈勃空间望远镜的视场对比

图 4-2 NGC 3063 星云在三个不同望远镜中的成像差别对比图

注：从左到右依次是 NASA/ESA 的哈勃空间望远镜（HST），ESO 的甚大望远镜（VLT）借助自适应光学模块（AO），以及未来的欧洲极大望远镜（ELT）。NGC 3063 是银河系船底座旋臂上的一个恒星形成区域，距离地球 2 万光年。注意，图中的比例是近似的。

184 地平线 2061：行星探测长期远景预见

三十米望远镜（Thirty Meter Telescope，TMT，计划 2027 年首次使用）和巨型麦哲伦望远镜（Giant Magellan Telescope，GMT，计划 2029 年首次使用），在与美国的极大望远镜项目（US-Extremely Large Telescope Program，US-ELTP）协作下，将建设两个与 ELT 级别类似的地基天文望远镜，使得每个半球均有一个天文望远镜可覆盖全天。这两个基础设施都具有高空间分辨率和高灵敏度，为开展精细的太阳系科学研究提供了保障，在他们的科学计划中也包括了行星科学家团队。(附录二给出了目前主要的地基观测天文台简介)。

图 4-3 给出了所讨论的所有未来巨型望远镜的主镜尺寸的比较。

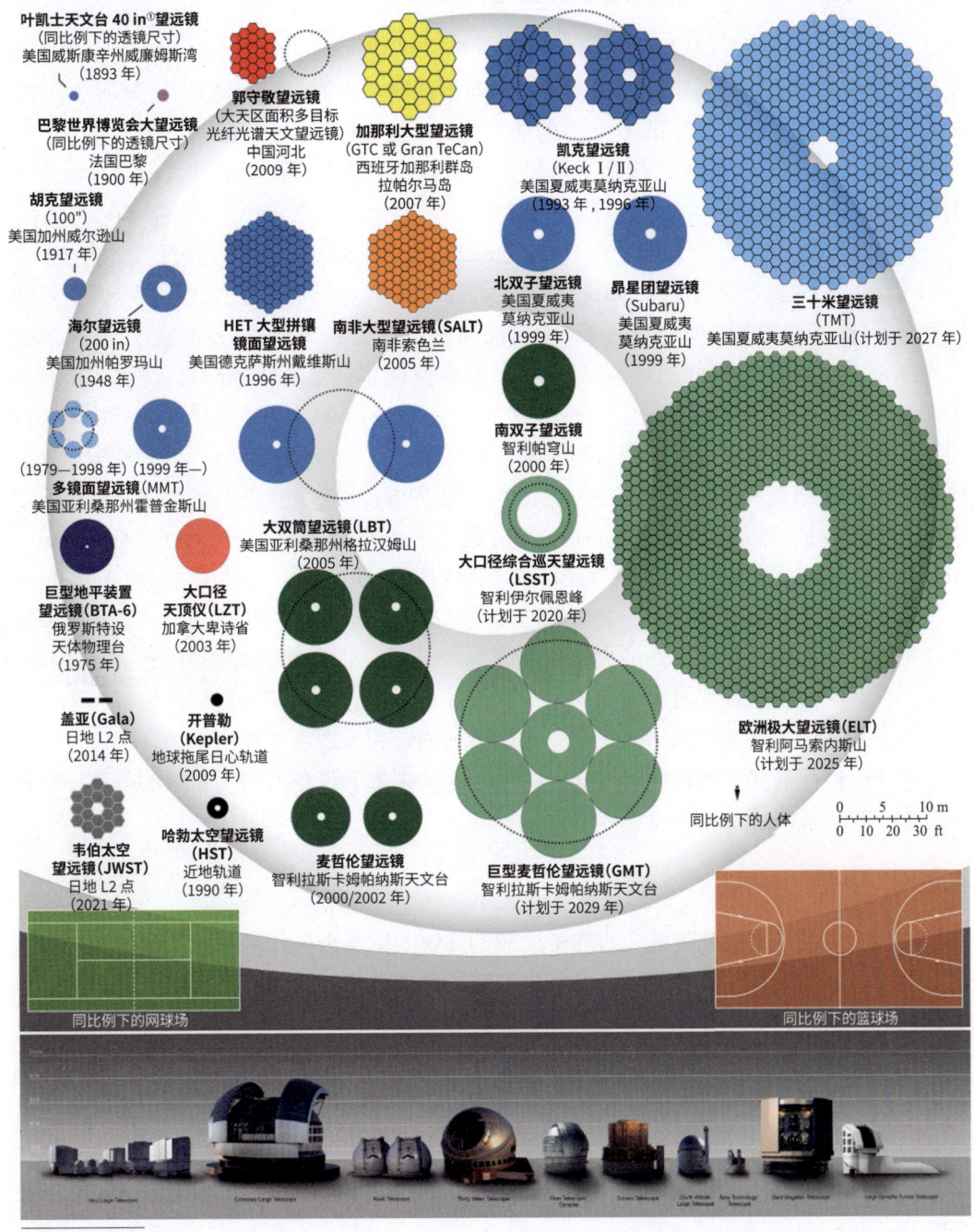

① in:英寸，1 in = 2.54 cm。

图 4-3　不同地基天文望远镜的主镜和圆顶尺寸对比示意图

下一代甚大阵列望远镜（Next Generation Very Large Array，ngVLA）是对现有望远镜（Very Large Array，VLA）的重大升级。ngVLA、VLA 和阿塔卡马大型毫米波/亚毫米波阵列（ALMA）相比，将具有约 10 倍的高灵敏度，可支持约 10 倍的高空间分辨率。VLA 使人们显著增加了对巨行星大气的了解，而 ngVLA 将对巨行星进行更加深入的科学观测（如采用宽波段的全球地图成像和毫米波光谱探测等手段），为空间原位探测任务提供宝贵的补充信息。同时，一个潜在的航天器遥测地面站。

4.2.3　预期 2035 年后使用的设备与能力

在新兴技术快速发展的基础上，新一代更宏伟的望远镜正在论证中，并预计在 2035 年后将投入使用。它们是响应极端测量要求而设计的，比如表征类地系外行星大气中生物特征（详见第 2 章）。它们前所未有的能力将为观测太阳系天体提供全新的可能性，例如对 TNO 和一些矮行星的成像。本节简要介绍它们的能力、预期的研发时间表和在太阳系观测任务中的应用。

NASA 的"新一代大型望远镜（New Great Observatories）"计划指的是在 2020 年的美国《天体物理学十年调查（Astrophysics Decadal Survey）》活动中提出的四个激进型旗舰概念研究项目。这四个太空望远镜，分别简称为大型紫外/光学/红外测量仪（LUVOIR，见图 4-4）、下一代 X 射线望远镜（Lynx）、起源空间望远镜（Origins）、宜居系外行星天文台（HabEx），在它们的科学任务规划中包含了太阳系观测。就像哈勃和斯皮策空间望远镜以及 JWST 和罗曼空间望远镜一样，这些新一代大型望远镜将产生独特的突破性科学成果，以补充未来的空间原位探测任务。像 JWST 一样，这些基础设施也将会采用国际合作的方式。第一道门槛是需在 2020 年的美国《天体物理学十年调查（Astrophysics Decadal Survey）》活动中提名的所有项目中成为优选项目，此后，相关的讨论将正式开始。

关于地基天文台等设施，天文学家已经在考虑未来可能会发生什么。无论是否遵循传统道路，增加一个"压倒性的大型望远镜"，还是在光学干涉测量中开创一条新道路，新的天文基础设施无疑都将用于太阳系观测任务。无论它们用于绘制柯伊伯带天体还是外太阳系卫星的表面光谱图，还是在离太阳极远的地方发现彗星核活动的证据，又或是揭示冰质巨行星的环系统随时间变化的缘由，这些先进的设备都会为未来的行星探测任务提供广阔的新前景。

4.2.4　小结

几代以来的天文基础设施一直在帮助我们理解太阳系内天体的形成、演化和运行机制。随着未来越来越多具有挑战性的行星探测任务的出现，这些任务可能仍集中在这些天体的一小部分，地基望远镜对太阳系探索的预期贡献仍然极其重要：只有它们才能对最大和最遥远的天体（如彗星和 TNO）进行广泛和深入的光谱调查，并捕捉行星和卫星的短期或者数十年的变化。地基观测也将继续成为发现新天体的主要来源，其观测结果将有助于准备未来的行星探测任务。展望未来，这些地基观测和原位探测任务之间存在的持续协同效应，将对太阳系及其天体最炙手可热的科学问题给出令人满意答案的主要推动力之一。

太阳系科学与LUVOIR

太阳系的天体,从最小的柯伊伯带天体到巨行星,都是蕴含着太阳系形成、大气过程和动力学演化信息的宝库。LUVOIR的太阳系观测能力是从金星轨道向外延伸的。这里我们重点强调报告中已有科学案例之外的几个LUVOIR能够额外承担的太阳系科学案例。对于一些天体,LUVOIR的成像能力可以媲美飞掠或环绕拍摄质量。

	LUVOIR-A	LUVOIR-B
金星、火星、谷神星、木星	7 km, 3 km, 11 km, 25 km	14 km, 5 km, 20 km, 47 km
土星、天王星、海王星、40AU	51 km, 108 km, 173 km, 232 km	96 km, 204 km, 327 km, 438 km

图 4-4　LUVOIR 可以完成的太阳系科学任务

4.3 对太阳系不同区域的原位探测

为了解答"地平线2061：行星探测长期远景预见"项目中的六个科学问题，我们将把太阳系探测的不同目的地按照从最近到最远划分为7个区域。

(1) 地月系统。

(2) 金星。

(3) 火星。

(4) 水星。

(5) 巨行星及其系统。

(6) 小天体：小行星、彗星、特洛伊群小天体和TNO。

(7) 太阳系的"边缘地带"：从海外太阳系一直延伸到星际介质。

对于它们中的每个区域，本节将首先总结原位探测任务对更好地理解太阳系的预期贡献。然后将陆续介绍2021—2040年间的飞行任务，它们中的大多数都已经确定并正在准备中，以及介绍将在2041—2061年期间实施的一系列新概念任务，以解决"地平线2061：行星探测长期远景预见"项目中提出的六个关键性科学问题。

4.3.1 地月系统

4.3.1.1 主要的科学目标

地球的卫星——月球具有特殊的意义，它是地月系统起源的直接见证，记录了地球附近太阳系的演化历史。即使在"阿波罗"载人登月工程取得重大成就之后，仍然有一大批的航天任务持续不断地探索月球。目前在地球实验室中，我们已经可以通过一系列的现代科学仪器研究月球样本。在"地平线2061：行星探测长期远景预见"项目的特殊背景下，月球科学可以看作是对太阳系中最小和最易到达的子系统（即地月系统）进行的研究。

对地月系统的科学研究覆盖了广泛的科学问题，包括了"地平线2061：行星探测长期远景预见"项目中的六个关键科学问题，如表3-3所示。

(1) Q1：天体的多样性。月球在太阳系天体中占有特殊的地位，因为它是距离我们最近的类地行星模板。

(2) Q2：结构的多样性。地月系统是太阳系中距离我们最近的子系统，也是最易到达的行星系统；

(3) Q3：太阳系的起源与演化。精心策划的空间测量或许能提供辨别目前不同地月系统形成模型的能力，包括大碰撞模型，这是所有关于月球形成模型中最有趣的理论，最好能够在地月系统中研究它；月球还保存着早期太阳系碰撞历史的独特痕迹，这些还远远没有得到充分的解释。

(4) Q4：太阳系的运行机制。月球为研究和理解类地行星的不同层之间的动力机制及相互作用提供了一个独特的实验室。

（5）Q5：寻找潜在宜居地。在维持地球的宜居性方面，地月的相互作用起着什么作用？如何使月球在未来更适合人类居住？

月球科学的重大进展有望通过收集更广泛的月球样品来实现，尤其是南极艾特肯盆地（South Pole-Aitken Basin），它是目前观测到的月球上最古老、最深的撞击结构，在那里可能会发现月壳深部和可能的月球地幔样本（NRC 2007）。本节将介绍用于解决上述问题的当前、规划中和未来的航天任务。

4.3.1.2　当前和规划到2035年的任务：准备载人月球探测任务

当前和未来规划中的月球探测任务的数量正在稳步增加，显示出人们正在增长的对月球科学的兴趣，以及通过"阿尔忒弥斯（Artemis）"项目使人类重返月球的兴趣，甚至将月球作为进一步载人探测太阳系的基地。

在"地平线2061：行星探测长期远景预见"项目全体会议和分论坛上，讨论了近期任务的最新技术成就和成果，包括欧洲的智慧一号（SMART-1）、日本的"月女神"（Kaguya）、中国的"嫦娥5号"（CE-5）、印度的"月船1号"（Chandrayaan-1）和"月船2号"（Chandrayaan-2）、美国的月球撞击坑观测与遥感卫星（Lunar Crater Observation and Sensing Satellite，LCROSS）、美国的月球勘测轨道飞行器（Lunar Reconnaissance Orbiter，LRO）和月球重力回溯和内部实验室（Gravity Recovery and Interior Laboratory，GRAIL）、美国的月球大气与尘埃环境探测器（Lunar Atmosphere and Dust Environment Explorer，LADEE）等。其中，月球勘测轨道飞行器（LRO）已经工作了十几年之久，目前仍在持续运行中。所有这些任务都在更好地了解月球科学方面取得了显著的进展，包括撞击过程、内部结构、表面性质，以及月尘环境和挥发物的循环作用等。尤其是"嫦娥"系列任务（从CE-3到CE-5）的结果，强调了这些新的着陆和采样返回任务对进一步了解月球的重要性，其中"嫦娥4号"（CE-4）是代表人类第一个进行月背探测的着陆任务。

最近和未来的几个无人登月任务有不同的任务来源及推动力，其中国家主导的无人探测任务仍是主流，正如中国的"嫦娥"系列月球探测工程，2019年CE-4首次成功地实现月球车行走于月球背面，2020年CE-5成功实现了月球的采样返回任务（见图4-5）。中国未来的月球任务包括2024年实施的"嫦娥6号"（CE-6），它将探测南极地区并返回月球样本，在未来的十年里"嫦娥7号"（CE-7）和"嫦娥8号"（CE-8）也计划进一步探测月球资源，并尝试开展月球原位资源利用（ISRU）。印度也在2019年成功地将"月船2号"（Chandrayaan-2）送入月球轨道，但是月球车软着陆月球的尝试却失败了。其他的在未来十年中计划的无人月球任务，还包括俄罗斯的月球探测计划，从2023年的"月球25号"（Luna 25，已失败）、2024年的"月球26号"（Luna 26）轨道器、2025年将要勘测月球水冰的"月球27号"着陆器（Luna 27），到将为未来月球基地进行技术验证储备的"月球28-31号"（Luna 28-31）；韩国计划在2023年之后发射探路者月球轨道器（Korea Pathfinder Lunar Orbiter，KPLO）和2025年的韩国着陆探测器（Korea Lander Explorer，KLE），携带着轨道器、着陆器和月球车；欧洲也在准备大型物流着陆

嫦娥五号
月球表面采样与返回任务

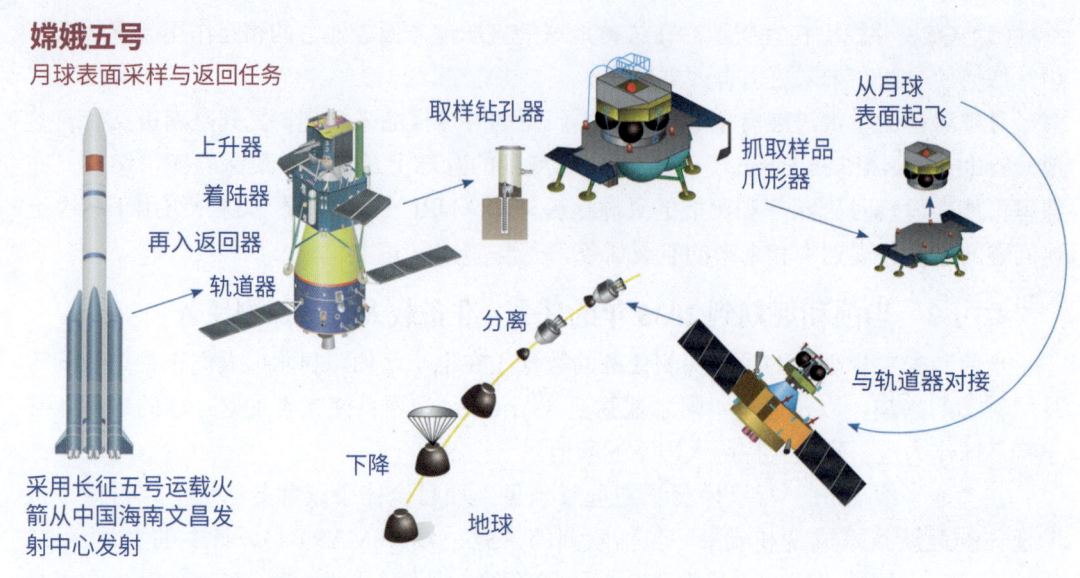

图 4-5　中国国家航天局"嫦娥五号"月球采样返回任务的飞行示意图

① Space IL：是以色列的一个非营利组织，成立于2011年，旨在激励未来几代人从事月球科学研究。2019年，该组织启动了一项低成本的月球探测任务，成为首个登陆月球的非政府航天器，不幸的是Space IL的Beresheet着陆器在月球表面着陆的最后一刻遗憾地失败。2020年，他们又发射了"创世纪2号"，尝试进行包括在月球上种植植物在内的一系列科学实验。

器（Large Logistic Lander）项目。商业月球计划是从2019年以色列 Space IL ① 的 Beresheet 着陆器在登陆月球的尝试失败后，以及 NASA 商业月球载荷服务（CLPS）计划开始，包括 Masten 公司计划着陆到南极的任务，2022 年的机器视觉公司（Intuitive Machines）的钻探任务，以及太空机器人（Astrobotic）公司计划着陆到月球南极的极区挥发物勘察月球车（Volatile Investigating Polar Exploration Rover，VIPER，也有译为"毒蛇"）任务，以及 2023 年的萤火虫航空航天公司（Firefly Aerospace）着陆到月球非极地地区的任务。NASA 还准备了名为"月球起飞"（MoonRise）的无人月球着陆任务，它是 NASA 未来"新边疆"任务的候选任务之一，任务目标是进行月球南极艾特肯盆地的采样返回。

最后，由 NASA 主导的众多合作伙伴（包括 ESA 及签署了"Artemis 协定"的多个国家，截至 2024 年 6 月底已有 43 个国家）参与的 Artemis 计划，它的主要任务是实现人类重返月球（如图 4-6 所示），并支持搭载意义重大的科学载荷开展科学研究。迄今为止，在 Artemis-1 任务中 NASA 负责研制"猎户座"（Orion）返回舱，ESA 负责研制服务舱，该任务于 2022 年 10 月在地月轨道上搭载并以自动模式（即无人员操作）部署了 10 颗次级有效载荷（立方体卫星）。

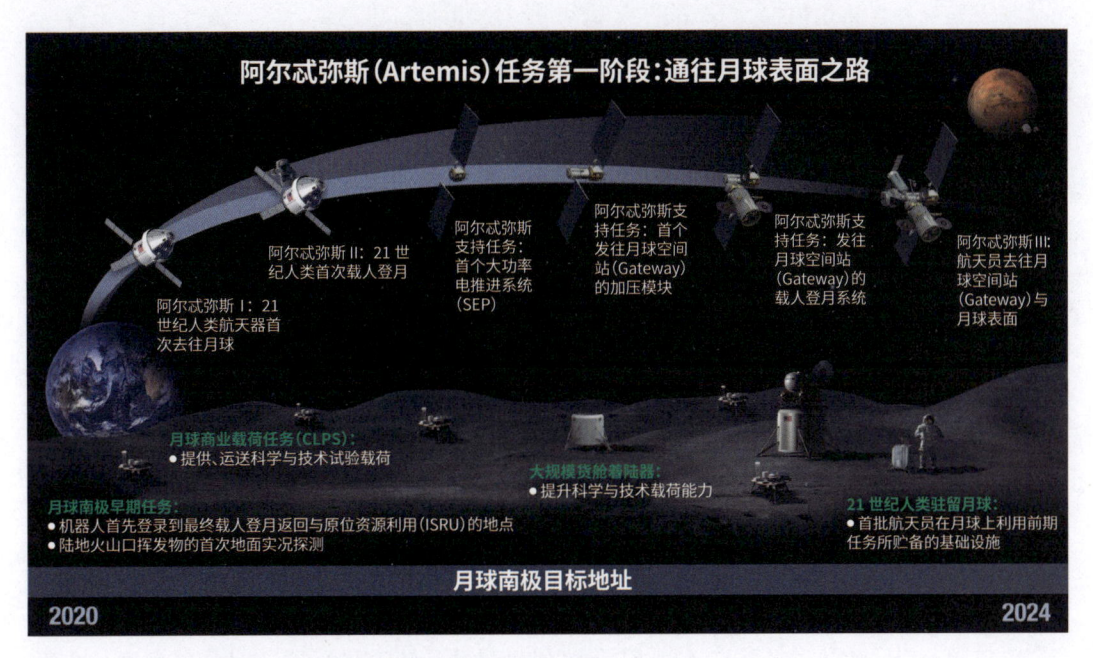

图 4-6　NASA 主导的 Artemis 载人重返月球任务路线图

Artemis-2 任务计划在 2024 年实现 4 名乘员在月球轨道上飞行 10 天；Artemis-3 计划在 2025 年实现 4 名乘员在月球轨道上环绕飞行，2 名乘员着陆在月球表面上；后续预计每年都将会执行 Artemis 计划，进行载人月球着陆等操作。Artemis 的任务架构中还包括建设名为 Gateway 的月球空间站，预计将于 2025 年后投入运营。展望全球在 21 世纪 20 年代中期之后的月球探测任务，主要包括继续实施载人月球着陆任务和建立适合人类生存的居住设施，如月球村或月球空间站，以支持未来的载人探索太阳系的活动。

与国际月球探测相关的各类学术组织对未来的月球探测任务及其科研范围提出了许多建议。在以往报告中强调的大多数关于月球的重要且悬而未决的问题仍有待探索，例如，理解月球地壳、地幔和地核的结构和组成，更好地探索地月系统的起源和演化。理解地月系统随时间的演化，很大程度上依赖于太阳系的晚期重轰击（LHB）的时间、起源和后果，以及相关的影响过程，包括风化层和挥发分含量的演变。最后，对月球的技术勘探和演示验证还应满足 ISRU 的需求。

在月球探测和利用国际会议（International Conferences on Exploration and Utilization of the Moon，ICEUM）的总结报告中强调的特定主题，主要用于解决以下问题：

（1）月球背面的真实基础信息目前仍然是空白的，许多重要的科学问题亟待解决，例如，需要从南极艾特肯盆地（Aitken Basin）采样返回的样本。

（2）相对于对月球表面的了解，目前对其内部的了解仍然很少，需要解决一些关键

① 国际月球网络：是指 2009 年 7 月 29 日宣布，美国已与印度、韩国、日本、加拿大、英国、法国、德国和意大利签署了一份合作协议，一致同意发起"国际月球网络（ILN）"的探月行为。

问题，例如，与国际月球网络（International Lunar Network, ILN）① 合作，进行地震测量和其他星球物理测量。

未来的月球任务将由资源勘探、资源利用和月球科学来推动，因此我们应该考虑每项任务中配置的相关科学有效载荷，例如，应该系统地配备着陆器和月球车，以勘探月球表面成分和矿物含量。此外，应在生命科学、月球局域重力过程等领域开展新的课题研究，以支持未来的月球探测任务。以最具成本效益的方式回答所有这些问题，需要进行国际合作并分享数据与结果。

在国际月球探测工作组（International Lunar Exploration Working Group，ILEWG）路线图的第三阶段"月球资源利用"和第四阶段"载人前哨站"中，目前提议的到 2035 年前的月球探测任务包括一系列的科学目标和仪器设备，如图 4-7 所示。

（1）结合地基观测站和轨道飞行器，对月球表面、水循环、内部浅层进行全球多维制图。

（2）包括月震仪在内的月球物理观测站网络。

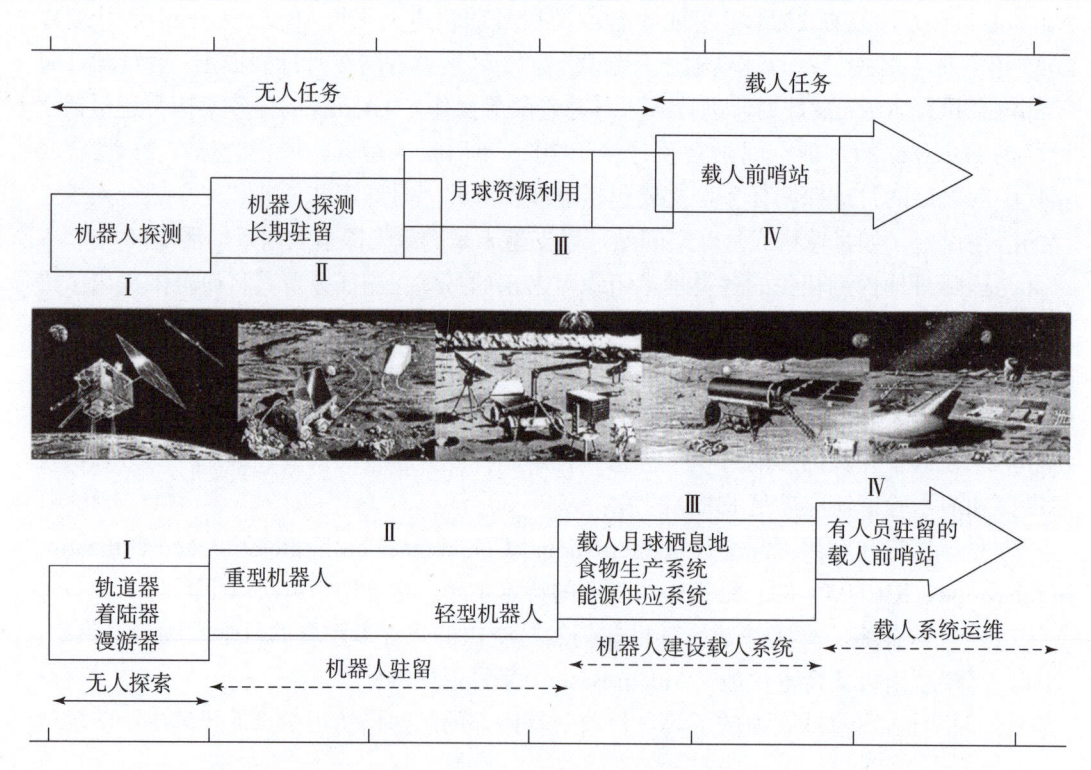

图 4-7　国际月球探测工作组（ILEWG）提出的月球科学、资源勘探和资源利用的阶段性路线图
注：包括轨道飞行器编队、机器人月球村、载人前哨站、有人/无人永久性且可持续发展的月球村

（3）从一组全面的代表性地形（例如南极艾特肯盆地等）进行采样活动。

（4）探索月球极区永久阴影区，进行低温样品的采样返回。

（5）轨道上的低频无线电干涉仪。

（6）基于地下钻探的月球化学研究。

（7）暴露于辐射环境中的天体生物学设施。

（8）原位资源利用（ISRU）和生命支持系统的首次在轨演示验证。

（9）位于两极和月背的月球射电望远镜的雏形。

（10）通过 Artemis 计划和国际月球科研站（ILRS，由中国主导、俄罗斯及其他合作伙伴参与）项目，在月球极地、熔岩管和非极地地区开展可供人类航天员短期居住的前哨基地任务，实现科学和工程目标。

4.3.1.3　2035—2061 年的代表性任务：支持深空探测的项目

在"地平线 2061：行星探测长期远景预见"项目中提出的时间框架内，所设想的任务将受益于与操作和服务相关的无人/有人基础设施的逐步发展，所有这些发展将有助于建立永久性且可持续发展的月球村。

已经提出的一些科学仪器概念，在地球上经过研发和原理样机研制之后，将会找到理想的应用场景，并在这种理性的应用任务中为其最终部署提供支持。目前设想中的仪器和实验室包括：

（1）月球上的科学观测站网络，其目标是使用月震仪探测月球内部。

（2）月球上的天文台，其中可能包括液体镜面的巨型望远镜、光学和红外干涉仪和超级望远镜、月球背面的射电望远镜网络，如月球陨石坑射电望远镜（Lunar Crater Radio Telescope，LCRT）[1]。

（3）用于研究地球上全球尺度现象的月基观测站。

（4）在极地、熔岩管和非极地区域的永久性有人月球基地，实现科学目标。

（5）用于资源利用和经济开发的原位制造设施。

（6）用于地外样本分析的监管设施。

（7）天体生物学和生命科学实验室。

---

[1] 月球陨石坑射电望远镜：是指利用月球上的陨石坑这种天然环境建造的大型射电望远镜。该望远镜可以通过利用天然陨石坑或者通过进一步挖掘，将其转化为一个巨大的碗状反射器来接收和放大月外信号。这个项目旨在提高我们对宇宙中最古老、最遥远和最微弱信号的观测能力。例如，如果我们想要探测来自其他星系或银河系边缘的无线电波信号，那么地球上存在许多干扰源（如人类广播、雷达等），会使得这些微弱信号被淹没在噪声中而难以被检测。但是，在月球上建造一个射电望远镜就可以避免这些干扰源带来的影响，从而更好地捕捉并分析目标信号。

[1] 金星（Venera）系列任务：是指苏联向金星发射的一系列探测器。这些探测器收集了大量有关金星表面、大气层和环境的数据，对于我们更好地理解太阳系中其他行星的形成和演化过程非常重要。例如，通过 Venera 13 号探测器拍摄到的照片显示出金星表面上类似火山口的结构，这启示我们认识到在其他行星上也可能存在火山活动。此外，Venera 14 号还发现了金星大气层中含有二氧化碳等温室气体，并揭示出其极端高温和压力条件下生命无法存活。

[2] "金星快车"（Venus Express）任务：是指 ESA 于 2005 年发射的一颗无人空间探测器。其主要目标是研究金星的大气层、云层、地表以及地球与金星之间的相似性。通过收集数据并观察金星上的各种现象，如火山活动、风暴等，科学家可以更好地了解这颗行星，并推断其他类似行星可能存在的特征。例如，通过分析"金星快车"探测器所获取的数据，科学家们发现了在金星上存在着强大且持久不变的旋涡结构，这些旋涡被称为"极夜喷流"。这项发现帮助我们更深入地理解了金星大气环流系统。

[3] "曙光号"（Akatsuki）任务：是指 JAXA 于 2010 年发射的一颗无人空间探测器。该任务旨在研究金星大气层和云层中复杂而多样化的动态过程，并揭示其中包含的物理机制。Akatsuki 携带了多个仪器和设备，用于观察温度、压力、风速等参数，并捕捉高分辨率图像以及红外线和紫外线光谱数据。例如，Akatsuki 任务成功拍摄到了一个名为"超级旋涡"的巨型旋涡结构，在此之前没有任何其他任务能够观察到类似规模和形态特征完整保存下来的旋涡。这项重要成果使得我们对于类似行星上出现巨型旋涡结构形成机制有了更深入的认识。

（8）用于居住、商业、旅游、娱乐和公众科学传播及探索研究的基础设施。

4.3.2 金星：采样与返回

4.3.2.1 主要的科学目标

金星是实施原位探测任务的下一个潜在目标。自从 20 世纪七八十年代发射的金星（Venera）系列任务[1]针对金星表面几处位置开展的原位探测以来，对金星的探测主要集中在它的大气成分上，如"金星快车"（Venus Express）[2]和"曙光号"（Akatsuki）[3]任务。然而，尽管金星上的大气稠密，雷达和红外光谱依然反映了一些关于其全球范围内的表面成分组成的线索，表明了未知的化学反应（如高地处的雷达信号异常）和可能的分化岩石。除了全面的地形地貌观测，如"先锋号"金星轨道飞行器（Pioneer Venus Orbiter）[4]、金星 15 号（Venera 15）和金星 16 号（Venera 16）任务、"麦哲伦号"（Magellan）[5]金星探测器等，表明过去活跃的构造（镶嵌地貌，晚期表面重建）之外，最近的观测还对其确切的表面成分组成提出了疑问。热力学和最近的实验研究表明了可能影响或已经影响表面成分的矿物反应。这些是由氧化还原反应驱动，并与硫和碳循环相关。他们还提出，如果金星上曾经存在过液态水，在过去更潮湿的条件下获得的蚀变特征可能会持续存在。

关于金星的大气层，针对其复杂的分层结构，从稠密和静止的低层大气到超旋转的高层和轻型大气，也提出了一些悬而未决的问题，例如紫外线吸收的性质、大气循环中缺失的水分，以及地形和引力波的耦合效应打破了云顶或巨型结

[4] "先锋号"金星轨道飞行器：是 NASA 于 1978 年发射的一颗太空探测器，主要用于金星大气、地表和环境探测等。它携带了云层分析仪，用于研究金星上丰富而复杂的云层结构。此外，它还携带了雷达显像仪，可以观察并绘制金星表面特征，如山脉、火山口等。通过对这些数据进行分析和解释，科学家们能够更好地理解金星的大气成分、温度变化以及其与地球之间可能存在的相似性或差异性。这些信息有助于我们更深入地了解太阳系中其他行星以及类似地球条件下生命存在的可能性。

[5] "麦哲伦号"（Magellan）金星探测器：是指 NASA 于 1990 年 5 月 4 日发射的金星探测器。该探测器使用雷达技术对金星表面进行高精度成像，揭示了许多有关火山活动、撞击坑以及河流谷等地貌特征的信息。

194　地平线 2061：行星探测长期远景预见

构。此外，金星的中间云层（Intermediate Cloud）[1]可能存在有利于生命出现和可持续发展的条件。

截至 2021 年，各国航天机构已选定前往金星轨道和金星低层大气的几个航天任务，如 VERITAS 和 DAVINCI+（NASA 领导的）、EnVision（ESA 领导的）、Shukrayaan（ISRO 领导的），和仍在评估中的 VeneraD（IKI/RosCosmos 领导的），详见附录一。这些选择表明国际科学界重新燃起了对金星的兴趣：从探索太阳系的起源到（缺乏）宜居性问题，金星通常被称为地球的孪生姐妹，却遵循了与地球完全不同的演化路径，从而导致其形成了当前的极端环境，挑战了我们的认知。

4.3.2.2 测量要求和任务类型

为解决包括金星动力学、大气过程和生物生存的潜力等问题，可在地球实验室开展这些关键性测量实验；对岩石样本进行显微镜观察和化学分析；进行色谱、质谱、同位素测量、气体/气溶胶核磁共振等。对于岩石样本，通过比较从低地到高地的分析数据，也将更好地识别出有可能通过大气发生的大规模的元素转移（通过分析雷达异常信号）。

对于火星探测，大多数所需的技术已经过在轨验证，且可用于原位测量。然而，对于金星表面或者深层大气，遥感分析受到大气成分和密度（如云、红外吸收体等）的严重限制，此外，金星表面的极端环境也对原位分析（如星壤或深层大气等）构成了严重阻碍。例如，在 470℃的高温环境下操作运行像"发现号"（Discovery）这样复杂的火星车，显然是不可能的。因此，可行的替代性方案是采集金星地表的岩石和大气的样品并返回，在地面实验室里开展进一步的深入研究。

4.3.2.3 面临的技术挑战与任务协调

众所周知，在深空探测任务中实施采样返回将面临严峻的挑战，尽管有时它被设想成为载人飞行任务的替代性方案。目前，除了实施过宇宙尘埃（Stardust）、小行星（Hayabusa，OSIRIS-REx 任务）和月球（Apollo）的采样与返回任务之外，还没有实施过对遥远的类地行星进行的无人/有人采样返回任务。如果想要实施此类任务，最大的障碍是需要火箭式地外上升飞行器和返回地球飞行所需的能量，此外还需要一系列先进和颠覆性的技术。对于火星，NASA 正在评估一项采样返回任务，下一次发射的 Mars2020 任务将为未来的采样

---

[1] 中间云层：是指大气层结构中的一种特定云层，通常位于低云层和高云层之间。金星的中间云层位于金星表面上方 50～55 km 处，它的运动模式多变，且其反照率变化表明可能存在水、甲烷或其他吸收太阳辐射的化合物。在某些特定条件下，金星的中间云层可能为生命提供了一个理想的孕育环境。

返回任务采集一系列的样本。很明显，金星采样返回任务将受益于火星任务。但面向金星的极端环境，较高的重力和地表温度意味着仍需要克服众多的关键技术，例如，电子元器件如何适应当地的高温环境、返回地球的探测器如何设计以及轨道控制如何实施（以前曾研究过一些概念性的任务）。此外，为了能成功地完成科学任务，将在金星的地表和大气层进行多点取样。与火星相比，在金星上进行一系列的发射（如2022年发射的 Mars2020 任务和2026年计划发射的样本回收着陆器），以及使用移动式火星车收集岩石（"毅力号"和下一次发射的样品收集型火星车）的方式是非常困难的。收集岩石样本可能会是随机进行的，但相比之下，采集大气样本的难度较低。图 4-8 所示为金星采样返回任务的五种可能的技术路线。除了这些国家和政府支持的项目外，未来还会出现私营商业公司开发的项目，例如，计划在2023年由火箭实验室（Rocket Lab，美国与新西兰共同参与）实施的金星大气采样探测项目。

关于金星探测任务的可行性，未来技术的进步使我们感到更加乐观。这些技术包括高温电子学方面的最新进展，有待研究的航空平台概念，未来允许在低重力环境下发射飞行器的"门户"（Gateway）月球轨道空间站项目，以及核推进航天器的研发进展（采用核电或核热推进方式）等。

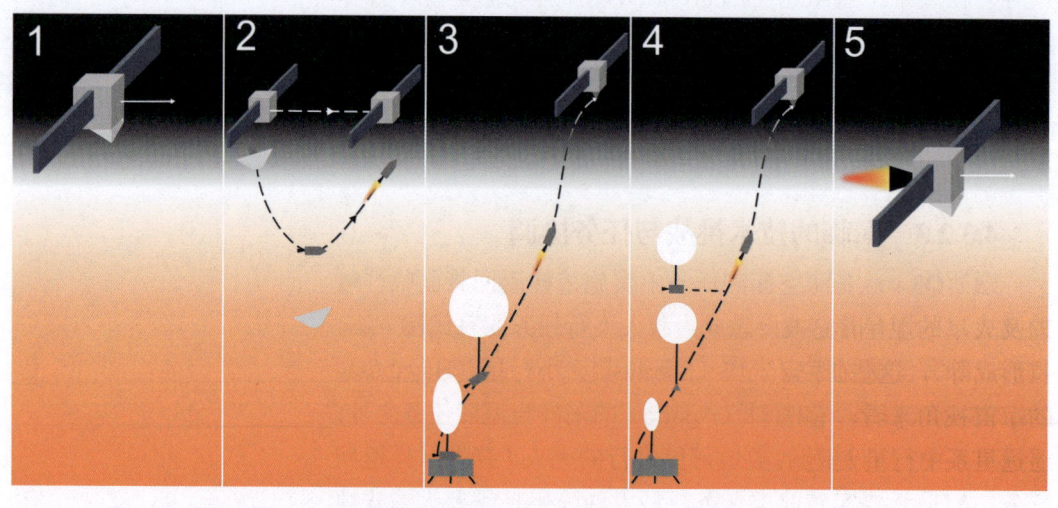

图 4-8 金星采样返回任务的五种可能的技术路线

注：方案1是采集大气样本，使用飞越式航天器。方案2使用低空探测器，以低速采集大气样本。方案3和4使用着陆器收集表面样本，用气球将金星上升器(上图第3列)或仅将样本舱(上图第4列)从金星上升器发射至预定高度，一旦进入预定的金星环绕轨道，它将与轨道环绕探测器会合。方案5是采用高空探测器，在飞越近拱点时变轨，从而收集金星的大气样本。

4.3.3 火星：采样返回和超越

4.3.3.1 主要的科学目标

对于火星科学家来说当前是最伟大的时代。自 20 世纪 90 年代末以来，已经进行了如此多的任务：9 个轨道飞行器[1]、2 个着陆器[2]、6 个火星车[3]，尽管其中有一些失败[4]。截至 2021 年有 8 个轨道飞行器、3 个火星车和 1 个着陆器仍在运行，其中除了那些在 2021 年刚到达火星的探测器外，这些探测器中的大多数已经超过了它们预期的设计寿命。这相比于国际天文学界相对较小的参与人数来说是一件好事，新的探索和发现正在积累，火星科学正在取得巨大的进步。

火星地质和星球物理学研究（包括组成成分、内部结构、动力学、演化、地壳和内部）、火星大气研究（现代／古代气候、气候过程、轨道结构、气候变化）和生命探索研究（宜居性、现有生命、生命痕迹、碳循环、生命前化学），共同组成了火星科学研究的系列主题，这些科学目标将全面回答"地平线 2061：行星探测长期远景预见"项目中提出的六个关键科学问题（见表 3-3）。

（1）Q1：天体的多样性。火星在类地行星家族中占有特殊的位置，部分原因是它的质量很小，而且位于太阳系宜居带的外边缘。这些独有的特征是导致其内部、地质和气候演变的主要因素吗？火星的地质与地球或金星相比如何？火星上的热点火山活动与地球相似吗？火星的大气层与其他类地行星的大气层相比如何？对于火星的内部结构也存在类似的问题，我们才刚刚开始探索。

（2）Q2：结构的多样性。通过火卫一和火卫二，火星还提供了由两颗卫星围绕类地行星旋转组成次行星系统的第二个案例，这与地月系统有显著差异，值得深入研究。

（3）Q3：太阳系的起源与演化。揭示火星的形成机制，以及火星的卫星形成机制（包括捕获、巨大撞击、同源说原位形成等），这些研究不仅本身非常有趣，而且可以从更广阔的宇宙视角来看，有助于我们探索和理解太阳系，以及更加遥远星系中行星／卫星系统形成机制的多样性。

（4）Q4：太阳系的运行机制。火星是一个天然的实验室，用来测验我们对类地行星不同层结构之间的动力学和能量学的理解，包括它们之间的相互作用以及推动它们进行化学演变的过程，研究大气组分的丧失，磁场的衰减以及大气随时

---

[1] 轨道飞行器（按发射年份排列）：NASA/火星全球"勘测者号"（1996 年）、NASA/火星"奥德赛"（2001 年）、ESA/"火星快车"（2003 年）、NASA/火星勘测轨道飞行器（2005 年）、ISRO/火星轨道飞行器任务（2013 年）、NASA/MAVEN 号（2013 年）、ESA-RSA/微量气体轨道飞行器（2016 年）、UAE/"希望号"轨道飞行器（2020 年）、CNSA/"天问一号"轨道飞行器（2020 年）

[2] 着陆器（按发射年份排列）：NASA/"凤凰号"（2007 年），NASA/"洞察号"（2018 年）

[3] 火星车（按发射年份排列）：NASA/"探路者"（1996 年）、NASA/"勇气号"和"机遇号"（2003 年）、NASA/"好奇号"（2011 年）、NASA/"毅力号"火星车（2020 年）、CNSA/"天问祝融号"火星车（2020 年）

[4] 失败（按发射年份排列）：NASA/火星"观察者"（1992 年）、ISAS/"希望号"（1992 年）、RSA/火星 96(1996 年）、NASA/火星气候轨道器（1999 年）、NASA/极地着陆器（1999 年）、ESA/"小猎犬 2 号"着陆器（2003 年）、RSA/火卫一土壤（2011 年）、ESA/斯基帕雷利着陆器（2016 年）

间的演化。在火星上研究这些过程，有助于我们更好地理解它们的运行机制。

（5）火星的宜居性（Q5）和寻找火星生命（Q6）。在火星探测任务中受到了极大的关注，该计划旨在连续完成以下三个目标。

①寻找液态水。现在已经确定在35亿年前，火星表面曾经有大量的水在流动，也留存下来许多水流过的痕迹（如树状山谷、开阔盆地、溢流河床等）。火星上液态水的数量并不为人所知，但或许存在一个全球等效水层，最深大约200 m。为了让这种液态水在表面保持稳定，我们必须设想火星曾经存在过稠密的大气层，并产生了温室效应，但如今已不复存在。形成液态水还需要有磁场，但火星上的磁场并没有持续存在，消失的磁场加剧了被太阳风剥离的大气的流失。如今没有了稠密的大气层，因此火星地表也没有稳定的液态水。诺亚纪和西方纪时期（详见附录三）的死水将原始火成岩转化为各种蚀变产物，如黏土、硫酸盐、碳酸盐等。

②寻找火星宜居性的证据。现有足够的证据表明，火星曾经是宜居的：液态水的pH值大约是中性的，水或许不是很咸，可以被认定为是淡水，其中存在有机化学元素，尤其是碳、氢、氮、氧、磷和硫等基本元素而且还存在许多可以被利用的能量储备。但仍然有许多悬而未决的问题。例如这段宜居期持续了多久；发生在什么时候；特别是这个时期究竟是何时结束的（过渡到一个更酸性的时期，大气的大量流失等）。在这个时期产生的蚀变产物（如蒙脱石、碳酸盐）也能保存这段时期的记忆。火星保存的过去宜居性的证据，使得我们有可能考虑下一阶段计划实施的载人火星探测任务。

③寻找生命的痕迹。这个主题是最激动人心，也是最复杂的。现有证据表明火星上适合居住的窗口时期很短，很可能是因为存在过生命的证据很少的缘故，类似于同一时期在地球上发现的情况。从严格意义上来说，可观测到的不会是化石，但同位素可以提供证据，包括或多或少降解的有机分子链、生物矿物、形态和化学结构等。陆地叠层石是建立可靠观测过程的参考，它们表明富含碳酸盐的区域会有更高的概率保存这样的痕迹。

第4.3.3.2节至第4.3.3.4节先介绍在未来20年内将继续关注这些科学目标的任务，这些任务的目的是从火星采样返回，然后从超越采样返回的视角讨论火星科学的未来。

4.3.3.2　未来十年的任务和火星采样返回

21世纪初在轨道上的环绕探测器的主要科学目标是寻找液态水存在过的证据，该证据已由"奥德赛（Odyssey）""火星快车（Mars Express）""轨道侦察探测器（Reconnaissance Orbiter）"，以及火星着陆器和火星车从火星表面上共同确认。寻找宜居性的证据是随着"好奇号"发射而真正开展的（见图4-9），此外火星大气的丢失目前是由"火星大气与挥发演化（MAVEN）"探测器和"微量气体（Trace Gas）"轨道器进行研究的，"希望号"和"天问一号（Tianwen-1）"也是如此。20世纪70年代的"海盗号"任务很早就提出了"寻找生命"的问题，但它给出了不确定的结果。在经过40多年之后，这个目标仍未改变，这是新一代火星车"毅力号"，目前仍在火星表面运行）和ESA领导的ExoMars火星车（预计将在2024年后发射）的重要科学目标。不用说，所有任务都会将火星探测的过程与其他行星上可能会进行的相同过程进行比较，特别提到"洞察号"（InSight）及其对

图 4-9 美国"好奇号"火星车在火星沙尘暴期间的自拍照（拍摄于 2016 年 12 月）

火星内部的星震探测。为在遥远的未来有可能实施的载人火星探测任务做准备，目前的策略是大多数情况下什么都不做，偶尔进行原位测试一些关键技术的可行性（如"毅力号"火星车上的火星原位资源利用制氧试验[1]（Mars Oxygen In-Situ Resource Utilization Experiment，MOXIE）装置可以将火星上的 CO_2 转换成 O_2，为后续实施载人登陆火星探测任务测量出重要的环境参数（如火星辐射、灰尘、有毒元素等），并表征火星上未来潜在可利用的资源，兼顾火星原位资源利用（ISRU）的需求。

因此，21 世纪 20 年代火星探测任务的主要科学目标就是寻找生命。通常有两种方法：进行原位探测和在地球上进行样本研究。采样返回被认为是我们探索并了解太阳系的钥匙，我们曾经从月球（Apollo 和 Lunar 任务）、太阳风（Genesis）和小天体（Hayabusa-1、Stardust、Hayabusa-2、OSIRIS-REx）上采样并返回了样品。在实验室的分析性能肯定比在原位进行分析高成百上千倍，样品的保管也可得到良好控制且可重复使用。因此，可以进行精确的同位素定年等关键测量。尽管人们对原位探测的兴趣并没有减少，但是当涉及像寻找古代生命一样微弱的痕迹时，只有在实验室开展研究才能够给出明确的答案。要做到这一点，所分析的样本必须经过精心挑选。当然，火星陨石也构成了地球上可用的火星样本库（超过 200 个样本）。虽然它们提供了非常有价值的信息，但由

[1] 火星原位资源利用制氧试验：是指"毅力号"火星车上搭载的一种用于火星原位资源利用试验的科学载荷，可以将火星大气中的 CO_2 转换为 O_2，以支持未来载人登陆火星时所需的消耗品和推进剂。在 MOXIE 第一次运行时，它就产生了 5 g 的氧气，相当于制造出了 1 名航天员约呼吸 10 min 所需的氧气量。

于缺乏多样性和地质背景，它们对研究火星的演化进程只能给出有限的信息。这就是原位探测带来最大价值的地方：取样地点和样品本身的选择很丰富。着陆点应选择含有沉积物的地方，其本身就包含由水风化产生的矿物相，最有可能保留过往存在生命的痕迹。至于如何选择采集的样品，关键是多样性，应包括沉积岩系列、热液流体形成和/或改变的岩石系列、代表地下水岩相互作用的岩石/矿脉、细粒尘埃和风化层、古火成岩系列，如果可能的话，还有封存在更古老岩石中的现代大气气体和古大气气体。这些都需要强大的有效载荷来挑选这些样本，并需要确定其邻近地质环境的特征，以及任何其他今后可能有助于对数据进行解释的信息。

"毅力号"火星车于 2021 年 2 月降落在杰泽罗陨石坑（Jezero Crater），这个直径 49 km 的陨石坑曾经被水填满，且至少有两次被排干。超过 35 亿年前，河道溢出陨石坑壁，形成了一个三角洲沉积湖泊。我们看到的证据表明，在诺亚纪时期 ❶（Noachian-aged）的尼利河谷 ❷（Nili Fossae）附近地区，水携带着周围的黏土矿物又进入了陨石坑，而这是在湖泊干涸后发生的。可以想象，在一次或多次类似这样的湿润时期，微生物生命可能已经存在于杰泽罗陨石坑。如果是这样的话，它们的遗迹可能会在湖底沉积物中被发现。"毅力号"火星车携带了独特的有效载荷，可用于原位探测以及样品的选择和表征，最重要的是携带了封装和密封样品的整套装置，即所谓的缓存系统。

Mars 2020 任务是实施 MSR 中"三步走"的第一步，如图 4-10 所示。"毅力号"火星车的采样和缓存系统旨在根据最严格的行星保护五级协议来收集和密封火星样本。在 2022—2024 年的任务实施期间，"毅力号"火星车将在几个不同的地点成组投放不少于 20～35 支样本管。目前，NASA 已启动采样返回着陆任务，预计将在杰泽罗陨石坑内放置一个着陆平台。其中，一个小型的 ESA 火星车，也就是样品收集火星车，将负责收集缓存的样品。一旦火星车集齐了样品，将返回着陆器平台附近，并将样品装入 NASA 火星上升器顶部的大罐中。该上升器将首次实施从火星表面起飞，并将样品舱送入预定的火星轨道。而 ESA 的地球返回轨道器将是下一次发射的任务，它负责捕捉在火星轨道上等待的篮球大小的样本舱，在被转移进入地球返回舱之前，样本将被密封在一个生物密封系统中，以防止未经消毒处理的样品物质污染地球。然后，返回舱将返回地球，并释放样品返回舱，样品

❶ 诺亚纪时期是火星历史上最早的一个时期，距今 38 亿～32 亿年。

❷ 尼利河谷是位于火星赤道附近的一片高原地区，其特点是富含岩浆和水分子，并且有很多裂谷和峡谷。通常认为，在诺亚纪时期，尼利河谷可能存在许多湖泊或者河流等水体。

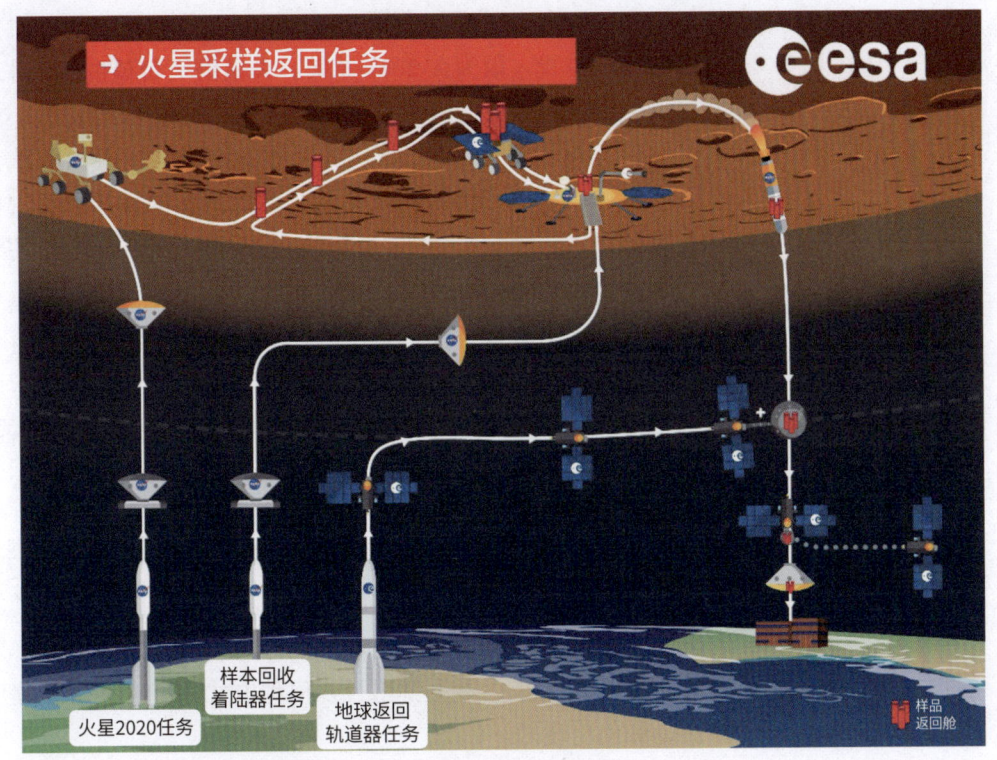

图 4-10 ESA 领导的火星采样返回任务（MSR）示意图

最终将被放置在专业的样品处理设施中。目前 MSR 已经开始工程实施，如果一切进展顺利，预计样本可能会在 2031 年或之后返回地球。

火星采样返回任务（MSR）代表着火星探测任务的高潮，也是一个重要节点，在此之后的一切都将不同。首先，正如我们刚刚描述的那样，尽管存在很多技术挑战，但我们必须成功采集回样品，同时也不要忽视在地球上进行样本管理的挑战。需要一个 P4 级的实验室来保护我们免受恶性火星生命的伤害？还是需要两个独立的实验室来保护火星科学的安全？如果必须在这些实验室中进行寻找生命的早期研究，如何才能在高保真的情况下，在转交给科学家寻找生命痕迹之前对它们进行消毒呢？

火星探索将在未来十年沿着这条路线发展，即使失败，也不能阻止我们。

值得一提的是，日本 JAXA 正在设计火卫一（Phobos）采样返回任务。该探测器计划于 2024 年发射，预计于 2029 年采样并返回，它将能够促进对火卫一起源的理解，同时可能采集到在火星表面和火卫一之间交换的火星碎片物质。

4.3.3.3 载人火星探测

与火星采样返回任务（MSR）同时并行的是，未来火星探测活动如何实现 4.3.3.1 节中提出的"地平线 2061：行星探测长期远景预见"项目关注的科学目标？未来很可能会进行类似表 4-1 中列出的三种主要任务。

（1）任务 1：无人探测，结合原位探测和轨道观测。

（2）任务 2：采样返回探测。

（3）任务3：载人探测，这项任务在我们的计划中占据了独特的位置。因为在2061年前，火星仍是太阳系中继月球之后，唯一有可能实施载人登陆探测计划的行星。

到那时，根据MSR计划在天体生物学领域获得的重要发现，可以对这三类探测任务及其解决的不同科学问题的相对重要性进行讨论。

情况1：MSR发现了生命迹象。

如果人类发现了太阳系中的第二个生命起源，将引发一场新的科学革命。火星极大概率会成为主要的天体生物学现场实验室。这项首次发现将不可避免地向人类提出新的问题，例如，生命是只出现在某个地区，还是分别独立地出现在几个地区？生命是如何迁移到这个星球的各个地方，迁移了多远？这些迫切的问题，对我们地球生命来说目前还无法解决。但回答这些问题将推动我们设计新的机器人，使其从火星这颗红色星球的不同区域和地点采集样本并返回。以上主要是针对Q5和Q6：火星上哪里且以何种方式适宜居住，以及生命是如何出现的。

然而，在这种情况下，人类的探索活动可能会停止或受到严重限制，至少需要很长的一段时间来执行所有必要的天体生物学调查，并在严格遵守行星保护规则的前提下，确保人类宜居区域的安全，但这些活动很可能发生在2061年之后。

情况2：MSR结果并不完全确定。

在这种情况下，从科学的角度来看，火星探测活动将不得不继续以任务1（无人探测）和任务2（更多的采样返回）结合的方式进行，同时谨慎地研究这种折中性方案在多大程度上能适应载人火星探测活动。这可能是对未来的火星探测活动最不利的情况：MSR计划如此被我们看好，因为它是以成功为导向的。因此，一个不确定性的答案可能会在一段时间内减缓人类的探索。正如过去已发生的那样，当时被人们寄予厚望的任务并没有给出期望的答案，这导致了人们对探索生命研究的失望。例如，"水手4号"拍摄到的第一批轨道图像并没有显示出铂西瓦尔·罗威尔[1]（Percival Lowell）所想象出的运河，"海盗号"检测过的火星土壤样本被证明是无菌的（这就意味着没有发现任何微生物或有机物质，也就是说火星上没有适合生命存在的环境），所以后来火星探测任务被搁置了很多年。尽管如此，新的方法、新的技术和新的理想给了人们新的动力，火星探测任务在几十年后又重新启动

[1] 铂西瓦尔·罗威尔：他是一位美国天文学家、商人作家与数学家，在他的作品中曾将火星上的沟槽描述成运河。

了。这件事告诉我们，对于科学问题来说，一个非结论性的答案也是一个新的开始，可以帮助我们寻找更有效的策略，以便在日后可以成功地回答这个问题。

情况3：MSR得出令人信服的结论，火星上没有生命。

在这种情况下，Q5和Q6将不再相关。在太阳系中寻找生命的第二个起源将侧重于外太阳系的海洋卫星，在ESA的《2050年远航（2021年）》报告中，将这些卫星确定为"宇宙视觉"（Cosmic Vision）计划之外的L级任务的下一个太阳系内的探测目的地。而火星科学的研究将重新关注Q1~Q4：了解火星在类地行星家族中占据的特殊地位，以及它的卫星系统在次行星系统家族中的特殊地位；了解它们的形成场景；研究一颗位于宜居带外围、冷却时间和大气损失时间更快的小行星是如何运行的；研究火星的内部结构，了解内部传热的动力，包括磁场的历史、表面和次表面的形成历史，以及天气和气候等。

火星是一个独特的地方，在这里可以找到一长串行星科学问题的详细答案。这颗行星拥有水圈，见证了侵蚀现象，并形成了丰富的沉积记录。这里仍有许多地质环境需要探索，因此我们可以利用轨道器、着陆器、火星车和无人机等类型的探测器来研究火星的地质，预计这些研究将会持续数年。这些未来的任务可能是由最近发现的火星地貌特征[1]（Geomorphic Features of Mars）推动的，例如，重复出现的斜坡线（Recurring Slope Lineae，RSL）、通风口和洞穴等，也有可能会研发新技术：星球物理观测站网络、深钻、长导线、重型无人机等。如果我们倾向于设计出可重复使用的航天器并"只"调整搭载不同的有效载荷，任务成本可能会变得更低。在火星表面和地下蕴藏着宝贵的水资源和未经勘探的矿产资源，需要对这些资源进行普查。我们不仅要了解火星的历史，还需要知道哪些资源可为未来人类的长期居住提供支持。火星科学作为行星科学的一个主题将长期持续下去，与支持载人探测的科学研究并驾齐驱。

正如人们可以预见的那样，如果火星上没有生命，Q5将存在一个完全不同但同样令人兴奋的意义：火星是否适合人类居住？或者更确切地说，为了在这颗红色星球上建立起长期的人类居住区，深空探测任务将如何规划？

4.3.3.4 以载人探测的视角来看

几十年来，媒体一直在宣传人类对火星的探索活动，即

[1] 火星地貌特征包括重复出现的斜坡线、通风口和洞穴等。其中，斜坡线是指在火星上发现的一种暂时性流动痕迹，可能与液态水有关；通风口则是指火山喷气孔或者岩浆管道中的开口；而洞穴则是指天然形成的空腔结构。这些地貌特征对于我们理解火星表面环境、探索其潜在生命存在意义等方面都具有重要意义。例如，在寻找外星生命方面，洞穴内部可能会提供相对稳定、较为温暖且受保护的环境条件，因此被认为是潜在的"藏身之所"。

图 4-11　为载人登陆火星做准备

使不是去火星殖民（见图 4-11）。虽然公众对此给予了相当多的支持，但并不看好真正完成这趟星际之旅所需的那些尚未实现的技术。而航天员才是代表着人类梦想的真正化身！

作为前提条件，在将人类送上火星之前是否需要实施火星采样返回任务（MSR）？答案显然是肯定的。因为这些样品可以增强我们对火星环境的了解，例如，与 ISRU 相关的火星物质的特性、火星物质对人类健康与活动产生的影响，与工程表面危害相关的信息等。MSR 任务显然也是载人往返火星星际之旅的"概念证明"，也将验证可能开展的国际合作模式。

科学研究很难成为开展载人火星探测活动的根本推动力，因为这种尝试所需的投资成本，远远超出了目前任何大规模基础研究设施的成本。但是，就像人类活动的所有领域一样，科学研究必须也必将参与到这场盛宴中，就像 20 世纪 60 年代的月球探测任务一样。正如在情况 1 阐述的那样，由于航天员将携带着地球生命登上火星，因此必须在他们到达之前先回答火星上是否存在生命的问题，否则行星保护规则将不允许任务实施。

最后，人类航天员的参与在科学研究方面有优势吗？我们试图评估人类与机器人在火星探测方面的相对优势，包括力量、耐力、精度、认知、感知、速度、可靠性、敏捷性、灵巧性、脆弱性等。在大多数情况下，人类航天员都有明显的优势。但随着最近"勇气号""机遇号""好奇号"等火星车所展现出的耐力，以及它们日益成熟的自主技术，无人探测正在重新站稳脚跟。因此，对于大多数科学目标来说，人类亲自登上火星是不必要的，但机器人和人类航天员之间并不是对立的。机器人是领路人，当人类航天员在星球环绕轨道上，甚至登陆星球表面时，我们总是需要它们的帮助。人类何时登上火星？合理的预测是不会早于 2040 年，也可能是在 2061 年！而 Artemis 重返月球项目则是载人登陆火星任务之前的必要演练。

近几十年来，火星研究得到了良好的支持，并充分利用了火星科学委员会可利用的资源。要持续发展，火星探测任务就必须更加创新，更加令人兴奋，也许更加引人注目。任务 1"无人探测"将在本项目预见的所有情况下持续开展，科学家们富有创造力，每天都会涌现出新的问题。任务 2"采样返回"有望为火星上是否存在生命的问题带来明确的答案。任务 3"载人探测"将为未来的火星探测任务带来新的动力，毫无疑问也将会为更多的科学研究带来机会。作为回报，科学必须在人类探索这颗红色星球过程的各个环节中发挥出重要作用。

4.3.4 水星

4.3.4.1 主要的科学目标

在太阳系的四颗类地岩质行星中，最靠近太阳的行星是水星。相比距离地球最近的另一个邻居——火星，水星被探测的次数要少得多。在 1974 年和 1975 年，NASA 研制的"水手 10 号"曾对水星进行了三次近距离飞越探测。当时，人类通过几次近距离飞越探测和各自发射一个轨道器对火星和金星进行了探测。研究表明，水星是一颗非常特殊的行星，有着丰富的地质历史、独特的内部结构，形成了其固有磁层的全球磁场，以及由于靠近太阳而形成了独特的轨道结构特征。30 年后，NASA 研制的"信使号"（MESSENGER）于 2011 年 3 月 18 日至 2015 年 4 月 30 日成为第一个环绕水星运行的探测器，它获得了第一次对水星 Hermean 表面、引力场、磁场，以及包含分子、原子和离子的外层大气和不同磁层进行全球观测的机会。

2021 年 10 月，由 ESA 和 JAXA 联合研制的"比皮科伦坡"探测器第一次飞越了太阳系最内侧的行星，现正在前往水星的途中。2025 年年底，两个轨道器将同时部署在水星周围，这是行星探测历史上的首次。这两个互补的探测器装备齐全，可以提出关于以下六项科学的新见解：水星的表面、内部结构和内部磁场、外层大气、磁层及其与 Hermean 等离子体环境的相互作用；水星是距离其主序恒星最近的行星（与相同情况下的系外行星相比），由于它的近日点仍在进动，因此可以用于检验爱因斯坦广义相对论。

未来水星探测的科学目标是多样的。水星的未压缩密度[1]（Uncompressed Density），明显高于包括月球在内的所有其他类地行星。这一事实引发了许多关于水星核心的本质和特性的问题。这里特别要提及一个目前仍悬而未决的问题：为什么这么小的行星会产生固有磁场，以及最小的行星的内在磁层该如何适应和抵抗恶劣且永久变化的太阳风。在水星轨道上来自太阳风的压力，比在地球上更大，并携带更强的行星

[1] 这句话是指水星的密度比其他类地行星都要高。所谓压缩密度（Compressed Density），指的是物质在受到外力作用下被压缩后的密度，而这里提到的是未压缩密度即物质没有受到外力作用时的密度。据科学家的研究发现，水星由于其较小的体积和相对较大的质量，使得它具有非常高的未压缩密度。与其他地球类行星相比，水星更加致密、更加紧凑。

际磁场，这导致外部磁场源可以主导水星磁场，因此很难用来确定和建模。水星的磁层是一个独特的等离子体实验室，因为磁层足够小，一个或两个探测器可以在 10 h 周期的轨道上从一边飞行到另一边并完全覆盖它的磁场，这为研究磁场动力学和时间演化带来了新的方向。在地表和地质方面，"信使号"数据的频谱形态分析揭示了 Hermean 星壤的复杂历史，包括地壳构造变形、过去的火山活动和各种撞击事件。此外，极区的永久阴影坑含有雷达反射物质，这可能是硫黄或水冰。另一个重要问题涉及挥发物的来源以及外逸层的产生机制。在水星，外逸层比其他任何区域都更受星表约束，它的组成成分和电磁行为受到与星表和磁层的相互作用的控制（尤其是在没有电离层的情况下）。星表和磁层的相互作用也可应用于研究空间天气对星表特性的影响。

研究水星这样独特的行星将为探索类地行星的形成、演化，其他类地行星是如何演变成现在行星大小的，以及它形成的初始条件（如原始太阳星云的组成）带来新的线索。

最后，考虑到基础物理学，并考虑到水星近日点的进动是用相对论时空曲率[1]（Relativistic Space-Time Curvature）来解释的，因此，利用靠近太阳的优势，在水星周围发射轨道器并使用高精度跟踪轨道器，就可以进一步检验广义相对论。

4.3.4.2　2030—2061 年水星探测任务面临的挑战

迄今为止，水星是探测次数最少的类地行星。原因有很多。首先，从地基观测来看，这颗行星与太阳的距离从未超过 28 rad。因此，对于大多数地基观测设施而言，它离太阳太近了，地基观测设施的光学系统会因直接暴露在阳光下而受损，如哈勃空间望远镜就是如此。

然而，发射轨道环绕探测器也并非易事，这颗行星距离太阳如此之近，而且质量巨大，因此任务设计极具挑战性。由于过于接近太阳和行星本身表面的高温，使得水星探测任务在保持太阳能电池板性能安全，以及保持探测器的热平衡方面具有挑战性。

目前唯一正在进行的水星探测任务是"比皮科伦坡"探测任务，这是由 ESA 和 JAXA 共同开发的项目。该探测器系统由两个轨道器组成，即水星行星轨道器（Mercury Planetary Orbiter，MPO）和水星磁层轨道器（Mercury Magnetospheric Orbiter，MMO，又称 Mio）。"比皮科伦坡"目前正在前往水星的航行途中，并且将在 2025 年年底分离成两个探测器。除

[1] 相对论时空曲率是指根据爱因斯坦的相对论理论，质量和能量会使周围的时空发生弯曲。这种弯曲效应导致物体在引力场中运动时会出现一些非常特殊的现象。具体来说，当物体处于较大质量或能量的引力场时，它们所经历的时间流逝速度会变慢，并且其长度也会缩短，被称为时间膨胀和长度收缩效应。这意味着在高引力区域内，时间似乎比低引力区域内流逝得更慢，并且物体看起来更短。一个经典的例子是黑洞。黑洞是由极其巨大质量聚集而成并产生极强引力场的天体。当物体接近黑洞时，由于该地区存在极高密度和重力加速度，它们受到相对论时空弯曲影响最为明显。此外，在太阳系中行星绕太阳公转也可以用相对论时空弯曲解释。尽管太阳不像黑洞那样巨大且致密，但它仍然有足够质量以产生微小但可观测到的相对论效应。

了携带一套具有非凡的能力互补的仪器设备到达这颗最内侧的行星外，它还将提供一个在行星环境中收集多点测量数据的罕见机会，这对于水星探测特别重要，因为水星环境的时间和空间尺度都很短。最后，MPO 和 MMO 的预期轨道将允许这两个探测器在整个任务期间可近距离交会。

除了"比皮科伦坡"外，NASA 的行星任务概念研究（Planetary Mission Concept Studies，PMCS）项目最近资助了约翰·霍普金斯大学应用物理实验室（Johns Hopkins University Applied Physics Laboratory，JHU/APL）卡罗琳·厄恩斯特（Carolyn Ernst）博士领导的多学科团队的一项研究，以评估未来 10 年执行水星着陆任务的可行性。初步设想在 2035 年进行发射，2045 年在水星表面着陆，由此产生的任务概念需要一个完整的水星年（约 88 个地球日）的表面操作能力。在报告中描述了所有的技术需求，该项目目前正在提交进行讨论中。

最后，发射着陆器并从水星带回样本，这是许多行星科学家的最终梦想。但考虑到这颗独特星球的自转速度非常慢，其表面温度在一个太阳日的周期内变化超过 600℃，因此可以预见，未来会研发出更强大的运载火箭和更高效的能源采集器。此外，对于环绕水星飞行的轨道器的典型轨道周期（约 10 h），水星表面某个特定区域可能在很长一段时间内保持着白天或黑夜，这给水星着陆器带来了烦琐但具有挑战性的遥测、能源和热控制问题。

4.3.5 小天体：小行星、彗星、海外天体

4.3.5.1 主要的科学目标

表 3-3 总结了在第 3 章中介绍的内容，其中小天体原位探测任务扮演着独特的角色，因为可以表征出它们的原位属性，如质量、形状、密度、物理状态、陨石坑记录、表面化学成分和可能的内部分层等。这样的测量对于建立太阳系小天体种群的统计图是至关重要的，利用原位探测的特性可将它们从地面观测推广到同类的其他天体的测量，包括划分小天体群的分布和轨道特征，或可提供与太阳系外碎片盘（Extrasolar Debris Disk）可能的对比研究。此外，了解小天体种群中双星系统的起源和动力机制至今仍是一个挑战。

当前任务的主要目标是将小行星和彗星样本带回地球，这些返回的样本将为实验室中保存的宇宙尘埃和陨石收藏提供背景，并揭示太阳系是如何形成原始太阳星云的过程。

了解小天体的物质组成 [如矿物质、耐火材料、有机物、挥发物（如水分）]，有助于人们理解是哪些天体在形成后为类地行星提供了水。了解在小行星和彗星中是否发现了氨基酸等有机物，有助于理解地球上是如何出现生命的。这些研究都是至关重要的。

最后，更好地了解这类小天体的特性，有助于减缓未来穿越地球的小行星和彗星可能带来的潜在威胁。

4.3.5.2 2040 年前已规划的探测任务

为了到 2040 年时我们对太阳系中的小天体能够有更多的了解，各国航天机构已经

选择或正在实施一些更具挑战性的任务。它们通常需要应对技术上的挑战，比如，在无重力情况下对某个小天体周围进行操作和样本采集，或者进行原位测量，从而可以更好地理解这些天体的内部组成。

(1) AIDA 任务。

当前我们对小行星的内部结构知之甚少。在原位探测或从地基观测进行的密度测量表明，相当一部分（大于 95%）直径较小的小行星（$D<60$ km）的密度过低，它们的密度低于其表面组成。对于这些低致密的星体，有解释说是因为其内部遍布着巨大的裂缝和空洞，这是由灾难性的冲击和随后不均匀的物质再积累造成的。这些空隙所占体积的比例称为大孔隙率[1]（Macroporosity）。就我们目前对大约 300 颗小行星的密度和大孔隙率进行的普查而言，一些小行星的大孔隙率可能高达 50%。

大多数近地天体可能都有大的孔隙率。了解这些天体在形成的过程中是如何聚集在一起的，以及这些天体如何对撞击做出反应，对人类来说是非常重要的，特别是其中某些天体的轨道与地球的轨道是相交的。

由 ESA 和 NASA 共同参与研制的小行星撞击和偏转评估（Asteroid Impact and Deflection Assessment，AIDA）任务，是由两次任务组成，包括 NASA 领导的双小行星重定向测试（Double Asteroid Redirection Test，DART）任务和 ESA 领导的 Hera 任务，它将研究和证明撞击近地小行星的卫星后产生的动力学效应。这个双重任务的架构如图 4-12 所示，该任务旨在测试和验证撞击模型，以确定撞击探测器能否成功地使小行星偏离与地球相撞的轨道。

AIDA 将瞄准近地双小行星 65803 Didymos。主小行星直径约 800 km，而它的卫星 Dimorphos 直径约 150 m。预计 300 kg 的 DART 撞击器将以 6.25 km/s 的速度撞击，这将产生约 0.4 mm/s 的速度变化，这种影响只会引起系统公转轨道的极小变化。Hera 探测器负责评估 DART 的撞击效果，包括 Didymos 和 Dimorphos 双星系统的物理特性变化，以及 DART 产生的撞击坑的体积和形态。这些地基观测和天基探测协同工作，将更好地量化出 DART 的动量转化效率。

目前，由 NASA 领导的 DART 任务已于 2022 年与 Didymos 系统相撞，地基光学和雷达系统均检测到了双星轨道的变化。而 ESA 领导的 Hera 任务将于 2024 年发射，并计划于 2026 年抵达 Didymos 系统。

[1] 大孔隙率是指材料或物质中存在的大孔隙的比例，即直径在 50 nm 以上的孔隙占总体积的比例。这种孔隙可以影响材料的物理和化学性质，如渗透性、吸附能力等。例如，一些土壤具有较高的大孔隙率，使得水分更容易渗透到地下层，并提供了足够的氧气和营养物质供植物生长。

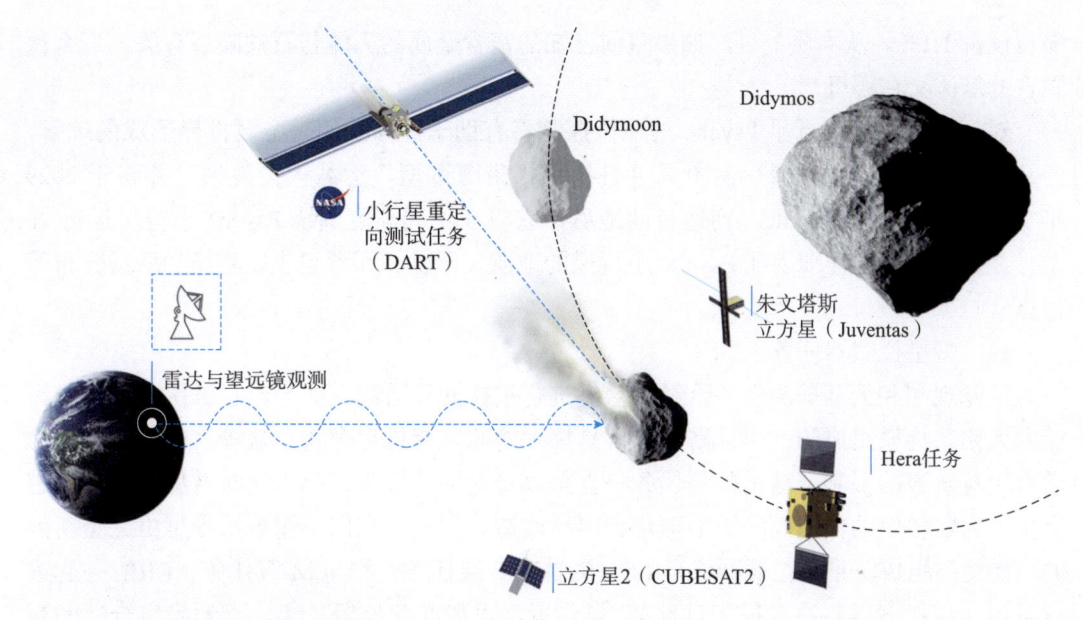

图 4-12　Hera 和 DART 任务架构

注：目标小行星双星系统称为 Didymoon 和 Dimorphos

（2）NEOSM 任务。

近地天体监测任务（Near-Earth Object Surveillance Mission，NEOSM）设想将在深空中放置一个红外望远镜，旨在监测太阳系中存在潜在危险的小行星。在 NASA 的小行星防御计划中，该望远镜将于 2025 年发射。NEOSM 任务将由"NEO 探测器（NEO Surveyor spacecraft）"执行，它将运行在日地 L1 点上进行探测，使其能够近距离监测到日地轨道内的天体。这些天体从地球或低地轨道上很难被探测到。

这项任务的主要目标是在 5 年内找到 65% 未被发现的、直径大于 140 m 的存在潜在危险的小行星（目标：10 年内找到 90% 的小行星），并确定它们的轨道。NEOSM 的视野足够大，可以发现数万个直径小至 30 m 的新的 NEO。次要科学目标包括探测和表征主带小行星中的大约 100 万颗小行星和数千颗彗星，以及甄别出可能的适宜实施无人/有人探测任务的近地天体目标。

（3）Psyche 任务。

一般来说，富含金属的小行星和它们的陨石体（如铁陨石、石铁陨石和可能富含铁的球粒陨石，如 CB 和 CH 球粒陨石），是太阳系小天体中最令人费解的神秘天体之一。目前尚不清楚这些直径达 220 km 的小行星是如何形成的（如 Psyche 小行星）以及它们的构成。它们是原始分异的原行星的残余内核，还是由富含铁的球粒体形成的？在第一个场景中，例如，对 Psyche 的研究需要参考 Vesta 大小的母体的地幔（因为 Psyche 的大小与 Vesta 的金属核心相似），已经完全被吹掉了。如果真是这样的话，那么如此巨大的地幔究竟到哪里去了？富含金属小行星的另一个令人困惑的特征是其明显的低密度（小于 4.5 g/cm^3），这似乎与石铁陨石（云母、中菱铁矿，密度在 4～5 g/cm^3 范围内）而非铁陨石（密度约为 7.8 g/cm^3）更为相似。然而，铁陨石仅占陨石坠落量的 4.6%，而石铁陨石仅占 1.1%。从本质上讲，如果目前已知的富含金属的天体与石铁陨石有关，那么铁陨石的母体又在哪里？

对富含金属的小行星 Psyche 的原位探测将有助于提高我们对金属世界形成的理解。Psyche 探测任务已于 2023 年 10 月 9 日搭乘"猎鹰重型"运载火箭发射，并将于 2029 年 7 月到达小行星 Psyche。到达目的地后，它将在不同高度围绕 Psyche 小行星运行 26 个月，拍摄图像并详细表征 Psyche 小行星的地质、形状、元素组成、磁场和质量分布等信息。

（4）彗星拦截器任务。

地基观测和天基探测任务已经对彗星进行过探测和研究。如今，它被认为是由最原始的太阳系物质组成的，而且富含非常易挥发的冰、有机化合物和盐等。由于飞行动力学对飞行轨道的限制，彗星探测任务一直是以短周期彗星为目标，这些彗星在早期轨道上由于太阳辐射的作用而经历了退化和地质改造。因此，它们不能被认为是由完全新鲜的原始物质组成。彗星拦截器将是 ESA 的首个 F 级任务，将与 M 级任务 ARIEL 一起进行发射。该拦截器将被发射到日地 L2 点附近，可能在此停留几年，直到确定合适的探测目标为止。彗星拦截器的主要目标是在太阳对一颗动态新生彗星（Dynamically New Comet，DNC）的星体表面进行改造之前，对其进行一次飞越探测，以研究其彗尾、形状和地表地质等。因此，彗星拦截器提供了近距离探测新鲜奥尔特云物质的机会，即使目前还没有明确探测的目标。该任务的设计基于三个不同的探测器，其中一个与彗星保持相对较远的距离，以避免被彗星尘埃破坏，另外两个较小的探测器（包括 JAXA 研制的探测器）将执行近距离接近和高风险、高增益的科学任务。

令人兴奋的是彗星拦截器项目最终有可能被设计成瞄准星际物体（Interstellar Object，ISO）的探测器。这个探测器极可能带给我们关于这些天体物质组成的独特认识。我们或许会首次对来自另一个行星系统的小天体的水冰的性质、同位素组成以及矿物学有所了解。

彗星拦截器计划在 2028 年发射，在发射之后的大约 5 年内，彗星拦截器将到达探测目标。目前探测目标尚未确定，可能在发射前也不确定，因为它将取决于任务周期间发现的新生彗星的概率。这次任务将是对这种新型的、快速的和更经济型任务的真正考验，或可为未来非常动态变化的天体探测铺平道路。

（5）Lucy 任务。

木星的特洛伊小天体群是位于"雪线（Snow Line）"以外的原始小天体，分别位于木星 L4 和 L5 拉格朗日点附近区域，距离大约 5.2 AU。关于它们的起源目前仍然未知，这依旧是目前太阳系形成理论的主要挑战。目前有两种场景，每一种都对太阳系的起源和早期动态演化有不同的理解。

第一个模型提出，特洛伊小天体群最初形成于它们目前被观测到的地方，即当木星成长时，特洛伊小天体群被捕获在当前的轨道上。另一种模型（又称尼斯模型，Nice Model）表明，很大一部分（如果不是全部的话）特洛伊小天体群是在更遥远的区域形成的，是在典型原始的海外星盘上形成的，它也是柯伊伯带的前身。在所有四颗巨行星迁移的同时，它随后混乱地向太阳系内部迁移，然后被困在当前的位置。巨行星的径向迁移被认为是塑造太阳系结构的最后一次重大事件。

到目前为止，虽然太阳系的所有主要天体都曾被探测器访问过，但还没有任何任务穿过木星特洛伊小天体群所在的空间区域。飞向这类天体的"露西号（Lucy）"任务将探测最后一个重要的且未被探索过的原始天体种群，有助于回答以下关于太阳系早期历史的关键问题：

（1）特洛伊小天体群是起源于木星轨道附近还是更远的太阳系？它们是巨行星核心的组成部分，还是更容易接近的海外天体（TNO）？

（2）这些原始天体的组成可以告诉我们，关于它们形成时所在的太阳星云区域的什么信息？它们之间具有多大的成分多样性？

（3）是否有证据表明这些天体上存在简单的有机物和水冰形式的生命前身？它们是富含挥发性物质的还是相反的？

（4）这些天体中硅酸盐的矿物成分是什么？在太阳系形成的早期阶段，在多大程度上发生了原行星尘埃的径向混合？

（5）与影响其他小天体的地质过程相比，发生在木星特洛伊小天体群上的地质过程如何？它们是同质的还是有差别的？

（6）木星特洛伊小天体群表面的属性，是如何随时间被空间环境改变的？

（7）这些小天体有多少种类？

（8）它们与彗星、TNO、带外行星的卫星和主带小行星相比如何？

在美国NASA的"探索"项目中"露西号"任务与Psyche任务同时被选中。"露西号"任务计划将6次穿越位于L4和L5拉格朗日区域的特洛伊小天体群，探测关于密度、地质和表面组成等信息（如图4-13所示），"露西号"任务已于2021年10月16日发射，并在7年后抵达木星特洛伊小天体群。在接下来的几年里，它将先后造访8个不同的小行星，其中还有一个是小行星的卫星。

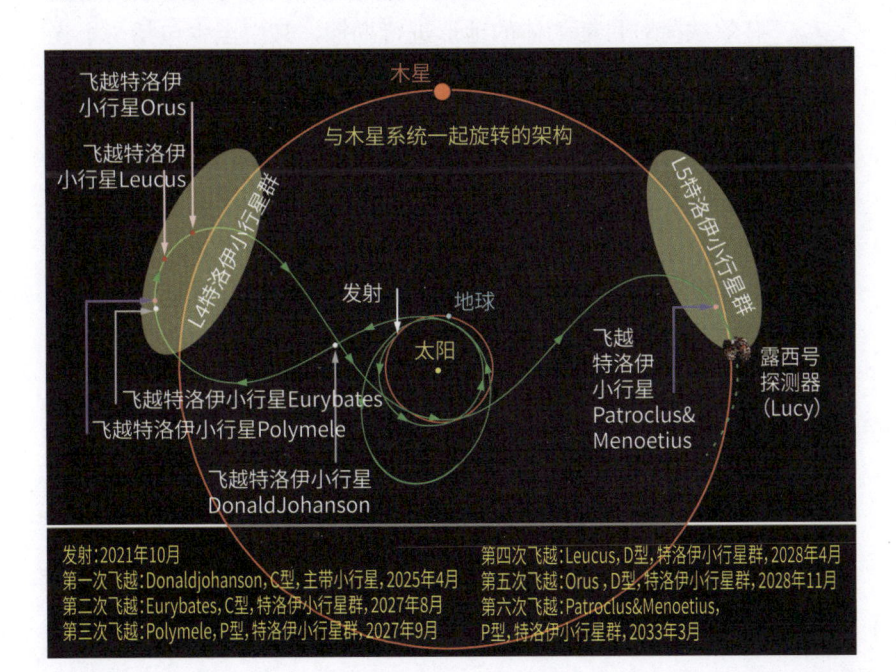

图4-13 "露西号（Lucy）"探测任务的飞行任务剖面示意图

4.3.5.3 2041—2061 年间的代表性任务：外太阳系原始物质的采样返回

过去 30 年的宇宙化学和行星科学研究已经表明，在可用的地外物质中，来自一个重要的太阳系"储库"中的样本严重不足，这个"储库"就是在外太阳系形成的小天体群（大于 10 AU）。由于各种动态演化过程已经改变了它们的初始轨道（如巨行星迁移、轨道共振等），这些天体目前可以在整个太阳系中被发现，如近地小行星和 P/D 主带小行星[1]、木星和海王星的特洛伊小天体群、彗星、半人马小行星和小型（直径小于 200 km）的 TNO。这个"储库"被认为是非常有趣的，因为它是自太阳系诞生以来变化最少的，最接近太阳系形成时的初始物质。ESA 的"罗塞塔"任务对 67P/Churyumov-Gerasimenko 彗星[2]的同位素组成物质进行了原位分析，得到的非常有趣的结果也印证了这一点。在实验室中研究的样本有无水的颗粒状多孔的行星际尘埃颗粒（Chondritic Porous Interplanetary Dust Particle，CP-IDP）、超碳质南极微陨石（Ultra-Carbona Ceous Antarctic Micrometeorite，UCCAM），以及 2006 年由 NASA 的"星尘"（Stardust）任务带回地球的 81P/Wild 2 彗星物质样本。

行星科学的下一个重大突破将来自在实验室中研究的外太阳系的样本，但这只能通过 L 级的任务来实现，即直接从这个"储库"收集并返回地球的任务。目前提出的策略有如下几种。①直接到交会目标的轨道；②利用轨道器携带的有效载荷对目标天体的地形进行勘探，其中至少包括一个光学相机、一个近红外光谱仪和一个热红外相机；③收集易挥发且富含粉尘的地表/地下样品（至少从两个不同的位置）；④将样本返回地球。再入返回舱必须能够在低温下保存样品，所选择的目标应该尽可能原始，这可能会从候选名单中排除近地天体。彗星和 P/D 主带小行星（包括主带彗星）将成为最容易接近和最有科学价值的目标，彗星是首选目标，因为它们的活动可以用来表征挥发性物质，而且它们的表面应该也更加原始。

4.3.6 巨行星及其系统

4.3.6.1 主要的科学目标

巨行星系统同时有四种不同的次行星系统，这在太阳系中是独一无二的。正如表 3-3 所示，在"地平线 2061：行

---

[1] P/D 主带小行星：P/D 代表这些小行星可能会产生彗尾（comet tail）或者尘埃彗尾（dust tail），因此它们被认为是具有双重身份的天体。这些小行星通常位于太阳系内侧，其轨道与木星和火星之间的区域相交。例如，133P/Elst-Pizarro 就是一个著名的 P/D 主带小行星，它曾经被认为是一颗彗核，但后来发现它也具有典型的小行星特征。

[2] 67P/Churyumov-Gerasimenko 彗星是一颗彗星的名字。其中，"67P"代表这颗彗星是第 67 个被发现的短周期彗星；Churyumov-Gerasimenko 则代表该彗星的两位发现者——苏联天文学家克利姆·伊万诺维奇·丘留莫夫与斯维特拉娜·格拉西缅科。这颗彗星于 1969 年被发现，并在 2014—2016 年期间由 ESA 领导的"罗塞塔"任务进行了探测。

星探测长期远景预见"项目的技术预见中，对巨行星系统的探测涉及以下六个关键科学问题。

（1）Q1：构成巨行星系统的天体的多样性。从行星到环粒子、气体和等离子体，再到行星的卫星，这些天体很可能与构成其他行星系统的天体类似。因此，对这些不同的天体的详细表征变得极其重要，包括对它们内部、大气和磁场的结构和动力学特征；比较表征规则和不规则的卫星，包括它们的体积组成、形状和动力学，内部分层（包括海洋）、地质和地表性质，以及它们的空间环境表征；环粒子的物理、化学和动力学特性表征等。

（2）Q2：四大巨行星系统的结构的多样性仍有待了解。环内卫星系统、规则和不规则的卫星系统、特洛伊小天体群、巨大而快速旋转的磁层，以及与卫星和等离子体群的相互作用。

（3）Q3：这种复杂多样性也挑战了目前对太阳系形成场景的全部认识。在整个太阳系的形成过程中，以及在早期挥发性物质的径向再分布中，气态和冰质巨行星扮演了什么角色？气态和冰质巨行星以及它们不同的卫星和环卫星系统的形成场景是什么？

（4）Q4：如何理解巨行星内部和大气层是如何运行和保持巨行星磁场的？它们的常规卫星是如何运行的？它们与主行星和系统中其他天体的耦合过程是怎样的？什么是环-卫星的耦合过程？它们的磁场、等离子体、高能粒子的动力学，在多大程度上是由它们与中心行星、不同的卫星和太阳风的耦合作用所驱动的？巨行星系统显然是一个独特的原位实验室，适合研究这类突出的多样性的运行机制。

（5）Q5：巨行星系统中不同的海洋卫星是潜在的宜居地。木卫二和木卫三在木星系统中的宜居性、土卫六在土星系统中的宜居性是人们迫切想知道的。冰质巨行星系统也是最有希望的候选者，研究海卫一的宜居性，以及探测天王星的地质活跃的卫星是探测冰质巨行星的首要任务。

（6）Q6：寻找地外生命的任务应该落到这些卫星中最有希望的候选者身上。土卫二（它的宜居性已经被"卡西尼"任务评估）、木卫二，可能还有土卫六和木卫三、土卫一。

4.3.6.2 探测巨行星系统的未来任务

在"地平线 2061：行星探测长期远景预见"项目中提出的探测巨行星系统的计划，必须考虑到之前的探测任务，以及目前对气态巨行星、冰质巨行星及其卫星的知识。

已实施的两颗气态巨行星探测任务都是轨道探测任务，"伽利略"（Galileo）探测木星，目前紧随其后的是"朱诺号"，它的扩展任务也是探测木星，"卡西尼-惠更斯"（Cassini-Huygens）则探测土星。后续任务不应该再专注于探索它们系统的多样性，而是在 2023—2040 年间重点研究它们的起源、运行机制和宜居性等问题。JUICE 任务主要研究木星系统和木卫三的宜居性，"欧罗巴快帆"（Europa Clipper）任务将研究木卫二的宜居性，能证实这些系统形成场景的新任务将特别受关注。可以统筹考虑使用大气探测器、行星和卫星的轨道器，以及对木星的卫星使用着陆器来实现这项目标。

相比之下，冰质巨行星只被"旅行者 2 号"（Voyager 2）探测器飞越探测过一次，在很大程度上仍然鲜为人知。在 2023—2040 年期间，下一个合乎逻辑的步骤是实施更具挑战性的轨道探测任务，这个任务将对其天体、系统结构和运行机制开展首次全面的调查。在大气探测器的帮助下，还可进一步探索它们的形成和迁移场景。由于这些首次实施的轨道探测任务需要在2040—2061年间到达冰质巨行星，所以它们也被设计来表征冰质巨行星的活跃卫星的宜居性，包括海王星上的海卫一，以及一些鲜为人知的天王星的常规卫星。

对海洋卫星上的宜居性和生命的系统性搜寻可以沿着同样的路线设计。在气态巨行星系统中，多颗卫星（位于木星系统的木卫二和木卫三、位于土星系统的土卫二和土卫六）已经成为上一代轨道探测器近距离的观测对象，"惠更斯"（Huygens）探测器甚至着陆在土卫六上。在2023—2040年间，启动这些行星探测任务，深入研究行星的环境、外球层/大气层、内部的海洋和磁层相互作用，并评估它们的宜居性的时机已经成熟。在2040—2061年间，将面向天体生物学的任务，在天体表面、地下和直接环境中寻找生命的痕迹。另外，对于冰质巨行星系统，只有对海卫一和天王星常规卫星进行详细的探测，才能为第一代轨道飞行器在2040—2061年到达这些行星奠定基础。这些任务返回的探测数据，将支撑设计前往探测冰质巨行星中最有希望、最宜居的卫星的探测任务。目前海卫一是最佳候选者，但天王星的首次轨道探测任务可能会带来许多惊喜，揭示同样引人注目的目标。

表4-2总结了针对六个关键科学问题已经实施、正在准备及规划论证中的任务，以及这些任务设想的时间表。本节的其余部分将更详细地描述这些任务及其目的地的功能。巨行星系统作为一个整体，其研究内容包括大气、卫星、行星环和磁层等。

1. 面向巨行星系统的综合探测任务

在2021—2040年间，最引人注目的是ESA领导的JUICE任务，旨在全面研究木星系统。JUICE已于2022年发射的，计划在2031年之前进入木星轨道，对木星系统进行为期4年的探测，重点研究其大气层、磁层和三颗伽利略卫星（木卫二、木卫三和木卫四），最后进入木卫三轨道，详细探测其天体物理、内部海洋、地表地质和磁层，用于评估该天体的宜居性。木星系统是最大的、某种程度上也是最复杂的巨行星系统，选择它来探测会为其他巨行星系统提供一个参照模板，包括尚未被发现的系外巨行星系统。

同样在2021—2040年间，巨行星系统探测的绝对优先任务是对天王星和海王星这两个冰质巨行星分别进行两次探测任务。在欧洲科学家的大力支持下，NASA在最近两次《天体物理学十年调查（Astrophysics Decadal Survey）》报告中均提出了前往探测这些目的地的旗舰任务，并得到了欧洲科学界的支持响应。国际行星科学协会也于2020年1月在伦敦的皇家天文学会（Royal Astronomical Society）举行了会议，共同制定了实现第一个针对天王星和海王星的无人探测专项任务的目标，科学家在《2050年远航》报告中呼吁之后，ESA也提交了一份白皮书。首次探测任务设想将采用"轨道器环绕探测+着陆器原位探测"的方式，对这些冰质巨行星系统进行详细探测，同时探讨和揭示它们的起源问题。对于所有前往冰质巨行星的探测任务来说，以目前的推进能力，在航行途中飞越木星是在合理的时间范围内到达目的地的唯一可行方法。基于对飞越木星借力飞行机会的分析，提出了4个概念任务的时间线，如图4-14所示。

表 4-2　在 2021—2040 年和 2040—2061 年两个（大约）时期内，对巨行星系统决定实施的任务和未来规划论证中的任务

时间	气态巨行星				冰巨星系统	
	行星	卫星	环	磁层	系统	卫星
2021—2040 年	运行机制："木星冰卫星探测器"（JUICE）	运行机制：土卫六——"蜻蜓"探测器			多样性+起源	宜居性：海卫一
	起源与演化	宜居性：木卫二——"欧罗巴快帆"（Europa Clipper）	土星环飞掠者（Saturn Ring Skimmer, SRS）		天王星和海王星探测任务轨道器+探测器	天王星的活跃卫星
	大气探测	木卫三-JUICE 起源：木卫四—不规则的卫星	土星环观测器（Saturn Ring Observer, SRO）			
2040—2061 年		运行机制：木卫一 寻找生命：木卫二、土卫二、土卫六 卫星轨道器+着陆器		运行机制+在宜居性方面的作用；对木星大气层的多点探测	即将实施	寻找生命：前往最佳候选卫星的任务设计

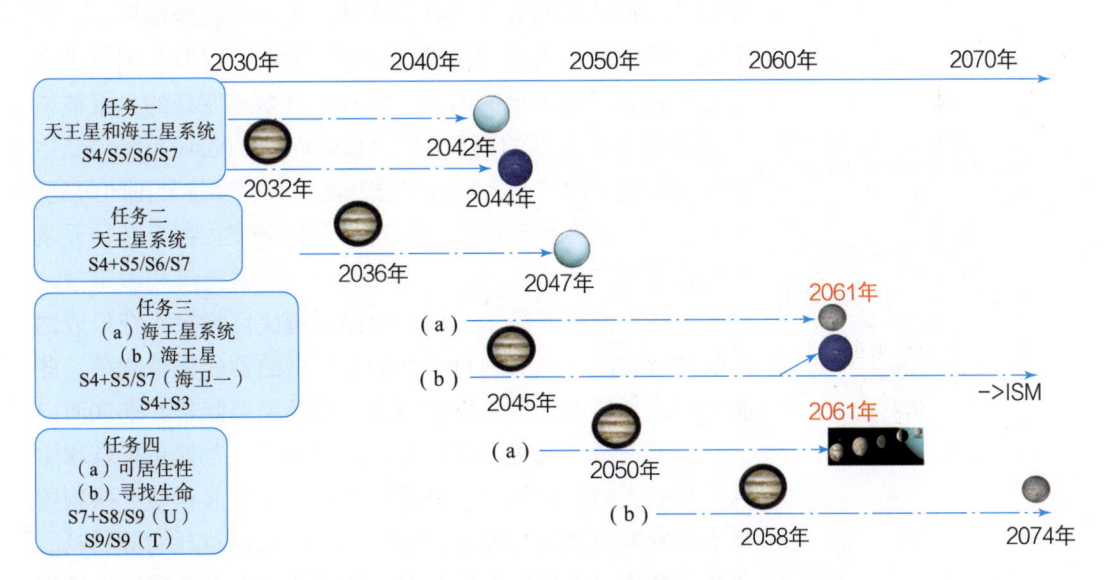

图 4-14　设想到 2061 年，在飞往冰质巨行星的途中飞越木星借力飞行的不同的任务，以及每个窗口和目的地的首选飞行顺序

在图 4-14 中，任务一是指在 2032 年飞越木星的机会，这使得同时向两个冰质巨行星发送两个探测器的任务成为可能。如果这个机会无法实现，我们应该有计划地抓住接下来的两个任务窗口。任务二是指在 2036 年飞越木星借力飞行最终到达天王星，任务三（a）是指在 2045 年飞越木星借力飞行最终到达海王星。如果这两项任务中只有一项任务可以实施，建议先实施任务二飞到天王星，然后再找机会实施另一个任务三（b），即到达外太阳系飞越探测海王星，甚至可以探测 TNO、日球层边界或太阳系星际介质，且可以开发支线任务向海王星大气层发射探测器。

只要在任务二和三中确定了适合居住的最佳候选行星，就可以在 2061 年前设计和发射用于寻找生命的后续探测任务，譬如天王星的某个活跃卫星（任务四（a））或者海卫一的探测任务（任务四（b））。任务四（a）设计在 2050 年飞越木星，而任务四（b）将在 2058 年飞越木星，这同样是非常吸引人的任务窗口期，可以用于对海卫一进行天体生物学探测。

2. 面向巨行星大气的原位探测任务

我们对外太阳系行星的起源和演化的认识，很大程度上基于遥感技术。然而，在研究对行星起源有大影响的大气组成时，这种技术的效率存在局限性，主要是受到温度、云和不同元素丰度对大气发出光谱的退化影响，以及受到轨道观测的垂直分辨率不足的限制。此外，许多丰度高的元素被锁在对流层上层大气的凝聚相[1]（Condensed Phase）中，其主要挥发性成分的储层无法被遥感探测。只有穿透外围"可见"大气层，才能在更深的对流层进行取样研究，那里各种元素会混合得更充分。

木星探测任务展示了原位探测对解决巨行星系统形成之谜的独特贡献，只有通过"伽利略"探测器的原位测量，才能实现诸如稀有气体丰度和氦混合比的精确测量。未来面向土星、天王星或海王星的进入式探测任务，尤其是来自冰质巨行星的类似探测结果，将进一步验证由"伽利略"探测器在木星发现的增强的重稀有气体，是所有巨行星的共同特征，还是仅限于最大的气态巨行星。这可能会对系外行星中已知的巨行星和冰质巨行星的特性产生深远的影响，对于同时拥有这两个特征的系外行星而言更是如此。

巨行星进入式探测任务的主要目标是测量稀有气体 He，

[1] 凝聚相是指物质从气态转变为液态或固态时所形成的状态。例如，雾、云和霜都是常见的凝聚相，在特定条件下水蒸气会冷却并形成小水滴或冰晶，最终汇集成云朵、雾霭等现象。同样地，在对流层上层大气中某种挥发性物质也可能出现类似于云朵、雾霭等凝聚相。

Ne，Ar，Kr，Xe 及其同位素和元素 C，N，S，P 等，关键同位素比值 $^{15}N/^{14}N$，$^{13}C/^{12}C$，$^{17}O/^{16}O$，$^{18}O/^{16}O$，D/H，以及非平衡的气体 CO 和 PH_3 的混合丰度，这些都可以清晰地展现出内部过程，可以通过至少达到 10 bar 的探测器来实现。除了测量大气中的稀有气体、化学物质和同位素丰度外，探测器还将测量上层大气中的许多化学和动态变化过程，为理解太阳系中所有行星大气的化学过程、起源和演化提供更好的实测依据。下降式探测器应对远低于遥感可达范围的大气层区域进行采样，进入对流层的云形成区域，深入到许多涉及宇宙成因的重要、丰富的物质种类充分混合的深度。在下降过程中，探测器将直接跟踪行星的大气动态变化，包括纬向风、波浪、对流和湍流，并测量大气层的热剖面和稳定性，以及上层云层的位置、密度和组成。

进一步利用"伽利略"任务的探测成果，通过土星探测器和至少一个冰质巨行星探测器可以进一步辨识那些有争议的理论，揭示气态和冰质巨行星的化学过程和热演化的不同理论，并评估这类行星在太阳系和其他行星系统形成过程中所发挥的作用。

3. 面向巨行星卫星的探测任务

巨行星系统通常拥有一大群规则和不规则的卫星，它们与处于中心位置的主序行星磁层相互作用。虽然大多数规则卫星（海王星的海卫一除外）被认为是主序行星形成和演化的副产物且在原位形成的，但不规则卫星很可能是被捕获的天体，即在太阳星云中形成的前星子，后来坠落进入父行星的势阱 [1]（Potential Well of Parent Planet）中。这些不规则卫星可以告诉我们巨行星系统的形成历史，这导致了非常普遍的天体多样性（见第 3 章中的图 3-15）。最大的卫星中有一小部分大到足以经历分化，并显示出复杂的地质历史和地球物理活动，其中少部分的卫星甚至拥有内部海洋，成为生命的候选栖息地。在这些海洋世界里，将会选定一个作为未来探测的优先目标。在聚焦海洋卫星的探测之前，先介绍面向伽利略卫星的未来探测任务以及它们与六个关键科学问题的联系。

1）面向伽利略卫星的探测任务

伽利略卫星是指由伽利略首批发现的卫星（伽利略于 1610 年首次发现），直到今天仍是巨行星系统探测的重点目标。这里有几个原因，如图 4-15 所示（从下到上）。

（1）即木卫一和木卫二显示出活跃和年轻的表面，木卫

[1] 父行星的势阱是一个天体物理学中的概念，是指由于父行星强大引力而形成的一种能够稳定控制周围天体运动状态并保持特定轨道分布规律的性质。在宇宙中，有些行星拥有足够强大的引力场，可以将其周围的卫星或小行星吸引到自己身边，并形成一种类似于势阱的结构。这个引力势阱可以使被吸引物体绕着父行星运动，并且稳定地保持在某个轨道上。例如，木星就是一个典型的具有多个卫星和小行星环绕其运转的父行星。这些天体都受到木星强大引力场影响，不断绕着木星旋转，并且保持在稳定的相对位置。

一主要是火山活动，木卫二是强烈的地壳构造活动。

（2）它们为行星系统提供了一个特别有趣的模板，因为 1∶2∶4 平均运动共振（即拉普拉斯共振，Laplace Resonance）在三个卫星的动力学和演化中所起的作用类似于共振中的 p 个行星的 T-n 系统（见图 2-4）。

（3）它们的化学成分和内部结构非常多样化，其中两颗卫星（木卫一和木卫二）的内部结构主要是岩石，有三颗卫星可能存在内部海洋。所有这些特征，加上它们是巨行星卫星中距离地球最近的目的地，使它们成为未来探测任务的首选探测目标。

2061 年之前的深空探测任务将共同解决这六个关键科学问题中的四个（见图 4-15）。

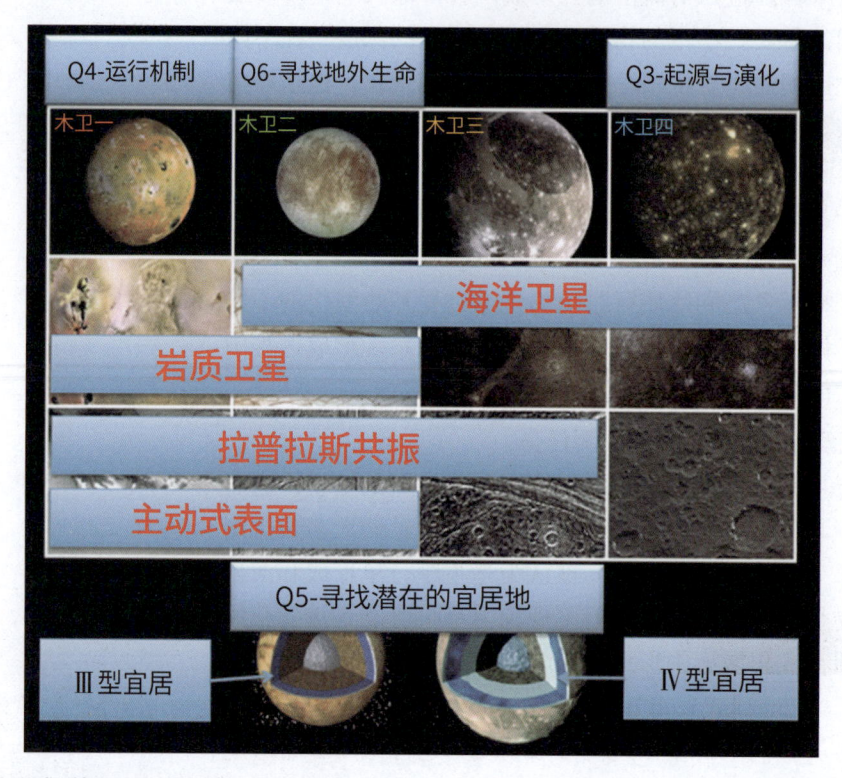

图 4-15　四颗伽利略卫星的主要特性示意图

注：上图显示了四颗伽利略卫星的内部结构和组成、地表活动，以及它们相互之间和与木星（木卫一、木卫二、木卫三的拉普拉斯共振）之间的共振潮汐耦合（木卫四）的多样性。三颗卫星的"海洋世界"和潜在的栖息地，虽然是不同类型，类型Ⅲ代表木卫二（延伸到冰壳和硅酸盐岩板之间的液态海洋），类型Ⅳ代表木卫三（延伸到两个冰层之间的液态海洋）。面向这些海洋卫星的探测任务可以解决不同的关键科学问题。

❖ Q3：行星系统的起源与演化：在拉普拉斯共振之外的木卫四（Gallisto），似乎是四个卫星中差别最小的，它深深的撞击记录可能保留了木星系统早期的历史。研究其碎裂性、体积和表面化学成分以及内部分化情况，似乎是区分行星系统不同形成场景的最佳方法之一。如果未来的深空探测任务既能考虑飞越一些不规则卫星，又能考虑环绕木卫四的飞行轨道，正如 JUICE 和 CNSA 正在论证中的"甘德号"（Gan De）探测器那样，再加上有"朱诺号"探测器对木星系统起源的研究成果，将有力地揭示木星系统形成时的场景。

❖ Q4：行星系统的运行机制：木卫一是解决这个问题的首选目标。专注于木卫一及其与木卫一环耦合的任务，如木卫一火山观测台（Io Volcano Observer，IVO），不仅可以了解木卫一的"内部发动机"是如何作用的，也可以研究木卫一与木星之间的潮汐相互作用，还可以探究木卫一的"内部发动机"是如何吸收能量的。同时，由于木卫一火山喷发产生的密集物质环不断维持磁层和部分木星极光的动力学特征，因此可以进一步探测了解这些现象。这项在偏离木星运行轨道上进行的探测任务，可以通过一系列飞越木卫一的变轨操作最终将探测器置于理想位置，用来观测木星内部与木卫一之间的质量、动量和能量转移过程链，并且可以借助对于火山活动的观测，将木卫一及其环带与木星的磁层和极光活动联系起来。作为聚焦探测木卫一任务的补充，通过在太阳-木星系统的 L1 拉格朗日点附近的轨道上放置足够的多波长探测仪器来监测整个系统，可以建立一个全球观测站，用于监测木星系统内的能量传输过程。

❖ Q5：寻找潜在的宜居地：在未来的 20 年里，这个问题将被很好地解决，随着 NASA 领导的 Europa Clipper 和 ESA 领导的 JUICE 任务的实施，它们将分别前往木卫二和木卫三以确定宜居性。这两项任务将充分表征各自探测目标的地下海洋及相关的宜居性，它们分别采用了两种不同的探测方式，JUICE 对木卫三的探测任务采用了环绕轨道探测方式，而 Europa Clipper 对木卫二的探测任务采用了多次飞越木卫二的探测方式。图 4-16 给出了 Europa Clipper 任务的探测策略示意图，这种策略能显著减少木星辐射带粒子累计辐射剂量对探测器设备的影响，同时提供良好的表面覆盖性。

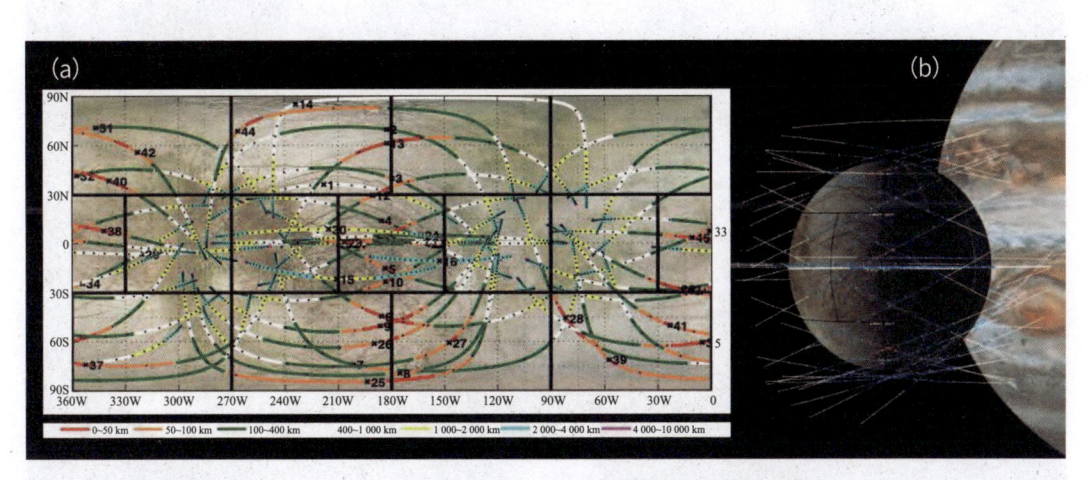

图 4-16 NASA 领导的 Europa Clipper 任务表征木卫二宜居性的探测策略示意图

注：为避免将极端和致命的辐射叠加在一起，精心设计一系列以不同倾角和相位飞越木卫二的 45°方向左右的轨道，使探测器保持在木星轨道上，这些木卫二周围的轨道弧线（图 4-16 中（b））组合起来像个鸟笼，并且如果投影到木卫二表面时，可以提供良好的表面覆盖性（图 4-16 中（a））。

- **Q6：寻找地外生命**：在所有的伽利略卫星中，木卫二似乎是寻找地外生命的最佳选择。木卫二属于一个更普遍的卫星和小天体家族，生命可能在那里已经发展起来，海洋世界仍然是未来几十年行星探测领域的首要任务之一。

2）面向海洋世界的探测任务

图 4-17 是由"旅行者"（Voyager）、"伽利略"（Galileo）、"卡西尼"（Cassini）等任务发现的围绕着巨行星运行的拥有海洋世界的卫星的全家福。虽然其中的 5 个被认为是存在地下海洋的，但海卫一的地下海洋仍有待探测，而它可能的海洋与卫星表面活动和羽流的关系还有待进一步研究。在这些卫星上寻找生命应该是"地平线 2061：行星探测长期远景预见"项目提出的行星探测领域的最高优先级任务之一。NASA 的外太阳系行星评估小组（Outer Planets Assessment Group，OPAG）的任务是制定《海洋世界路线图》（Roadmap to Ocean Worlds，ROW）报告，其中对不同的海洋世界进行了详细介绍，包括对它们宜居性现状的知识，以及推动这些任务设计的主要科学目标和技术挑战。参考这份文件全面介绍这些任务，图 4-18 介绍了在每颗卫星上寻找生命的技术进展情况，

图 4-17　围绕巨行星运行的拥有海洋世界的卫星的全家福，按比例与地球进行比较。

其一系列的逻辑步骤如下：①确定海洋世界；②表征海洋世界；③评估宜居性；④寻找生命。彩色和白色区域之间的垂直边界对应每个天体的技术水平，从而表明了在 JUICE（目标是木卫三）和 Europa Clipper（目标是木卫二）探测任务之后的未来任务。

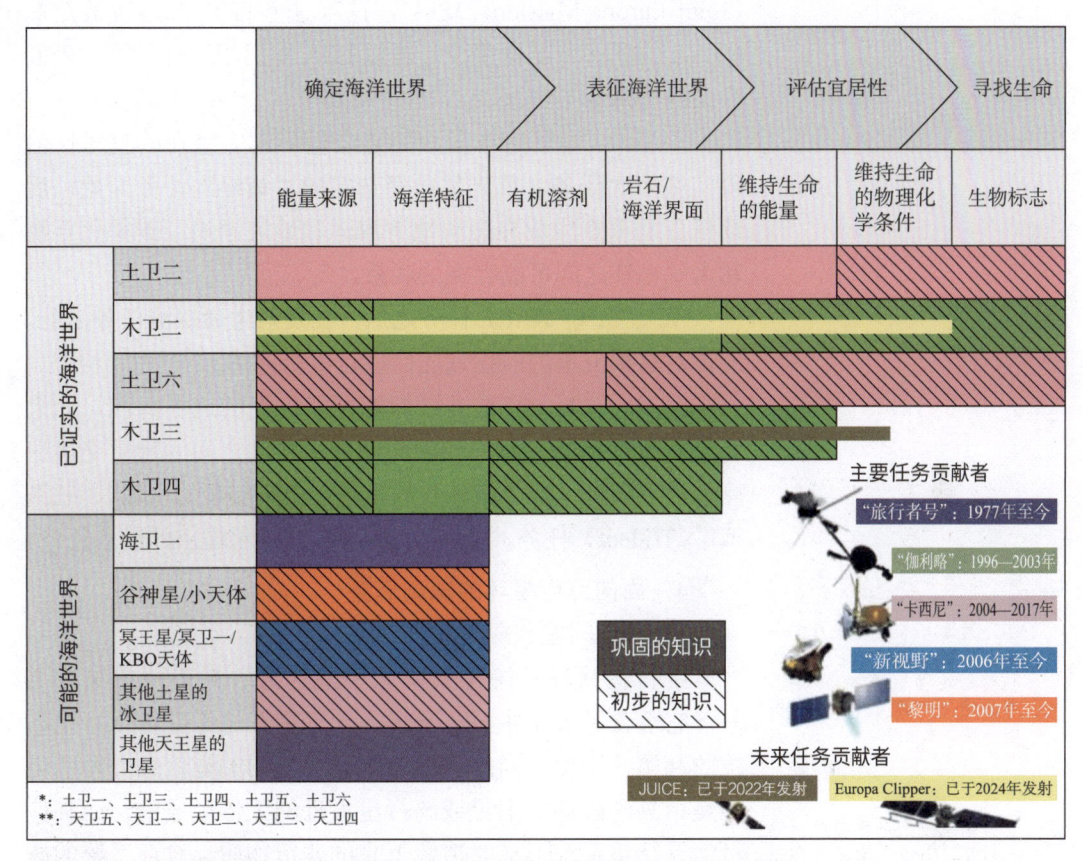

图 4-18 对已证实的海洋世界及可能的海洋世界的生命搜索技术现状示意图

基于"卡西尼"对土卫六和土卫二、JUICE 任务对木卫三、Europa Clipper 任务对木卫二获得的探测结果，后续任务可以直接从图 4-18 中推导出来，如彩色区域右边的白色区域所示。从最先进的生命探测方法到最初级的仍需进一步巩固的方法，未来的飞行任务应包括以下内容。

土卫二："卡西尼"任务已经充分证明了这颗卫星的宜居性。寻找生命的任务亮起了"绿灯"，其优势在于除了表面外，生物特征可以直接在羽流的冰颗粒中找到，对这些粒子进行采样，甚至将它们送回地球，在相对较短时间内似乎是可行的。

木卫二：仍有待 Europa Clipper 任务全面评估其宜居性。在第一次任务之后，也将告诉我们更多关于这颗卫星羽流活动的信息，木卫二着陆器任务的最终设计可以得到巩固。一些研究已经深入到这个层面，这为 20 世纪 30 年代末完成飞行任务铺平了道路，

NASA 领导的木卫二着陆器（Europa Lander）方案报告介绍了该任务，并为探测表面和地下的生物特征配备了复杂的有效载荷。为响应《2050 年远航》报告中的呼吁，一份提交给 ESA 的白皮书介绍了 NASA 和 ESA 的"木卫二联合探测任务"（Joint Europa Mission，JEM），这项任务将 ESA 的轨道器与 NASA 的同一着陆器集成，辅以 ESA 专门用于分析液相表面样品的特殊子平台。

土卫六：为了解土卫六的复杂世界和它潜在的宜居性值得实施多次任务，首先从已经选定的"蜻蜓"任务开始，后续任务的重点应放在理解地下海洋和地表湖泊、碳氢化合物和大气循环之间可能存在的联系。

木卫三：继 JUICE 任务之后，在发射生命探测任务之前，应该对这颗卫星的潜在宜居性进行重新评估。

海卫一：下一步是尝试探测可能存在的地下海洋，如果它是真实存在的，海洋和表面冰火山活动之间的物质交换探测就可以通过一次"简单"的飞越任务来实现，比如，"三叉戟"（Trident）任务，这是 NASA 在 2021 年提出的候选任务。

4. 面向巨行星环的探测任务

1) 科学问题和探测需求

巨行星的环系统是太阳系中最迷人、最美丽的结构之一。它蕴含了关于木星、土星、天王星和海王星等巨行星系统的起源、历史、当前状态和耦合过程的关键信息，有些可能是由潮汐破坏的卫星或离行星太近的天体形成的，而其他可能是行星系统形成时遗留下来的残留物质。对环系统的研究有助于对天体物理盘系统运行过程的深入认识，包括在恒星周围盘中的系外行星的形成。环是类似于一般的圆盘过程，如吸积、间隙形成、自重力尾流、螺旋波和嵌入式质量[1]（Embedded Masses）的角动量传递，这些都可以用轨道环绕探测任务进行详细研究。每个行星环系统都是独一无二的，代表了可供研究和比较的系统的多样性，也代表了系外行星环系统的多样性。

太阳系外其他较小的天体也支持着环系统，包括半人马小行星群中的矮行星女凯龙星[2]（Chariklo），柯伊伯带天体妊神星，可能还有半人马小行星群的小天体喀戎星（Chiron，小行星 2060 号）。但迄今为止，尚未有科学家提出面向这些天体的探测任务和概念研究。这些天体的轨道都具有相对较

---

[1] 嵌入式质量是指在一个天体的内部存在着另一个小天体。例如，木卫二作为木星最大的卫星之一，拥有自己独特的运动轨迹和角动量，并且还会对其所处位置周围的环境产生影响。

[2] 女凯龙星是太阳系中的一颗小行星，它位于海王星和土星之间的卡戎带内。女凯龙星是一个矮行星，直径约为 258 km。它被发现于 1997 年，并在 2014 年被确认是拥有环的第一个小天体。这个环系统由两个明亮而窄的环组成，距离女凯龙星表面分别为 391 km 和 405 km。科学家们认为这些环可能由撞击事件或者其他未知因素形成。举例来说，女凯龙星可以与另外两颗拥有环系统的天体进行比较，如土星和天王星。土星拥有最著名、最大、最亮且最复杂的多重圆盘状结构；而天王星则只有非常细微、难以观察到的暗淡圆盘状结构。相比之下，女凯龙星仅具备两个简单但清晰可见的圆盘状结构，在太阳系中显得十分罕见和特殊。

大的日心距离和倾角，这使得造访它们比较困难。面向这类探测目标天体的科学问题包括环是如何在小天体周围形成和演化的，这些环系统是否稳定？它们是否可以用来约束环系统的动力学特性？其他太阳系的天体是否也拥有环系统？

"卡西尼"土星探测任务围绕土星运行了13年，彻底改变了我们对整个土星系统的理解，包括它的环、卫星、行星本身和它的磁层。"卡西尼"获得的数据集还提出了有关土星系统以及行星环的重要新问题，这些问题在未来几十年可以通过实施新的巨行星任务来回答。例如，尽管"卡西尼"已经测量了环的总质量等关键数据，但它仍留下一个重要问题：环的起源是什么？虽然土星环的质量表明它们是在太阳系早期形成的，但其他论据，比如，它们受到陨石撞击的侵蚀程度低，以及非冰物质的含量低，都支持这样的观点：土星环可能很年轻，大约形成在1亿年前，该争议目前仍未解决。未来面向环的探测任务必须提供关键的测量数据来解决以下关于环的起源问题：环系统的形成历史和演化过程是什么？关于行星系统和系外行星系统，环能告诉我们什么？环、行星和磁层是如何相互作用的？环在粒子尺度上是怎样的？其他的科学问题还包括碰撞动力学在致密环中的行为表现、大尺度环结构的起源、每个环系统的寿命，以及环演化的过程。未来面向环的探测任务将是解决这些悬而未决问题的关键。

2）环探测的任务类型

环系统中大多数的基本相互作用发生在空间尺度上，这是以前的飞越探测器或轨道探测器无法解决的。通过监测单次的碰撞，可以直接测量环的关键特征，如恢复系数❶（Coefficient of Restitution）和粒子速度分散度❷（Particle Velocity Dispersion），这样做可以提供关于环在粒子层面上的黏度和其行为的重要数据。未来的行星环探测任务将直接研究环粒子的相互作用。土星环飞掠者（SRS）和土星环观察者（SRO）就是此类任务的典型代表。关于天王星和海王星的环系统，同样存在许多悬而未决的问题，它们只在19世纪80年代被"旅行者号"探测器访问过。未来的冰质巨行星探测任务将包括环的科学目标，并将再次对这些环系统进行详细的探测，这将有助于回答巨行星环探测任务的许多科学问题。

❶ 恢复系数是指两个物体碰撞后反弹时动能损失的程度。如果一个物体与另一个物体碰撞后完全停止不动，则其恢复系数为0；如果两个物体碰撞后完全弹开，则其恢复系数为1。因此，通过监测每次碰撞并计算出相应的恢复系数，就可以了解环系统中的物质对于冲击力的吸收程度。

❷ 粒子速度分散度是指同一组颗粒（例如，环系统中所有粒子）之间速度差异大小。如果所有颗粒都以相同速率运动，则其速度分散度为0；如果有些颗粒运动得更快或者更慢，则其速度分散程度会增加。因此，通过监测每次碰撞并记录参与其中的颗粒运动状态等信息，就可以推断出整个系统中颗粒之间可能存在哪些摩擦、阻力等问题，并进一步研究整个环系统的关键性能。

(1) 土星环飞掠者（SRS）。

土星环飞掠者探测器将飞行到距离土星环足够近的地方，首次观测土星环中的单个环粒子及其相互作用，并将为天体物理盘（Astrophysical Disk）的运行过程，以及研究盘状环系统的起源、历史和演化提供新的见解。

SRS 的任务不仅研究土星环，还将通过一系列低空飞越土星环的操作来研究土星的大气层、内部结构和内部磁层。与目前最好的"卡西尼"相比，该探测器将更接近土星环两个数量级，但在飞近土星环时的速度更快。该探测器离环越近越容易获得关于环的详细图像和光谱，还可以对环周围的物质进行原位测量，包括环的大气和升高的尘埃颗粒。近距离的飞越也将利于开展重力测量，有助于更详细地测绘出环的质量。此外，SRS 任务将更详细地表征土星的大气层和内部深处，以及内部磁层。

除了本身具有科学价值外，设想中的 SRS 任务还可以通过增加一个土星大气层探测器来进一步增强效果。详细的测量结果将与其他可能的土星探测任务互补。探测器/轨道器任务也可以被定制为 NASA 和 ESA 的联合任务，就像"卡西尼"任务一样。其他感兴趣的目标，比如，探测土卫六和土卫二的任务也可能会被实施。从目前的技术进步速度来看，在未来的十年中探测这些目标是可能的。

(2) 土星环观察者（SRO）。

土星环观察者将在土星环上空悬停，以开普勒飞行速度与探测器正下方的土星环粒子的运动速度相匹配，以便能在较长一段时间内监测土星环粒子的动态行为特性，如图 4-19 所示。SRO 将直接回答单个环粒子的行为和相互作用的问题。探测器可以沿着行星环径向到达不同的环区域，研究三维粒子分散速度、单个粒子的旋转和碰撞频率、恢复系数等参数，同时还可以观测到整体行为，如自重力尾流[1]（Self-Gravity Wake）、螺旋波[2]（Propeller）、边缘波[3]（Edge Wave）和密度波[4]（Density Wave）等。探测器具备的悬停能力将满足对单个环粒子的详细监测需求。

[1] 自重力尾流是指运动物体通过推动周围介质而形成的背离主要方向的、对其本身造成阻碍的现象。

[2] 螺旋波是指探测器通过推进器前进时所产生的物质流动现象。

[3] 边缘波是指液体或气体与固体接触处所形成的波浪。

[4] 密度波是由于介质中密度变化而引起的波动现象，研究这些现象可以帮助人们理解星系的演化过程。

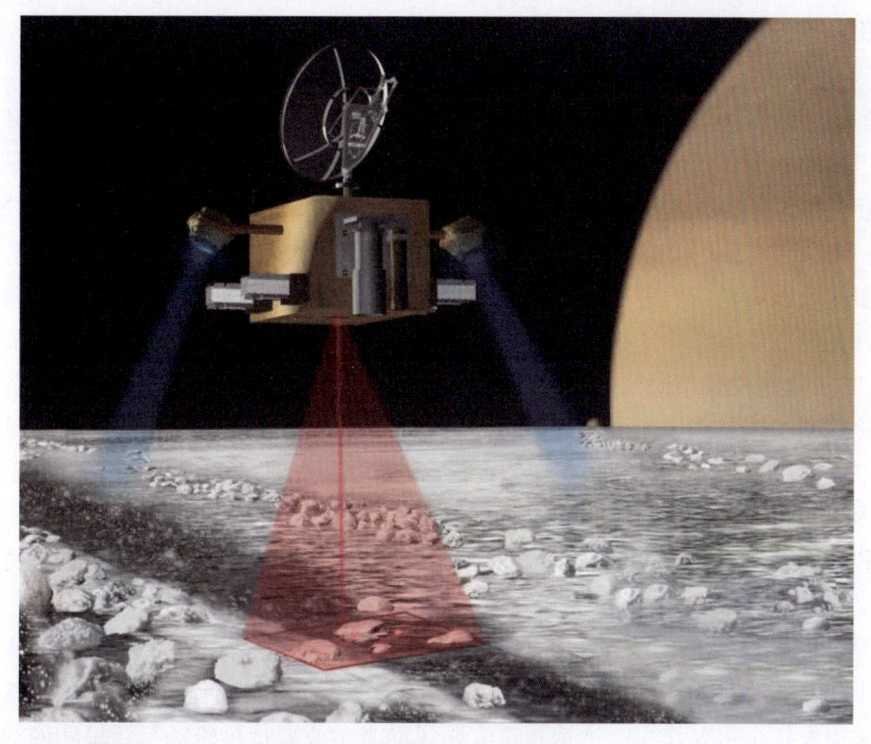

图 4-19 土星环观察者（SRO）探测器在土星环上空悬停示意图

注：蓝色代表离子推进器喷出的废气，浅红色为扫描激光雷达的极限，深红色为单个瞬间的激光雷达光束，激光雷达观测被用来测量环粒子的运动。环和航天器之间的实际距离通常是 2~3 km，比这里显示的要大得多。

探测器保持运行在一个圆轨道上，在环形平面上方垂直移动 2~3 km。恒定推力是由放射性同位素电推进（Radioisotope Electric Propulsion，REP）系统提供的。对环的研究是从土星的 A 环开始，然后跨越主环向内移动。SRO 概念的另一种变体是基于化学推进的任务，在同一个轨道面内进行多次变轨，以保持在环上方的最低高度。增强型任务，如在 SRS 任务中讨论的那样，也可能应用于 SRO 任务，但可能会再增加一个土星大气层探测器。

（3）冰质巨行星环的轨道探测。

天王星和海王星的环系统只在 1986 年和 1989 年"旅行者号"探测器近距离飞越天王星和海王星时被探测过一次。天王星的环系统由 10 个窄环和至少 3 个宽而发散的环组成，ε 环由两个小卫星引导，在环的两侧各有一个。海王星的环系统由 5 个主环组成，其中一个是亚当斯环（Adams Ring），它包含明亮的弧状环形物质，其中粒子聚集在一起。关于冰质巨行星环系统，还有很多有待了解的问题。未来在天王星或海王星上环绕飞行的专门的冰质巨行星轨道器将开展类似"卡西尼"探测到的环的研究，从而极大地增强我们对这些独特环系统的理解。

行星的环系统将继续让我们感到惊奇，研究这些独特的系统将提供有用的信息，也可以应用于系外行星的环系统研究。

5. 面向巨行星磁层的探测任务

1）巨行星磁层探测的科学需求

正如第 3 章所述，由于宿主行星的强烈磁场，巨行星的磁层包围着它们的环和大多数常规卫星的轨道。这导致行星与其系统中其他天体之间存在广泛多样的动力学和电动力学相互作用，其中等离子体和带电粒子群是由行星磁场介导的。"卡西尼"土星探测器，"伽利略"以及"朱诺号"木星探测器，为研究这些复杂的相互作用打开了一扇窗。然而，由于众多的原因，对它们进行深入研究和理解的新任务需要有合适的探测器平台和科学仪器。首先，在原地探测这些磁层对于研究磁化等离子体的复杂物理过程是至关重要的（在地球的实验室中很难研究，但占宇宙重子物质的 99%）；其次，它还将告诉我们很多关于磁化等离子体与固体粒子（环）、固体表面（卫星表面），以及中心行星及其卫星的大气层、电离层和外大气层的相互作用；最后，除了可以理解太阳系中行星的相关奥秘，它还将为我们打开一扇窗，让我们了解可能很复杂但仍不为人知的次行星系统，包括卫星、环和磁层等。这些次行星系统可能促使我们发现大质量系外行星，特别是类海王星和类木星的系外行星家族。

因为这四颗巨行星比地球大得多，自转周期也短得多（第一阶段，木星和土星的一天是 10 h，天王星是 18 h，海王星是 16 h），这些特点使得行星的自转在其磁层的全球动力学中发挥了重要作用，远远超过太阳风动力学或者行星磁场与行星际磁场的重新连接。巨型磁层的全球动力学与磁轴和自旋轴之间的倾角有着密切关系，木星的倾角是 11°，土星是 0°，而天王星和海王星偶极磁场轴与它们的自转轴相比呈现出较大的倾斜。这种大的倾斜导致了动态磁层的配置（即行星周围带电粒子运动形成复杂多样的结构），而且在这两颗行星上都有强烈的昼夜变化，在天王星上有强烈的季节变化，其旋转轴几乎位于黄道平面内。

巨行星磁层的另一个独有的特征是它们的卫星在作为等离子源方面的重要性：木星的木卫一、土星的土卫二提供了它们大部分内部等离子源。确定冰质巨行星的常规卫星，包括海卫一在内，在其等离子体群中所发挥的重要作用将成为未来探测这些行星任务的重要目标之一。

从本书的视角来看，面向巨行星磁层的探测任务，将回答未来行星探测任务设计重点考虑的六个关键科学问题中的大多数，如表 4-3 所示。

2）巨行星磁层探测的任务类型

在巨行星磁层探测任务中，探测最多的是木星的磁层，其次是土星，而天王星和海王星只被"旅行者 2 号"飞越探测过一次，如图 4-20 所示。因此，未来的面向巨行星磁层的探测任务应对木星和土星磁层的运行机制进行充分而且深入的研究；而面向冰质巨行星磁层的探测任务，第一次仍需要使用轨道探测器来得到关于它们磁层结构和运行机制的第一张图像。

3）2040 年前正在实施或筹备中的任务

木星：JUICE 是 ESA 在 2015—2025 年《宇宙远景》（Cosmic Vision）计划中提出的第一个大型任务，已于 2022 年顺利发射，预计在 2029 年抵达木星，JUICE 将花费至少三年的时间对木星系统进行详细的观测，包括它的磁层和三颗最大的卫星：木卫三、木

表 4-3 巨行星磁层探测任务解决的关键科学问题与措施

关键科学问题	与巨行星磁层的关系	解决问题的关键措施
Q2：行星系统结构的多样性	重点表征四个巨行星磁层的全球结构，以掌握它们的多样性；重点表征行星自转与卫星的相互作用和太阳风动力学之间的相互作用和影响；确定不同等离子体源的相对重要性	磁强计，粒子探测器（电子/离子），轨道上的等离子体波测量或者多探测器任务
Q3：行星系统的起源与演化	巨行星磁场形成的历史是怎样的？如何解释它们的强度、倾斜度和旋转速度的多样性	轨道器上的磁强计（极轨）
Q4：行星系统的运行机制	轨道上的磁力计（极轨）	磁强计，粒子探测器（电子/离子），轨道器上的等离子体波测量或者多探测器任务
Q5: 寻找潜在的宜居地	月球、带电粒子、磁层相互作用，对巨行星卫星的宜居性的影响	磁强计，带电粒子和中性粒子探测器对月球表面的紫外、可见光和红外光谱成像
Q6：寻找地外生命	磁层在巨行星卫星水和其他化合物之间转移的作用	

注：重点回答"地平线2061：行星探测长期远景预见"项目中六个关键科学问题中的五个，以及解决这些问题所需的关键措施。

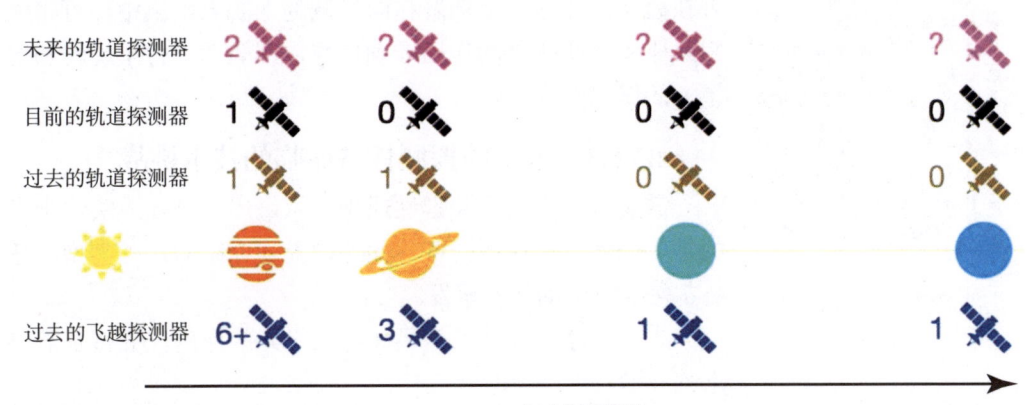

图 4-20 巨行星磁层探测任务示意图

注：图中按每个巨行星（木星、土星、天王星和海王星）到太阳的平均轨道距离进行排序。探测行星磁层通常与任务周期有关，因此需要充分使用轨道探测器。

卫四和木卫二。它在木卫三轨道的最后阶段将是一个难得的机会，来研究迄今为止在太阳系中发现的唯一存在固有磁层的卫星。

天王星/海王星：未来冰质巨行星探测任务的现实场景已在上文和图4-14中进行了介绍。这些轨道探测器的联合任务应该包括对冰质巨行星磁层的全面探测。为解决磁层探测的关键科学问题（见表4-3），这些探测任务应携带综合型粒子场仪器包，包括连续的高纬度、高偏心、低近圆轨道、中等倾角轨道和近赤道轨道，从而很好地覆盖主要的行星场（磁场、重力场）和等离子体群。通过一系列有针对性的近距离飞越卫星，可以了解卫星与磁层之间的相互作用。这种方法被"卡西尼"、Europa Clipper 和 JUICE 探测任务普遍使用，将非常适合探测天王星的卫星，已证明这种方法对海卫一的探测也相当有效。

4）2040—2061 年间规划论证的任务

对于木星或土星而言，要想在"卡西尼""朱诺号"和 JUICE 任务之后继续取得进展，参考在地球磁层探测任务中采用的方法，如"星系团"（Cluster/ESA）和磁层多尺度探测（Magnetospheric Multi-Scale/NASA）任务，需要一个多探测器的联合任务。在磁层结构内，采用这样的多探测器任务并使用多点测量来区分时间和空间效应。它将把发生在临界磁层边界的物理过程（如磁重联（Magnetic Reconnection）、开尔文-赫尔默兹不稳定性[1]（Kelvin-Helmholtz Instability））,与将它们与行星高层大气耦合的过程（场向电流、极光、辐射发射）联系起来。它还应该提供关于卫星在巨行星磁层的动力学、能量转移过程和等离子体源中作用的更深入的见解。对于木星，辐射带和磁尾动力学可以通过类似范艾伦探测器/西弥斯探测器（THEMIS）的任务来探索。将一个航天器部署在磁层内，另一个部署在向日侧的上游太阳风中，可将太阳风驱动这些磁层的作用准确地与内部驱动（行星旋转和卫星）的作用进行分离。

4.3.6.3 未来的探测任务面临的技术挑战

需要研发一系列关键性通用技术，用来增强或实现未来的外太阳系行星探测任务。此外，上述介绍的几种类型的任务都需要特定的技术研发。

未来对冰巨星（天王星和海王星）的探测任务特别需要下列技术。

（1）能源：研发更高效的放射性同位素电源系统（Radioisotope Power System，RPS）。由于这些任务的航行持续时间长，更需要轻质、高效的电源系统来为选定的 RPS 提供更高的比功率。假设天王星或海王星无法利用太阳能，使用核能解决方案（RPS）似乎是强制性的。

（2）遥测：如何将磁层科学和光谱成像所需的大量数据返回到地球？

（3）探测器和科学仪器的轨道与寿命的选择：磁层研究需要大范围的轨道，近地点尽可能地靠近目标行星，远地点尽可能地远离目标行星，白天用于监测太阳风，夜间进行磁尾研究，在尽可能多的轨道上提供更长时间的轨道星下点的覆盖率。

---

[1] 开尔文-赫尔默兹不稳定性是指一种流体动力学现象，它描述了两个速度差异较大的流体层之间产生波状结构和涡旋等现象。具体来说，发生在两个速度不同的流体层之间。当两个流体层以不同的速度运动时，会形成一个界面，这个界面上存在剪切应力。如果剪切应力超过了一定阈值，就会引发开尔文-赫尔默兹不稳定性。从而导致速度较快的流体层向下运动，并且与较慢的流体层相互摩擦。由于摩擦产生的剪切应力作用在界面上，使得该界面变得不平滑并出现波状结构。随着时间推移和能量转移，这些波逐渐增长并最终导致混合和涡旋形成。

前往木星或土星进行磁层研究的多点探测任务则需要操作多个平台，并需要研发在木星磁层环境中具有弹性的、轨道器能够自主发射的立方星及微纳卫星。如果这些任务包括一个能够提供行星上游太阳风参数的"上游监测器"，则必须设计特殊的释放机构及轨道方案来发射它。例如，在气态巨行星或冰质巨行星的 L1 拉格朗日点的轨道上，这个"上游监测器"可以用来监测太阳风在外太阳系中的传播，对于日地空间物理这种跨学科科学而言意义非凡。

小型深空探测器（俗称深空立方星）的出现，可以提供独特的直接采样环粒子的机会，即粒子通过发送一个小型探测器与环粒子交会，收集样本并将其返回到主探测器上，如 SRO 探测器可以对其表面进行详细成像及成分分析。其他立方星也可将自己附着在环粒子上，并通过无线电传回有关立方星寿命周期内的碰撞和环粒子行为的数据。立方星将实现一组新的原位环探测任务。

还需要研发额外的技术来确保 SRO 任务。当前放射性同位素电推进（REP）系统的效率不足以支持悬停轨道上有能力的航天器，需要更高效率的 RPS 以及更高效的电推进系统来支持悬停探测器。研发另一项 SRO 技术将包括以感知和机动为目的的远程操作技术，以避免与任何在环平面上方偏转的危险环粒子发生碰撞。由于从地球到土星的单向通信时长大于 1 h，因此探测器需要在更短的时间内探测任何危险并快速做出反应。

在巨行星的常规卫星上执行着陆任务，有时需要能够在混乱的地形上执行完全自主的进入、下降及着陆（Entry, Descent, Landing，EDL）任务，或者在采样返回任务中甚至需要采用专门的进入、下降、着陆及起飞（Entry, Descent, Landing and Ascent，EDLA）系统。一旦着陆在巨行星的卫星表面，着陆器必须在极端的低温条件下执行指定的科学操作，必须考虑木卫二非常恶劣的辐射环境。以天体生物学为导向的任务将必须基于复杂策略的特定科学研究需求，以便在海洋卫星表面和次表面搜索生物特征信号。

对磁层的研究以及与太阳风的相互作用都需要特定的科学仪器。未来所有旨在探索巨行星磁层的任务都需要对下列三个方面进行原位测量：①等离子体中所有成分的分布函数；②直流/交流磁场和电场；③高能粒子的分布函数。所有测量都必须使用高空间分辨率、高时间分辨率的科学仪器并利用方向等信息进行测量。

未来的探测任务需要能够以更小尺寸、更低功率、更低成本研发更高性能的科学仪器，上述仪器的小型化是未来探测任务的关键。对辐射的耐受性也是不可忽视的，特别是针对木星内部磁层的探测任务，它的主要等离子体源位于木卫一辐射环境最恶劣的区域。

4.3.6.4 新的基础设施和服务需求

为充分发挥未来巨行星探测任务的科学潜力，ESA，NASA 和其他航天机构之间将加强国际合作，提供专业知识和资源，派遣高性能的探测器和携带更全面的科学有效载荷来研究这些目标。到达外太阳系行星的航行时间大约 10 年或者更久，因此需发射先进的航天器并携带多样化、全面、高性能和互补的科学有效载荷，为特定探测任务提供最大的科学回报。世界各国航天局的行星学部（Planetology Division）和太阳物理学部（Heliophysics Division）之间的合作，也可充分利用外太阳系太阳风探测任务巡航阶段的机会。

理想情况下，这种强强联合的合作应从概念研究阶段开始，包括任务的所有环节，从最初的概念研发、航天器和科学仪器设计、研制、建造、发射、联合运营，到科学分析、出版和数据存档。正如第 7 章所述，多国合作有可能最大限度地提高科学回报，有时还可以完成最具挑战性的任务。

4.3.7 从海外太阳系到星际介质

4.3.7.1 太空探索的新边疆

图 4-21 所示为以距离太阳中心距离（以 AU 为单位）的对数标度为横坐标的尺度，只有利用该尺度才能将太阳系放置于其局部银河系环境的更广泛背景中。在这个尺度上，TNO 从 50 AU 延伸到日球层顶的区域甚至更远。考虑到动力学的影响，访问 TNO 的探测器将穿过日球层顶及其不同的边界层，如中止激波、氢墙、弓形激波（如果有的话），然后进入 VLISM，最后直接进入太阳系周围的局部星际云（见图 3-29）。这种复杂的介质从未在原位进行过探测，一直延伸到奥尔特云（小天体群中最远的地方）及其附近的恒星。最近的比邻星（Proxima Centauri），已知在其宜居区内有一颗系外行星，从非常长期的角度（也许是几百年的角度来看，似乎是一个合乎逻辑的探测目的地。探索海王星外的太阳系和日球层边界，深入 VLISM 是行星探测的"新边疆"之一。至于前面描述的其他"区域"，可以建立在 2020 年之前已实施的行星探测任务和大量望远镜观测的成果基础上。第一阶段（2021—2040 年）使用现有技术，在接下来的 20 年间，更具有挑战性的任务则需要更先进的技术。表 4-4 总结了这些观点，并在后续各小节中针对表中各行所述的探测目的地进行详细介绍，包括海外太阳系、日球层边界和 VLISM。

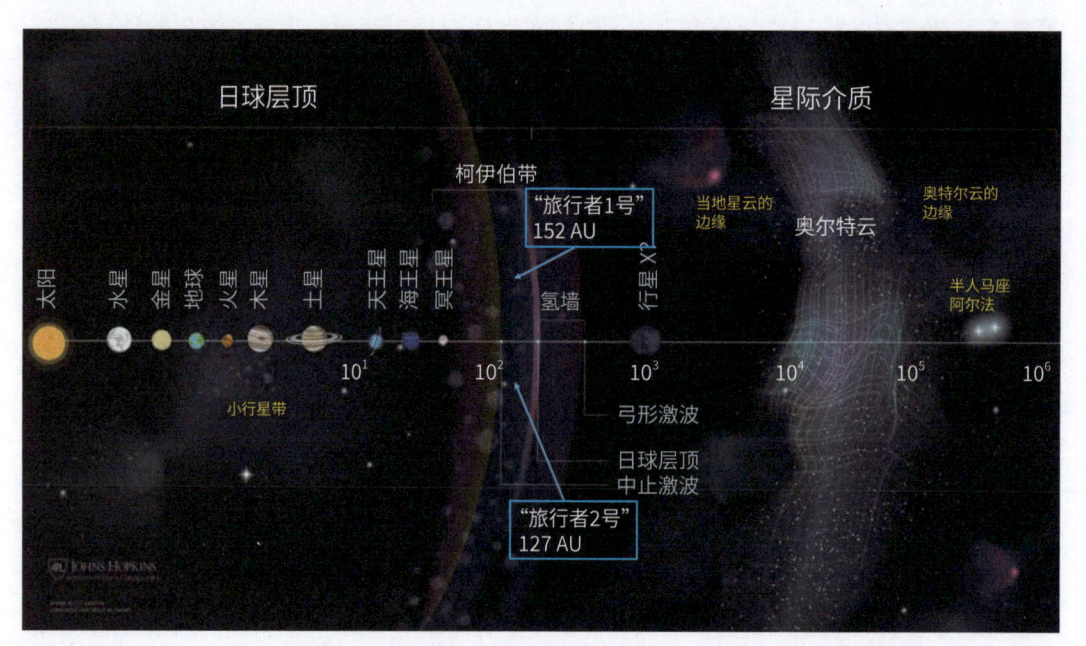

图 4-21 太阳系、太阳系天体群以及围绕星际介质和最近恒星半人马座阿尔法的日球层边界的示意图
注：以对数标度（以 AU 为单位）绘制并指出了 2021 年 6 月时"旅行者 1 号"和"旅行者 2 号"与太阳的距离。

如表 4-4 所示，未来日球层边界探测任务的动态特征可以把它们归入 VLISM 任务。尽管建立在不同探测任务成果的基础上（日球层边界探测任务建立在"旅行者号""卡西尼"和用于太阳系边界探测的 IBEX 任务成果上，VLISM 任务建立在望远镜观测的成果基础上），这两个区域的科学目标将通过同一类型的任务来实现：长距离、长周期的任务直至延伸到 VLISM 区域。

表 4-4 未来海外太阳系、日球层边界和 VLISM 探测任务的主要目标

时间段	2020 年前	2021—2040 年	2041—2061 年
海外太阳系	"新视野号"望远镜观测	探索 TNO 和矮行星的多样性（包括多个系统）与近距离飞越	轨道器和 / 或从选定对象和多个系统采集样本
日球层边界	"旅行者号"、"卡西尼"、IBEX	• 首次穿越所有日球层边界并在 VLISM 中巡航的任务	不同方向的多个任务： • 探索日球层边界及其 3D 形状的分辨率
VLISM	望远镜观测	• 首次从外部对太阳系及其碎片盘进行全球观测	• 在不同的局地云层方向对 VLISM 进行长期、远程探索

注：按照不同的时间段，从左到右依次是 2020 年前已实施任务（当前已有成果）；2021—2040 年（使用现有技术）和 2041—2061 年（随着新的推进和能源传输技术的出现）。

4.3.7.2 探索海外太阳系

对 TNO 以及在这个遥远区域运行的矮行星的认识，是基于 1992 年发现的首个 TNO，通过望远镜所观测到的令人印象深刻的天体。"新视野号"任务在 2015 年开启了太空探索的新时代，对壮观的冥王星 - 卡戎系统进行了飞越探测，2019 年，又飞越了 486958 号 Arrokoth 小行星，这是一个令人惊讶的双翼形天体，"新视野号"团队又称其为"终极北极星"（Ultima Thule）。可用的观测和模型给出了这个家族在大小、颜色、反照率和形状上的极端多样性，许多组合被分为多个系统，比如冥王星 - 卡戎系统，它是一个双星系统，有四颗较小的卫星围绕着它运行。

因此，对该家族进行探测的主要目标是首先探测出这种多样性，并在第一份清单中表征出每个群体中最具代表性的天体的特征。

1. 2021—2040 年

在第一阶段，应该充分利用现有的技术，尽可能多地飞越不同的天体，如果可能的话，对不同的天体群进行采样探测，以与"新视野号"任务相同的方式表征它们。这些任务应该被优化以造访多个探测目标。鉴于这些任务所使用的快速轨道，旨在穿越日球层边界和探测星际介质的任务将是最佳选择。

2. 2041—2061 年

建立在更好地表征一些具有代表性的天体和整个系列的基础上，下一个阶段应该执

行具有更大速度增量（ΔV）能力的飞行任务，可能基于新的非化学推进技术，可以围绕最有趣的系统（Pluto-Charon 系统可能是最佳选择之一）飞行和/或在飞行过程中采集样本。

4.3.7.3　探索日球层边界和 VLISM

日球层是太阳磁场在空间中的延伸和不断膨胀的大气层、太阳风，是太阳的天球层和我们在银河系中的庇护所。日球层边界对星际介质的一小部分成分是不透明的，从而使银河宇宙线在太阳系内部传播并使其行星的辐射通量减少了约75%。从这个意义上说，掌握日球层与 VLISM 的相互作用对理解太阳系及其行星的宜居性具有关键作用。通过探索日球层边界，更好地了解它们的运行原理和相互作用，将更好地发挥日球层作为庇护所的作用，以探索在其他恒星周围的系外宜居行星。

飞越日球层的最外层边界进入 VLISM 的任务，将首次探测和表征星际介质区域的复杂结构和动力学机制，这里混合了不同温度的中性气体、等离子体、尘埃和宇宙线，并受鲜为人知的星际磁场控制。星际探测器将携带科学有效载荷在原位探测所有组分，并回望太阳系，首次将其作为单个天体"从外部"进行观察，还可能用红外线探测到它的尘埃颗粒和小天体盘。

1. 2021—2040 年

合乎逻辑的下一步计划是建立在以往探测任务的基础上，包括"旅行者号"探测器首次对日球层边界进行原位探测，以及"卡西尼"和 IBEX 对尘埃和带电粒子进行的遥感测量，从而设计出一项能够跨越并表征日球层所有边界的任务，从内激波和延伸到外部的复杂磁场堆积区，到日球层边界本身和假定的外激波，将首次实现人类探测器进入星际介质区域。现已论证了星际探测器（Interstellar Probe）任务的科学目标、科学有效载荷、可选任务概况和技术挑战，作为 NASA "太阳物理十年调查" 项目研究的一部分。尽管在技术上存在挑战性，但这项任务应该在未来几年内做好飞行准备。

这项任务最多能在十年内到达日球层边界。因此，对于距离太阳 120 AU 左右的日球层边界，探测器必须以 12 AU 每年的速度飞行。为了实现这个目标，星际探测器研究考虑了几个选项，所有这些选项都首先进行木星重力辅助加速（Jupiter Gravity Assist，JGA）：①被动 JGA 和直接逃逸；②主动 JGA；③在几个太阳半径的距离上，JGA 从低纬度飞越太阳，这是最有效但也是最具挑战性的。

图 4-22 为探测器的逃逸速度和组合体的外形示意图，图 4-22（b）表示基于"新视野号"探测器总体构型执行这个大胆的机动任务。探测器由一个重型耐热防护罩保护，免受太阳辐射的影响，并且必须携带一台发动机（见图 4-22（b）中探测器下方），该发动机将在近日点附近点火，将探测器送入太阳系的逃逸轨道上。图 4-22（a）给出了不同类型的发动机（不同颜色曲线）和 3～5 个太阳半径（R_s）距离的不同近日点的渐近逃逸速度。如图 4-22（a）所示，当前的最佳解决方案是使用 Castor 30XL 发动机，对应于约 $4R_s$ 的近日点。在这个参数范围内，以 $5R_s$、$4R_s$ 或 $3R_s$ 的距离靠近太阳飞行（图 4-22（b）上从左到右的外形示意图），这并不会带来显著的效果，因为随着近日点距离的减小，屏蔽质量必须增加。

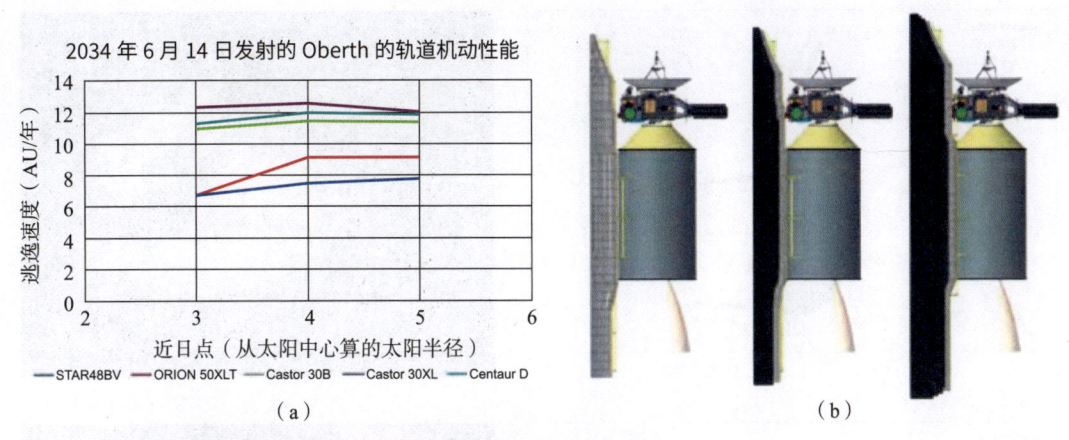

图 4-22 "新视野号"星际探测器的逃逸速度和组合体示意图

(a)"新视野号"星际探测器在不同近日点距离和不同类型发动机下可获得的逃逸速度;(b)探测器组合体示意图

2. 2041—2061 年

继"旅行者号"迈出第一步重返日球层边界并进入 VLISM 后,下一波的飞行任务应该用于探测日球层边界以及沿着飞行方向邻近星际云特征的极端变化。日球层边界本身的形状目前尚不清楚,只能从理论模型中推断出来。图 4-23(c)、图 4-23(d)显示了不同模型预测的日球层结构的多样性,这取决于它们的建模方法和对 VLISM 参数的假设。日球层边界是否像某些科学家预测的为卵形,还是延伸了两个磁尾叶?只有在非常不同的方向上进行原位测量,至少一次沿着星际风(日球层的"鼻部")的到达方向进行测量,另一次在相反的方向进行测量,才能区分验证这些模型。这是中国目前正在研究的"星际日球层边界探测器"(Interstellar Heliospheric Probe)概念中提出的探索策略;间隔几年发射两个探测器,并通过木星和海王星的引力辅助加速,这次任务将直接测量日球层边界在星际风到达方向轴线上的不对称性。

通过这个论证中的任务,在 2041—2061 年间,应该向不同的方向发送星际探测器,以揭示通过日球层到 VLISM 交界区域的复杂几何结构,以及更远处太阳系周围星际云的多样性。

4.3.7.4 面临的技术和方法挑战

随着探测任务深入到星际介质区域,深空探测将开始扩展到一个全新的空间:探测距离以数百个天文单位计,任务周期持续数十年,需要几代科学家和工程师,在遥远的星际空间里,太阳能变得无关紧要。虽然探索我们的行星系统环境这一重大冒险的第一步,可以并且应当基于当前技术水平支持尽快完成,但仍需研发全新的能源、推进、通信、设备和软件,以及在轨维护、任务运营和人力资源管理等新方法,使人类能够系统地探索附近的银河系。这是人类探索宇宙新篇章的代价。

(a)

(b)

(c)

(d)

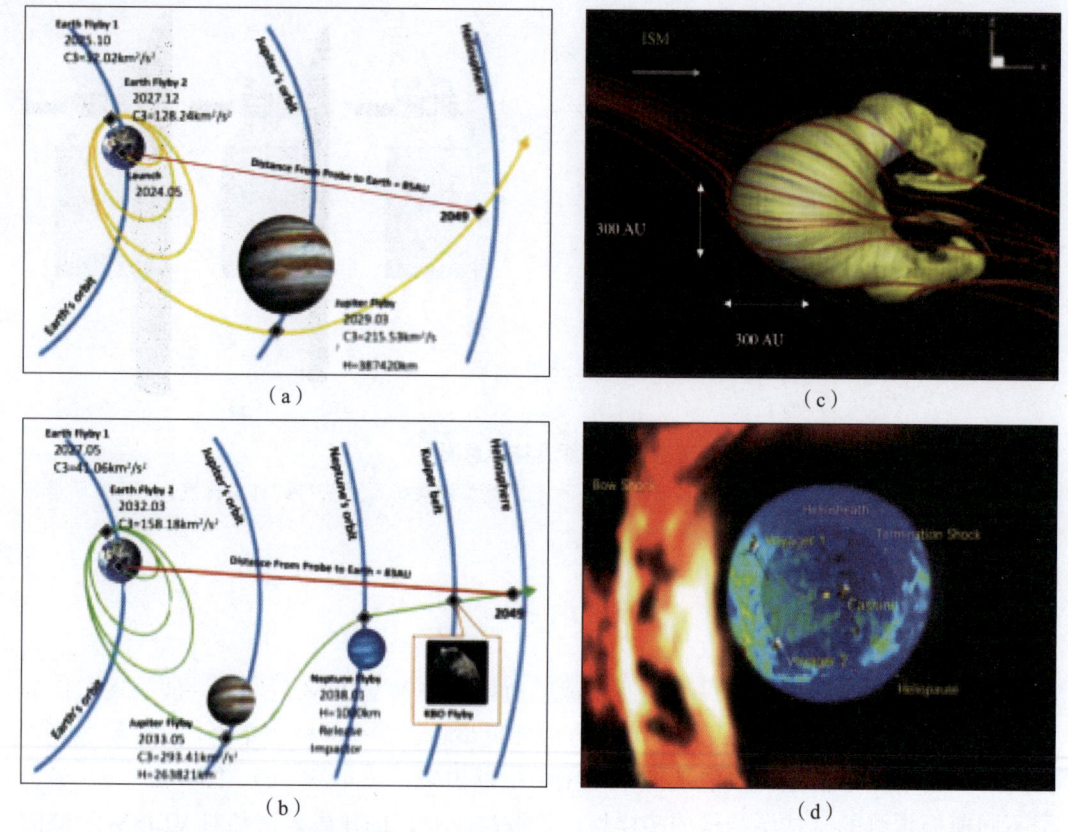

图 4-23　日球层的三维形状及其边界（即日球层顶）

(a) 探测器 Ⅰ 飞至日球层顶鼻部；(b) 探测器 Ⅱ 飞至日球层顶尾部；(c) Opher et al. 2020；(d) Dialynas et al. 2017

注：使用不同假设的模型对外部日球层和周围 VLISM 的物理参数（见图 4-23（c）和图 4-23（d））预测了截然不同的形状，从双尾羊角面包形状到鸡蛋形状。区分这些不同形状的唯一可行的策略是，按照中国对"星际日球层探测器"研究提出的建议，发送不同的探测器以不同的方向穿过日球层顶：借力木星相隔 6 年（见图 4-23（a）和图 4-23（b）），将有可能以两个相反的方向穿过日球层顶，例如，朝向它的鼻部和尾部，从而初步判断日球层沿星际风到达方向的不对称性。理想情况下，需要第三个探测器飞越黄道，才能真正感知到日球层的三维结构。

4.4　小结

4.4.1　概述

本章从"地平线 2061：行星探测长期远景预见"项目中提出的六个关键科学问题开始，以确定在飞往太阳系不同目的地时，回答这些问题所需的代表性任务体系结构。基于从过去的探测任务中获得的科学知识，新一代的行星探测任务，如表 4-1 中所示的"蓝色任务"，不得不启航。这些"蓝色任务"包括那些已经在世界各国航天机构计划中或正在论证中的任务，它们通常是在从现在到 2040 年间实施。在此之后，新一代技术上更具有挑战性的任务将在 2041—2061 年间实施，我们将对此进行总结。这些任务将需要在未来20年内研发出新的技术、升级或新建专用基础设施，这些将在本章结束时进一步总结。

4.4.2 超越目前规划范围的新一代探测任务

表4-1中"蓝色任务"分布的总体趋势与本章导言中"绿色任务"的分布趋势相似，但将边界扩大到更远的目的地和更复杂的任务。

对于可到达的目的地（月球和火星），到2061年前，行星探测任务的复杂性将达到最高水平，在这两个地方建立起载人前哨站，其可持续性将取决于研发论证中的ISRU技术。

在对太阳系的进一步探测中，我们发现采样返回任务明显占主导地位，这些任务将到达越来越具有挑战性的目的地或涉及越来越多的采样地点，这将是未来几十年火星探测的主要目标。样本也应该从彗星、木星特洛伊小天体群以及金星返回，尽管实现这个目标存在特殊的技术困难。在所有巨行星的卫星中，人们也可以预期，土卫二是一个具有重要天体生物学意义的天体，从土卫二采样返回将更容易，至少通过飞越土卫二的羽流。

在更远的地方，原位探测和多平台轨道探测将逐渐超过对气态巨行星及其系统的轨道探测：大气探测器、卫星着陆器、磁层的多点探测器、环跳跃探测器和飞掠器将服务于更集中的区域，如研究它们的起源、运行机制或宜居性。接下来探测冰质巨行星的步骤应该通过这两个系统的多学科轨道探测器任务来完成。结合将大气探测器送入大气层，这些任务将帮助我们理解银河系附近最丰富行星形成的场景和运行方式，并为更聚焦的任务铺平道路，以确定最有希望的卫星的宜居性，很可能从海卫一轨道探测器开始。

对海外太阳系的探测很可能仍由探测器主导，这些探测器将飞越单个的TNO，在长距离旅程后穿越日球层边界并最终进入VLISM区域。通过向不同方向发射探测器，将可能同时探索TNO的多样性、日球层及其边界的三维几何结构，以及其周围VLISM的异质性。

然而，如果没有对多天体组成的TNO系统如冥王星-卡戎实施轨道探测任务，我们对关于太阳系次行星系统多样性的理解将仍然不完整。

4.4.3 新一代探测任务的关键技术需求

新一代的"蓝色任务"将对关键技术和基础设施产生大范围的需求。从技术需求开始，我们可以通过检查同一组"蓝色任务"来识别它们，这次从最遥远的目的地开始。

从海外太阳系到星际介质的探测任务仍是长周期的巡航飞行任务。对于它们而言，由于远离太阳和地球，能源、推进、数据下行传输能力仍将是主要的技术瓶颈。它们的需求将推动相应的技术向非太阳能能源（必然是核能）、长时间和高比冲推进系统（可能是电推进），以及在下行数据传输前进行高度的星载数据处理和压缩。即使考虑到新一代太阳能电池可能会在同一时间范围内突破太阳能发电的边界，这些通用技术所取得的进步也将适用于更近的目的地。

在鲜为人知的海外太阳系的天体中，首次访问靠近的天体，如原始彗星和星际介质需要处于"戒备状态"的任务场景，例如，ESA 将于 2028 年发射的彗星拦截器任务。

巨行星和它们的卫星，尤其是冰质巨行星及金星，其自身的极端环境将带来不同种类的巨大挑战。对它们的探测将需要创新的多平台任务架构，其中行星际运载器和轨道器将逐步专门从事运送科学平台的功能，将样品转移运回地球。科学平台的多样性将适应它们必须运行的特定环境：进入大气层的探测器，在极端温度、压力和（某些时候）极端辐射条件下运行的着陆器，移动式探测器不仅在目标表面移动，也在它们的大气层中飞行，或者从一个探测地点跳跃到另一个探测地点（NASA 的"蜻蜓"土卫六探测任务），在科学目标需要的任何地方提供多点测量的网络或平台集群。就像进化和选择推动了地球上的生物不断适应而增加的多样性一样，未来的科学平台必须适应更复杂的行星环境的多样性。鉴于它们与地球的通信时间更长，而且必须优化其任务的科学回报，需要不断增加的星载自主性和使用先进的人工智能工具来执行任务。

在这些平台上携带和运行的科学仪器将反映出行星科学所要求的日益多样化的科学学科和测量技术。在这种不断变化的背景下，采样返回缓存、地球科学普查（地球物理和地球化学），以及专门用于检测和表征生物信号的天体生物学实验将需要越来越多的科学有效载荷。

运载器－轨道器和原位科学平台之间的连续运行必须依赖先进的进入、下降、着陆和起飞系统，该系统同样能更好地适用于科学平台和将样本带回轨道的环境。

对于月球和今后的火星探测任务，载人前哨基地可以逐步建立，为其科学研究提供更多的可能性。在用于常规运行之前，必须研发并验证一系列能够支持人类长期可持续生存的全新技术，如 ISRU、先进环境和生命支持系统，在空间和原位进行组装和制造等。

对所有探测目的地而言，质量、能源和通信预算的优化将推动现有技术的进一步小型化，从而能够在紧凑的任务架构下进行额外的原位测量。

表 4-5 中，横向表示与不同类型任务相关的具体技术要求，纵向表示任务类型。在第 5 章将针对这些要求对未来的技术发展方向进行预测。

4.4.4 新一代任务的先进基础设施需求

表 4-1 中的"蓝色任务"也需要新一代的基础设施和服务的支持，以便在其目的地飞行、返回数据，并最大限度地实现科学回报，这一点在本章第 4.3 节中已经强调。这些关键的支持通常不是针对单一的任务，而是为多种多样的任务和目的地服务。按照行星探测任务或望远镜观测产生新一代科学知识的逻辑路径，可以将它们分为七个主题，从获取数据到将数据交付给科学用户，再到产生新的科学成果，这条路径最终将特别关注必要的人力资源。

（1）科学观测基础设施（望远镜和天文台）：在第 4.2 节中介绍了地基望远镜，可以观测从射电到 X 射线的各种波长，并将继续在行星科学中发挥关键作用。使用新一代的巨型望远镜，无论是地基的还是天基的，对于行星科学界都将是极其重要的。

（2）行星任务运营基础设施：从发射设施到通信和导航支持，再到任务运营中心，它们必须为苛刻的"蓝色任务"提供不断增长的高质量和长周期服务。

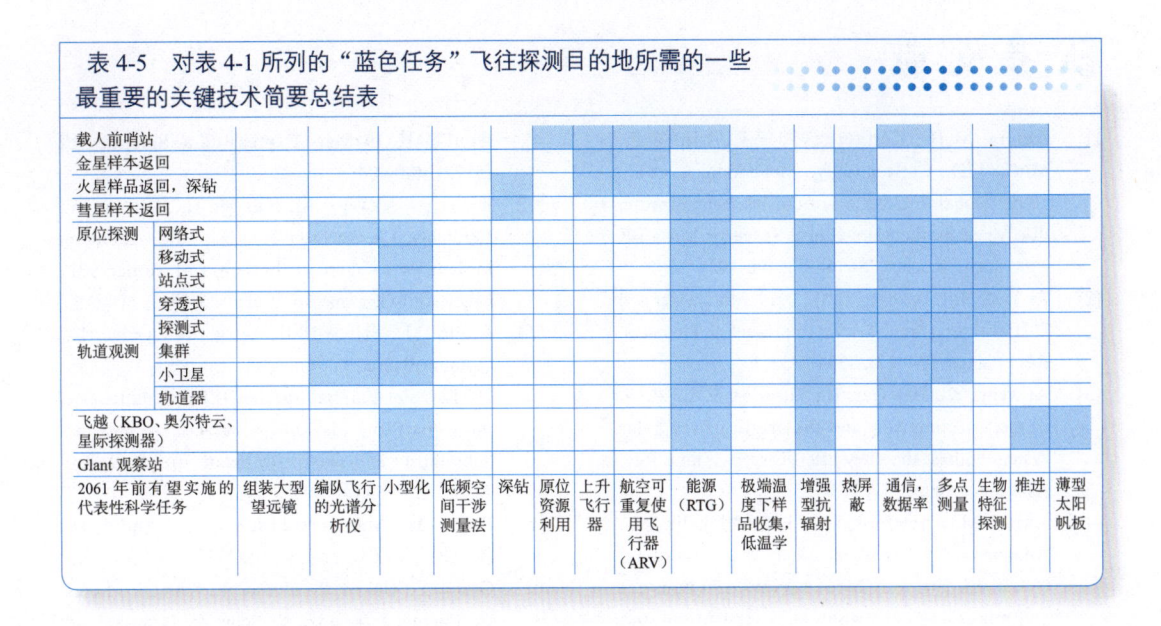

表 4-5 对表 4-1 所列的"蓝色任务"飞往探测目的地所需的一些最重要的关键技术简要总结表

载人前哨站																	
金星样本返回																	
火星样品返回，深钻																	
彗星样本返回																	
原位探测	网络式																
	移动式																
	站点式																
	穿透式																
	探测式																
轨道观测	集群																
	小卫星																
	轨道器																
飞越（KBO、奥尔特云、星际探测器）																	
Glant 观察站																	
2061 年前有望实施的代表性科学任务	组装大型望远镜	编队飞行的光谱分析仪	小型化	低频空间干涉测量法	深钻	原位资源利用	上升飞行器	航空可重复使用飞行器（ARV）	能源（RTG）	极端温度下样品收集，低温学	增强型抗辐射	热屏蔽	通信、数据率	多点测量	生物特征探测	推进	薄型太阳帆板

（3）长期载人探测的基础设施：重型运载火箭、轨道空间站（包括月球轨道）和月球或火星前哨站，将支持航天员长期参与科学实验。

（4）监测空间天气和其他与空间有关的危险：天文台监测服务并在可能的情况下预测空间天气事件，将是长期载人飞行的必要条件，就像今天的天气预报必须支持机载导航一样。

（5）样品收集、保存和分析的基础设施：在未来的几十年里，普遍实施的从太阳系天体返回的样品将变得越来越重要。为了推动实施将样本采集与返回地球、在行星保护协议的严格限制下对其进行管理和分析的全过程处理链，将需要世界级的保存、管理、分析和配送样本的基础设施。

（6）数据系统和虚拟天文台：在未来的几十年里，行星研究的持续进展将更加依赖同时获取和分析各种信息来源，包括空基和地基的观测数据、样本分析的结果、在实验室中进行的实验、数值模拟和建模、密集计算等。由这些不同分析工具独立产生的大量数据，需要易于科学最终用户的访问和管理。先进的数据中心和虚拟观测站在产生新的科学知识方面的作用将变得越来越重要。

（7）人力资源和社会经济服务：运作上述各种基础设施需要培训新一代的青年科学家、工程师、任务专家和航天员。这一代人将在未来的月球前哨站上进行科学实验，或者设计出执行行星探测任务的新方法。日球层顶以外的长达数十年的飞行任务，将构成人类探测器走出自己所处的行星系统的第一步，将需要采取新的办法来管理飞行任务和在代际之间传递知识，人力资源面临的重大挑战将增加星际航行的纯技术挑战。

第 6 章将对这些基础设施和服务的未来发展进行详细探讨。

参考文献

[1] Acuna, M.H., Connerney, J.E.P., Lin, R.P., Mitchell, D., Carlson, C.W., McFadden, J., et al., 1999. Global distribution of crustal magnetization discovered by the Mars Global Surveyor MAG/ER experiment. Science 284 (5415), 790-793.

[2] Alsaeed, N.R., Jakosky, B.M., 2019. Mars water and D/H evolution from 3.3 Ga to present. J. Geophys. Res.: Planets 124 (12), 3344-3353.

[3] Altwegg, K., Balsiger, H., Fuselier, S.A., 2019. Cometary chemistry and the origin of icy solar system bodies: the view after Rosetta. Annu. Rev. Astron. Astrophys. 57, 113-155.

[4] Anand, M., Crawford, I.A., Balat-Pichelin, M., Abanades, S., Van Westrenen, W., Péraudeau, G., et al., 2012. A brief review of chemical and mineralogical resources on the Moon and likely initial in situ resource utilization (ISRU) applications. Planet. Space Sci. 74 (1), 42-48.

[5] Arvidson, R., Foing, B.H., Cohen, B., Plescia, J., Blamont, J.E., 2010. Gluc-Iceum1 Participants; Beijing Lunar Decla ration 2010: A GLUC-ICEUM11 Report and Recommendations on Science and Exploration, LPI Contribution No. 1595, p.3 2010LPICo1595....3A.

[6] Banerdt, W.B., et al., 2020. Initial results from the InSight mission on Mars. Nat. Geosci. 13 (3), 183e189. https:// doi.org/10.1038/s41561-020-0544-y.

[7] Bardyn, A., Baklouti, D., Cottin, H., Fray, N., Briois, C., Paquette, J., et al., 2017. Carbon-rich dust in comet 67P/Churyumov-Gerasimenko measured by COSIMA/Rosetta. Mon. Not. Roy. Astron. Soc. 469 (Suppl. 1_2), S712-S722.

[8] Bell III, J.F., Ansty, T.M., 2007. High spectral resolution UV to near-IR observations of Mars using HST/STIS. Icarus191 (2), 581-602.

[9] Benkhoff, J., Van Casteren, J., Hayakawa, H., Fujimoto, M., Laakso, H., Novara, M., et al., 2010. BepiColombod comprehensive exploration of Mercury: mission overview and science goals. Planet. Space Sci. 58 (1-2), 2-20.

[10] Berger, G., Cathala, A., Fabre, S., Borisova, A.Y., Pages, A., Aigouy, T., et al., 2019. Experimental exploration of volcanic rocks-atmosphere interaction under Venus surface conditions. Icarus 329, 8-23.

[11] Bibring, J.P., Langevin, Y., Mustard, J.F., Poulet, F., Arvidson, R., Gendrin, A., et al., 2006. Global mineralogical and aqueous Mars history derived from OMEGA/Mars Express data. Science 312 (5772), 400-404.

[12] Bieler, A., Altwegg, K., Balsiger, H., Bar-Nun, A., Berthelier, J.J., Bochsler, P., et al., 2015. Abundant molecular oxygen in the coma of comet 67P/Churyumov-Gerasimenko. Nature 526 (7575), 678-681.

[13] Blanc, M., Prieto-Ballesteros, O., André, N., Gomez-Elvira, J., Jones, G., Sterken, V., et al., 2021a. Joint Europa mission (JEM): a multiscale, multi-platform mission to characterize europa's habitability and search for extant life. Bull. Am. Astron. Soc. 53 (4), 380.

[14] Blanc, M., Mandt, K., Mousis, O., André, N., Bouquet, A., Charnoz, S., Craft, K.L., Deleuil, M., Griton, L., Helled, R., Hueso, R., Lamy, L., Louis, C., Lunine, J., Ronnet, T., Schmidt, J., Soderlund, K., Turrini, D., Turtle, E., Vernazza, P., Witasse, O., 2021b. Science goals and mission objectives for the future exploration of ice giants systems: a Horizon 2061 perspective. Space Sci. Rev. 217 (1), 1-59. https://doi-org.insu.bib.cnrs.fr/10.1007/s11214-020-00769-5.

[15] Blanc, M., et al., 2020. Joint Europa Mission (JEM): a multi-scale study of Europa to characterize its habitability and search for extant life, planet. Space Sci. 193, 104960. https://doi.org/10.1016/j.pss.2020.104960.

[16] Blanc, M., Li, L., Li, M., Wang, C., Wang, Y., Mousis, O., Hestroffer, D., André, N., 2019. Gan De - Science Objectives and Mission Scenarios for a Chinese Mission to the Jupiter System, Extended Abstract. Lunar and Deep Space Exploration Workshop, Zhuhai, China.

[17] Bolatto, A.D., Chatterjee, S., Casey, C.M., Chomiuk, L., de Pater, I., Dickinson, M., et al., 2017. Key Science Goals for the Next Generation Very Large Array (ngVLA): Report from the ngVLA Science Advisory Council arXiv preprint arXiv:1711.09960.

[18] Brownlee, D., Tsou, P., Aléon, J., Alexander, C.M.D., Araki, T., Bajt, S., et al., 2006. Comet 81P/Wild 2 under a microscope. Science 314 (5806), 1711-1716.

[19] Burke, B.F., Franklin, K.L., 1955. Observations of a variable radio source associated with the planet Jupiter. J. Geophys. Res. 60 (2), 213-217.

[20] Canup, R.M., Ward, W.R., 2002. Formation of the Galilean satellites: conditions of accretion. Astron. J. 124 (6), 3404.

[21] Carr, M.H., 2012. The fluvial history of Mars. Phil. Trans. Math. Phys. Eng. Sci. 370 (1966), 2193-2215.

[22] Carry, B., 2012. Density of asteroids. Planet. Space Sci. 73 (1), 98-118.

[23] Casini, A.E., Mittler, P., Cowley, A., Schlüter, L., Faber, M., Fischer, B., et al., 2020. Lunar analogue facilities development at EAC: the LUNA project. J. Space Safety Eng. 7 (4), 510-518.

[24] Cavalié, T., Venot, O., Miguel, Y., Fletcher, L.N., Wurz, P., Mousis, O., et al., 2020. The deep composition of Uranus and Neptune from in situ exploration and thermochemical modeling. Space Sci. Rev. 216, 1-37.

[25] Chan, Q.H.S., et al., 2020. Concerns of organic contamination for sample return space missions. Space Sci. Rev. 216 (4). https://doi.org/10.1007/s11214-020-00678-7. Article id.56.

[26] Cheng, A.F., Rivkin, A.S., Michel, P., Atchison, J., Barnouin, O., Benner, L., et al., 2018. AIDA DART asteroid deflection test: planetary defense and science objectives. Planet. Space Sci. 157, 104-115.

[27] Chisholm, E.M., Larkin, J.E., Wright, S.A., Miles, J., Liu, F., Mawet, D., 2020. Thirty Meter Telescope: a status update on the first light instruments and the path beyond into early light instruments. In: Ground-based and Airborne Instrumentation for Astronomy VIII, vol. 11447. International Society for Optics and Photonics, p. 114471V.

[28] Clery, D., 2019. Moon gazing. Science 365 (6450), 234-237.

[29] Cohen, B., Lawrence, S., Denevi, B., Glotch, T., Hurley, D., Neal, C., et al., 2020. Lunar Missions for the Decade 2023-2033. A White Paper Submitted to the 2023 Planetary Science Decadal Survey.

[30] Committee for a Decadal Survey of Astronomy and Astrophysics, National Research Council, 2011. New Worlds,New Horizons in Astronomy and Astrophysics. National Academies Press.

[31] Crida, A., Charnoz, S., Hsu, H.W., et al., 2019. Are Saturn's rings actually young? Nat. Astron. 3, 967e970. https://doi.org/10.1038/s41550-019-0876-y.

[32] Cutts, J.A., 2018. Aerial Platforms for the Scientific Exploration of Venus Summary Report by the Venus Aerial Platforms Study Team. JPL Summary report. D-102569.

[33] Dehant, et al., 2021. In Planetary Exploration, Horizon 2061 e Report, Chapter 2 (pp).

[34] Denevi, B.W., Lawrence, S.J., Burns, J.O., Cohen, B.A., Fagan, A.F., Farrell, W.M., et al., 2018. Advancing science of the moon: progress toward achieving the goals of the scientific context for exploration of the moon report. In: Survive and Operate through the Lunar Night Workshop.

[35] Dialynas, K., Krimigis, S.M., Mitchell, D.G., Decker, R.B., Roelof, E.C., 2017. The bubble-like shape of the heliosphere observed by Voyager and Cassini. Nat. Astron. 1, 0115.

[36] Drake, M.J., Boynton, W.V., Blanchard, D.P., 1987. The case for planetary sample return missions: 1. Origin of the solar system. Eos, Trans. Am. Geophys. Union 68 (8), 105-113.

[37] Duprat, J., Dobricâ E., Engrand, C., Aléon, J., Marrocchi, Y., Mostefaoui, S., et al., 2010. Extreme deuterium excesses in ultracarbonaceous micrometeorites from central Antarctic snow. Science 328 (5979), 742-745.

[38] Ehlmann, B.L., Berger, G., Mangold, N., Michalski, J.R., Catling, D.C., Ruff, S.W., et al., 2013. Geochemical consequences of widespread clay mineral formation in Mars' ancient crust. Space Sci. Rev. 174 (1e4), 329-364.

[39] Ehlmann, B.L., Mustard, J.F., Murchie, S.L., Poulet, F., Bishop, J.L., Brown, A.J., et al., 2008a. Orbital identification of carbonate-bearing rocks on Mars. Science 322 (5909), 1828-1832.

[40] Ehlmann, B.L., Mustard, J.F., Fassett, C.I., Schon, S.C., Head III, J.W., Des Marais, D.J., et al., 2008b. Clay minerals in delta deposits and organic preservation potential on Mars. Nat. Geosci. 1 (6), 355-358.

[41] Elkins-Tanton, L.T., Asphaug, E., Bell III, J.F., Bercovici, H., Bills, B., Binzel, R., et al., 2020. Observations, meteorites, and models: a preflight assessment of the composition and formation of (16) Psyche. J. Geophys. Res.: Planets 125 (3) e2019JE006296.

[42] Ernst, C.M., Kubota, S., Chabot, N.L., Klima, R., Vander Kaaden, K., Indyk, S., et al., 2020. Mercury Lander: Trans formative Science from the Surface of the Innermost Planet. Report from Johns Hopkins University Applied Physics Laboratory.

[43] ESA Voyage 2050 reportSenior Committee Report to the Director of Science. https://www.cosmos.esa.int/ documents/1866264/1866292/Voyage2050-Senior-Committee-report-public.pdf/e2b2631e-5348-5d2d-60c1-437225981b6b?t¼1623427287109.

[44] Fanson, J., Bernstein, R., Angeli, G., Ashby, D., Bigelow, B., Brossus, G., et al., 2020. Overview and status of the giant magellan telescope project. In: Ground-based and Airborne Telescopes VIII, vol. 11445. International Society for Optics and Photonics, p. 114451F.

[45] Farley, K., 2018. Status report on the NASA Mars 2020 mission. In: 42nd COSPAR Scientific Assembly, 42, B4-2. Fegley Jr., B., Zolotov, M.Y., Lodders, K., 1997. The oxidation state of the lower atmosphere and surface of Venus. Icarus 125 (2), 416e439.

[46] Ferrais, M., Vernazza, P., Jorda, L., Rambaux, N., Hanu s, J., Carry, B., et al., 2020. Asteroid (16) Psyche's primordial shape: a possible Jacobi ellipsoid. Astron. Astrophys. 638, L15.

[47] Filiberto, J., Trang, D., Treiman, A.H., Gilmore, M.S., 2020. Present-day volcanism on Venus as evidenced from weathering rates of olivine. Sci. Adv. 6 (1), eaax7445.

[48] Fletcher, L.N., Simon, A.A., Hofstadter, M.D., Arridge, C.S., Cohen, I.J., Masters, A., et al., 2020a. Ice giant system exploration in the 2020s: an introduction. Philos. Trans. Series A, Math. Phys. Eng. Sci. 378 (2187), 20190473.

[49] Fletcher, L.N., Helled, R., Roussos, E., Jones, G., Charnoz, S., André, N., et al., 2020b. Ice giant systems: the scientific potential of orbital missions to Uranus and Neptune. Planet. Space Sci. 105030.

[50] Foing, B.H., 2016. Community report and recommendations from international lunar exploration working group (ILEWG). In: 41st COSPAR Scientific Assembly, 41, pp. PEXe1.

[51] Foing, B.H., 2008. Reports to COSPAR from the international lunar exploration working group (ILEWG). Adv. Space Res. 42 (2), 238-239.

[52] Foing, B.H., 1996. The Moon as a platform for astronomy and space science. Adv. Space Res. 18 (11), 17-23.

[53] Fraser, W.C., Brown, M.E., 2012. The Hubble wide field camera 3 test of surfaces in the outer solar system: the compositional classes of the Kuiper belt. Astrophys. J. 749 (1), 33.

[54] Galilei, G., 1610. Sidereus Nuncius. Thomas Baglioni Pub, Republic of Venice.

[55] Gardner, J.P., Mather, J.C., Clampin, M., Doyon, R., Greenhouse, M.A., Hammel, H.B., et al., 2006. The James Webb Space Telescope. Space Sci. Rev. 123 (4), 485-606.

[56] Garvin, J.B., 2004. The science behind the vision for US space exploration: the value of a humanerobotic partnership. Earth Moon Planets 94 (3e4), 221-232.

[57] Garvin, J.B., Head, J.W., Pettengill, G.H., Zisk, S.H., 1985. Venus global radar reflectivity and correlations with elevation. J. Geophys. Res. Solid Earth 90 (B8), 6859-6871.

[58] Gautier, D., Hersant, F., Mousis, O., Lunine, J.I., 2001. Enrichments in volatiles in Jupiter: a new interpretation of the Galileo measurements. Astrophys. J. 550, L227eL230. https://doi.org/10.1086/319648.

[59] Gibney, E., 2019. Israeli spacecraft Beresheet crashes into the Moon. Nature 568 (7752), 286-287.

[60] Gilmore, M., Treiman, A., Helbert, J., Smrekar, S., 2017. Venus surface composition constrained by observation and experiment. Space Sci. Rev. 212 (3e4), 1511-1540.

[61] Gollins, N., Timman, S., Braun, M., Landgraf, M., 2020. Building a European lunar capability with the European large logistic lander. In: EGU General Assembly Conference Abstracts, p. 22568.

[62] Goudge, T.A., Mustard, J.F., Head, J.W., Fasset, C.I., Wiseman, S.M., 2015. Assessing the mineralogy of the watershed and fan deposits of the Jezero crater paleolake system, Mars. J. Geophys. Res.: Planet 120, 775-808.

[63] Grady, M.M., 2020. Exploring Mars with returned samples. Space Sci. Rev. 216 (4), 1-21.

[64] Grande, M., Guo, L., Blanc, M., Makaya, A., Asmar, S., Atkinson, D., Bourdon, A., Chabert, P., Chien, S., Day, J., Fairén, A.G., Genova, A., Herique, A., Kofman, W., Lazio, J., Mousis, O., Ori, G.G, Parro, V., Preston, R., Rodriguez-Manfredi, J.A., Sterken, V.J., Stephenson, K., Vander Hook, J., Waite, J.H., Zine, S., et al., 2022. JPlanetary

[65] Exploration, Horizon 2061. Report - Chapter 5: Enabling technologies for planetary exploration. ScienceDirect, Elsevier.

[66] Grasset, O., Dougherty, M.K., Coustenis, A., Bunce, E.J., Erd, C., Titov, D., et al., 2013. JUpiter ICy moons Explorer (JUICE): an ESA mission to orbit Ganymede and to characterise the Jupiter system. Planet. Space Sci. 78, 1-21.

[67] Grotzinger, J.P., Sumner, D.Y., Kah, L.C., Stack, K., Gupta, S., Edgar, L., et al., 2014. A habitable fluvio-lacustrine environment at Yellowknife Bay, Gale crater, Mars. Science 343 (6169).

[68] Guaita, C., 2017. Did Viking discover life on Mars? Eur. Phys. J. Plus 132 (8), 1-9.

[69] Guillot, T., Li, C., Bolton, S.J., Brown, S.T., Ingersoll, A.P., Janssen, M.A., et al., 2020. Storms and the depletion of ammonia in Jupiter: II. Explaining the Juno observations. J. Geophys. Res.: Planets 125 (8) e2020JE006404.

[70] Guo, H., Liu, G., Ding, Y., Zou, Y., Huang, S., Jiang, L., et al., 2016. Moon-based earth observation for large scale geoscience phenomena. In: 2016 IEEE International Geoscience and Remote Sensing Symposium (IGARSS). IEEE, pp. 3705e3707.

[71] Guzik, P., Drahus, M., Rusek, K., Waniak, W.,

[72] Hand, K.P., Murray, A.E., Garvin, J.B., Brinckerhoff, W.B., Christner, B.C., Edgett, K.S., Ehlmann, B.L., German, C.R., Hayes, A.G., Hoehler, T.M., Horst, S.M., Lunine, J.I., Nealson, K.H., Paranicas, C., Schmidt, B.E., Smith, D.E., Rhoden, A.R., Russell, M.J., Templeton, A.S., Willis, P.A., Yingst, R.A., Phillips, C.B., Cable, M.L., Craft, K.L., Hofmann, A.E., Nordheim, T.A., Pappalardo, R.P., the Project Engineering Team, 2017. Report of the Europa Lander Science Definition Team.

[73] He, Z., Li, C., Xu, R., Lv, G., Yuan, L., Wang, J., 2019. Spectrometers based on acousto-optic tunable filters for in-situ lunar surface measurement. J. Appl. Remote Sens. 13 (2), 027502.

[74] Hecht, M., Hoffman, J., Rapp, D., McClean, J., SooHoo, J., Schaefer, R., et al., 2021. Mars oxygen ISRU experiment (MOXIE). Space Sci. Rev. 217 (1), 1-76.

[75] Heinicke, C., Foing, B., 2021. Human habitats: prospects for infrastructure supporting astronomy from the Moon. Philos. Trans. R. Soc. A 379 (2188), 20190568.

[76] Hendrix, A.R., Hurford, T.A., Barge, L.M., Bland, M.T., Bowman, J.S., Brinckerhoff, W., et al., 2019. The NASA roadmap to ocean worlds. Astrobiology 19 (1), 1-27.

[77] Hérique, A., Kofman, W., Beck, P., Bonal, L., Buttarazzi, I., Heggy, E., et al., 2016. Cosmochemical implications of CONSERT permittivity characterization of 67P/CG. Mon. Not. Roy. Astron. Soc. 462 (Suppl. l_1), S516-S532.

[78] Hofstadter, M., Simon, A., Atreya, S., Banfield, D., Fortney, J.J., Hayes, A., et al., 2019. Uranus and Neptune missions: a study in advance of the next planetary science decadal survey. Planet. Space Sci. 177, 104680.

[79] Hofstdater, M., Simon, A., Reh, K., Elliot, J., 2017. Ice Giants Pre-decadal Survey Mission Study Report. JPL D-100520, JPL Pasadena.

[80] Howell, S.M., Pappalardo, R.T., 2020. NASA's Europa Clipperda mission to a potentially habitable ocean world. Nat. Commun. 11 (1), 1-4.

[81] Holler, B.J., Milam, S.N., Bauer, J.M., Alcock, C., Bannister, M.T., Bjoraker, G.L., et al., 2018. Solar system science with the wide-field infrared survey telescope. J. Astronomical Telesc. Instrum. Syst. 4 (3), 034003.

[82] Hoppe, P., Rubin, M., Altwegg, K., 2018. Presolar isotopic signatures in meteorites and comets: new insights from the Rosetta mission to comet 67P/Churyumov-Gerasimenko. Space Sci. Rev. 214 (6), 106.

[83] Horgan, B.H., Anderson, R.B., Dromart, G., Amador, E.S., Rice, M.S., 2020. The mineral diversity of Jezero crater: evidence for possible lacustrine carbonates on Mars. Icarus 339, 113526.

[84] Hörst, S.M., 2017. Titan's atmosphere and climate. J. Geophys. Res.: Planets 122 (3), 432-482.

[85] Hsu, A.I., Wong, M.H., Simon, A.A., 2019. Lifetimes and occurrence rates of dark vortices on Neptune from 25 years of Hubble Space Telescope images. Astron. J. 157 (4), 152.

[86] Hueso, R., Sánchez-Lavega, A., Rojas, J.F., Simon, A.A., Barry, T., del Río-Gaztelurrutia, T., et al., 2020. Saturn atmospheric dynamics one year after Cassini: long-lived features and time variations in the drift of the Hexagon. Icarus 336, 113429.

[87] ICEUM9, Foing B., Espinasse S., Kosters G., editors, Sorrento, Italy, December 2007.

[88] ICEUM8, Ji, W., 2007. J. Chinese Soc. Astron. 28. Beijing July 2006.

[89] ICEUM6, Bhandari, N., December 2005. J. Earth Syst. Sci., India 114 (6), 573-841. Udaipur 2004.

[90] ICEUM5, 2004. Science and technology series. In: Durst, S.M., et al. (Eds.), Am. Astronaut. Soc. 108, 1e576. Hawaii Nov 2003.

[91] ICEUM4, 2000. In: Foing, B.H., Perry, M.P. (Eds.), ESTEC. ESA SP-462.

[92] Iess, L., Militzer, B., Kaspi, Y., Nicholson, P., Durante, D., Racioppa, P., et al., 2019. Measurement and implications of Saturn's gravity field and ring mass. Science 364 (6445).

[93] Ishii, H.A., Bradley, J.P., Chi, M., Kearsley, A.T., Burchell, M.J., Browning, N.D., Molster, F., 2008. Comparison of comet 81P/Wild 2 dust with interplanetary dust from comets. Science 319 (5862), 447-450.

[94] Jawin, E., 2021. Planetary science priorities for the moon in the decade 2023-2032: lunar science is planetary science. Bull. Am. Astron. Soc. 53 (4), 209.

[95] Jia, Y., Zou, Y., Ping, J., Xue, C., Yan, J., Ning, Y., 2018. The scientific objectives and payloads of Chang'E-4 mission. Planet. Space Sci. 162, 207-215.

[96] Jewitt, D., Luu, J., 1993. Discovery of the candidate Kuiper belt object 1992 QB 1. Nature 362 (6422), 730-732.

[97] Jolliff, B., Petro, N., Moriarty, D., Ryan Watkins, P.S.I., Head III, J., Potter, R., 2021. Sample return from the moon's south Pole-Aitken basin. Bull. Am. Astron. Soc. 53 (4), 290.

[98] Jones, A., 2019. China grew two leaves on the

moon: the Chang'e-4 spacecraft also carried potato seeds and fruit-fly eggs to the lunar far side-[News]. IEEE Spectrum 56 (11), 9-10.

[99] Ju, G., 2017. Korean Pathfinder lunar orbiter (KPLO) status update. In: Annual Meeting of the Lunar Exploration Analysis Group (LEAG) Conference, Columbia, MD, pp. 10-12.

[100] Kashimura, H., Sugimoto, N., Takagi, M., Matsuda, Y., Ohfuchi, W., Enomoto, T., et al., 2019. Planetary-scale streak structure reproduced in high-resolution simulations of the Venus atmosphere with a low-stability layer. Nat. Commun. 10 (1), 1-11.

[101] Kaspi, Y., Galanti, E., Hubbard, W.B., Stevenson, D.J., Bolton, S.J., Iess, L., et al., 2018. Jupiter's atmospheric jet streams extend thousands of kilometres deep. Nature 555 (7695), 223-226.

[102] Kass, D.M., Yung, Y.L., 1995. Loss of atmosphere from Mars due to solar wind-induced sputtering. Science 268 (5211), 697-699.

[103] Khain, T., Becker, J.C., Lin, H.W., Gerdes, D.W., Adams, F.C., Bernardinelli, P., et al., 2020. Dynamical classification of trans-neptunian objects detected by the dark energy survey. Astron. J. 159 (4), 133.

[104] Kim, K.J., Wöhler, C., Ju, G.H., Lee, S.R., Rodriguez, A.P., Berezhnoy, A.A., et al., 2016. Korean lunar lander concept study for landing site selection for lunar resource exploration. Int. Arch. Photogram. Rem. Sens. Spatial Inf. Sci. 41, 417.

[105] Klein, H.P., Lederberg, J., Rich, A., 1972. Biological experiments: the Viking Mars lander. Icarus 16, 139-146.

[106] Kofman, W., Herique, A., Barbin, Y., Barriot, J.P., Ciarletti, V., Clifford, S., et al., 2015. Properties of the 67P/Churyumov-Gerasimenko interior revealed by CONSERT radar. Science 349 (6247).

[107] Kubota, S., Rogers, G., Ernst, C.M., Chabot, N., Klima, R., Atchison, J., et al., 2021. March). Mercury lander: a new frontiers-class planetary mission concept design. In: 2021 IEEE Aerospace Conference (50100). IEEE, pp. 1-16.

[108] Kuramoto, K., et al., 2021. Martian Moons Exploration MMX: Sample Return Mission to Phobos Elucidating Formation Processes of Habitable Planets. Earth, Planets and Space (under review).

[109] Lammer, H., Bredehöft, J.H., Coustenis, A., Khodachenko, M.L., Kaltenegger, L., Grasset, O., et al., 2009. What makes a planet habitable? Astron. AstroPhys. Rev. 17 (2), 181-249.

[110] Lasue, J., Mangold, N., Hauber, E., Clifford, S., Feldman, W., Gasnault, O., et al., 2013. Quantitative assessments of the Martian hydrosphere. Space Sci. Rev. 174 (1-4), 155-212.

[111] Lasue, J., Wiens, R.C., Clegg, S.M., Vaniman, D.T., Joy, K.H., Humphries, S., et al., 2012. Remote laser-induced break down spectroscopy (LIBS) for lunar exploration. J. Geophys. Res.: Planets, 117(E1).

[112] Lellouch, E., Gurwell, M.A., Moreno, R., Vinatier, S., Strobel, D.F., Moullet, A., et al., 2019. An intense thermospheric jet on Titan. Nat. Astron. 3 (7), 614-619.

[113] Li, C., Zuo, W., Wen, W., Zeng, X., Gao, X., Liu, Y., et al., 2021a. Overview of the Chang'e-4 mission: opening the frontier of scientific exploration of the lunar far side. Space Sci. Rev. 217 (2), 1-32.

[114] Li, L., Jäggi, A., Wang, Y., Blanc, M., Zong, Q., Andre, N., et al., 2021b. Gan de: a mission to search for the origins and workings of the Jupiter system. In: 43rd COSPAR Scientific Assembly. Held 28 January-4 February, vol. 43, p. 253.

[115] Li, C., Ingersoll, A., Bolton, S., Levin, S., Janssen, M., Atreya, S., et al., 2020a. The water abundance in Jupiter's equatorial zone. Nat. Astron. 1-8.

[116] Li, J., Jewitt, D., Mutchler, M., Agarwal, J., Weaver, H., 2020b. Hubble space telescope search for activity in high perihelion objects. Astron. J. 159 (5), 209.

[117] Li, C., Wang, C., Wei, Y., Lin, Y., 2019. China's present and future lunar exploration program. Science 365 (6450), 238-239.

[118] Limaye, S.S., Head, J.W., Bullock, M.A., Zasova, L.V., Kovalenko, I.D., Nakamura, M., et al., 2021. Future exploration of Venus: international coordination and collaborations. Bull. Am. Astron. Soc. 53, 509.

[119] Lisse, C., Bauer, J., Cruikshank, D., Emery, J., Fernández, Y., Fernández-Valenzuela, E., et al., 2020. Spitzer's Solar System studies of comets, centaurs and Kuiper belt objects. Nat. Astron. 4 (10), 930-939.

[120] Lorenz, R.D., Turtle, E.P., Barnes, J.W., Trainer, M.G., Adams, D.S., Hibbard, K.E., et al., 2018. Dragonfly: a rotorcraft lander concept for scientific exploration at Titan. Johns Hopkins APL Tech. Dig. 34 (3), 14. www.jhuapl.edu/techdigest.

[121] LUVOIR Team, 2019. The LUVOIR Mission Concept Study Final Report arXiv preprint arXiv:1912.06219.

[122] Marcq, E., Jessup, K.L., Baggio, L., Encrenaz, T., Lee, Y.J., Montmessin, F., et al., 2020. Climatology of SO2 and UV absorber at Venus' cloud top from SPICAV-UV nadir dataset. Icarus 335, 113368.

[123] Marzari, F., Scholl, H., Murray, C., Lagerkvist, C.,

[123] 2002. Origin and evolution of Trojan asteroids. Asteroids III 1, 725-738.

[124] Mathavaraj, S., Negi, K., Vaibhav, G., 2020. ISRO's unprecedented journey to the moon. Acta Astronaut. 177, 286-298.

[125] Mayor, M., Queloz, D., 1995. A Jupiter-mass companion to a solar-type star. Nature 378 (6555), 355-359.

[126] McEwen, A., Turtle, E., Hibbard, K., Reynolds, E., Adams, E., 2014. Io volcano observer (IVO): budget travel to the outer solar system. Acta Astronaut. 93, 539-544.

[127] McIntosh, D.M., Baker, J.D., Matus, J.A., 2020. The NASA cubesat missions flying on Artemis-1. In: Small Satellite Conference, Logan, Utah, #SSC20-WKVII-02.

[128] McNutt Jr., R.L., Wimmer-Schweingruber, R.F., Gruntman, M., Krimigis, S.M., Roelof, E.C., Brandt, P.C., et al., 2019.

[129] Near-term interstellar probe: first step. Acta Astronaut. 162, 284e299. http://www.issibj.ac.cn/Publications/Forum_Reports/201404/W020200831623643796176.pdf.

[130] McPherson, A., Gilmozzi, R., Spyromilio, J., Kissler-Patig, M., Ramsay, S., 2012. Recent progress towards the European extremely large telescope (E-ELT). Messenger 148, 2-8.

[131] Meech, K.J., Weryk, R., Micheli, M., Kleyna, J.T., Hainaut, O.R., Jedicke, R., et al., 2017. A brief visit from a red and extremely elongated interstellar asteroid. Nature 552 (7685), 378-381.

[132] Michel et al., P., 2022. The ESA Hera mission: Detailed characterisation of the DART impact outcome and of the binary asteroid (65803) Didymos. Planetary Science Journal. Submitted for publication.

[133] Michel, P., Kueppers, M., Sierks, H., Carnelli, I., Cheng, A.F., Mellab, K., et al., 2018. European component of the AIDA mission to a binary asteroid: characterization and interpretation of the impact of the DART mission. Adv. Space Res. 62 (8), 2261-2272.

[134] Milam, S.N., Stansberry, J.A., Sonneborn, G., Thomas, C., 2016. The James Webb Space Telescope's plan for operations and instrument capabilities for observations in the Solar System. Publ. Astron. Soc. Pac. 128 (959), 018001.

[135] Moeller, R.C., Jandura, L., Rosette, K., Robinson, M., Samuels, J., Silverman, M., et al., 2021. The sampling and caching subsystem (SCS) for the scientific exploration of Jezero crater by the Mars 2020 perseverance rover. Space Sci. Rev. 217 (1), 1e43.

[136] Moses, J.I., Cavalié, T., Fletcher, L.N., Roman, M.T., 2020. Atmospheric chemistry on Uranus and Neptune. Philos. Trans. R. Soc. A 378 (2187), 20190477.

[137] Morowitz, H., Sagan, C., 1967. Life in the clouds of Venus? Nature 215 (5107), 1259e1260.

[138] Mousis, O., et al., 2018. Scientific rationale for Uranus and Neptune in situ explorations. Planet. Space Sci. 155, 12e40.

[139] https://doi.org/10.1016/j.pss.2017.10.005.

[140] Mousis, O., et al., 2016. The Hera Saturn entry probe mission. Planet. Space Sci. 130, 80-103. https://doi.org/10.1016/j.pss.2015.06.020.

[141] Mousis, O., et al., 2014. Scientific rationale for Saturn's in situ exploration. Planet. Space Sci. 104, 29-47. https://doi.org/10.1016/j.pss.2014.09.014.

[142] Mousis, O., Atkinson, D.H., Ambrosi, R., Atreya, S., Banfield, D., Barabash, S., Blanc, M., Cavalié, T., Coustenis, A., Deleuil, M., Durry, G., 2021. In Situ exploration of the giant planets. Experimental Astronomy 1-39. https://doi.org.insu.bib.cnrs.fr/10.1007/s10686-021-09775-z.

[143] Mousis, O., Lunine, J.I., Madhusudhan, N., Johnson, T.V., 2012. Nebular water depletion as the cause of Jupiter's low oxygen abundance. Astrophys. J. 751. https://doi.org/10.1088/2041-8205/751/1/L7.

[144] Mousis, O., et al., 2009. Determination of the minimum masses of heavy elements in the envelopes of Jupiter and Saturn. Astrophys. J. 696, 1348-1354. https://doi.org/10.1088/0004-637X/696/2/1348.

[145] Mumma, M.J., Villanueva, G.L., Novak, R.E., Hewagama, T., Bonev, B.P., DiSanti, M.A., et al., 2009. Strong release of methane on Mars in northern summer 2003. Science 323 (5917), 1041-1045.

[146] National Research Council, 2007. The Scientific Context for Exploration of the Moon. The National Academies Press, Washington, DC. https://doi.org/10.17226/11954.

[147] Neudeck, P.G., Meredith, R.D., Chen, L., Spry, D.J., Nakley, L.M., Hunter, G.W., 2016. Prolonged silicon carbide integrated circuit operation in Venus surface atmospheric conditions. AIP Adv. 6 (12), 125119.

[148] Nicholson, P., Tiscareno, M., Spilker, L., 2010. Saturn ring observer study report. Planet. Sci. Decadal Surv. NASA.

[149] Norwood, J., Hammel, H., Milam, S., Stansberry, J., Lunine, J., Chanover, N., et al., 2016. Solar system observations with the James Webb Space Telescope. Publ. Astron. Soc. Pac. 128 (960), 025004.

[150] Opher, M., Loeb, A., Drake, J., Toth, G., 2020. A small and round heliosphere suggested by magnetohydrodynamic modelling of pick-up ions. Nat. Astron. 4 (7), 675-683.

[151] Owen, T., Mahaffy, P., Niemann, H.B., Atreya, S., Donahue, T., Bar-Nun, A., de Pater, I., 1999. A low-temperature origin for the planetesimals that formed Jupiter. Nature 402 (6759), 269-270.

[152] de Pater, I., Sault, R.J., Wong, M.H., Fletcher, L.N., DeBoer, D., Butler, B., 2019. Jupiter's ammonia distribution derived from VLA maps at 3e37 GHz. Icarus 322, 168-191.

[153] Poch, O., Istiqomah, I., Quirico, E., Beck, P., Schmitt, B., Theulé, P., et al., 2020. Ammonium salts are a reservoir of nitrogen on a cometary nucleus and possibly on some asteroids. Science 367 (6483).

[154] Porco, C.C., Helfenstein, P., Thomas, P.C., Ingersoll, A.P., Wisdom, J., West, R., et al., 2006. Cassini observes the active south pole of Enceladus. Science 311 (5766), 1393-1401.

[155] Porter, S.B., Buie, M.W., Parker, A.H., Spencer, J.R., Benecchi, S., Tanga, P., et al., 2018. High-precision orbit fitting and uncertainty analysis of (486958) 2014 MU69. Astron. J. 156 (1), 20.

[156] Prieto-Ballesteros, et al., 2019. Searching for (Bio) chemical Complexity in Icy Satellites, with a Focus on Europa, Voyage 2050 White Paper to ESA.

[157] Prialnik, D., Barucci, M.A., Young, L. (Eds.), 2019. The Trans-Neptunian Solar System. Elsevier.

[158] Prockter, L., Mitchell, K.L., Howett, C.J., Bearden, D.A., Frazier, W.E., 2019. Trident: mission to an exotic active world. In: EPSC-DPS Joint Meeting 2019, vol. 2019. EPSC-DPS2019.

[159] Qian, Y., Xiao, L., Wang, Q., Head, J.W., Yang, R., Kang, Y., et al., 2021. China's Chang'e-5 landing site: geology, stratigraphy, and provenance of materials. Earth Planet Sci. Lett. 561, 116855.

[160] Ramsay, S., Amico, P., Bezawada, N., Cirasuolo, M., Derie, F., Egner, S., et al., January 2020. The ESO extremely large telescope instrumentation programme. In: Advances in Optical Astronomical Instrumentation 2019, vol. 11203.

[161] International Society for Optics and Photonics, p. 1120303.

[162] Rauer, H., Blanc, M., Venturini, J., Dehant, V., Demory, B., Dor, C., Domagal-Goldman, S., Foing, B., Gaudi, S., Helled, R., Heng, K., Kitzman, D., Kokubo, E., Le Sergeant d'Hendecourt, L., Mordasini, C., Nesvorny, D., Noack,, L., Opher, M.,, Owen, J., Paranicas, C., Qin, L., Snellen, I., Testi, L., Udry, S., Wambganss, J., Westall, F., Zarka, P., Zong, Q., 2022. Wambganss, F. Westall, P. Zarka, Q. Zong, 2022. Planetary Exploration, Horizon 2061. Report - Chapter 2: Solar system/exoplanet science synergies in a multi-decadal perspective. ScienceDirect, Elsevier.

[163] Rivkin, A.S., et al., 2021. The Double Asteroid Redirection Test (DART): Planetary Defense Investigations and Requirements. Planetary Science Journal 2 (5), 173. https://doi.org/10.3847/PSJ/ac063e.

[164] Roth, L., Saur, J., Retherford, K.D., Strobel, D.F., Feldman, P.D., McGrath, M.A., Nimmo, F., 2014. Transient water vapor at Europa's south pole. Science 343 (6167), 171-174.

[165] Saur, J., 2021. Overview of moonemagnetosphere interactions. In: Maggiolo, R., André, N., Hasegawa, H.,

[166] Welling, D.T., Zhang, Y., Paxton, L.J. (Eds.), Magnetospheres in the Solar System. https://doi.org/10.1002/9781119815624.ch36.

[167] Saur, J., Duling, S., Roth, L., Jia, X., Strobel, D.F., Feldman, P.D., et al., 2015. The search for a subsurface ocean in Ganymede with Hubble Space Telescope observations of its auroral ovals. J. Geophys. Res.: Space Phys. 120 (3), 1715-1737.

[168] Sautter, V., Toplis, M.J., Beck, P., Mangold, N., Wiens, R., Pinet, P., et al., 2016. Magmatic complexity on early Mars as seen through a combination of orbital, in-situ and meteorite data. Lithos 254, 36-52.

[169] Schröder, S., Vogt, D.S., Rammelkamp, K., Kubitza, S., Frohmann, S., Dietz, E., et al., 2019. Libs for in-situ geochemical investigations of extraterrestrial surfaces of atmosphereless bodies. In: The Tenth Moscow Solar System Symposium, pp. 138-140.

[170] Scoon, G.E.N., Lebreton, J.-P., June 1998. Venus Sample Return Assessment Study Report, ESA Report SCI (98)3 (Noordwijk, the Netherlands). Semprich, J., Filiberto, J., Treiman, A.H., 2020. Venus: a phase equilibria approach to model surface alteration as a function of rock composition, oxygen-and sulfur fugacities. Icarus 113779.

[171] Shibata, E., Lu, Y., Pradeepkumar, A., Cutts, J.A., Saikia, S.J., 2017. A Venus Atmosphere Sample Return Mission Concept: Feasibility and Technology Requirements. LPICo, p. 8164, 1989.

[172] Sicardy, B., Talbot, J., Meza, E., Camargo, J.I.B., Desmars, J., Gault, D., et al., 2016. Pluto's atmosphere from the 2015 June 29 ground-based stellar occultation at the time of the New Horizons flyby. Astrophys. J. Lett. 819 (2), L38.

[173] Snodgrass, C., Jones, G.H., 2019. The European

space agency's comet interceptor lies in wait. Nat. Commun. 10 (1), 1-4.

[174] Solomon, S.C., Anderson, B.J., Nittler, L.R., 2018. The MESSENGER Mission: Science and Implementation Overview. Mercury the View after MESSENGER. Spilker, T.R., 2003. Saturn ring observer. Acta Astronaut. 52, 259-265.

[175] Spilker, T.R., 2011. Saturn Ring Observer concept architecture options. J. Br. Interplanet. Soc. 63, 345-350.

[176] 4. From planetary exploration goals to technology requirements 246Spilker, T.R., 2018. Future missions in planetary rings. In: Tiscareno, M., Murray, C. (Eds.), Planetary Ring Systems: Properties, Structure, and Evolution (Cambridge Planetary Science. Cambridge University Press, Cambridge, pp. 541-548. https://doi.org/10.1017/9781316286791.019.

[177] Spilker, L.J., 2019. Cassini-Huygens Exploration of the Saturn system: thirteen years of discovery. Sci. 6445, 1046e1051. https://doi.org/10.1126/science.aat3760.

[178] Stamenkovi c, V., Beegle, L.W., Zacny, K., Arumugam, D.D., Baglioni, P., Barba, N., et al., 2019. The next frontier for planetary and human exploration. Nat. Astron. 3 (2), 116-120.

[179] Sweetser, T., Peterson, C., Nilsen, E., Gershman, B., 2003. Venus sample return missionsda range of science, a range of costs. Acta Astronaut. 52 (2e6), 165-172.

[180] Taikong Magazine # 20, August 2020. Exploration of the Heliosphere and Interstellar Medium. ISSI-Beijing.

[181] Tiscareno, M., Vaquero, M., Hedman, M.M., Cao, H., Estrada, P.R., Ingersoll, A.P., Miller, K.E., Parisi, M., Atkinson, D.H., Brooks, S.M., Cuzzi, J.N., Fuller, J., Hendrix, A.R., Johnson, R.E., Koskinen, T., Kurth, W.S., Lunine, J.I., Nicholson, P.D., Paty, C.S., Schindhelm, R., Showalter, M.R., Spilker, L.J., Strange, N.J., Tseng, W., 2021. The Saturn Ring Skimmer Mission Concept: The next step to explore Saturn's rings, atmosphere, interior and inner magnetosphere. Bulletin of the American Astronomical Society 53 (4), 372.

[182] Tiscareno, M.S., Murray, C.D., 2018. Planetary Ring Systems: Properties, Structure, and Evolution (Cambridge Planetary Science). Cambridge University Press, Cambridge. https://doi.org/10.1017/9781316286791.

[183] Trilling, D.E., Lisse, C., Cruikshank, D.P., Emery, J.P., Fernández, Y., Fletcher, L.N., et al., 2020. Spitzer's Solar System studies of asteroids, planets and the zodiacal cloud. Nat. Astron. 4 (10), 940-946.

[184] Vaquero, M., Senent, J., Tiscareno, M., 2019. A Titan Gravity-Assist Technique for Ballistic Tours Skimming over the Rings of Saturn. American Astronautical Soc. Meeting Abstracts, pp. 19-265.

[185] Vander Kaaden, K.E., McCubbin, F.M., Byrne, P.K., Chabot, N.L., Ernst, C.M., Johnson, C.L., Thompson, M.S., 2019. Revolutionizing our understanding of the Solar System via sample return from Mercury. Space Sci. Rev. 215 (8), 1-30.

[186] Vernazza, P., Ferrais, M., Jorda, L., Hanu s, J., Carry, B., Marsset, M., Bro z, M., Fetick, R., Viikinkoski, M., Marchis, F., Vachier, F., Drouard, A., Fusco, T., Birlan, M., Podlewska-Gaca, E., Rambaux, N., Neveu, M., Bartczak, P., Dudzinski, G., Jehin, E., Beck, P., Berthier, J., Castillo-Rogez, J., Cipriani, F., Colas, F., Dumas, C., Durech, J., Grice, J., Kaasalainen, M., Kryszczynska, A., Lamy, P., Le Coroller, H., Marciniak, A., Michalowski, T., Michel, P., Santana-Ros, T., Tanga, P., Vigan, A., Witasse, O., Yang, B., Antoniniv, P., Audejean, M., Aurard, P., Behrend, R., Benkhaldoun, Z., Bosch, J.M., Chapman, A., Dalmon, L., Fauvaud, S., Hamanowa, H., Hamanowa, H., His, J., Jones, A., Kim, D.-H., Kim, M.-J., Krajewski, J., Labrevoir, O., Leroy, A., Livet, F., Molina, D., Montaigut, R., Oey, J., Payre, N., Reddy, V., Sabin, P., Sanchez, A.G., Socha, L., 2012a. VLT/SPHERE imaging survey of the largest main-belt asteroids: Final results and synthesis. Astron. Astrophys 654, A56.

[187] Vernazza, P., P. Beck, O. Ruesch, A. Bischoff, L. Bonal, G. Brennecka, R. Brunetto, H. Busemann, J. Carter, C. Carli, C. Cartier, M. Ciarniello, V. Debaille, A. Delsanti, L. D'Hendecourt, E. Füri, O. Groussin, A. Guilbert-Lepoutre, J. Helbert, P. Hoppe, E. Jehin, L. Jorda, A. King, T. Kleine, P. Lamy, J. Lasue, C. Le Guillou, H. Leroux, I. Leya, T. Magna, Y. Marrocchi, A. Morlok, O. Mousis, E. Palomba, L. Piani, E. Quirico, M. Remusat, M. Roskosz, M. Rubin, S. Russell, M. Schönbächler, N. Thomas, J. Villeneuve, V. Vinogradoff, P. Wurz, and B. Zanda 2012b, Sample return of primitive matter from the outer Solar System. Exp. Astron. Voosen, P., 2018. NASA to pay private space companies for moon rides. Science 362, 875e876. https://doi.org/10.1126/science.362.6417.875.

[188] Wong, M.H., Meech, K.J., Dickinson, M., Greathouse, T., Cartwright, R.J., Chanover, N., Tiscareno, M.S., 2021. Transformative planetary science with the US ELT program. Bull. Am. Astron. Soc. 53 (4), 490.

[189] Xiao, L., Qian, Y., Wang, Q., Wang, Q., 2021. The

Chang'e-5 mission. In: Sample Return Missions. Elsevier, pp. 195-206.

[190] Yamada, R., Garcia, R.F., Lognonné, P., Le Feuvre, M., Calvet, M., Gagnepain-Beyneix, J., 2011. Optimisation of seismic network design: application to a geophysical international lunar network. Planet. Space Sci. 59 (4), 343-354.

[191] Yao, Z.H., Grodent, D., Kurth, W.S., Clark, G., Mauk, B.H., Kimura, T., et al., 2019. On the relation between Jovian aurorae and the loading/unloading of the magnetic flux: simultaneous measurements from Juno, Hubble Space Telescope, and Hisaki. Geophys. Res. Lett. 46 (21), 11632-11641.

[192] Zelenyi, L., 2018. Russian plans for robotic investigations of Moon and Mars. In: 42nd COSPAR Scientific Assembly, 42, PEX-2.

[193] Atreya, S.K., Hofstadter, M.H., In, J.H., Mousis, O., Reh, K., Wong, M.H., 2020. Deep atmosphere composition, structure, origin, and exploration, with particular focus on critical in situ science at the icy giants. Space Sci. Rev. 216 (1), 1-31.

[194] Atreya, S.K., Hofstadter, M.D., Reh, K.R., In, J.H., 2019. Icy giant planet exploration: are entry probes essential? Acta Astronaut. 162, 266e274. https://doi.org/10.1016/j.actaastro.2019.06.020.

[195] Deleuil, M., Pollacco, D., Baruteau, C., Rauer, H., Blanc, M., 2020. Observational constraints on the formation and evolution of Neptune-class exoplanets. Space Sci. Rev. 216 (6), 1-17.

[196] DeMeo, F.E., Carry, B., 2014. Solar System evolution from compositional mapping of the asteroid belt. Nature 505 (7485), 629-634.

[197] DeMeo, F.E., Carry, B., 2013. The taxonomic distribution of asteroids from multi-filter all-sky photometric surveys. Icarus 226 (1), 723-741.

[198] Fétick, R.J., Jorda, L., Vernazza, P., Marsset, M., Drouard, A., Fusco, T., et al., 2019. Closing the gap between Earth based and interplanetary mission observations: Vesta seen by VLT/SPHERE. Astron. Astrophys. 623, A6.

[199] Fraser, W.C., Brown, M.E., Morbidelli, A., Parker, A., Batygin, K., 2014. The absolute magnitude distribution of Kuiper belt objects. Astrophys. J. 782 (2), 100.

[200] Gomes, R., Levison, H.F., Tsiganis, K., Morbidelli, A., 2005. Origin of the cataclysmic Late Heavy Bombardment period of the terrestrial planets. Nature 435 (7041), 466-469.

[201] Hanu s, J., Marsset, M., Vernazza, P., Viikinkoski, M., Drouard, A., Bro z, M., et al., 2019. The shape of (7) Iris as evidence of an ancient large impact? Astron. Astrophys. 624, A121.

[202] Hofstadter, M.D., Fletcher, L.N., Simon, A.A., Masters, A., Turrini, D., Arridge, C.S., 2020. Future missions to the giant planets that can advance atmospheric science objectives. Space Sci. Rev. 216 (5), 1-17.

[203] Marsset, M., Bro z, M., Vernazza, P., Drouard, A., Castillo-Rogez, J., Hanu s, J., et al., 2020. The violent collisional history of aqueously evolved (2) Pallas. Nat. Astron. 4 (6), 569-576.

[204] Morbidelli, A., Levison, H.F., Tsiganis, K., Gomes, R., 2005. Chaotic capture of Jupiter's trojan asteroids in the early solar system. Nature 435 (7041), 462-465.

[205] Simon, A.A., Fletcher, L.N., Arridge, C., Atkinson, D., Coustenis, A., Ferri, F., et al., 2020. A review of the in situ probe designs from recent ice giant mission concept studies. Space Sci. Rev. 216 (1), 1-13.

[206] Tsiganis, K., Gomes, R., Morbidelli, A., Levison, H.F., 2005. Origin of the orbital architecture of the giant planets of the Solar System. Nature 435 (7041), 459-461.

[207] Vernazza, P., Beck, P., 2017. In Planetesimals: Early Differentiation and Consequences for Planets. Cambridge University Press. Vernazza, P., Jorda, L., Sevecek, P., Bro z, M., Viikinkoski, M., Hanu s, J., et al., 2020. A basin-free spherical shape as an outcome of a giant impact on asteroid Hygiea. Nat. Astron. 4 (2), 136-141.

[208] Walsh, K.J., Morbidelli, A., Raymond, S.N., O'Brien, D.P., Mandell, A.M., 2011. A low mass for Mars from Jupiter's early gas-driven migration. Nature 475 (7355), 206-209.

第 5 章
行星探测的关键技术

[英国] Manuel Grande
[法国] Michel Blanc
[美国] Sami Asmar
[法国] Anne Bourdon
[美国] Steve Chien
[西班牙] Alberto G. Fairén
[意大利] Antonio Genova
[法国] Wlodek Kofman
[法国] Olivier Mousis
[西班牙] VictorParro
[瑞士] Veerle Sterken
[荷兰] Keith Stephenson
[美国] J. Hunter Waite
[中国] LinLi Guo
[荷兰] Advenit Makaya
[美国] David Atkinson
[法国] Pascal Chabert
[美国] John Day
[美国] Anthony Freeman
[法国] Alain Herique
[美国] Joseph Lazio
[意大利] Gian Gabriele Ori
[美国] Robert Preston
[西班牙] Jose A Rodriguez-Manfredi
[美国] Joshua Vander Hook
[法国] Sonia Zine

5.1　引言

本章将讲解为成功实施第 4 章提出的具有挑战性的探测及观测任务所需的技术进步，目的是填补过去/现在的航天任务和未来下一代任务之间的差距。我们需要将科学需求与现有的技术相匹配。

历史上关于此类任务的完美案例，如伽利略改进天文望远镜，缘于他对月球科学研究很感兴趣。所以，当他看到一个用于航海的粗糙望远镜时，灵机一动，想到了将望远镜对准月球。他发现这的确可以看到一些前所未知的细节，于是便开始思考如何改造这个简陋的设备。这就产生了今天所熟知的第一个简单折光式望远镜（Refracting Telescope）。他发展了这个理论，以便系统地理解和改进望远镜的结构，改进后的装置使他能够对月球进行比以往更加复杂的研究，并且发现了木星的卫星[*]，这一事件认为是现代天文学的基础。此外，现在世界上可用的望远镜也取得了长足的进步。

伽利略遵循的方法也是我们逐步改变行星科学能力的核心要求。
（1）他定义了关键的科学问题。
（2）他把现有的技术发展到了一个新的水平。
（3）他利用这些技术来解决新问题，并且引导了科学技术进步的良性循环。
（4）他是一个具有开拓性的人。

在本书所描述的约 40 年的时间范围内，未来行星科学的发展在很大程度上取决于对新的颠覆性技术的成功识别、研发、应用和推广使用。这些技术可能来自行星科学界或其他领域。当前机器学习技术的飞速发展就是一个鲜明的例子。

但绝不能忘记，从我们的角度来看，科学性是首要的。掌握正确的科学仪器使用方法有助于了解所需观测的细节。第 1 章介绍了本书拟探索的一类对象，即行星系统，然后介绍了六个关键科学问题，并提出了理解这些行星系统面临的挑战；第 2 章介绍了如何利用系外行星和太阳系科学之间的协同效应来为这些关键科学问题提供部分答案；第 3 章具体分析了六个关键科学问题，并确定了未来太阳系应执行的"代表性"探测任务，来解决这些问题。这些将是未来 40 年行星探测领域的主要科学驱动力。那么，为了应对这些科学挑战，需要在哪些方向取得突破性进展呢？显然是自主性、小型化、能源、仪器分辨率、面向极端恶劣环境中生存、通信容量及速度，以及推进和动力等。

尽管这些技术需求必然将在一段时间内推动科学仪器和平台技术的改进和升级，但目前必须确定需要立即投入的优先技术，如材料技术或计算机技术，以应对未来的来自科学需求的挑战。然而，市场也会为我们做很多这方面的事情，而且显然会在未来 40 年内有可能发生什么事情时而浪费资源。必须确定需要在近期内投入那些显著改进科学仪器和平台性能的技术，以及思考该如何改进。当然，必须注意，不要因为投资那些看起来很有趣，但在行星科学领域并没有明确需求的技术而分散了有限的资源。

---

[*]　这就是人们把木星的卫星称为伽利略卫星的原因。

当然，在所有这一切中，绝不能放弃科学界对过去和现在的行星探测任务获得的数据的充分利用，以便利用好有用数据并正确地提出新的问题。

在预测未来的行星探测任务时，必须记住探索模式有一个层次结构，这为我们的需求提供了一些可预测性。为了正确制定原位探测任务，地面观测和在地球上实验室的研究也许至关重要，例如，人们可能需要了解某种特定矿物在实验室中的光谱及其在行星环境中的表现。

总体而言，未来的行星探测任务将按照以下阶段逐步实施。

（1）理论与建模。

（2）来自地月空间或平动点区域的遥感观测。

（3）行星际或星际巡航飞行。

（4）行星飞越探测。

（5）行星或卫星的轨道探测。

（6）单一探测平台。

（7）多平台/多探测器/多潜入器。

（8）小卫星、纳卫星、芯片卫星。

（9）在行星或卫星的表面着陆。

（10）具有机动性的着陆器，如月球车、履带车、气球、直升机、潜艇。

（11）表面采样返回与在地球上进行样品整理与分析。

一种科学仪器的研发工具——精细的数值模拟，在过去几年中得到了快速发展，并且是非常有变革性的。这种工具不仅可以模拟未来科学仪器的测量精度，还可以对极端恶劣环境（如辐射和热）进行响应，需要考虑这些因素如何影响其生存能力及其精细的测量响应和功能。现在的科学仪器比几十年前复杂得多，而且这种进步无疑将继续下去。可以为这些计算工具进一步制定标准，以便团队之间共享设计、想法和流程，并分配计算任务。在测量保真度和资源最小化方面，与过去相比，人们有能力进行更精细的优化。事实上，质量最小化将是实施最具有挑战性的行星探测任务的关键和保障。

特别有价值的是发展行星表面采样返回，以及相关的样品分析管理和实施行星保护[1]（Planetary Protection）的能力。陨石研究可以让我们学会很多知识，因为它们可以用功能强大的设备进行分析。事实上，"阿波罗"计划就是一个为获得珍贵的月球样本而研发先进平台及分析设备的很好的例子，它导致了基于地面实验室的"分析革命"，并广泛影响了地

[1] 行星保护是指为了防止地球上的生物体被带到其他行星或卫星上，或者从其他行星或卫星上带回来的样品对地球造成污染和威胁，而采取的一系列预防措施。这些措施包括严格的清洁程序、隔离技术、限制访问等，例如，在向火星发射探测器之前，必须确保它们不会携带任何可能影响火星环境的微生物。同样，在返回地球之前，也需要进行彻底的消毒和隔离处理，以避免外来病原体进入地球环境。

面应用。然而，陨石研究并未为我们提供有关地质背景或样品年龄的任何线索。为此，采样返回或实地分析都是至关重要的，无论是通过陨石收集、空间居住还是航天器转移，变革都将是一直存在的问题。而且，太阳系中有许多地方，我们永远不会从中获得一个明确的陨石样本。实地探测和遥感研究的新发现总会提出需要补充分析的新问题，而地面实验室的制备技术将允许在更高的空间分辨率和精度上进行分析。此外，在地球上的科学分析仪器和技术总是比原位探测的同类科学仪器和技术功能更强大。

原位分析的能力仍在不断进步，但是，采样返回任务在复杂性、质量、储存、避免污染和行星保护方面的代价远远大于原位分析，因此在未来仍会看到原位分析与采样返回并存的局面，但对于某些地点或问题，仅依靠原位分析无法获得足够详细和准确的结果，所以需要通过采样返回方式获得更多精确的数据。

无论是进行原位分析还是采样返回，显然都需要开发高度自主的远程地表、海洋或大气航行以及地下钻探能力，从而需要高效的自主导航和原位样品选择、处理、准备和分析等工程技术能力。

即使是地球物理学或天体生物学专家非常期待的载人探测任务，在本项目所考虑的40年时间尺度范围内，也会显得非常低调，仅仅考虑载人登陆月球或火星而已。

第 5.2 节介绍了未来的科学仪器，这些仪器将解决第 1 章中"地平线 2061：行星探测长期远景预见"项目中提出的六个关键科学问题，以及研发下一代空间科学仪器所需的新技术。本章将按照行星探测任务的发展逻辑和实施路线，参考第 3 章中确定的一组具有代表性的未来任务分析所需的关键技术要求。第 5.3 节介绍未来需要的一些新型任务体系结构，以及它们将如何推动行星际探测器和科学平台的发展；第 5.4 节总结未来行星探测器所需的系统级技术，如动力、推进、导航、通信，以及先进自主性；第 5.5 节介绍在未来行星探测任务中面临的极端环境中生存、运行和返回科学数据的问题所需的丰富多样的专业型科学平台；第 5.6 节介绍长期任务和半永久性基地任务所需的新技术；第 5.7 节试图预测未来几十年应该出现并逐渐普及的颠覆性技术，以满足未来行星探测任务的长期需求。

5.2 面向未来行星探测任务的先进科学仪器

5.2.1 简介

本节讲述有关未来太空探索和行星探测科学仪器可能的趋势。从遥感观测到原位探测，再到采样返回的生命周期将继续下去。当前已经处于对太阳系可以进行较为详细遥感观测的阶段，是否需要进一步发展取决于科学需求。通过现场实地真实测量和最终采样返回可以提高探测能力。行星制图学将始终通过遥感观测完成，天体物理学更依赖实地现场探测能力的提高。大气和等离子体测量实际上可以受益于返回更精确的遥感信号，以便将目前的实地现场测量扩展到全球观测。寻找生命以及对同位素的详细了解，进而形成全面的年代评估和认识，可能需要返回样本。因此，需要在不断发展的原位探测仪器能力和只需在地面实验室中进行分析的需求之间进行权衡。

基于地面应用技术开发的衍生产品同样在持续发展中。典型案例是在新型冠状病毒的推动下，针对生物样本的复杂原位测试能力得到了长足的进步。其他应用可能包括可印刷仪器和电子设备、低温电子设备和热电子设备。其中主要驱动因素将是开发用于较低轨道上使用的无人机和小型卫星，其中许多探测器可能会被部署到更大的行星探测任务上。另一个驱动因素可能来自对自动系统（包括自动驾驶汽车）的巨额投资带来的应用潜力。这是一个典型的例子，商业发展吸引的资金和研究远远超过航天任务的投入，应该关注而不是仅仅资助当前的技术发展。

未来将继续研究新的推进方法，如太阳帆。对于长时间的探测任务，特别是太阳系外的探测任务，如何获取新的能源途径是至关重要的，特别是开发核动力领域的新型解决方案。事实上，如果没有一个明确的路线图来满足未来的能源动力需求，那么追求其他技术进步就没有什么意义。对小型化的需求将是另一个关键因素，并将推动对单芯片仪器的重视与复杂程度更高的科学仪器的发展。

本章不会全面列举新仪器的发展方向或列出完整清单，而是重点说明其未来的发展趋势和创新方向。以磁层科学和仪器为例，从1970年开始，过去50年以来，在行星探测任务中飞行过的大多数等离子仪器已很常见，主要是不断地改进及提高其复杂性，在小型化和机载处理能力方面已经有了长足的进步。

主要创新实际上是通过中性粒子成像[1]（Neutral Particle Imaging）和极紫外成像[2]（Extreme Ultra Violet）方法对等离子体进行遥感成像。也许最重要的创新是通过卓越的计算能力实现建模的改进，以及使用实地探测数据为这些模型提供自适应输入和验证。在某些方面，行星等离子仪器的发展与大多数领域的发展正好相反。等离子仪器从原位测量开始，随后被纳入大气成像，并用于提供地面实况。虽然很明显这些趋势将继续保持下去，特别是在为小型探测器群生产高度小型化和复杂的科学仪器方面，但尚未确定现阶段需要在本书中介绍的新测量方法。

5.2.1.1 遥感仪器

新研发的一系列遥感仪器，将具备更高清晰度的光谱、更高的空间和时间分辨率，并具备改善信噪比、偏振测量和

[1] 中性粒子成像是一种用于研究物质内部结构的技术。它利用中性粒子在物质中传播时所发生的相互作用，来获取关于物体内部结构和组成的信息。这种技术可以应用于许多领域，如材料科学、医学等。例如，在材料科学中，通过使用中性粒子成像技术可以观察到材料内部微小缺陷或者晶格结构等细节信息；在医学上，则可以利用该技术进行肿瘤诊断和治疗方案制订等工作。

[2] 极紫外成像是一种利用极紫外光进行成像的技术。它可以在非常短的时间内捕捉到物体表面的微小变化，因此被广泛应用于材料科学、生命科学等领域。例如，在材料科学中，紫外成像可以帮助观察材料表面上的微小结构和缺陷，并且能够提供高分辨率的图像信息。这对于研究新型材料的性质以及改进现有材料具有重要意义。

[1] 自主释义是指计算机程序能够根据预设规则对数据进行处理和分析，并给出相应结论的技术。这种技术已经广泛应用于人工智能、自然语言处理等领域，例如，在医学诊断中，计算机程序可以根据患者体检结果和症状描述给出初步诊断结果，并为医生提供参考意见。

自主释义[1]（Autonomous Interpretation）的能力。新的探测器将部署在更有利的位置。任何情况下，仪器的轻小型化都是永恒追求的主题。

5.2.1.2 原位探测仪器

我们知道，推动原位探测仪器逐步改进的重要原因是检测过去和现存生命的特征。这也许是主要的增长点，新的工具和方法包括利用分析技术，在电子显微镜、质谱仪表面和同位素分析的基础上，研究纳米尺度上的生物特性。其他重要的领域包括在各种类地和系外行星卫星环境中进一步开发更好的钻探技术。

自主性和自动化技术的进步将促进样本采集和复杂性分析等探测任务的完成，可能由机器学习和人工智能衍生的专家系统来共同推动，这对于太阳系中更难到达的那些区域来说，将起到非常重要的作用。事实上，在本项目考虑的未来40年内，尽管小行星和短周期彗星等目标的探测准备工作即将开始，但很可能只有火星及其卫星成为采样返回的目标。目前，前往谷神星的采样返回任务是最有可能的。随着最近选定的VERITAS、DAVINCI+和EnVision任务的实施，对与人类最近的邻星会有更多的了解，对从金星表面或其大气层上部云层采样返回的兴趣，可能会随着时间的推移而增加。

随着诸如寻找DNA前生命体或寻找生命痕迹的类似过程等科学问题的发展，我们对可从同位素特征中获得信息的理解也会更深入。解决这些更复杂的问题当然会推动发展更复杂的科学仪器，而因此获得的答案将推动解决下一代更复杂的科学问题。

在辐射、压力、极端温度（热或冷）和腐蚀等更恶劣的环境中运行，将需要开发适应原位探测的科学仪器。在这些情况下，可能无法再依靠地面仪器，需要开发特定的解决方案，当然这需要有远见以及在时间和金钱上进行大量的投资。此外，还需要远程自动星球车，它们不需要持续且高成本的监督。

我们肯定会看到针对不同地形和环境的钻探、取芯和采样技术的改进，以及新的地震仪阵列。穿透器交付和多点测量，需要易于校准、坚固耐用的科学仪器。为了使用新型交付系统进行可能的现场样品分析，科学仪器的研发时间表主要包括以下内容。

（1）不远的将来：提供元素、分子、小到单个原子的同位素信息，保存有机物和水合矿物质。

（2）中期：用于水冰和挥发性有机物的低温（100 K）真空转移技术。

（3）长期：能够在 10~800 K 温度下做任何事情。

5.2.1.3 采样返回

除上述技术外，采样返回还需要研发一系列新技术。在接下来的 40 年内，从月球、火星、彗星和小行星进行采样返回可能需要如下新技术，每个新技术都将为样本选择、检索和处理、封装和返回带来特殊的挑战。

所需的采样技术包括以下几点。

（1）铲土和挖掘。

（2）斜坡取样。

（3）地表下融化冰层取样。

对于遥远的未来所需的低温样品返回能力，必须有所准备的技术包括以下几点。

（1）低温操作。

（2）高温样品返回。

（3）污染控制。

所有这些都必须辅之以先进的地球实验室分析工具和模型来进行开发。在进行活跃研发的任务中，建立与时间尺度相适应的策展设施[1]（Curation Facilities）也非常重要。

然而，在新型冠状病毒爆发之后，人们可能越来越不愿意将有潜在生物活性的样品送回地球。尽管样品储存设施可能在此期间迅速发展，但使用空间站消毒隔离后再中转返回样品的优势是否足以证明其费用和努力是合理的，这一点并不明显。

5.2.1.4 颠覆性技术

最后，很明显，大量的技术进步可以而且确实必须由颠覆性技术来推动。科学仪器自主控制与运行将在很多领域变得至关重要，例如，导航、样本采集和用于数据压缩的模式识别。从地面开发中继承下来的新型机器学习算法将是推动这些创新的支撑。

在云计算、量子计算、大数据、建模和模拟方面的进展将是非常迅速的，甚至可能无法预测，例如，地理信息系统已经改变了我们使用制图数据的思维方式。其中一项关键要求是实施国际和多航天机构通用标准以确保互操作性。

---

[1] 策展设施是指为了更好地管理和呈现某种事物而设置的相关工具、场所或系统等。例如，一个博物馆需要有专门用于陈列展品、保护文物等功能的空间和装置；一家图书馆则需要有分类整理书籍、提供阅读环境等方面的配套措施。因此，在进行某项任务时，如果能够根据实际情况建立起相应的策展设施，则可以更好地完成任务，并且使成果更加易于管理和传播。

如上所述，当前技术进展迅速的领域是生物科学、机器学习和制造。必须继续监测这些突破，并在未来的行星探测任务中纳入和发展。

5.2.2 用于表征行星环境、表面和内部特征的先进传感器和科学研究

5.2.2.1 行星重力测量、大地测量和内部结构

大地测量和天体物理研究使我们对行星、卫星、小行星和彗星内部结构取得突破性的科学发现成为可能。对天体内部的准确了解是加深对太阳系形成和演化认识的基础。重力测量和无线电科学实验在专门用来探测行星际天体的航天任务中发挥了至关重要的作用。重力测量的科学目标是通过分析和处理，由地面站网络（如 NASA 的 DSN、ESA 的欧空局跟踪站网络（European Space Tracking network，ESTRACK））收集的航天器无线电跟踪数据来实现的。航天器配备了机载无线电科学系统，可与地面天线建立通信，从而获取无线电跟踪数据。通过对这些跟踪数据的分析，可以了解探测器与地球站之间的相对距离和速度，从而可以间接测量中心天体的重力场。对重力异常[1]（Gravity Anomaly）的准确估计是充分表征天体内部质量分布的基础。

无线电科学仪器的架构通常是基于跟踪、遥测和遥控（Telemetry，Tracking & Command，TT&C）系统的基本原理。用于深空导航的无线电跟踪数据的准确性受到天体电离层和对流层、热噪声（尤其是太阳等离子体噪声）的影响，为提高无线电科学系统的性能，在新设计的无线电科学仪器系统中应配置专用应答机。这种新颖的方案可使用三链路配置（即 X/X、X/Ka 和 Ka/Ka）对等离子体噪声进行全面校准。NASA 的"卡西尼"任务展示了这种校准技术的优势，NASA 的"朱诺号"任务、ESA 的"比皮科伦坡"任务和 JUICE 任务均采用了双应答机架构。使用该仪器可实现的无线电跟踪数据精度在 1 000 s 积分时间下约为 3 μm/s，多普勒距离约为 20 cm。

---

[1] 重力异常是指地球或其他天体上的某个区域所表现出来的与正常情况下预期的重力场不一致的现象。造成重力异常的原因可以有多种，其中包括以下几点。①地质构造：地壳运动、板块活动以及火山喷发等地质过程可能会引起局部地区密度变化，从而导致该区域产生较强或较弱的重力场。②地下结构：对于地球而言，石油、煤炭等资源聚集在某一特定层位或者洞穴系统的某一特定深度都可能对当地重力产生影响。③外部因素：宇宙尘埃、流星撞击等外界因素也可能对当地产生影响。总之，重力异常是指与正常情况下预期的重力场不同步表现出来的现象。通过观测和解释这些异常可以帮助理解和探索地球内部结构以及其他天体上的类似问题。

多频无线电系统弥补了单波段无线电系统的主要缺点，显著降低了数据噪声，并能在太阳合相[1]（Solar Conjunction）点附近进行数据采集。然而，未来对行星及其卫星的探测将需要更高的测量精度，从而进行跨学科研究，解决有关行星系统形成和演化的基本科学问题。

满足这些更具挑战性要求的另一种无线电科学方法是基于一对航天器之间的数据跟踪。重力恢复和气候实验（Gravity Recovery and Climate Experiment，GRACE）以及GRAIL任务展示了沿着两颗卫星的连线测量轨道变化的优势，特别是通过卫星间无线电跟踪数据获取多普勒频移的相对速度。GRACE和GRAIL卫星间观测比深空跟踪网获得的数据精度提升了2~3个数量级，从而可以高精度地分别确定地球和月球重力场。获得天体重力异常的精确高分辨率数据将需要极其精确的无线电跟踪数据，从而揭示其内部结构的特性。

上述重力测量精度也可以通过加速度计（Gradiometer）直接测量重力来获得。ESA领导的重力场和稳态海洋环流探测任务（Gravity Field and Steady-State Ocean Circulation Explorer，GOCE）携带了三对加速度计，使用这些加速度计沿三个正交轴测量重力梯度。通过对这些数据的分析可以准确地绘制洋流图并揭示南极大陆地质结构的细节。

类似GRACE和GOCE的行星及其卫星探测任务将专门配置用于重力测量的科学有效载荷，这些技术需要具有高质量和高功率需求的复杂元器件。研究太阳系中尚未被探索领域的航天任务将侧重于多学科调查。因此，新技术的开发能够使重力实验至少达到GRACE/GRAIL和GOCE任务数据精度的水平，并且有可能同时搭载其他科学仪器，这为未来探索太阳系提供新的机会。

一种符合科学和工程限制的新型卫星间跟踪系统是在深空跟踪网现有技术基础上构建的。这种无线电科学体系结构与卫星间跟踪系统共享部分TT&C元器件，包括应答机，如综合无线电科学和深空TT&C应答机。其中一颗卫星拥有超稳定振荡器（Ultrastable Oscillator，USO）和收发器，可以将信号传输到另一颗卫星，从而获得极高精度的星间双向多普勒数据。这种无线电科学仪器系统还可提供深空无线电跟踪数据。对星间和深空多普勒数据的综合分析是确定短波和长波重力异常的基础，这些重力异常分别用于天体的外

[1] 太阳合相是指地球和另一个天体（通常是行星或卫星）在它们的轨道上靠近太阳，从而使得这个天体与地球之间的通信被干扰或中断。这种现象发生时，由于太阳辐射会对无线电波产生影响，因此会对航空、航海等领域造成一定的影响。例如，在2019年3月至4月期间，火星和地球就经历了一次太阳合相。在这段时间内，"机遇号"火星探测器失去了联系，并最终被宣布为"死亡"。

层和深层内部结构分析。

这种无线电科学仪器系统的紧凑设计非常适合搭载多种科学仪器的大型行星探测任务,以及专门用于重要的大地测量和地球物理勘查研究的中小型行星探测任务,并携带了该无线电科学仪器系统、激光高度计。例如,水星激光高度计(Mercury Laser Altimeter,MLA)和热红外相机(Thermal Infrared-Sensor,TIR-S)的双航天器任务,可以全面了解行星及其卫星的地球物理特性。图 5-1 为该双航天器任务科学有效载荷示意图,该科学有效载荷搭载在绕火星运行的两颗小卫星(即火星立方星 1 号和 2 号,MarCo-1/2)上,以详细监测火星的气候演变。

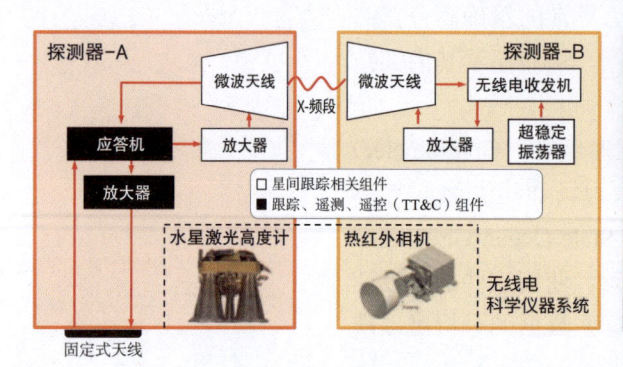

图 5-1 双航天器任务科学有效载荷示意图

注:包括①新型无线电科学仪器系统;②基于 MLA 的激光高度计(来源为 NASA GSFC);③"隼鸟 2 号"上的热红外相机(TIR-S)(来源为 JAXA)。右图展示了研究火星气候的双航天器结构的任务概念。

5.2.2.2 雷达仪器

雷达是有源探测手段:电磁波从天线向被观测目标表面传输,信号的一部分被表面反射,而另一部分向内部传播,然后被任一界面反射和/或传输。该电磁波受界面处的散射以及介质中散射和吸收的影响。

高频成像雷达已经在地球观测中使用了 50 年,从"麦哲伦"到"卡西尼",它们对行星科学的价值已经被证明可以用于绘制行星和卫星地表地貌。在过去几十年中,用于行星表面探测任务的合成孔径雷达[1](Synthetic Aperture Radar,SAR)及其成像载荷在对地观测任务中得到长足的发展。例如,为金星探测器(EnVision)计划或 ESA 的 M5 任务研发的金星探测 SAR(Venus EnVision SAR,VenSAR)是继承了

[1] 合成孔径雷达是一种利用微波辐射进行探测和成像的技术,它可以在任何天气条件下对行星表面进行高分辨率、全天候、全球覆盖的观测。合成孔径雷达仪器通常由一个发射机和一个接收机组成,通过向行星表面发送微波信号并接收反弹回来的信号来获取图像。

诺瓦合成孔径雷达-S（即 Nova SAR-S）开发的相控阵合成孔径雷达。下一代雷达成像载荷设备的更新换代仍将来自地球观测任务。因此本节将不讨论这些观点，而专注于探测行星地下结构和小天体稀缺资源的探测雷达和仪器。

星载探测雷达已经在行星探测任务中飞行使用了近30年，并且正在成为探测太阳系天体地下和内部结构的经典工具。ESA"火星快车"（Mars Express）上的火星先进次地表和电离层探测雷达[1]（Mars Advanced Radar for Subsurface and Ionosphere Sounding，MARSIS）和 NASA 发射的火星探测器 MRO 上的浅层雷达[2]（Short for Shallow Radar，SHARAD），均对火星地下结构进行了成像，特别是发现了冰盖层（见图5-2右图），有利于准确分析火星地下结构及成分。在"阿波罗"17号（NASA领导的）上携带的"阿波罗"月球表面实验包（Apollo Lunar Surface Experiments Package，ALSEP）探测月球30多年后，Selene-Kaguya（JAXA）上携带的月球雷达声呐仪（Lunar Radar Sounder，LRS），也探测了月球的风化层。"天问一号"（CNSA）上携带的火星轨道科学研究无线电掩星接收机（Mars Orbiter Scientific Investigation Radio Occultating Receiver，MOSIR）也于2021年2月抵达火星。最后，用于冰卫星探测的雷达（Radar for Icy Moon Exploration，RIME）（见图5-2左图）和木卫二从海洋到近地表的评估和探测雷达（Radar for Europa Assessment and Sounding：Ocean to Near-surface，REASON）被装载在正在实施的 JUICE（ESA领导的）和 Europa Clipper（NASA领导的）的木星卫星探测任务中，EnVision 的探空雷达仪器也正在研究之中，这种低空测深雷达对表面粗糙度和介电特性特别敏感。相对于波长而言，表面粗糙度越大，穿透深度越低，雷达作为高度计运行，而低粗糙度允许电介质映射和检测内部反射，前提是某些表面高程模型可用。

[1] 火星先进次地表和电离层探测雷达是 ESA 的一个雷达仪器，它被用于研究火星内部结构和电离层。该仪器可以通过发射无线电波并接收反弹回来的信号来探测火星地表下的岩石、冰层等物质，并且还能够探测到火星上大气层中存在的任何异常现象。例如，使用火星先进的次地表和电离层探测雷达可以帮助科学家了解火星内部结构以及可能存在水或其他生命迹象的地方。同时也有助于更好地理解行星形成和演化过程中所涉及的物理过程。

[2] 浅层雷达是指被安装在火星勘察轨道飞行器（Reconnaissance Orbiter，MRO）上的一个雷达设备，浅层雷达可以通过向地下发送电磁波并接收反弹回来的信号来探测地下结构和物质分布情况，帮助科学家更好地了解该行星内部结构和历史演化过程。MRO 探测器于2005年发射升空，并在2006年进入了环绕火星运行的轨道中。利用浅层雷达，科学家曾经成功地发现了位于南极附近区域深处约1.5 km 处的水冰沉积层，并推断出该区域可能存在着大量未知数量的水资源。

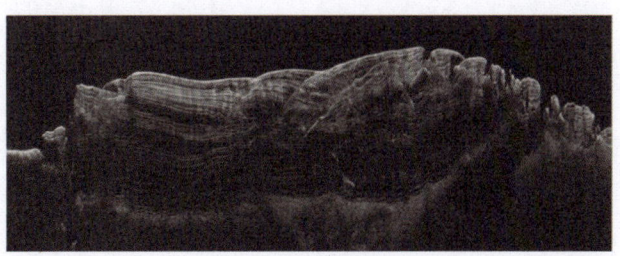

图5-2 左图为欧洲的 JUICE 木星探测器的概念图，显示了 RIME 雷达天线的尺寸；右图为从 PDS 中提取的 SHARD 雷达图，显示火星北极沉积物中有分层结构

此类任务的科学回报表明，雷达是进入第三维空间的一个难得机会，它通过数千米深的穿透能力实现对天体内部的直接测量，并为远程地表测量和观察到的地形单元的内部地层结构提供信息支持。尽管如此，雷达仪器的设计仍然具有挑战性：仪器在探测深度、灵敏度和分辨率方面的性能很大程度上取决于所考虑的波段以及未知探测体的物质组成和内部结构。性能也在很大程度上取决于观测的几何形状，如入射角、测量轨道弧段、多传感器几何形状等。因此，必须针对每项任务对仪器进行大量的复核工作，主要涉及天线容量、数据流和可用功率等方面。

在行星雷达领域中出现了一个真正的工业分支，类似于现有的地球观测仪器那样。SHARAD, RIME 和 REASON 是三种不同类型的行星雷达，它们可以用来研究其他行星上的极地冰盖等特征。同时，这些行星雷达也为研究地球极地冰盖提供了参考，并且未来的仪器将受益于电子集成和轻质化等技术的发展。

在正侧视观测模式基础上，下一代仪器将采用斜视观测（Slaut-Looking）较长波长 L 波段或 P 波段极化雷达，得益于这些新型雷达仪器更高的性能，可对距离地表几十米深的地质结构进行成像。对于火星，近地表下的成像对于地质和天体生物学关注的地球物理过程建模至关重要，而绘制近地表冰层的地图对于未来开展载人月球和火星探测活动是必要的。这些仪器将继承地球观测任务的发展，特别是大型天线可展开结构，例如，为 BIOMASS/ESA 任务[1] 开发的 12 m 宽可展开反射器。

为行星及其大型卫星观测开发的仪器对平台资源的需求很高，如大型天线、高功率、巨大的数据量（见图 5-2 左图）。一般来说，整个任务都是围绕科学载荷而设计的。此类载荷和任务将越来越多地受益于地球观测领域的技术发展，同时也受益于数据速率的提高，特别是在深空探测任务方面。

另外，要求不高的科学仪器可以设计成大型载荷的一部分，也可以装载到类似立方星的小型平台上，例如，低地球轨道上的 RainCube。对于行星和小天体探测任务，采用的小型探测平台或立方星也是开发双基地雷达[2]（Bistatic Radar）或多传感器测量和卫星编队飞行的机会，有利于提高灵敏度和性能。

针对冰质和岩质小天体的雷达需要定制开发。行星和小天体的轨道位置、相对速度、高度不同，以至于雷达仪器的

[1] BIOMASS/ESA 任务是指 ESA 在 2022 年推出的一项卫星任务，旨在通过雷达遥感技术监测全球森林覆盖率变化情况。该任务采用了 12 m 宽的可展开反射器作为其主要通信天线结构。

[2] 双基地雷达是由两个或多个分离的部件组成，其中一个用于发射信号，另一个用于接收反射回来的信号。这些部件可以在不同位置、高度和方向上放置。相比传统单站雷达系统，双基地雷达具有更广阔的探测范围和更好的目标识别能力。例如，在航空领域中使用双基地雷达可以提高飞机追踪精度，并且可以检测到传统单站雷达无法探测到的低空目标。

概念和设计理念明显偏离了轨道行星雷达。因此,专用于小天体的轨道探测任务的雷达需要在操作范围和观测角度方面具有很大的多功能性,这得益于较低的相对速度(对于直径小于 10 km 的物体,低于每秒几十米)。对于千米级或更小的天体,双基地雷达可以在着陆器和一两个轨道器之间进行传输或反射(见图 5-3)。这个原始概念提供了对天体及其内部结构和地层的平均介电常数的直接测量,"罗塞塔"探测器上的无线电波探测彗星核实验(Comet Nucleus Sounding Experiment by Radiowave Transmission,CONSERT)测绘了 67P/Churyumov-Gerasimenko 彗星核的有限部分。下一代仪器将首先专注于能以更高分辨率探测小天体的风化层,从而了解演化过程,并使用低频雷达探测深层内部,以更好地模拟吸积和再吸积过程。JuRa 就是这样一种单稳态低频雷达,集成在 Juventas CubeSat 上,这是 ESA 的 Hera 行星防御任务的一部分,该雷达将对小行星进行首次雷达成像,目的是揭示 Dimorphos 小行星❶的内部深处结构。

❶ Dimorphos 小行星是一颗小行星,它是由 NASA 计划的 DART 任务将要撞击的目标。Dimorphos 与其母体小行星 Didymos 共同组成了一个双子系统,因为它们之间存在引力作用而相互绕转。DART 任务旨在测试撞击技术以保护地球免受潜在威胁。

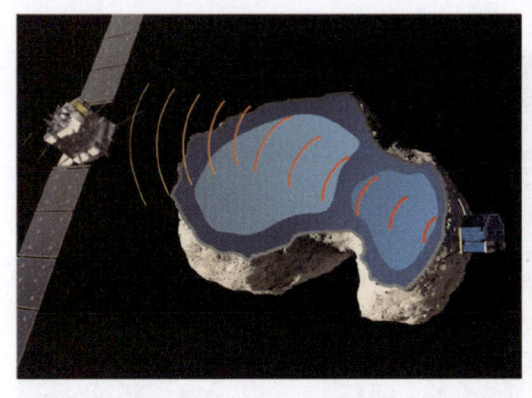

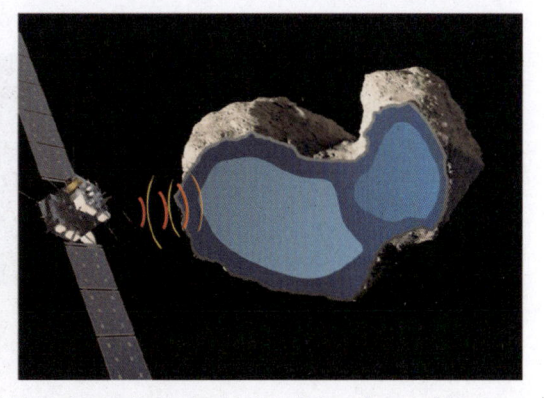

图 5-3 左图为类似 CONSERT 的配置,双基地雷达在着陆器和轨道器之间进行传输;右图为类似 JuRa 的单站配置,探测风化层和内部结构

新一代小型雷达,特别是在探索彗星和小行星时,需要专门进行定制开发,这些雷达采用先进的电子集成技术,并使用混合和应用特定集成电路(Application Specific Integrated Circait,ASIC)组件❷来降低雷达质量,提高效率。

❷ ASIC 组件:ASIC 代表特定集成电路,即为特定用途而设计的集成电路。这些集成电路尚未在市场上销售。因此,ASIC 的规格和性能可以优化,以最适合应用和客户的要求。通常,通过 ASIC 设计获得的芯片数量比标准芯片的数量要少。与采用标准 IC 相比,ASIC 具有多种优势,例如,定制和优化最适合特定任务;设计中的知识产权可以得到保护;成本较低,批量较小。

5.2.2.3 无线电和光通信技术

1. 无线电和光通信科学的未来

从水星到太阳系的外围,在过去 60 年中,我们见证了大量利用无线电科学(Radio Science,RS)方法的发现,例如,根据重力无线电科学的关键证据,已推断出土卫六、土卫二和木卫二拥有存在潜在生命的地下海洋，未来的行星探测任务可能会在这些地方寻找地外生命。

探测器精确测量无线电信号特性（如频率、相位、延迟、振幅、极化）的能力，为获得有关大气、电离层、环、表面、形状和太阳系天体内部结构的新信息提供了独特的优势。除行星科学之外，精密多普勒和测距等遥感观测对于基础物理和太阳动力学的研究至关重要，例如，通过观测太阳引力场和太阳风信号的影响，研究引力波，监测行星运动以研究引力理论和太阳质量损失。

对于未来几十年计划或构想中的许多太阳系探测任务，无线电科学（RS）仍然是一种强大且具有成本效益的工具。通过开发新技术和新任务概念可以实现更多的科学发现，具体如下。

（1）部署小型航天器，特别是通过在轨道上部署星座，以实现大气和引力测绘的高空间和时间分辨率。

（2）新的仪器和校准技术，使数据精度比当前水平提高一个数量级。

（3）利用来自地球的上行链路传输，如"新视野号"在冥王星探测任务中使用的那样，从而将探测灵敏度提高几个数量级。

（4）使用未来的光通信系统获得新的高精度链路，从而科学开发光链路能力（见图5-4）。

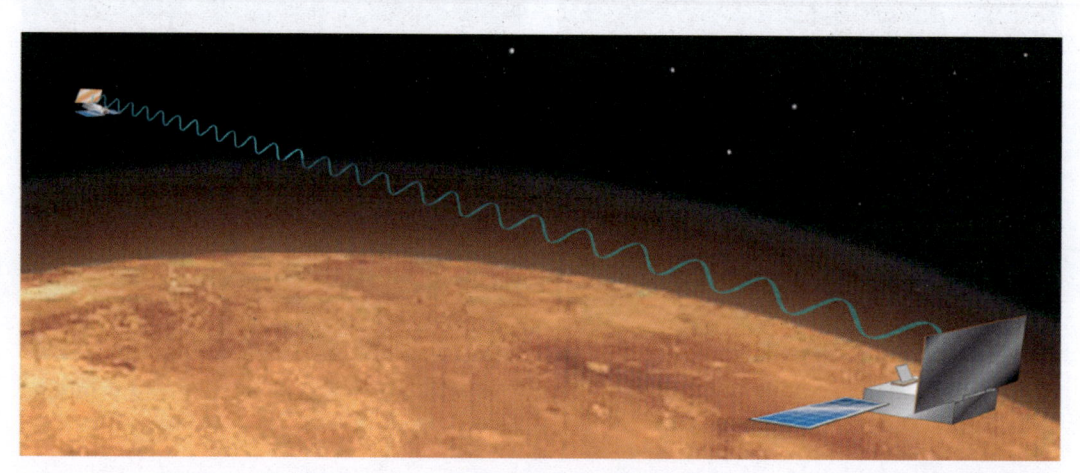

图5-4 双小卫星星座金星探测示意图，该星座具有用于无线电掩星的交联，可实现全球覆盖的高空间和时间分辨率

2. 未来的任务和实验概念

在接下来的十年中，技术进步和使用改进的无线电能力的小型航天器，其能力接近更大型的航天器，可以在大气动力学、内部结构和表面特性方面实现许多额外的科学突破。为实现这些目标而开发的新技术，可以使所有太阳系任务都受益于这种增强的低成本科学能力。

用于大气结构和动力学特性研究的星座：与航天器对地无线电掩星（Radio Occultation，RO）相比，使用小型航天器星座之间的交联，可以大幅提高全球覆盖范围以及空间和时间分辨率，类似于地球上基于 GPS 的无线电掩星星座，例如，在火星和金星，模拟显示与多年来通过传统的地球下行链路相比，两个航天器在优化轨道上运行可以在几周内实现全球覆盖。这种交联在火星轨道器上进行的交叉连接演示可以通过云层和气溶胶对大气进行剖面分析，并检测重力波、行星波、湍流和急流等现象的特征，对于金星，检测地震诱发波可为当前可能的构造活动研究打开一扇窗口。

用于内部结构和动力学特性研究的星座：通过探测器到探测器交联的精密重力测量实验已在地球（如 GRACE 任务）、月球（如 GRAIL 任务和 SELENE 任务）进行应用，用于对行星内部进行高强度研究和监测质量传递（Mass Transport）。将这一概念应用于其他岩质、冰质或气态天体，将实现快速的全球高分辨率覆盖，用于精确掌握冰层的厚度和冰卫星的地下海洋特征。

行星旋转状态和潮汐变形的差分干涉测量[1]（Differential Interferometry）：从一个或多个地面站跟踪多个着陆器或探测器，可以抑制最常见的噪声源，提高对预期科学目标的灵敏度（如引力场、旋转状态、潮汐变形和风）。同光束差分干涉法被应用于探测月球的天平动（ALSEP）和重力场（SELENE），研究金星的风（"先锋号"探测器和"维加"（VEGA）气球），并观察"惠更斯"在土卫六上的降落过程。对于月球、火星和木星已经提出了新的研究方法。

测量大气动力学的多普勒风实验：从行星大气层下降的探测器的无线电信号可获得金星、木星和土卫六的大气动力学信息。可以用相近的探测器或地面站建立无线电链路，如果有多个链路，就可以恢复完整的风矢量测量。在某些情况下，测距、甚长基线干涉测量技术和在轨观测可以提供更多的信息。一组小型探测器或气球可能用于对大气动力学特性的全球评估。由探测器无线电链路上接收到的信号强度变化，可以推断出氨（巨行星）、硫酸（金星）或其他探测目标中某种物质的丰度。类似的技术也可以应用到大气层探测的气球上，就像 VEGA 金星探测任务所做的那样。

表面特性的散射研究：在双基地散射实验中，探测器下行信号被行星表面反射，并可在地球或其他探测器上接收。可以推导出行星表面和近地表的电学性质和粗糙度信息。如"新视野号"和 LRO 显示，通过上行链路反转路径可以提供更高的信噪比（Signal-to-Noise Radio，SNR）；通过使用多个

[1] 差分干涉测量是一种测量地球表面变形的技术。它利用雷达干涉仪对同一区域进行多次观测，通过比较不同时间点的干涉图像来检测地表的微小变化。这些变化可以是由于地震、火山活动、冰川运动等自然因素引起的，也可以是由于人类活动如采矿、建筑等造成的。例如，在 2008 年汶川大地震后，科学家们使用差分干涉测量技术对受灾区域进行了多次观测，并发现了许多断层和滑坡等地质灾害。

同时存在频率偏移[1]（Frequency Offset）的上行链路，可以提高信噪比并解决地下结构重叠的问题。一组小型航天器星座可以获得全球特性，并获得对预选着陆区有用尺度的信息。来自地下结构的散射提供了更多的勘探机会，可以利用偏振、波长和倾角变化来解决冗余问题。在着陆的探测器上使用双基地技术可以提供着陆区位置周围更精细的空间分辨率。

3. 现状及未来所需能力

表 5-1 总结了未来无线电光链路系统的许多科学应用以及相应的技术发展目标。

小型航天器：最高的技术优先事项是在适当的行星轨道上，建立起强大的多频段交叉链接，连接起坚固的小型航天器。这需要微型无线电、超稳定振荡器（USO）和轨道插入等技术进步。一个关键需求是开发适用于小型航天器的软件定义的无线电[2]（Software-Defined Radio, SDR）关键技术。在火星 MarCO 任务中使用的 Iris SDR 为进一步提高辐射计的科学质量和功能提供了经验。USO 一直是无线电掩星试验的关键仪器。小型航天器无法适应目前最先进的 USO（Allan 偏差[3] 约为 2×10^{-13}，在 100 s 时）的质量和功率，因此，我们的目标是在较新技术的基础上，使具有类似稳定性的小型装置技术更加成熟。

高级链路校准：辐射噪声的主要来源是地球大气的对流层，对流层部分通过水蒸气辐射计进行校准。指向与到达天线的信号相同的路径，而不是位于天线附近的当前信号，可能提高一个数量级的精度。下一个噪声源是地面天线相位中心未建模的机械运动。抑制这种固有噪声的方法是将来自主天线的双向数据与在较小刚性天线处接收的多普勒数据相结合。

通过原子钟提升科学研究能力：在未来的单向或交联观测任务中，携带提高稳定性和缩小尺寸的原子钟，可以拥有与地面站原子钟相关的双向相干链路相当的性能。通过较小的地面站几乎就可以实现连续跟踪，以较低的成本提高了科学性。一个 Allan 偏差约为 2×10^{-14}（在 1 000 s 时）的小型水星捕获离子原子钟原型（DSAC-1）正在地球轨道上进行测试，DSAC-2 将在 VERITAS 任务中进行技术验证。一个更小、更稳定的版本正在开发中。

---

[1] 频率偏移表示不同上行链路之间在发送信号时采用了略微不同的频率。这样在接收端就能够将各个上行链路传输过来的信息进行区分和合成，从而获得更加准确、清晰的数据结果。例如，在探测矿产或者水资源时，可能需要对地下进行勘探。如果只使用单一上行链路，则很难获取到足够精确、全面的数据；但如果采用多个带有频率偏移的上行链路，则可以大幅提升勘探效果，并避免出现误判等问题。

[2] 软件定义的无线电是一种无线电通信技术，它使用软件来控制和处理无线电信号。与传统的硬件设备不同，SDR 可以通过改变软件配置来实现多种功能。这使得 SDR 具有更高的灵活性和可扩展性。例如，一个基于 SDR 技术的收音机可以通过更新软件来接收新的广播频率或升级解码器以支持新的数字音频格式。软件定义无线电是一项革命性技术，在未来将会在各个领域发挥重要作用。

[3] Allan 偏差是一种用于描述频率稳定性的指标。它通常用于测量时钟或振荡器的精度和准确性，以及其他需要高精度时间测量的应用中。Allan 偏差可以通过对时钟或振荡器输出信号进行统计分析来计算得出。该指标表示了在不同时间间隔内，时钟或振荡器输出信号之间的相对变化程度。例如，在 1~10 s 之间，Allan 偏差可以告诉我们每个采样点与前一个采样点之间的平均变化量。

表 5-1　未来无线电光链路系统的许多科学应用与相应的技术发展目标

调查对象	科学目标	技术目标
内部结构	地核和地幔尺寸、密度 内部结构模型 形成机制 热历史 潮汐和自然振荡	航天器星座交联 相同的天线波束跟踪 先进的辐射校准 原子钟 小型航天器轨道插入
大气层、环、其他媒介	温度压力曲线 中性和电离层密度 波结构及起源 形状模型	航天器星座交联 先进的软件定义的无线电 微型稳定的振荡器 小型航天器轨道插入
大气风	风速	小型航天器的投放与进入
表面	电特性和粗糙度	上行和交互仪器
表层-大气相互作用	火星季节性冰沉积 地球物理引起的波	地理和时间分辨率

通过光链路提升科学研究能力：虽然之前的讨论已经提出了使用无线电链路的科学前景，光链路有望在未来的深空探测任务中得到验证。光链路除了已经可以在无线电子科学开创的大多数领域提供测量之外，在许多情况下，还具有新的科学能力和精度。掩星试验可以更好地探测高层大气，多普勒测量可以用于更好的重力场测量。在未来十年内，为未来的光链路科学奠定技术框架至关重要。

4. 对未来几十年的建议

利用航天器无线电链路进行的科学研究已经有许多发现。在接下来的十年中，技术进步以及使用具有不断增强的无线电能力、采用星座构型的小型航天器，可以在大气动力学、内部结构和表面特性等方面实现更多的科学突破。为实现这些目标而开发的新技术，可以使所有太阳系探测任务受益于这种进一步降低成本的科学能力。

5.2.3　尘埃和气体的原位探测

5.2.3.1　尘埃探测

1. 宇宙尘埃测量、尘埃的主要诱因和类型

宇宙尘埃可分为两类：星际尘埃[1]（ISD）的可见性是指阻挡银河系恒星光线时的透光能力；行星际尘埃颗粒（IDP）的可见性是指散射黄道光，即阻挡太阳光时的透光能力。星际

---

[1] 星际尘埃是指在银河系和其他星系中漂浮的微小物质，它们由碳、硅等元素组成，大小通常在几纳米到几微米之间。这些尘埃颗粒可以分为两种类型：一种是存在于弥散云中的弥散性尘埃，另一种则是存在于致密云中的致密性尘埃。弥散性尘埃比较稀疏，分布范围广泛；而致密性尘埃则更加紧密聚集在一起。例如，在银河系内部有一个名为猎户座大星云（Orion Nebula）的区域，其中就包含着大量致密性星际尘埃。这些致密性星际尘埃层堆积形成了一个巨大而厚实的气体和灰色物质混合物，并且可能会催生新恒星。

尘埃颗粒存在于漫射云中或致密云中，是最终成为恒星、行星和后来演化成生命的基本组成部分。对于云热力学（Cloud Thermodynamics），ISD 在天体化学中起着至关重要的作用，而且表征 ISD 对于天文观测非常重要，ISD 是我们观察宇宙的媒介，尘埃的物理性质是解释遥远的原行星盘观测所必需的。在长千秒尺度上对 ISD 的经典天文观测被用来揭示 ISD 的组成和大小分布，方法是测量与波长相关的恒星光的消光和偏振、尘埃的红外发射以及对气体中化学丰度（假设与太阳等参考元素的丰度相比，所缺失的元素被锁定在尘埃中）。利用这组观测数据建立 ISD 大小分布和组成的模型。

1993 年，利用太阳系和当地星际云的相对运动提出一种新的观测方法，给地面提供了关于 ISD 的真实信息："尤利西斯"探测器上的尘埃探测仪首次在太阳系中原位探测到 ISD。当"尤利西斯"飞出黄道面时，它的轨道几乎垂直于 ISD 的流入方向，这有助于区分星际尘埃和行星际尘埃。"尤利西斯"在 16 年间共探测到了 500~900 个粒子，开启了太阳系原位 ISD 研究的时代，随后进行了更多观测（包括"伽利略""太阳神""卡西尼"等任务）。2016 年，"卡西尼"宇宙尘埃分析仪[1]（CDA）测量到了 36 个 ISD 粒子，而"星尘"任务在其样本返回舱中带回了一些 ISD 样本。

半个多世纪以来，人们已经用原位探测器探测到了黄道带尘埃，除了普通的行星际尘埃颗粒，还研究了行星之间各种类型的尘埃，例如，来自活跃卫星的尘埃、流粒子、行星环、彗星尘埃和无大气天体周围的尘云。

土卫二就是一个例子，它是一个地表下有海洋的活跃卫星，水冰颗粒通过火山口喷射进入太空。"卡西尼"探测器上的 CDA 测量了土卫二羽流和土星 E 环中尘埃颗粒的化学成分，从而表明无须登陆这样的卫星就可以探测其地下海洋的化学成分。木卫一也有火山，它们喷射出的微小粒子在木星磁场中加速，并迅速变成纳米级的"流粒子"。"卡西尼"探测器上的 CDA 也对这些微粒子进行了测量。尘埃对无大气天体的撞击会产生抛射物，因此，木星的无大气的卫星会被抛射物形成的云包围。通过测量这些抛射物可以在不着陆木星的卫星的情况下绘制出这些卫星表面的合成图。

---

[1] 宇宙尘埃分析仪是一种飞行时间质谱仪。飞行时间质谱仪可以用来分析物质中各种化学元素和分子的组成。如果我们想知道一个未知样品中有哪些元素或者分子，我们可以将这个样品放入飞行时间质谱仪中进行测试。当样品被加热时，其中的化学元素和分子会被离解成为带电粒子，并通过电场加速器进入到一个长管道内。由于不同的粒子具有不同的电荷量和动能，在经过管道后会以不同的速度到达检测器处。通过测量它们从起点到检测器所需的时间（即飞行时间），就可以确定它们的电荷量和动能，并据此推断出其化学组成。

因此，原位测量宇宙尘埃的重要性远远超出了"仅仅"测量尘埃。除此之外，主要源于彗星活动和小行星碰撞的行星际尘埃，也为了解太阳系的历史提供了线索。这些粒子也是了解活跃卫星次表面化学条件和探测无大气天体表面组成的一种手段。尘埃和把尘埃用作荷电探测器来研究行星际磁场 IMF 或行星磁层的物理过程也是重要的研究课题。

2. 尘埃测量方法

用什么方法探测太阳系中的尘埃？第一类是地基的传统仪器：经典的天文观测是利用地基望远镜对黄道云、彗星和活跃的小行星进行观测，主要观测可见光部分。进入大气层的毫米大小或几十微米大小的尘埃颗粒会变成流星，可以通过光学手段（如照片、视频）和雷达仪器进行测量。目前存在两种类型的雷达：测量流星电离大气尾部的反射回波式流星雷达（如 AMOR，CMOR）和测量头部回波[1]（Head Echo）的高功率大孔径（High Power and Large Aperture，HPLA）雷达，如阿雷西博（Arecibo，直至 2020 年尚可运行）。头部回波是指在流星前被电离的大气层部分，它存在时间较短，并随流星移动。

较小的一到几微米大小的星际尘埃颗粒在大气中缓慢向下移动，在平流层通过飞机可以收集到这些微粒。这些飞机上有带油性物质的收集器，这些颗粒可以在实验室进行分析。对于那些颗粒尺度最大的星际尘埃，是地球上随处可见的陨石，特别是坠落在北极或南极以及沙漠中，很容易进行识别和收集。

天基望远镜通过红外线观测尘埃，例如，斯皮策空间望远镜测量到几条彗星轨迹，IRAS 和 COBE 卫星数据已被用于绘制黄道带云。航天器上的摄像机拍摄到了来自彗星尘埃的清晰图像（如"罗塞塔-奥西里斯"（Rosetta-OSIRIS））。采样返回任务带回从彗星飞越时采集的尘埃（如"星尘"（Stardust））或与小行星交汇时采集的尘埃样本（如"隼鸟"（Hyabusa）、OSIRIS-REx），以及从行星际空间采集的尘埃样本（如"星尘星际初步探测"（Stardust Interstellar Preliminary Examination）任务）。

碰撞电离仪器（Impact Ionisation Instrument）具有高灵敏度（适用于小尘埃颗粒及纳米级尘埃颗粒，其质量低至 10^{-21} kg）和较高可靠性使用多重合探测器（Multi-Coincidence Detector），是天基尘埃探测仪器的主力，如"尤利西斯"尘

[1] 头部回波是指当流星进入地球大气层时，摩擦和压缩作用，会产生高温和高压环境，使得周围空气分子被电离形成等离子体区域。例如，在夜晚观测到一颗明亮的陨石划过天空时，我们可以看到一个闪耀的光芒伴随着它运动。这个光芒就是流星前方被电离而形成的等离子体区域，反射了阳光或者其他光源而产生的现象。

埃分析仪、"伽利略"尘埃探测仪和"卡西尼"宇宙尘埃分析仪。飞行时间质谱仪（Time-of-Flight Mass Spectrometer）是这类仪器的衍生产品，可以分析粒子的元素组成（如"卡西尼"上的CDA、"星尘"上的CIDA）。这些仪器的工作原理是当尘埃颗粒撞击到此类仪器的目标物时，尘埃颗粒和一些目标物材料会蒸发和电离。信号的上升时间在很大程度上取决于粒子的碰撞速度，碰撞后释放的总电荷取决于碰撞速度以及粒子质量。仪器的指向方向限制了粒子的运动方向。通过测量碰撞后电子或离子的飞行时间来分析材料的化学成分。尘埃撞击会触发多个通道，这有助于确定撞击是否为噪声事件。

PVDF 和压电探测器[1]仍然是常用的单点探测器。它们的优点是耗能较低，探测器表面较大，但对噪声表征的测量可能具有挑战性。这些仪器基本上只测量撞击动量，对较大的粒子撞击（$10^{-15}\sim10^{-12}$ kg）非常敏感。PVDF类型探测器的成功例子包括"新视野"学生尘埃计数器、"卡西尼"高速率探测器和"星尘"探测器上的尘埃通量监测仪（Dust Flux Monitor Instrument，DFMI）。压电探测器的例子包括"罗塞塔"探测器上的颗粒冲击分析仪和灰尘累积器（GIADA）和"比皮科伦坡"探测器上的水星尘埃监测仪（Mercury Dust Monitor，MDM）。压电式（Pressurised-Cell）探测器（称"啤酒罐型"探测器），这种探测器在早期的"先锋10号"和"先锋11号"航天器，以及早期的麦克风中使用时，存在特定的问题，因此现在不会再使用了。

最后一类仪器可称为"意外发现的仪器"（Serendipity Instruments）。"旅行者2号"探测器在与土星相遇期间使用其等离子波仪器（Plasma Wave Instrument），检测到尘埃对探测器本身的撞击后，接下来更多的任务使用等离子波仪器分析尘埃撞击，例如，"WIND""卡西尼"（Cassini）日地关系天文台[2]（Solar Terrestrial Relations Observatory，STEREO）和帕克（Parker）太阳探测任务，通过探测器表面电荷和天线之间的（瞬态）电位差，或粒子撞击探测器表面（或天线）后产生的撞击等离子体云，可以测量到粒子的撞击。这些情况可被检测为等离子体波检测器数据中的一个峰值。第二种类型的"意外发现测量"是由高精度干涉测量任务（Inter-Ferometry Mission）完成的，如LISA Pathfinder，其中两个自由浮动块的位置通过干涉测量系统测量，精度可以达到纳米级。这些测量结果可用于进行尘埃检测。

---

[1] PVDF 和压电探测器：PVDF是聚偏氟乙烯材料制成的探测器，具有高灵敏度、快速响应等特点，在声波检测、振动监测等领域得到广泛应用；而压电探测器则利用了某些晶体在受力时会产生电荷分布不均的现象，从而实现对物理量（如温度、压力）变化的感知。这两种单点探测器都可以精确地检测到单个事件或信号，并且具有较高的可靠性和稳定性。例如，在医学影像学中，PVDF传感器被广泛应用于超声诊断设备中，能够准确地捕捉人体内部组织结构及其运动状态；而在工业自动化领域，则经常使用压电传感器来监视机械设备运行状态并进行预警处理。

[2] 日地关系天文台是NASA太阳地球探测器计划中的第三个任务。它采用两个几乎相同的天基观测站——一个在其轨道上领先地球，另一个落后于地球，提供有史以来第一个立体测量来研究太阳及其日冕物质抛射的性质。STEREO的科学目标是了解日冕物质抛射启动的原因和机制；描述日冕物质抛射通过日球层的传播特征；发现低日冕和行星际介质中高能粒子加速的机制和特点；改进对环境太阳风结构的测定。

3. 目标与挑战

目前已绘制的天区图，包括红外、微波或光学波长的天区图，以及高能中性原子的天区图。但是，至今仍未绘制出一张全面的"尘埃之下"的天区图。

这样的天区图，包括尘埃成分、源体，以及各种大小的尘埃粒子之间的联系，将揭示太阳系形成历史和内部演化过程，并在类比中帮助了解系外行星系统和碎片盘。所需测量的信息包括成分、撞击速度和撞击方向。本书提到的难题之一是区分不同的种群，如IDP和ISD、识别源体和尘埃轨迹，另一个难题是测量非常大（但不是非常丰富）的尘埃颗粒及其运动方向和成分，这需要探测器具有较大的表面积。最近，一台"朱诺号"任务恒星相机在行星际巡航阶段观测到了对太阳能电池板产生的巨大撞击后的散裂物质。虽然结果仍有争论，但该方法被视为一个意外发现，同样是一个挑战，将我们带入一个未知领域——扩大探测范围，使之成为微小尘埃探测器（Micro-Dust Detector）。根据碰撞速度的不同，当前检测极限为5～10 nm。此外，还存在与探测器相关的经典约束，如质量、功耗、数据速率、辐射硬度、指向限制（不朝向太阳）以及噪声和污染特性。

4. 未来发展展望

当今仪器的发展为上述探测方法铺平了道路。图5-5为尘埃探测仪器示意图。由于采用了反射式质谱仪，仪器的灵敏度提高了，可以进行纳米级的尘埃探测，而且污染问题也得到了更好的控制，质量分辨率也从"卡西尼"CDA的$M/\Delta M=30$提高到了$M/\Delta M=200$。最有希望之一的是研发尘埃望远镜（Dust Telescope）：一种化学分析仪结合了轨道传感器（精度为1°）。类似地，"主动集尘器"（Active Dust Collector）是一种结合了轨迹传感器的样品返回尘埃收集器，有助于找到受撞击的颗粒、其撞击方向和撞击时间。这种轨迹传感器基本上是由多个导线平面组成的，当带电尘埃粒子穿过网格时，导线上会产生感应电荷，从而确定其方向。薇拉·鲁宾天文台（Vera Rubin Observatory）和欧洲非相干散射科学协会（European Incoherent Scatter Scientific Association，EISCAT）的3D雷达等新型地面观测仪器将改善对母天体和流星的探测。目前正在研制用于在"欧罗巴快帆"（Europa Clipper）上飞往木星的原位尘埃探测器，它是一种表面尘埃质量分析仪（Surface Dust Mass Analyzer，SUDA），用于测量木卫二表面的成分，计划在2024年发射。星际粒子测绘和加速探测器（Interstellar Mapping and Acceleration Probe，IMAP）也计划于2024

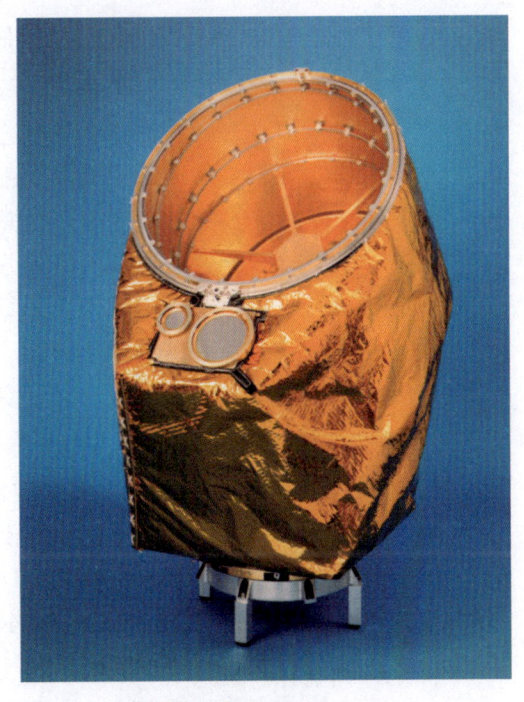

图5-5 尘埃探测仪器示意图

注："卡西尼-惠更斯"任务上携带的宇宙尘埃分析仪，探测了1999—2017年间在星际空间及土星附近区域的亚微米大小的尘埃粒子的速度、质量、电荷和物质成分组成。

年发射，搭载星际尘埃实验（Interstellar Dust Experiment，IDEX）等尘埃分析仪，以测量行星际尘埃和星际尘埃的成分。Destiny+ 将于 2024 年发射，搭载 Destiny+ 尘埃分析仪（Destiny+ Dust Analyzer，DDA），并将访问活跃的小行星法顿（Phaethon），同时监测 ISD 粒子。虽然 SUDA 的设计目的是分析低速撞击，但 DDA 的灵敏度更高，质量分辨率略低，不是 200 而是 150。而且，ESA 的 F 级任务"彗星拦截器"正准备在 2028 年向一颗尚未发现的（星际）彗星发射拦截器。

总之，太阳系宇宙尘埃科学所揭示的内容远不止尘埃本身，还包括引人注目的地下和地表科学、空间运动过程、空间等离子体和磁场环境、太阳系的历史等。尘埃测量仪器还可为流星、陨石和天文观测提供补充信息。半个多世纪以来研制的宇宙尘埃测量仪器，功能越来越强大。未来的尘埃天文台将为尘埃天文学打开一扇新的窗口。

5.2.3.2　质谱探测

未来 50 年，质谱探测面临的挑战是提高科学仪器的分析性能和可以适应极端条件的采样系统。提高质量分辨率是未来质谱仪应用的先决条件，同时还需要改进分离技术，例如，电泳和全面的二维气相色谱，以及位于最显著的位置的特异性同位素分析，以满足探索太阳系起源和演化以及探测太阳系内生命所需的分析精度。未来的任务将需要更高的质谱精度，例如，探索金星的表面和云层，探测冰质巨行星的大气层，以及使用着陆器和海洋探测器探测外太阳系的海洋世界。

1. **关键技术：现状和未来所需的能力**

上述的每项具有挑战性的任务都对目标环境的采样提出了独特要求：①金星极端的表面温度和硫酸云使得对惰性气体[1]（Noble Gase）等重要挥发物的采样成为一个难题；②对冰质巨行星大气采样，要求采样系统必须可以承受大范围的压力，并满足气体和气溶胶的均匀垂直取样；③对冰卫星表面或内部海洋进行复杂的有机分析，对分析和采样来说都是挑战。

"罗塞塔"上携带的 ROSINA 已经清楚地证明了提高质量分辨率对于发掘复杂有机混合物中隐藏线索的重要性。在未来的火星探测任务和伽利略卫星探测任务中，将利用飞行时间质谱法，努力提高所需的质量分辨率，来区分质量高达

---

[1] 惰性气体是指元素周期表中第 18 族的六种元素，包括氦、氖、氩、氪、氙和氡。它们被称为惰性气体，是因为它们在常温下都是单原子分子，不易与其他元素发生化学反应。因为它们的外层电子壳属于稳定状态，已经填满了 8 个电子（除了最外层只有 2 个电子的氦），所以不需要与其他元素共享或接受更多的电子来达到稳定状态。

200 u 的有机物中的碳、氢、氧、氮（C、H、O、N）含量，并且通过这种方法大大提高灵敏度。

法国、瑞士和美国正在努力推动质量分辨率的极限范围以适应未来的任务。NASA 正在提供研发资金，研究改进的分离技术，用于在海洋世界的着陆和飞越探测任务：①二维气相色谱法[1]（Two-Dimensional Gas Chromatography）；②微毛细管电泳[2]（Microcapillary Electrophoresis）。

预计未来十年将出现两大技术突破：①可以在偏远极端环境中进行采样探测的采样系统，例如，金星的大气层（和表面）、土卫二地下海洋深部以及冰质巨行星的大气层；②新技术将支持大胆的新分析方法，以搜索木卫二和土卫二地下海洋中可能存在的生命。这些方法已在寻找宇宙生命的《宇宙生物学战略》报告中提出。

人们已经在探索和讨论改变模式的机会，特别是在寻找太阳系其他地方的生命方面：①实验室已证明位置敏感同位素分析（Position Sensitive Isotopic Analysis, PSIA）可提供简单分子化合物起源的重要信息，目前正在努力将其应用于太空飞行；②纳米孔测序[3]（Nanopore Sequencing），虽然不是严格意义上的质谱技术，但已经在国际空间站上进行了测试，并正在进一步推进行星探测任务中的应用，它尝试利用对具有重复电荷聚合物（聚电解质）的依赖，作为存储和传递遗传信息的手段，这可能是生命的普遍特征。

2. 主要结论和未来发展建议

表 5-2 总结了本书讨论的一些有前途的质谱分析新技术。

表 5-2　一些有前途的质谱分析新技术

技术	参考文献	技术成熟度（TRL）
高分辨率高灵敏度质谱分析	Wurz, et al. (2012); Brinkerhoff, et al. (2013); Brockwell, et al. (2016)	6+
超高分辨率质谱分析	Briois, et al. (2016); Arevalo, et al. (2020)	3
综合二维气相色谱法	Glein, et al. (2019)	2
微毛细管电泳	Mathies, et al. (2017)	5+
冰质巨行星着陆及采样探测	Vorburger, et al. (2020)	2
位置灵敏同位素分析	Eiler, et al. (2017)	2
纳米孔测序	Bywaters, et al. (2017)	3

---

[1] 二维气相色谱法：气相色谱是一种分离和检测化学物质的方法，它通过将混合物注入一个柱子中，并利用不同成分之间的化学性质差异来进行分离；而二维气相色谱则是在传统气相色谱基础上进一步发展出来的技术，它可以更加精确地对复杂混合物进行分析。具体来说，二维气相色谱法会使用两个不同类型的柱子进行分离。第一个柱子通常会根据样品中各组分挥发度大小、极性等特征进行选择，而第二个柱子则会根据前一个柱子所得到的结果再次对样品进行进一步分离和检测。这种方法能够有效地提高样品处理效率和准确度。

[2] 微毛细管电泳是一种分离和分析生物大分子的技术。它利用微小的玻璃或塑料管道，将待测样品注入其中，并通过施加电场使其在管道中移动。由于不同大小、形状、电荷等特性的生物大分子在电场作用下会有不同程度的迁移速率，因此可以对这些生物大分子实现快速高效的定量和质量检测。

[3] 纳米孔测序是一种基于纳米孔技术的 DNA/RNA 测序方法。它通过将待测样品引入到一个微小的纳米孔中，利用电信号检测单个核苷酸分子在孔内通过时所产生的电流变化，从而实现对 DNA/RNA 序列的高通量、快速和准确读取。

5.2.4 寻找地外生命探测

近几十年来，除了经典的地表地质和环境探测外，行星探测任务越来越多地集中于原位天体生物学研究，因此，世界上主要的航天机构目前的任务和计划，都将探测地外生命特征列为其直接目标之一。

除了"海盗号"之外，最近的任务都以谨慎的态度对待挑战，只是确定或表征了行星上现在和过去的宜居条件（当然，这并不能表明或证明该星球曾经或正适宜人类居住）；或者利用光谱、显微镜或色谱技术，识别有机物或更古老的微生物生命特征。

然而，考虑到探测目标的特殊性质，以及发现地外潜在生命的重要性，航天机构均意识到，必须达到足够高的确定性，具有任务所需的相应技术成熟度（出于同样的原因，NASA 的规划不包括在目前的火星上寻找活微生物），才能公开宣布一个不会引起争议的探索声明。

然而，不同的航天机构在这项努力中正变得更具活力，将不同的学科和经验结合在一起，确定技术战略，培养所需的技术成熟度，以面对这一重要而绝不容易的挑战：寻找地外存在生命的证据。

目前，在正在进行的项目中，主要的航天机构正在选择最佳候选探测目的地、最合适的火星岩石或土壤样本，以保存生命存在的证据（在火星的特定情况下），并将其带到地球进行确认。然而，从中长期来看，这项策略并非是最有效的。因此，近年来许多研究小组正在开发和验证不同的技术，将其中一些技术结合起来并验证一些策略，以便可以像过去在原位识别生命方面那样，具备同样的可信度。

然而，一个很大的问题仍然悬而未决：什么程度的化学复杂性可以被认为是生命存在（过去或现在）的决定性证据？

如前文所述，为了准确地回答这个问题，有必要对这个问题采取适当的方法，定义一套允许识别宇宙生命形式的最低标准，并开发新一代科学仪器，用以观测并提供相关数据。

一些预期的较合理的研究路线建议在受控环境中培育本土生命，基于生物亲和性的系统用于发现保存完好的分子结构，提取液体悬浮液中的有机分子，或者检测非挥发性复合物（低分子量生物分子、生物聚合分子以及大分子、超分子复合物和准细胞形态），作为从非地球中心的角度识别不同程度的前生物/生物化学物质和结构复杂性的方法。

此外，这种仪器必须能够在最极端的行星环境中运行，并尽可能地减小尺寸和质量，实现自动化，同时功耗适中。毫无疑问，所有这些需求都提出了巨大的技术挑战。

各种技术都可以满足这些苛刻的限制和能力。其中一个很有希望成功的方法是使用基于纳米孔的设备来检测生物起源的有机化合物，目前这些设备已经应用于检测和测序核酸、某些由非标准碱基组成的衍生物以及潜在的异源核酸。所有这些技术都使用非常紧凑和坚固的设备，可以满足行星探测任务的严格要求。

另一个有望实行的方法是，如前文提到的，将各种技术相结合，明确这些潜在生命的存在形式。互补技术的例子包括显微镜，用于识别细胞样超微结构和形态，有助于在微观尺度上寻找生命的证据；拉曼光谱，用于检测普遍的分子内复杂性，特别是揭示非共价键和原子的组成、三维解析二级和三级聚合物结构，并识别不同大小和复杂性的有机分子的其他特征，不限于地球已知的生物化学；基于生物亲和力的系统，利用生物分子捕捉其他目标，能够通过"锁与钥匙"原理识别检测到的复杂目标（或其中一部分）的性质和结构。

单独而论，这些技术已经具有很高的成熟度和应用能力，因此把它们进行协同组合将减少风险和潜在的识别漏洞，并将提供一种解决所提出问题的有效方法，允许在太阳系中搜索（生物）化学复杂性时覆盖更广泛的目标，并与地球生物化学（生命）比较相似性或差异性。

另一种可能性是在行星任务中使用可调谐激光光谱仪（Tunable Laser Spectrometer，TLS）。它特别适用于测定相当简单的分子（CH_4、HCN、CO_2）中的同位素比率[1]（Isotope Ratio）——地球上的生命过程往往会导致同位素比率与自然背景值不同（如C13/C14）。

这些新型的仪器和技术或它们之间的组合，无疑将增加未来的行星探测任务的重要价值，并能够明确地识别出地球之外普遍存在的生命形式。

5.3 未来的任务体系架构

5.3.1 到达多个已知太阳系目的地的路径和距离

为了探测太阳系的不同目的地，在把科学载荷和探测平台送至目的地之前需要经历多个飞行阶段。这些探测器首先到达地月轨道，然后进入行星际空间，完成行星或小天体的飞越任务后，最后进入围绕行星、卫星或小天体的环绕轨道，并在特定情况下进行着陆探测。图 5-6 显示了迄今为止飞往太阳系不同目的地的探测器的多种路径和距离。"近地"目的地（如月球、火星和金星）、更遥远的行星（如水星、木星和土星）和太阳轨道，以及位于太阳系外围的目的地（如冰质巨行星、柯伊伯带天体和日球层边界），不同探测目的地之间的探测次数差异惊人！

从工程实施角度来看，这些漫长而激动人心的旅程是以百万千米或天文单位（AU）来计算距离的，要少于航行时间和 ΔV 预算。这些参数决定了行星探测任务的周期（对其成

[1] 同位素比率：在地球上，生命活动会对同位素比率产生影响，使其偏离自然背景值。例如，在考古学领域中，通过对骨头或牙齿样品中 C13/C14 比例的测试可以确定它们所属时期以及食物来源等信息。科学家们曾经使用甲烷来探索火星表面是否存在生命迹象，因为如果有微生物存在，则它们代谢产生出来的甲烷含量应该高于周围环境中的甲烷含量，并且其中 C12/C13 比例也会有所变化。

图 5-6 太阳系不同探测目的地的路径和距离示意图

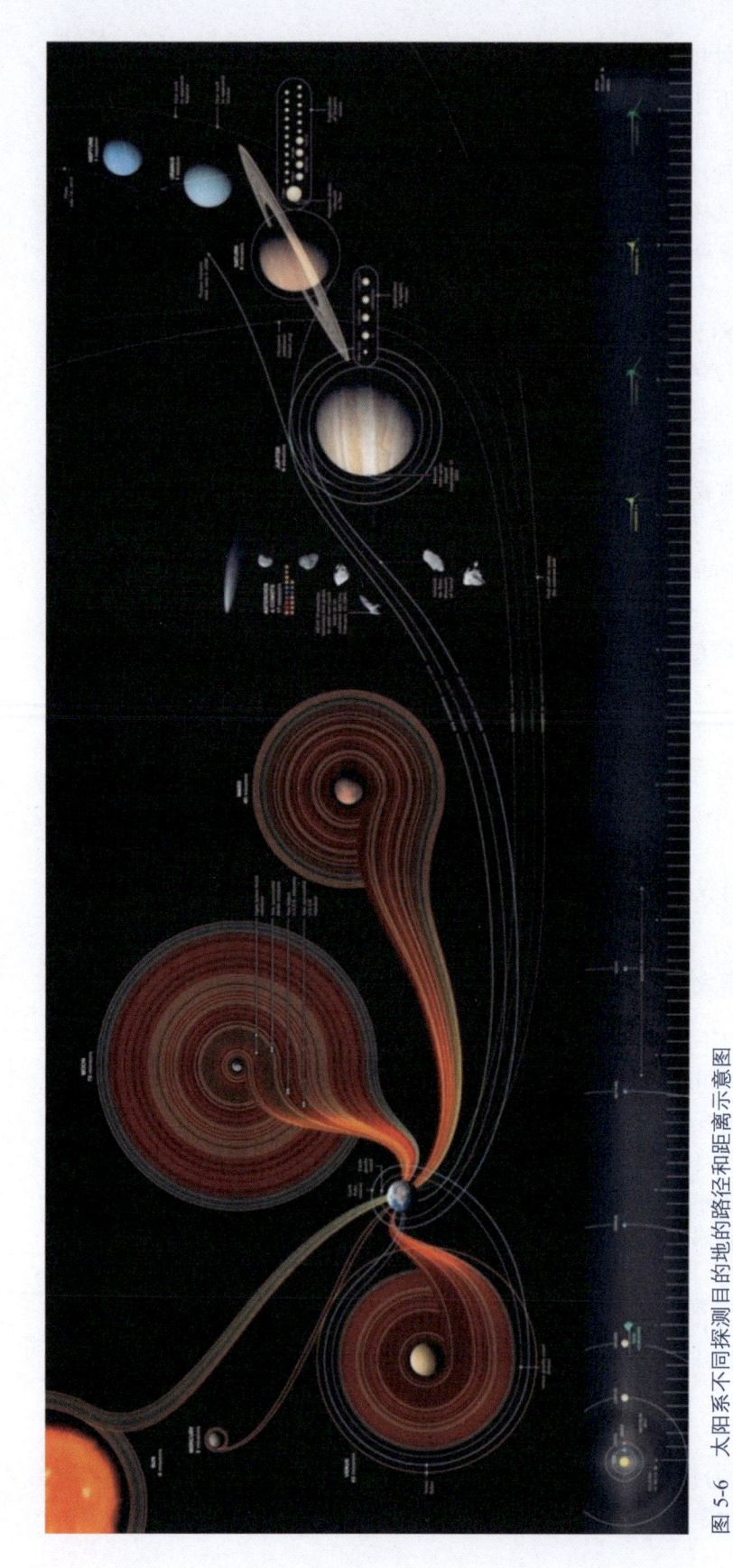

注：迄今为止人类航天器到达太阳系各目的地的多种路径中，地球附近和遥远星球之间的探测次数相差非常大，这表明我们对太阳系天体多样性的探测仍然受到其与地球距离远近的严重影响。

272　地平线 2061：行星探测长期远景预见

本有重要影响），以及分配给推进剂及其他平台的质量比，最终也决定了在给定的资源范围内可以分配给科学仪器的质量。

重力辅助可以根据 ΔV 需求进行改变，但航行时间和 ΔV 之间存在复杂的权衡关系，这涉及任务平台资源和成本之间的价值判断。

从图 5-6 中的太阳系 ΔV 图可以看出，探索太阳系受到火箭所能提供可用 ΔV 的限制。ΔV 代表一次任务所需的总速度增量，它是一次任务所需的每单位质量的冲量。对于火箭，可使用齐奥科夫斯基（Tsiolkovsky）理想火箭方程进行计算

$$\Delta V = v_e \ln \frac{m_0}{m_f} = I_{sp} g_0 \ln \frac{m_0}{m_f}$$

式中 ΔV——飞行器的总速度增量；

m_0——火箭初始质量，包含推进剂质量，也就是湿质量；

m_f——不含推进剂的最终质量，又称干质量；

v_e——有效排气速度，$v_e = I_{sp} g_0$；

I_{sp}——时间维度上的比冲量；

g_0——标准重力；

ln——自然对数函数。

需要注意的是，采样返回任务要求沿特定轨道进行双向航行。

很明显，必须要将发射质量降至最低。像电推进这样的新技术，可以最大限度地提高发射物体的速度（尽管电推进系统持续工作会使探测器的飞行动力学研究变得更加复杂），显然这是值得的，而且这项技术已经在 ESA SMART-1 和 Dawn 探测器上进行了验证。目前尤其是在水星探测任务上，太阳磁通量的增加使得太阳能电推进与化学推进的组合非常理想。

NASA 的 Psyche 任务也使用太阳能电推进，但主带小行星似乎代表了目前太阳能电推进的极限距离，如若去往离太阳系更远的目的地，需将太阳能电推进转变为核推进。

请注意，所需的 ΔV 不会因推进机制而改变，但非火箭推进方式，如系绳、太阳帆、等离子帆、太空电梯、激光和发射枪等方式，可以最大限度地减少飞行过程中所需携带的推进剂量，从而降低发射质量。在这段时间内，很有可能会开发出新的推进技术，这可能代表着显著的颠覆性变革。然而，一项新技术可能不太容易像预想的那样达到实际所需技术成熟度。

5.3.1.1　行星际飞行器和科学平台之间的衔接

随着时间的推移，主要使用行星际轨道以及行星轨道对不同行星系统及其天体进行初步探测的任务，如对天体进行遥感观测或对空间环境进行实地观测，将为针对特定天体和重点科学目标的专项任务让路。这个趋势已经在月球、火星和金星探测任务中占据了主导地位，并将继续延伸至下一批前往太阳系行星、卫星和小天体的探测任务。这对行星任务的体系架构产生了深远影响，虽然必须始终通过使用火箭和行星际飞行器"支付"航行时间和 ΔV 成本以到达他们选择的探测目的地，但在探测目的地上，人们更多

地依靠专门的科学平台来执行载荷仪器所需的科学操作。这些科学平台及其仪器设计的目标就是在这些探测目的地的特定环境条件下可以正常运行。随着与地球距离越来越远，会出现越来越多的极端环境，并需要在近乎达尔文（Darwinian）的意义上适应这些环境，即科学平台和仪器设计逐步进化导致产生适应压力，这种压力来自选择的过程，导致对仪器的选择以及对返回给科学家进行分析的科学数据的质量及科学价值的需求不断增长。

很容易理解这种选择压力将推动行星任务体系架构的演化方向，因为在目前正在进行或准备中的任务中已经可以观察到这种演变：在火星表面运行的任务使用由无线电同位素设备提供电推进的星球车来探测火星，NASA正在为"蜻蜓"任务做准备，该任务将发射一架无人机探测土卫六的表面和大气层。根据这一演变，在探测目的地交付不同平台的行星际飞行器自然会越来越多地专注于其"核心"任务，即将有效载荷运送到探测目的地。在图5-6所示的每个任务的路径上，这种"运输"功能由专用于特定关键飞行阶段的航天器来补充：地球表面和轨道之间的火箭发射器，行星际或行星/月球/小天体轨道与目标天体表面或大气层之间的EDLA系统。

必然的结果是，任务中单独或主要执行运输和导航功能、与行星表面科学操作没有太大联系的部分，可以由单独提供运输服务的运营者来完成，无论是航天机构还是商业经营者，目前在月球和火星探测任务上已经呈现了这个趋势。如果这一新兴趋势能够增加科学操作及其平台的飞行机会的数量和频率，那么它可能有助于本书所述的行星探测任务的科学驱动维度。但是，只有在能够负担起进入太空和进入太阳系不同目的地费用的情况下，这种好处才是真实存在的。

最后，使用小型航天器执行行星探测任务的一大挑战，是如何将它们运送并进入太阳系天体的轨道。如果有适当的连接和释放系统，小型航天器可由较大的轨道飞行器/运载器搭载送入轨道。在小型航天器上安装传统的推进系统迄今为止还不实际，需要更合适的推进系统。这一挑战需要通过专门的技术或替代的新兴技术来解决，以便充分发挥用于无线电科学实验的小型航天器的潜力。小型航天器的气动捕获和空气制动技术可以使它们进入某些天体的轨道。

5.3.1.2 科学平台的任务和功能

在到达目的地后，科学操作由一般或专门科学平台来执行，这些平台的功能和操作限制受到它们所处环境的影响。

（1）轨道平台通常可以结合两种类型的科学任务：大气层、磁层、行星体表面和内部结构的遥感以及空间环境的原位表征。到目前为止，这些平台中的大多数仍然依附于它们的星际飞行器，并受益于其功能和资源（功率、方向、导航、电信、对空间环境的防护）；在未来，它们可能会发展为独立的平台，由行星际飞行器运送到最终轨道。

（2）大气科学平台被用于表征行星和卫星的大气层及其组成成分、动力学和星云。它们的交付可能涉及进入的探测器务必考虑其高超声速进入、减速、稳定和部署。

（3）地表科学平台还可以在行星体地表附近表征大气，但大多应用于地质学、地球物理学、地球化学和相关的天体生物学。将它们运送到行星体表面需要EDLS。

（4）采样返回操作需要一个可以探索采样现场的平台，对其进行表征，选择样本并收集它们。样品被运送到地表并返回地球需要 EDLA 系统。

5.3.1.3 小平台和多平台的作用

为满足不断发展的科学目标，同时受到质量分配等资源限制的约束，随着时间的推移，这些平台在两个理想互补的方向上进行演化：一是小型化，即开发小型、低成本、对机载资源要求较少的平台；二是和使用多个探测平台来构建观测系统。虽然第 5.4 节描述了增加小型平台容量的前景，但此处回顾了多平台测量的科学驱动因素。一般来说，对行星体和环境进行多点测量的演化趋势是由于需要测量它们的空间和时间变异性，而这种变异性会随着一次次任务之后的认识提升而不断增加。这种对多次测量的需求推动了几乎所有行星观测领域的多平台观测系统的设计。

——对于磁层和空间环境研究，多点测量对捕捉这些媒介的极端可变性、将空间与沿航天器轨迹观察到的数量的时间变化分开，以及探索空间等离子体动力学所涉及的空间尺度的极端多样性，变得越来越重要。多点测量和多平台任务的这种发展趋势已经通过星簇（Cluster）任务[1]、磁层多尺度（Magnetospheric Multi-Scale，MMS）任务[2] 和其他任务主导了地球磁层探测任务 20 年。考虑到其他磁层同样（有时更大）的复杂性，如木星探测任务，在未来几十年，对这些最复杂的磁层进行多平台探测，应该是一个重要的发展趋势。

——对于大气科学研究，使用多个进入探测器将有助于弥补化学、大气和动力学等方面的区域差异，例如，通过对"伽利略"探测器进行的科学分析，可以看到这种方法的有效性；此外，多平台任务的另一个科学用途是部署双向通信链路，通过无线电掩星可以获得多种几何形状的大气和电离层剖面数据。

——对于地球科学和天体生物学研究，一些科学目标需要详细地对单个地点或有限区域进行探测和表征，而其他则要求观测行星表面和次表面的区域及全球变化。区域范围内的现象可以由移动平台（如星球车、气球、飞机或无人机）进行观测。某些地球物理现象的全球特征，如行星体内部结构和动力学，在某些情况下需要部署一个全球物理网络进行地震、磁场和其他地球物理网络观测。

[1] 星簇任务：该任务的科学目标是研究太阳风如何影响地球，它采用集群航天器进出地球磁场，对太阳和地球如何相互作用进行迄今为止最详细的调查。该集群航天器共由四个围绕地球编队飞行的航天器组成，它们探测了有关太阳风是如何在三个维度上影响地球的最详细信息，太阳风（太阳发出的永恒的亚原子粒子流）可能会破坏地球上的通信卫星和发电站。Cluster 任务最初的运行周期为 2001 年 2 月—2003 年 1 月，实际上在发射后二十多年，该任务仍然有效。

[2] 磁层多尺度任务：该任务主要研究太阳和地球的磁场是如何连接和断开的，如何将能量从一个磁场爆炸性地转移到另一个磁场，这一过程对太阳、其他行星以及宇宙中的任何地方都很重要，又称磁重联。重新连接限制了聚变反应堆的性能，并且是影响电信网络、GPS 导航和电网等现代技术系统的地球空间天气的最终调控者。四个配备相同载荷仪器的航天器，测量到了近赤道轨道上的等离子体、场和粒子，这些轨道在运行中经常会遇到磁重联。

对于行星探测任务，多平台系统的不同平台相互定位的约束通常较弱（相互位置只需要知道，而不需要控制），精度明显优于最低空间尺度的变化量。

5.3.2 "警戒状态"的任务架构

除了大量已确定的目的地外，太阳系还提供了要探索的未知目的地，对于这些尚未被检测或识别的天体，以及任务规划的"经典"方法和相应的路线不起作用。这些目的地最具科学价值和任务规划的兴趣，作为建立更全面太阳系天体清单的关键要素，特别是了解太阳系的起源及其与银河系环境的联系。两个最重要的例子是星际天体和动态的新彗星。

第一个确定的来自星际的天体是奥陌陌（2017 1I/'Oumuamua），于 2017 年被观测为雪茄形状的、摩天大楼大小的小天体，正以双曲线轨迹穿越太阳系，如图 5-7 所示。这种类型的天体是最令人感兴趣的，因为它很可能是在另一个原行星盘中形成的，并且是通过与该原行星盘中的行星和小天体的引力相互作用而被抛到星际空间。鉴于它们运行在银河系中不同的行星系统和原恒星盘之间，它们甚至可能在星子的形成中发挥了种子的作用，这些"基石"最终形成了行星。对第二个此类天体的观测表明，它们并不罕见。

图 5-7 第一个探测到的星际天体奥陌陌（2017 1I/'Oumuamua）的示意图
注：这类天体很可能形成于其他行星系统的原行星盘中，具有极大的科学价值。

动态新彗星[1]（Dynamically New Comet）是另一类位置和轨迹未知的天体，因为在它们第一次进入太阳系内时观测到它们，所以它们是"新的"，它们没有脱气活动，而且不受太阳系空间环境的风化作用，它们提供了一种完全原始的物质，特别是其新鲜的表面冰层，这很可能代表了其在太阳系形成过程中形成的条件。为了能够推动在离地球轨道不远的地方与它们相遇的任务，必须尽早沿着它们在外太阳系的进入轨迹进行探测，从而航天器能够访问它们。

这类新发现的天体需要特殊的任务架构和规划。鉴于对它们的科学兴趣，这些"警戒状态"任务应逐渐成为航天机构总体规划和任务协调的一部分，以尽可能充分地利用新探测任务所能提供的少数机会。欧空局科学项目最近选定的彗星拦截器 F 级任务目前正在实施中，应该成为 2061 年更多此类任务的模板。图 5-8 介绍了它的任务概况。

如图 5-8 所示，这个非常创新的任务场景结合了"警戒状态"任务和彗星环境多点探测的挑战：当航天器 A（主航

[1] 动态新彗星是天文学术语，用来描述那些最近进入到太阳系并被人类首次观测、具有较短周期且轨道可能受到引力影响而改变的天体。例如，"哈雷彗星"就是个著名的动态新彗星，每隔约 76 年回归一次，每次哈雷彗星都会靠近地球附近，并成为可见光谱上明亮而壮观的天体。然而，在其接近地球之前和之后，哈雷彗星将继续沿着其椭圆形轨道围绕太阳运行。

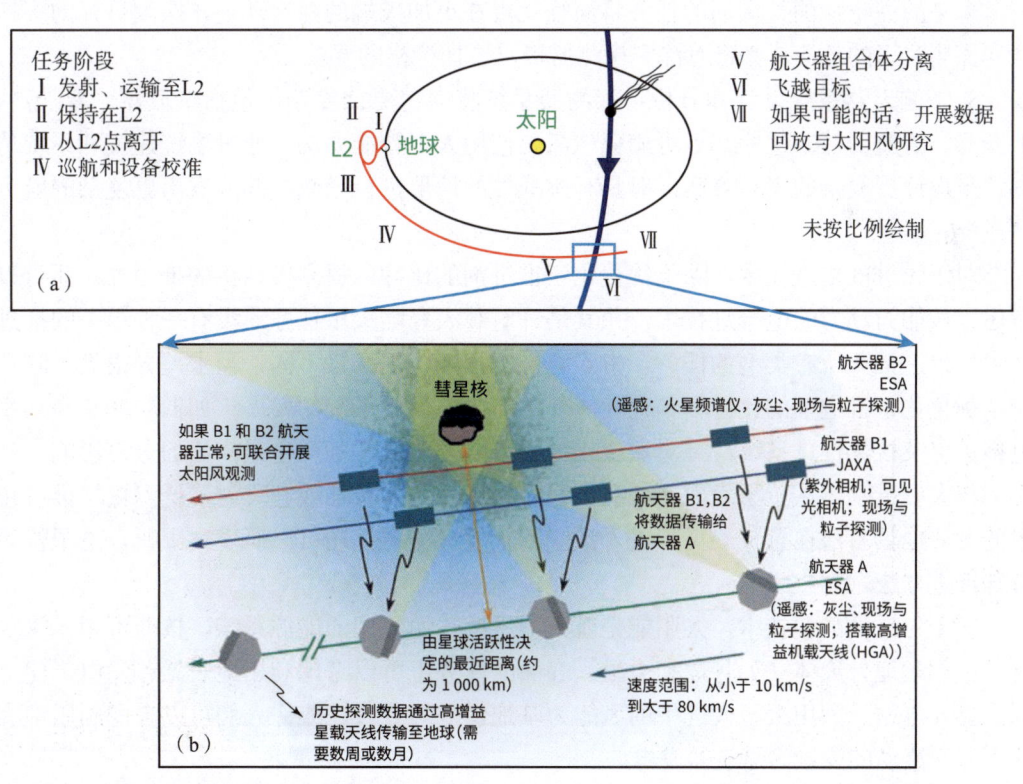

图 5-8 ESA 彗星拦截器对动态新彗星的任务概况

注：（a）与彗星相遇的任务计划：首先，停在 L2 拉格朗日点的 Halo 轨道上，等待探测其目标并在近地相遇轨道日心轨道上插入；（b）三平台与彗星相遇的场景。

第 5 章　行星探测的关键技术　277

天器，由 ESA 研制）在太阳风中以彗星上游约 1 000 km 的安全距离处通过，并作为其他两个平台的数据中继卫星时，航天器 B1（由 JAXA 研制）以高生存概率访问内彗发，而航天器 B2（由 ESA 研制）的目标是与彗核相遇，在传回靠近彗核的近距离图像和其他数据后，很有可能被摧毁。

该任务提供了复杂任务体系架构的完美案例，在这种情况下结合了"警戒状态"任务和多平台探测系统的优势和挑战。

有些事件，如长周期彗星或星际小行星的来访，本质上是不可预测的，但仍然可以为研究提供科学上令人信服的可能性（参见第 4 章中的讨论）。如上一章所述，ΔV 的考虑适用于这些机会目标。然而，由于这些目标通常会大大超出黄道平面，因此预算量既庞大又不可预测。不过，所需的有效载荷本身可能不是很大或要求不是很高，因为在这个阶段长时间会合或着陆的机会非常渺茫。无论如何，这是一个明确的任务案例，表明消耗型微型卫星可能会显著地提高航天飞行任务的科学性。

5.4 到达并返回的系统级技术

5.4.1 简介

未来的深空探测长周期的任务将面临比现在更加极端的深空环境，探测目标的多样性和探测时间的延长，必将对深空探测器提出更加严格的要求。

对于航天器系统设计和分析，探测器系统将变得更加复杂，包括轨道器、着陆器、上升器、潜航器等。这些都不可避免地需要使用人工智能方法，通过系统建模和系统仿真，来设计更复杂的飞行方案，对具有挑战性的地形进行导航，并开发出更复杂的航天器系统方案。

对于先进的推进技术，除了优化化学推进剂的比冲以提高发动机的推力外，还可以考虑以核能为动力的电推进技术，尤其是针对载人登陆火星任务。没有一种单一的推进技术可以造福于所有类型的任务，由于它们的预期应用场景不同，需求差异很大。除了持续优化化学推进剂的比冲和其他性能外，非化学推进系统的发展，如低功率和高功率电推进以及核热推进系统，将对实现或增强不同类型的任务产生最广泛的全面影响。当必须将大质量物体从行星表面（如载人登陆火星任务）着陆或起飞时，低温化学推进技术的发展也具有潜在意义。对于进入深空的小型探测器，还可以研发太阳帆、电子帆等特殊推进方法。

对于先进的能源技术，太阳能是航天器系统普遍使用的能源系统，核能可用于深空飞行。探索地外天体（如月球和火星）表面的任务也可以考虑利用地表温差发电、建立太阳能发电站、利用火星大气中的风能为基地供电等方式。或许人们可以考虑利用地表冰下海洋流动的能量为潜航器发电。

对于导航、通信和控制技术，可以在航天器或地面系统上改进通信技术，其目标都是增加从航天器接收到的功率，从而提高数据率。应大力发展自主导航技术，由于深空探测任务将越来越依赖天文导航，航天器的自主性以及自主控制和健康管理都非常重要。

最后，为了提高深空探测器的智能化，需要大力发展先进的计算能力，如大数据挖掘、云计算、专家知识系统等技术，提高深空探测器的自主在线处理能力。

5.4.2 航天器系统设计与分析

根据任务的科学目标需求，航天器系统设计与分析主要包括规划相应的飞行模式和飞行方案，确定任务体系架构和任务运行场景，完成各航天器的系统功能和方案设计。随着探测目的地的扩大和增加，探测任务的类型将变得更加复杂和多样化。

传统的系统工程（Traditional System Engineening，TSE）设计是基于一种文档格式，该格式负责系统、子系统、设备和仪器之间的信息交换及接口需求管理。然而，TSE 设计显然无法满足未来任务日益复杂的要求。随着航天器日益增加的类型、规模和复杂性，以及不同航天器之间的接口变得越来越复杂，信息管理的难度也越来越大。因此，基于文档的管理需求转变为基于数字模型的系统工程设计方法，简称基于模型的系统工程（Model-Based System Engineening，MBSE），可用于构建基于不同探测目的地的任务模型，生成基于不同飞行模式的产品模型、基于不同体系架构产品的成本模型、基于不同技术成熟度等级的风险模型等。

随着深空探测科学技术的发展，航天器设计和分析方法应该变得更加规范、详细和易于使用。云架构的发展有助于推动航天器设计和分析方法的进步，借助复杂的模拟仿真和人工智能技术的广泛应用，未来的航天器设计将实现更高的性能和设计创新。

5.4.3 先进的电推进

电推进已被应用于数百颗卫星和航天器，这是一个不断发展的过程。因此，2018 年 10 月发射的由 ESA/JAXA 研发的"比皮科伦坡"水星探测任务依赖星际巡航阶段中的电推进，使用 4 个网格离子发动机（Gridded Ion Engine）。

在过去几年中，太阳能发电系统的进步增加了星载可用能源的总量，将 50 kW 或更高功率的电推进系统应用于轨道转移正在变成现实。航天电子元器件变得如此坚固，以至于卫星可以在更长的时间内通过范·艾伦辐射带（Van Allen），从而使电推进可应用于轨道抬升。同时，还需要低功率（1~500 W）电推进系统，以应对爆炸性和破坏性增长的小卫星市场的需要，所需推力水平是微牛级。这种趋势是通过极端成本降低和使用标准化的立方星技术进行大规模生产来推动发展的，是以牺牲质量和长寿命为代价的。

几种不同类型的电推进系统已在太空中使用，包括电热推进器（电弧喷射和电阻喷射）、静电推进器（网格离子发动机、霍尔推进器和电喷雾以及实验性磁等离子体装置）。在这些推进器之间，一些能够提供更高的推力，另一些能够提供更高的比冲，因此它们不是直接的竞争对手而是互补的产品。

研发大型航天器和行星际探测器的近期挑战是开发出长寿命、高功率的推进器（>10 kW）。最近已开发出了 20 kW 的霍尔推进器，并且正在开发一种嵌套通道霍尔推进器[1]（Nested-Channel Hall Thruster），目标是在 100 kW 以上运行。除了高推力水平外，双模式能力也与优化任务配置相关。电推进的另一个关键目标是确定氙气以外的替代推进剂，以降低电推进的总成本，同时延长任务持续时间，并提高可靠性。

尽管像霍尔推进器这样的产品自 20 世纪 60 年代发明以来已经得到了广泛研究，但与推进器性能和寿命直接相关的几种等离子体过程仍然知之甚少。今天，霍尔推进器的设计和开发仍然是依靠半经验性主义的，需要长期且昂贵的寿命测试。有必要更好地了解发生在霍尔推进器核心的复杂磁化等离子体中发生的关键等离子体过程，例如，电子传输、与推力器结构的相互作用和侵蚀，以及解决替代推进剂的问题。人们还需要更好地理解霍尔推进器真实结构中的等离子体，开发用于模拟此类问题的三维数值工具，并将其提供给行业，使用这些工具来提高现有产品的效率。这将为未来电推进器设计的突破奠定基础。最后，另一个关键点是地面测试设施效应对性能的影响。

5.4.4　先进的能源

5.4.4.1　介绍

许多航天机构的科学和无人探测规划都包括未来的探测外太阳系行星任务，以及使用行星着陆器和星球车的任务。对于这些任务，核动力能源是一项关键核心技术。人们还普遍承认，人类在火星上的长期可持续存在需要核能，可能还需核反应堆，尽管地热能发电已被建议作为长期解决方案。

本书的目的不是对太空中的核能进行全面介绍，我们主要考虑在 2061 年前有哪些任务需要取得突破。

区分为航天器提供星载能源的系统和提供推进动力的系统是也很重要的。在本节中，我们只讨论前者，但很明显，能源产生和存储系统也与某些推进方法有关，如离子驱动。

5.4.4.2　传统太阳能发电

利用太阳能发电是在太阳系探测任务的优秀且成熟的解决方案，但在木星往外，显然需要不同的技术。ESA 的"罗塞塔"探测任务需要面积 64 m² 的太阳能电池阵列才能到达 5 AU 的距离。在存在大气和/或尘埃的地方，即使是存在白天的能源情况也可能无法预测。在火星沙尘暴中，已测量到大于 4 的光学深度[2]（Optical Depth），这相当于地球轨道上

---

[1] 嵌套通道霍尔推进器是指一种电推进器，它利用磁场和离子来产生推力。这种电推进器的特点是在其内部有多个通道，每个通道都包含一个独立的阴极和阳极。当气体被注入这些通道中时，通过加热和电离作用将气体转化为等离子体，并且由于阴极上施加了高压电场，在等离子体中形成了强大的静电场。这个静电场会加速带正电荷的粒子（即离子），从而产生向后方向的推力。

[2] 光学深度是描述介质对光线吸收和散射程度的一个参数，通常用来衡量大气层中空气、水汽等物质对太阳辐射的影响。当光线穿过介质时，会被吸收或者散射掉一部分能量，导致其强度减弱。而光学深度就是这个过程中单位长度内能量损失的比例。例如，在雾霾天气下，由于空气中悬浮着许多细小颗粒物（如 PM2.5），它们会使太阳辐射在穿过大气层时受到更多阻碍和反射，从而导致在地面上看不清楚远处景象。此时我们可以通过测量光学深度来评估雾霾天气严重程度，并采取相应措施保护健康。

太阳能量的 1/10。

在旋转的行星上，太阳提供的能量是周期性的，太阳能必须储存在需要夜间使用的地方。事实上，在靠近太阳的地方，具备太阳能发电机和可充电电池通常就足够了。目前太阳能电池的发展速度很快，如图 5-9 所示。而且，未来几年里，太阳能发电装置的功率 / 质量比和二次电池的能量 / 质量比将有很大的提高。表 5-3 列出了当前和预期的可用存储密度。

表 5-3 当前和预期的可用存储密度

50 W·h/kg	目前在地球同步轨道上飞行一颗通信卫星
150 W·h/kg	采用新型薄膜和柔性技术
170 W·h/kg	当今的太空锂离子电池
220 W·h/kg	已在产（<5 年）
350 W·h/kg	锂离子电池陆地研发增长的预期投入

通过使用新的化学物质，如锂硫，甚至可以获得更高的存储密度。然而，这些最终都受到化学键强度的限制，化学键强度不超过几个电子伏（eV）。虽然目前能量存储密度很容易达到 10^3 W·h/kg，但 10^4 W·h/kg 似乎代表了物理限制，燃料电池中存储的能量受到相同的化学限制。表 5-4 总结了选定行星相对于地球轨道上可用的太阳能相对比率。

表 5-4 选定行星相对于地球轨道上可用的太阳能相对比率

行星	相对于地球太阳能功率的比率	W/m²	备注
火星	25%	312.5	注意：火星大气沙尘暴会使太阳能能源减少到地球的 10%
木星	4%	50	
土星	1%	12.5	
天王星	0.25%	3	
海王星	0.1%	1	

注：相对于地球太阳能功率的比率（列 2）和 W/m²（列 3），这些数字来源于行星大气层的顶端。火星的大气有时会因为悬浮尘埃，从而表现为很高的不透明度。

然而，ESA 领导的木星冰卫星探测 JUICE 任务携带的面积约 64 m² 太阳能电池板，似乎暗示了一个现实的工程上限。太阳能发电效率已经被提高到了约 30%，因此土星探测任务需要不同的技术，而且在未来是必不可少的。

相比之下，放射性同位素热电式发电机（Radioisotope Thermoeleatric Generator，RTG）可以提供约 10^5 W·h/kg 的能量，空间核反应堆提供约 10^6 W·h/kg 的能量。由于目前用于太空的高质量太阳能电池已经超过 30%，很明显，除了木星或土星探测任务

图 5-9 太阳能电池的发展进展

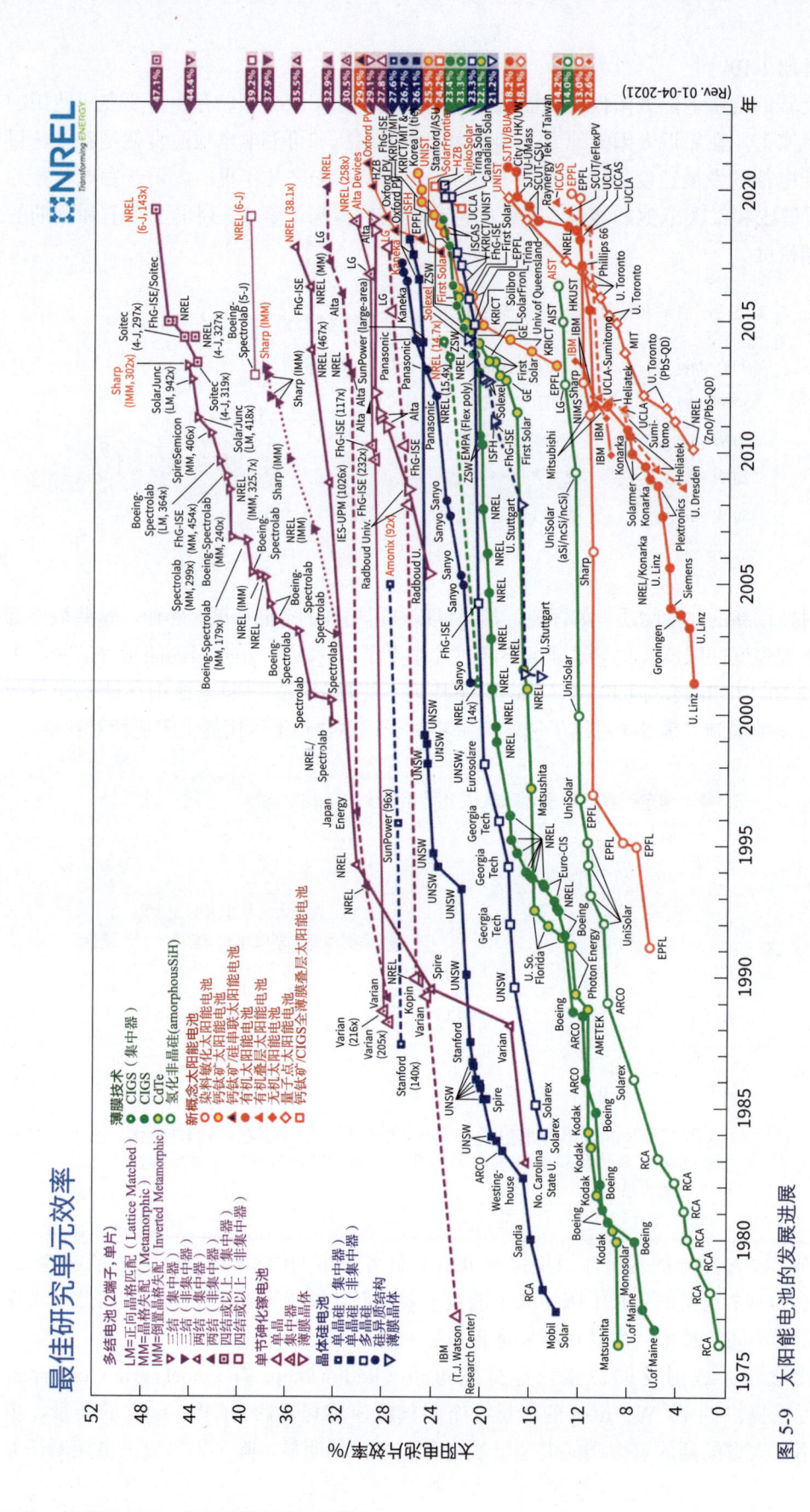

之外，太阳系外行星探测任务需要更高效的能源来源，仅对电池产品和能源技术进行改进是远远不够的。目前看来核能似乎是剩下的唯一选择。

5.4.4.3 太空中的核电

可用于太空的两种主要核能源系统（Nuclear Power System，NPS）技术为以下两种。

（1）使用同位素电源（Isotopic Power Source）产生热量又称放射性同位素热源装置（Radioisotope Heater Unit，RHU）。放射性同位素能源系统还可以通过 RTG 斯特林发动机系统为离子推进和类似应用提供低水平的能源。

（2）核反应堆系统（Nuclear Reactor System，NRS）也可用于上述两种情况，并且通常可以为热源装置提供更大的功率。然而，它们本质上很重，提供的背景辐射可能淹没测量系统，并造成相当大的安全问题。

核动力系统在太空中的主要应用可分为三类。

（1）行星着陆器和星球车（使用 RHU 为动力）。

（2）外太阳系和深空探索（使用 RHU 和 RTG 为动力）。

（3）核能电推进（使用 NRS 和 RTG 为动力）。

5.4.4.4 适合太空任务使用的同位素

在屏蔽质量不算什么大问题的地面应用任务中，^{90}Sr 一直是 RTG 的首选同位素。考虑到现代辐射安全标准的要求，有必要对屏蔽需求进行量化评估，以确定 ^{90}Sr 是否可在具有有效功率与质量比的航天任务中使用。表 5-5 列出了可能适用于航天器的衰变—热核电系统的同位素。

表 5-5 可能适用于航天器的衰变——热核电系统的同位素

同位素	半衰期	比功率/（Wt·g^{-1}）	衰变模式和辐射发射	适合的化学形式(s)	生产路线和可用性
钚-238（^{238}Pu）	88 年	0.568	α 来自海绵裂变和（α, n）的部分中子	PuO$_2$ Pu$_2$C$_3$	来自 ^{237}Np 或 ^{241}Am 的反应或辐照。世界供应几乎耗尽
镅-241（^{241}Am）	433 年	0.115	α 来自海绵裂变和（α, n）的部分中子。显著的软 γ 射线	AmO$_2$	从老化的反应器级钚（Pu）中进行化学分离（在法国的民用后处理作业中进行）
锶-90（^{90}Sr）	29 年	0.935	β 从 β 屏蔽产生的增强型韧致辐射光子	SrTiO$_3$ Sro SrZrO$_3$	裂变产物有可能从核后处理厂获得
钋-210（^{210}Po）	138 天	144	α 来自（α, n）的部分中子	HgPo PbPo Po	铋（^{209}Bi）的反应堆辐照可用性极小。包含在此表中仅由于曾有过太空应用
铈-144（^{144}Ce）	285 天	25.5	β 与 γ，主要在 134 keV。β 屏蔽产生的韧致辐射光子	CeO	裂变产物有可能从核后处理厂获得
氚（^{3}H）	12.3 年	基本元素：0.326 LiH 形式：0.098	β 从 β 屏蔽产生的增强型韧致辐射光子	LiH	锂（^{6}Li）的反应堆辐照

从技术上讲，钚-238（^{238}Pu）是除短周期空间任务外最好的放射性同位素热源。然而，^{238}Pu 仅占标准反应堆级钚的百分之几，并且无法分离。因此，它必须通过在核反应堆中辐照其他锕系元素（通常为 ^{237}Np），然后通过化学提纯来特殊制造。这意味着它非常昂贵，而且全球供应量极为有限。美国已表示打算在未来重新启动 ^{238}Pu 的生产，但一直拒绝出口这种材料。据了解，俄罗斯 ^{238}Pu 的生产也已经结束，所以现有库存十分有限。

因此，尽管目前几乎所有的 RTG 任务应用都使用 ^{238}Pu，但 ^{238}Pu 的生产过程是多阶段的，包括反应堆辐照，其成本极高，并存在着重大的安全和安保隐患。

ESA 已经为欧洲的航天企业生产 ^{238}Pu 给出了粗略量级估算成本数据，并发现它超出了实际负担能力的限度。ExoMars 将使用俄罗斯的 RHU 对火星车和着陆器静态模块进行热控制，因此，这将是欧洲领导（并发射）的第一个使用核能源系统（NPS）的任务。由于 RHU 是空间核能源系统中最简单的形式，并且仅包含少量放射性同位素燃料，ExoMars 采用的技术途径是欧洲迈出的第一步，并引发了关于是否可以在未来的欧洲行星探测任务中使用更复杂的放射性同位素能源的辩论。

另一种选择可能是基于镅-241（^{241}Am）的新技术。^{241}Am 从未被用作放射性同位素热源，可能是因为它的功率输出仅为 ^{238}Pu 的 20%～25%（取决于化合物的具体情况、纯度等）。然而，它是一种 α 衰变同位素 [1]（Alpha-Decaying Isotope），只有少量低能伽马输出，在欧洲作为核燃料再生循环的多余副产品，如图 5-10 所示。在将混合钚同位素与核废料的其他成分中进

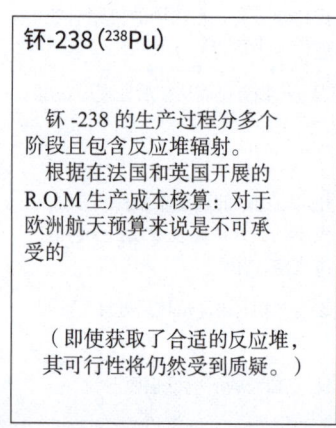

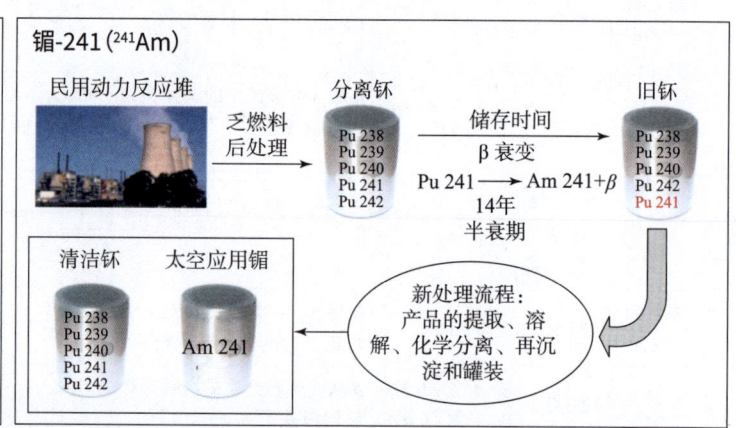

[1] α 衰变同位素是指一种放射性同位素，它通过 α 衰变释放出一个氦离子（即 α 粒子）来稳定自身。这种同位素通常具有较高的原子质量和能量，并且在核反应、医学诊断和治疗等领域中被广泛应用。例如，铀-238 就是一种常见的 α 衰变同位素。它可以通过不断地经历 α 衰变过程转化为其他元素，最终稳定成钍-234。此外，在核电站中使用的铀燃料也含有大量的铀-235 同位素，也会发生 α 衰变并释放出大量能量。

钚-238（^{238}Pu）

钚-238 的生产过程分多个阶段且包含反应堆辐射。根据在法国和英国开展的 R.O.M 生产成本核算：对于欧洲航天预算来说是不可承受的

（即使获取了合适的反应堆，其可行性将仍然受到质疑。）

镅-241（^{241}Am）

民用动力反应堆 → 乏燃料后处理 → 分离钚（Pu 238, Pu 239, Pu 240, Pu 241, Pu 242） → 储存时间 β 衰变 Pu 241 → Am 241+β 14年 半衰期 → 旧钚（Pu 238, Pu 239, Pu 240, Pu 242, Pu 241）

清洁钚（Pu 238, Pu 239, Pu 240, Pu 241, Pu 242） 太空应用镅（Am 241） ← 新处理流程：产品的提取、溶解、化学分离、再沉淀和罐装

图 5-10 ^{238}Pu 和 ^{241}Am 同位素生产方式的比较

行化学分离之后，钚通常以 PuO_2 的形式储存。在储存期间，^{241}Pu 衰变为 ^{241}Am，半衰期为 14 年。因此，^{241}Am 被称为在钚中"成长"。随后可以使用化学处理技术在净化循环中提取镅。民用核电反应堆的废物被分离出来，以生产洁净的钚和镅供航天任务使用。

请注意，^{241}Am 活性较低，其比功率约为 ^{238}Pu 的 1/4。

图 5-11 显示了以自然衰变作为能源的主要同位素所产生的功率的比较，以及 ^{241}Am 与其他同位素在低功率的比较。鉴于 ^{238}Pu 的可用性受到严格限制，使用 ^{241}Am 需要进一步调查研究，特别是是否需要欧洲的自主 NPS 能力，而 ^{238}Pu 仍然无法获得或价格高昂得令人望而却步。对于外太阳系的探测任务尤其如此。但值得注意的是，尽管历史上基于 ^{238}Pu 的外太阳系探测任务可用功率远低于 ^{238}Pu，但在现代标准下非常耗电，因此到 2061 年，我们可以期待更高的效率。然而，离太阳和地球距离越远，遥测和热控问题就越严重。

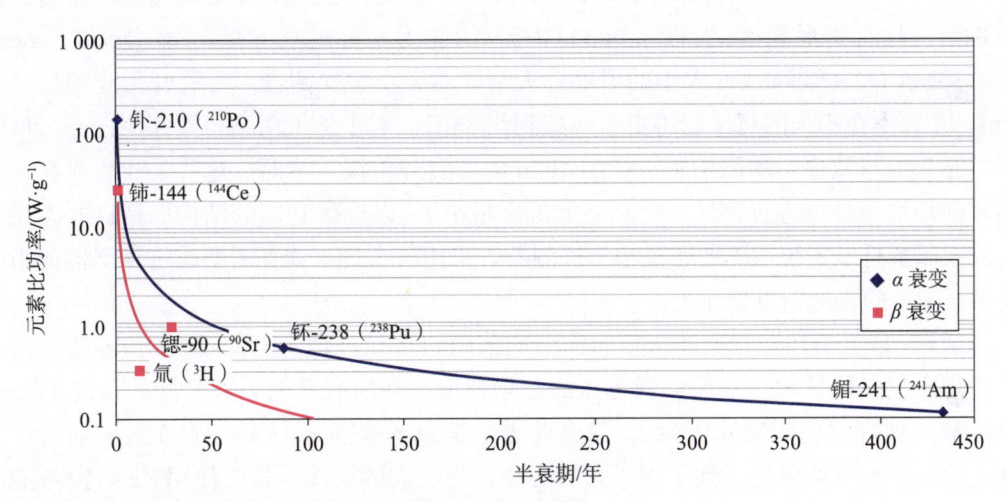

图 5-11 可能应用于航天任务的同位素的功率与半衰期

5.4.4.5 结论

目前，能源供应仍是未来长期深空探测任务的主要瓶颈。很明显，某种技术突破或与目前政策相关的政治局势的变化紧密相关，对于提供所需的解决方案至关重要。

5.4.5 面向未来的深空导航与通信

5.4.5.1 简介

地面与行星探测任务之间的通信至关重要，以便向探测器发送指令和更新信息，这样它们就可以进行所需的测量，传输数据及发现数据。行星探测任务的导航系统使探测器能够到达其预定目标。

5.4.5.2 代表性任务

我们将两类任务作为具有代表性和要求最高的任务——外太阳系行星系统探测任务和使用小型探测器的探测任务。目标和目的可以是多种多样的，从进行外太阳系行星系统的探测之旅（例如，"卡西尼"未来的冰质巨行星任务概念）到对特定天体的详细探测（如木星冰卫星探测（JUICE）任务、土卫六上的 Dragonfly 任务，探索两颗小行星的 Janus 概念性任务），但这两类探测任务都面临一个共同的技术挑战，即它们的功率有限，而且通常质量有限。

5.4.5.3 关键技术：现状和未来所需的能力

对于深空通信，为了提高探测器的接收功率从而提高数据速率，可以在探测器上或对地面系统进行改进，我们考虑了对这两者改进的具体措施。

探测器的天线：更大的天线可以将更多的能量集中在地面系统上，从而实现更高的数据速率；在其他条件相同的情况下，天线直径增加 3 倍，数据速率增加 9 倍。目前外太阳系行星探测器的标准是直径 2 m 的单片天线，工作在 X 波段无线电频谱（约 8 GHz），具有扩展至 Ka 波段（约 32 GHz）的能力。火星立方星一号（Mars Cubesat One，MarCO）携带 0.5 m 大小的可展开天线。对于小型探测器，可展开天线的尺寸为 1 m，并有望在不久的将来变得更大（达到约 3 m）。对于外太阳系行星探测任务，可能采用已为地球轨道卫星研发的直径为 10 m 的可展开天线。然而，这些天线需要在太阳系外的环境条件下进行测试（特别是低温环境下），以确保它们的结构保持良好。无论是外太阳系行星系统探测器还是小型探测器，采用较大的天线都需要改进探测器的指向能力。未来的光通信更是如此。

频率：如上所述，当前的深空通信标准采用的是 X 波段。然而切换到 Ka 波段也可以实现更集中的传输，从而实现更高的数据速率。在所有其他条件相同的情况下，Ka 波段和 X 波段之间的频率比为 4，这意味着数据速率提高了 16 倍，在实践中通常低于理论值，但数据速率仍得到了相当大的提高。与更大的天线一样，使用 Ka 波段可能需要改进探测器的指向精度。当然这个转换只有在探测器和地面系统都采用 Ka 波段时才有用，NASA 的 DSN 和 ESA 的深空天线（Deep Space Antenna，DSA）中都有多个天线，能够在 Ka 波段进行发射和接收。

功率效率：鉴于通常探测器功率都有限，更有效地利用可用功率可将数据速率提高。当前系统采用行波管放大器（Traveling-Wave Tube Amplifier，TWTA），虽然功率效率为 50%，但也有些脆弱且体积大。用于地面应用的氮化镓（GaN）固态放大器已经取得了长足的进步，并且氮化镓放大器有望比 TWTA 更坚固、体积更小。然而，氮化镓放大器的功率效率还无法与 TWTA 相媲美，而研发功率效率与 TWTA 相当或更好的氮化镓放大器，可以在所有类型的任务中产生效益。

地面系统：为了接收远距离探测器发送的微弱信号，使用配备低温微波接收器的大型天线（直径为 34 m、35 m 和 70 m），低温微波接收器已经在量子极限附近运行。如上所述，尽管 DSN 和 DSA 都配备了多个 Ka 波段天线，目前仍在建造额外的天线。额外的天线对所有任务都有好处，对未来几十年内可能会出现的更多的使用小型探测器的任务尤其有用。对于外太阳系探测任务，可以将多个天线排列在一起，从而进一步提高接收功率和数据速率，这项技术在"旅行者号"和"新视野号"任务中曾多次使用。一个可能的前进方向是继续增加天线，并考虑使用直径稍小的天线，以便在处理小型探测器和安排更多任务时灵活使用。

采用深空导航技术已经使火星立方星一号（MarCO）这类的小型探测器能够在内太阳系航行，并在外太阳系进行引人注目的飞越（"旅行者号"探测器与天王星和海王星相遇，"卡西尼"飞越土卫二，"新视野号"飞越冥王星-冥卫系统）。有些相关领域的改进是可行的。

提高时钟精度：导航和授时具有悠久的历史。目前标准的深空时钟是超稳定振荡器（USO），在 1 000 s 内实现 10^{-13} 的 Allen 偏差。原子和离子钟，如深空原子钟（Deep Space Atomic Clock，DSAC），目前正在一个技术演示任务中飞行，可实现高达 2 个数量级的精度提升。这种精度的提升不仅提高了定轨精度，而且使探测器能够进行更长时间的无人看管或自主运行。

自主导航：通过使用信标，探测器可以自主定轨。这些信标可以是恒星、具有明确轨道的小行星，或者在外太阳系行星系统中可以是行星本身的卫星。在上述情况下，都需要精确的天体测量，但 ESA 的"盖亚"任务正在为所有这些信标的天体测量精度提供巨大改进。由于远距离所需光信号传播时间长，在外太阳系需要自主导航，随着小型探测器数量的增加，自主导航可能变得越来越重要。自主导航技术的使用已经在"深空1号"（Deep Space 1）上进行了有限的演示，但仍需要持续时间更长的演示验证。

5.4.5.4 关于未来发展的主要结论和建议

在许多任务中，这些与深空通信和导航相关的各种技术要素都在开发或演示中。从现在起到 2061 年，将有足够的机会将这些新技术融入任务应用中。

5.4.6 自主控制与健康管理

5.4.6.1 简介

人机联合探测使过去数十年的太空探索成为可能，但要实现"地平线 2061"项目中提出的典型代表性任务，未来的探测器系统必须越来越自主，从而使对迄今为止仍然无法进入的区域进行科学探索成为可能。通过允许更好、更可靠地利用观测时间、捕获不可预测的令人感兴趣的外源性事件，以及对星载数据进行分类和优先排序，可以更好地利用有限的下行链路资源，在提高自主性的同时提高科学数据的质量和产量。

通信是所有自主运行问题的核心，因为从根本上说，自主是将决策能力转移到机器代理上。这种责任转移改变了人类航天员与使用的自主系统之间信息传递的性质，它也是解决高度自主化系统的可解释性和信任挑战的核心。无论我们计划部署何种类型的自主系统，存在的一个共同问题是如何确定这些系统中成员之间的正确通信，以及如何确定这些系统与其操作者之间的正确通信。从操作者到自主系统的意图指令是否明确传递，以及这些系统解释并做出选择的能力，是构建可信的自主系统的关键。

5.4.6.2　代表性任务的需求

自主系统将成为未来科学任务成功的一个越来越重要的方面。它是一种既可以增强又可以实现的新科学任务的工具，特别是当与执行先验计划相关的不确定性很高时，需要应用自主权。当不确定性较低时，可以制定和应用先验计划，并确信它们将按预期完成。然而，当计划执行的不确定性增加时，通常是由于环境或系统的动态性，加上有限的沟通机会和带宽，必须将目标、目的和策略转移到系统中，以确保对成功完成任务有高度信心。

在一些代表性任务中，自主性是一项关键技术。自主性的应用设想如下所述。

(1) 未来的巨型天文观测站：像宜居系外太阳系行星天文台（HabEx）这样的任务将应用自主和健康管理来保持观测寿命、防止观测中断、维护安全、减少必要的下行链路带宽以及控制遮星罩。

(2) 地月系统任务：提议中的 NASA "无畏号"（Intrepid）星球车需要更高的自主性水平才能实现任务的科学目标（在4年内行驶1 800 km）。这需要在自主地面导航、计划和安全驾驶以及健康管理方面取得进步，以便在月夜期间保持驾驶能力和生存能力。

(3) 类地行星任务：NASA 和 ESA 的 MSR 任务以及提议中的金星探测等旗舰任务，将以多种方式应用自主。轨道资产必须进行协调，包括采样返回任务的自主集合点，原位资产必须能够在多个地点执行科学任务，在航行期间保持安全，并在时间和资源受限的情况下收集科学信息。

(4) 巨行星系统：对冰质巨行星（天王星、海王星）和海洋世界（土卫二、木卫二等）的探测任务，将采用自主性探测来缓解长时间的通信延迟、带宽限制和与地面管理者之间临时性的操作指令，同时保持长期可靠性，并使表面探索设备在长距离通信延迟情况下仍能够正常运行。

(5) 小天体：由于对天体特性的不完全了解、相遇时的高相对速度以及与地球通信的单向光时长[1]（Long One-Way Light-Time），对星际访客和长周期彗星的探测任务都将面临挑战。此外，进行观测的机会单一且受时间限制，使得计划和健康管理功能必须自主调整观测计划，以适应观测天体的最新状况或观测平台的故障或退化。

---

[1] 单向光时长：字面意思是"长单向光行时间"。在天文学中，光行时间指的是从一个天体到另一个天体所需的时间，这个时间取决于两者之间的距离和光速。而"长单向"则表示只考虑从一个天体到另一个天体的单程距离。例如，在地球上观测太阳系外星球时，由于距离较远，需要花费很长时间才能接收到来自该星球发出的信号；因此，单向光时长可以用来描述这种情况下信息传输所需的时间。

（6）日球层、太阳系、星际探测任务及其他：考虑到通信能力的限制和对环境的了解不足，星际探测任务在自主能力上可能面临最大的挑战。尽管长期任务不可避免地会退化，但这样的任务将需要特别自给自足和自主——能够应对无法预料的情况并继续满足任务目标。

虽然自主系统具有各自独特的方面，但在日益具有自主性系统的部署中，也存在一系列共同的技术挑战。

（1）系统工程方法和工具不足限制了设计和验证自主系统的能力，导致开发耗时过长的问题。

（2）过度依赖前期经验作为降低风险的一种方式，会阻碍采用自主权。

（3）缺乏体系架构，阻碍了最先进的集成控制和机器推理技术。

（4）尚不具备高性能、容错、航天级的计算平台，限制了原本可以利用的技术集。

5.4.6.3 现状和未来所需的能力

为了达到应用水平，工业界必须达到一种可以直接部署系统且对其能力有足够信任的状态。这将通过良好表征的算法和系统行为来实现，并得到开发、验证/确认和操作流程/工具的支持。这些系统将有能力适应环境，始终安全运行，在任何情况下都能完成目标，并不依赖操作者提供的支持。

NASA自主系统能力领导团队将自主技术分为以下几类。

（1）情境和自我意识：对环境的状态和系统的状态进行询问、识别和评估。

（2）推理和行动：分析和评估决策的情况。

（3）协作与互动：两个或多个元素或系统协同工作以实现确定的结果。

（4）工程与诚信：实现自主性所需的设计考虑、事项流程和属性。

所有这些领域的工作都在推进中，目前可用的功能示例：星载规划器（M2020）、地面规划器（如Rosetta）、分布式控制方法（ERGO）、地形分类（M2020）、风险和资源意识控制（MIT）和多智能体移动控制（CARACaS）。

持续的技术开发提供了丰富的解决方案和能力以推动自主技术的应用。在目标导向操作、基于模型的推理和态势感知方面的进步，使操作员和科学家能够专注于目标和监督，而已部署的系统则决定了如何安全地执行其指定的目标。系统工程过程、系统和环境模型以及正式行为规范的开发取得了进展，使更严格的分析和构建正确的设计规范成为可能，从而保证了系统行为。

此外，人工智能和机器学习的进步使星载学习和模型适应成为可能，使自主系统能够在科学任务期间适应各种情况。新的、有前景的技术开发途径包括深度学习系统、基于物理的强化学习、信息最大化测量策略以及能够适应和进化的行为模型的技术。此外，由指定可接受行为的要求驱动的工程实践，尤其是综合和分析功能，将需要发展，以便使用这些技术开发和认证系统。为了满足未来最具挑战性的任务需求，需要探索有前景的领域的进步和额外的技术解决方案，例如，一般问题解决、自动化手段—目标分

[1] 自动化手段—目标分析是指一种计算机程序或系统，通过对问题进行分解和推理来确定达到特定目标所需的步骤和行动。例如，在制造业中，使用自动化手段—目标分析可以帮助确定生产线上每个工作站需要执行哪些任务以实现最高效率；在人工智能领域中，使用自动化手段—目标分析可以帮助机器学习模型更好地理解数据并做出准确的预测。

[2] 自动化假设生成和检查指的是使用计算机程序来自动生成可能的假设，并且对这些假设进行验证和检查，以确定它们是否合理或可行。例如，在医学研究中，科学家可以使用自动化假设生成和检查技术来提出新的治疗方法或药物。他们可以输入已知信息（如病人的年龄、性别、病史等），然后让计算机程序根据这些信息生成可能有效的治疗方案，并对其进行测试和评估。

析[1]（Automated Means-Ends Analysis）和自动化假设生成和检查[2]（Automated Hypothesis Generation and Checking）。

5.4.6.4　关于未来发展的主要结论和建议

自主系统技术的进步将通过扩展未来科学任务的覆盖范围、生产力和鲁棒性来显著增加科学回报，包括识别和利用独特科学观测机会的能力、更好实现目标的方法、削减低影响力的努力、改善资源利用、早期危险规避和综合健康管理。对于未来的任务，先验计划和完全被动的行为通常是不够的。相反，系统需要能够预见未来的可能性并将其与当前的计划和目标联系起来。

该技术领域的未来发展应包括以下几点。

（1）架构标准和模式，以集成和部署最先进的控制及机器推理技术，以及相应的工程进展流程和工具。

（2）系统行为的评估和保证，通过有原则的设计技术和模拟仿真以及形式化方法取得进步。

（3）分布式、基于模型的控制，按频率和范围组织的控制元素，并通过机器学习等数据驱动技术增强这些技术应用。

（4）计划表达性和灵活性的方法，以允许控制元素之间有效传递意图和解释。

（5）将健康管理功能整合到核心的星载规划和执行循环中，包括在这些功能范围内的非正常情况。

5.5　科学平台

5.5.1　简介

预计到 2061 年，用于深空探测任务的科学平台类型的多样性将显著扩大，因为这些平台将需要适应越来越多不同的行星环境。对于所有类型的探测任务，在固体或液体地外天体表面着陆或探测大气环境，EDLA 技术是关键的核心要素。

对于使用载人月球/火星基地的科学任务，如图 5-12 所示，"科学平台"涵盖的内容包括地面移动设备和固定基础设施。行星表面移动设备包括小型货运着陆器、加压或非加压星球车、可持续能源平台、长期居住系统、ISRU 试验工厂、通信塔等，机器人探测智能体、智能仪器和人机协作也将非常重要。

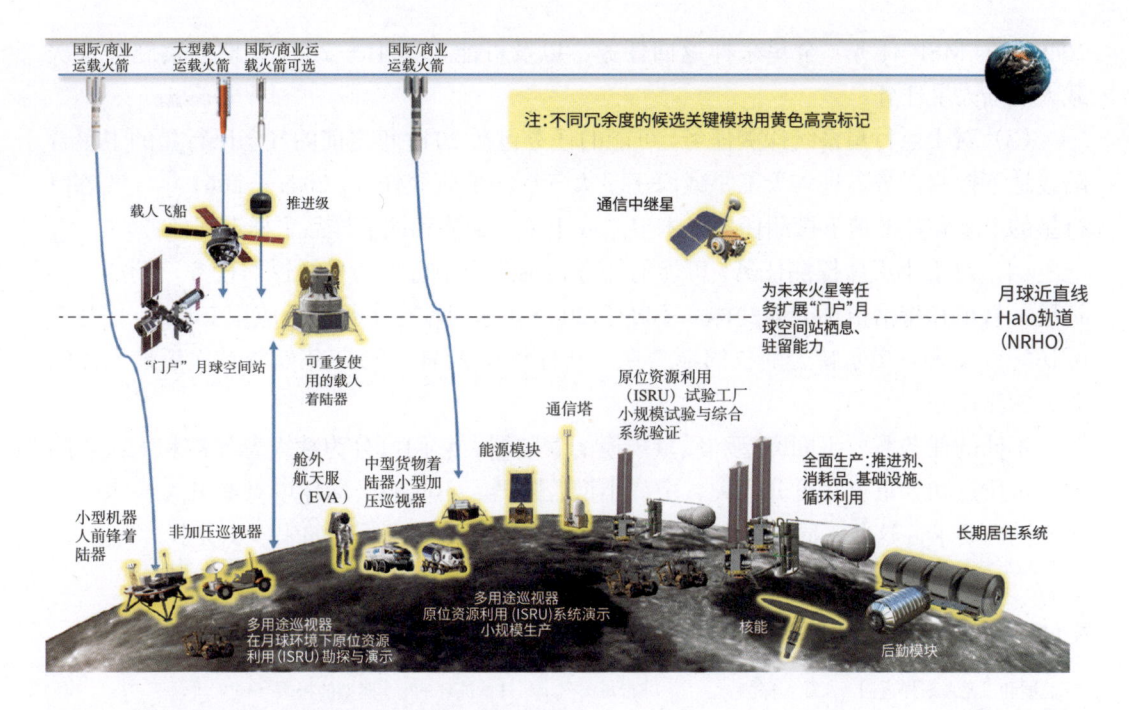

图 5-12 可持续月球探测活动的基础设施和移动平台

5.5.2 EDLA，地表平台，在固体、液体和气体等行星环境中起飞

5.5.2.1 简介

以协调和可持续的方式研发的 EDLA 技术是实现未来广泛应用的任务的关键要素，其中包括无人深空探测任务（例如，月球、火星、金星、巨行星及其卫星、小天体着陆或采样返回任务）和载人月球/火星探测任务。对于不同的行星环境，必须满足不同类型的 EDLA 挑战。从这些不同的探测目的地，以不同的再入速度返回地球都属于 EDLA 技术的范畴。

5.5.2.2 代表性任务的需求

在第 4 章中介绍了需要 EDLA 的不同代表性任务。

（1）对于地月系统探测任务：可能的任务包括到 2040 年为 ISRU 进行小型化、低成本登月任务和大型载人登月任务，2041—2061 年将首次演示基于 ISRU 的生命支持任务和部署国际月球村。然而，在月球上准备开发其资源前仍有许多科学探索工作要做，例如，探索永久阴影区和熔岩管道上的天窗，揭开 45 亿年前月球的演化历史等。月球也是研究太阳风对无大气天体的风化/月球园艺[1]（Lunar Gardening）作用的绝佳实验室。

（2）对于类地行星探测任务：可能的任务包括到

[1] 月球园艺是指由于没有大气层保护，月球表面受到来自太阳风中带电粒子的轰击和辐射。这些粒子会使得岩石表面发生化学反应，并形成一种类似于土壤的物质。这个过程被称为月球园艺，因为它看起来像是有人在月球上耕种了一样。

2040 年的 MSR 任务、金星采样返回任务，以及可能在 2041—2061 年期间实施的首次载人登陆火星任务。

（3）对于巨行星系统探测任务：可能的任务包括 2040 年之前的气态巨行星的卫星着陆或地下探测任务、进入天王星或海王星大气探测的旗舰任务；2041—2061 年，气态巨行星的卫星和环的地下探测任务、木卫二或土卫二羽流和地下样品采样返回任务。

（4）对于小天体探测任务：可能的任务包括主带小行星的采样返回任务，例如，谷神星、彗星和特洛伊小天体的样本不晚于 2040 年返回，在小行星上应用 ISRU、拦截星际访客以及来自奥尔特云的长周期彗星，预计将在 2041—2061 年实施首次近地天体的载人探测任务。

不同的任务需要不同类型和质量规模的着陆器。它们可分为载人着陆器和无人着陆器，按质量和外形尺寸可分为大、中、小型着陆器。不同的极端环境对 EDLA 技术提出了不同的要求。这些不同任务要求与着陆器之间的因果对应关系如表 5-6 所示。

表 5-6　不同任务要求与着陆器之间的因果对应关系

任务类型和极端环境	无人采样返回	载人探测	行星大气	月球或环的着陆或地下探测	典型的极端环境
地月系统	用于月球探测的小型着陆器	用于载人月球探测任务的重型着陆器			地球再入返回速度（11～13 km/s）
类地行星	用于火星或金星探测的小型着陆器	用于载人火星探测任务的重型着陆器	用于火星或金星大气层探测的小型着陆器	用于火星及其卫星的小型着陆器	火星 >8 km/s，地球再入返回 >12 km/s 金星的高压和高温 金星的硫酸云 火星的沙尘暴环境
巨行星系统	用于木卫二或土卫二地下和羽流探测的中小型着陆器		气体巨行星卫星大气层探测的中尺度着陆器	用于气态巨行星的卫星和环的地下探测的小型着陆器	地球再入返回速度（17～20 km/s） 低温 高辐射环境 腐蚀性液体或冰环境
小天体	用于彗星和特洛伊小天体群探测的小型着陆器	用于载人近地天体小行星探测任务的重型着陆器			地球再入返回速度（11～20 km/s） 沙尘或冰雪环境

注：①小型着陆器：质量通常为 0～2 t，特别适用于无人采样返回任务。②中型着陆器：质量通常为 2～10 t，尤其适用于巨行星着陆器任务。③重型着陆器：质量通常为 10～60 t，特别适用于载人着陆探测器任务。

5.5.2.3　现状和未来需要的能力

根据表 5-6 中列出的所需 EDLA 的能力，可以确定所需的关键技术，如图 5-13 所示。

为了从火星、小行星带中的矮行星和巨行星的卫星上采样返回样本，还必须开发一种上升飞行器。为 MSR 而设计的火星上升飞行器是朝着正确方向迈出的一步，但这不是终点。采用大气减缓捕获的着陆技术在土卫六或金星的下降阶段也同样很重要。

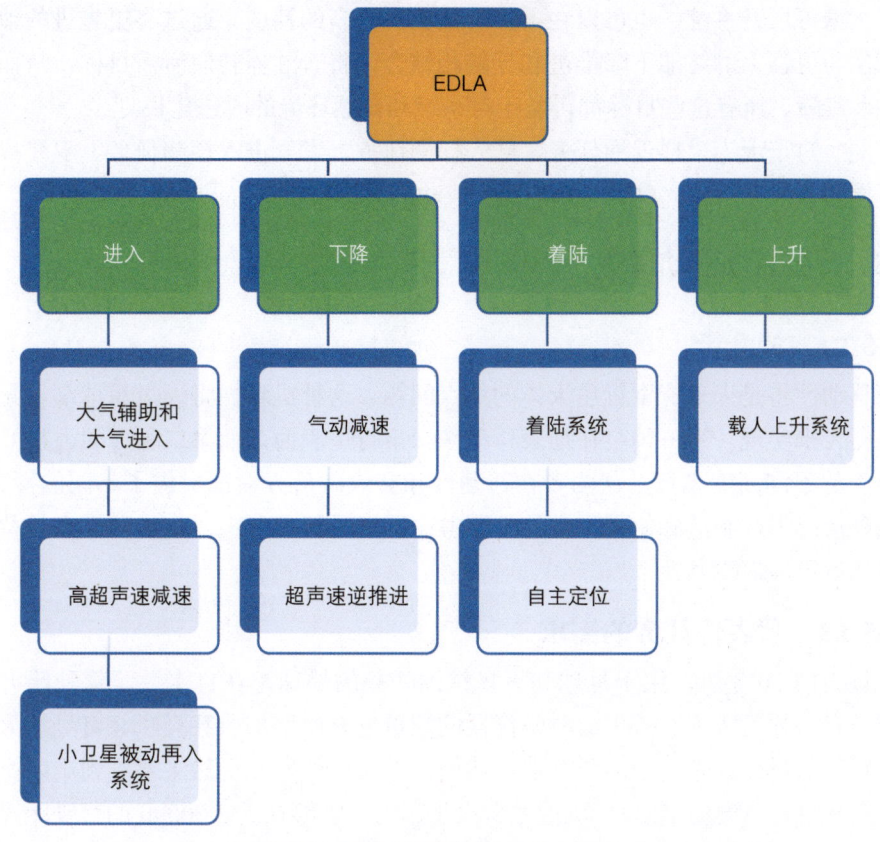

```
                            ┌─────────┐
                            │  EDLA   │
                            └────┬────┘
        ┌──────────────┬─────────┴────────┬──────────────┐
    ┌───┴───┐      ┌───┴───┐          ┌───┴───┐      ┌───┴───┐
    │ 进入  │      │ 下降  │          │ 着陆  │      │ 上升  │
    └───┬───┘      └───┬───┘          └───┬───┘      └───┬───┘
   ┌────┴────┐    ┌────┴────┐        ┌────┴────┐    ┌────┴────┐
   │大气辅助和│    │气动减速 │        │着陆系统 │    │载人上升 │
   │大气进入 │    │         │        │         │    │系统     │
   └────┬────┘    └────┬────┘        └────┬────┘    └─────────┘
   ┌────┴────┐    ┌────┴────┐        ┌────┴────┐
   │高超声速 │    │超声速逆 │        │自主定位 │
   │减速     │    │推进     │        │         │
   └────┬────┘    └─────────┘        └─────────┘
   ┌────┴────┐
   │小卫星被动│
   │再入系统 │
   └─────────┘
```

图 5-13　行星及其卫星表面探测所涉及的不同类型 EDLA 技术

5.5.2.4　关于未来发展的结论和建议

尽管不同任务的要求不同，但 EDLA 技术发展的关键性能特征是着陆质量、可靠性、成本、着陆点海拔和着陆精度。与 EDLA 子系统一样，这些特性也会相互影响。可靠性源于对组件技术的全面测试和分析，如热防护系统、可展开的减速器、着陆危险容忍度和分离系统。可靠性也可以通过增加受控下降的持续时间来提高，例如，通过在早期应用更大的阻力装置，研发精确着陆的技术（依赖先验危险识别的详细场地信息），避免危险和减轻着陆推进终端造成的现场伤害等方法。对于 MSR 等任务，行星保护要求更加强调鲁棒性和可靠性。通过改进模拟仿真和天地外推换算，以及在适用的情况下将高重力着陆系统整合到任务架构中，从而实现低成本。

另外，低重力着陆系统，包括可展开的进入系统，可搭载敏感科学仪器和载人运输系统，从而提供新的和令人兴奋的科学和探测机会。所运载质量的增加或提高可以通过在更具挑战性的环境中使用功能更强大的热保护系统（Thermal Protection System，TPS），在更高速度和更高海拔上应用更大的飞船着陆器、更大的阻力和升力的起飞装置、超声速着陆阶段反向推进，以及采用效率更高的终端下降推进来实现。可以通过 TPS，允许更高进入速度（允许更大范围的目标），通过在下降早期增加阻力来提高高度性能，并以更高的精度增加轨迹范围和横向范围，允许更多的安全着陆地点。更高的控制权限，特别是大型可展开系统，也可以在下降阶段实现更高的精度。通过将更先进的地形传感器和算法与更强大的终端下降推进和导航相结合，将着陆器转向所需目标，从而实现精确着陆和避障。所有这些目标都得益于对系统和自然环境的改进建模。

因此，对于无人采样返回任务、载人探测任务、大气进入探测任务、卫星或环着陆或地下探测等任务而言，EDLA 都是确保成功的关键技术。

5.5.3 行星表面移动探测

5.5.3.1 简介

可移动性将是未来探索行星天体的焦点问题。这种机动性将通过星球车、无人机或跳跃机器人来实现。第一种会在地表移动来探索行星表面，而第二种（无人机）将能够在地表上的不同高度飞行。这两者在移动性和有效载荷方面都提供了不同的探索方案。在这两种情况下，制造和使用平台的主要考虑因素是行程范围以及为科学有效载荷提供的质量和体积运输能力。

5.5.3.2 代表性任务的需求

在过去的 20 年里，用于月球和火星探测任务的星球车在自主性、驾驶能力和行程范围方面有了显著改善，携带的科学仪器的数量也有所增加，甚至"好奇号"火星车使用机械臂能够操作许多近距离传感器。然而，火星车的操作仍然主要受到难以避开障碍物和长距离行进难度的限制。"机遇号"火星车已经能够在近 3 000 m 的行驶距离中自动行驶 1 250 m。然而，在 MSR 任务之后的勘探方案涉及多种仪器的远程机动性，并具有通过险恶地形的能力。前期的火星车需要在远距离范围内自动驾驶，它们收集数据用以规划首次载人火星登陆任务，并用于选择着陆点。一旦开始实施载人探测任务，在任务规划和在舱外活动（EVA）期间，操作中的机器人组件可为航天员提供重要的支持。仔细规划乘员操作可以减少 EVA 期间的暴露时间，而星球车跟随和支持人类航天员将是一个重要的安全因素。

对月球的探测将遵循与火星探测类似的策略。最有可能使用机器人进行在居住系统之外的外部操作。由于月球地形更简单，表面更平坦，导航将更容易。

随着载人火星探测路线图的实施，无人机的使用场景将迅速增加。目前只有一架无人机（称为"机智"（Ingenuity））在"毅力号"任务中飞行。然而，NASA 已选择"蜻蜓"用于土卫六的无人机探测任务，计划于 2026 年发射，并于 2034 年抵达。无人机将成为有大气层行星探测的得力工具。它们具备广泛而多样的用途，从探路者对星球车的简单控制到复杂的地质调查。

5.5.3.3 现状和未来需要的能力

开发星球车地表平台的技术工作被分为两个不同的领域：①增加行驶距离及在粗糙表面和陡坡上导航的能力，同时提高自主避险能力；②提高制导、导航和控制（Guidance, Navigation and Control，GNC）能力，使用更灵活和人工监督的工具，如虚拟现实和增强现实。

目前正在大力实现自主驾驶，这是实现平稳和安全驾驶的必要步骤。然而，人工监督仍然必不可少主要涉及以下几个方面：①在驾驶规划中，特别是那些包括长距离、科学目标和复杂操作的驾驶；②在险恶的地形中驾驶，人工智能工具可能无法注意到细微的路况特征；③自主 GNC 系统无法完全控制星球车的导航和控制系统。

虚拟现实环境可以通过卫星和无人机的高分辨率图像和数字高程模型（Digital Elevation Model，DEM）来构建。初始数据集可以通过星球车本身获得的图像和三维渲染来丰富，从而为远程驾驶规划、稳健制导及控制操作等创建虚拟环境。

目前这些技术已具备并可在地球环境中进行测试，同时已开始用于选择和认证未来探测任务的着陆点。全球已有多个实验室对这种通过虚拟现实进行星球车和无人机导航和控制的方法进行了分析测试，在实际任务中应用这种方法指日可待。

5.5.4 机器人探索智能体、智能仪器和人机协作

5.5.4.1 简介

未来的深空探测任务将表现出比当前更强大的自主决策能力，所有级别的任务都将利用星载飞行软件。

（1）探测感兴趣的科学事件，并自主响应以提高科学回报。

（2）更有效地处理异常情况，以减少停机时间和科学损失。

（3）运行效率更高，当使用的资源偏离预测值时，稳健地处理突发状况。

在某些情况下，多个空间资产将通过空间网络或地面链路自主地协调跨平台的操作，从而实现自主地面协调响应。此外，通过使用地面的自动化技术，将能够加强对运营的监控、异常情况下的自主响应以及快速修改运营计划。此外，增强型决策支持工具还能够提供更好的态势感知和对操作计划的理解。

上述技术可以分为以下几类。

（1）**科学事件探测数据和星载数据分析**，包括所有类型的星载数据分析，以确定来自较低级别数据的结论，包括开展数据科学和机器学习（有监督和无监督）。这些技术可以应用于科学或工程数据。

（2）**状态估计、模式识别和恢复以及集成的飞行器健康管理**，包括理解航天器状态和管理飞行器健康所需的所有类型的技术。

（3）**计划、调度和稳健执行**，包括规划并执行与未来任务活动相关的技术以实现任务目标。

（4）**多智能体协调**，当存在多个空间资产需要完成任务时，由于通信受限/不可靠/通信延迟等因素，需要进行协调以实现任务目标。这种技术的所有方面，都需要多智能体协调。

（5）**人机交互**，包括使人类能够理解上述航天器（或多个航天器）技术以及人工智能软件（可解释人工智能）的行为和状态的方法。

（6）**适应、学习、进化**，包括使上述参考系统能够通过使用人工智能系统学习和更新其活动及天体模型来提高其性能的技术。

5.5.4.2 典型任务的需求

所有未来的任务类别都可以从上述提到的人工智能技术中受益，事实上，如果没有人工智能或自主运行技术，到 2061 年的时间范围内，许多已确定的任务目标可能都是无法实施的。

未来的火星车和提议中的"木卫二着陆"（Europa Lander）探测任务概念（JPL 在 2020 年提出的）等任务与环境有密切的机器人交互，因此在执行时间、任务失败、进度和资源使用情况中存在显著差异。星载调度和灵活执行可以通过调整星载活动以适应各种执行反馈，帮助它们实现任务目标，正如在"火星 2020 毅力号"火星车中已实施以及提议中的在"木卫二着陆"探测任务中表现出来的那样。

未来在极其恶劣和不可预测的环境中执行的任务，例如，木卫二冰下潜航器（Europa Under-Ice Submersible）、土卫二喷射口探索者（Enceladus Vent Explorer）和土卫六直升机（Titan Aerobot）或旋翼机（Rotorcraft），都需要大量的自主决策。按照惯例，轨道飞行器和天文台将从星载和地面自动化中受益。斯皮策空间望远镜已经利用虚拟机器语言[1]（Virtual Machine Language，VML）进行自主控制，来适应在获取导星观测时执行变化，并处理每个运行周期的观测列表，在允许的执行可变性条件下尽可能多地完成它们。地面使用人工智能调度在自动化天文台调度中很常见，尤其是著名的斯皮策空间望远镜，其还计划用于 JWST 和许多其他任务。飞越任务也可以从星载人工智能中受益匪浅。人工智能将使执行飞越任务的航天器能够探测到羽流、表面挥发物、其他表面特征，甚至卫星，并重新定位以进行适当的成像和研究。

然而，必须非常小心，防止那些意外的观测损害科学目标，例如，"乔托"（Giatto）任务中发生的事件。这种方法也与"反向飞越"（Reverse Flyby）任务相关，如观测星际访客或长周期彗星。在这种类型的任务中，航天器会巡航到一个会合点，以观测一个以 40 km/s 或更高的相对速度飞行的天体。与传统飞越探测任务一样，为了有效观测目标，高相对速度需要星载人工智能来探测、跟踪和重新定位。

自主探测 NEO 族群的任务提案中需要一项部署 100 颗立方星或小卫星，同样需要极高的自主运行能力，这样可以避免单独运营 100 艘航天器的成本。

对于目的地更远的如太阳引力透镜（Solar Gravity Lens）、

---

[1] 虚拟机器语言是一种计算机程序设计语言，它的代码不直接在物理硬件上运行，而是通过虚拟机来执行。虚拟机可以模拟出一个完整的计算环境，包含处理器、内存等组件，并且能够解释和执行特定的指令集。例如，Java 语言就使用了虚拟机技术，在编写 Java 程序时先将源代码编译成字节码文件（Class），然后由 Java 虚拟机来解释执行这些字节码文件。这样做的好处是可以实现跨平台运行，因为不同操作系统下都有对应的 Java 虚拟机。

星际介质探测任务或附近恒星探测任务，其任务周期通常可达几十年，往返距离可达数光年，显然需要非常高的自主性。

一个重要的趋势是越来越多地使用大型星座。行星实验室（Planet Lab）和星链（Starlink）项目已获准在地球轨道上发射数千颗卫星。这些类型的星座和航天器集群在行星探测领域有许多应用。随着这些系统的交互越来越复杂，自主性越来越强，通过星际互联网（Interplanetary Internet）将由和多智能体组成的空间基础设施联网，将成为深空探测任务应用的推动者。

依据这些趋势推断出未来任务的概念，包括从依赖更强大的平台到部署敏捷的"子探测器"（Daughtercraft）系统，以探索危险区域，如熔岩管和其他类型的洞穴等。智能协作系统[1]（Intelligent Cooperative System）对于在太空组装大口径望远镜或前哨基地的需求非常有用，这些望远镜对于单次发射来说太大了。目前有许多空间任务应用都需要此类多智能体。此外，系统网络可以共享或提供人工智能或数据科学"服务"，从而实现成本分担或多机构合作任务。对于小型任务而言，当收集到的数据量大于能够下行到地球的数据量时，显著提高现场处理和决策能力对推动任务实施极其有利。

这种人工智能技术已经应用于多航天器无线电干涉任务的设计和评估，同样有助于大型卫星星座的运行。

5.5.4.3 现状和未来所需的能力

上面列出的所有人工智能技术在太空和非太空领域都发展迅速。下面列出了2041—2061年间典型代表性任务的一些最关键的技术需求和发展趋势。

（1）星载科学和工程数据分析。迄今为止，该领域一直使用静态技术，如计算机视觉。此外，机器学习的使用通常是在离线状态下进行的，也就是说，在数据上传前会由地面团队对其进行仔细追踪。这样做可以确保机器学习算法得出的结果准确可靠。未来，使用机器学习将变得更加普遍，扩展到在线学习应用，并额外使用无监督学习技术来处理更多未知情况。由于存在更高的风险（如航天器健康和任务损失），将这些技术应用于工程数据的自动分析已经落后于其在科学数据中的使用。该领域（尤其是仪器处理）是星载计算需求的驱动力。

（2）状态估计、计划、调度和稳健执行，将演变为与特殊目的推理更紧密地联系在一起。目前，大多数调度系统都

---

[1] 智能协作系统是指一种由多个机器人或无人机等设备组成，通过互相合作完成任务的系统。在太空中，由于环境复杂、重力微弱等因素影响，传统方式很难完成这样的任务。而智能协作系统可以根据需要自主调整位置和角度，并且可以高效率、高精度地完成工作。例如，在国际空间站上就使用了多台机器人进行维护和修理工作，它们之间会相互配合以达到更好的效果。如果将这些机器人与其他设备结合起来形成一个完整的智能协作系统，则可以进一步提高其应用价值和可靠性。

关注状态、资源和时间问题。虽然一些系统对几何结构（如覆盖范围）进行推理，例如，"罗塞塔"、空间站上的生态系统热辐射计实验（Ecosystem Thermal Radiometer Experiment on Space Station，ECOSTRESS）、地球表面矿产尘埃源调查（Earth Surface Mineral Dust Source Investigation，EMIT）、NASA-ISRO 联合的合成孔径雷达（NASA-ISRO Synthetic Aperture Radar，NISAR），但这些系统并不普遍。其他研究原型包括空间任务规划和星载实施在内的这些技术将变得更加成熟，使用更加广泛。

（3）多智能体协调在空间应用中尚未得到广泛应用，但随着越来越多的空间资产和集群空间应用任务的出现，将导致多智能体自主性在空间、地面和飞行器方面的部署不断增加，而星际互联网进一步促进了这个趋势。

（4）人机交互。随着人工智能系统在太空中变得越来越普遍，与这些人工智能系统相关的人机交互技术变得越来越重要，人机交互被确定为未来的主要研究课题。

（5）关键技术。飞行计算能力的提升可以增强许多列出的人工智能应用程序，但在仪器数据的星载处理方面尤为突出。雷达、激光雷达和高光谱成像仪等仪器已经产生了每秒千兆位的数据流。通过实时分析这些数据流可以开启一系列人工智能应用，这只有在飞行计算能力取得进步的情况下才有可能实现。目前正在努力实现更强大的计算，包括高通骁龙芯片（Qualcomm Snapdragon）在火星直升机上的应用和英特尔 Myriad 芯片在 FSSCAT 小卫星[1]任务上的应用，未来对星载人工智能的计算需求将继续增长。

随着人工智能成为控制太空任务等高价值资产的主流，对独立的人工智能系统以及包括人工智能在内的整个系统的确认和验证将成为技术投资和成熟孵化的关键领域。未来的人工智能、自动化和自主系统将需要适应、学习和进化，以便在人类甚少接触的未知环境中提供数十年的"延长任务周期的自主运行"，实现数十年内的生存和发展。对星际探测任务来说尤其重要。

5.6 如何驻留和返回

5.6.1 简介

正如全球探索路线图中所述，月球和火星是继国际空间

---

[1] FSSCAT 小卫星由两颗 6U 纳米卫星组成，携带微波有效载荷，L 波段微波辐射计和在软件定义无线电中实现的 GNSS 反射计，以及可见光和近红外、热红外高光谱成像仪，通过 PhiSat-1 进行增强，PhiSat-1 是一种用于云检测的星载人工智能实验。

站之后人类进行太空探索的下一个目的地。

无论是勘查还是进一步利用当地的原位资源（包括挥发性物质、水、金属）去支持长期可持续的探索以实现科学目标，还是为探索更多的目的地做技术验证，预计都需要长期存在的可支持地表探索活动的基础设施。

为了能够在目的地长期生活和工作，并从目的地返回地球，人们需要大量的消耗品。表 5-7 给出了在一个任务周期为 90 天，拥有 6 名乘组人员的月球基地中典型消耗品的投入量和产出量。月球距离地球约 38 万 km，如果从地球上为火星基地供应会更加困难，从地球到火星的发射窗口每两年只有一次。因此，人类必须学会利用目的地的资源来生产氧气、水、食物和建筑材料，以确保人类的长期生存。此外，为了降低发射成本和运载火箭的总质量规模，人类还需要学习如何利用月球或火星的原位资源来生产液氢/液氧和液态甲烷/液氧等推进剂，以便将它们补加至火星上升飞行器，并提供载人重返地球的机会。

为了使载人深空探测能够持续，还需要具备在太空中组装和制造的能力。对于大型航天飞行器（质量超过几十吨），很难通过从地球发射将其送到地月轨道或地月自由转移轨道的进入点。因此，有必要通过空间交会和对接的方式完成大型空间物体的在轨组装。这也使在原位制造成为可能，例如，3D 打印月球基地的建筑材料。此外，为了减少来自地球后勤补给物质的运输规模，发展先进的环境控制和生命支持（Environmental Control and Life Support，ECLS）系统技术，改进物质补给的自闭性，对封闭的航天飞行器和舱外活动同样具有重要意义。先进的 ECLS 技术对航天员的工作效率也有很大影响。

表 5-7　一个任务周期为 90 天，拥有 6 名乘组人员的月球基地中典型消耗品的投入量和产出量

	消耗品	每天人均消耗量 /kg	每年人均消耗量 /kg	占总质量百分比 /%
投入量	氧气	0.83	303	2.7
	食物	0.62	226	2.0
	饮用水	3.56	1 300	11.4
	清洁水	26	9 490	83.9
	总计	31.0	11 400	100
产出量	二氧化碳	1.0	363	3.2
	代谢性固体排出（物）	0.1	36	0.3
	水	30.3	10 950	96.5
	代谢产物/尿液			12.3
	卫生用水			24.7
	清洁水			55.7
	其他			3.6
		31.0	11 400	100

总之，ISRU、在轨组装和制造（In-space Assembly and Manufacturing，IAM）以及先进的 ECLS，是确保人类在地外天体上长期生存和返回能力的关键核心技术。

5.6.2　ISRU

5.6.2.1　简介

为了建立和制造上节所述的基础设施和相关硬件，最大限度地利用目的地原位的物质资源是至关重要的。这将大大节省送往地外天体有效载荷的质量、成本和任务的复杂性，有助于减少对来自地球的货物补给任务的依赖，并通过支持建立和进一步扩大专门的定居点，最终提高地外天体探测活动的可持续性。这就是为什么 ISRU 一直是不断更新和发展的研究和技术开发活动的主题。ISRU 被认为有助于解决未来载人长期探测任务的一系列需求，从提取氧气和水作为推进剂和生命支持的消耗品，再到加工材料用于基础设施建设和在轨制造。中国空间技术研究院提出的载人月球基地的概念设想如图 5-14 所示。

5.6.2.2　典型任务的要求

对于未来的月球和火星的长期载人探测任务，将需要基础设施和补给物资，来支持人类的长期可持续生存。ISRU 在此类任务中的用途包括为航天员提供环境屏蔽，使其免受月球和火星环境的影响，如辐射、微流星体、真空和温度变化，还需要为航天员提供维持生命的消耗品，包括水和氧气。

保护设备和航天员免受带电和磁化腐蚀性月尘的影响将是至关重要的，因为这被认为是"阿波罗"任务期间月球表面活动的最重大挑战之一，这也就意味着要建造保护性掩体或护堤。

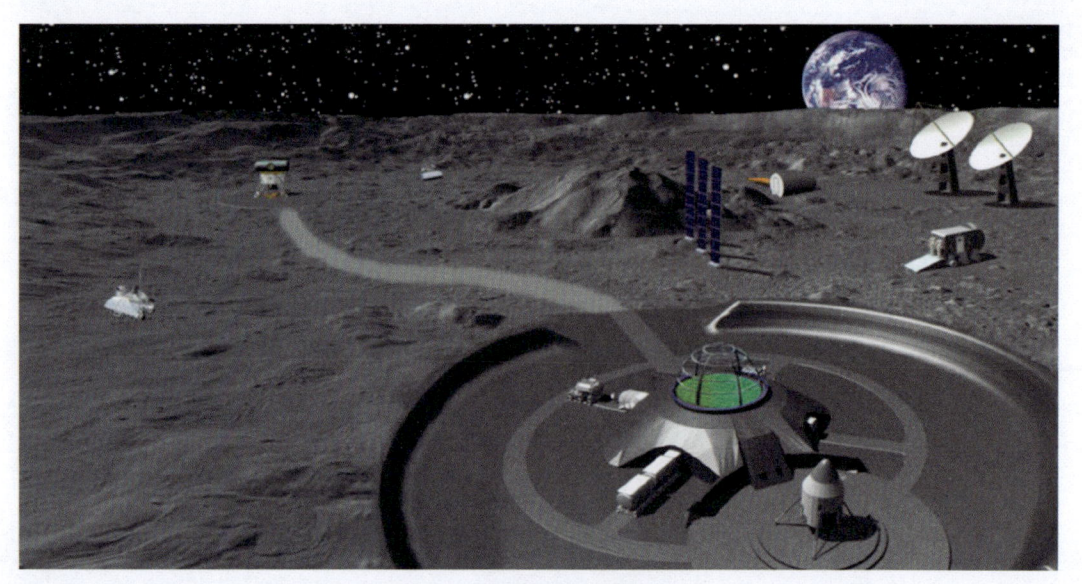

图 5-14　中国空间技术研究院提出的载人月球基地的概念设想图

需要确保在布满巨石的不平坦地形上的机动性，这包括建造着陆场，使飞行器能够安全着陆和上升，以及平整地形和建造道路，以方便星球车出入。能源生产和储存将为各种探索活动提供所需的能源。

原位制造用于乘员活动的硬件和工具，也将有助于减少对之前或随后从地球上运送的后勤补给品的依赖。开发和验证能够原位利用当地现有资源的技术，以满足上述每项任务的需要，将有助于推进长期可持续的载人深空探测任务的实施。

5.6.2.3 现状和未来所需的能力

在月球和火星表面最丰富的物质资源是风化层，即构成月球和火星表层的灰尘、土壤和碎石的混合物。风化层是由含有氧、硅、各种金属元素和一些非金属元素的矿物混合物组成。

目前已经研究了一些技术，如利用化学或电化学反应从风化层中提取氧气。最近已经证明，电解有可能从风化层中提取氧气。通过这些技术提取的氧气可以作为推进剂使用，用于航天员的生命支持或用于燃料电池的能量储存。剩余的富含金属的混合物（见图5-15）可以被提炼成单独的金属或按原样加工，用于建筑或硬件制造。到目前为止，氧气提取技术已经在实验室环境中被验证，并在具有代表性的环境中证实可以正常运行。

对于火星的ISRU应用，大多数制氧过程都是考虑将大气中 CO_2 转化为 O_2，包括固体电解仪器（如MOXIE），该仪器已经作为NASA领导的Mars 2020任务的一部分登陆火星，并且成功地验证了技术。

在科学探测支持水资源可用性的观点下，设想从月球和火星表面的水冰沉积物中获取和回收水的各种技术方案。要想真正地获得这些含水沉积物，特别是在月表极区的永久阴影区（Permanently Shadowed Region，PSR），就需要开发能够在这些复杂地形上运行的车辆和能源系统。

图5-15 通过熔盐电解过程提取氧气之前（左）和之后（右）的月壤模拟物

将风化层加工成建筑材料和生产结构样件，一直是众多研究和技术开发活动的主题。将风化层转化为固体建筑材料的技术大致可分为两类：涉及黏合剂的过程和涉及热能的过程。在第一类中，风化层与黏合剂混合，引发化学反应，从而形成固体材料或可挤压的塑性材料。在迄今为止的各种研究方法中，演示了用于结构庇护所的三维示范部件的增材制造，范围从几厘米到超过 1 m。所使用的技术包括将氯化镁黏合剂喷洒在连续的风化层模拟物床上（见图 5-16），或者将风化层与磷酸黏合剂混合，以形成可挤压成层的塑状物。

图 5-16 月球居住舱屏蔽防护层部段的展示件

一种基于光刻（Lithography-Based）技术的增材制造技术，在地面应用中用于制造高端陶瓷零件，最近也被证明可以使用风化层模拟物生产非常精确的陶瓷工具。图 5-17 展示了部分制造零件。这种工艺受限于增材制造机器的构建室尺寸。因此，它更适用于生产小型硬件零件，而不是大型的基础设施组件。此外，还需要在 1 000 ℃ 范围内进行烧结后处理，以巩固增材制造的绿色构件。这需要在月球或火星表面有足够的能量，以便能够加热到这个量级的温度。

基于黏合剂的风化层处理方法需要使用化学物，而这些化学物在月球或火星表面往往不容易获得。因此，它们需要从地球上大量地运送，以配合预期的建设规模。

最近，人们提出了使用可从月球或火星表面获取添加剂的增材制造工艺，包括使用尿素作为月球地质聚合物的增塑剂或使用水进行火星黏土加工。这些工艺有助于减少对从地球上运送黏合剂的需求。然而，为大规模建设需提供足够数量的结合剂，或许需要与其他可能被视为优先级更

图 5-17 基于月壤模拟物光刻技术的增材制造生产的陶瓷零件

高的应用进行权衡比较。与建筑应用相比，使用尿素作为食品生产的营养物质或获取当地的水作为推进剂和生命支持可能是首选。

还有一些研究在探讨仅使用热能来固结风化层的技术，又称加热熔融方法，它们依赖加热烧结风化层，即部分熔化石料颗粒以允许相邻颗粒之间的黏合或熔化和固化。这些热处理技术只需利用当地可获取的资源，而不需要额外的黏合剂，便可制造出一种固体材料，可以用于建筑或制造领域。

各种热源已经过测试。激光烧结的增材制造被证明可以生产高精度的三维零件，但由于激光的高功率需求和有限的加工直径，其尺寸仅限于几厘米。

目前正在研究开发基于微波烧结的风化层制造工艺，因为预计这比激光烧结需要的能量更少，而且加工速度更高，更适合大规模制造。迄今为止，风化层微波加工试验已在有限尺寸的试样上得到证明，用于烧结二维或三维结构的系统尚待开发。

还可尝试使用直接聚焦的太阳光进行加热，即不需要将电能转换为激光或微波的中间环节，目前已经开展风化层模拟物的太阳能烧结的相关研究。通过使用反光镜或透光镜进行阳光聚焦的太阳能增材制造系统，可以生产出几十厘米大小的三维零件。图 5-18 展示了利用太阳能烧结的月球风化层模拟部件。太阳能烧结技术似乎对于低能耗、大规模的建设很有希望，但其固结材料的力学性能仍需要优化。

如图 5-19 所示，可以通过在龙门系统或移动月球车上安装相关的打印头，在月球或火星表面实施基于风化层的 ISRU 建造工艺，以建造居所或设备庇护间。黏合剂和热能处理工艺也可用于加固月球或火星表面的区域，以建造着陆场或道路。这些技术的实施将需要从目前的实验室演示阶段开始并得到进一步发展，以了解地外环境的影响，包括低重力场、稀薄的大气层、辐射、热环境和带电尘埃，以及月球表面巨大的（+127 ℃ /−173 ℃）昼夜温差循环，研究这些环境条件对 ISRU 工艺和制造设备的影响。

图 5-18 利用太阳能烧结的月球风化层模拟部件

目前正在研究的另一个建筑应用是将熔化的风化层挤压成纤维，然后通过机器

图 5-19 用月壤 3D 打印屏蔽防护层的概念示意图

人将纤维编织到结构性居所部件中。

对于与能源有关的应用，还研究了风化层处理在热能储存和温差发电方面的潜力，并分析这种方法的局限性。

除了基于黏合剂和基于热能的技术外，最近在火星风化层模拟物上将演示一种仅涉及压力因素的风化层固结处理技术，该技术消耗更少的能量，所涉及的处理过程依赖火星环境条件和矿物成分的特殊性，这使它们只适用于该环境。

5.6.2.4 关于未来发展的结论和建议

可以设想原位利用当地资源，主要是针对月球和火星的风化层，以用于生产材料、结构和硬件等满足未来长期探测活动。目前正在对各种工艺进行研究，发现它们的局限性，使它们更适合特定用途。满足各种基础设施建设和维护需求很可能需要结合互补的ISRU技术。对于大多数制造过程，已在地面环境中进行了概念性演示，并制造了演示部件。在具有代表性的月球或火星表面环境中，已经进行了有限的实验来验证这个过程。因此，需要通过相关测试和分析，进一步了解月球和火星表面环境对ISRU制造过程的影响，包括真空、稀薄大气和低重力环境对风化层处理机制的影响。同时需要了解月球和火星环境的挑战性对加工和制造设备的影响，以便适应未来制造系统的设计，并确保它们在任务期间的可靠性。此外，还需要评估所制造的产品在其预期应用场景中的性能。这些开发活动将需要通过演示验证任务进行某种程度的实地测试，而这些测试是不能被典型地面实验室环境下的测试所替代的。

5.6.3 在轨组装和制造

5.6.3.1 简介

未来的月球和火星探测任务很可能需要航天员在太空中执行更长周期的任务，并在月球轨道或表面进行科学研究，为更远目的地的探测任务做技术准备或完成火星之旅。

根据国际空间站（ISS）的经验，人们认识到，冗余备件的数量以及大量的包装材料是轨道平台上的储运能力和可用空间等方面的主要限制因素。替代使用冗余备件的办法是经常性地执行后勤补给任务，但这也意味着巨大的成本，对于长周期的载人火星探测任务而言显然是不现实的。

在太空中按需制造和回收所需物品的能力，已被确定为实现近地轨道以外的载人长期探测任务的关键因素。参与者正在努力开发各种材料和与应用相关的制造技术。

随着在轨制造技术的进步以及在轨服务能力的迅速成熟，空间大型结构在轨制造技术不断进步，其目标是克服发射装置整流罩的尺寸限制，制造出提高性能的航天器子系统，从而增强科学成果产出。

5.6.3.2 代表性任务的需求

按需制造能力已被确定为未来实施长期载人深空探测任务的关键要素。可以通过减轻对星载备件的需要和减少对再补给物资的依赖，大大减轻后勤工作。这对于补给难度高的任务尤其重要，例如，载人登陆火星探测任务，对于提高在月球轨道或月球表面的长期载人探测任务的可持续性也至关重要。这种能力要求通过技术来处理乘组人员日常使用的物品或设备维修和维护所需的物品，包括由聚合物、金属、陶瓷和电子材料制成的部件和设备。从丢弃的物品（如有缺陷的物品、寿命结束的部件或包装材料）中回收材料的能力也是可持续保障的关键。医疗设备甚至器官的原位制造对保障航天员的健康和安全也具有重要意义。

探索活动和科学任务的结果可以通过增加航天器某些部件的尺寸来提高。如太阳能电池板，如果它们能被制造得更大，就可以提供更多的能源电力，因此就可以承载更复杂的有效载荷。在某些任务应用中，更大规模的天线还可以提高性能。这些子系统的最大尺寸目前由可用的火箭整流罩的大小或可部署系统的能力决定。在轨制造提供了生产更大子系统的可能性，可能超过目前可用的子系统。

NASA最近进行了一项详细的研究，以了解什么时候适合在太空中组装望远镜，而不是将它们折叠后放置在运载火箭的整流罩中，进入空间后再自动展开。该项研究的结论包括对于天文台装配任务而言，空间装配被认为是一种可行的装配方法，可以达到传统的单次发射方法无法实现的尺寸。

这需要有相关的制造技术，并能在空间环境的约束下操作、生产和组装所需的结构。

5.6.3.3 现状和未来所需的能力

自2014年以来，NASA一直在推进一个综合性的空间在轨制造项目，以开发一系列材料、工艺和制造技术，为未来的深空探测任务提供按需制造能力。这包括在国际空间站上验证聚合物增材制造系统，以及在轨道平台上回收聚合物。该项目正在开发的其他能力，包括金属增材制造、印刷电子产品、设计电子数据库以及用于食品和医疗的灭菌系统。

意大利航天局（ISA）开发了一种聚合物增材制造系统，2015年在国际空间站上使用了聚乳酸（Polylactic Acid，PLA）聚合物[1]。从那以后，ESA为工程聚合物建造了一套实验性层技术制造[2]（Manufacturing of Experimental Layer Technology，MELT）增材制造地面演示系统，证明它可以在零重力环境下独立于重力矢量方向情况下打印工程聚合物部件（见图5-20）。

目前正在开发一种金属增材制造系统，计划在国际空间站上运行。

[1] 聚乳酸聚合物是指一种生物可降解的高分子材料，由乳酸单体通过聚合反应制得。它具有良好的力学性能和热稳定性，并且可以在自然环境中被微生物分解为二氧化碳和水。因此，聚乳酸聚合物广泛应用于食品包装、医疗器械、纺织品等领域。

[2] 实验性层技术制造是指一种新型的材料制造技术，它可以通过逐层堆叠不同材料来制造复杂的结构。这种技术在3D打印、生物医学和航空航天等领域都有广泛应用。例如，在3D打印中，使用MELT可以将多个材料组合成一个完整的产品。这使制造出更加精细和复杂的零件变得更加容易。此外，由于该技术具有高度可控性和灵活性，因此还可以用于生产定制化医疗器械或飞机部件等特殊需求场景下所需要的产品。

图 5-20　ESA 的 MELT 增材制造系统地面演示实验

据报道，在最近的一次载人航天飞行系统在轨测试中，中国空间技术研究院完成了首次在轨 3D 打印连续碳纤维增强聚合物复合材料的演示实验。

关于原位医疗护理的生物打印能力，ESA 最近完成了一项关于活体组织打印技术及其在空间探索任务中适用性要求的研究。

克服运载火箭整流罩尺寸的限制，发展大型航天器子系统的在轨制造能力，一直是 NASA 太空机器人制造和组装项目的主题，包括在轨增材制造、太阳能电池板结构和天线组装技术的开发。大型结构的制造和组装以及相关的机器人能力已经在典型地面热真空环境中得到了验证。在未来几年将会实施在轨演示验证任务。

在欧洲，ESA 领导了长碳纤维增强梁真空拉挤成型技术的发展，在大型结构的在轨制造中有着广阔的应用前景。

私营实体也在开发相关在轨制造和组装能力，这将应用于执行科学和探索航天器任务。

5.6.3.4　关于未来发展的结论与建议

在过去十年里，在长期的载人深空探测任务中，原位制造技术已经得到了蓬勃的发展，其中一些技术已在国际空间站成功演示。这类系统的材料选择范围需要扩大，以便开发多材料制造能力，在长期的载人探测任务中实现按需制造、回收和维护所需的大多数物品。

通过相关制造工艺的发展，大型结构和航天器子系统的在轨制造概念日趋成熟。需要继续在有关空间环境特性方面验证这些过程，直到这些技术被在轨验证为止。

这些技术可以帮助提高未来的探索活动和科学任务的成果。

5.6.4 先进的环境控制和生命保障技术

5.6.4.1 简介

先进的 ECLS 将在长周期载人深空探测任务中维持适合人类生存的环境。先进的 ECLS 技术对有人参与的月球/火星探测任务非常重要，因为它涉及 4 个关键要素：**大气再生、水的回收和管理、废物管理和环境监测**。虽然在近地轨道空间站任务中，ECLS 技术得到了显著的发展和改进，但它仍然是长周期载人深空探测任务的关键技术。

5.6.4.2 代表性任务的需求

对于载人深空探测任务，我们可以总结和预见不同的具有代表性的任务。参考本书第 4 章所述，ECLS 技术在 2061 年之前有可能应用于以下四种任务。

（1）**重返月球**：可能的任务包括 Artemis 载人重返月球项目，预计在 2025 年前后完成其首次载人登月任务，乘员不超过 4 人，任务周期不超过 14 天，在 2030 年之前完成 4~5 次载人登月任务。

（2）**建设月球基地**：如果 ISRU 技术成熟，可能的应用包括在 2040 年前建设国际月球村，可以支持 50~100 名乘员在这里生活一年多。

（3）**首次载人登陆火星**：可能的任务包括 2040 年前首次载人登陆火星探测任务，乘员不超过 7 名，任务周期不超过 500 天。

（4）**建造火星基地**：可能的任务包括建造首个有人参与的火星基地，从长远来看，可能在 2061 年前建成。

ECLS 系统最重要的挑战在于长周期任务，包括长周期的间歇性无人运营阶段。这些任务给 ECLS 系统带来了前所未有的挑战，也是在以前的载人航天项目中从未遇到过的。

5.6.4.3 现状和未来所需的能力

虽然载人深空探测任务已经从战略规划上更加注重在执行载人登陆火星任务之前先具备重返月球表面的能力，但 ECLS 系统的总体能力发展目标在很大程度上保持不变。也就是说，从最先进的 ECLS 系统发展为更可靠、更闭环的系统，用于在没有地球补给的情况下执行近地轨道以外的长周期任务。利用国际空间站（ISS）验证和测试 ECLS 系统的总体战略也保持不变；然而，这些系统最终具体部署在月球还是火星任务体系架构中，对于某些特定的航天器上可能略有不同。由于载人月球表面任务可能会先于火星飞越任务实施，因此 ECLS 可能存在需要升级和/或快速研发的特定功能空白，例如，地表尘埃过滤和低重力环境下的水回收管理系统。表 5-8 列出了最新技术水平与未来任务需求之间的 ECLS 系统能力差距。

5.7 颠覆性技术

在"新太空"的发展趋势下开发的新技术有可能对行星科学探测带来革新，并在未来 40 年不断推陈出新。新技术的研发周期已经从某些情况下的几十年缩短到短短几年。发展速度如此之快，以至于到 2061 年，质量为 50~200 kg 的小型探测器已经能够完成今天 500～1 000 kg 航天器所能完成的任务。通常的做法是将立方星 / 纳米卫星与旗舰任务结合在一起，以便在近距离和被认为对主航天器太危险的环境中进行科学测量。小型着陆器将使我们能够探索行星天体的表面甚至地下。这些小型的附属任务的科学结果通常比主要任务的成果更加引人注目，并吸引更多的公众关注，就像"菲莱"在"罗塞塔"任务中所发挥的作用。最近的发展趋势也表明，每千克发射成本将处于历史低位，而能力将处于历史高位。

表 5-8　最新技术水平与未来任务需求之间的 ECLS 系统能力差距

子系统功能分组	功能	能力差距	"猎户座"飞船短期任务（mLg）	长期任务（mLg）	长期行星表面驻留任务
大气再生	CO_2 去除	可靠性提高，$ppCO_2$ <2 mmHg (2 600 ppm)（目标）		X	X
	微量污染物控制	用更高的容量取代过时的吸收剂；硅氧烷（Siloxane）去除	X	X	X
	微粒过滤	表面灰尘预过滤器			X
	冷凝换热器	持久的化学惰性水冷凝和抗菌性收占集		X	X
	从 CO_2 中回收 O_2	从 CO_2 中回收大于 75% 的 O_2		X	X
	O_2 生成	减小了规模和复杂性，更易于维护		X	X
	高压 O_2	为 EVA 补充 24.8 MPa 的 O_2；提供应急生存		X	X
水回收管理	消毒 / 微生物控制	水系统微生物控制的消毒技术和休眠生存	X	X	X
	废水处理	提高尿液中的水分回收率（>85%），可靠性高，耗材减少		X	X
	尿液盐水处理	尿液盐水的水回收率大于 90%		X	X
废物管理	代谢性固体废物	低质量、通用的废物管理系统	X	X	X
	非代谢性固体废物	减量、稳定、资源回收		X	X
环境监测	大气监测	更小、更可靠的主要成分分析仪、飞行中痕量气体监测器（无地面样本）、目标气体（事件）监测器	X	X	X
	水监测	水中物种的飞行鉴定与量化		X	X
	微生物监测	基于非文化具备物种鉴定和量化的飞行监测器		X	X
	颗粒物监测	颗粒物危害的星载测量		X	X
	声学监测	星载声学监测仪		X	X

对于太阳系外行星的探测任务而言，远距离通信永远是一个挑战，而使用光通信的下行速率将会与今天使用射频（RF）的太阳系内行星探测任务的下行速率相匹配。在过去十年中，近地轨道上的立方星通信速率取得的快速进展证明了创新的速度。2012 年，

使用超高频通信信道的立方星到地面站的最快下行链路的速率是 1 200 b/s。8 年后，该纪录被航空航天公司的光通信和传感器演示（Optical Communication and Sensor Demonstration，OCSD）立方星打破，该卫星使用光通信链路演示 100 Mb/s 的下行速率，预计不久将实现约 600 Mb/s 更高的速率。NASA 的喷气推进实验室（Jet Propulsion Laboratory，JPL）的集成太阳能电池阵列和反射天线（Integrated Solar Array and Reflectarray Antenna，ISARA）任务也演示了类似的速率，该任务在其可展开太阳能电池板的背板上应用了一种创新的反射阵列涂层，以创建一个 Ka 波段的高增益天线，下行链路速率可达 100 Mb/s。同样的反射阵列技术也使 MarCO 在 2018 年取得了成功，虽然 X 波段的下行通信速率仅为 8 kb/s，但那是在火星上传回的速率。因此，可以说在不到 8 年的时间里，立方星的通信能力从业余水平发展到近地轨道的先进水平，并在首个深空立方星上验证了有用的通信速率。

那么在未来的行星任务中，我们对深空通信技术还有什么期待？NASA 主导的 Psyche 任务将携带深空光通信有效载荷到小行星主带，并验证从距离太阳 3.3 AU 远的地方进行光通信的能力。假设太阳系外行星任务使用太阳能的趋势继续下去，正如在 NASA 主导的 Juno 和 Europa Clipper 任务以及 ESA 主导的 JUICE 任务中所应用的，一项有前景的技术是使用特殊涂层让大面积的太阳能阵列同时作为高增益天线，这种特殊涂层可以让微波反射，而对光学透明。我们也可以合理地预期，随着深空任务中星载科学数据的减少变得普遍，信息带宽将大幅增加，从而降低了对越来越高的下行速率的需求。深空探测任务要求的数据处理能力（目前受制于 20 世纪 90 年代的 Rad750，时钟频率为 100 MHz），将仅比 2050 年的地面处理能力落后几年，其速度将快得惊人。事实上，深空探测任务的最先进技术刚刚得到了巨大的提升，例如，目前在火星上运行的"机智"（Ingenuity）无人机上成功部署了高通骁龙（Qualcomm Snapdragon）801 处理器，其时钟频率[1]（Clock Rate）为 2.26 GHz。随着处理器速度大大加快，航天器上的软件功能（人工智能、自主性、故障保护、数据处理和分析）将从目前的状态得到迅速发展。

未来，使用增材制造技术或卫星在轨服务可对地球轨道上的长寿命航天器进行硬件升级，将像今天上传软件升级一样普遍。我们应该期望，增材制造将在低重力环境中成功

[1] 时钟频率是指计算机或其他电子设备中使用的基准时钟信号的速度，通常以赫兹（Hz）为单位表示。例如，如果你正在玩一款需要高性能计算机支持的游戏，并且你的计算机具有 2.26 GHz 的时钟频率，则它可以更快地处理游戏中需要进行大量运算和图形渲染等任务。

地用于建造大型空间结构，如居住系统、空间望远镜或大型空间天线。目前在这个方向上已经取得了实质性的进展，NASA 授予了一份价值 7 370 万美元的关于在轨制造的项目合同，目标是在近地轨道上建造一对 10 m 长的太阳能电池板。

航天器的结构将毫无例外地承载多种功能，如提供结构完整性、热传导、通信线路、功率分配，甚至射频/光学反射面等。所有航天器子系统和仪器组件都将事先进行详细模拟仿真，随后进行 3D 打印而成。集成和测试将几乎完全自动化，正如美国一网公司（OneWeb）的佛罗里达工厂每天制造出 2 颗卫星的惊人生产速度展现的那样。即使是像那些已发射的一次性航天器那样，方案论证/设计阶段仍然需要 2~3 年的时间，但制造、集成和测试将缩短到短短几周的时间。

到 2061 年，太阳能电池的效率可能会达到稳定水平，电池应该可以在深空探测所有预期温度下有效地运行，从金星到遥远的冥王星甚至更远的地方。我们将看到电磁系绳[1]（Electromagnetic Tether）原型机发电，首先是在近地轨道（LEO）上应用，但到那时至少有一个太阳系外行星探测任务可以应用该技术。利用与地球电离层相互作用的洛伦兹力，电磁系绳推进技术也将很快成为现实。对于深空探测任务，应用同样的原理至少可使等离子磁罩气动刹车和大气捕获任务在进入火星和太阳系外行星轨道过程中，减少数千克或燃烧数百秒级的推进剂消耗量。采用基于核裂变甚至核聚变过程的能源和推进技术，可能超出目前的能力，这在一定程度上取决于未来 40 年地球核动力系统的发展方向。提供可靠、持续可用的能源将是永久性月球基地的首要需求，这可能是开发地外天体探测核动力能源的最强的推动力。

姿态确定和控制系统将继续向亚角秒指向控制方向前进，正如 2018 年发射的用于天体物理学研究的角秒空间望远镜（Arcsecond Space Telescope Enabling Research in Astrophysics, ASTERIA）展示的那样，编队飞行将被稳步推进到厘米精度，直到这些项目不再被认为是一个风险项目。科学遥感仪器的功率需求和物理尺寸将继续缩小，而需要大口径的观测除外，如合成孔径雷达（SAR）。在这种情况下，形成孔径的结构质量将继续呈现出下降趋势。

[1] 电磁系绳是一种利用电磁力作为动力的太空技术。它由一个长绳和两个端点组成。当电流通过这条绳时，会产生一个强大的磁场，从而使整个系统受到推力或拉力。这种技术可以用于控制卫星轨道、提供能源以及进行太空捕获等任务。例如，在国际空间站上使用电磁系绳可以帮助航天员在外部进行工作，并且还可以将废旧卫星拖回地球以便处理。

机动系统的进步将会导致现在使用的静态着陆器变得过时。无人机、爬行器和穿透器将对火星表面进行更加详细的地质调查，并对地下熔岩层进行广泛勘探。我们将探索月球上类似的地理结构，通过行星地质学家的分析能够研究古代月球熔岩喷发的历史，并为未来的人类航天员提供免受辐射的居住系统。推进剂加注站将提供补充原位制造的 H_2 和 O_2，确保它们一次长达数年的持续勘探。随着火星 MOXIE 成功演示验证，即一个 2020 年搭载在 NASA 火星车上的火星大气制氧验证型有效载荷，我们首次在另一个星球上看到原位推进剂的生产。最近关于金星大气中磷酸盐含量偏高的报告非常令人兴奋，未来的太空机器人可以漂浮在金星大气中，并通过改变飞行高度，以寻找进一步的生命迹象。通过这些太空机器人还可以观测到云层下活跃的表面过程。第一批穿冰机器人将在木卫二（Europa）和土卫二的冰下海洋中潜泳探测。无人机可以让我们近距离观测土卫六大气中复杂的羟类化学物质。

在过去的十年里，小卫星技术也取得了一些惊人的发展，并且在未来会有更多的发展。太空发射系统（Space Launch System，SLS）火箭首次发射时搭载了 10 颗立方星进入地月空间，其中大部分将前往月球。ESA 主导的赫拉任务将通过携带两颗立方星同行，以探测 Didymos 双星系统，并作为 NASA 同一探测目标 DART 任务的补充。但是这项技术并不局限于使用小卫星。最近提交给美国国家科学院《行星科学和太空生物学的十年调查》白皮书中提到，使用小卫星技术可以显著降低成本和提高对太阳系外冰质巨行星的观测能力。

总体来说，这些预期的进步意味着，尽管受限于"火箭方程的苛刻约束"，我们仍可以期待到 2061 年时期的行星科学任务比现在走得更远、更快，能够接触到太阳系中的更多天体，返回更多的信息，并按照我们今天只能梦想的预算和时间表来执行。

5.8 结论

尽管本章篇幅很长，但也不可能详细阐述未来 40 年里用于行星探测所需的所有技术。所需解决的关键技术问题简要概括如下。

（1）新型推进 / 发射系统（包括太阳帆、太空电梯等）。

（2）能源：核能发电机（RTG）、燃料电池、先进的太阳能帆板和储能电池、低功耗电子产品。

（3）通信：无线电通信、激光通信或其他技术。

（4）机器学习。

（5）自主技术和星载数据压缩。

（6）发射即不管式导航[1]（Fire-and-Forget Navigation）——告诉我们你什么时候到达那里。

（7）低成本探测系统（包括立方星、穿透器）。

（8）先进的制造技术（包括地面制造及原位制造）。

（9）大口径行星望远镜。

[1] 发射即不管式导航是指一种导航方式，它的特点是用户只需要在开始时设置目标，然后系统就会自动进行路径规划和导航，无须再次干预。这种导航方式通常用于军事、航空等领域中。例如，在军事应用中，发射即不管式导弹可以被发射并忘记，因为它们已经被预先编程以追踪目标并击中它们。同样地，在汽车或手机应用程序中，发射即不管式导航可以帮助驾驶员或行人更轻松地到达他们想去的地方。

（10）采样返回与管理。

（11）改进仿真及地面模拟。

（12）实验室级的试验。

随着新的机遇、任务和科学问题的出现，用于行星探测任务的科学仪器也将继续得到快速发展。未来新的科学仪器的发展方向如下。

（1）生命检测：非DNA特异性检测方法。

（2）小型化：芯片级仪器。

（3）多点原位测量。

（4）新的探测器技术。

（5）成分测量新技术，包括同位素检测技术。

（6）污染控制技术。

（7）样品返回，包括低温和热性能控制技术。

（8）科学数据收集的自主优化。

我们的目标一直是强调关键领域，并举例说明所需的创新类型，以及可以预期的大致目标。有些技术瓶颈是非常明显的，例如，进行长周期深空探测任务时对新能源技术的需求、在采样返回和更复杂的原位自主测量之间进行权衡考虑的需求。在某些情况下，这些技术瓶颈将需要长期和昂贵的研发成本。在其他情况下，诸如DNA测序和生命探测、机器学习、自动驾驶汽车或先进制造等目前正以极快速度发展的地面技术，将会衍生应用到行星探测任务，并将为人类带来全新的、突破性的成果。

希望本章所涵盖的主题能够对这些发展方向提供一些建设性思路，并为有效规划未来行星探测领域的技术研发路线图奠定基础。

参 考 文 献

[1] Adamovich, I., et al., 2017. The Plasma Roadmap: low temperature plasma science and technology. J. Phys. D Appl. Phys. 50, 323001.

[2] Aglietti, G.S., Schwingshack, C.W., Roberts, S.C., 2007. Multifunctional Structure Technologies for Satellite Applications, the Shock and Vibration Digest, vol. 39, p. 381. https://doi.org/10.1177/0583102407077397.

[3] Anand, M., et al., 2012. A brief review of chemical and mineralogical resources on the Moon and likely initial in situ resource utilization (ISRU) applications. Planet. Space Sci. 74, 42-48. https://doi.org/10.1016/j.pss.2012.08.012.

[4] Arena, M., Giove, P.V., Di Giuliomaria, D., Gizzi, A., Ciarcia, S., Simone, L., Cocciolillo, O., Campagna, M., 2016. Next generation transponders for interplanetary mission: integrated radio science and deep space TT&C transponder. In: Proceedings of ESA TT&C 2016 Workshop.

[5] Armstrong, J.W., 2006. Low-frequency gravitational wave searches using spacecraft Doppler tracking. Living Rev. Relat. 9 (1), 1.

[6] Armstrong, J.W., Iess, L., Tortora, P., Bertotti, B., 2003. Stochastic gravitational wave background: upper limits in the $10^{-6} \sim 10^{-3}$ Hz band. APJ (Acta Pathol. Jpn.) 599, 806-813.

[7] Asmar, S.W., et al., 2020. Solar System Interiors, Atmospheres, and Surfaces Investigations via Radio Links: Goals for the Next Decade. White Paper for the Planetary Science and Astrobiology Decadal Survey 2023-2032. The National Academies of Sciences, Engineering, and Medicine.

[8] Asmar, S.W., Armstrong, J.W., Iess, L., Tortora, P., 2005. Spacecraft Doppler tracking: noise budget and accuracy achievable in precision radio science observations. Radio Sci. 40 (2).

[9] Asmar, S.W., Bolton, S.J., Buccino, D.R., Cornish, T.P., Folkner, W.M., Formaro, R., Iess, L., Jongeling, A.P., Lewis, D.K., Mittskus, A.P., Mukai, R., 2017. The Juno gravity science instrument. Space Sci. Rev. 213 (1-4), 205-218.

[10] Asmar, S.W., Lazio, J., Atkinson, D.H., Bell, D.J., Border, J.S., Grudinin, I.S., Mannucci, A.J., Paik, M., Preston, R.A., 2019. Future of planetary atmospheric, surface, and interior science using radio and laser links. Radio Sci. 54 (4), 365-377.

[11] Babu, K.M.K., Pant, R.S., 2020. A review of Lighter-than-Air systems for exploring the atmosphere of Venus. Prog. Aero. Sci. 112, 100587. https://doi.org/10.1016/j.paerosci.2019.100587.

[12] Belov, K., Branch, A., Broschart, S., Castillo-Rogez, J., Chien, S., Clare, L., Dengler, R., Gao, J., Garza, D., Hegedus, A., Hernandez, S., Herzig, S., Imken, T., Kim, H., Mandutianu, S., Romero-Wolf, A., Schaffer, S., Troesch, M., Wyatt, E.J., Lazio, J., 2018. A space-based decametric wavelength radio telescope concept. Exp. Astron.

[13] Blanc, M., Ammannito, E., Bousquet, P., Capria, M.-T., Dehant, V., Foing, B., Grande, M., Guo, L., Hutzler, A., Lasue, J., Lewis, J., Perino, M.A., Rauer, H., 2022. "Planetary Exploration, Horizon 2061" Report - Chapter 1: Introduction to the "Planetary Exploration, Horizon 2061" Foresight Exercise. Science Direct, Elsevier and this volume.

[14] Boeuf, J.P., 2017. Tutorial: physics and modeling of Hall thrusters. J. Appl. Phys. 121, 011101.

[15] Branch, A., McMahon, J., Xu, G., Jakuba, M.V., German, C.R., Chien, S., Kinsey, J.C., Bowen, A.D., Hand, K.P.,

[16] Seewald, J.S., 2020. Demonstration of autonomous nested search for local maxima using an unmanned underwater.

[17] vehicle. In: International Conference on Robotics and Automation (ICRA 2020), June 2020.

[18] Bruzzone, L., et al., 2015. Jupiter ICY moon explorer (JUICE): advances in the design of the radar for Icy Moons (RIME). In: Geoscience and Remote Sensing Symposium (IGARSS), 2015 IEEE International, pp. 1257-1260.

[19] Buchner, C., Pawelke, R.H., Schlauf, T., Reissner, A., Makaya, A., 2018. A new planetary structure fabrication process using phosphoric acid. Acta Astronaut. 143, 272-284.

[20] Burleigh, S., Hooke, A., Torgerson, L., Fall, K., Cerf, V., Durst, B., Scott, K., Weiss, H., 2003. Delay-tolerant networking: an approach to interplanetary internet. IEEE Commun. Mag. 20;41 (6), 128-136.

[21] Campbell, B., Freeman, A., Veilleux, L., Huneycutt, B., Jones, M., Shotwell, R., 2004. A P-band radar mission to Mars. In: 2004 IEEE Aerospace Conference Proceedings (IEEE Cat. No.04TH8720).

Big Sky, MT, USA, pp. 493-503.

[22] Castano, A., Fukunaga, A., Biesiadecki, J., Neakrase, L., Whelley, P., Greeley, R., Lemmon, M., Castano, R., Chien, S., 2008. Automatic detection of dust devils and clouds on Mars. Mach. Vis. Appl. 19 (5-6), 467-482.

[23] Castillo-Rogez, J.C., Landau, D., Chung, S.J., Meech, K., 2019. Approach to exploring interstellar objects and longperiod comets. In: Proceedings of the AAS/AIAA Space Flight Mechanics Meeting 2019, vol. 168, p. 2115.

[24] Cavanaugh, J.F., Smith, J.C., Sun, X., Bartels, A.E., Ramos-Izquierdo, L., Krebs, D.J., McGarry, J.F., Trunzo, R., Novo-Gradac, A.M., Britt, J.L., Karsh, J., 2007. The Mercury laser altimeter instrument for the MESSENGER mission. Space Sci. Rev. 131 (1-4), 451-479.

[25] Cesaretti, G., Dini, E., De Kestelier, X., Colla, V., Pambaguian, L., 2014. Building components for an outpost on the Lunar soil by means of a novel 3D printing technology. Acta Astronaut. 93, 430-450.

[26] Cheng, A.F., 2004. Implications of the NEAR mission for internal structure of Mathilde and Eros. Adv. Space Res. 33 (9), 1558-1563.

[27] Chien, S., Wagstaff, K.L., 2017. Robotic space exploration agents. Sci. Robot.

[28] Chien, S., Johnston, M., Policella, N., Frank, J., Lenzen, C., Giuliano, M., Kavelaars, A., 2012. A generalized timeline representation, services, and interface for automating space mission operations. In: International Conference on Space Operations (SpaceOps 2012), Stockholm, Sweden, June 2012.

[29] Chien, S., Rabideau, G., Gharibian, D., Thompson, D., Wagstaff, K., Bue, B., Castillo-Rogez, J., 2014. Procedural onboard science autonomy for primitive bodies exploration. Acta Futur. 9, 83-91.

[30] Chien, S., Thompson, D.R., Castillo-Rogez, J., Rabideau, G., Bue, B., Knight, R., Schaffer, S., Huffman, W., Wagstaff, K.L., 2016. Agile science - a new paradigm for missions and flight software. In: Keynote at the Flight Software Workshop, Pasadena, CA, December 2016.

[31] Chien, S., Yelamanchili, A., Doubleday, J., 2019. Policy-based automated science coverage scheduling for earth science mission analysis and operations (NISAR, ECOSTRESS, OCO-3, and EMIT). In: Earth Science Technology Forum (ESTF 2019). Moffett Field, California, USA.

[32] Chien, S., Barrett, A., Estlin, T., Rabideau, G., 2020. A comparison of coordinated planning methods for cooperating rovers. In: International Conference on Autonomous Agents (Agents 2000), Barcelona, Spain, June 2000.

[33] Chow, B.J., et al., 2017a. Direct formation of structural components using a martian soil simulant. Sci. Rep. 7 (1), 1151.

[34] Chow, B.J., Chen, T., Zhong, Y., Wang, M., Qiao, Y., 2017b. Compaction of montmorillonite in ultra-dry state. Adv. Space Res. 60 (7), 1443-1452.

[35] Clinton Jr., R.G., et al., 2019. AM in Space: ISM and IRMA NASA Initiatives, Made for Space, May 2-3, 2019, Coventry UK. https://core.ac.uk/download/pdf/199183195.pdf.

[36] Coll, G.T., et al., 2020. Satellite servicing projects division restore-L propellant transfer subsystem progress 2020. In: AIAA Propulsion and Energy 2020 Forum, p. 379.

[37] Connor, H.K., Sibeck, D.G., Collier, M.R., Baliukin, I.I., Branduardi-Raymont, G., Brandt, P.C., et al., 2021. Soft X-ray and ENA imaging of the Earth's dayside magnetosphere. J. Geophys. Res. Space Phys. 126 e2020JA028816.

[38] Cubo-Mateo, N., et al., 2020. Can 3D bioprinting be a key for exploratory missions and human settlements on the Moon and Mars? Biofabrication 12.4, 043001.

[39] Dally, W.J., Yatish, T., Song, H., 2020. Domain-specific hardware accelerators. Commun. ACM 63 (7), 48-57. Jet Propulsion Laboratory, MISSION TO EUROPA: Europa Lander. https://www.jpl.nasa.gov/missions/europalander/(Retrieved 2 August 2020).

[40] ESA Strategy for Science at the Moon, May 23, 2019. https://exploration.esa.int/web/moon/-/61371-esa-strategyfor-science-at-the-moon.

[41] Dehant, V., Blanc, M., Mackwell, S., Soderlund, K.M., Beck, P., Bunce, E., Charnoz, S., Foing, B., Filice, V., Fletcher, L.N., Forget, F., Griton, L., Hammel, H., Höning, D., Imamura, T., Jackman, C., Kaspi, Y., Korablev, O., Leconte, J., Lellouch, E., Marty, B., Mangold, N., Michel, P., Morbidelli, A., Mousis, O., Prieto-Ballesteros, O., Spohn, T., Schmidt, J., Sterken, V.J., Tosi, N., Vandaele, A.C., Vernazza, P., Vazan, A., Westall, F., 2022. Planetary Exploration, Horizon 2061" Report - Chapter 3: From Science Questions to Solar System exploration. ScienceDirect, Elsevier.

[42] Estlin, T.A., Bornstein, B.J., Gaines, D.M., Anderson, R.C., Thompson, D.R., Burl, M., Castaño, R., Judd, M., 2012. Aegis automated science targeting for the mer opportunity rover. ACM Trans. Intell. Syst. Technol. 3 (3), 1-9.

[43] Fateri, M., Gebhardt, A., 2015. Process parameters development of selective laser melting of lunar

regolith for on-site manufacturing applications. Int. J. Appl. Ceram. Technol. 12 (1), 46-52.

[44] Fateri, M., Cowley, A., Kolbe, M., Garcia, O., Sperl, M., Cristoforetti, S., 2019. Localized microwave thermal posttreatment of sintered samples of lunar simulant. J. Aero. Eng. 32 (4), 04019051.

[45] Fateri, M., Meurisse, A., Sperl, M., Urbina, D., Madakashira, H.K., Govindaraj, S., Gancet, J., Imhof, B., Hoheneder, W., Waclavicek, R., Preisinger, C., Podreka, E., Mohamed, M.P., Weiss, P., 2019b. Solar sintering for lunar additive manufacturing. J. Aerospace Eng. 32 (6), 04019101.

[46] Figus, C., et al., 2019. In-space manufacturing and assembly: yes we can!. In: 70th International Astronautical Congress (IAC), Washington D.C., United States, 21-25 October 2019.

[47] Fleith, P., Cowley, A., Pou, A.C., Lozano, A.V., Frank, R., Córdoba, P.L., González-Cinca, R., 2020. In-situ approach for thermal energy storage and thermoelectricity generation on the Moon: modelling and simulation. Planet. Space Sci. 181, 104789.

[48] Foust, J., 2018. MarCO success Vindicates use of CubeSats on deep space missions. Space News 2018.

[49] Francis, R., Estlin, T., Doran, G., Johnstone, S., Gaines, D., Verma, V., Burl, M., Frydenvang, J., Montaño, S., Wiens, R.C., Schaffer, S., 2017. AEGIS autonomous targeting for ChemCam on Mars Science Laboratory: deployment and results of initial science team use. Sci. Robot. 2 (7).

[50] Freeman, A., 2018. Design Principles for Smallsat SARs, SSC18-V-01. In: Smallsat Conference, Logan Utah, August 2018.

[51] Freeman, A., Alkalai, L., 2017. The first interstellar explorer: what should it do when it arrives at its destination? AGUFM. SH22A-09.

[52] Freeman, A., Malphrus, B., Staehle, R., 2020. CubeSat Science Instruments. In: Capelletti, B., Malphrus (Eds.), Chapter II.3 in Cubesat Mission Handbook: From Mission Design to Operations. Elsevier. ISBN: 9780128178843.

[53] Fuchs, T.J., Thompson, D.R., Bue, B.D., Castillo-Rogez, J., Chien, S.A., Gharibian, D., Wagstaff, K.L., 2015. Enhanced flyby science with onboard computer vision: tracking and surface feature detection at small bodies. Earth Space Sci. 2 (10).

[54] Gaier, J.R., 2007. The Effects of Lunar Dust on EVA Systems during the Apollo Missions. NASA, Glenn Research Center, Cleveland, OH. NASA/TM-2005-213610/REV1.

[55] Gaines, D., Estlin, T., Schaffer, S., Chouinard, C., Elfes, A., 2009. Autonomous planning and execution for a future Titan aerobot. In: 2009 Third IEEE International Conference on Space Mission Challenges for Information Technology 2009 Jul 19. IEEE, pp. 264-269.

[56] Gaines, D., Anderson, R., Doran, G., Huffman, W., Justice, H., Mackey, R., Rabideau, G., Vasavada, A., Verma, V., Estlin, T., Fesq, L., Ingham, M., Maimone, M., Nesnas, I., 2016. Productivity challenges for mars rover operations. In: Workshop on Planning and Robotics, International Conference on Automated Planning and Scheduling (Plan-Rob, ICAPS 2016), London, UK, June 2016.

[57] Gaines, D., Doran, G., Paton, M., Rothrock, B., Russino, J., Mackey, R., Anderson, R., Francis, R., Joswig, C., Justice, H., Kolcio, K., Rabideau, G., Schaffer, S., Sawoniewicz, J., Vasavada, A., Wong, V., Yu, K., Aghamohammadi, A.-A., 2020. Self-reliant rovers for increased mission productivity. J. Field Robot.

[58] Genova, A., 2020. ORACLE: a mission concept to study Mars' climate, surface and interior. Acta Astronaut. 166, 317-329.

[59] Genova, A., Goossens, S., Mazarico, E., Lemoine, F.G., Neumann, G.A., Kuang, W., Sabaka, T.J., Hauck, S.A., Smith, D.E., Solomon, S.C., Zuber, M.T., 2019. Geodetic evidence that Mercury has a solid inner core. Geophys. Res. Lett. 46 (7), 3625-3633.

[60] Gil, Y., Selman, B., 2019. A 20-Year Community Roadmap for Artificial Intelligence Research in the US. Computing Community Consortium (CCC) and Association for the Advancement of Artificial Intelligence (AAAI). Released August 6, 2019. arXiv:1908.02624. https://cra.org/ccc/resources/workshop-reports/.

[61] Gilardoni, M., Reguzzoni, M., Sampietro, D., 2016. GECO: a global gravity model by locally combining GOCE data and EGM2008. Studia Geophys. Geod. 60 (2), 228-247.

[62] Goesmann, F., Rosenbauer, H., Bredehoft, J., Cabane, M., Ehrenfreund, P., Gautier, T., Giri, C., Kruger, H., Le Roy, L., MacDermott, A., McKenna-Lawlor, S., Meierhenrich, U., Caro, G., Raulin, F., Roll, R., Steele, A., Steininger, H., Sternberg, R., Szopa, C., Thiemann, W., Ulamec, S., 2015. Organic compounds on comet 67P/Churyumov-Gerasimenko revealed by COSAC mass spectrometry. Science 349, aab0689.

[63] Grasset, O., Dougherty, M.K., Coustenis, A., Bunce, E.J., Erd, C., Titov, D., Blanc, M., Coates, A., Drossart, P., Fletcher, L.N., Hussmann, H., 2013. JUpiter ICy moons Explorer (JUICE): an ESA

mission to orbit Ganymede and to characterise the Jupiter system. Planet. Space Sci. 78, 1-21.

[64] Greaves, J.S., et al., 2020. Phosphine gas in the cloud decks of Venus. Nat. Astron. https://doi.org/10.1038/s41550-020-1174-4.

[65] Grip, H.F., et al., 2019a. Flight Control System for NASA's Mars Helicopter, AIAA 2019-1289 Session: UAS Guidance, Navigation, and Control II. https://doi.org/10.2514/6.2019-1289.

[66] Grip, H.F., Lam, J., Bayard, D.S., Conway, D.T., Singh, G., Brockers, R., Delaune, J.H., Matthies, L.H., Malpica, C., Brown, T.L., Jain, A., 2019b. Flight control system for NASA's mars helicopter. In: AIAA Scitech 2019 Forum 2019, p. 1289.

[67] Grün, E., et al., 2019. The dawn of dust astronomy. SSR 215 (7), 51 article id: 46.

[68] Gruntman, M., 1997. Energetic neutral atom imaging of space plasmas. Rev. Sci. Instrum. 68, 3617. https://doi.org/10.1063/1.1148389.

[69] Gruntman, M., Reolof, E.C., Mitchell, D.G., Fahr, H.J., Funsten, H.E., McComas, D.J., 2001. Energetic neutral atom imaging of the heliospheric boundary region. J. Geophys. Res. 106, 15767-15781.

[70] Hall, J.L., Kerzhanovich, V.V., Yavrouian, A.H., Jones, J.A., White, C.V., Dudik, B.A., Plett, G.A., Mennella, J., Elfes, A., 2006. An aerobot for global in situ exploration of Titan. Adv. Space Res. 37 (11), 2108-2119.

[71] Hall, S.J., et al., 2014. Implementation and initial validation of a 100 kW class nested-channel Hall thruster. In: Proc. of the 50thJoint Propulsion Conf. (Cleveland, OH) AIAA Paper 2014-3815.

[72] Hayden, D., Chien, S., Thompson, D., Castano, R., 2012. Using clustering and metric learning to improve science return of remote sensed imagery. ACM Trans. Intell. Syst. Technol. 3 (3).

[73] Heiken, G., Vaniman, D., French, B.M. (Eds.), 1991. Lunar Sourcebook: A User's Guide to the Moon. Univ. Press, Cambridge.

[74] Herique, A., et al., 2018. Direct observations of asteroid interior and regolith structure: science measurement requirements. Adv. Space Res. 62 (8), 2141-2162.

[75] Hodges, R., Shah, B., Muthulingham, D., Freeman, A., 2013. ISARA -integrated solar array and reflectarray mission overview. In: Annual AIAA/USU Conference on Small Satellites, August 2013.

[76] Huntsberger, T., Stroupe, A., Kennedy, B., 2005. System of systems for space construction. In: 2005 IEEE International Conference on Systems, Man and Cybernetics, vol. 4. IEEE, pp. 3173-3178.

[77] Iess, L., Jacobson, R.A., Ducci, M., Stevenson, D.J., Lunine, J.I., Armstrong, J.W., Asmar, S.W., Racioppa, P., Rappaport, N.J., Tortora, P., 2012. The tides of Titan. Science 337 (6093), 457-459.

[78] Iess, L., Asmar, S., Tortora, P., 2009. MORE: an advanced tracking experiment for the exploration of Mercury with the mission BepiColombo. Acta Astronaut. 65 (5-6), 666-675.

[79] Iess, L., Stevenson,D.J., Parisi, M.,Hemingway,D., Jacobson, R.A., Lunine, J.I., Nimmo, F., Armstrong, J.W.,Asmar, S.W., Ducci, M., Tortora, P., 2014a. The gravity field and interior structure of Enceladus. Science 344 (6179), 78-80.

[80] Iess, L., Di Benedetto, M., James, N., Mercolino, M., Simone, L., Tortora, P., 2014b. Astra: interdisciplinary study on enhancement of the end-to-end accuracy for spacecraft tracking techniques. Acta Astronaut. 94 (2), 699-707.

[81] In Situ Resource utilisation GAP Assessment Report, 2021. https://www.globalspaceexploration.org/wordpress/wp-content/uploads/2021/04/ISECG-ISRU-Technology-Gap-Assessment-Report-Apr-2021.pdf.

[82] Kaganovich, I., et al., 2020. Perspectives on Physics of ExB Discharges Relevant to Plasma Propulsion and Similar Technologies. Accepted for Publication in Physics of Plasmas, July 2020. https://arxiv.org/pdf/2007.09194.pdf.

[83] Karl, D., Duminy, T., Lima, P., Kamutzki, F., Gili, A., Zocca, A., et al., 2020. Clay in situ resource utilization with Mars global simulant slurries for additive manufacturing and traditional shaping of unfired green bodies. Acta Astronaut. 174, 241-253.

[84] Karras, J.T., Fuller, C.L., Carpenter, K.C., Buscicchio, A., McKeeby, D., Norman, C.J., et al., 2017. Pop-up mars rover with textile-enhanced rigid-flex PCB body. In: 2017 IEEE International Conference on Robotics and Automation (ICRA). IEEE, pp. 5459-5466.

[85] Keck Institute for Space Science, 2014. Mapping and Assaying the Near-Earth Object Population Affordably on a Decadal Timescale. https://kiss.caltech.edu/workshops/neo/neo.html.

[86] Kliore, A.J., Anderson, J.D., Armstrong, J.W., Asmar, S.W., Hamilton, C.L., Rappaport, N.J., Wahlquist, H.D., Ambrosini, R., Flasar, F.M., French, R.G., Iess, L., 2004. Cassini radio science. Space Sci. Rev. 115 (1-4), 1-70.

[87] Knudsen, P., Bingham, R., Andersen, O., Rio, M.H., 2011. A global mean dynamic topography and ocean circulation estimation using a preliminary GOCE gravity model. J. Geodes. 85 (11), 861-879.

[88] Kofman, W., et al., 2015. Properties of the 67P/Churyumov-Gerasimenko interior revealed by CONSERT radar. Science 349 (6247), aab0639.

[89] Koschny, et al., 2019. Interplanetary dust, meteoroids, meteors and meteorites. SSR 215 (4) article id: 34, 62 pp.

[90] Läkk, H., Schleppi, J., Cowley, A., Vasey, L., Yablonina, M., Menges, A., 2018. Fibrous habitat structure from lunar basalt fibre. In: 69th International Astronautical Congress (IAC), Bremen, Germany, 1-5 October 2018, IAC-18-E5.1.8 x48245.

[91] Lasue, J., Bousquet, P., Blanc, M., André, N., Beck, P., Berger, G., Bolton, S., Bunce, E., Chide, B., Foing, B., Hammel, H., Lellouch, E., Griton, L., Mcnutt, R., Maurice, S., Mousis, O., Opher, M., Sotin, C., Senske, D., Spilker, L., Vernazza, P., Zong, Q., 2022. "Planetary Exploration, Horizon 2061" Report - Chapter 4: From Planetary Exploration Goals to Technology Requirements. ScienceDirect, Elsevier.

[92] Lee, N.N., Burdick, J.W., Backes, P., Pellegrino, S., Hogstrom, K., Fuller, C., et al., 2016. Architecture for in-space robotic assembly of a modular space telescope. J. Astronomical Telesc. Instrum. Syst. 2 (4), 041207. New Scientist, Joint Mission to Europa could seek life under the ice, 201. https://www.newscientist.com/article/2128751-jointmission-to-europa-could-seek-life-under-the-ice/# (Retrieved 03 August 2020).

[93] Lim, S., et al., 2017. Extra-terrestrial construction processeseAdvancements, opportunities and challenges. Adv. Space Res. 60 (7), 1413-1429.

[94] Lorenz, R.D., Turtle, E.P., Barnes, J.W., Trainer, M.G., Adams, D.S., Hibbard, K.E., et al., 2018. Dragonfly: a rotorcraft lander concept for scientific exploration at Titan. Johns Hopkins APL Tech. Dig. 34 (3), 374-387.

[95] Malaspina, et al., 2014. Interplanetary and interstellar dust observed by the Wind/WAVES electric field instrument. Geophys. Res. Lett. 41, 266-272.

[96] Malphrus, B., Freeman, A., Staehle, R., Klesh, A., Walker, R., 2020. Interplanetary CubeSat Missions. In: Capelletti, B., Malphrus (Eds.), Chapter II.4 in Cubesat Mission Handbook: From Mission Design to Operations. Elsevier, ISBN 9780128178843.

[97] Margot, J.L., Peale, S.J., Jurgens, R.F., Slade, M.A., Holin, I.V., 2007. Large longitude libration of Mercury reveals a molten core. Science 316 (5825), 710-714.

[98] Matthies, L., Maimone, M., Johnson, A., Cheng, Y., Willson, R., Villalpando, C., et al., 2007. Computer vision on mars. Int. J. Comput. Vis. 75 (1), 67-92.

[99] Meurisse, A., Makaya, A., Willsch, C., Sperl, M., 2018. Solar 3D printing of lunar regolith. Acta Astronaut. 152, 800-810.

[100] Mittman, D.S., Hawkins, R., 2013. Scheduling Spitzer: the SIRPASS story. In: Proc. International Workshop on Planning and Scheduling for Space, Moffett Field, CA.

[101] Mukherjee, R., Siegler, N., Thronson, H., 2019. The future of space astronomy will be built: results from the in-space astronomical telescope (iSAT) assembly design study. In: 70th International Astronautical Congress (IAC) Washington D.C., United States, 21-25 October 2019.

[102] Muzi, D., Allasio, A., 2004. GOCE: the first core Earth explorer of ESA's Earth observation programme. Acta Astronaut. 54 (3), 167-175.

[103] NASA, 2019. 2020 NASA Technology Taxonomy[R].

[104] Naser, M.Z., August 2019. Extraterrestrial construction materials. Prog. Mater. Sci. 105, 100577.

[105] Okada, T., Fukuhara, T., Tanaka, S., Taguchi, M., Imamura, T., Arai, T., Senshu, H., Ogawa, Y., Demura, H., Kitazato, K., Nakamura, R., 2017. Thermal infrared imaging experiments of C-type asteroid 162173 Ryugu on Hayabusa2. Space Sci. Rev. 208 (1-4), 255-286.

[106] Ono, T., et al., 2009. Lunar radar sounder observations of subsurface layers under the nearside Maria of the moon. Science 323 (5916), 909-912.

[107] Ono, M., Mitchel, K., Parness, A., Carpenter, K., Iacoponi, S., Simonson, E., Curtis, A., Ingham, M., Budney, C., Estlin, T., Parcheta, C., 2018. Enceladus vent explorer concept. In: Outer Solar System. Springer, Cham, pp. 665-717.

[108] Owens, A., De Weck, O., 2016. Systems analysis of in-space manufacturing applications for the international space station and the evolvable mars campaign. AIAA SPACE 5394.

[109] Patané, S., et al., 2020. Precision in-space manufacturing for structurally-connected interferometry. AAS 373-02.

[110] Pätzold, M., Andert, T., Hahn, M., Asmar, S.W., Barriot, J.P., Bird, M.K., Häusler, B., Peter, K., Tellmann, S., Grün, E., Weissman, P.R., 2016. A homogeneous nucleus for comet 67P/Churyumov—Gerasimenko from its gravity field. Nature 530 (7588), 63-65.

[111] Peer, S., Grasso, C.A., 2005. Spitzer space telescope use of the virtual Machine Language. In: 2005

IEEE Aerospace Conference. Big Sky, MT, pp. 1-10. https://doi.org/10.1109/AERO.2005.1559638.

[112] Peral, E., Coauthors, 2019. RainCube: the first ever radar measurements from a CubeSat in space. J. Appl. Remote Sens. 13, 032504. https://doi.org/10.1117/1.JRS.13.032504.

[113] Phillips, C.B., Pappalardo, R.T., 2014. Europa clipper mission concept: exploring Jupiter's ocean moon. Eos Trans. Am. Geophys. Union 95 (20), 165-167.

[114] Picardi, G., et al., 2005. Radar soundings of the subsurface of Mars. Science 310 (5756), 1925-1928.

[115] Planet Labs, https://www.planet.com/ (Retrieved 6 August 2020).

[116] Postberg, F., et al., 2011. Compositional mapping of planetary moons by mass spectrometry of dust ejecta. PSS 59 (14), 1815-1825.

[117] Prater, T., et al., 2019. NASA's in-space manufacturing project: update on manufacturing technologies and materials to enable more sustainable and safer exploration. In: 70th International Astronautical Congress (IAC), Washington, D.C., 21-25 October 2019.

[118] Rahmani, A., Bandyopadhyay, S., Rossi, F., de la Croix, J.-P., Van der Hook, J., Wolf, M.T., 2019. Space Vehicle Swarm Exploration Missions: A Study of Key Enabling Technologies and Gaps. Int. Astronautical Congress, Washington D.C., U.S.A.

[119] Rauer, H., Blanc, M., Venturini, J., Dehant, V., Demory, B., Dorn, C., Domagal-Goldman, S., Foing, B., Gaudi, S., Helled, R., Heng, K., Kitzman, D., Kokubo, E., Le Sergeant d'Hendecourt, L., Mordasini, C., Nesvorny, D., Noack, L., Opher, M., Owen, J., Paranicas, C., Qin, L., Snellen, I., Testi, L., Udry, S., Wambganss, J., Westall, F., Zarka, P., Zong, Q., 2021. Planetary exploration, Horizon 2061 report. In: Chapter 2: Solar System/ Exoplanet Science Synergies in a Multi-Decadal Perspective. ScienceDirect, Elsevier, 2021 and this volume.

[120] Rose, T., et al., 2019. Optical communications downlink from a 1.5U Cubesat: OCSD program. In: Proceedings Volume 11180, International Conference on Space Optics — ICSO 2018; 111800J. https://doi.org/10.1117/12.2535938.

[121] Saberin, J.R., 2010. Optically Transparent Antennas for Small Satellites (Master's thesis). Utah State University.

[122] Schaffer, S., Chien, S., Branch, A., Hernandez, S., 2018. Automatic orbit selection for a radio interferometric spacecraft constellation. J. Aero. Inf. Syst. 15 (11), 627-639.

[123] Schubert, G., Anderson, J.D., Spohn, T., McKinnon, W.B., 2004. Interior Composition, Structure and Dynamics of the Galilean Satellites. In: Jupiter: The Planet, Satellites and Magnetosphere, 1, pp. 281-306.

[124] Schlüter, L., Cowley, A., 2020. Review of techniques for In-Situ oxygen extraction on the moon. Planet. Space Sci. 181, 104753.

[125] Seu, R., et al., 2007. SHARAD sounding radar on the mars reconnaissance orbiter. J. Geophys. Res. Planets 112 (E5), E05S05.

[126] Shi, X., et al., 2019. GAUSS, Genesis of Asteroids and EvolUtion of the Solar System — A Sample Return Mission to Ceres. ESA Voyage 2050 White Paper.

[127] Shuai, L., Lucey, P.G., Milliken, R.E., Hayne, P.O., Fisher, E., Williams, J.-P., Hurley, D.M., Elphic, R.C., 2018. Direct evidence of surface exposed water ice in the lunar polar regions. Proc. Natl. Acad. Sci. USA 115 (36), 8907-8912.

[128] Siegler, N., Mukherjee, R., Thronson, H., 2019. NASA-chartered In-Space Assembled Telescope Study: Final Report. https://exoplanets.nasa.gov/internal_resources/1262/.

[129] Smith, M.W., et al., 2018. On-orbit results and lessons learned from the ASTERIA space telescope mission. In: AIAA SmallSat Conference, SSC18-I-08.

[130] Snodgrass, C., and Jones, G.H. The European Space Agency's Comet Interceptor lies in wait. Nature Commun. (2019) 10:5418; https://doi.org/10.1038/s41467-019-13470-1.

[131] Srivastava, V., Lim, S., Anand, M., 2016. Microwave processing of lunar soil for supporting longer-term surface exploration on the Moon. Space Pol. 37, 92-96.

[132] Staehle, R., Puig-Suari, J., Crowley, K., Babuscia, A., Bellardo, J., Bonafede, N., Chahat, N., Chien, S., Cochrane, C., Desai, M., Duncan, C., Fernandez, M., Garrett, H., Gillespie, C., Gordon, M., Kraver, C., Landau, D., Leon, D., Liewer, P., Martos-Repath, L., Mouroulis, P., Murphy, N., Retzlaff, S., Tang, A., Thangavelautham, J., 2020. 322 5. Enabling technologies for planetary exploration SmallSats beyond Saturn without radioisotopes: a preliminary assessment. In: Interplanetary Small Satellite Conference, May 2020.

[133] Starr, S.O., Muscatello, A.C., 2020. Mars in situ resource utilization: a review. Planet. Space Sci. 182, 104824.

[134] Stephenson, K., Blancquaert, T., 2008. Nuclear power technologies for deep space and planetary missions. In: Proc. of the 8th European Space Power

Conference, Constance, Germany, 14-19 September 2008 ESA SP-661.

[135] Sterken, V., et al., 2019. Interstellar dust in the solar system. SSR 215 (7), 32 article id: 43.

[136] Stevenson, T., 2018. Development of Multi-Functional Structures for Small Satellites (Ph. D. thesis). Georgia Tech. http://hdl.handle.net/1853/60777.

[137] Stone, E.C., Alkalai, L., Freedman, L., 2014. Science and Enabling Technologies to Explore the Interstellar Medium. https://kiss.caltech.edu/workshops/ism/ism.html (Retrieved 03 August 2020).

[138] Sun, T., Wang, C., Connor, H.K., Jorgensen, A.M., Sembay, S., 2020. Deriving the magnetopause position from the soft X-ray image by using the tangent fitting approach. J. Geophys. Res. Space Phys. 125 e2020JA028169.

[139] Tapley, B.D., Bettadpur, S., Watkins, M., Reigber, C., 2004. The gravity recovery and climate experiment: mission overview and early results. Geophys. Res. Lett. 31 (9).

[140] Tapley, B., Ries, J., Bettadpur, S., Chambers, D., Cheng, M., Condi, F., Gunter, B., Kang, Z., Nagel, P., Pastor, R., Pekker, T., 2005. GGM02e—An improved Earth gravity field model from GRACE. J. Geodes. 79 (8), 467-478.

[141] Taylor, L.A., Schmitt, H.H., Carrier, W.D., Nakagawa, M., 2005. The lunar dust problem: from liability to asset. In: AIAA 1st Space Exploration Conference: Continuing the Voyage of Discovery. Orlando, FL. AIAA 2005-2510.

[142] Thorpe, J.I., et al., 2016. Detection and measurement of micrometeoroids with LISA Pathfinder. Astronom. Astrophys. 586, A107.

[143] Troesch, M., Vaquero, T., Byon, A., Chien, S., 2018. A journey through an autonomous multi-rover coordination scenario in mars cave exploration. In: Proceedings of the International Conference on Planning and Scheduling (ICAPS 2018) System Demonstrations and Exhibits Track, Delft, The Netherlands, pp. 24-29.

[144] Vander Hook, J., Vaquero, T., Rossi, F., Troesch, M., Net, M.S., Schoolcraft, J., et al., 2019. Mars on-site shared analytics information and computing. In: Proceedings of the International Conference on Automated Planning and Scheduling, vol. 29(1), pp. 707-715.

[145] Vander Hook, J., Castillo-Rogez, J., Doyle, R., Stegun Vaquero, T., Hare, T.M., Kirk, R.L., Bekker, D., Cocoros, A., Fox, V., 2020. Ebulae: a proposed concept of operation for deep space computing clouds. In: Proceedings of the IEEE Aerospace Conference. Big Sky, MT 2020. See also. https://www.kiss.caltech.edu/workshops/nebulae/nebulae2.html.

[146] Wang, D., Russino, J., Basich, C., Chien, S., 2020. Using flexible execution, replanning, and model parameter updates to address environmental uncertainty for a planetary lander. In: International Symposium on Artificial Intelligence, Robotics, and Automation for Space, Pasadena, CA.

[147] Webster, C.R., et al., 2013. Isotope ratios of H, C, and O in CO_2 and H_2O of the martian atmosphere. Science 341, 260-263.

[148] Wettergreen, D., Foil, G., Furlong, M., Thompson, D.R., 2014. Science autonomy for rover subsurface exploration of the Atacama desert. AI Mag. 35 (4), 47-60.

[149] Whittaker, W., 2012. Technologies Enabling Exploration of Skylights, Lava Tubes and Caves.

[150] Whittenburg, K., 2019. The Planning and Execution of the New Horizons Flybys of Pluto and Kuiper Belt Object 2014 MU69, Invited Talk, Proc. International Workshop on Planning and Scheduling For Space, Berkeley, CA.

[151] William, D., 2020. Architecture options for creation of a persistent platform orbital testbed. In: ASCEND 2020, p. 4130.

[152] Wolff, M., 1969. Direct measurements of the Earth's gravitational potential using a satellite pair. J. Geophys. Res. 74 (22), 5295-5300.

[153] Woods, M., Shaw, A., Barnes, D., Price, D., Long, D., Pullan, D., 2009. Autonomous science for an ExoMars rovere—like mission. J. Field Robot. 26 (4), 358-390.

[154] Woods, M., Shaw, A., Tidey, E., Van Pham, B., Simon, L., Mukherji, R., Maddison, B., Cross, G., Kisdi, A., Tubby, W., Visentin, G., 2014. Seeker—dautonomous long-range rover navigation for remote exploration. J. Field Robot. 31 (6), 940-968.

[155] Wurz, P., et al., 2021. Investigation of the surface composition by laser ablation/ionisation mass spectrometry. IEEE Aerospace Conference Big Sky, MT, USA 50100. https://doi.org/10.1109/AERO50100.2021.9438486.

[156] Wurz, P., et al., 2022. Identifying biosignatures on planetary surfaces with laser-based mass spectrometry. IEEE Aerospace Conference Big Sky, MT, USA. Submitted for publication.

[157] Zuber, M.T., Smith, D.E., Watkins, M.M., Asmar, S.W., Konopliv, A.S., Lemoine, F.G., Melosh, H.J., Neumann, G.A., Phillips, R.J., Solomon, S.C., Wieczorek, M.A., 2013. Gravity field of the moon from the gravity recovery and interior laboratory (GRAIL) mission. Science 339 (6120), 668-671.

[158] Zurbach, S., Cornu, S., Lasgorceix, P., 2011. Performance Evaluation of a 20 kW Hall Effect Thruster Proc. IEPC 2011. Kurhaus, Wiesbaden, Germany paper IEPC-2011-020 (2011).

Further reading

[159] Adam, J.C., et al., 2008. Simulation and diagnostics of Hall effect thrusters. Physics Plasma Phys. Contr. Fusion 50, 124041.

[160] Aguzzi, J., Flexas, M.D., Flögel, S., Lo Iacono, C., Tangherlini, M., Costa, C., Marini, S., Bahamon, N., Martini, S., Fanelli, E., Danovaro, R., 2020. Exo-ocean exploration with deep-sea sensor and platform technologies. Astrobiology.

[161] Altair, T., De Avellar, M.G.B., Rodrigues, F., Galante, D., 2018. Microbial habitability of Europa sustained by radioactive sources. Sci. Rep. 8, 1-8. https://doi.org/10.1038/s41598-017-18470-z.

[162] Alves, J., Duvet, L., Vijendran, S., et al., 2018. Future Technologies for Planetary Exploration within the European Exploration Envelope Programme at the European Space Agency, Horizon 2061.

[163] Bada, J.L., 2001. State-of-the-art instruments for detecting extraterrestrial life. Proc. Natl. Acad. Sci. USA 98, 797-800. https://doi.org/10.1073/pnas.98.3.797.

[164] Balint, T.S., Kolawa, E.A., Cutts, J.A., Peterson, C.E., 2008. Extreme environment technologies for NASA's robotic planetary exploration. Acta Astronaut. 63 (1-4), 285-298.

[165] Beaty, D.W., et al., 2012. Potential Water Resource Deposits on Mars: Location and Spatial Relationships to Regions of High Interest for Astrobiology and Safe Spacecraft Operations. Thirteenth Space Resources Roundtable and the Planetary & Terrestrial Mining Sciences Symposium, Golden, Colorado.

[166] Beauchamp, P., Merce, C., Dudzinsk, L., et al., 2018. Technology Planning for NASA's Future Planetary Science Missions, Horizon 2061.

[167] Beegle, L., Bhartia, R., 2016. SHERLOC: an investigation for Mars 2020. In: EGU General Assembly Conference Abstracts, vol. 18, pp. EGU2016-11215.

[168] Blanco, Y., Rivas, L.A., Ruiz-Bermejo, M., Parro, V., 2013. Immunological detection of metilic acid in the Atacama desert: implication for organics detection on Mars. Icarus 224 (2), 326-333.

[169] Brook, L., Amato, D., Freeman, A., et al., 2018. Planetary Science's Vision 2050: Technology Challenges, Horizon 2061.

[170] Bueno, R., Marciello, M., Moreno, M., Sánchez-Sánchez, C., Martinez, J.I., Martinez, L., Prats-Alfonso, E., Guimerà- Brunet, A., Garrido, J.A., Villa, R., Monpean, F., García-Hernandez, M., Huttel, Y., Morales, M.P., Briones, C., López, M.F., Ellis, G.J., Vázquez, L., Martín-Gago, J.A., 2019. Versatile graphene-based platform for robust nanobiohybrid interfaces. ACS Omega 4 (2), 3287-3297.

[171] Can, X., 2014. 4&5 Formation Flying Mission Accomplished. UTIAS/SFL. http://utias-sfl.net/?p2191.

[172] Casanova, S., Espejel, C., Dempster, A.G., Anderson, R.C., Caprarelli, G., Saydam, S., 2020. Lunar polar water resource exploratione-Examination of the lunar cold trap reservoir system model and introduction of playbased exploration (PBE) techniques. Planet. Space Sci. 180, 104742.

[173] Chien, S., Doyle, R., Davies, A.G., Jonsson, A., Lorenz, R., 2006. The future of AI in space. IEEE Intell. Syst. 21 (4), 64-69.

[174] Ciarletti, V., et al., 2017. The WISDOM radar: unveiling the subsurface beneath the ExoMars rover and identifying the best locations for drilling. Astrobiology 17 (6-7), 565-584.

[175] Clark, K.B., 2007. Europa explorere-an exceptional mission using existing technology. In: In 2007 IEEE Aerospace Conference 2007 Mar 3. IEEE, pp. 1-20.

[176] Cockell, C., et al., 2016. Habitability: a review. Astrobiology 16 (1), 89-117.

[177] Crawford, I.A., 2015. Lunar resources: a review. Progr. Phys. Geogr. 39 (2), 137-167.

[178] Culbert, C., 2011. Human Space Flight Architecture Team (HAT) Overview, GER Workshop.

[179] Davila, A.F., Skidmore, M., Fairén, A.G., Cockell, C., Schulze-Makuch, D., 2010. New priorities in the robotic exploration of Mars: the case for in situ search for extant life. Astrobiology 10, 705-710. https://doi.org/10.1089/ast.2010.0538.

[180] Direito, S.O.L., Marees, A., Röling, W.F.M., 2012. Sensitive life detection strategies for low-biomass environments: optimizing extraction of nucleic acids adsorbing to terrestrial and Mars analogue minerals. FEMS Microbiol. Ecol. 81, 111-123. https://doi.org/10.1111/j.1574-6941.2012.01325.x.

[181] ESA Space Resources Strategy, May 23, 2019. https://exploration.esa.int/web/moon/-/61369-esa-space-resourcesstrategy.

[182] ESA. https://www.esa.int/ESA_Multimedia/Images/2019/10/Oxygen_and_metal_from_lunar_

[183] ESA. https://www.esa.int/ESA_Multimedia/Images/2018/11/3D-printed_ceramic_parts_made_from_lunar_regolith#.X5cir8s7thw.link.

[184] ESA. https://www.esa.int/ESA_Multimedia/Images/2018/02/Multi-dome_base_being_constructed#.X5YMFKhoRTE.link.

[185] ESA. In-Orbit Manufacturing of Very Long Booms, General Support Technology Programme activity. https://www.esa.int/Enabling_Support/Space_Engineering_Technology/Shaping_the_Future/In-Orbit_Manufacturing_of_Very_Long_Booms.

[186] European Space Agency (ESA). FSSCCAT-1 Ready for Launch. https://www.esa.int/Applications/Observing_the_Earth/Ph-sat/FSSCat_F-sat-1_ready_for_launch. (Retrieved 6 August 2020).

[187] Evans-Nguyen, et al., 2008. Development of a low power, high mass range mass spectrometer for Mars surface analysis. Int. J. Mass Spectrom. 278, 170-177.

[188] Fairén, A.G., 2010. A cold and wet Mars. Icarus 208, 165-175.

[189] Fairén, A.G., Parro, V., Schulze-Makuch, D., Whyte, L., 2017. Searching for life on mars before it is too late. Astrobiology 17, 1-9. https://doi.org/10.1089/ast.2017.1703.

[190] Fang, G.Y., et al., 2014. Lunar penetrating radar onboard the Chang'e-3 mission. Res. Astron. Astrophys. 14 (12), 1607-1622.

[191] Fernandez-Calvo, P., et al., 2006. A multi-array competitive immunoassay for the detection of broad-range molecular size organic compounds relevant for astrobiology. Planet. Space Sci. 54 (15), 1612-1621.

[192] Folkner, W.M., Dehant, V., Le Maistre, S., Yseboodt, M., Rivoldini, A., Van Hoolst, T., Asmar, S.W., Golombek, M.P., 2018. The rotation and interior structure experiment on the InSight mission to Mars. Space Sci. Rev. 214 (5), 100.

[193] Friedman, L., Garber, D., 2014. Science and technology steps into the interstellar medium. In: IAC-14 D. 2014;4:4. Keck Institute for Space Science 2018, Technology Requirements to Operate at and Utilize the Solar Gravity Lens for Exoplanet Imaging. https://kiss.caltech.edu/workshops/solar/solar.html.

[194] García-Descalzo, L., Parro, V., García-Villadangos, M., Cockell, C.S., Moissl-Eichinger, C., Perras, A., Rettberg, P., Beblo-Vranesevic, K., Bohmeier, M., Rabbow, E., Westall, F., Gaboyer, F., Amils, R., Malki, M., Marteinsson, V., Vannier, P., Ehrenfreund, P., Monaghan, E., Riedo, A., Cabezas, P., Walter, N., Gómez, F.G., 2019. Microbial markers profile in anaerobic Mars analogue environments using the LDChip (Life Detector Chip) antibody microarray core of the SOLID (Signs of Life Detector) platform. Microorganisms 7 (9). https://doi.org/10.3390/microorganisms7090365 pii: E365.

[195] Grande, M., 2018. Technology Foresight for 2061, Horizon 2061.

[196] Grott, M., Spohn, T., Smrekar, S.E., Banerdt, W.B., Hudson, T.L., Morgan, P., et al., 2012. InSight: constraining the Martian heat flow from a single measurement. LPI (1659), 1382.

[197] Guo, L.L., Wang, P., Liang, L., et al., 2013. Preliminary research on manned lunar landing and lifting off technology. Spacecrat Recov. Remote Sens. 34 (4), 10-16.

[198] Guo, L.L., Hong, Y., Lin, T., et al., 2019. The Introduction of Human Deep Space Technology. China BIT press.

[199] Hamran, S.E., et al., 2015. RIMFAX: a GPR for the Mars 2020 rover mission. In: 2015 8th International Workshop on Advanced Ground Penetrating Radar. IWAGPR), Florence, pp. 1-4.

[200] Hecht, M.H., Marshall, J., Pike, W.T., Staufer, U., Blaney, D., Braendlin, D., Gautsch, S., Goetz, W., Hidber, H.R., Keller, H.U., Markiewicz, W.J., 2008. Microscopy capabilities of the microscopy, electrochemistry, and conductivity analyzer. J. Geophys. Res.: Planets 113 (E3).

[201] Hildebrandt, M., Albiez, J., Fritsche, M., Hilljegerdes, J., Kloss, P., Wirtz, M., Kirchner, F., 2013. Design of an autonomous under-ice exploration system. In: 2013 OCEANS-San Diego 2013 Sep 23. IEEE, pp. 1-6.

[202] Husain, A., Jones, H., Kannan, B., Wong, U., Pimentel, T., Tang, S., Daftry, S., Huber, S., Whittaker, W.L., 2013. Mapping planetary caves with an autonomous, heterogeneous robot team. In: 2013 IEEE Aerospace Conference 2013 Mar 2. IEEE, pp. 1-13.

[203] Iess, L., Folkner, W.M., Durante, D., Parisi, M., Kaspi, Y., Galanti, E., Guillot, T., Hubbard, W.B., Stevenson, D.J., Anderson, J.D., Buccino, D.R., 2018. Measurement of Jupiter's asymmetric gravity field. Nature 555 (7695), 220-222.

[204] Iess, L., Militzer, B., Kaspi, Y., Nicholson, P., Durante, D., Racioppa, P., Anabtawi, A., Galanti, E., Hubbard, W., Mariani, M.J., Tortora, P., 2019. Measurement and implications of Saturn's gravity field and ring mass. Science 364 (6445).

[205] International Space Exploration Coordination

Group Technology Working Group, 2019. Global Exploration Roadmap Critical Technology Needs.

[206] Jernigan, M., Gatens, R., Joshi, J., Perry, J., 2018. The next steps for environmental control and life support systems development for deep space exploration. In: ICES-2018-276, 48th International Conference on Environmental Systems, Albuquerque, New Mexico, 2018.

[207] Johnson, S.S., Anslyn, E.V., Graham, H.V., Mahaffy, P.R., Ellington, A., 2018. Fingerprinting non-terran biosignatures. Astrobiology 18, 915-922.

[208] Josset, J.-L., Westall, F., Hofmann, B.A., Spray, J., Cockell, C., Kempe, S., Griffiths, A.D., De Sanctis, M.-C., Colangeli, L., Koschny, D., Föllmi, K., 2017. The Close-Up Imager onboard the ESA ExoMars Rover: objectives, description, operations, and science validation activities. Astrobiology 17 (6-7), 595-611.

[209] Joyce, G.F., 1994. Foreword. In: Deamer, D.W., Fleischaker, G.R. (Eds.), Origins of Life: The Central Concepts. Jones and Bartlett, Boston (xiexii).

[210] Kading, B., et al., 2015. Utilizing in-situ resources and 3D printing structures for a manned Mars mission. Acta Astronaut. 107, 317-326.

[211] Kesner, S.B., Plante, J.S., Boston, P.J., Fabian, T., Dubowsky, S., 2007. Mobility and power feasibility of a microbot team system for extraterrestrial cave exploration. In: Proceedings 2007 IEEE International Conference on Robotics and Automation 2007 Apr 10. IEEE, pp. 4893-4898.

[212] Klein, H.P., Lederberg, J., Rich, A., Horowitz, N.H., Oyama, V.I., Levin, G.V., 1976. The Viking mission search for life on mars. Nature 262 (5563), 24.

[213] Kounaves, S.P., et al., 2014. Identification of the perchlorate parent salts at the Phoenix Mars landing site and possible implications. Icarus 232, 226-231.

[214] LaForge, L.E., Korver, K.F., Carlson, D.D., 2000. Architectures and Algorithms for Self-Healing Autonomous Spacecraft. Phase I Report, NASA Inst. For Advanced Concepts.

[215] Levchenko, I., Xu, S., Teel, G., et al., 2018. Recent progress and perspectives of space electric propulsion systems based on smart nanomaterials. Nat. Commun. 9, 879.

[216] Levchenko, I., et al., 2020. Perspectives, frontiers, and new horizons for plasma-based space electric propulsion. Phys. Plasmas 27, 020601.

[217] Lomax, B.A., Conti, M., Khan, N., Bennett, N.S., Ganin, A.Y., Symes, M.D., 2020. Proving the viability of an electrochemical process for the simultaneous extraction of oxygen and production of metal alloys from lunar regolith. Planet. Space Sci. 180, 10474.

[218] Maiti, N.C., Apetri, M.M., Zagorski, M.G., Carey, P.R., Anderson, V.E., 2004. Raman spectroscopic characterization of secondary structure in natively unfolded proteins: alfa synuclein. J. Am. Chem. Soc. 126 (8), 2399-2408.

[219] Malla, R.B., et al., 2015. Determination of temperature variation on lunar surface and subsurface for habitat analysis and design. Acta Astronaut. 107, 196-207.

[220] Mazouffre, S., 2016. Electric propulsion for satellites and spacecraft: established technologies and novel approaches. Plasma Sources Sci. Technol. 25, 033002.

[221] McKay, C.P., Stoker, C.R., Glass, B.J., Davé,A.I., Davila,A.F., Heldmann, J.L., Marinova,M.M., Fairén,A.G., Quinn, R.C., Zacny, K.A., Paulsen, G., Smith, P.H., Parro, V., Andersen, D.T., Hecht, M.N., Lacelle, D., Pollard, W.H., 2013. The Icebreaker life mission to mars: a search for biomolecular evidence for life. Astrobiology 13, 334-353.

[222] McMahon, J.W., Scheeres, D.J., Hesar, S.G., Farnocchia, D., Chesley, S., Lauretta, D., 2018. The OSIRIS-REx radio science experiment at Bennu. Space Sci. Rev. 214 (1), 43.

[223] MELT 3D Printer. https://www.esa.int/ESA_Multimedia/Images/2018/10/MELT_3D_printer.

[224] MEV-1 (Mission Extension Vehicle-1) and MEV-2 missions. https://directory.eoportal.org/web/eoportal/satellitemissions/m/mev-1.

[225] Moreno-Paz, M., Gómez-Cifuentes, A., Ruiz-Bermejo, M., Hofstetter, O., Maquieira, Á., Manchado, J.M., Morais, S., Sephton, M.A., Niessner, R., Knopp, D., Parro, V., 2018. Detecting nonvolatile life- and nonlife-derived organics in 3265. Enabling technologies for planetary exploration a carbonaceous chondrite analogue with a new multiplex immunoassay and its relevance for planetary exploration. Astrobiology 18 (8), 1041-1056.

[226] NASA, 2015. NASA Technology Roadmaps TA9: Entry, Descent, and Landing system[R].

[227] NASA, 2020. NASA Technology Taxonomy.

[228] NASA, NASA Technology Roadmaps, 2015. TA6: Human Health, Life Support, and Habitation Systems.

[229] Navarro-González, R., Navarro, K.F., De La Rosa, J., Iñiguez, E., Molina, P., Miranda, L.D., Morales, P., Cienfuegos, E., Coll, P., Raulin, F., Amils, R., 2006. The limitations on organic detection in Mars-like soils by thermal volatilizationgas chromatographyeMS and their implications for the Viking results. Proc. Natl. Acad. Sci. USA 103 (44),

16089-16094.

[230] Noor, A.K., Doyle, R.J., Venneri, S.L., 2000. Autonomous, biologically inspired systems for future space missions. Adv. Eng. Software 31 (7), 473-480.

[231] Novotny, et al., 1975. Gas chromatographic column for the Viking 1975 molecular analysis experiment. Science 189, 215-216.

[232] Ong, C., Bieber, B.S., Needham, J., et al., 2005. Planetary Probe Entry, Descent, and Landing Systems: Technology Advancements, Cost, and Mass Evaluations with Application to Future Titan Exploration Missions [C]. SSEC05. Session F: University Session II, Space Systems Engineering Conference (1st - Atlanta - 2005). http://hdl.handle.net/1853/8049.

[233] Owens, A., De Weck, O.C., Stromgren, W., Cirillo, W., Goodliff, K., 2017. Supportability challenges, metrics, and key decisions for human spaceflight. In: Proceedings of the American Institute of Aeronautics and Astronautics (AIAA) SPACE Forum, Orlando, FL.

[234] Painter, P.C., Mosher, L.E., Rhoads, C., 1982. Low-frequency modes in the Raman spectra of proteins. Biopolymers 21 (7), 1469-1472.

[235] Parnell, J., Cullen, D., Sims, M.R., Bowden, S., Cockell, C.S., Court, R., Ehrenfreund, P., Gaubert, F., Grant, W., Parro, V., Rohmer, M., Sephton, M., Stan-Lotter, H., Steele, A., Toporski, J., Vago, J., 2007. Searching for life on Mars: selection of molecular targets for ESA's Aurora ExoMars mission. Astrobiology 7 (4), 578-604.

[236] Parro, V., Rodríguez-Manfredi, J.A., Briones, C., Compostizo, C., Herrero, P.L., Vez, E., Sebastián, E., Moreno-Paz, M., García-Villadangos, M., Fernández-Calvo, P., González-Toril, E., Pérez-Mercader, J., Ferández-Remolar, D., Gómez-Elvira, J., 2005. Instrument development for biomarker search on Mars: acidophile, iron powered chemolithoautotrophic communities as terrestrial model system. Planet. Space Sci. 53, 729-737.

[237] Parro, V., et al., 2008. SOLID2: an antibody array-based life-detector instrument in a mars drilling simulation experiment (MARTE). Astrobiology 8 (5), 987-999.

[238] Parro, V., de Diego-Castilla, G., Rodríguez-Manfredi, J.A., Rivas, L.A., Blanco-López, Y., Sebastián, E., Romeral, J., Compostizo, C., Herrero, P.L., García-Marín, A., Moreno-Paz, M., García-Villadangos, M., Cruz-Gil, P., Peinado, V., Martín-Soler, J., Pérez-Mercader, J., Gómez-Elvira, J., 2011. SOLID3: a multiplex antibody microarray-based optical sensor instrument for in situ life detection in planetary exploration. Astrobiology 11 (1), 15-28. https://doi.org/10.1089/ast.2010.0501.

[239] Peretó, J., 2005. Controversies on the origin of life. Int. Microbiol. 8, 23-31.

[240] Pilehvar, S., Arnhof, M., Pamies, R., Valentini, L., Kjøniksen, A.L., 2020. Utilization of urea as an accessible superplasticizer on the moon for lunar geopolymer mixtures. J. Clean. Prod. 247, 119177.

[241] POP3D printer. https://www.esa.int/ESA_Multimedia/Images/2014/11/POP3D_printer.

[242] Pullan, et al., 2008. Identification of morphological biosignatures in Martian analogue field specimens using in situ planetary instrumentation. Astrobiology 9, 119-156.

[243] Reed, B., 2019. The Dawn of a New Era: Thinking Bigger, Living Longer, Journeying Farther, Conference on Small Satellites.

[244] Rull, F., et al., 2017. The Raman laser spectrometer for the ExoMars rover mission to mars. Astrobiology 17 (6-7), 627-654.

[245] Sanders, G.B., 2015. In: Lunar Polar in Situ Resource Utilization (ISRU) as a Stepping Stone for Human Exploration, in Laurel, MD, United States, 2013. http://ntrs.nasa.gov/search.jsp?R20140002479 (Accessed 26 February 2015).

[246] Sanders, G.B., 2019. NASA Lunar ISRU Strategy, what next for space resource utilisation? In: Workshop, Luxembourg, 10-11 October 2019 https://ntrs.nasa.gov/citations/20190032062.

[247] Sargusingh, M., Perry, J., 2017. Considering intermittent dormancy in an advanced life support systems architecture. In: AIAA SPACE and Astronautics Forum and Exposition, AIAA SPACE Forum, (AIAA 2017-5216), Orlando, Florida.

[248] Sargusingh, M., Anderson, M.S., Broyan, J.L., et al., 2018. NASA environmental control and life support technology development and maturation for exploration: 2017 to 2018 overview, ICES-2018-182. In: 48th International Conference on Environmental Systems, Albuquerque, New Mexico.

[249] Schneider, W.F., Gatens, R.L., Anderson, M.S., et al., 2016. NASA environmental control and life support technology development and maturation for exploration: 2015 to 2016 overview, ICES-2016-40. In: 46th International Conference on Environmental Systems, Vienna, Austria.

[250] Schulze-Makuch, D., Irwin, L., 2018. Life in the Universe: Expectations and Constraints, third ed. Springer-Verlag.

[251] Schulze-Makuch, D., Fairén, A.G., Davila, A.F., 2013. Locally targeted ecosynthesis: a proactive

in situ search for extant life on other worlds. Astrobiology 13, 674-678.

[252] Skelley, A.M., Scherer, J.R., Aubrey, A.D., Grover, W.H., Ivester, R.H.C., Ehrenfreund, P., et al., 2005. Development and evaluation of a microdevice for amino acid biomarker detection and analysis on Mars. Proc. Natl. Acad. Sci. USA 102, 1041-1046. https://doi.org/10.1073/pnas.0406798102.

[253] Springer, C., Eliseev, D., Heinen, D., Helbing, K., Hoffmann, R., Naumann, U., Scholz, F., Wiebusch, C., Zierke, S., 2014. Acoustic in-ice positioning in the Enceladus explorer project. Ann. Glaciol. 55 (68), 253-259.

[254] Stapleton, T., Heldmann, M., Schneider, S., O'Neill, J., Samplatsky, D., White, K., Corallo, R., 2016. Environmental control and life support for deep space exploration, ICES-2016-450. In: 46th International Conference on Environmental Systems, Vienna, Austria.

[255] Stapleton, T., Heldmann, M., Torres, M., O'Neill, J., Scott-Parry, T., Corallo, R., White, K., Schneider, S., 2017. Environmental control and life support for deep space travel, ICES-2017-44. In: 47th International Conference on Environmental Systems, Charleston, South Carolina.

[256] Steve, M., Doris, D., Jim, G., et al., 2018. NASA Planetary Science Vision 2050 Scienced—Questions and Implementation Strategy, Horizon 2061.

[257] Sutton, M.A., Burton, A.S., Zaikova, E., Sutton, R.E., Brinckerhoff, W.B., Bevilacqua, J.G., et al., 2019. Radiation tolerance of nanopore sequencing technology for life detection on mars and Europa. Sci. Rep. 9, 1-10. https://doi.org/10.1038/s41598-019-41488-4.

[258] The Global Exploration Roadmap, January 2018. International Space Exploration Coordination Group. https://www.nasa.gov/sites/default/files/atoms/files/ger_2018_small_mobile.pdf.

[259] The Global Exploration Roadmap, August 2020. International Space Exploration Coordination Group. https://www.globalspaceexploration.org/wp-content/uploads/2020/08/GER_2020_supplement.pdf.

[260] Thomas, N., et al., 2004. The microscope for Beagle 2. Planet. Space Sci. 52 (9), 853-866.

[261] Thompson, J.O., Holtsnider, J.T., Michalek, W.F., 2017. Continuous Bosch reactor for oxygen recovery during transits and martian and lunar surface missions, ICES-2017-5. In: 47th International Conference on Environmental Systems, Charleston, South Carolina.

[262] Vago, J.L., Westall, F., Coates, A., Jaumann, R., Korablev, O., Ciarletti, V., Mitrofanov, I., Josset, J.-L., De Sanctis, M.C., Bibring, J.-P., Rull, F., Goesmann, F., Steininger, H., Goetz, W., Brinckerhoff, W., Szopa, C., Raulin, F., Edwards, H.G.M., Whyte, L.G., Fairén, A.G., Bridges, J., Hauber, E., Ori, G.G., Werner, S., Loizeau, D., Kuzmin, R.O., Williams, R.M.E., Flahaut, J., Forget, F., Rodionov, D., Svedhem, H., Sefton-Nash, E., Kminek, G., Lorenzoni, L., Joudrier, L., Mikhailov, V., Zashchirinskiy, A., Alexashkin, S., Calantropio, F., Merlo, A., Poulakis, P., Witasse, O., Bayle, O., Bayón, S., Meierhenrich, U., Carter, J., García-Ruiz, J.M., Baglioni, P., Haldemann, A., Ball, A.J., Debus, A., Lindner, R., Haessig, F., Monteiro, D., Trautner, R., Voland, C., Rebeyre, P., Goulty, D., Didot, F., Durrant, S., Zekri, E., Koschny, D., Toni, A., Visentin, G., Zwick, M., van Winnendael, M., Azkarate, M., Carreau, C., the ExoMars Project Team, 2017. Habitability on early Mars and the search for biosignatures with the ExoMars rover. Astrobiology 17 (6-7), 471-510.

[263] Vaquero, T., Troesch, M., Chien, S., 2018. An approach for autonomous multi-rover collaboration for Mars cave exploration: preliminary results. In: International Symposium on Artificial Intelligence, Robotics, and Automation in Space (i-SAIRAS 2018). Also Appears at the ICAPS PlanRob 2018.

[264] Wiens, R.C., Maurice, S., Rull, F., 2017. The SuperCam remote sensing instrument suite for the Mars 2020 rover mission: a preview. Spectroscopy 32. LA-UR-17-26876).

[265] Williford, K.H., Farley, K.A., Stack, K.M., Allwood, A.C., Beaty, D., Beegle, L.W., Bhartia, R., Brown, A.J., Rodriguez-Manfredi, J.A., de la Torre Juarez, M., Hamran, S.E., Hecht, M.H., 2018. The NASA Mars 2020 rover mission and the search for extraterrestrial life. In: From Habitability to Life on Mars. Elsevier, pp. 275-308.

[266] Wirtz, M., Hildebrandt, M., 2016. IceShuttle Teredo: an ice-penetrating robotic system to transport an exploration AUV into the ocean of Jupiter's Moon Europa. In: 67th International Astronautical Congress (IAC), Guadalajara, Mexico 2016 Sep 26, vol. 9.

[267] Wynne, J.J., 2016. The Scientific Importance of Caves in Our Solar System: Highlights of the 2nd International Planetary Caves Conference, Flagstaff, Arizona. NSS NewS, 5.

[268] Ye, P.J., Guo, L.L., Zhang, Z.X., et al., 2016. Risks and challenges of manned deep space exploration mission. Mann. Spaceflight 22 (2), 143-149.

[269] Zeng, X., et al., 2015. JMSS-1: a new Martian soil simulant. Earth Planets Space 67.

第6章
行星探测的基础设施和服务

[荷兰] Bernard Foing
[美国] Jonathan Lewis
[荷兰] Aurore Hutzler
[法国] Michel Blanc
[法国] Nicolas André
[意大利] Adriano Autino
[意大利] Ilaria Cinelli
[德国] Christiane Heinicke
[意大利] Christina Plainaki
[德国] Armin Wedler

6.1 概述

本章介绍并讨论了到 2061 年为止，用于支持太阳系探测任务所需的不同类型的基础设施和服务，它们构成了"地平线 2061：行星探测长期远景预见"项目的"第四支柱"（这四个支柱分别是科学问题、代表性任务、关键技术和基础设施与服务）。"支柱"体现了行星探测领域"科学牵引"的研究方法，详见第 1 章中所述。该方法从第 3 章分析太阳系探测任务的主要科学目标开始，推导出第 4 章所述的代表性科学任务，从而有效地回答上述科学问题。这项分析结果详见表 3-3 任务类型与任务目的地的对应关系。

表 3-3 的垂直列包括了服务于行星科学的各类型空间任务：从轨道观测、行星和小天体飞越探测、轨道环绕探测（单轨道探测器、小卫星、星座及蜂群等）、原位探测（使用下降探测器、撞击器、固定站点、可移动探测器等）、采样返回探测，以及载人探测（空间站、月球或火星前哨站等）。表 3-3 的水平列包括了太阳系中所有的天体，从最近的地月系到最远的 TNO、日球层边界、极局域星际介质（VLISM）和奥尔特云（Oort Cloud）。

在本项目研究中所考虑的行星探测任务，用彩色背景框标示，完全覆盖了上述两个维度，从最简单的到最复杂的，从距离最近的到最遥远的。这些行星探测任务对于理解从太阳系的形成到运行机制，再到在宜居的行星和卫星上寻找地外生命，都是非常必要的，有助于深入了解太阳系这个特殊的行星系统。

绿色方框对应的是已经完成或正准备在 2040 年前实施的行星探测任务；另外，蓝色方框对应的任务是目前尚未列入规划的，预计将于 2061 年前飞行的任务。这些"蓝色任务"导致了大量的关键技术需求，已在第 5 章中进行了详细介绍。"蓝色任务"还需要新一代的基础设施和服务的支持，以保障探测器顺利飞抵目的地执行科学探测任务，并传回数据或样品，同时最大限度地实现科学回报。对于载人探测任务而言，为保障运送航天员生存和活动所需的物资，还需要补充建设重型运载火箭和发射场等基础设施并提供发射服务。

本章的主要目的是审查这些关键要素，这些要素一般不是为某个特定任务服务，而是服务于一系列的航天任务和不同目的地的行星探测任务。让我们首先介绍所需的不同类型的基础设施和服务。第一类基础设施直接支持对太阳系天体的新型观测任务；第二类用于监测各类空间危害；第三类是收集地面设施获取的科学数据，从而优化解释从空间探测任务中获得的数据；第四类由数据存储库和数据系统组成，提供数据访问和科学利用服务。后续章节将对其进行详细论述。

科学观测基础设施主要包括地基望远镜和天文台等，当前和未来的地基望远镜，有可能放置在地面上或从地月系统轨道上，实施从无线电到 X 射线等多波段的观测，它们将继续在行星科学中发挥着重要作用，由于在第 4.2 节已经阐述了相关内容，在此不再重复。未来投入使用的新一代巨型望远镜，无论地基望远镜还是天基望远镜，对于行星科学界而言都将是至关重要的。

第 6.2 节将介绍行星探测任务所需的通用基础设施。从发射服务设施到通信和导航支持设施，乃至任务操作中心，它们将持续地提供高质量不间断服务，以支持未来的"蓝色任务"。

在6.3节中将介绍样品收集、保管和分析所需的基础设施。在未来的几十年里，从太阳系天体上采样返回的一系列样品将发挥出举足轻重的作用。为了实现样品收集与返回，需在严格的行星保护规则下对其进行管理和分析，因此需要世界级的保存、管理、分析，以及最终分发样品和相关数据等基础设施。

在6.4节中将介绍长期载人深空探测所需的基础设施。包括重型运载火箭、轨道空间站（如月球轨道空间站）和月球或火星前哨站/基地，它们的设计应支持航天员在地外天体上进行长期科学实验。

第二类基础设施用于监测航天器在执行任务期间遇到的各类自然空间危险。在6.5节介绍了这些用于监测空间天气和其他有关空间危害的基础设施。观察、监测以及在可能的情况下预测空间天气事件，一直是长期载人深空探测的必要条件，就像今天的天气预报必须支持机载导航那样。作为回报，对空间天气和其他相关的空间危害的监测，如对可能撞击地球的小行星的监测，将直接有利于地球上人员及设施的安全与保护。

第三类基础设施提供了作为空间观测数据补充所需的科学数据和信息，并有助于优化对空间观测获得数据的解释。在6.6节介绍了地基模拟设施和在实验室开展的相关实验。单靠观测是无法完全了解行星系统、天体及其不同层结构之间运行机制的。地基模拟设施和试验场可以用来重现和研究特定行星环境中普遍存在的条件，或根据需要在实验室中通过地面实验来测量它们的物理和化学性质。而这些沉重而精确的测量设备是无法在空间中原位获得的。

前面提到的所有基础设施和服务都会产生科学数据，有助于解决有关行星系统及其目标的科学问题。但在大多数情况下，解决一个特定的科学问题需要综合使用其中多个数据源。此外，当人们开始研究某个问题时，通常还不知道哪种类型的数据有助于解决此问题，以及在哪里可以找到它。数据系统基础设施的核心作用在于，它们可以在海量复杂的数据及最终用户之间提供最佳的交互界面，来解决上述的该如何找数据的问题，这些数据系统和虚拟天文台将在第6.7节中介绍。在未来的几十年里，行星研究的持续进展将更加依赖于上述各种信息来源和分析，除此之外，还需依靠数值模拟产生的海量数据。

运营上述的各类基础设施将需要培训新一代的年轻科学家、工程师、任务专家、实验室研究人员和航天员。这是下一代不同类型的"行星探索者"，通过他们互补的工作技能，进行从无人探测器到未来月球前哨站的科学实验，设计新的执行行星探测任务的方法，或者在地球上的研发工具，使得"地平线2061：行星探测长期远景预见"项目中提出的行星探测任务所需的科学成果日趋成熟。第6.8节介绍了对未来行星探测队伍的教育、培训和启发创新的观点。

最后，在第6.9节总结了本章的主要结论和对"地平线2061"的展望。

6.2 行星探测任务所需的通用基础设施

深空探测器通常依靠运载火箭进入月球或环绕太阳的轨道，然后才开启它们的航行。一旦进入轨道，到达目的地的运输工具通常依靠月球轨道器或下降着陆器来提供，或由星际探测器来送达目的地。

第 6.2.1 节侧重于介绍发射服务，本质上是兼顾多任务的。由于在"地平线 2061：行星探测长期远景预见"项目规划中，没有具体讨论各类探测任务所需的运载火箭，因此本文仅从以下两个方面进行介绍：用于 ESA 行星探测任务的运载火箭系列，以及用于月球和深空探测任务所使用的重型运载火箭。在附录四中给出了 2021—2030 年间所有规划的行星探测任务清单。

到目前为止，星际探测器是根据每个行星探测任务的具体需求而逐个研发的，因此不能将其视为通用的基础设施。关于其星载技术的发展展望已在第 5.4.5 节中介绍过了。因此截至目前，用于支持它们的通用基础设施仅包括通信和导航服务，将在 6.2.2 节中进行详细介绍。

6.2.1　运载火箭和发射服务

6.2.1.1　欧洲的系列运载火箭

多年来，欧洲的"阿丽亚娜"（Ariane）火箭一直是唯一的运载火箭，被用来保证欧洲各国政府的航天器进入太空。但只依靠欧洲市场本身无法维持"阿丽亚娜"运载火箭的可用性和提高可靠性，所以它已经发展到满足全球商业市场的需求，在那里它已经非常成功了。运载火箭是欧洲航天制造业的第二大领域，仅次于商业卫星，它同时促进了欧洲工业的发展。"联盟号"（Soyuz）运载火箭在法属圭亚那（French Guiana）建造了一个新的发射场，以补充"阿丽亚娜"运载火箭所能提供的运载能力范围。与此同时，研发"织女号"（Vega）运载火箭是为了满足一些私人企业等机构的较小载荷的任务需求。

"阿丽亚娜"系列运载火箭已多次成功地用于深空探测的发射任务，例如，1985 年的"乔托"（Giotto）彗星探测任务、2003 年的 SMART-1 月球探测任务、2004 年的"罗塞塔"（Rosetta）小行星探测任务、2018 年的"比皮科伦坡"（BepiColombo）水星探测任务。

"阿丽亚娜"系列运载火箭还多次用于发射天文任务，如，1995 年的红外空间天文台[1]（Infrared Space Observatory，ISO）任务，1999 年的牛顿 X 射线天文台[2]（X-ray Multi-Mirro Mission Newton，XMM-Newton）任务，2009 年的赫歇尔（Herschel）和普朗克（Planck）天文台任务，以及 2021 年 12 月的

[1] 红外空间天文台：是指由欧洲航天局（ESA）与 ISAS（现为 JAXA 的一部分）和 NASA 合作设计和运营的红外光空间望远镜。ISO 旨在研究波长为 2.5～240 μm 的红外光，并于 1995 年至 1998 年运行。ISO 由两个主要部分组成：有效载荷模块由容纳望远镜的大型低温恒温器和四台科学仪器组成，分别是红外相机、光偏振仪、短波光谱仪和长波光谱仪；服务模块通过提供能源电力、热控制、姿态和轨道控制以及通信来支持有效载荷模块的活动。ISO 可进行 2.5～240 μm 的成像和光度测量以及 2.5～196.8 μm 的光谱测量。

[2] 牛顿 X 射线天文台：也称为高通量 X 射线光谱任务和 X 射线多镜任务，是 ESA 于 1999 年 12 月用"阿丽亚娜 5 号"火箭发射的 X 射线空间天文台。这是欧空局地平线 2000 计划的第二个基石任务。以物理学家和天文学家艾萨克·牛顿爵士的名字命名，其任务是研究星际 X 射线源，进行窄范围和宽范围光谱分析，并首次对物体进行 X 射线和光学（可见光和紫外线）波长。XMM-Newton 是一台长 10.8 m，宽 16.16 m 的空间望远镜，配备了太阳能电池阵列。发射时质量为 3 764 kg。该航天器具有三级稳定度，使其能够以 0.25～1″的精度瞄准目标。这种稳定是通过使用航天器的姿态和轨道控制子系统来实现的。这些系统还允许航天器指向不同的天体目标，并能以每小时最大 90°的速度转动航天器。XMM-Newton 上的仪器包括三台欧洲光子成像相机、两台反射光栅光谱仪和一台光学监视器。该航天器设计寿命为 10 年，目前仍处于良好状态，并多次接受任务延期，最近一次是在 2023 年 3 月，计划运行至 2026 年年底。

詹姆斯·韦伯太空望远镜（JWST）任务。

"阿丽亚娜 5 号"、"联盟号"（Soyuz）、"织女号"运载火箭都是从法属圭亚那的欧洲航天发射中心发射的。欧洲受益于这些具有优异性能和灵活发射服务能力的运载火箭，覆盖了所有欧洲政府和许多商业市场需求，从而提高了其空间的社会经济效益。

成员国为发展和维持"阿丽亚娜"和"织女号"运载火箭所做的一系列努力，为欧洲航天建立了公认的行业竞争力，使得欧洲航天工业能够参与到国际招标中。

在 2014 年 12 月于卢森堡举行的欧洲航天局部长级理事会会议上，成员国决定开始研发"阿丽亚娜 6 号"和"织女号 –C"运载火箭。"阿丽亚娜 6 号"将接替"阿丽亚娜 5 号"运载火箭，用来保证欧洲在快速变化的商业发射服务市场保持领先地位，同时满足欧洲航天任务的发射需求，并在 2023 年首次亮相。与此同时，还在研发更强大的"织女号"运载火箭——"织女号 –C"。为使技术的通用性最大化，正在研发一型源自"织女号"的固体火箭发动机 P120C，它可以同时用于"阿丽亚娜 6 号"和"织女号"运载火箭。这些决定伴随着欧洲发射监管部门的改变，该部门的治理现在是基于 ESA 和航天工业界平衡分担责任、成本和风险的基础。

ESA 于 1999 年向其成员国提出了一个新的备选项目，即未来运载火箭技术项目（Future Launchers Technologies Programme，FLTP），其主要目标如下：

❖ 确认运载火箭可重复使用的利益。
❖ 识别、研发和验证具有成本效益的新一代运载火箭所需的技术。
❖ 在开发阶段，需要制定详细的地面、飞行试验和演示计划，从而在运载火箭正式研发前达到足够的信心水平，并逐步实施这些演示项目。
❖ 通过对候选运载火箭的概念分析和技术活动整合来提供相关要素。

技术研发是未来运载火箭技术项目（FLTP）第一阶段活动的重要组成部分。特别强调推进大型发射装置结构和可重复使用性方面的研发（例如健康监测与故障诊断）。运载火箭的概念定义工作旨在为未来商业运营运载火箭定义参考体系和系统概念，它需要更具体地明确。

❖ 选择确定尺寸的任务和预先设计数量有限的基线配置。
❖ 确定能够使概念可行所必需的技术需求。
❖ 优化整体系统架构，重点是评估可操作性和可重复使用性。
❖ 成本评估的执行情况，包括技术开发成本、运载开发成本和业务运营成本。
❖ 未来潜在运载火箭开发的技术评估和程序特性定义。

研发这些运载火箭将对欧洲行星探测任务、空间天文任务以及国际伙伴组织任务所提供的服务产生重大影响。

6.2.1.2 未来的重型运载火箭

难度较大的行星探测任务，如巨行星无人探测任务、月球与火星载人探测任务等，都需要大推力的重型运载火箭（Heavy-Lift Launch Vehicle，HLV 或 HLLV）。重型运载火箭能够将 20~50 t（NASA）或 20~100 t（Russia）的有效载荷送入近地轨道（LEO）。

正在服役的重型运载火箭包括"阿丽亚娜 5 号"、"长征 5 号"、"质子 -M"（Proton-M）、

"德尔塔 4 号重型"（Delta IV Heavy）运载火箭。此外，"安加拉 A5 号"（Angara A5）、"猎鹰 9 号"（Falcon 9）、"猎鹰重型"（Falcon Heavy，FH）运载火箭，都被设计为至少在某些技术状态下满足发射重型有效载荷的需求。其他的几枚重型运载火箭也正在研发中，部分超重型运载火箭示意图如图 6-1 所示。

设计为一次性使用的"猎鹰重型"运载火箭的近地轨道（LEO）运载能力为 63.8 t，部分可重复使用的"猎鹰重型"运载火箭额定运载能力为 57 t，其中的三个助推器中只有两个能被成功回收。它的第一次试飞发生在 2018 年 2 月 6 日，这次试飞尝试回收所有三个助推器，该运载火箭将埃隆·马斯克（Elon Musk）的 1 250 kg 的特斯拉跑车（Tesla Roadster）送入了火星以外的轨道。"猎鹰重型"运载火箭在 2022 年 11 月为美军方发射了代号为 USSF-44 的机密级国家安全任务；2023 年 1 月 10 日又为美军方发射了代号为 USSF-67 的机密级国家安全任务。

蓝色起源（Blue Origin）在继"新格伦"（New Glenn）运载火箭之后研发了一个新项目，即新阿姆斯特朗（New Armstrong），一些媒体猜测这将是一个更大运载能力的运载火箭。

目前有三个超重型运载火箭正在开发中：NASA 的太空发射系统（SLS）、SpaceX 公司的"星舰"（Starship）和中国的"长征九号"（Long March 9，LM-9）和"长征十号"（Long March 10，LM-10）运载火箭。

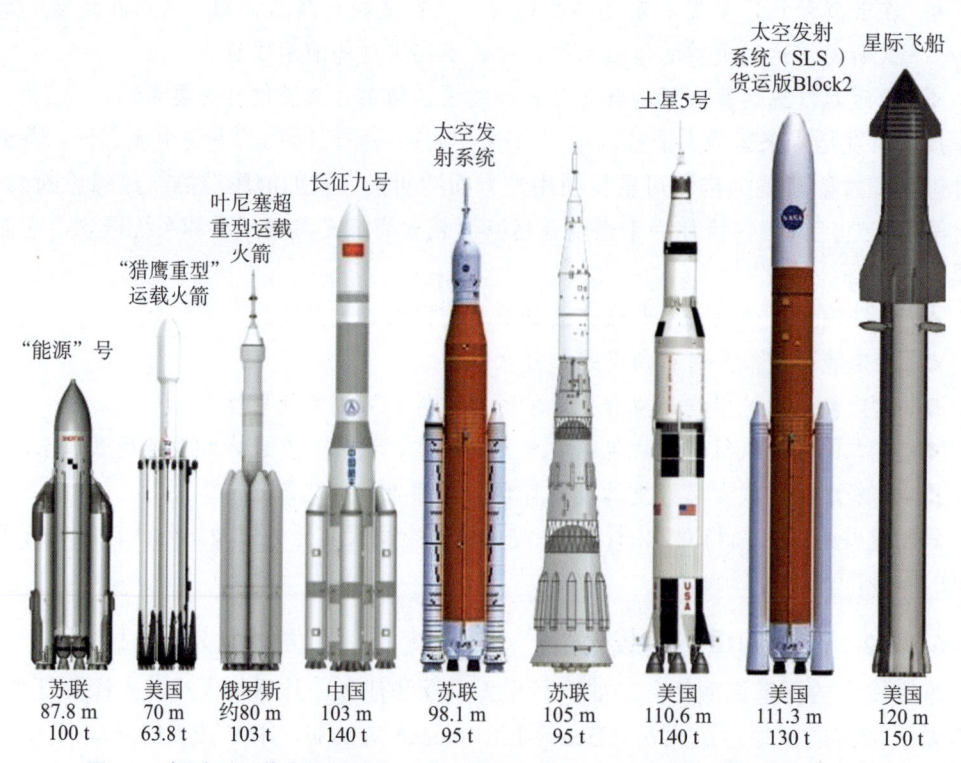

图 6-1 超重型运载火箭的外形尺寸、构型和进入 LEO 轨道的运载能力示意图

太空发射系统（SLS）是美国政府投资开发的一次性使用的超重型运载火箭，由 NASA 组织研制了近十年，目前已于 2022 年 11 月 16 日完成了首次试飞。太空发射系统（SLS）是一种源自航天飞机的运载火箭。火箭的芯一级由中央芯级捆绑两个固体助推级组成，在 SLS 系列运载火箭中芯级模块设计基本相同，但它们的上面级和助推器不同。首飞发射时间原定于 2016 年，直至 2023 年才完成首飞，比原定日期已经推迟了 7 年多。

由 SpaceX 公司负责研制的"星舰"（Starship）是一种两级入轨的可重复使用超重型运载火箭，由一级超重型助推器（Super Heavy Booster）和二级星际飞船（Starship）组成，它被设计成一种可以实现长期载货或载客的载人飞船。2023 年 4 月 20 日，"星舰"超重型运载火箭首飞，但是没有成功，一级超重型助推器和二级星际飞船未能分离，在空中失去控制后发生爆炸解体。

中国在 2018 年提出了"长征九号"重型运载火箭的方案设想，该火箭能够将 140 t 的有效载荷送入近地轨道，将 50 t 的有效载荷送入地月转移轨道，计划在 2028 年发射。"长征九号"重型运载火箭的设计长度超过 103 m，火箭的芯级直径约为 10 m。为了执行载人登月任务，中国还研制了"长征十号"载人运载火箭，用于发射新一代的载人飞船。

据报道，印度空间研究组织（ISRO）正在为开发超重型运载火箭做概念研究，预计进入 LEO 的运载能力可达到 50~60 t。

2018 年，俄罗斯超重型航天火箭综合体（KPK CTK）的设计获得突破性进展，能够将至少 90 t 有效载荷运送到 LEO，也可将约 20 t 的有效载荷运送到月球极轨道，并计划从东方航天发射场（Vostochny Cosmodrome）发射。首飞定于 2028 年，计划 2030 年开始登陆月球。

本系列重型运载火箭将满足未来载人深空探测和行星探测任务的需求。例如，SLS 和 SpaceX "猎鹰重型"运载火箭主要用于美国 NASA 主导的 Artemis 重返月球计划，同时中国的"长征九号"重型运载火箭也将用于中俄国际月球科研站（ILRS）计划。

6.2.2 通信与导航基础设施

本节首先介绍了深空通信和导航地面站网络，这是为支持第一波月球和深空探测任务而发展起来的，随后介绍了星际通信网络逐步向新节点或网络扩展的情况，从月球开始并将逐步扩展到太阳系的其他天体。规划了与地球互联的多个节点并最终逐步部署"行星际互联网"（Inter Planetary Internet），最后在结论中定性地归纳总结了它的发展架构、技术和能力。

6.2.2.1 利用地面站进行通信

为支持第一次行星探测任务，已开发了支持太阳系探测的第一批地基全球通信和导航基础设施，并自那时起定期对这些设施进行升级。此后建设了更多地基深空通信基础设施，其中以美国 NASA 的深空探测网（DSN）和欧空局跟踪站网络（ESTRACK）规模最大。

NASA 的深空探测网

深空探测网（DSN）是 NASA 的巨型无线电天线阵列，支持行星际探测以及少量地球观测任务。深空探测网还提供雷达和射电天文观测，提升我们对太阳系和更广阔宇宙的理解。深空探测网是由美国NASA的喷气推进实验室（JPL）负责运营，该实验室也负责运营NASA众多的无人深空探测任务。深空探测网主要由三个基础设施组成，它们在全球范围内彼此等距分布，经度相差约120°。上述基础设施分别位于美国加利福尼亚州巴斯托（Barstow）市附近的戈德斯通（Goldstone）、西班牙马德里（Madrid）附近以及澳大利亚堪培拉（Canberra）附近。考虑地球自转的影响，可确保这些地面站点的地理位置与探测器保持连续通信，当探测器在某一个站点位置下沉到地平线以下之前，另一个站点可以接力跟踪信号并进行通信。深空网络天线是联系地球以外的探测器不可缺少的纽带。它们为指挥NASA的航天器、接收在地球上从未见过的图像和科学信息，提供了至关重要的支撑，促进了我们对宇宙、太阳系的认识，以及最终对我们在宇宙中所处位置的理解。

欧洲的欧空局跟踪站网络

欧洲的欧空局跟踪站网络（ESTRACK）是一个全球地面测控站系统，提供在轨卫星与位于德国达姆施塔特（Darmstadt）的欧洲空间运营中心（European Space Operations Centre，ESOC）之间的数据联系。ESTRACK的核心网络是由7个国家的7个地面测控站组成。ESA所有地面测控站的基本任务都是与航天器进行通信、发送遥控指令、接收科学数据和航天器状态信息。技术先进的ESTRACK几乎可以跟踪所有类型的航天器，包括绕地卫星、太阳监测探测器、在科学上至关重要的日地拉格朗日点轨道上运行的探测器，或者深入到我们太阳系内部探测的航天器等。ESTRACK网络于1975年建成，第一个直径为15 m的地面站位于西班牙的维拉弗兰卡·德尔·卡斯蒂略（Villafranca del Castillo），用于国际紫外线探测任务。目前该地面站已从原来的位置扩展为欧洲空间天文中心（European Space Astronomy Centre，ESAC），成为欧洲航天局在西班牙的主要机构。每年ESTRACK可为20个或更多任务提供超过15 000 h的跟踪支持服务，可用率大于99%。

其他主要的航天国家如俄罗斯、中国、印度和日本，也为各自的任务开发建设了地面通信基础设施。为优化深空探测任务的覆盖范围而在这些地面测控网络之间开展的合作，不仅非常频繁而且富有成效，因为这些网络的组合远远超过了单个地面测控网络所能提供的覆盖范围。

6.2.2.2 面向行星际通信和导航

本章6.1节概述中介绍的雄心勃勃的"绿色任务"和"蓝色任务"，将越来越遥远的太阳系天体作为它们的探测目的地。最近的探测目的地包括月球、火星和小行星，正成为前所未有的一系列深空探测任务的焦点，这些深空探测任务通常跨越数年，涉及许多国家，包括了无人和载人探测任务，这些深空探测任务的运营不能仅仅依靠地面测控网。它们需要新的通信和导航网络，以满足机器人着陆器、月球车、上升器、样品回收舱、气球和飞机，以及最终的人类探险者的需求，远远超越现有地基测控基础设施的能力。目前，航天机构和利益相关方已经着手研发这种体系架构，它包括了月球、火星和行星际通信和导航卫星，与传统的地基通信设施（如DSN）相连。由此可以预见，随着任务和项目需求的扩大,从扩展地基测控网络到建设真正的行星际通信和导航系统将会逐步实现。

行星际通信系统将成为地球通信系统的延伸,启动行星际互联网的部署,将行星探索直接带入我们的家园。它的部署将得到两大潜在技术发展的支持。第一个变革是逐步使用更高频率的链路,首先从 X 波段到 Ka 波段,甚至可能超出无线电频谱,最终使用红外和可见光波段,这将要求空间探测器平台和通信天线的指向性能越来越高,以及可大幅提升科学数据下行链路的码速率。

第二个变革是逐渐出现更自主和更智能的航天器。随着对位置和轨道特征的认识不断提高,行星际探测器、行星和卫星的轨道探测器,以及其他平台,有可能将直接使用深空中所有可观测的天体(如恒星、行星、小天体和巨行星的卫星),作为可自然"观测"的灯塔,就像是部署在太阳系不同天体上的人造无线电和光学信标机,从而减少对地基基础设施的依赖。

6.3 样品收集、保管和分析基础设施

从深空采样返回的样品必须依赖专用的基础设施。对样品进行保管的技术称为样品管理(Curation),它主要有两个目标:为保护这些珍贵的样品,依靠专用设施来进行收藏、保存和研究;同时对于不同领域的人们(如科学家、艺术家、教育和外交工作者等)而言,能够高效地利用这些样品也是非常重要的。为了实现这些目标,样品管理工作甚至在任务实施启动前就开始了,在任务团队和样品管理团队的密切合作下,设计和测试采样机制,并确保能够在整个任务实施期间保持所需的洁净度。然后,样品管理团队的职责是设计和准备保管设施,以支持以下活动:在着陆后寻找和定位样品返回舱,打开样品返回舱获取样品,表征和创建样品目录,保管和分配样品,并为不确定的未来储存样品。这些任务的多样性如图 6-2 所示。

6.3.1 样品管理设施的设计特点

为确保能顺利开展上述活动,样品管理基础设施包括返回样品着陆点附近的移动或临时设施,用于处理、编目和存储样品的主要设施,以及远程运输存储设备,从而降低整个过程样品的损耗风险。传统上样品管理的主要设施通常是单点设施,具备实施保管任务所需的所有设备和分析仪器。然而,后续可以建设为分布式保管设施,以利用现有的最先进的网络式分析实验室。如果考虑到多国国际合作,分布式保管设施也无须唯一的选址点,可为更多的合作伙伴带来方便。然而,如何收集和保存高保真的样品,应该是样品管理基础设施设计中需考虑的主要因素。

为防止多种潜在污染源的影响(见图 6-2),实验室通常被建造成洁净室,用于过滤空气并使房间相对于外部保持正压。不但可以过滤掉空气中微米大小的颗粒,也可去除有机分子的污染。样品通常在充满惰性气体(如高纯度的气态氮或不常见的氩气)的隔离器或手套箱中进行保存和处理,以防止与来自地球大气中的水分和氧气发生反应。隔离器通常采用简单的低脱落材料,如 304 或 316 不锈钢、铝、玻璃或特氟龙(Teflon)。

洁净室本身使用的建筑材料（隔离器外部）也必须仔细挑选，以保持最低的污染水平。内部的装饰也需遵循对污染物的综合防护协议。

尽管采取了这些预防措施，监测污染水平仍然很重要，包括总体污染（特定或分子污染、空气污染或表面污染）或目标污染，影响检测的因素会特别降低特定样品的科学回报率。例如，"阿波罗"载人登月工程中采样返回的月球样品大多需要进行颗粒物和无机物的污染控制，而采集自碳质小行星，如贝努（Bennu）或龙宫（Ryugu）的样品需要保管在有机污染极低的环境。为确保能理解并应对任何可能出现的污染问题，需要建设一个可实时维护的污染控制数据库。该数据库保存着包括在任务实施期间和整个生命周期内收集到的建筑材料、航天器备件和污染物的资料及数据等。

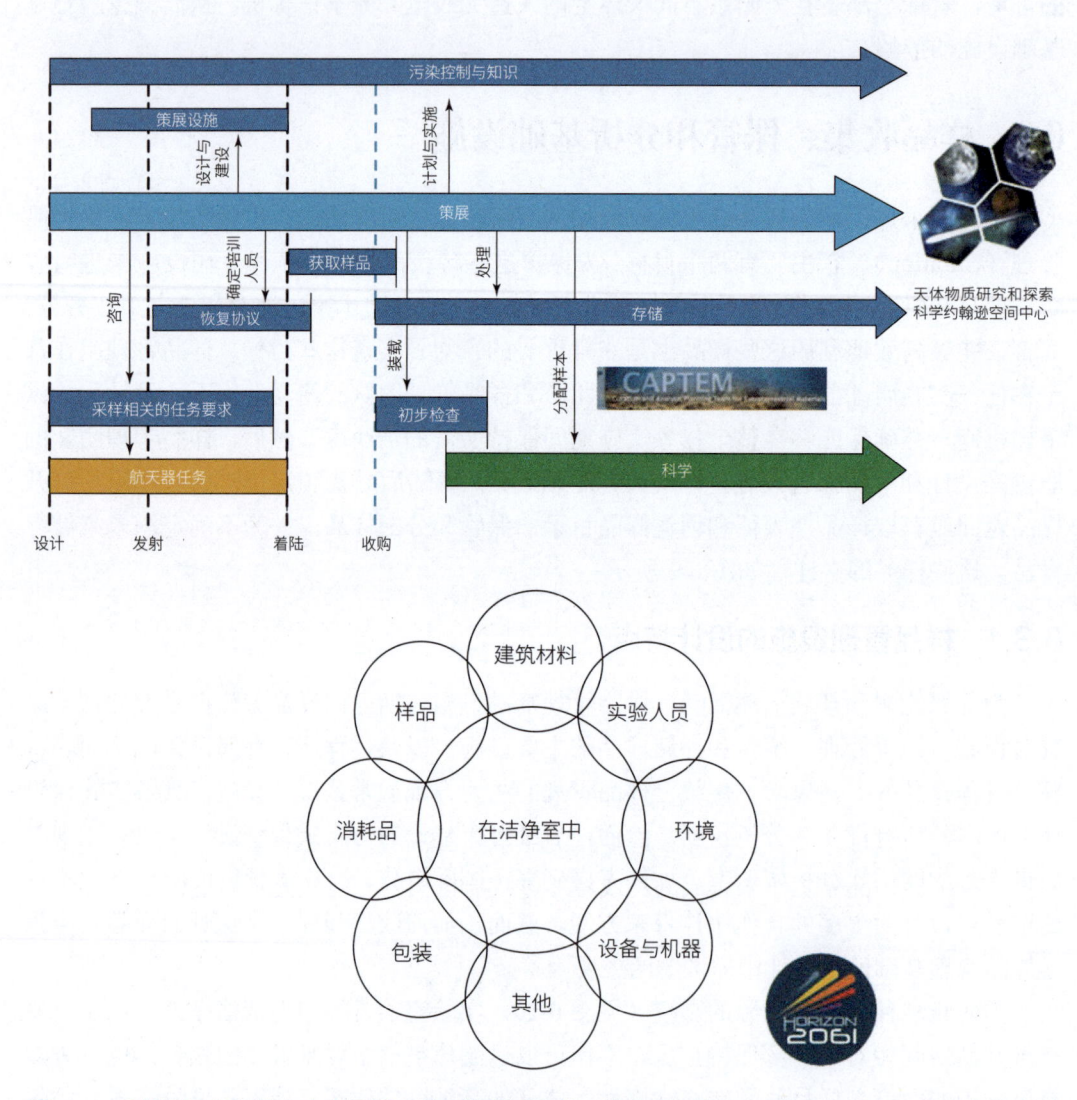

图 6-2 采样返回任务整个生命周期中样品管理活动的工作流程示意图（上图）；洁净室环境中的典型污染控制示意图（下图）

另一种污染是来自自然界的生物。从科学认知上来看有些天体被认为不太可能会存在本土生命，因此从这些天体上采集样品时，生物污染通常不是问题。根据国际空间研究委员会（COSPAR）制定的行星保护政策，月球和小行星等天体通常被称为无限制性（Unrestricted）天体；而对于火星等有可能存在生命形式的天体，通常被称为限制性（Restricted）天体。按照行星保护政策规定，必须保护样品不受地球生物污染（以避免在生命探测活动中出现假阳性，称为正向污染），并保护地球免受危险外星生命的潜在威胁（也称反向污染）。保护样品不受地球生物影响遵循上述相同的原则：使用的洁净室和污染控制准则，以尽量减少微生物污染。样品污染控制建议采用生物安全级别最高的BSL-4控制方法。就基础设施而言，BSL-4是一个与外界相比处于负压的实验室，废气经过过滤，任何带进实验室的物品都需遵循各种灭菌协议。建造一个同时包含洁净室和BSL-4的设施需要一些技术创新，最有可能的是基于"俄罗斯套娃"的概念，即建造双层房间或特定的双层隔离器。由于在保持样品清洁的过程中可能会面临处理潜在生物危害样品等复杂情况，或许需要机器人来进行操作。或将增加分析仪器，支持无法对灭菌样品进行的研究，或必须在地球上收到样品后不久需完成的科学研究。

多家航天机构都有专门的样品管理设施，正在为即将到来的采样返回任务规划建造更多的基础设施。经过十多年的原始性样品返回任务，许多已于2020年完成（如"隼鸟2号""嫦娥五号"），或在2023年完成的任务（如OSIRIS-REx），还有计划在21世纪20年代末期和21世纪30年代初期完成的任务。这些任务是返回地外天体物质，这些返回的地外天体物质将推动我们处理和管理样品的方式向前发展。OSIRIS-REx和"隼鸟2号"返回的样品需要进行有机物的污染控制。通过阿尔忒弥斯（Artemis）任务和"嫦娥"探月工程任务从月球返回的样品，将需要低温甚至极低温来进行样品的处理、存储和分析。来自火星或金星的气态样品，将需要研发新的方法来保管。火星采样返回任务（MSR）将是自第一次"阿波罗"任务以来的首次限制性采样返回任务，将需要限制性和封闭的设施。总体而言，基础设施将需要适应更先进的保管方案，适用于更小的、更新种类的样品，以及更新的洁净度和污染控制要求。

6.3.2　地外样品管理设施

对地外天体物质的保管是为了最大限度地利用来自地球以外的样品，同时为子孙后代保留这些样品中的一部分。在许多重要的样品管理工作中，有一些最重要的任务是包括初步检查、编目、分发、储存和运输。类似于陨石，这些任务通常是作为国家或大学博物馆系统的一部分工作来完成的，或者通过政府机构的专门样品管理机构，保管在政府资助的探索性项目（如采样返回任务）中获得的样品。通常在样品返回任务中获得的样品，样品量很小，而且任务费用很高，必须仔细保管才能提高效益。

在地球上拥有这些样品的好处是显而易见的：它可以使用任何当前或未来的分析技术或样品管理设施。然而，随着采样返回任务的频率、能力和多样性的增加，以及人类航天员在太空中驻留时间的增加，值得考虑开发在地球以外的样品保管设施。这里所考虑的用于保管地外物质的非地球设施，包括所有存在于地球表面以外的、全部或部分进行上述保管活动的设施。这些设施的目标必须是实现与地面对应设施相同的目标，并将以多种能力与以地球为基础的设施进行协同工作。它们可以提高对地外物质的管理能力，扩大可供研究的物质的种类和丰度，并帮助最重要样品的科学效益最大化，同时简化太阳系探测任务的实施过程。

历史上，月基样品管理（Moon-based Curation）一直被认为是实施长期载人深空探测和居住活动的解决方法。在20世纪80—90年代，美国NASA举办了一系列研讨会，并编写报告详细介绍了潜在的载人月球基地的基础设施和活动。其中一些报告详细介绍了它们，目的是简化月球地质探险任务中收集和返回最重要的样品。之所以需要这些设施，是因为人们普遍认为，航天员确实有能力收集到比实际能返回地球的样品更多的地外物质。与"阿波罗"计划中把"所有东西都带回来"的方法不同，在假设的长期月球探测活动中获取的样品，需要进行一定程度的表征和优先级排序，以确定最重要的样品用于返回地球分析和保管。没有带回到地球的样品可留存在月球上，供将来参考使用。

最近，美国NASA在地月空间里计划实施的项目，包括月球轨道空间站（Lunar Gateway），引发了人们对使用这种载人轨道平台进行与采样返回相关活动的兴趣，并可将其作为与地外物质保管高级概念相关活动的试验台。在阿尔忒弥斯（Artemis）项目规划中，月球轨道空间站有助于促进月球探测和居住。阿尔忒弥斯Ⅲ号任务将是自"阿波罗"任务以来人类首次重返出现在月球上，它计划执行一个简单的、"阿波罗"式的"返回所有样品"计划，还包括挥发性样品等更复杂的样品。后续规划的阿尔忒弥斯月球基地（Artemis Base Camp）初步计划包括的设施与之前月球基地的迭代方案相关。虽然还没有具体的细节，但这些活动都需要考虑月球上相关物质的保管问题。

人们可以将建设月基样品管理设施背后的原因扩展到一般性的行星探测活动中，并证明从各种地外天体（不仅仅是月球）的采样返回任务，均可受益于地外样品管理设施。在地外建立样品保管设施的好处包括：减少对返回样品的体积和质量的限制，长期存储或收集大型的样品，在寒冷或真空条件下存储或分析样品的可能性，有能力挑选最合适的样品或子样品并将其带回地球，提高处理有潜在危险的样品时的安全性，能够运行真正的国际保管设施，以及能够利用载人运输系统将样品送回到地球进行更深入的鉴定。天基样品管理设施的基本功能等同于地基设施：在促进科学研究的同时，也可为未来保存样品。因此，它的基本需求是检查收集到的样品，编制生成目录及足够多的子样品，将其中一部分安全运输回地球，并将剩余的子样品以接近原始状态长期存储，以便将来使用。

分析设施的能力可能存在很大差异，从原位简单检测和采集过程中的二次采样，到包括用于更详细勘查和更精确二次采样设备在内的更普遍的设施，正如图6-3所示的月球基地概念图中的月基样品管理设施。分析设施的性质也取决于待测样品的性质、准确评估所需的数据类型，以及处理要求的特殊性。例如，与冰或气体相比，月壤和岩石等地外物质具有不同的处理和分析要求。分析设备可以人工操作，也可以远程遥操作。在月球或火星上的载人探测活动中收集的样品的保管工作，可能只需要现场团队自己完成。然而，设计用于接收无人采集样品任务的设施可以结合远程遥操作，由空间站上的航天员或在地球上的人员进行操作，也可以由保管人员直接操作。储存设施需要能够将样品高保真的状态保存很长时间，以供未来再次研究使用这些样品。

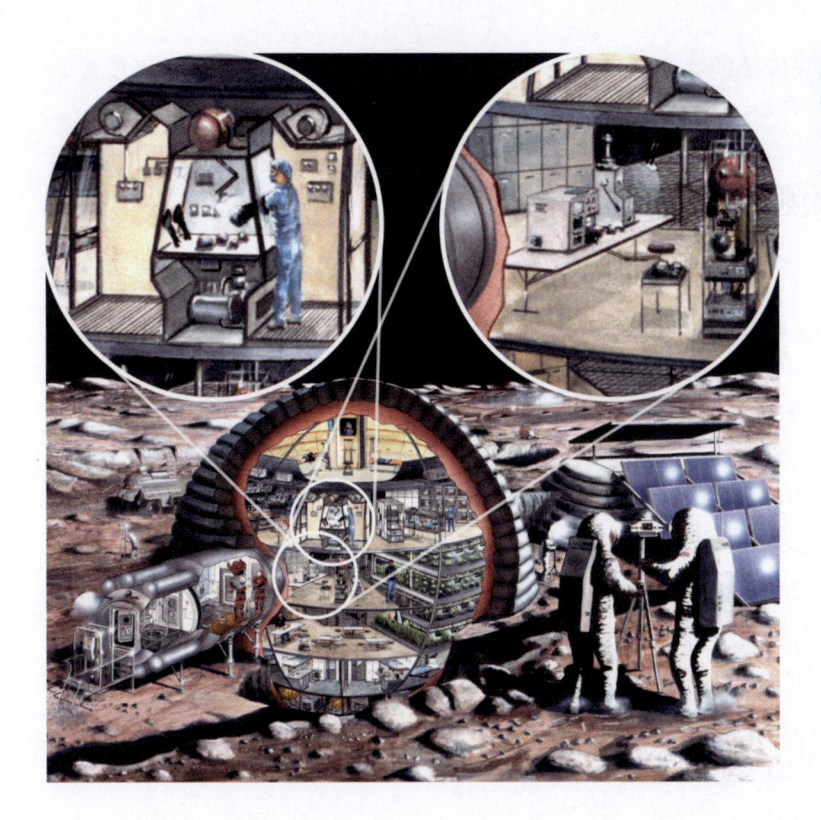

图 6-3 1989 年提出的月球基地概念图

注：图中介绍了月基样品管理设施的概念，包括样品保管手套箱（左上）和样品分析和储存设施（右上）。

  天基保管设施的放置位置纯粹是一个实用性问题。与月球居住相关的储存设施需要置于居住区附近，以方便取用，但也不能太近，以免受到人类航天员活动的污染。与火星探测相关的保管设施也可以遵循类似的模式。地月系统中的轨道样品管理设施将有助于从太阳系的其他区域返回样品，包括小行星和彗星的样品。轨道基础设施可以利用现有的基础设施，用于往返月球和其他目的地运送人员和货物。在不远的未来，放置在小行星带或外太阳系的样品管理设施可能更具优势。

  尽管地外样品保管设施有许多优点，但也有一些重要的缺点。首先，这类样品不像在地球上开展研究那样容易获得。满足地外样品的检测条件需要耗费相当长的时间和付出很大的努力，这取决于运输系统的鲁棒性。第二个潜在的缺点与污染有关。污染源可能有许多，包括人类、居住系统部件和设备，以及在运输过程中推进剂产生的废气。污染也可能来自当地的环境，如一直存在的月球或火星尘埃。在轨道上，或者在无大气天体的表面，污染或以辐射的形式出现。天基样品管理设施的第三个缺点在于其成本。目前，天基在轨建造相对于成熟的地球建筑行业来说是极其昂贵的，至少在最初阶段，轨道上、月球或火星上的样品管理设施必须非常简单和实用，才能在不增加任务成本的前提下发挥作用。

  总之，在非地球环境中保管地外物质的需求，是在太阳系中行星地质勘探效率提高的必然结果。长期的载人和无人行星探测有可能收集到比迄今为止获得的数量和总质量更多的样品。为实现这个目标，需要在非地球环境中实施样品保管，以确保细心处理、知情的二次采样和安全存储地外物质。虽然这些功能最初力求实用，但同时也提供了独

第 6 章　行星探测的基础设施和服务　337

特的机会，来扩展和加强传统的基于地球的样品保管，使之超越目前在地球上可行或实用的范围。

6.4　长期载人探测任务的基础设施

在第 3 章及第 4 章的 4.2 节中，总结了"地平线 2061：行星探测长期远景预见"项目中进行载人科学探测的基本原理，以及潜在的探测目的地（月球、火星和近地小行星），它还确定了可能在 2040 年前实施的任务（"绿色任务"）和那些建议在 2040 年后实施的任务（"蓝色任务"），以实现"地平线 2061：行星探测长期远景预见"项目中展望的科学目标。

本节介绍的可支持载人探测任务的基础设施对应于第一个阶段，即 2040 年前可能实施的任务。这些任务是经过了广泛的国际交流而论证出来的，最终形成了 2018 年发布的全球探索路线图（Global Exploration Roadmap，GER），包含了 14 个国家不同航天机构的支持和贡献。本节首先介绍截止 2040 年前载人探测活动的主要参考任务。然后重点介绍其中最重要的任务之一——月球轨道空间站（Lunar Gateway），总结其历史发展过程和现状。最后讨论未来在月球和火星上建立永久性无人和载人科学研究站，以及对配套医疗基础设施的考虑。

6.4.1　全球探索路线图（2018 年）

在整个太空时代，科学界一直积极主动地为拓展人类在太空中存在的愿景和路线图作出贡献，其科学动机和目标发挥了重要的作用，即使不是主要的作用。几个国际组织如国际空间研究委员会（COSPAR）、国际宇航协会（IAA）、国际宇航大会（IAC）和航天机构间协调小组（IACG）等，就全球探索路线图（GER）逐步达成共识方面发挥了关键作用，该路线图至今仍然是载人探测活动最重要的、可供参考的国际协调成果。

整个协调过程是通过定期召开多样化的研讨会，与科学界进行建设性对话来推动的。国际组织如国际空间研究委员会（COSPAR）、国际月球探测工作组（ILEWG）、国际空间探测协调小组（ISECG）、美国国家研究委员会（National Research Committee，NRC）和美国 NASA 的月球探索分析小组（Lunar Exploration Analysis Group，LEAG）以及各类空间机构，都定期组织月球专题讨论会和协调组。他们绘制了不同的路线图，描述了月球探测任务的基础和应用科学概念。

本节总结了形成全球探索路线图（GER）过程中的几个关键里程碑。

自 1992 年以来，在国际空间研究委员会（COSPAR）大会上，该团体讨论了可以从月球表面和轨道上进行的科学研究项目。自 1994 年以来，国际月球探测工作组（ILEWG）组织召开了 14 届月球探测和利用国际会议（ICEUM），在会议期间，与会者讨论了关于科学、技术、任务和月球村计划等方面的工作，并发表了月球宣言。在 1995 年，国际月球探测工作组（ILEWG）提出了一个关于月球探测与利用的发展路线图，包括以下几个阶段：①月球轨道器；②协调着陆器组成机器人月球村；③部署载人月球前哨站；④人类永久和可持续存在的基地。进入新千年后，在 2003 年发射的第一次月球探测任务是

SMART-1 任务，随后是 2007 年发射的"嫦娥一号"和日本的"月女神"（Kaguya）月球探测任务，2008 年发射了印度的"月船 1 号"任务，2009 年 NASA 发射了月球勘测轨道飞行器（LRO）任务。提出的科学问题广泛涵盖了太阳系科学，同时也向直接有利于月球探测计划的其他科学学科开放。这些问题包括：关于塑造类地行星的过程（构造、火山活动、撞击坑、侵蚀、太空风化、挥发物），月球告诉了我们什么？月球内部当前结构、组成和过去的演变过程是什么？月球是在巨大的撞击过程中形成的吗？月球是如何形成的？地球的演化和宜居性是如何受到这一剧烈事件和月球潮汐力影响的？我们如何才能将大型撞击盆地的样品作为了解月球内部物质和结构的窗口，以及作为早期和晚期重轰炸（Heavy Bombardment）的记录呢？从月球极地水冰沉积物的岩芯样品中，我们能了解到关于彗星和小行星运送水和有机物的信息吗？月壤或冰中是否含有生命起源前的成分？如何找到并传回目前埋在月球风化层数米内的早期地球喷出样品（可能是最古老的化石）？与地基或天基实验室相比，如何最有效地利用月球作为天体物理学、宇宙学和基础物理学的平台？如何使用全球月球村（Global Moon Village）？

月球探测和利用国际会议（ICEUM）的具体建议包括技术、资源、基础设施、服务和人因等方面，详见附录五。

2004 年，国际宇航协会（IAA）的航天研究课题"下一步的深空探测"概述了：

在科学和文化领域存在着引人注目的需求，强有力地推动无人科学探测任务的开展，并为人类进入太阳系提供系统且与时俱进的任务架构。这种新型任务架构的目标是建立一种可使人类永久存在于近地轨道（LEO）以外的太阳系中的新方法。

在此课题中定义了：

深空探测的科学目标，反过来又被用来确定人类探险家的目的地。无人探测任务在实现科学目标方面继续发挥着关键作用，同时也为载人探测任务做准备并提供支持。

人机联合的深空探测项目确定了四个最关键的目的地，作为最重要的探测目标，包括月球、地月系统拉格朗日点（设想可用于维修航天器、空间望远镜、科学实验、载人居住模块，以及月球轨道空间站）、近地天体（NEO）和火星。

2012 年，国际空间研究委员会（COSPAR）探索小组提出了一种循序渐进的研究方法，为未来的空间探索建立有效和高效的伙伴关系。它强调了综合论证科学路线图、国际宇航协会（IAA）的航天研究课题中提出的"下一步的深空探测"和行星探测建议的亮点，以及综合分析了美国国家研究委员会（NRC）、国际月球探测工作组（ILEWG）、美国 NASA 的月球探索分析小组（LEAG）和火星探测项目研究小组（Mars Exploration Program Analysis Group，MEPAG）的报告，从而推动创建和充分利用国家和国际科学工作组类似项目之间的协同作用。

从 2018 年全球探索路线图（见图 6-4）可以看出：

14 个不同国家的航天机构都希望能将人类的存在扩展到太阳系，并将载人登陆火星作为一个共同的奋斗目标。它反映了国际社会为准备载人深空探测任务开展交流协调的努力，这些探测任务首先从国际空间站（ISS）开始，接着是月球附近轨道、月球表面，然后是火星。扩大后的航天机构联合小组表明：人们对深空探测的兴趣日益增加，并充分认识到为实现各国和共同目标进行国际合作的重要性。

全球探索路线图（GER）的第三版介绍了关于月球在通往火星的道路上的重要性的共识，并随着各国航天机构继续取得各国和集体共同的进步，在这条道路上的每一步都进行了改进。该路线图表明了世界各国正在开发或研究的能力，以及实现未来可持续发展的载人和无人深空探测任务的战略规划设想。

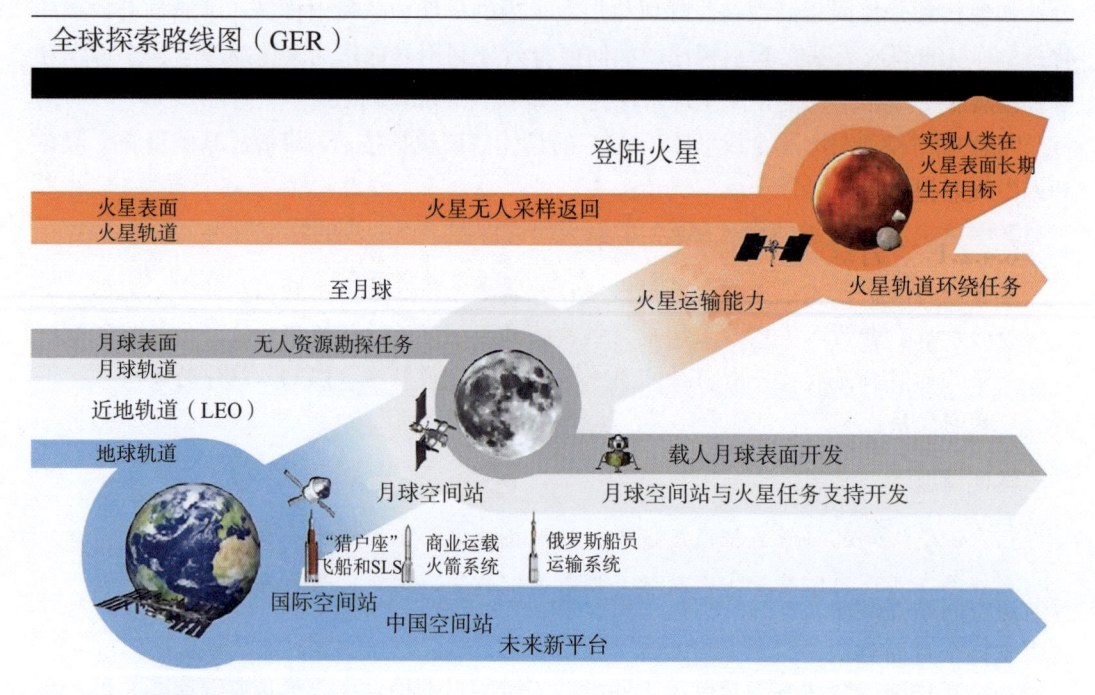

图 6-4　全球探索路线图（2018 版）

6.4.2　月球轨道空间站

如图 6-4 所示，在全球探索路线图（GER）中包括了一个在月球轨道上建造的载人空间站，即"深空门户"（Deep Space Gateway），作为通往月球表面和未来前往火星的关键轨道基础设施。它设想为一年中只有一个月可供人类航天员居住（即采用短期有人照料、长期自主运行模式）。

这个位于月球轨道的空间站被重新命名为月球轨道空间站（Lunar Gateway），是美国 NASA 阿尔忒弥斯（Artemis）计划的重要组成部分。这个新的空间站虽然比国际空间站小得多，但将配备一个科学实验模块和可容纳四名航天员生活的居住模块，支持航天员每次驻留 90 天。前往月球轨道空间站的载人飞行预计将使用"猎户座"（Orion）飞船和"航天发射系统（SLS）"运载火箭，而其他任务预计将由商业发射供应商执行。月球轨道空间站在前期的大部分时间里将自主运行。计划将它部署在环绕月球的一个接近椭圆形状的近直线 Halo 轨道（Near-Rectilinear Halo Orbit，NRHO）上，距离月球两极为 3 000~70 000 km，这可使月球轨道空间站以 730 m/s 的速度增量、半天的时间就可以转移到较低的月球极轨道上，仅需最低限度的轨道修正速度增量，且轨道倾角可以调整。往返月球轨道空间站的总时长预计为 5 天。

月球轨道空间站将成为一个崭新的科学实验室，一个创新技术的测试平台，并代表着进入深空，特别是通往火星的跳板。在 NASA 的领导下，月球轨道空间站将与包括 ESA、JAXA 和 CSA 在内的多个国家航天机构以及商业伙伴合作，共同进行开发、建设和利用。加拿大打算贡献先进的空间机器人技术，例如基于人工智能的机器人系统"加拿大机械臂3号"（Canadarm-3）。它能够在无人的情况下照管月球轨道空间站，包括在月球前哨站（Lunar Outpost）进行科学实验。日本将为居住模块和后勤补给模块提供部件，ESA 同意为居住模块和加注模块作出贡献，并加强与月球轨道空间站之间的通信服务。"猎户座"飞船将由欧洲服务舱（European Service Module）提供动力服务，负责为"猎户座"飞船提供最终的推力，使其最终进入月球转移轨道。

6.4.2.1 "月球轨道空间站"的现状

为配合计划于 2025 年实施的第一次载人飞向空间站的 Artemis-3 任务，名为 GATEWAY 的月球轨道空间站的初始配置将是一个极其简约的迷你型空间站，仅由两个模块组成：动力与推进模块（Power and Propulsion Element，PPE）、居住与后勤站（Habitation and Logistics Outpost，HALO）。动力与推进模块（PPE）和居住与后勤站（HALO）都将在地球上进行组装，并于 2024 年年底由"重型猎鹰"运载火箭发射，预计将于 9~10 个月后到达月球轨道。

动力与推进模块（PPE）是一种 60 kW 量级的太阳能大功率电推进航天器，将为月球轨道空间站提供动力、高速通信、姿态控制和轨道转移能力。动力与推进模块（PPE）将可支持全月面到达，并可充当来访飞行器的太空拖船。它还将作为月球轨道空间站的指挥和通信中心。动力与推进模块（PPE）的设计质量为 8~9 t，并为离子推进器产生 50 kW 的太阳能能源，同时配置化学推进系统作为电推进系统的补充，预计寿命为 15 年左右。

居住与后勤站（HALO）将是航天员到达月球轨道空间站后进入的第一个乘员舱。它的主要目的是为乘坐"猎户座"飞船到访后提供基本的生命支持需求，并为他们前往月球表面做准备。它将提供指挥、控制和数管、供配电、热控、通信与跟踪能力，以及环境控制和生命支持系统，可增强"猎户座"飞船的功能并支持乘组人员。它还将配置几个对接口，用于停靠对接来访的运输飞行器和后续模块，以及科学载荷与载货空间。居住与后勤站（HALO）单元是由诺斯罗普·格鲁曼公司（Northrop Grumman）开发，并由位于休斯敦的 NASA 约翰逊航天中心（Johnson Space Center，JSC）运营。居住与后勤站（HALO）单元将是一个缩小版的居住模块，但它仍然具有功能性的加压舱容积，可支持 4 名航天员至少居住 30 天。

预计质量为 40 t 的月球轨道空间站的未来结构（见图 6-5）将包括以下模块：动力与推进模块（PPE）、通信模块和对接模块、科学与应用模块、气闸舱、带有机械臂的居住舱、后勤与补给模块。

提供加注、基础设施和通信服务的欧洲系统模块（European System Providing Refueling, Infrastructure and Telecommunication，ESPRIT）将提供额外的氙气和肼、额外的通信设备，以及用于科学载荷的气闸舱。它的质量约为 4 000 kg，长度为 3.91 m。ESPRIT 模块将由两部分组成，第一部分为 Halo 轨道的月球通信系统（Halo Lunar Communication System，HLCS），将为小型的月球轨道空间站提供通信服务；第二部分为 ESPRIT 的加注模块（ESPRIT Refueling Module，ERM），将包含加压燃料贮箱、对接端口和带小窗口的居住走廊，并将于 2027 年发射。

国际居住舱（International Habitation Module，I-Hab）是由欧洲和日本联合建造的另一个居住舱。连同居住与后勤站（HALO）模块一起，它们将在 2024 年后为月球轨道空间站提供总计 125 m³ 的可居住空间。该模块预计将在 2026 年的 Artemis-4 任务中，与一艘"猎户座"飞船共同发射。

当航天员准备执行登月任务时，他们将需要运送关键的加压和非加压货物、科学实验和补给物质，例如收集的样品和其他物品。2020 年 3 月，美国 NASA 宣布 SpaceX 成为月球轨道空间站物流服务合同下的第一家美国商业供应商，为月球轨道空间站运送货物和其他物资。规划中每次发射的阿尔忒弥斯（Artemis）任务都将提供一次后勤补给服务，这些都已经纳入了 NASA 的预算申请中。

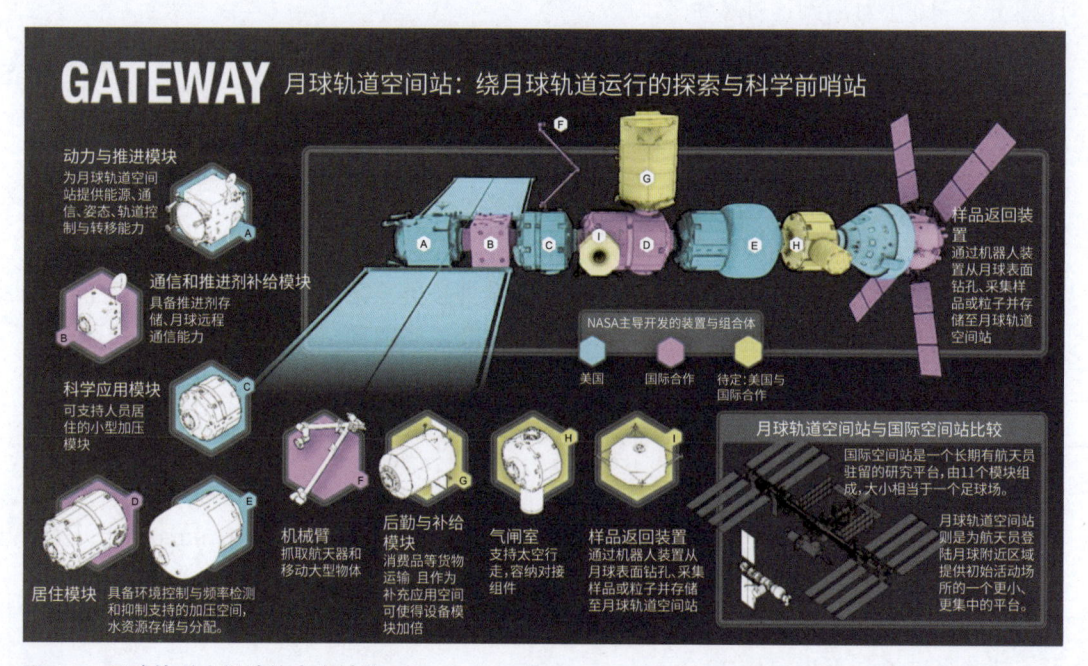

图 6-5　月球轨道空间站的未来结构

6.4.2.2 月球轨道空间站的科学与技术

在一些研讨会和会议总结报告中，来自科学界和工程界的学者专家们总结了可在月球轨道空间站上进行的科学实验。预计将要开展研究的科学学科包括行星科学、天体物理学、地球观测、太阳物理学、基础空间生物学、基础物理学、行星际物质采集、航天员健康及工作绩效等。

在月球附近人类的存在能够逐步验证所需的技术和流程，从而降低未来深入太阳系的载人探测任务中的风险。通过空间站遥操作机器人技术，我们能够探索月球表面，包括对人类航天员来说难以到达及探测的地区，将在多个学科中产生重大的科学回报。未来我们还可以在与火星任务相关的行星环境中，学习高效率、低延迟的人机联合探测（human-robotic operation）技术。

了解深空环境的辐射和低重力对人类生理系统的影响，对未来我们进一步探索太阳系的过程中，保障航天员的安全和健康至关重要。月球轨道空间站有助于研究辐射、微重力、部分重力、隔离环境之间的相互作用。在此环境下获得的数据对未来任务规划的意义，再怎么夸大也不过分。同样重要的是，了解药物的有效性以及食物的营养价值在深空环境中是如何随时间推移而失效的。月球附近的月球轨道空间站等基础设施也可用于研究大量的机会主义科学。

6.4.3 未来月球和火星的无人/有人前哨站

在完成无人科学探测等先导任务之后，将通过月球和火星上的载人前哨站获得先进的研究成果。国际月球探测工作组（ILEWG）制定了面向未来月球居住的发展路线图，分阶段逐步实施，包括轨道飞行器编队、机器人月球村、载人前哨站、有人/无人永久性且可持续发展的月球村等，如图6-6所示。

众多利益相关方参与制定了此月球村发展路线图，包括来自政府部门、技术和科学领域的参与者。月球村的目标包括行星科学、生命科学、天文学、基础研究、资源利用、载人航天、和平合作、经济发展、灵感、培训和能力建设等方面。ESA提出的月球村前哨站（见图6-7）将按照自动化、机械化和有人照料的建设思路，在开放的体系架构基础上实现可持续的月球表面操作。该倡议旨在团结所有团体（跨学科、国家、行业）并且成为政治会议的重中之重，它不仅是一项重要的科技任务，也终将鼓舞人心。月球村前哨站也能够支持部署和运行月基天文台。

2021年6月16日，俄罗斯联邦航天局（Roscosmos）和中国国家航天局（CNSA）在圣彼得堡举行了全球太空探索大会（IAF GLEX 2021），旨在提出建立国际月球科研站（ILRS）的路线图。以下出自中国国家航天局（CNSA）：

> 国际月球科研站（ILRS）是通过吸引可能的国家、国际组织和国际伙伴（以下合称"国际伙伴"）共同参与，在月球表面和/或月球轨道上建设的可进行月球自身科学研究和资源利用、月基观测、基础科学实验和技术验证等多学科、多目标科研活动的长期自主运行、短期有人参与的综合性科学实验基地。

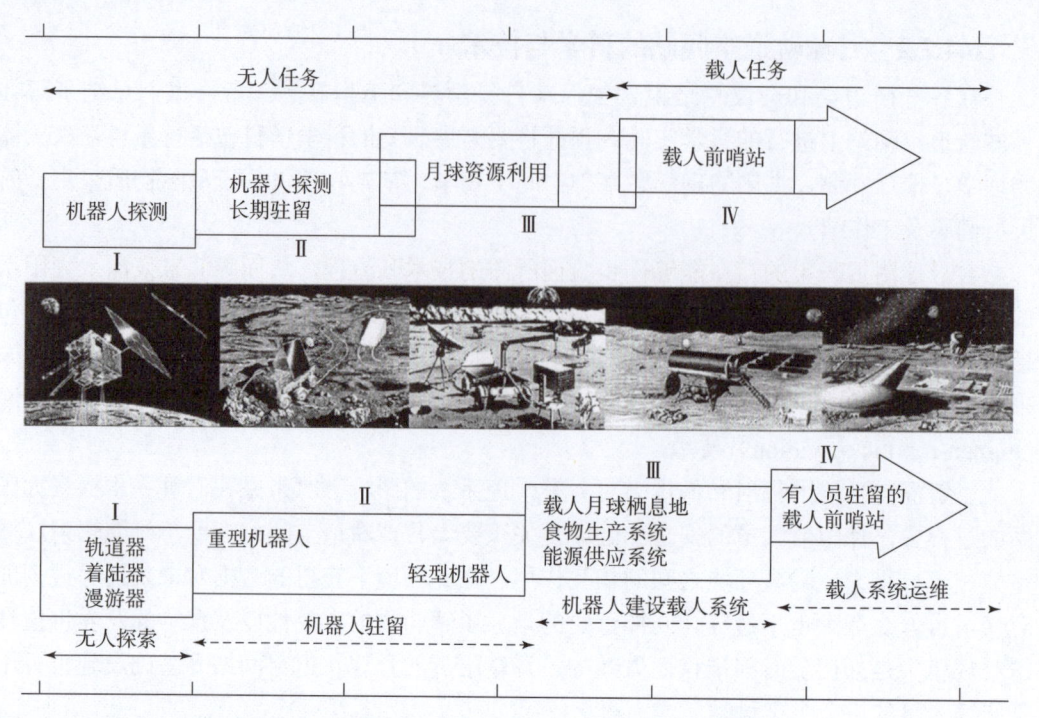

图 6-6　国际月球探测工作组（ILEWG）提出的面向未来月球居住的发展路线图

注：包括轨道飞行器编队、机器人月球村、载人前哨站、有人/无人永久性且可持续发展的月球村等，图 6-6 与图 4-7 相同。

图 6-7　ESA 提出的月球村前哨站的示意图

注：包含居住舱、实验舱和食品生产舱等模块，通过月球车放置 3D 打印设备，可为充气展开结构铺设月壤屏蔽层，从而防止来自太阳/宇宙的辐射射线及微流星撞击等影响。

中国国家航天局强调，国际月球科研站是包容性的，并补充说道，目前与各国的讨论仍处于早期阶段。

本着月球村倡议的精神，国际月球科研站（ILRS）、阿尔忒弥斯（Artemis）计划、月球轨道空间站（Lunar Gateway）和其他未来的月球任务之间的国际合作和互操作性，将是十分有趣并值得探索的。

6.4.4 深空、月球和火星基地的医疗和服务

在过去的几十年里，人类探索太空的主要目标是让人类能够在外太空长期存在。而近期的目标是让人类在深空和地外天体上永久性存在。这些目标是伴随着商业航天的壮大和支持而来的。然而，关于健康管理和安全的未知和开放性等问题可能会产生严重后果。商业航天不受控制的增长可能导致不可预见的事件，包括太空中的紧急医疗情况，可能会影响到目前的进展。

近地轨道（LEO）以外的紧急医疗情况非常值得关注，原因主要有以下三个方面：第一，地面控制人员与航天员之间的天文距离导致了通信延迟，并且在紧急情况下航天员也难以返回地球。第二，在众多危害尚未确定或量化的情况下，只有少数对人体健康的危害是可量化的，进而可以制定缓解策略；第三，商业部门与政府机构在医疗标准和工程要求方面，可能存在着显著差距。

医疗技术需要根据任务所需护理的标准和等级来设计。护理等级取决于目的地和任务周期。空间飞行健康标准确定了可接受的医疗风险，进而帮助确立医学研究和技术研发的优先事项。在这里，护理标准是提供护理的基准，而护理的数量和类型取决于NASA定义的在0~5范围内的护理等级。超越近地轨道（LEO）以外、任务周期超过30天的行星探测任务所需的护理等级是4或5。由此派生的需求表明，部分技术要么正在实现，要么尚未存在。例如，目前的技术能力无法保护航天员免受长达14天的月夜期间极端环境的影响。此外，新兴技术可能不会用于空间环境和人类的太空活动，如人工智能（AI）。验证这些技术可能需要几十年的时间，以使其能够符合国际监管规则，因为未来的乘组人员可能包括了身体素质和精神意志相差甚远的人员，如商业航天员、太空飞行参与者和普通游客。

到目前为止，关于人体适应性的知识只建立在航天员群体上。因此，几乎没有临床证据表明遭受更多样化的病史的后果。医疗危害并不总是可量化的，因此，实际上风险是未知的。在这方面，当务之急是使现有技术适应新的最终用户，并限制用户暴露在微重力环境下的时长。其中有发展前景的领域包括飞行中的太空制药、人工智能驱动的诊断工具和生物电子医学。只要人们还不清楚太空旅行会如何影响普通人群的健康状况，前航天员很可能会成为首批前往月球和火星的航天员。相比之下，在不远的将来，对普通的旅行者来说，到近地轨道（LEO）和月球旅行是更现实的选择。

6.5 监测空间天气和近地天体

空间天气是指各类航天器飞行和运行所处的空间环境的变化状态，包括它的场、粒子和辐射成分，监测和了解空间天气对航天器的设计和搭载的科学设备的功能至关重要。在长期载人探测任务中，预测最糟糕的空间天气事件，并提供充足时间的预警，以确保航天员的安全，是星际旅行（Interplanetary Travel）的一项重要保障。此外，空间天气的监测和预报不仅有利于保护地球上的人类，也能保护对空间天气事件敏感的地基设备的安全。

近地天体（NEO）是另一种类型的空间威胁，可能对人类造成重大的危害。这些天体包括小天体（小行星和彗星），其特点是其轨道接近地球轨道。随着空间探测能力的发展，出现了越来越有效的监测和减缓近地天体的方法。

到2061年，应该会出现更有效的技术来减轻这两类危害，并由相关业务管理和服务部门来实施。

6.5.1 面向全太阳系范围内的行星空间天气服务

行星空间天气（Planetary Space Weather）在很大程度上取决于不同的太阳系天体及其所在的局部空间环境之间的相互物理作用。太阳、太阳风和巨行星系统的磁层等离子体，会影响到整个太阳系的天基星载系统的性能和可靠性，并危及航天员的健康。在全球空间态势感知的战略背景下，改进现有的行星空间天气服务（Planetary Space Weather Service，PSWS）和研发新的空间天气应用程序，可以显著促进有效载荷及科学仪器的正常运行，提高星上电子元器件和系统的寿命，提供最有效的天基观测服务，从而保证人类在太空中旅行和居住的安全。从业务运营角度来看，研发太阳系空间天气监测系统将对未来深空探测任务的发展产生重大影响，使人们能够评估任何条件下，特别是动态辐射环境下航天器和电子元器件的抗辐射强度。获得这些知识还将强烈影响地基应用，因为辐射效应是产生空间天气现象的主要因素。

研发能够满足全太阳系的行星空间天气服务（PSWS）系统需求的关键是，建立起一套完整的观测系统，逐步扩展到整个太阳系，并且还需要有足够的建模工具来分析和预测空间天气情况。

6.5.1.1 目前全太阳系空间天气服务的先驱

为将空间天气和空间态势感知的概念从地球扩展到我们所在太阳系中的其他行星，特别是探测器能够到达的地方，最近在欧盟委员会的项目规划中提出了"欧洲行星2020基础设施"（European Planetary 2020 Research Infrastructure）的研究计划。如图6-8所示，这些服务专门用于获得关键的行星环境，如其中之一的火星［由NASA的火星大气与挥发演化（MAVEN）探测器、ESA的火星快车（Mars Express）和ExoMars任务来共同支持］、彗星（建立在十分成功的ESA的"罗塞塔"任务基础上）和外太阳系行星（由欧洲ESA的JUICE任务支持）。该项目集成了一系列现有的工具和科学模型，专门用于跟踪行星或太阳事件，并研究行星环境（表面、大气、电离层和磁层）对这些事件的响应。

在国际社会中，隶属于国际空间研究委员会（COSPAR）的国际空间天气行动小组（International Space Weather Action Team，ISWAT）的H4专家咨询组，正主导着进行一项艰难的尝试，目的是为研究和比较太阳系内各种行星体的不同空间天气现象提供科学依据。例如，在日球层内侧的类地行星和在日球层外侧的气态和冰质巨行星及其卫星，这种比较研究方法将有助于更全面地了解物理机制。未来，太阳物理学、行星科学和恒星物理学团体之间的协作研究，将更有助于提高我们预测太阳系内或太阳系外极端空间天气现象的能力。

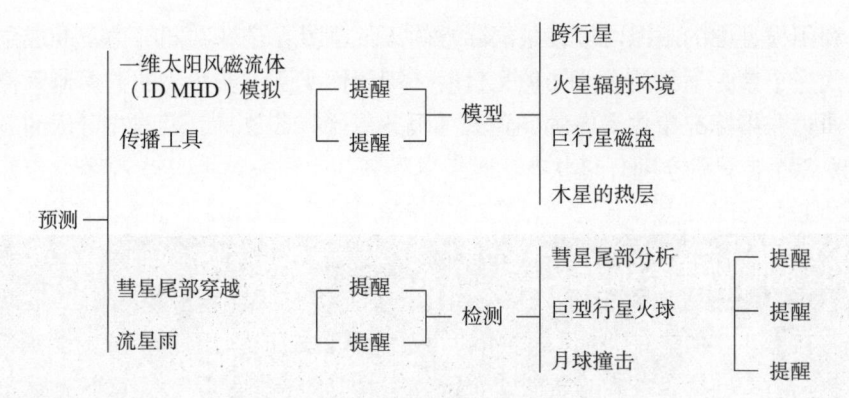

```
                        ┌─ 一维太阳风磁流体          ┌─ 提醒       ┌─ 跨行星
                        │  （1D MHD）模拟   ─ 提醒 ─ 模型 ─ 火星辐射环境
                        │  传播工具          └─ 提醒       ├─ 巨行星磁盘
          预测 ─┤                                          └─ 木星的热层
                        │
                        │                                  ┌─ 彗星尾部分析    ┌─ 提醒
                        └─ 彗星尾部穿越     ┌─ 提醒       │                  ├─ 提醒
                           流星雨       ─ 提醒 ─ 检测 ─ 巨型行星火球 ─┤
                                           └─ 提醒       └─ 月球撞击        └─ 提醒
```

图 6-8　行星空间天气服务（PSWS）能提供的多样化服务示意图

注：该服务由欧盟委员会"地平线 2020"计划下的"欧洲行星研究基础设施"项目研发。上部的分支显示了为预测空间环境（等离子体、粒子和辐射）提供的服务，下部的分支显示了用于检测和预测尘埃小天体与太阳系天体相互作用的服务。需要注意的是，涉及的所有数据库都应与虚拟天文台兼容，这将有助于在更大范围内构建起全太阳系的行星科学虚拟天文台。

6.5.1.2　面向全太阳系的观测系统

在未来的几十年里，为推动高效的空间天气服务所需的观测系统的发展，将利用来自地球空间环境、行星探测和地球观测任务获得的大量新的天基数据，如图 6-9 所示。随着第 4 章中介绍的未来几十年行星探测任务的惊人发展，这些观测系统在继续关注地球空间环境的同时，自然会扩展到整个太阳系。

为充分利用这些不断扩大的探测器编队，每项任务都应该配备一个专用的、标准化的空间天气有效载荷，可以包括例如磁强计、等离子体分析仪和高能带电粒子探测器等，它们将传回表征不同位置的空间环境物理参数的关键信息。长期行星空间天气预报很可能需要将整个太阳系中、距离太阳不同距离处的探测器所提供的信息整合起来。在可能的情况下，地基观测（在地球或其他地方）可以整合建模工作，并刺激开发一个更加全球性的工具。

除了这些行星探测任务的专用有效载荷外，完全致力于监测空间天气现象和事件的空间任务也可作出宝贵的贡献。例如，利用 3D 多波长的太阳耀斑监测探测器（Solar Flare Monitoring Explorer，SFME）来监测太阳活动的概念。

6.5.1.3　空间环境科学建模的关键作用

理论模型对于研究环地和行星空间天气现象至关重要。建模的目的是表征和预测行星及其卫星周围环境，对太阳或非太阳源等离子体流扰动的物理响应。过去开展的几项工作增加了我们对太阳系内天体和太阳系外天体的环境变化的了解。行星科学中的比较方法，对于全面理解行星空间天气及其影响的现象至关重要。

考虑到未来几十年可能获得的新数据，将有可能重新审视和完善当前空间环境的科学模型，实现能够在太阳系任一特定位置准确监测空间环境，并由此预测将要发生的空间天气事件及其对深空飞行技术的影响。这项重大的科研成果，结合了先进的建模技术，以及充分利用模型中的数据,应该是国际空间天气学界在全球共同努力下的成果,超越了空间天气这个单一学科的专业知识和经验。理想情况下,新一代的数据输入模型应该被设计成通过一组标准参数来提供空间天气服务,这些参数将以简洁和可用的方式来表征太阳系中每个位置的空间环境状态。

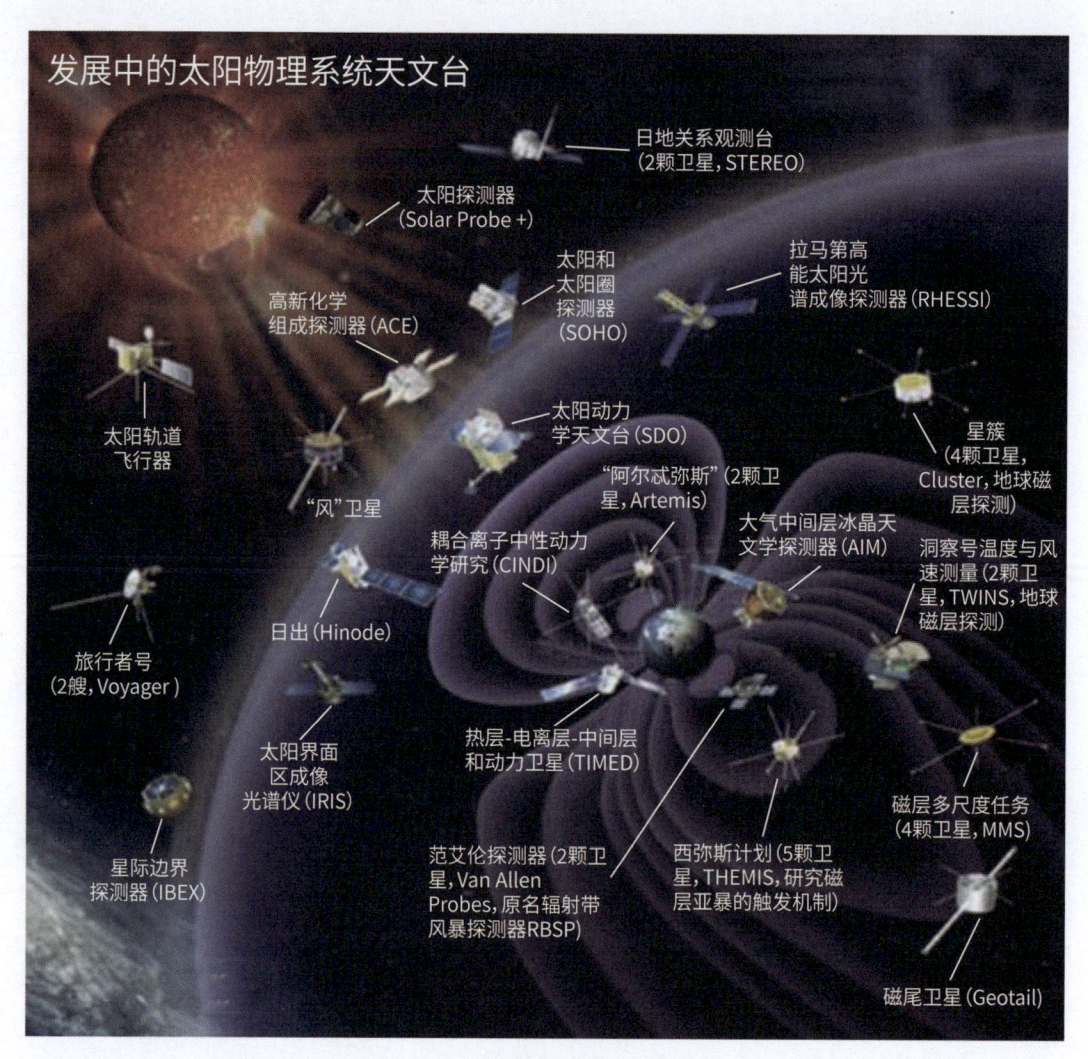

图 6-9　当前和未来的用于太阳物理科学研究的系列探测器示意图

注:这些任务提供的独特数据将有助于建立起全球性的空间天气观测系统。利用对不同太阳系天体的所有科学研究和探测任务,这些探测器编队代表着一种空间基础设施,随着时间的推移,它必将扩展到整个太阳系。

6.5.1.4　面向全太阳系行星空间气象服务

基于新一代的观测系统和建模能力,行星空间天气服务(PSWS)将能够提供关于探测器轨道环境的多参数信息,以支持不断扩展的太阳系探测任务。只有这种空间天气服务根据专用的有效载荷进行关键观测,把高质量的数据产品纳入模型中,未来的风险减缓服务才可能达到近乎实时响应的需求。这些数据产品应面向全世界各地的研究团体和航天机构，以及制定探测任务规划和制造新的科学有效载荷的工业合作伙伴们共同使用。

6.5.2 监测小行星并降低碰撞风险

近地天体（NEO）是指围绕太阳轨道运行的大小在 1 m 到几十千米的小行星或彗星，且轨道路径接近于地球的轨道。我们的太阳系中已知的 70 多万颗小行星中，大约有 17 000 颗是近地天体（NEO）。在 2013 年 2 月 15 日，戏剧性地证明了，它们中的任何一颗都有可能撞击地球，某直径为 17~20 m 的不明物体以 66 000 km/h 的速度飞行，在俄罗斯车里雅宾斯克（Chelyabinsk）上空爆炸，能量是广岛原子弹的 20~30 倍。由此产生的冲击波造成了广泛的破坏和伤害，使其成为自 1908 年通古斯卡（Tunguska）事件以来，进入地球大气层的最大的已知自然天体。通古斯卡事件摧毁了西伯利亚（Siberia）附近较偏远的森林地区。因此，近地天体碰撞对人类和行星环境都构成了重大威胁，正如第 3 章第 3.5.6 节所述。以下作为参考，据统计数据，有可能与地球相撞的直径为 10 km 大小的小行星（可导致大规模物种灭绝），大约每 1 亿年会发生一次碰撞，而与直径为 150 m 大小的小行星发生碰撞，就能够破坏整个地区，这个概率大约是每 1 万年发生一次。鉴于小行星撞击地球威胁的重要性以及研发可能解决办法的紧迫性，提供专门实现此项目标的服务业务已经迫在眉睫，正如第 3 章所述。

作为对小行星和其他潜在可能掠过地球的小天体的科学研究的补充，必须部署、维护和运行基于地基和天基的联合观测系统，该系统能够提前很长时间识别与这些近地天体（NEO）的碰撞。此外，还需对潜在的天基技术进行研究，以减轻小天体可能造成的危害。到 2061 年，预期将全面部署天基监测和减缓系统。

世界各国主要的航天机构正在协调他们的工作以应对这一重大挑战。在欧洲，ESA 自 2009 年以来一直在研发一项有关空间态势感知的项目，重点关注三个领域：①空间天气；②发现和监测具有潜在威胁的近地小天体；③监视和跟踪在役或退役卫星、废弃的火箭末级及绕地运行的空间碎片。前两个均与这本书的主题有关。这些活动中的每项都被发展为独立的"任务"，由现有的欧洲基础设施支持，可以提供一系列的能力和服务，支持检测和测量系统、数据处理、数据中心和最终用户。近地天体（NEO）部分的任务包括：扩大当前和未来近地天体相对于地球的位置的认识，估计与地球相撞的可能性，评估任何可能撞击的后果，并研发使近地天体发生偏转的方法。在 NASA 内部，类似的任务被分配给行星防御办公室（Planetary Defense Office，PDO），该办公室向 NASA 的行星科学部（Planetary Science Division，PSD）负责。

为实现减缓小行星与地球相撞的目标，NASA 和 ESA 正在联合实施一项前瞻性任务，即 ESA 与 NASA 合作研制的小行星撞击和偏转评估（AIDA）任务，该任务包括一对空间探测器，即 NASA 研制的双小行星重定向试验（DART）任务和 ESA 研制的赫拉（Hera）任务。该任务旨在测试和验证航天器是否能够成功使小行星偏离与地球碰撞轨道的影响模型。AIDA 的目标是双星近地小行星（65803 Didymos），主小行星 Didymos 的直径约为 800 km，而它的卫星 Dimorphos 的直径约为 150 m。预计 300 kg 重的 DART 撞击器将以 6.25 km/s 的速度撞击，由此将产生 0.4 mm/s 量级的速度变化，这种撞击只会引起该系统的日心轨道发生很小的变化。Hera 将测量 DART 产生的撞击坑和随后双星系统轨道发生的变化。由 NASA 负责研制并发射的 DART 任务已于 2022 年与 Didymos 系统相撞，由 ESA 负责研制的 Hera 任务将于 2024 年发射，计划于 2026 年抵达 Didymos 附近。

除了这个具有挑战性的前瞻性任务，在其试验成果的基础上，建设能够减缓近地天体发生碰撞风险的全球性基础设施的长期目标，将是运行一套综合观测系统，使其地面段能够显著降低具有潜在危险近地天体的探测阈值，以及空间段能够积极降低碰撞风险，最有可能是利用偏转技术，正如 AIDA 所测试的那样。

6.6 地基模拟设施和实验室

我们对行星天体、系统和环境是如何相互作用的运行机制的理解深度，并不仅仅依赖于第 4 章中介绍的天基原位探测和地基望远镜观测。要理解在太阳系天体中普遍存在的各种不同的环境下，有时甚至是极端环境下的各种物理过程，还需要具体的实验室测量和数值模拟。它们有助于再现这些天体中普遍存在的物理和化学过程，并确定这些过程的关键参数，包括化学反应速率、特殊压力和温度条件下复杂混合物的状态方程和相变图、行星大气和表面的光谱特征，以及许多其他类型的参数。

此外，在地球上的火山、干燥、潮湿、寒冷、高温、高盐和含金属的地形中，可以找到逼真的行星地质地貌模拟物，用以支持目前已有和即将到来的这些空间环境研究任务，并且支持开展原位研究，用以了解极端环境中普遍存在的条件，如在月球和火星表面以及冰冷的卫星表面和内部的环境条件。

6.6.1 欧洲行星学会跨国准入案例

自成立以来，欧洲行星学会的基础设施（Europlanet Research Infrastructure，ERI）研究团队已经认识到地基研究工具对行星科学的发展是至关重要的，并逐步建立了令人印象深刻的能力，为欧洲行星科学界和其他领域提供这些独特的工具。在其与欧盟的最新合同中，欧洲行星学会的 2024 基础设施（Europlanet 2024 Research Infrastructure）研究团队将进行跨国的交流合作，如 TA1——行星场地面模拟（Planetary Field Analogue，PFA）提供了 7 个独特的地面模拟站；TA2——分布式行星实验室设施（Distributed Planetary Laboratory Facility，DPLF）提供了 13 个在欧洲研究中心的 24 个基础设施和 11 个韩国的基础设施。综上所述，这套设备能够模拟或表征广泛多样的行星环境条件和天体物质。它们可以验证仪器的设计和性能，研究形成特定行星环境的物理和地质过程，评估控制生命是否可以进化或生存的生物地球化学过程，以及研究地外样品详细的矿物学、（生物）地球化学和同位素特征。在欧洲行星学会及其全球合作伙伴的指导下，这些令人印象深刻的、世界规模的、用以支持行星科学的地基模拟设施的发展，无疑将在未来几十年持续发展下去。

6.6.2 两个支持行星探测的地基基础设施案例

在未来几十年里,许多其他地基基础设施将继续为太阳系的研究作出贡献。在此仅列举两个来自"地平线 2061:行星探测长期远景预见"项目中的案例。

帮助现代社会的自主机器人网络(Autonomous Robotic Networks to Help Modern Societies,ARCHES)项目[1] 和极端环境机器人探索(Robotic Exploration of Extreme Environment,ROBEX)项目[2] 都是遥操作机器人地基模拟的例子,测试和验证了未来月球基地的运营中在行星表面操作机器人的可行性。机器人在应用于未来的行星探测任务方面有很大的潜力,它们有助于提高任务的效能,而不危及人类的生命,同时可以缩短任务周期。然而,随着机器人技术的应用,新的挑战也出现了。如果机器人部署在地球轨道或地球的卫星表面,在地球上远程操控机器人系统是可能的,但如果机器人被部署在更远的地方,考虑到长时间的通信延迟,遥操作就会变得更加困难。此外,由于辐射影响和低通信带宽,直接操控机器人是不可能的。从 2012 年到 2017 年期间,德国亥姆霍兹联盟开展了名为极端环境机器人探索(ROBEX)的研究项目,目的是增强在深海和深空等极端环境中机器人的应用能力。

该项目的主要技术目标是提高这两个应用领域的机器人自主控制能力,将研究转化为实际操作,提高技术的成熟度,并在现实环境中测试和演示机器人的功能。它主要的科学目标是通过一系列自主或半自主机器人进行地面模拟,开展在类月表面部署低频阵列(Low-Frequency Array,LOFAR)[3] 的可行性演示验证。除了这项主要任务,机器人网络还将协作开展对未知环境的自主探索,目的是检测和分析岩石样品,以确定其化学成分。

6.6.3 模拟有人的月球火星基地

在地球上对未来月球基地的扩展和运行进行模拟,是为载人探测做准备的重要一步。例如,由国际月球探测工作组(ILEWG)的欧洲月球火星(Euro Moon Mars)项目组负责组织开展的地基模拟验证活动,为天文学如何融入未来的月球村,以及在月球上的人类和机器人如何帮助部署和维护天文装置,提供了初步的验证结果信息。

[1] 帮助现代社会的自主机器人网络(ARCHES)项目:它的目的是研究关键的机器人系统,例如来自太空探索的跨领域和学科的机器人系统,以便为克服人类社会挑战奠定基础。自主的、网络化的机器人系统对工业和科学都变得越来越重要。联合任务特别提出了德国研究中心亥姆霍兹联盟(Helmholtz Alliance)为战略性应对社会挑战制定解决方案的问题。无论是对海洋的系统理解和环境监测、技术危机干预、核设施的拆除还是太阳系的探索,只有通过使用自主的联网机器人系统,才能实现持续、长期和广泛的数据采集以及直接操纵和与环境的互动。

[2] 极端环境机器人探索(ROBEX)项目:它的目标是将空间和深海研究团队整合在一起,合作并执行使用机器人和其他技术探索极端环境的联合研究。在这个项目的背景下,遍布德国的 16 个机构正在开发在深海、极地、月球以及其他天体等极端环境条件下进行研究和勘探所需的机器人技术。

[3] 低频阵列(LOFAR)项目:是目前在地球上可观测到的最低频率下运行的最大射电望远镜。与单口径望远镜不同,LOFAR 是一个多用途传感器网络,具有创新的计算机和网络基础设施,可以处理极大的数据量。LOFAR 射电望远镜革命性的多光束能力使天文学家能够同时从事多种研究:他们可以追溯到数十亿年前第一批恒星和星系形成之前的时期(即所谓的"黑暗时代"),他们可以调查低频射电大片天域,并且可以不断地寻找源自宇宙中一些最高能爆炸的射电瞬变。LOFAR 最初是荷兰的一个国家项目,但经过数十年的持续运营,它已发展到泛欧洲规模,拥有多元化且不断扩大的合作伙伴(目前遍布九个国家)。

夏威夷太空探索模拟与仿真（Hawaii Space Exploration Analog and Simulation，HI-SEAS）基地是一个用于月球和火星地基模拟的研究站，位于夏威夷的莫纳罗亚（Mauna Loa）活火山，如图 6-10 所示。在 HI-SEAS 基地进行的模拟验证任务将向世界各地的航天机构、组织和企业公司开放，只要它们的研究和技术测试有助于对月球和火星的探测活动。自 2018 年以来，国际月球基地联盟（International Moonbase Alliance，IMA）一直在 HI-SEAS 基地组织开展定期的月球和火星模拟验证任务。自 2019 年以来，已经开展了一系列的国际月球基地联盟的欧洲月球火星项目在 HI-SEAS 进行的模拟任务（EuroMoonMars IMA HI-SEAS，EMMIHS），这些任务汇集了来自欧洲航天局（ESA）、国际月球基地联盟（IMA）、国际月球探索工作组（ILEWG）、欧洲空间研究与技术中心（European Space Research and Technology Centre，ESTEC）、阿姆斯特丹大学（VU Amsterdam）和许多其他国际组织的研究人员。EMMIHS 任务通常持续两周时间，在此任务期间，地面模拟乘组人员被隔离在 HI-SEAS 基地内，他们穿着模拟航天服并执行出舱训练活动（EVA），即使在非任务训练时间他们也不能离开那里，除非得到同样位于夏威夷的任务控制中心的许可。

在欧洲月球火星模拟验证活动的背景下，还进行了其他几个月球模拟实验项目。

名为"冷冰"（CHILL-ICE）任务的主要目标是，在冰岛的熔岩管（Lava Tube）中让航天员在氧气受限的 8h 的 EVA 任务期间，验证部署一种可负担的、高效的、可靠的紧急居住舱的可行性。该任务于 2021 年 7—8 月在冰岛西部的哈尔蒙达赫拉恩（Hallmundarhraun）熔岩流中的苏尔茨谢利尔 - 斯特凡谢利尔（Surtshellir-Stefanshellir）洞穴系统中进行。在月球模拟场地形中，它测试了科学仪器和移动设备（如星球车、无人机、机器人等），并研究了熔岩管结构、化学成分和地层矿物学等。

在智利的北部，阿塔卡马沙漠（Atacama Desert）和邻近的干旱中心安第斯山脉（Andes）的环境条件使它成为一个很好的火星环境模拟场。2021 年 2 月组织了一次智利的月球火星活动，并计划在 2022 年 2—3 月举办一次大型的阿塔卡马奥霍斯德尔萨拉多山（Atacama Ojos del Salado）活动。2017 年 6—7 月由德国 DLR 在埃特纳火山（Etna）组织了一场远程操控机器人活动模拟验证极端环境机器人探测（ROBEX）的能力，并与帮助现代社会的自主机器人网络（ARCHES）项目进行合作。2021 年 7 月组织了的欧洲月球火星项目在埃特纳火山（Etna）的探测活动，是为 2022 年 ARCHES 和 ExoMars 的联合任务做前期准备。

最后，在波兰的欧洲月球火星项目（Euro Moon Mars Poland，EMMPOL）任务聚焦在研究月球上的可居住条件，并在模拟月球基地里进行实验，该任务由指挥控制小组和科学家提供远程支持。波兰的航天员模拟训练中心（Analog Astronaut Training Center Facility in Poland）允许在 2020 年 10 月至 2021 年 10 月期间，在 5 个不同且相互独立的项目中进行实验测试。参与 EMMPOL 项目的模拟航天员乘组的初步实验结果和分析数据，可为阿尔忒弥斯（Artemis）永久性月球基地的居住环境、航天员月表操作、任务控制和科学支持提供经验和教训等。

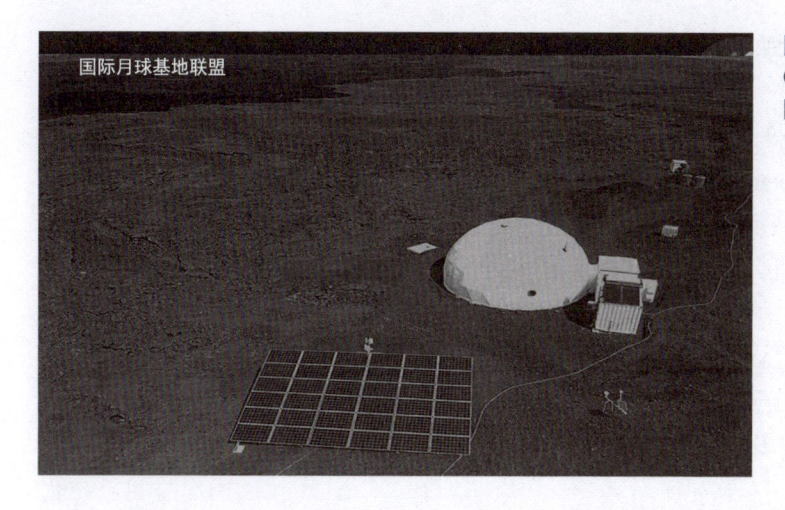

图 6-10 国际月球基地联盟（IMA）的 HI-SEAS 基地示意图

6.7 数据系统和虚拟天文台

6.7.1 行星科学数据系统的任务与挑战

前面的章节表明，对于那些挑战人类对整个太阳系和行星系统认知的科学问题，不同的信息源将有助于解决这些问题和挑战：首先，在第 4 章中讨论了地基望远镜和天基探测任务的贡献，但也有"实物"数据提供的信息，如收集到的陨石和从太阳系天体返回的地外样品，通过实验室测量以及通过物理或数值模拟获得的信息。为了更好地理解太阳系及其天体，行星科学家需要在呈指数级增长的各种各样的信息中找到并组装"拼图"中的碎片。为满足这项需要，数据系统和虚拟天文台不仅需要为未来的用户提供存档和保存所有信息源的服务，而且还需要提供用户所需的、适当的工作环境和特定的数据分析工具。

信息源的多样性有许多不同维度：不同数据集的创建者的多样性（即来自不同航天机构、望远镜研究所、实验室和研究机构，甚至业余天文团体的空间任务数据）；对行星科学有贡献的科学学科的多样性（包括天文学、宇宙化学、地球科学、材料科学、空间等离子体物理、行星大气、天体化学、天体生物学等）；用于产生数据的科学仪器和测量技术的多样性；观测或模拟的太阳系天体的多样性，等等。通向集成数据系统的道路将是漫长的，或者更确切地说是一组互联的可互操作的数据系统，它可以为科学家提供访问所有不同维度信息的途径。作为一个整体来看，行星科学界及其支持机构正在朝着这个方向共同前进。

我们首先介绍几个重要的案例，这些数据系统涵盖了这种多样性的一小部分，然后介绍目前为创建未来综合行星科学虚拟天文台（Planetary Science Virtual Observatory，PSVO）奠定基础所取得的进展。

6.7.2 服务于行星科学数据系统的案例

6.7.2.1 美国 NASA 的行星数据系统

行星数据系统（Planetary Data System，PDS）是由 NASA 建立和资助的，它是利用从 NASA 主导的许多行星探测任务中返回的数据产品，建立的长期性、数字化、信息化档案。它还承载着与行星科学相关的其他类型飞行数据和地面数据，包括了实验室的实验数据。该档案由行星科学家进行积极的管理和维护，确保对全球行星科学界的实用性和可用性。它的档案文件是由研究人员在 PDS 人员的指导下准备的。所有产品都需经过同行评审，有良好的文档记录，通过一个在线目录系统就很容易访问。这些目录下的数据产品的分类已经成为许多数据生产者共享的标准。目前最新的版本是 PDS4，与以前的版本 PDS3 共存。

PDS 系统建设的两个主要维度分别是探测任务和空间学科。因此，PDS 的体系架构（见图 6-11）包括 6 个主题节点和 2 个技术支持节点（如蓝框所示），这些节点分别委托各类专业机构进行维护和管理：分别是大气（Atmosphere，用 ATM 表示）、制图与成像科学（Cartography and Imaging Sciences，用 IMG 表示）、地球科学（Geosciences，用 GEO 表示）、行星等离子体相互作用（Planetary Plasma Interaction，PPI）、环—卫星系统（Ring-Moon System，RMS）、小天体（Small Body，用 SBN 表示），以及由喷气推进实验室（JPL）主办的两个支持节点：导航与辅助信息设施（Navigational & Ancillary Information Facility，NAIF）和工程（Engineering）。

6.7.2.2 日本 JAXA 的数据档案和分发系统数据库

日本 JAXA 的数据档案和分发系统（Data Archives and Transmission System，DARTS）数据库包括了所有日本的空间科学任务的档案。该数据库划分为五个领域：天体物理学、太阳能物理学、太阳-地球物理学、月球与行星科学和微重力科学。因此，它包括的数据范围远远超过行星科学，主要聚焦在提供从 JAXA 空间科学任务中获取的所有数据。与 NASA 的行星数据系统（PDS）和 ESA 的行星科学档案（Planetary Science Archive，PSA）一样，它提供了许多应用程序，以支持用户在线数据分析和基于科学主题搜索的跨任务数据分析。

6.7.2.3 欧洲 ESA 的行星科学档案

欧洲航天局（ESA）的行星科学档案（PSA）主要按照航天任务的维度进行分类。它是 ESA 太阳系探测任务中返回的所有科学和工程数据的集中存储数据库。行星科学档案（PSA）目前包括了火星生物（ExoMars）、乔托（Giotto）、惠更斯（Huygens）、火星快车（Mars Express）、罗塞塔（Rosetta）、智慧 1 号（SMART-1）、金星快车（Venus Express）以及一些地基的彗星观测数据。随着时间的推移，这个以科学任务为导向的档案和数据系统，将为其用户提供越来越复杂的在线功能，用于查询和处理所有 ESA 行星探测任务中的数据，以响应特定的科学问题。图 6-12 显示了该网站页面的入口界面。

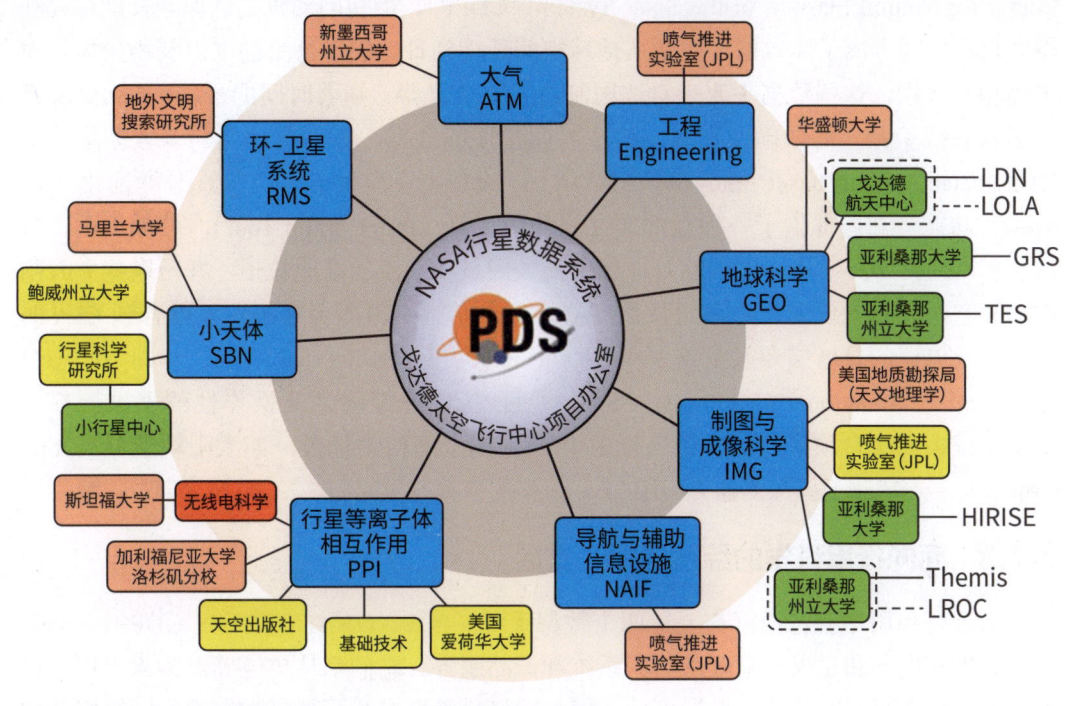

图 6-11 NASA 行星数据系统（PDS）的体系架构示意图

注：包括戈达德太空飞行中心（Goddard Space Flight Center，GSFC）的项目办公室和由主要大学和研究机构管理的 8 个主题节点（粉色方框），以及合作机构的贡献（绿色方框）。

图 6-12 欧洲航天局（ESA）的行星科学档案（PSA）的入口界面

第 6 章 行星探测的基础设施和服务 355

6.7.2.4 法国国家太阳系自然等离子体数据中心

创建于 1998 年的法国国家太阳系自然等离子体数据中心（French National Data Center for Natural Plasmas of the Solar System，CDPP），最初的动机是确保能长期保存获得的自然空间等离子体数据，包括从地球空间环境到日球层、行星磁层以及小天体等离子体相互作用，这些数据主要来自法国制造的科学仪器。随着时间的推移，CDPP 开发了多种在线工具，例如确保在线分析按时间排序的数据，称为自动化的多数据集分析（Automated Mutli-Dataset Analysis，AMDA），或在上下文中提供 3D 数据可视化（3D View）功能。它还提供了一种新的交互式传播工具（Propagation Tool），可供太阳、日球层和行星科学界使用，以跟踪日球层中的太阳风暴、流和高能粒子，并帮助建立太阳扰动和空间环境原位测量之间的联系。AMDA 和传播工具服务将很快被整合到 ESA 的空间天气倡议的日球层专家服务中心（Heliospheric Expert Service Centre），即空间态势感知（Space Situational Awareness，SSA）项目。CDPP 推动了互操作性的发展，参与了多个虚拟天文台项目，并直接支持多个 ESA 的空间科学任务，如太阳轨道器（Solar Orbiter）、"木星冰卫星探测器"（JUICE）任务的数据分发。

6.7.3 面向行星科学的综合虚拟天文台

运营商和用户会定期审查上述四个数据系统（PDS、DARTS、PSA、CDPP），同时他们会生成报告和建议，来改进数据系统和产品服务。它们都从单纯确保为未来用户保存数据的数据存储库功能，发展到旨在促进行星科学家在线更新科学知识的网络服务功能。例如，2018 年版的《ESA 科学档案长期战略》强调了未来发展的两个方向。

- ❖ 档案中分析工具的集成：在线数据挖掘，基于空间、能量和时间以及科学主题的跨任务数据的选择。
- ❖ 科学开发利用和存储平台（Science Exploitation and Preservation Platform，SEPP）：提供在线协同研究环境，让用户能够将自己的分析代码上传到该平台，并提供包含校准数据和由团体生成的高水平科学产品。

新兴的趋势显然是让数据档案成为科学界共享的研究工具，并有能力通过科学界本身生产的高水平的数据产品和软件分析工具来促进其发展。

随着时间的推移，参与行星探测任务的不同个人、研究机构、团队和太空参与者们会创建越来越多样化的行星科学数据系统，包括刚刚介绍的四个系统。举例说明，业余天文学界提供的太阳系天体独特的观测资料，是可在行星虚拟天文台和实验室（Planetary Virtual Observatory and Laboratory，PVOL）中存档和访问的。

支持对这种多样化数据源的综合访问是一项艰巨而富有挑战的任务。它需要开发一个门户网站或一组可互操作的门户网站，提供来自不同学科、不同空间探测任务、天文台设施或样品库，以及来自不同研究方法（地基或天基观测、地球实验室进行的实验、模拟仿真等）的数据。开发此类可持续的服务面临着重大的管理挑战，例如提供由独立机构管理的数据系统访问，以及确保其长期运营所需的资源。尽管存在着各种挑战，但构建这样的"工具箱"最符合科学用户的长期需求。

行星科学"通用"（universal）数据系统的概念与欧洲行星研究基础设施项目在欧洲共同体第七研究和技术发展框架计划下开发的"集成和分布式信息系统"（Integrated and Distributed Information System，IDIS）的概念非常接近。在"地平线2020"计划的支持下，这个概念最近已演变成一个成熟的运营系统，我们相信，这将为未来的集成数据系统奠定基础，也将支持本书中倡议的雄心勃勃的未来行星探测任务。欧洲太阳和行星探测网站（Virtual European Solar and Planetary Access，VESPA）是欧洲行星委员会（Europlanet Community）长期努力的结果。其服务的开发完全符合最先进的 VO 标准，现已根据与欧盟（EU）签订的欧洲行星任务 2020 合同启动，并将持续到欧洲行星任务 2024 项目结束。

图 6-13 显示了 VESPA 的主入口页面。VESPA 的一个关键特征是，它可以通过其门户网站访问各种各样的数据存储库，从大型数据库（如 PSA 和 PDS）到小型数据库（参见门户主入口页面上的不同绿线）。它还可以通过简单的访问和可视化工具进行数据分析。借助分布式结构和工具，它还允许研究团队在可交互操作的环境中发布他们自己的衍生数据（来自空间原位探测任务或望远镜观测任务获得的高级数据产品、模拟结果……），以此来扩展数据服务。VESPA 成功和高效的一个关键因素是建立在新的数据访问协议基础上，名为 EPN-TAP 表格访问协议，它允许基于一组指定特征查询"颗粒（或数据集的基本组成部分）"，或者是观察到的天体、任务、设施、数据的物理类型、

图 6-13　欧洲太阳和行星探测网站（VESPA）主入口页面

注：欧洲太阳和行星探测网站（VESPA）是行星科学虚拟天文台的重要基石。

数据集的结构和相应的几何形状等，这使得 VESPA 能够覆盖不同学科分支的行星科学家们所需的多种多样的数据源。

VESPA 最大限度地利用了其所属的国际虚拟天文台联盟（International Virtual Observatories Alliance，IVOA）开发的 VO 协议。与此同时，它还使用一些独特的协议提供对数据存储库的访问，如为行星和月球表面制图开发的地理信息系统（Geographic Information System，GIS），或是为分析空间环境数据而开发的时间序列工具（如 AMDA 和 CDPP）。

6.7.4 展望地平线 2061 年

VESPA 的发展历程代表了行星科学界数据系统未来发展的总趋势。这种集成和分布式的多任务、多学科、多天体的工具正是行星科学界所需要的，以确保在未来几十年从行星探测计划中获得最佳的科学回报。

除了为专业的行星科学家和工程师开发工具之外，为教育机构和公众提供访问工具同样是一个令人兴奋的挑战。让他们能够利用最新发现，在太阳系及其他地方进行虚拟导航，自己"动手"体验探索我们的行星系统以及它为我们的好奇心提供的许多不同世界。人工智能、3D 可视化工具和增强现实技术的飞速发展，将使教师、学生和所有感兴趣的人能够拥有属于个人的、线上的、独特的探索太阳系的体验。从这个意义上说，"虚拟探索"（Virtual Exploration）无疑将为本书多次介绍的两种太阳系探测方式（无人探测和载人探测）作出贡献，并将允许最广泛的"行星探索者"团体共同参与探险。

6.8 未来行星科学探测的能力建设者和劳动者

本节的主要目的是呈现年轻一代对"地平线 2061：行星探测长期远景预见"项目的看法。毋庸置疑，本项目提出的目标将由未来几代的科学家、工程师和管理者来共同实现，他们将在未来几十年里为学术界、工业界和航天机构的行星科学及探测任务而工作。让年轻一代参与到太空探索，不仅是培养新兴力量，更是鼓励通过批判性和创造性思维来开拓创新，这是太空探索的重要组成部分。而这可以通过以下几种方式来完成。

6.8.1 面向行星探测的大学和课程

在大学、学院和工程院校开展行星科学和行星探测技术的高等教育，是吸引和培养新一代行星探索参与者的关键。该领域的培训计划要让年轻人建立起"21 世纪的太阳系是他们在银河系中的家园"的愿景。他们还应该教授当前和未来的技术，能够使他们带领人类探索太阳系的不同区域。所有年级和学科（科学、技术、管理、人文和社会科学）的学生都应该认识到三个关键性的思想：我们的太阳系有待探索；这种探索站在了当今全人类的发展前沿；服务于无人和载人探测任务的工程技术的快速发展，提供了前所未有的可能性。

在世界各国，尤其是在航天大国里有相当数量的大学和航空航天工程学院，以提供航空航天领域的高质量教育和培训而闻名,例如,美国斯坦福大学(Stanford University)和法国国立高等航空航天学院,如 ISAE-Supaéro,如图 6-14 所示。它们应当成为世界各地高等教育机构的典范、灵感和资源的来源,从而为行星科学的发展添砖加瓦。

此外,增加跨学科和跨文化的交流已迫在眉睫。在欧洲,诸如法国斯特拉斯堡的国际空间大学(International Space University,ISU)、即将在图卢兹开办的欧洲地球与人类空间大学(European Space University for Earth and Humanity,UNIVERSEH)以及太空探索与发展系统(Space Exploration and Development System,SEDS)等组织机构都在朝着这个目标努力。此外,还有国际月球探测工作组(ILEWG)等组织也与这类机构开展了广泛的合作,为学生和年轻专业人士提供项目方案构想,填补学术界和工业界之间的差距,并为培养新兴力量作出巨大的贡献。

图 6-14　在法国 ISAE-Supaéro 大学组织的演讲及交流活动
注:2019 年 9 月在法国图卢兹举行的地平线 2061 研讨会上,学生和工程师们参加了地平线 2061 团队成员的演讲交流活动。

6.8.2　研讨会与青年交流会

在行星探索冒险中让年轻人发声非常有必要。国际上,航天新生代咨询委员会(Space Generation Advisory Council,SGAC)为实现该目标做出了表率作用(见图 6-15)。为响应支持联合国的空间应用计划,该非政府组织成立于 1999 年,致力于通过各项交流活动和研讨会,让 18~35 岁的青年学生和年轻专业人士,能够与联合国和不同空间活动的利益相关方交流观点。这些活动,如"我们巨大的进步"(Our Giant Leap)倡议和航天新生代大会(Space Generation Congress,SGC)等,为参与者相互讨论、与行业专家交流知识和想法,以及就当前问题进行头脑风暴活动等提供了平台和机会。国际宇航大会(IAC)和国际空间研究委员会(COSPAR)还经常组织世界级的活动,为年轻专业人士聚集在一起提供了绝佳的交流平台。

图 6-15　航天新生代咨询委员会（SGAC）组织的青年交流活动：准备好去行星探索

注：在巴黎航天新生代咨询委员会（SGAC）举办的欧洲月球和行星研讨会之后，年轻的航天和行星探险家与航天员托马斯·佩斯奎特（Thomas Pesquet）和布尔歇湖国际航空航天沙龙的专家齐聚一堂。

① 空间文艺复兴组织：这是一个全球性的非政府、非营利性公益组织，总部位于欧洲，其成员和支持者遍布全球。它的宗旨是致力于让人类离开地球，不仅仅是从事开拓性探索的航天员，而是整个全人类……因为这是人类作为一个物种进化的自然进程。人类不能继续在封闭的系统和环境中以不可持续的方式生活，这就是导致我们当前许多文化和社会经济问题的原因。SRI 的使命是促进人类星际社会的发展，渴望看到人类成长为星际文明。SRI 的业务范围包括：将文明扩展到我们的母亲——地球之外；支持民用航天发展，紧急研发可重复使用载人运载火箭；联合地球上所有的太空倡导组织，以便大声地与广大公众舆论对话；成立基金会；建立太空复兴学院，即一所培养学士、硕士和博士学位的优秀学校；建立太空时代的哲学和文化，完成"哥白尼革命"，助力人类太空新文艺复兴；让太空文艺复兴的哲学和建议引起公众的注意；促进投资、新的财政资源和政府赞助；支持新的太空经济、工业和研究等。

其他重要活动包括空间交流（Space Connect）、国际空间教育委员会（International Space Education Board，ISEB）和国际月球探测工作组（ILEWG）活动，还有第 6.6 节介绍的欧洲月球火星研讨会和活动，以及开展为未来月球和火星基地的模拟和测试研究工作，均可为青年学生和年轻专业人士提供动手实践的机会。

6.8.3　行星科学、社会与艺术间的桥梁

还有一些活动是专门针对未来人类社会的艺术和文化发展的。成立于 2006 年的 IAF 空间文化规划委员会（IAF Committee for the Cultural Utilization of Space，ITACCUS），旨在促进所有艺术和人文组织对空间（数据、系统、应用）的创新和利用，包括美术、娱乐、流行文化和旅游。在文化领域，它可能包括文化的生产、传承、展示、教育与发展。必须进一步加强在无人和有人行星探测领域的哲学和人文的发展，在附录五中介绍了空间文艺复兴（Space Renaissance Initiative，SRI）组织①的倡议和总结。

国际月球探测工作组（ILEWG）与欧洲空间研究与技术中心（ESTEC）以及其他一些机构合作，共同启动名为"月球火星艺术"（Art Moon Mars）的文化和艺术活动。国际月

球探测工作组（ILEWG）组织了"月球火星艺术"（Art Moon Mars）研讨会，艺术家也加入并常驻 ESTEC 的项目。Art Moon Mars 也在 ESTEC 和阿姆斯特丹（Amsterdam）的智能空间（Smart Space）开展了月球生活（Moon Life）学术研讨会，科学家、建筑师、设计师和艺术家就他们对月球日常生活的想法和愿景进行了讨论。月球生活概念商店应运而生，这是地球上第一家提供未来人类月球生活物品的商店。Art Moon Mars 参加了索尼克与夏特黑暗（Sonic Acts Dark）宇宙节，最终促成了在海牙皇家美术学院（Koninklijke Acdemie van Beeldende Kunsten, KABK）组织开设的艺术科学和空间课程。艺术科学系的学生参加了 ESTEC 和 KABK 的研讨会，并由此受到启发开展了一系列项目。Art Moon Mars 的试点项目名为"月球画廊"（Moon Gallery），这是一件国际合作的艺术品以及一系列值得送上月球的想法。"月球画廊"的目标是在月球上建立第一个永久性博物馆。它计划最早在 2024 年将 100 件手工工艺品以 10 cm × 10 cm × 1 cm 大小画板的紧凑方式安装在月球着陆器外板上，并发射到月球上去。2022 年 2 月 19 日，进行了"月球画廊"（Moon Gallery）国际空间站（ISS）项目的试验飞行，已经将 64 件文物送入国际空间站（ISS）中。

6.9 结论和观点

本章简要地介绍了不同类型的基础设施和服务，从中我们可以初步总结出在 2061 年前支持行星探测任务的基础设施和服务的综合图景。从行星科学的具体观点来看，第一组基础设施将支持产生不同类型的科学数据，以解决我们关于行星系统提出的"关键性科学问题"。

放置在地球上或在地月轨道上的地基望远镜本身就是基础设施。新一代望远镜包括地基的欧洲极大望远镜（ELT）和天基的詹姆斯·韦伯太空望远镜（JWST）及其后续更大的望远镜，它们所提供的成像和光谱分辨率将随着时间的推移而显著提高，这将有助于行星科学家探测到太阳系最微弱和最遥远天体及其表面、大气和它们的卫星等全新的信息。它们的观测能力也将为人类观测太阳系外行星系统开启全新的视角，进一步丰富对太阳系的观测和认识。

此外，行星探测任务将提供有关行星、卫星和小天体的近距离和原位探测数据。这些数据来源于多种关键的科学仪器，并用于星际运载器和行星探测器的发射、通信、导航以及空间天气服务。随着人工智能和机器人技术的发展，利用太阳系中的天体作为自然信标，探测器会有越来越高的自主导航能力。与此同时，行星际的通信、定位和空间天气监测系统将随着时间的推移，从目前的地基基础设施逐渐扩展延伸到整个太阳系，包括放置在地月轨道、月球表面、太阳轨道上的航天器，甚至是最近的行星和小天体都可能成为其中的一部分。

为实现载人探测任务，我们必须逐步部署重型基础设施，确保航天员定期或在太空中的永久性存在，并支持他们的活动。截至 2061 年时，将在地月轨道、月球表面、火星及小行星上逐渐完成部署并运营。而人类在这些前哨站能否持续居住，取决于原位资源利用（ISRU）技术以及相关的工程设施的研发进展，以提供维持航天员的生命所需的补给物质。ISRU 具有社会经济意义，人类生存空间的扩展也将面临科学技术之外的机遇挑战，包括社会经济学、哲学、人文主义和空间文艺复兴，详见附录五。

作为数据系统的补充，随着行星探测任务的增多，从越来越多的太阳系天体返回的样品，将在发现新科学知识中发挥关键作用。为在遵守行星保护政策的同时，最大限度地提高这些样品返回任务的科学回报，我们必须设计和部署日益复杂的端到端管理设施，以管理从其采集地点到最先进的地球分析实验室，整个全过程中的样品状态。处理链的合理化以及国际合作的实用性，可能会推动这些管理基础设施向分布式网络而不是集中式方向发展。此外，对不断扩大的样品库的选择和归档，也可能会推动将这个网络扩展到超越地基设施：发展永久性月球前哨站为在月球表面或地月轨道上部署小部分此类设备，将是一个很好的案例。

最后，除了望远镜、行星探测任务和管理设施之外，集中类型的地基活动和设备将提供关键的科学数据，为未来的探测任务做准备，并更好地诠释它们返回的数据。行星及其卫星的某些极端环境的地球模拟设施，模拟未来月球和火星基地运营的设施，测量行星大气、表面和内部关键参数的实验室，以及最后的数值模拟和理论都将进一步给出有关行星系统及其天体的关键信息。

在这些不同来源的科学数据操作的下游，必须快速发展基础设施和服务的"第二个循环"（Second Circle），并为科学用户提供更多的服务。目前为处理和归档科学数据而开发的不同类型数据库和信息系统，应逐步发展为"太阳系规模"（Solar-System-Scale）的虚拟天文台，允许用户在整个太阳系中进行虚拟导航，并通过多源数据表征不同的天体。

毫无疑问，随着信息技术的巨大进步，未来几十年后出现的太阳系虚拟天文台将会为广大虚拟游客提供全新的方式，包括面向公众的教育系统，来实现他们自己探索太阳系、太阳系的边界及以远的梦想。这些探索太阳系奥秘的虚拟旅程，由无人和载人探测任务返回的数据和图像直接提供，将为教师、学生和公众提供亲身体验行星探测的机会。在他们当中，代表着科学、技术和管理的多元化人才，将会出现在新一代的"地平线2061年轻探险家"中，他们将完成这本书试图描述的"我们在银河系之家"的梦幻之旅！

致谢

作者在此对以下同事致以谢意，感谢他们参加"地平线 2061：行星探测长期远景预见"项目讨论和研讨会，以及对撰写本文内容所作的宝贵贡献！他们是 Vincent Genot、Jeremie Lasue、Piere Bousquet、Heike Rauer、Véronique Dehant、Maria-Antonietta Perino、Stéphanie Lizy-Destrez、Vid Beldavs、Priyanka DasRajkakati、Sébastien Besse、Ray Arvidson 以及月球探测与应用国际会议（ICEUM）参与者。同时，本文将向 2021 年已去世的中国空间技术研究院的杜元杰博士致谢，他在 2019 年 9 月图卢兹举办的"地平线 2061"研讨会上对本章主题提出了独特的见解。

参 考 文 献

[1] Achilleos, N., Guio, P., André, N., Sorba, A.M., 2019. J. Space Weather Space Clim. 9, A24. https://doi.org/10.1051/swsc/2019022.

[2] André, N., Grande, M., Achilleos, N., et al., 2018. Virtual planetary space weather services offered by the Europlanet H2020Research infrastructure. Planet. Space Sci. 150, 50. https://doi.org/10.1016/j.pss.2017.04.020.

[3] Arvidson, R., Foing, B.H., Cohen, B., Plescia, J., Blamont, J.E., 2010a. GLUC-ICEUM11 Participants, Beijing Lunar Declaration 2010: (A) GLUC-ICEUM11 Report and Recommendations on Science and Exploration. Annual Meeting of the Lunar Exploration Analysis Group, Held September 14-16, 2010 in Washington, DC. LPI Contribution No. 1595. LPI, p. 3. LPICo1595.3A.

[4] Arvidson, R., Foing, B.H., Plescia, J., Cohen, B., Blamont, J.E., 2010b. Beijing Lunar Declaration 2010: (B) Technology and Resources; Infrastructures and Human Aspects; Moon. LPI.

[5] Autino, A., Foing, B.H., et al. (Eds.), 2021. Space Renaissance Congress. https://spacerenaissance.space/2021-spacerenaissance-congress-the-final-resolution/?utm_sourcerss&utm_mediumrss&utm_campaign2021-spacerenaissance-congress-the-final-resolution.

[6] Besse, S., Vallat, C., Barthelemy, M., Coia, D., Costa, M., De Marchi, G., Fraga, D., Grotheer, E., Heather, D., Lim, T., Martinez, S., Arviset, C., Barbarisi, I., Docasal, R., Macfarlane, A., Rios, C., Saiz, J., Vallejo, F., 2018. ESA's Planetary Science Archive: preserve and present reliable scientific data sets. Planet. Space Sci. 150, 131-140. https://doi.org/10.1016/j.pss.2017.07.013.

[7] Blanc, M., Lewis, J., Bousquet, P., Dehant, V., Foing, B., Grande, M., Guo, L., Hutzler, A., Lasue, J., Perino, M.A., Rauer, H., Ammannito, E., Capria, M.-T., 2022. Planetary Exploration, Horizon 2061. Report - Chapter 1: Introduction to the "Planetary Exploration, Horizon 2061" foresight exercise. ScienceDirect, Elsevier.

[8] Caporicci, M., 2000. ESA Bulletin 104. https://www.esa.int/esapub/bulletin/bullet104/caporicci104.pdf.

[9] Cesarone, R.J., Hastrup, R.C., Bell, D.J., Lyons, D.T., Nelson, K.G., 1999. Architectural design for a Mars communications & navigation orbital infrastructure. In: AAS/AIAA Astrodynamics Specialist Conference, AAS 99-300.

[10] Cheng, A.F., Rivkin, A.S., Michel, P., Atchison, J., Barnouin, O., Benner, L., Chabot, N.L., Ernst, C., Fahnestock, E.G., Kueppers, M., Pravec, P., 2018. AIDA DART asteroid deflection test: planetary defense and science objectives. Planet. Space Sci. 157, 104-115.

[11] Cinelli, I., 2020. The role of artificial intelligence in space healthcare [online] Aerosp. Med. & Human Perfor. 91 (6), 537-539. Available at: https://www.ingentaconnect.com/content/asma/amhp/2020/00000091/00000006/art00014.

[12] Dehant, V., Blanc, M., Mackwell, S., Soderlund, K.M., Beck, P., Bunce, E., Charnoz, S., Foing, B., Filice, V., Fletcher, L.N., Forget, F., Griton, L., Hammel, H., Höning, D., Imamura, T., Jackman, C., Kaspi, Y., Korablev, O., Leconte, J., Lellouch, E., Marty, B., Mangold, N., Michel, P., Morbidelli, A., Mousis, O., Prieto-Ballesteros, O., Spohn, T., Schmidt, J., Sterken, V.J., Tosi, N., Vandaele, A.C., Vernazza, P., Vazan, A., Westall, F., 2022. Planetary Exploration, Horizon 2061. Report - Chapter 3: From science questions to Solar System exploration. ScienceDirect, Elsevier.

[13] De Marchi, G., Masson, A., Baines, D., Merin, B., Besse, S., Martinez, B., Barbarisi, I., Salgado, J., 2018. ESA Science Archives Long Term Strategy (2018 Edition), SCI-OP-PL-00300.

[14] Du, Y., 2019. Pathfinder for Solar Flare Monitoring Explorer (SAME-Pathfinder), Horizon 2061 Synthesis Workshop, Toulouse.

[15] Ehrenfreund, P., et al., 2012. Toward a global space exploration program: a stepping stone approach: COSPAR PEX Report. Adv. Space Res. 49, 2-48.

[16] Erard, S., Cecconi, B., Le Sidaner, P., Rossi, A.P., Capria, M.T., Schmitt, B., Génot, V., André, N., Vandaele, A.C., Scherf, M., Hueso, R., Määttänen, A., Thuillot, W., Carry, B., Achilleos, N., Marmo, C., Santolik, O., Benson, K., Fernique, P., Beigbeder, L., Millour, E., Rousseau, B., Andrieu, F., Chauvin, C., Minin, M., Ivanoski, S., Longobardo, A., Bollard, P., Albert, D., Gangloff, M., Jourdane, N.,

[16] Bouchemit, M., Glorian, J., Trompet, L., Al-Ubaidi, T., Juaristi, J., Desmars, J., Guio, P., Delaa, O., Lagain, A., Soucek, J., Pisa, D., 2018. VESPA: a community-driven virtual observatory in planetary science. Planet. Space Sci. 150, 65-85. https://doi.org/10.1016/j.pss.2017.05.013.

[17] Erard, S., et al., 2020. Virtual European Solar & Planetary Access (VESPA): a planetary science virtual observatory cornerstone. Data Sci. J. 19 (1), 22. https://doi.org/10.5334/dsj-2020-022.

[18] Foing, B.H., et al., 2003. Smart-1 mission to the moon: technology and science goals. Adv. Space Res. 31, 2323.

[19] Foing, B.H., et al., 2008a. Reports to COSPAR from the international lunar exploration working group (ILEWG). Adv. Space Res. 42, 238.

[20] Foing, B.H., Bhandari, N., Goswami, J.N., 2008b. ICEUM6 participants, Udaipur lunar declaration 2004. Adv. Space Res. 42, 240.

[21] Foing, B.H., Richards, R., Sallaberger, C., ICEUM7, 2008c. Toronto Lunar Declaration, ASR.

[22] Foing, B.H., Wu, J., ICEUM8, 2008d. Beijing lunar declaration 2006. Adv. Space Res. 42, 244.

[23] Foing, B.H., Espinasse, S., Wargo, M., Di Pippo, S., 2008e. ICEUM9 Sorrento lunar declaration 2007. Adv. Space Res. 42, 246.

[24] Foing, B.H., Grande, M., Huovelin, J., Josset, J.L., Keller, H.U., Nathues, A., Malkki, A., Noci, G., Kellett, B., Beauvivre, S., Almeida, M., 2006a. ESA's smart-1 mission: lunar science results after one year. 37th Annual Lunar and Planetary Science Conference: 2006.

[25] Foing, B.H., et al., 2006b. SMART-1 mission to the Moon: status, first results and goals. Adv. Space Res. 37, 6.

[26] Foing, B.H., et al., 2017. LPSC48, 2746. Moon village activities update.

[27] Grande, M., Guo, L., Blanc, M., Makaya, A., Asmar, S., Atkinson, D., Bourdon, A., Chabert, P., Chien, S., Day, J., Fairén, A.G., Freeman, A., Genova, A., Herique, A., Kofman, W., Lazio, J., Mousis, O., Ori, G.G., Parro, V., Preston, R., Rodriguez-Manfredi, J.A., Sterken, V.J., Stephenson, K., Vander Hook, J., Waite, J.H., Zine, S., 2022. Planetary Exploration, Horizon 2061. Report - Chapter 5: Enabling technologies for planetary exploration. ScienceDirect, Elsevier.

[28] Heemskerk, et al., 2021. LPI.52.2762H.

[29] Heinicke, C., Foing, B.H., November 2020. Human Habitats: Prospects for Infrastructure Supporting Astronomy from the Moon. https://doi.org/10.1098/rsta.2019.0568.

[30] Holt, J.M.C., Bridges, J.C., Vrublevskis, J., Gaubert, F., 2019. Double walled isolator technology for Mars sample return facilities. Lunar & Plan. Sci. Conf. Abstract #2408.

[31] Hueso, R., Juaristi, J., Legarreta, J., Sánchez-Lavega, A., Rojas, J.F., Erard, S., Cecconi, B., 2018. The Planetary Virtual Observatory and Laboratory (PVOL) and its integration into the virtual European solar and planetary access (VESPA). Planet. Space Sci. 150, 22-35. https://doi.org/10.1016/j.pss.2017.03.014.

[32] Huntress, W., Stetson, D., Farquhar, R., Zimmerman, J., Clark, B., O'Neil, W., Bourke, R., Foing, B., 2006. The Next Steps in Exploring Deep SpacedA Cosmic Study by the IAA. AcAau.58.304H2006/03.

[33] Hutzler, A., Lewis, J., 2019. H2061 Workshop.

[34] International Space Exploration Coordination Group, 2018. The Global Exploration Roadmap. https://www.globalspaceexploration.org/wordpress/wp-content/isecg/GER_2018_small_mobile.pdf.

[35] Lasue, J., Bousquet, P., Blanc, M., André, N., Beck, P., Berger, G., Bolton, S., Bunce, E., Chide, B., Foing, B., Hammel, H., Lellouch, E., Griton, L., Mcnutt, R., Maurice, S., Mousis, O., Opher, M., Sotin, C., Senske, D., Spilker, L., Vernazza, P., Zong, Q., 2022. Planetary Exploration, Horizon 2061. Report - Chapter 4: From planetary exploration goals to technology requirements. Elsevier, ScienceDirect.

[36] Lewis, R., Niles, P., Fries, M., McCubbin, F., Archer, D., Bleacher, J., Boyce, J., Cohen, B., Evans, C., Graff, T., Gruener, J., Lawrence, S., Lupisella, M., Ming, D., Needham, D., Young, K., 2017. Sample return enabled by a crewed presence in cislunar or cismartian space: farther reach, better science. In: Planetary Science Vision 2050 Workshop LPI Contri.

[37] McCubbin, F.M., Herd, C.D.K., Yada, T., Hutzler, A., Calaway, M.J., Allton, J.H., Corrigan, C.M., Fries, M.D., Harrington, A.D., McCoy, T.J., Mitchell, J.L., Regberg, A.B., Righter, K., Snead, C.J., Tait, K.T., Zolensky, M.E., Zeigler, R.A., 2019. Advanced curation of astromaterials for planetary science. Space Sci. Rev. 215, 1-81.

[38] Michel, P., Kueppers, M., Sierks, H., Carnelli, I., Cheng, A.F., Mellab, K., Granvik, M., Kestilä, A., Kohout, T., Muinonen, K., Näsilä, A., 2018. European component of the AIDA mission to a binary asteroid: characterization and interpretation of the impact of the DART mission. Adv. Space Res. 62 (8), 2261-2272.

[39] Musilova, M., Rogers, H., Bernard, F., 2020. EPSC. https://meetingorganizer.copernicus.org/EPSC2020/EPSC2020-1035.html.

[40] Perino, M.A., Ammannito, E., Arrigo, G., Capria, M.-T., Foing, B., Green, J., Li, M., Kim, J.J., Madi, M., Onoda, M., Toukaku, Y., Dehant, V., Blanc, M., Rauer, H., Bousquet, P., Lasue, J., Grande, M., Guo, L., Hutzler, A., Lewis, J., 2022. Planetary Exploration, Horizon 2061. Report - Chapter 7: The enabling power of international cooperation. ScienceDirect, Elsevier.

[41] Perrier, I.R., et al., 2021. LPI.52.2562P. Preparing future engineers and astronauts for moon exploration: EMMPOL EuroMoonMars Poland 2020 campaign.

[42] Plainaki, C., Lilensten, J., Radioti, A., et al., 2016. J. Space Weather Space Clim. 6, A31. https://doi.org/10.1051/swsc/2016024.

[43] Plainaki, C., Massetti, S., Jia, X., et al., 2020. APJ (Acta Pathol. Jpn.) 900, 74. https://doi.org/10.3847/1538-4357/aba94c.

[44] Rauer, H., Blanc, M., Venturini, J., Dehant, V., Demory, B., Dorn, C., Domagal-Goldman, S., Foing, B., Gaudi, S., Helled, R., Heng, K., Kitzman, D., Kokubo, E., Le Sergeant d'Hendecourt, L., Mordasini, C., Nesvorny, D., Noack, L., Opher, M., Owen, J., Paranicas, C., Qin, L., Snellen, I., Testi, L., Udry, S., Wambganss, J., Westall, F., Zarka, P., Zong, Q., 2022. Planetary Exploration, Horizon 2061. Report - Chapter 2: Solar System/Exoplanet Science Synergies in a multi-decadal Perspective. ScienceDirect, Elsevier.

[45] Regberg, A.B., Fries, M.D., Harrington, A.D., Mitchell, J.L., 2018. The deep space gateway as a testbed for advanced curation concepts. In: Deep Space Gateway Science Workshop LPI Contri. 2018LPICo2063, p. 3112.

[46] Schrijver, C.J., Kauristie, K., Aylward, A.D., et al., 2015. Adv. Space Res. 55, 2745-2807. https://doi.org/10.1016/j.asr.2015.03.023.

[47] Tavernier, A., et al., 2021. LPICo2595.8124T. Environmental Characterization and Development of Planetary Science in the Puna de Atacama. https://www.hou.usra.edu/meetings/terrestrialanalogs2021/pdf/8124.pdf.

[48] Treiman, A.H., 1993. Curation of Geological Materials at a Lunar Outpost. Office of the Curator Publication #87, JSC-26194.

[49] Wedler, A., et al., 2021. RSTA German Aerospace Center's advanced robotic technology for future lunar scientific missions. Philosop Transac. R. Soc. A 379 (2188). https://doi.org/10.1098/rsta.2019.0574. https://royalsocietypublishing.org/doi/10.1098/rsta.2019.0574.

[50] Witasse, O., Sánchez-Cano, B., Mays, M.L., et al., 2017. J. Geophys. Res. Space Physics 122. https://doi.org/10.1002/2017JA023884.

参考网址

[1] https://www.spacex.com/.

[2] https://www.nasa.gov/directorates/heo/scan/services/networks/deep_space_network/about.

[3] https://www.esa.int/Enabling_Support/Operations/ESA_Ground_Stations/Estrack_ground_stations.

[4] https://en.wikipedia.org/wiki/International_Lunar_Exploration_Working_Group.

[5] Lunar Exploration Analysis Group (NASA LEAG). https://www.lpi.usra.edu/leag/.

[6] https://www-acc.esa.int/About_Us/Welcome_to_ESA/IAA_s_vision_for_the_next_steps_in_exploring_deep_space.

[7] https://www.nasa.gov/sites/default/files/atoms/files/ger_2018_small_mobile.pdf.

[8] NASA gateway page. https://www.nasa.gov/gateway.

[9] https://en.wikipedia.org/wiki/Lunar_Gateway.

[10] https://www.nasaspaceflight.com/2018/09/nasa-lunar-gateway-plans/.

[11] (a) PPE [34]. https://www.nasa.gov/press-release/nasa-awards-artemis-contract-for-lunar-gateway-power-propulsion.(b) http://www.sci-news.com/space/deep-space-gateway-transport-mars-moon-exploration-04756.html. (c) https://spaceflightnow.com/2019/05/24/nasa-chooses-maxar-to-build-keystone-module-for-lunargateway-station/.

[12] https://spacenews.com/nasa-issues-study-contracts-for-deep-space-gateway-element/.

[13] https://web.archive.org/web/20190729005145/http://www.parabolicarc.com/2019/07/23/nasa-awardscontract-to-northrop-grumman-for-lunar-gateway-habitat-module/. (HALO).

[14] Science. https://www.nasa.gov/feature/deep-space-gateway-to-open-opportunities-for-distant-destinations.

[15] ESPRIT. https://www.bbc.com/news/science-environment-54537906.

[16] I-HAB. https://www.thespacereview.com/article/3843/1.

[17] https://www.thalesgroup.com/en/worldwide/space/press-release/thales-alenia-space-its-way-reach-moon.

[18] https://www.nasa.gov/sites/default/files/atoms/files/fy2022_congressional_justification_nasa_budget_request.pdf.

[19] http://www.cnsa.gov.cn/english/n6465652/n6465653/c6811967/content.html.

[20] COSPAR Moon Symposia: 1994AdSpR14, 1996AdSpR18, 1999AdSpR23, 2003AdSpR31, 2006AdSpR37.

[21] https://ui.adsabs.harvard.edu/search/qILEWG%20declarations. Reports & declarations from ILEWG (ICEUM1-14).

[22] https://pds.nasa.gov/.

[23] https://darts.isas.jaxa.jp.

[24] https://www.cosmos.esa.int/web/psa/psa-introduction.

[25] cdpp.eu.

[26] http://vespa.obspm.fr.

第 7 章
促进国际合作

[意大利] Maria Antonietta Perino
[意大利] Eleonora Ammannito
[意大利] Gabriella Arrigo
[意大利] Maria Teresa Capria
[荷兰] Bernard Foing
[美国] James Green
[中国] Ming Li
[韩国] Jyeong Ja Kim
[日本] Mohammad Madi
[日本] Masami Onoda
[日本] Yoshio Toukaku
[比利时] Véronique Dehant
[法国] Michel Blanc
[德国] Heike Rauer
[法国] Pierre Bousquet
[法国] Jérémie Lasue
[英国] Manuel Grande
[中国] LinLi Guo
[荷兰] Aurore Hutzler
[美国] Jonathan Lewis

7.1 国际合作的历史回顾

"地平线 2061：行星探测长期远景预见"项目着眼于与行星探测相关的长期重大科学问题，旨在确定解决这些问题所需的典型空间任务、关键技术和基础设施。本项目的主要参与者包括行星科学家、工程师和技术专家等，他们都长期致力于可持续的太阳系探测活动。

众所周知，当前国际合作是开展空间探测任务的重要途径，特别是考虑到第 4 章所述的典型空间任务需求。然而，空间探测的开端并非始于合作，而是始于一场政治和技术竞争，即所谓的"太空竞赛"，始于 20 世纪 50 年代中期，当时是美国和苏联之间冷战的战场之一。由于那个时期大多数技术都源自军事部门，因此，首次进入地球外层空间的尝试并不允许国际合作。

虽然始于这些有争议的开端，但科学界对获取高层大气和开放空间环境新的、前所未有的数据的兴趣，有助于为国际合作提供有限但重要的机会。从 1957 年 7 月起至 1958 年 12 月，国际地球物理年（International Geophysical Year，IGY）在 18 个月的时间里，协调了包括美国和苏联在内的 67 个国家，进行了一系列的地球科学研究。除了对地球科学做出积极贡献外，IGY 还加强了对新兴空间活动的潜在科学利用的研究，鼓励美国和苏联将它们的努力转向空间科学探测。在 IGY 期间，最早的人造卫星（苏联的第一颗人造卫星）——人造卫星 1 号（Sputnik-1）和人造卫星 2 号（Sputnik-2），以及美国的探索者 1 号（Explorer-1）卫星相继成功发射，标志着美苏太空竞赛的开始。然而，尽管国际政治局势紧张，科学目的并没有完全被掩盖，因为探索者 1 号卫星携带的科学有效载荷，证实了地球周围存在带电粒子带，这后来被称为范•艾伦（Van Allen）辐射带。

在 1958 年 12 月，联合国大会认识到空间竞争带来的潜在优势及可能面临的威胁，讨论了和平利用外层空间的问题，通过了一项关于设立外层空间和平利用委员会（Committee on the Peaceful Uses of Outer Space，COPUOS）的决议，以避免将国家间的竞争扩大到外层空间领域，并确保外层空间的探测和利用将造福于人类。

在整个太空竞赛过程中，持续体现出空间活动的战略和科学双重用途，并为研发科学有效载荷带来了一些国际合作机会。其中一个最重要的案例是太阳风成分实验（Solar Wind Composition Experiment，SWC），这是一项将瑞士科学载荷搭载在美国"阿波罗"任务上开展的实验。在每次"阿波罗"任务的探测器着陆期间，SWC 都被部署到月球表面，并暴露在太阳风下数小时，随后才被带回地球进行分析。

1966 年，联合国通过了《关于各国探索和利用包括月球和其他天体在内外层空间活动所应遵守原则的条约》，也称《外空条约》。《外空条约》由许多不同的国家签署，并作为多边国际合作的基石，规定了国际合作的一般原则，必须以具体项目的特别协议加以补充。

1972 年，随着太空竞赛的结束，开始了更有利的国际政治局面，美国和苏联签署了《关于为和平目的的探索和利用外层空间合作协定》，这使两国得以发展若干空间探测联合项目和计划。该协议的重要成果之一是"阿波罗－联盟"试验项目（Apollo Soyuz Test

Project，ASTP）。ASTP 的目标是为"阿波罗"和"联盟"载人飞船使用的对接系统设计国际接口标准，从而增加联合开展空间活动和紧急救援行动的机会。1975 年 7 月 17 日，在"阿波罗"和"联盟"载人飞船成功对接后，美国和苏联航天员也进行了历史性的握手。ASTP 是国际合作的一个重要里程碑，也是双边交流的触发点，最终促成了国际空间站（ISS）项目的实践。

国际空间站的合作是由一个复杂的三层法律体系来进行管理。第一层是 1998 年 1 月签署的政府间协议（Intergovernmental Agreement，IGA），在该协议中规定，管理空间活动的联合国公约适用于国际空间站的合作。第二层是由美国国家航空航天局（NASA）和其他四个国家航天机构分别签署的谅解备忘录（Memoranda of Understanding，MOU）组成，分别是与欧洲宇宙航空研究开发机构（ESA）、加拿大航天局（CSA）、俄罗斯联邦航天局（Roscosmos）和日本航天局（JAXA）签署的。第三层是通过 NASA 和其他国家航天机构之间的各种双边协议来监督管理具体活动和进行互动交流。每个合作伙伴国对其提供的舱段及人员拥有管辖权。使用权是由合作伙伴间自行定义的，他们可以将这些权利交换或出售给其他合作伙伴或非成员实体。

尽管拥有高度复杂的法律体系，但国际空间站已被证明是跨国合作成功的典范。在 20 多年的运行中，它在包括人类健康、地球观测、天文学和天体物理学以及技术创新等各个领域，为人类带来了不可估量的综合效益，同时它也是教育与激励下一代的源泉（见图 7-1）。

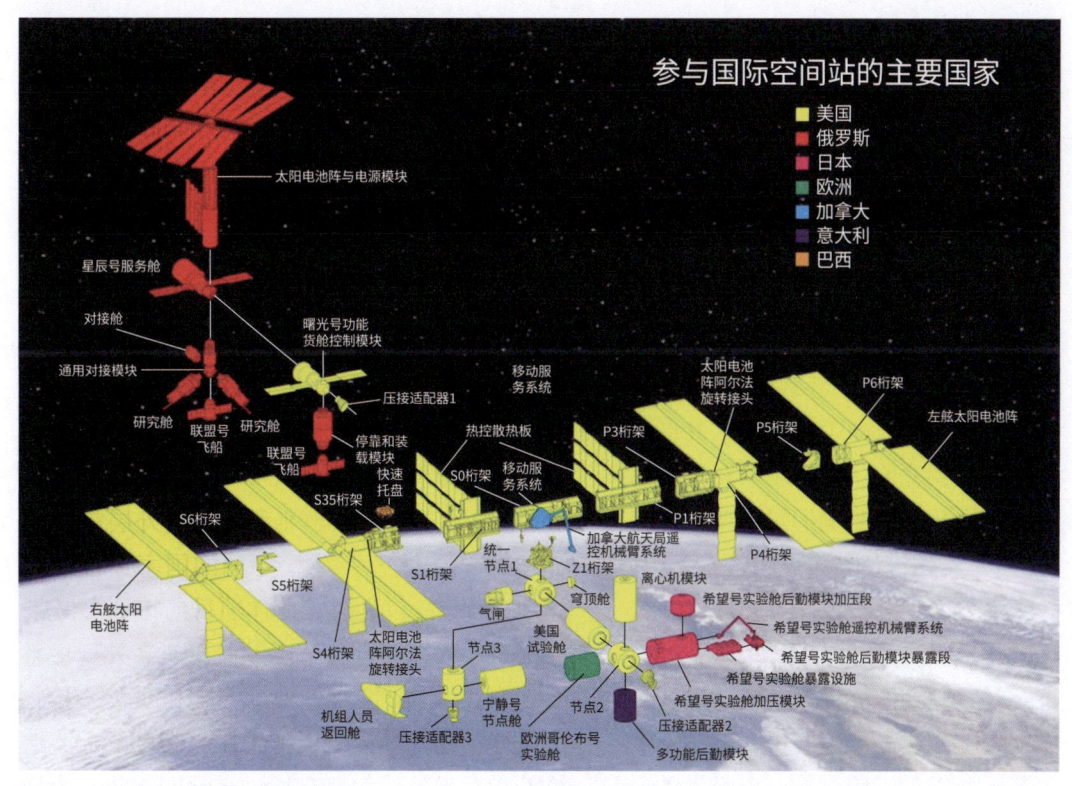

图 7-1 国际空间站国际合作组成

最近，一批重要的参与者正在加入一场新的太空竞赛，与以前仅通过政府支持的任务相比，私营公司正在更积极、更迅速地推动着航天行业的快速发展。全球的航天业正在发生着深刻的变革，并进一步融入经济和社会。由于逐步看到了中长期的盈利机会，投资者愿意为空间探测技术的研发提供资金。虽然这些新兴参与者增加了一定程度的复杂性，主要原因是目前关于私营企业参与的国际法律框架还不够完善，但他们的新视角、新能力和新需求正在推动着航天产业的变革，并为空间探测带来新的动力。

尽管面临着种种挑战，"地平线 2061：行星探测长期远景预见"项目的研究成果表明，国际合作对拓展空间探测领域至关重要。国际合作提供了一个富有成效的平台，不仅可以在这个平台上讨论和商定科学目标和方法，而且可以通过相关各方之间的建设性对话来克服分歧。

本章正是在这个主题下探讨国际合作，首先对行星探测的四大支柱进行分析，其次探讨国际联合工作组的优势。然后，通过引用主要航天机构和行业领袖代表们的观点，来论述国际合作的诸多好处。最后，总结了开展国际合作的模式，以及最终能够实现富有成效的行星探测任务的各类目标。

7.2 行星探测四大支柱的国际元素

"地平线 2061：行星探测长期远景预见"项目确定了推动行星系统科学探测的四大支柱（详见第 1 章）：
（1）有关行星系统的主要科学问题；
（2）解决这些科学问题所需的不同类型的空间任务；
（3）支撑这些任务所需的关键技术；
（4）支撑这些任务所需的地面和空间基础设施和服务。

7.2.1 支柱 1：科学

第 1 章介绍了本书确定的六个关键科学问题。这些问题加深了我们对行星系统的理解，从其起源于星际介质和原行星盘，到其组成天体中存在着潜在宜居地。明确这些关键问题是基于来自不同国家的科学家，对这项远景预见工作做出的共同努力与贡献。这项工作只有通过在国际层面上开展的互动，以及拥有广博专业知识的行星科学家之间的无国界学术交流，才能最终完成。这六个科学问题在第 2 章和第 3 章中被纳入了未来行星系统研究的框架中，最终目标是描述和解决这些科学问题所需的关键技术。

1. 系外行星系统

在发现系外行星后不到 30 年内，迄今发现的系外行星已超过 4 000 个，其中发现的系外行星系统已超过 500 个，在第 2 章中首次将这六个关键科学问题应用于系外行星系统及其多样性的分析。这项分析表明，行星的类型和性质以及探测/表征技术极为多样，需要多种多样的观测手段。正是由于这种多样性，设计和运行所需的雄心勃勃的大型地基和天基观测设施，是一项巨大的科学、技术和管理挑战。只有通过科学家之间大力交流科学和技术知识,负责开展系外行星探测任务的空间机构之间进行有效协调,以及完全公开交流各国主导实施任务所获得的数据,才能应对这一挑战。为探索系外行星科学开辟广阔领域,推动航天国家之间广泛开展国际合作和互补已经势在必行。

2. 太阳系

这六个关键科学问题在第3章中被应用到太阳系的不同类型的天体,在那里已经可以找到许多答案。想在2061年前圆满地回答六个关键科学问题,需要广泛多样的观测技术,如实地探测、遥感观测、化学和成分分析、地球物理测量和深度遥感,以及大气、日球层和磁场分析等。未来需要探测的区域及天体同样广泛,任重道远,包括类地行星、气态巨行星、冰质巨行星、小天体(小行星、彗星、特洛伊木马和海外天体)、太阳日球层顶和星际介质等。

正是基于上述目标,所有国家和国家级学术组织之间能够自由和有效地交流科学信息,对于有效解决行星系统的关键科学问题至关重要。科学家之间的合作对话得到了很多国际交流平台的推动与支持,如国际空间研究委员会(Committee for Space Research,COSPAR)、国际大地测量学和地球物理学联合会(International Union of Geodesy and Geophysics,IUGG)、国际天文联合会(International Astronomical Union,IAU)等,以及在开放的区域或国家级平台支持下,诸如欧洲地球科学会(European Geosciences Union,EGU)、美国地球物理学会(American Geophysical Union,AGU)、亚洲大洋洲地球科学学会(Asia Oceania Geosciences Society,AOGS)、欧洲行星科学大会(European Planetary Science Congress,EPSC)和其他平台,作为空间机构之间持续和主动合作的补充。这种合作还意味着在飞行中获取行星任务数据后,能够尽快免费访问这些数据。

7.2.2 支柱2:任务

在接下来的40年里,为解决第1章中提出的六大关键科学问题所需开展的行星探测任务是非常具有挑战性的。在第4章描述了这些任务,其中包括在地面和空间开发超大口径望远镜,以探测大气层以及行星和系外行星表面越来越小的细节。对于过去已经广泛探测过的、相对靠近地球的目标(如月球、火星、金星和近地小行星)的任务,将需要更多的样本返回或载人探测任务。然而,对于更遥远的目标,如气态行星和冰质巨行星,则需要研发高效的原位探测平台和科学载荷,才有可能在2061年之前将样本返回地球。

国际合作已经成为当代深空探测的支柱,许多空间任务都是由两个或更多的空间机构联合研发的,特别是在星载有效载荷能力方面。在未来几十年中,这些国际合作将变得更加重要,以维持针对特定样本返回或要求更高、更遥远目的地的探测项目。只有将最好的科学有效载荷仪器与最有效、最可靠的深空探测技术的支持相结合,才能成功地回答促进深空探测可持续发展的科学问题。

采用这种方法相关方之间不仅受益于分担财务成本和风险,还受益于共同研发出国际一流的卓越技术。为了使这样的模式能够成功运作,科学数据必须在所有合作伙伴之间自由共享,并面向公众免费提供。美国和欧洲的空间任务已经如此,这些任务的数据存储库包括行星数据系统(详见 https://pds.nasa.gov/)或行星科学档案(详见 https://

www.cosmos.esa.int/web/psa/psa-introduction），这些数据库存储了 NASA 和 ESA 从过去到现在的空间任务的数据（详见第 6 章）。

在下一个十年将实施的跨国合作的重要案例是火星采样返回任务，这是在 2021 年 2 月 NASA "毅力号"火星车成功登陆火星时启动的，如图 7-2 所示。该任务将使用两辆火星车，"毅力号"火星车负责采集样品，ESA 提供的一辆小型灵敏的火星车负责收集样本罐。然后，这些样本将被转移至 NASA 研制的火星上升飞行器中，发射到火星轨道后再将样本转移至由 ESA 提供的地球返回轨道器，最后安全返回地球，这项长达十年的任务将充分利用双方的技术成果。为最大限度地提高上述任务的科学研究成果回报，需要制定面向全球科学机构分发样本的管理细则（详见第 6 章）。

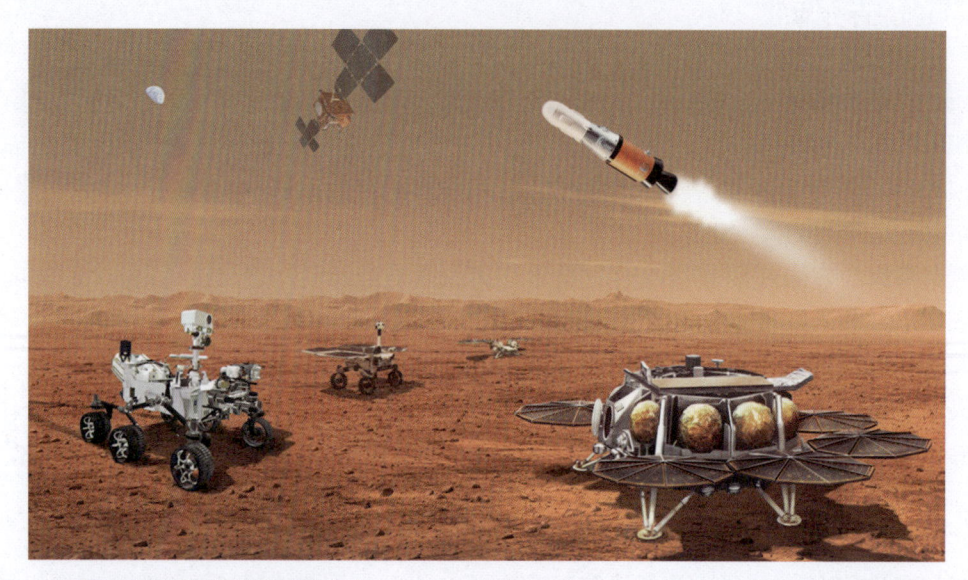

图 7-2　火星样本返回任务中的国际合作

注：火星样本返回任务体系的示意图，近处是 NASA 的"毅力号"火星车、样本收集着陆器和火星上升飞行器，背景是 ESA 负责的样本收集火星车，头顶上的是 ESA 负责的地球返回飞行器。

正如第 4 章所述，对于金星、小行星、特洛伊小行星、彗星和巨行星及其冰质卫星的长期探测任务，同样也可设想类似的采样返回任务。对于未来雄心勃勃的巨行星探测任务更需要国际合作伙伴，可按照"卡西尼-惠更斯"（Cassini-Huygens）土星探测飞行任务的成功模式来拆分航天器的承制角色（见图 7-3）。

到 2061 年，将提出一些新的探测任务，如深入到太阳日球层边界以外去

图 7-3　参与"卡西尼-惠更斯"号任务的国际合作伙伴

探测仍然鲜为人知的局部星际介质，或与穿过太阳系的星系天体相遇。对于这些特殊任务，预计将通过有效载荷供应协议开展国际合作。

在不久的将来，人类重返月球及火星采样返回计划将为国际合作提供至关重要的机会。同时，由政府间空间机构联盟（包括 NASA、Roscosmos、ESA、JAXA、ASC）联合实施开展的月球轨道空间站项目，将为加强有人深空探测国际合作和可持续发展奠定良好基础。

7.2.3　支柱 3：技术

在空间技术领域也有许多国际合作的实例，第 5 章介绍了在行星探测任务中的应用，其中 RD-180 火箭发动机是美国和俄罗斯之间开展国际合作的著名案例。1997 年，美国以每台 1 000 万美元的价格向俄罗斯购买了 100 台 RD-180 火箭发动机。迄今为止，俄罗斯已经向美国提供了 116 台 RD-180 火箭发动机，为宇宙神 Atlas Ⅲ 和 Atlas Ⅴ 火箭提供服务。这种全球招标和采购的国际合作方式的优势，就在于更低的研发成本和更短的研发周期。虽然各国政府和空间机构已经研发出了重要的技术和基础设施，但私营公司和其他非政府实体也在这些领域发挥着越来越重要的作用。

空间技术方面的国际合作通常有三种类型：科学有效载荷、航天器和运载火箭平台以及独立元器件。

1. 科学有效载荷

展望未来地平线 2061 任务的科学有效载荷可能包括：用于冰海洋生命探测的纳米级生物特征的仪器，以及用于类地行星和气态巨行星探测的先进质谱仪等。未来任务的科学有效载荷将受益于国际合作，从而变得更有效、更轻、功耗更低、更智能、自动化程度更高。每个国家的深空探测器可携带其他国家的科学有效载荷。例如，"嫦娥四号"任务携带了来自荷兰、沙特阿拉伯、德国和瑞典的四个科学有效载荷，拉开了中国月球探测工程国际合作的序幕。

2. 深空航天器和运载火箭发射平台

如果政府部门之间没有禁止航天合作的法令（如美国的沃尔夫法案（Wolf Amendment））❶，运载火箭和航天器的关键部组件，如平台、惯性组件、天线和火箭发动机等都可以在全球范围内购买，开展国际合作。此外，整个航天器的发射服务，如俄罗斯的"联盟"号载人飞船，也可通过国际合

❶ 美国的沃尔夫法案：2011 年 4 月，美国国会通过了沃尔夫法案，禁止了 NASA 在政府资助项目中，与中国航天机构的一切官方合作。其中 section 1340 明确提到，除非有 FBI 以及美国国会的许可，禁止一切由政府赞助的 NASA 与中国相关的航天合作，甚至包括人员交流。NASA 在 2012 年出台了操作指引，进一步明确这项禁令不仅仅适用于 NASA 的一级机构，也包括旗下的附属公司，甚至连与中国籍的学者和研究人员的接触都将受到严格审查。当然，在沃尔夫法案出台后的十多年里，中美的航天合作也并非铁板一块。由于法案预留了国会审查批准的特殊情况。在 2019 年"嫦娥四号"探月项目上，中美进行了有限度的合作。在探索月球背面时，有限度地与 NASA 的月球勘测轨道飞行器（LRO）进行了合作。

作方式完成。另一种国际合作方式是通过将微纳卫星送入太空进行深空多点探测，这些微纳卫星可通过搭载其他国家的主探测器及运载火箭的方式进入太空。

3. 原材料和独立元器件

对于未来面临极端温度等复杂环境条件的深空探测任务，能够应对这些苛刻环境的电子产品和其他元器件的生产至关重要。然而，这是个重要的挑战，需要高质量原材料的同时，还需要先进的制造技术。对于那些非长期从事航天产业的国家来说，这些技术可能成为瓶颈，但可通过国际合作弥补自身的短板。

7.2.4 支柱 4：基础设施和服务

通常大中型研究基础设施（Research Infrastructure，RI）需要国际合作，以分摊不同参与者间的经济和技术负担。欧盟监管下的国际研究基础设施，是指包括研究团体在其领域进行研究和促进创新的设施、资源和服务。在第 6 章介绍了这些基础设施和服务在支持行星探测方面所发挥的关键作用，具体包括主要科学设备（或成套仪器）及以知识数据为基础的资源，例如馆藏、档案和科学数据、基础设施等，也包括数据、计算系统、通信网络，以及任何能够对研究与创新任务产生卓越影响的其他工具（第 1291/2013 号条例（EU）第 2（6）条）。无论基础设施是单点式（例如大型望远镜）、分布式（例如生物库）还是移动式的，它们都有监管模式，即允许多个合作伙伴之间协调投资，同时优化可用资源和社会经济效益。

跨国 RI 最著名的案例是国际空间站（ISS），正如上文 7.1 节所述。对于地基 RI，合作方式可以是找到建造选址的最佳地点（例如选址点需要晴朗的天空），但如果没有科学理由确定具体地点，合作也可能带来民族主义问题。在这些情况下，需要制定明确、开放的准入和合作规则，以确保所有出资方以及科学界普遍都能获得该设施的服务。

国际 RI 也是科技外交的有力工具。迄今为止最雄心勃勃的采样返回任务之一是火星采样返回任务，也是未来 NASA 和 ESA 之间国际合作的重要案例。该任务为将样本安全送回地球，需要从地球发射三次，火星发射一次（见图 7-2）。2020 年，ESA 和 NASA 签署了一份关于飞行任务的谅解备忘录（MOU），这两个机构正共同确定在 21 世纪 30 年代初，将火星样本返回后如何接收、管理和处理样本，同时将明确样本的管理和所有权。从长远角度来看，由于收集地外天体的样本没有截止日期，厘清合作机制至关重要，能够确保双方共享利益，最大限度地实现科学回报。

在太空中储存和管理返回的样本（详见第 6 章 6.4 节中的技术权衡），可以规避地基管理设施的一些法律挑战。在管理方面，这些设施将更类似国际空间站或月球轨道空间站任务。能够拥有真正的国际设施，而不受国家对人员流动和与样本所有权有关的财产法的限制。受限于迄今为止在地球轨道之外的活动有限，空间法目前仍处于起步阶段，但在国家边界之外的空间中进行的样本管理，有可能避免国家和国际法的不良影响。

7.3 迈向2061年的国际合作工作组：ISECG、COSPAR和ILEWG——卓有成效的国际合作组织

在过去几十年中，由科学家、工业界和空间机构组成了不同的工作组，对空间探测相关的共同目标和利益进行讨论，并强调了国际合作在执行某些特定探测任务中的重要性。

7.3.1 国际空间探测协调小组（ISECG）

国际空间探测协调小组（International Space Exploration Coordination Group，ISECG）是由多个国家的航天机构组成的论坛，通过协调世界各国在空间探测方面的共同努力来推进全球空间探测战略。

ISECG成立于2007年，是一个不具约束力的论坛，参与的航天机构在此分享有关空间探测计划、目标和利益的信息，目的是加强各机构的探测项目的协调和集体努力。ISECG根据由14个航天机构制定的"全球空间探测战略（Global Exploration Strategy，GES）：协调框架"而建立，该框架于2007年5月发布。GES框架文件阐述了人机联合进行空间探测的愿景，重点是太阳系内人类未来有可能生活和工作的居住地（详见 https://www.nasa.gov/exploration/about/isecg）。

目前全球空间探测路线图重申了将人类的存在扩展到整个太阳系的兴趣，并将登陆火星表面作为一个共同目标，反映了当前国际社会所做的协调努力，即从国际空间站开始，先到达月球附近、月球表面，再到达火星。世界各国航天机构小组表现出对目的地扩展后空间探测任务进行国际合作探测日益增长的兴趣，以及关注国际合作对实现个人和共同目标的重要性。该路线图同时表明了世界各国正在开发或研究的能力，即努力实现可持续发展的人机联合探测能力。

7.3.2 国际空间研究委员会（COSPAR）

1958年，国际科学联合会理事会（International Council of Scientific Unions，ICSU）专门成立了一个关于地外探测任务污染问题委员会（Committee on Contamination by Extraterrestrial Exploration，CETEX），就科学界提出的对飞往月球和其他天体的空间任务可能危及其未来科学探测的问题提供意见。次年，这项任务移交给了新成立的国际空间研究委员会（Committee for Space Research，COSPAR），该委员会作为ICSU（现在的国际科学理事会（International Science Council，ISC））的一个跨学科科学委员会，被认为是继续CETEX工作的最合适机构。此后，COSPAR开辟了国际论坛，讨论诸如"行星检疫"和后续的"行星保护"等问题，并制定了一项COSPAR行星保护政策以及相关的实施要求，作为防止行星际生物和有机物污染的国际标准，并在1967年后，作为在该领域遵守《外空条约》第九条的指南（详见 https://cosparhq.cnes.fr/assets/uploads/2020/07/PPPolicyJune-2020-Intro-Web.pdf）。

根据国际法规定，COSPAR的行星保护政策及其相关要求不具有法律约束力，但它

作为一项国际标准，遵守《外空条约》第九条的实施指南。根据《外空条约》第六条，外空条约缔约国负责国家空间活动，包括政府和非政府实体的活动。国家最终将对其管辖主体实施的不法行为负责（详见 https://www.hou.usra.edu/meetings/lpsc2021/pdf/1849.pdf）。

更新 COSPAR 行星保护政策，无论是对新发现进行响应还是基于某项特定需求，都是一个涉及 COSPAR 行星保护小组任命成员过程。一方面，他们的国家或国际成员需遵守 1967 年联合国制定的《外空条约》；另一方面，需要考虑 COSPAR 科学委员会 B（地月系统、行星和太阳系小天体空间研究方向），以及 COSPAR 科学委员会 F（空间相关的生命科学方向）的规定。在相关各方达成共识后，COSPAR 行星保护小组负责更新制定关于行星保护政策的建议，并提交至 COSPAR 审批（详见 https://www.nap.edu/read/26029/chapter/9）。

最近更新的 COSPAR 行星保护政策发表于 2020 年 8 月出版的《今日太空研究》杂志[1]。

COSPAR 的目标之一是促进国际间空间科学研究，强调自由交流成果、信息和意见，并提供一个对所有科学家开放的论坛，讨论可能影响空间研究的问题。

7.3.3 国际月球探测工作组（ILEWG）

国际月球探测工作组（ILEWG）是一个向 COSPAR 和世界空间机构报告的公共论坛，旨在支持"开展国际合作，制定月球探测和利用的国际战略，月球是我们的天然卫星"。ILEWG 是由以下几个航天机构成立的：澳大利亚航天局（ASA），意大利航天局（ASI），英国国家航天中心（BNSC），法国国家空间研究中心（CNES），德国航天局（DARA），欧洲航天局（ESA），日本航空航天科学研究所（ISAS），美国国家航空航天局（NASA），日本宇宙开发事业团[2]（NASDA），卢旺达航天局（RSA）等（详见 https://en.wikipedia.org/wiki/International_Lunar_Exploration_Working_Group）。

自 1994 年以来，ILEWG 一直在组织关于月球探测和利用的国际会议（ICEUM），并出版了会议纪要，编写了委员会声明并得到参与者认可。ILEWG 制定了未来月球探测、利用和定居的路线图，并一直致力于协调国际合作机会，包括月球数据的使用、地面站的支持、月球任务中国际有效载荷的贡献、国际联合探测任务的研发，以及筹备机器人月球村

---

[1] COSPAR 更新行星保护政策：美国白宫在 2020 年 12 月 30 日发布了《行星保护战略》，旨在"适当地"保护其他行星体和地球免受太空探索活动可能造成的有害生物污染，意图提高美国在太空探索方面的地位，最新的政策是将月球的大部分地区划为一类（不需要行星保护），月球极区仍属于二类地区（要求记录飞行器携带的任何生物材料，但没有针对它们设定清洁度标准）"阿波罗"飞船着陆点和"其他历史遗迹"周边区域也被划为"二类"，这主要是为了保护"阿波罗"飞船着陆时留下的生物材料。同时将火星的部分区域也重新归于"二类"（需要记录文件，但没有具体清洁标准）。

[2] 日本宇宙开发事业团：2003 年，日本航空航天科学研究所（ISAS）与日本宇宙开发事业团（NASDA），以及国家航空航天实验室一起并入日本宇宙航空研究开发机构（JAXA），总部设在东京，负责日本的航空航天事业。

和有人月球基地等。

ILEWG 成立了多个专题工作小组，以协调支持月球科学、探测和定居的各种活动，包括科学、技术、任务、月球-火星协同效应、航天员和月球基地、社会文化、经济、月球村、年轻的月球探险家、欧洲月球火星项目和能力建设，以及"月球火星艺术"（Art Moon Mars）等。

欧洲月球火星探测项目的研究内容包括数据分析、仪器测试和开发、月球-火星模拟物的现场测试、试点项目、培训和实践研讨会以及推广活动等。在 EuroMoonMars 项目中，ILEWG 一直与国际月球基地联盟（IMA）和夏威夷太空探测模拟与仿真（HI-SEAS）基地合作。EuroMoonMars 的部分任务是在波兰航天技术委员会航天员模拟培训中心的一个与世隔绝的月球-火星模拟基地开展的，冰岛则是为了模拟在地下熔岩管建设模拟的月球基地。

ILEWG 致力于与 ESA、航天机构、国际合作伙伴、学术界、工业界和全球月球探索者合作，组织开展月球村（Moon Village）研讨会、论坛等活动。月球村的多个目标包括行星科学、生命科学、天文学、基础研究、资源利用、载人航天、和平合作、经济发展、激励、培训和能力建设等。

月球探测是一项综合了政治、计划、技术、科学、运营、经济等多方面因素的绝佳机会和平台，并且有着鼓舞人心的探测和开发的理由。COSPAR 和 ILEWG（成立于 20 年前）一直支持开展月球任务间的国际合作和后续项目间的交流。在过去的几十年里，一支包含了月球轨道器、着陆器和月球车组成的"舰队"被用于科学探索和侦查，包括欧洲的智慧 1 号（SMART-1）月球探测器，日本的"月女神"（Kaguya），中国的"嫦娥一号"至"嫦娥五号"月球探测器，印度的"月船 1 号"（Chandrayaan-1），美国的月球撞击坑观测与遥感卫星（LCROSS）、月球勘测轨道飞行器（LRO）、月球重力回溯和内部实验室（GRAIL）双星、月球大气与尘埃环境探测器（LADEE）等，未来计划实施的任务还包括中国的"嫦娥"六号和七号月球探测器，日本的月球勘查智能着陆器（Smart Lander for Investigating the Moon，SLIM），俄罗斯的月球 25～月球 27 号（Luna 25～Luna 27）探测器，美国的月球商业月球载荷服务（CLPS）、极区挥发物勘察月球车（VIPER），以及印度的"月船 3 号"（Chandrayaan-3）等。

在未来几年内，一系列的载人探月任务将把航天员重新送至月球轨道和月球表面，为国际合作创造新的机会，同时实现"地平线 2061：行星探测长期远景预见"项目的研究目标。

7.4 开展国际合作的国家级项目案例

以下是关于国际合作对维持太空探索任务的重要性的评述。

7.4.1 美国 NASA 的行星探测计划和国际伙伴关系

行星探测研究的是整个太阳系及更远的天体及其物理过程。因为研发这些任务通常需要很长的时间，也需要更长时间才能到达目的地，可能的科学研究范围十分容易超越现有的资源条件。许多行星探测任务都需要跨越几十年的投入和花费，对于这些不可能由某个单独研究机构完成的行星探测任务，国际伙伴关系能够提供团队解决方案。NASA已经参与了许多这样的合作伙伴关系。

自NASA成立以来，外交政策、公共外交和国际合作一直是该机构的重要组成部分。根据其创始立法，即1958年的《国家航空航天法（National Aeronautics and Space Administration Act）》，NASA可以与其他国家进行合作，并被要求尽可能广泛地传播它在国际合作中获得的信息。距离目前更近的《2010年国家空间政策（2010 National Space Policy）》的目标指出，NASA必须扩大在互利空间活动方面的国际合作，以便扩大和延伸空间利益，进一步和平利用空间，并加强收集和参与分享空间衍生信息的伙伴关系。这一方针在《2020年国家空间政策（2020 National Space Policy）》目标中得到了重申，该目标指出，NASA应"鼓励和扩大在互惠互利空间活动方面的国际合作，以扩大和延伸太空对全人类的惠益；为和平目的进一步探索和利用太空"。

NASA的国际合作指导方针，通常是指政府机构之间的合作，符合美国法律和外交政策目标。它们必须具有科学和技术价值、有利于NASA、不相互出资的合作、有清晰的管理和技术界面。NASA的国际伙伴关系总是记录在具有法律约束力的协议中，美国国务院或其他对应的政府机构可能会酌情对其进行审查。NASA的国际科学伙伴关系来自双边或多边决策会议。NASA考虑的合作类型包括在NASA任务中搭载外国科学仪器，NASA为外国任务提供一个或多个科学仪器，以及交换外星样本或数据。目前，NASA维持着大约700项现行的国际合作协议。大约一半的NASA国际协议是与欧洲的合作伙伴签订的。目前数量最多的协定是与下列国家或机构签订的：日本、法国、欧洲航天局、德国、加拿大、意大利和澳大利亚。

今天，大多数行星科学任务已经变得极其复杂，以至于国际合作必不可免。正在计划中的此类任务例如火星采样返回任务，目前正在由NASA的"毅力号"（Perseverance）火星车实施，该火星车在2021年年初安全地降落在火星表面。完成从火星返回样本需要几次相互耦合的任务，以及重要的国际参与才能取得成功。当团队思考火星样本返回任务的必备要素时，该任务可能包括的探测器有：①一个采集火星车，用来收集正在创建和放置在火星表面的样本；②一个火星上升飞行器，将这些收集的样本放入一个太空舱里，然后将其送入高度更高的环绕火星轨道；③一个航天返回器，将捕获轨道上的样本舱并将其送回地球进行分析。此外，在国际协议中将包括这些样本的管理、分析和分发的方式和地点，以便它们能够符合COSPAR的行星保护准则。基于上述要素的考虑，火星采样返回任务似乎是NASA迄今为止参与的深空探测任务中对国际科学合作需求最深入最广泛的任务。

除了火星采样返回任务外，美国国家科学院（National Academy of Sciences，NAS）目前正在编写《行星科学十年调查（Planetary Decadal Survey）》报告，该文件规划了2023—2032年期间NASA行星任务所要回答的行星科学和天体生物学方面的首要科学问题。预计NASA将从《行星科学十年调查》报告中继续得到建议和鼓励，必须进一步加强国际合作。对于那些具有共同利益且相当复杂的任务，需要各国空间机构的专业知识才能共同完成。

7.4.2 欧洲航天局的行星探测计划和国际伙伴关系

欧洲航天局（ESA）是欧洲通往太空的门户。它的使命是推动欧洲空间能力的发展，并确保对空间的投资继续为欧洲和世界的公民带来好处。ESA 是一个拥有 22 个成员国的国际组织，通过协调其成员的财政和智力资源，它可以承担远远超出任何单个欧洲国家范围的计划和活动。这些国家的空间探测机构都是 ESA 理事会的成员，包括奥地利、比利时、捷克共和国、丹麦、爱沙尼亚、芬兰、法国、德国、希腊、匈牙利、爱尔兰、意大利、卢森堡、荷兰、挪威、波兰、葡萄牙、罗马尼亚、西班牙、瑞典、瑞士和英国。加拿大也根据合作协议参加了一些项目。斯洛文尼亚和拉脱维亚是准会员。其他六个欧盟国家与 ESA 签订了合作协议，分别是保加利亚、克罗地亚、塞浦路斯、立陶宛、马耳他和斯洛伐克。

ESA 的活动分为"强制性"的和"选择性"的两类。在一般预算和空间科学计划预算下开展的活动是"强制性"的，包括该机构的基本活动（对未来项目的论证、技术研究、共享技术投资、信息系统和培训计划等）。探索宇宙，并在安全和可持续的环境中将卫星和人类送入太空，是 21 世纪发达国家面临的主要挑战之一。这就是为什么超过 20 个欧洲国家 50 多年来一直在汇集资源，使欧洲处于空间科学、技术和应用的最前沿。今天，从就业和经济增长，到公共服务、高效的通信和安全，欧洲的公民正享受着 ESA 的活动带来的好处。50 多年来，ESA 在制定和实施空间任务规划方面的丰富经验和成功记录，使它能够不断改进和适应日益变化的环境。为确保能将空间活动充分融入欧洲社会和经济，ESA 定期与其他欧洲实体机构分享其经验。它与成员国负责空间事务的国家机构、欧盟（EU）、欧洲气象局（Eumetsat）、欧洲防务局（European Defence Agency）和 ESA 的国际伙伴合作，共同维持欧洲世界级航天工业的竞争力，支持未来杰出科学发现所需的研究和研发计划。

在 21 世纪的头十年，空间活动的全球化正在加速，许多国营和私营运营商们正在提供发射服务、卫星产品和服务，并利用空间系统提供新的应用。在世界某些地区如拉丁美洲和亚太地区，全球对空间数据和服务的需求呈现出指数级增长。

在评估国际空间组织的发展时，ESA 列出了处理国际关系的一般方法：

- ❖ ESA 的国际战略正与各项任务国际合作的重要性密切相关；
- ❖ 必须在合作与竞争间不断寻找平衡，以建立牢固的国际伙伴关系；
- ❖ 战略首先是确定 ESA 参与国际合作的基础，为已批准的任务服务，并明确 ESA 活动与相应的国际合作伙伴之间最有利的联系。

其主要目标是：

- ❖ 确保 ESA 参与大型复杂项目（例如国际空间站任务等）；
- ❖ 借助国际合作充分利用 ESA 资源，吸引非成员国做出贡献，扩大 ESA 的项目成果；
- ❖ 确保对 ESA 任务（如地面站）国际运营的支持；
- ❖ 设立专项优化 ESA 空间探测任务的数据访问与应用，在确保 ESA 对非成员国任务数据访问的同时，适当促进 ESA 任务数据在世界各地的传播；

- ❖ 以与现有资源和利益匹配的具体行动，服务于各国航天机构承担任务的全球目标；
- ❖ 服务于欧盟以及欧盟资助项目中成员国的利益；
- ❖ 国际合作对实现 ESA 项目的目标和需求至关重要。ESA 已批准项目的国际合作是在成员国一致通过，并形成专门的协议基础上进行的。

一项成功的国际战略的原则是：
- ❖ 对国际合作保持平衡的做法，如果有一个国际伙伴退出，需提出备选方案；
- ❖ 考虑以往历史上最成功的案例，适用于具体项目的最成功国际合作模式是，无论 ESA 承担的是领导角色还是年轻的合伙人角色，都要跟随一个稳定的领导者；
- ❖ 在国际联合任务的关键路径上，努力确保可负担的贡献。

国际合作是 ESA 优先考虑的事项，它适用于在 ESA 项目的研发阶段，寻求和获得国际伙伴的贡献与支持，反之亦然。国际合作伙伴主要是美国、俄罗斯、中国、日本、加拿大、印度等具有核心能力的航天国家。

开展国际合作需要进行必要的国际关系背景的调研工作，包括跟踪相关的国际航天的发展动态，以及就 ESA 如何抓住国际伙伴可能提供的合作机会，提供咨询意见等。

ESA 国际合作的范例有：
- ❖ 美国：国际空间站（ISS）；詹姆斯·韦布空间望远镜（James Webb Space Telescope, JWST）；太阳轨道器；欧几里得（Euclid）；定义未来空间科学的合作，讨论新的地球观测合作活动等。
- ❖ 俄罗斯：圭亚那航天中心（Guiana Space Centre）定义了"联盟号"（Soyuz）之后的新合作项目，包括火星生物（ExoMars）探测计划、木星冰卫星探测计划（JUICE）、月球机器人和地面操作的相互支持等项目。
- ❖ 中国：在地球科学合作项目 Dragon-3 成功后继续保持合作；讨论双星计划之后与夸父计划、X 射线、太阳风—磁层相互作用全景成像卫星（SMILE）等任务的新合作内容；就"嫦娥一号""嫦娥二号"轨道器、"嫦娥三号"至"嫦娥五号"着陆器和未来任务进行合作；开展航天员的培训与交流。
- ❖ 日本：执行两项合作任务："比皮科伦坡"（BepiColombo）水星探测和 EarthCare 任务。
- ❖ 与欧盟联合开展的国际行动：与欧盟协调国际行动的基础是 ESA-EU 框架协议（详见第 7 条"合作的外部要素"，预见相关的信息交互和协商事宜），以及历届空间理事会（Space Council）决议的相关规定，呼吁开展这种协调工作并支持 EU 政策。
- ❖ 通过定期会议，在不同级别进行协调；
- ❖ ESA 加入并积极支持欧共体，开展与美国、俄罗斯、中国和南非各国之间的航天对话。
- ❖ 一般性原则是，ESA 根据项目规划并在自身现有资源许可范围内，向欧盟与航天有关的国际行动提供支持。

采取具体措施从国际合作伙伴的任务中获取数据，特别是在地球观测领域。
- ❖ 扩大使用欧洲航天局空间任务数据范围，以满足全球需求（例如气候变化、《空间与灾害宪章》、区域需求、执行国际公约等）。
- ❖ 促进和协调机构在联合国框架内对成员国行动的指导作用。

2007 年 5 月，空间理事会批准了 ESA 在国际合作方面的战略立场和实施指南（详见 https://www.copernicus.eu/sites/default/files/2018-10/Resolution_EU_Space_Policy.pdf）。

7.4.3　日本的行星探测计划和国际伙伴关系

1985 年是值得纪念的一年，日本成功发射了观测哈雷彗星的萨基加克（Sakigake）和苏塞（Suisei）卫星，作为"哈雷舰队"（Halley Armada）（由日本、美国、欧洲与苏联发射的卫星共同组成）的一部分，标志着日本从此获得了行星际航行的能力。这项任务推动成立了航天机构间协调小组（Inter-Agency Consultative Group，IACG），该小组至今仍然是一个有效的开展国际合作的组织机构。此后，日本宇宙航空研究开发机构（JAXA）下属的航空航天科学研究所（ISAS）规划和实施了一系列行星探测任务，包括 1992 年发射的"西腾"（Hiten）月球探测器、1995 年发射的"诺佐米"（Nozomi）火星探测器、2003 年发射的"隼鸟 1 号"（Hayabusa）小行星样本返回任务探测器、2010 年发射的金星气候探测"曙光号"（Akatsuki）轨道器、2014 年发射的"隼鸟 2 号"（Hayabusa 2）小行星样本返回任务探测器、2018 年发射的"比皮科伦坡"（BepiColombo）水星探测轨道器，日本正计划在 2024 年发射的火星卫星探测任务（MMX）。

"隼鸟 1 号"探测器采用新型离子发动机技术，从伊藤川（Itokawa）小行星采样返回了样品。它的"继任者""隼鸟 2 号"探测器从 C 型小行星龙宫（Ryugu）带回了样本，预计这项任务将有助于理解太阳系的起源和演化，以及可能导致生命出现的原因。"隼鸟 2 号"小行星采样返回任务是一项 JAXA 与 NASA、DLR、CNES 等政府航天机构共同合作完成的任务，澳大利亚政府还提供了返回舱的着陆点。"隼鸟 2 号"探测器从龙宫返回的样品将与美国 NASA 的 OSIRIS-REx 任务中从贝努（Bennu）小行星返回的样品进行交换，并开展科学分析。JAXA 正在与 CNES、NASA、ESA 和 DLR 建立起的国际合作伙伴关系下，进一步规划论证 MMX 任务，通过返回的样本来研究火星卫星的起源，包括"隼鸟 1 号""隼鸟 2 号"和 MMX 等探测任务，目的是每 10 年将从小天体采集样品并返回地球。此外，JAXA 还可能在 2040 年左右开展哈雷彗星重访任务，目前已形成初步任务的概念研究报告（详见 Ozaki, Naoya, G. Murakami, K. Yoshikawa 等，哈雷彗星重访任务概念研究，"地平线 2061"会议（2019），https://h2061-tlse.sciencesconf.org/data/pages/2.4_Naoya_Ozaki_H2061.pdf）。ISAS 通过研究这些小天体，希望能揭示其起源，并确定它们在何时、何地以及如何通过输送水和有机化合物使我们所在的星球具备了可居住性。ISAS 未来的深空探测计划包括此类行星和其他天体的空间科学任务，有效地利用各种规模的平台并受益于国际合作，在现有资源范围内最大限度地获取科学和工程成果。

JAXA 的深空探测总体规划（详见 JAXA 关于国际空间探索的网站：https://www.exploration.jaxa.jp/e/）是从近地轨道到月球，再到火星和其他地方。JAXA 也是国际空间站项目的成员，现在正值其航天员在太空中长期驻留 20 周年。日本对国际空间站项目的贡献包括日本实验舱希望号（Kibo）、日本航天员和货物补给飞船（HTV），目前正在升级为 HTV-X。对于月球轨道和月球表面任务，JAXA 计划参与的月球轨道空间站（Lunar Gateway）任务，也是 Artemis 载人重返月球计划的一部分。此外，JAXA 还参与可持续月球表面探索任务，贡献从国际空间站和空间科学任务中获得的知识和技术。2020 年年初，JAXA 正在计划月球勘查智能着陆器（SLIM）任务，利用月球轨道器 Kaguya 任务的现有数据，验证对未来月球和行星探测至关重要的精确登陆技术。同时还计划与印度空间研究组织（ISRO）合作进行月球极区探测任务，调查月球极区水的丰富程度和资源利用的可能性。除此之外，JAXA 正在研究加压的载人月球车，目的是使航天员在月球表面进行远程探测。对于月球以远任务，正如前所述，JAXA 正以月球探测技术和发现为基础，领导着 MMX 任务，计划从火卫一返回样本。

2020 年 10 月，八个国家（澳大利亚、加拿大、意大利、日本、卢森堡、阿联酋、英国、美国）签署了《阿尔忒弥斯协议》（Artemis Accords），作为一项政治宣言，旨在表达关于管理民用空间探索和外层空间使用原则的共同愿景。各国政府和工业界之间的全球伙伴关系不仅汇集了用于空间任务的资源，而且使科学研究和应用成为可能，并造福于全球社会和经济。国际合作是使我们在太空探索方面的努力成为可能的不可或缺的因素，而且无疑将继续使未来的任务更加有力、可持续和鼓舞人心。

7.4.4　中国的深空探测计划与国际合作

2000 年，中国国家航天局（CNSA）发布了《中国航天活动》白皮书，正式提出中国将实施从月球探测开始的深空探测活动。2007 年发射的"嫦娥一号"月球轨道器实现了对月球表面的遥感和地月空间环境探测。2010 年发射的"嫦娥二号"轨道器实现了月球表面遥感，然后飞向日地 L2 点附近区域，飞越了 4179 号图塔蒂斯（Toutatis）小行星，完成了技术验证。2013 年发射的"嫦娥三号"月球探测器实现了软着陆，并完了月球表面巡视探测。2018 年发射的"鹊桥"中继卫星和"嫦娥四号"月球探测器，在人类历史上首次实现了在月球背面软着陆和巡视。2020 年发射的"天问一号"，在 2021 年实现了火星环绕、着陆和巡视探测；"嫦娥五号"实现了无人月球采样返回，并在 2020 年年底将约 1.7 kg 月球样品带回了地球。

中国的深空探测任务一直坚持开放与合作的原则，与欧洲航天局（ESA）、俄罗斯联邦航天局（Roscosmos）等政府般天机构以及位于欧洲和俄罗斯的科学研究所等，开展了广泛的交流与合作。在"嫦娥四号"任务中，多个国际有效载荷分别搭载在中继卫星、试验性微纳卫星、着陆器和巡视器上。中荷低频探测仪（Netherlandse-China Low-Frequency Explorer，NCLE）搭载在"鹊桥"中继卫星上，通过它首次实现了地月 L2 点的低频射电天文观测。沙特阿拉伯的月球相机有效载荷（KLCP）搭载在"龙江"号试验性微纳卫星上，获取了月球表面图像。德国的月球着陆器中子与剂量测量仪（Lander Neutrons and Dosimetry，LND）搭载在月球着陆器上，首次研究了月球辐射粒子的综合辐射剂量和月球辐射粒子 LET 谱段、快中子能谱以及月球表面的热中子流量。在月球车上搭载了瑞典先进的小型中子分析仪（Advanced Small Analyzer for Neutrals，ASAN），首次探测了能量中性原子和正离子，并研究了它们的分布函数及其与月球表面地形和当地时间的关系。在"天问一号"任务期间,CNSA 与法国合作,对"祝融号"火星车上的火星表面成分探测装置(Mars Surface Composition Detection Package,MarSCoDe)进行了科学仪器校准和研究。CNSA 还对轨道飞行器上的两个搭载载荷进行了联合校准,即与奥地利合作的磁强计以及与瑞士合作的火星离子和中性粒子分析仪。总之,深空探测任务极大地促进了中欧科技人员的交流与合作。

中国深空探测工程的科学成果和数据,已经通过中国探月工程数据发布与信息服务系统(详见 https://moon.bao.ac.cn)和中国月球与深空探测网(详见 http://www.clep.org.cn)进行公开发布,为全世界的科学家们提供研究机会。

此外,中国与其他国家(或研究机构)在科学研究、组建联合科学家团队、建立联合实验室、建设联合数据中心等方面也进行了大量的合作。2019 年,CNSA 与 ESA 基于月球科学等领域成立了 CNSA-ESA 国际月球研究团队,其主要目标是在国际月球科研站(ILRS)方面进行合作,包括确定科学和应用目标的优先级、探测任务、有效载荷需求以及月球样品研究和联合实验室等,并讨论了双方的合作机会。中国和俄罗斯举行了一系列定期会议,讨论科技合作,包括任务实施、建立联合实验室、建设联合数据中心等。2020 年,中俄两国成立了联合工作组,开展包括联合建设 ILRS 在内的各领域合作;成立了科学家联合团队,共同论证 ILRS 的科学目标和有效载荷配置要求。

中国已经规划了中国"探月四期"和后续的行星探测任务。在月球探测方面,计划通过"探月四期"对月球南极进行深入调查,实施各种技术验证任务,为建立能够长期自主运行的国际月球科研站奠定基础。在行星探测领域,将按计划实施无人小行星采样、火星采样、木星系统探测等任务。

CNSA 已邀请 Roscosmos、ESA 和其他合作伙伴,就联合建设国际月球科研站进行了多轮讨论。2021 年 3 月,中国和俄罗斯签署了《关于合作建设国际月球科研站的谅解备忘录》。2021 年 6 月,在全球太空探索大会(Global Space Exploration Conference,GLEX)期间,中俄两国共同发布了《国际月球科研站路线图(V1.0)》和《国际月球科研站合作指南(V1.0)》,介绍了国际月球科研站的概念、科学目标、实施方式和合作机会,并欢迎国际合作伙伴在参与规划、论证、设计、研制、实施和运营等各个阶段提供建议。

目前,CNSA 已发布了"嫦娥六号""嫦娥七号"和小行星探测任务国际搭载有效载荷机会的公告,并就联合研发部分科学仪器达成了共识,后续将在科研、地面试验、测控保障等方面积极开展合作。展望未来,中国将继续推动深空探测领域广泛的国际交流与合作,加强科学基础研究,解决重大科学问题,提高工程技术水平,促进全人类和平探索与利用空间。

7.5 结论

7.5.1 行星探测领域的国际合作形式

行星探测领域的国际合作形式包括双边、区域或全球等。考虑到行星探测有利于全人类,可在全球范围内广泛开展合作。然而,在许多情况下,双边和区域合作也很重要,而且更加实用,应无偏见地鼓励所有形式的国际合作。

国际合作也可以政府或非政府的形式开展。在"地平线 2061"项目的四个支柱中，支柱 1 中的科学问题最适合进行非政府合作。作为非政府的形式，它将有利于自由地思考和创新。支柱 2 中的空间任务，最好是在政府机构框架下进行合作，这将具有法律约束力，以便使承诺更有可能成功。空间任务的规划和实施在很大程度上也取决于主管政府和空间机构的参与和实质性贡献。非政府实体也可以为空间任务做出贡献，但空间任务的主要合作应是政府间的。对于支柱 3 中的关键技术以及支柱 4 中的基于地面和空间的基础设施，适合开展非政府合作。虽然通常是政府和空间机构研发关键技术和运行基础设施，但私人企业和其他非政府实体往往可在这些领域发挥更重要的作用。非政府实体的贡献对支柱 3 和支柱 4 更加至关重要。

根据本书第 1 章开头介绍的"地平线 2061：行星探测长期远景预见"项目工作所遵循的方法，支柱 1 的科学问题是设计其他三个支柱的起点（见图 1-1），也是国际合作应该开始的地方。幸运的是，科学是超越国界的，在这个领域的国际合作相对更加容易和自然。至于空间任务层面的合作，如 NASA 和 ESA 正在研究的火星采样返回任务（见图 7-2），也可在没有太多限制的情况下进行，因为它不会涉及空间技术和基础设施的细节。另一个适合开展国际合作的领域是数据和样本的分析。在关键技术和基础设施方面的合作，虽然目前仍有许多障碍，但应始终鼓励并努力消除所有障碍，以便在 2061 年时，所有行星探测任务都能实现完全国际化。

本章列举了以前或正在进行的行星探测任务国际合作的案例，以及若干政府航天机构的贡献（如 7.4 节所述），展示了多种多样的国际合作模式。按照复杂性和集成度进行排序，主要包括以下内容。

- ❖ **交付科学载荷：** 从某个航天机构向另一个航天机构的任务交付仪器（几乎在所有政府航天机构承担的项目中都存在这种做法）。
- ❖ **提供基础设施支持与服务：** 由某个航天机构向另一个航天机构的任务提供基础设施支持，例如 NASA 或 ESA 通过其地面深空跟踪站向许多行星探测任务提供支持。
- ❖ **实施多平台任务：** 不同的航天机构在某个航天机构的领导下提供不同的平台，例如 NASA-ESA-ASI 的卡西尼-惠更斯土星探测任务（见图 7-3），或 ESA-JAXA 组织实施的"比皮科伦坡"（BepiColombo）水星探测任务。
- ❖ **实施综合性任务：** 一个小型平台，例如在 DLR 领导下由几个欧洲航天机构共同开发的菲莱（Philae）着陆器，或者由不同航天机构联合开发的整个空间站，（如图 7-1 所示的国际空间站，或图 7-4 所示的未来的月球轨道空间站）。
- ❖ **机构间联合工作组：** 为科技交流和在特定领域促成更具体合作，或服务于某具体目标提供了一个论坛，这些重要的工作组有时会协调操作层面的问题，促进各任务在科学方面的合作，并制定路线图，（如图 7-5 所示的全球空间探索路线图）。
- ❖ **集成性的多任务项目：** 为实现共同目标，开展联合设计并实施其中几个任务，典型案例如图 7-2 所示的火星采样返回任务。

由于许多合作项目在过去已经证明是成功的,特别是从"地平线2061"的角度来看,它们的成功故事和经验可以启发未来新的合作项目。

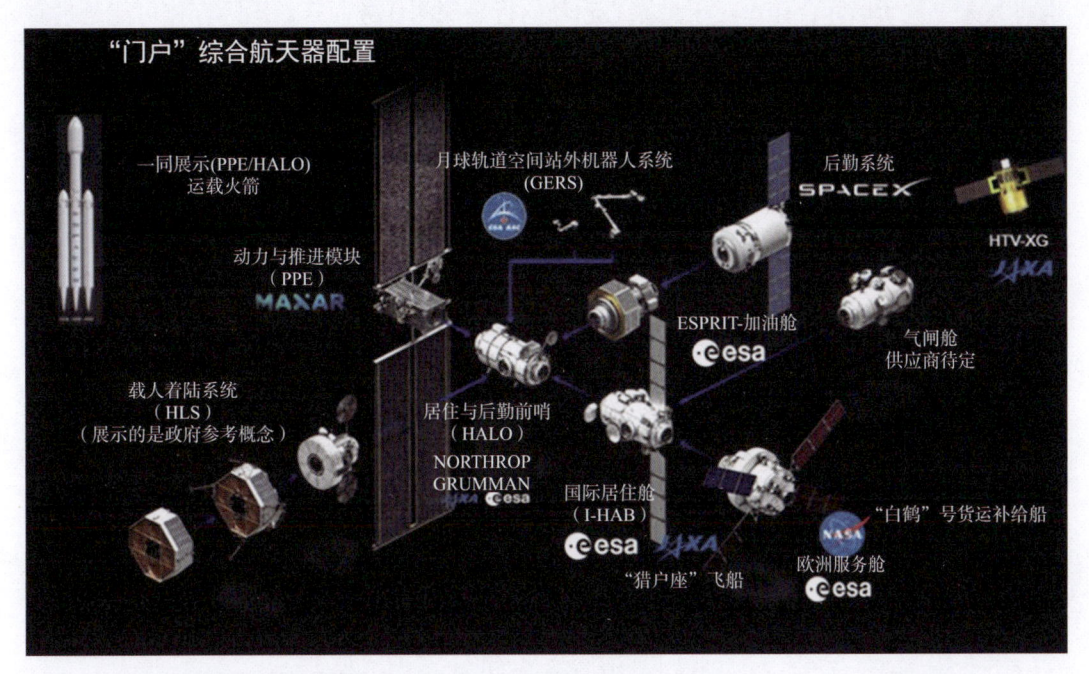

图 7-4　由不同国家和相关空间机构的航天器组成的月球轨道空间站
版权:NASA(https://www.nasa.gov/gateway/overview)

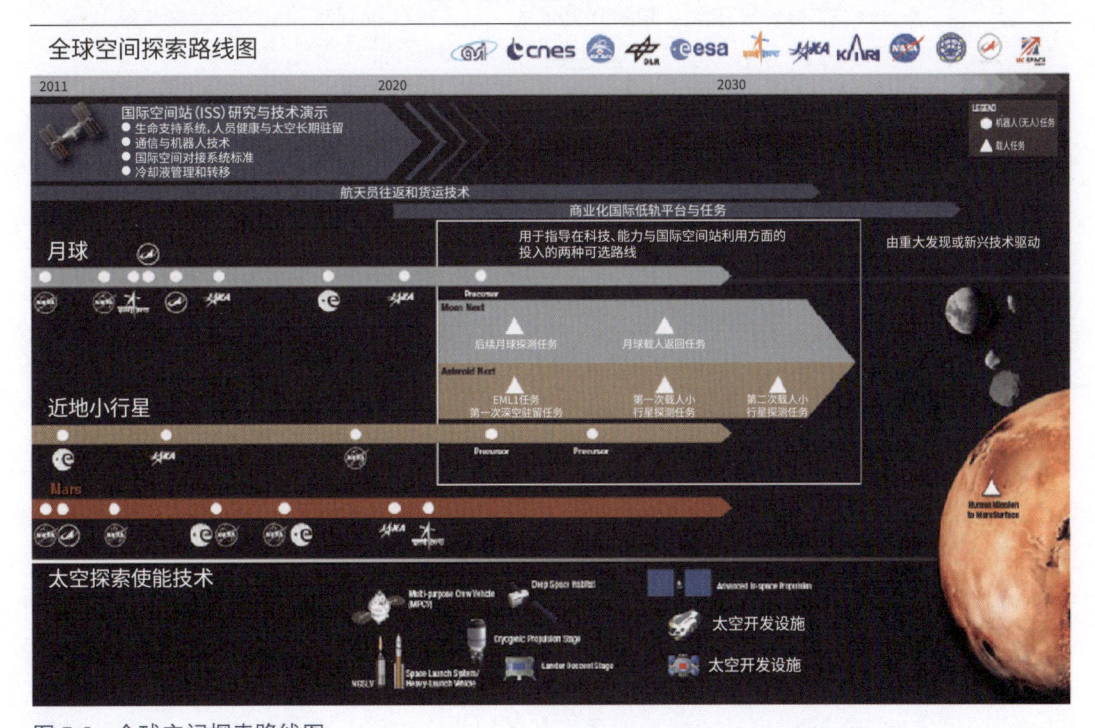

图 7-5　全球空间探索路线图

第 7 章　促进国际合作　385

7.5.2 未来行星探测任务的国际合作目标

本书第 4 章中提出的在未来 2040—2061 年间可能实现的许多任务设想（见表 4-6），也将大大受益于国际合作。对于最雄心勃勃的行星探测任务而言，国际合作可能是最有希望推动任务实施的。表 7-1 系统总结了本书中探讨的每类太阳系及系外行星的探测目标，从国际合作可能获得的科学成果，以及最有希望的国际合作模式和机会。

在表 7-1 中介绍了国际合作的独特能力，成功的国际合作并非只有一种特定的模式，而是可以有整套的合作模式，这些模式可以有效地用于探测不同的目的地，实现"地平线 2061"项目中提出的关键科学目标。

表 7-1 按目的地划分的行星探测任务的科学机会和效益

目的地	从国际合作可能获得的科学成果	国际合作的模式和机会
月球	◆ 从各种地形中采样 ◆ 理解月球的形成和内部结构 ◆ 探测月球资源	◆ 国际协调组织 ◆ ILEWG、**LOPG**、月球村、ILRS ◆ 月球轨道空间站、地球物理网络工作站、月球基地及天文观测台
类地行星	◆ 对各类火星地质区域和矿物/水资源进行采样 ◆ 揭示火星的内部结构和气象变化	◆ 部署地球物理和气象网络工作站 ◆ 火星采样返回任务 ◆ 金星采样返回任务 ◆ 未来的火星基地……
巨行星系统	◆ 探测巨行星及其卫星、海洋世界、环及磁层的多样性 ◆ 理解它们的演化历史，从形成到宜居世界	◆ 国际合作任务：探测巨行星系统的不同天体 ◆ 复杂的多平台任务：轨道器/着陆器任务，冰巨行星探测，用于宇宙生物学研究的着陆器……
各类小天体	◆ 对各类小天体的综合评量表做出贡献 ◆ 表征对行星的"孕育区"：小天体、TNO、彗星……	◆ 国际合作任务：探测不同类型的小天体 ◆ 复杂的集成性任务：轨道器和采样返回的集成探测器
从日球层顶到星际介质	◆ 建立日球层的 3D 结构 ◆ 在不同区域探测星际介质	◆ 国际合作任务：在不同的区域探测日球层边界和周围的极局域星际介质
系外行星系统	◆ 使用多种探测技术列出系外行星系统的清单 ◆ 在宜居带寻找宜居天体和在类地球的行星上寻找生物信号	◆ 国际合作任务：探测和表征系外行星 ◆ 世界级的空间望远镜任务：具有高光谱和空间分辨率

1. 月球探测

近年来，月球已经成为太空探索的热点。2016 年，ESA 提出了月球村的概念，并将其作为"空间 4.0"的重要组成部分。国际月球村协会（Moon Village Association，MVA）作为一个非政府组织，通过推动国际合作将这个概念进一步发展。2019 年，NASA 启动了阿尔忒弥斯（Artemis）载人重返月球计划，目标是在 2024 年之前将第一位女性和下一位男性送上月球。俄罗斯航天局一直在执行它的月球探测任务。自 2016 年，中国国家航天局正式启动"嫦娥四号"任务以来，中国一直设想建立国际月球科研站（ILRS），"嫦娥四号"在人类历史上首次实现了着陆月球背面。ILRS 旨在成为月球南极的一个基础设施，以满足国际月球探测协会的研究需求。中国国家航天局正在积极与欧洲航天局和俄罗斯航天局进行协调。

这些项目由不同的国家提出，它们有着相互竞争的目标。应组织开展大量的工作，将主要航天大国的努力简化成一个协调的科学框架，以便最有效地利用人类可用于月球探测的宝贵资源。执行良好的、科学驱动的国际合作有望获得显著的科学效益。通过此类合作，可以对多元复杂的月球地形分别进行采样，以了解月球的起源、形成和地质历史，此外部署全球月震台网来完善对月球内部结构的认识，监测月震活动，全面调查月球的资源。为有人参与的月球探测活动部署的合作基础设施也将降低进入月球轨道及着陆月球表面的成本，以及人类长期访问未来月球基地的成本，这对科学而言大有裨益。

2. 类地行星探测

火星是太阳系中最有希望孕育出生命的行星。因此，它是 NASA 下一代行星探测活动的热点，NASA、ESA、CNSA、Roscosmos、JAXA、ISRO 和 UAE 都在计划和执行火星任务。得益于广泛的国际合作，有望于 2030 年左右实现从火星带回样本到地球的目标（见图 7-2）。此外，为月球探测项目列出的所有国际合作的科学效益，对火星也同样适用。对于金星来说，采样返回任务极其复杂，但具有独特的价值，也强烈呼吁开展国际合作。在类地行星探索这一重要领域，长期的、科学驱动的愿景将有助于指导各国航天机构和私营公司的探测计划。

3. 巨行星系统探测

太阳系的四个巨行星系统是由多样的天体和复杂的系统构成，可以将飞往不同的巨行星系统任务通过国际协调来更好地解决。在这四个巨行星系统中，天王星和海王星系统至今仍是"未知领域"，探测这两个冰质巨行星系统的不同之处是，探测每个行星系统都是长周期探测任务。如果可能的话，需将轨道探测器和大气探测器结合起来，对它们的大气层进行实地探测，去它们的海洋卫星寻找生命。这种多平台任务的复杂性和高成本，将因不同国家航天机构参与的、精心设计的合作任务而大大简化。总体而言，未来对巨行星系统的科学探测将大大受益于国际协调规划，共同努力和专注于最重要的科学目标。成立一个"国际巨行星探索工作组"是推动开展此类规划的第一步。

4. 各类小天体探测

小天体也是主要航天大国的热门探测目标。近年来，对近地天体（NEO）的近距离交会探测越来越多。人们越来越意识到近地天体带来的危险，全球各地要求采取行动的呼声更加频繁和高涨。对近地小天体造成威胁的早期预警，以及对这些威胁的防御，更需要依靠国际努力，因为碰撞的后果是全球性的。此外，对空间资源的开发和利用也激发了政府和私营企业的积极性。小行星撞击和偏转评估（AIDA）计划，包括 NASA 的双小行星重定向试验（DART）任务和 ESA 的赫拉（Hera）小行星防御任务，已经进入实施阶段。JAXA 已经成功地执行了"隼鸟 1 号"和"隼鸟 2 号"两项小行星探测任务，后续任务也正在进行中。CNSA 即将批准其第一个小天体探测任务（"天问二号"），计划在 2024 年左右发射。然而各国航天机构提出的许多任务和概念远远没有得到协调，在这个领域应作出进一步的国际合作和协调的努力，将具有重要的科学效益。协调针对小天体探测的国际倡议，是确保对从小行星到彗星和海外天体（TNO）等各种小天体及其"存储带"，适当进行采样的唯一可行办法。多航天机构任务架构将有助于实施未来雄心勃勃的任务，这些任务需要绕 TNO 轨道运行，或从遥远的"冰冻"天体上采样返回。

5. 从日球层顶到星际介质的探测

"旅行者号"探测器为人类进入以日球层边界和周围的极局域星际介质（VLISM）为代表的行星探测活动的"新前沿"铺平了道路。时至今日，我们太阳系在银河系中的庇护所——日球层的三维几何结构仍然不受限制，其周围星际云的异质性（Heterogeneity）也仍然存在，我们只能从它们对来自附近恒星的光的影响来间接估计。探索它们的几何形状和物理性质的唯一可行方法，是发射几个探测器飞向不同的探测目的地。国际合作及协调是实现这一雄心勃勃的目标最有希望的方式。

6. 系外行星系统探测

最后，迅速扩张的系外行星研究领域至少体现出两大趋势。首先，通过协调利用现有的各种技术，开展系外行星探测和表征任务，可以更有效地满足在质量、半径和恒星距离等参数空间中，对不同组系外行星进行采样的需求。其次，用于探测候选宜居行星大气中生物特征的巨大的空间望远镜是世界级的基础设施，可能超出单个航天机构的能力范围，就像今天的巨型基本粒子加速器一样。设计出一个雄心勃勃的、世界级的空间望远镜，能够综合实现所需的高空间和高光谱分辨率，将大大受益于国际合作的模式。

7.5.3 国际合作的好处

为了世界各国的共同利益，人类将不懈地开展行星探测，非常具有前瞻性和挑战性。其中国际合作是推动实施行星探测任务，拓展人类对太阳系认知边界的重要手段。

国际合作可以实现"地平线 2061：行星探测长期远景预见"项目中提出的长期愿景，可以实现支柱 2 中所设想的多样化和具有挑战性的任务，来解决"关于行星系统命运"的主要科学问题。这需要大量的资源，包括技术、基础设施、财力和人力资源。没有任何一个单独的航天机构或国家拥有这样的能力，独自提供所需的所有资源。即使有，该航天机构或国家也不可能投入如此多的资源来执行完所有任务。只有汇集所有国家的资源，这些任务才能在 2061 年之前变为可能。

国际合作能够充分利用有限的行星探测任务资源，通过国际协调，避免重复。如果能把所有国家的贡献在同一个行星探测任务规划中统筹考虑，就可以在任务安排上使每个国家获得的成就最优化，从而在较长的时间内使行星探测的整体科学产出最大化。

国际合作是行星探测可持续发展的重要推动力。行星探测可以通过国际合作以协调一致的方式进行，这种合作将基于普遍公认的规则，包括《外空条约》所述的原则。这些规则未来肯定会使全球伙伴关系成为可能，并加强对外层空间的和平利用，从而有助于行星探测的可持续发展。国际合作也是建立透明度和信任的基本途径，反过来加强和促进国际合作。

国际合作可使世界各国，特别是发展中国家，提高在行星探测方面的能力和认识。开放和包容的国际合作关系将使新兴国家和发展中国家，获得以往无法获得的机会，如科学仪器在轨验证、对月球或火星样本的科学分析等。这些机会必将加强航天能力建设，使世界各国人民更加认识到行星探测的好处。这将最终提高整个人类探索行星世界的能力，从而在今后能够执行更多的任务！

参 考 文 献

[1] Blanc, M., Bousquet, P., Dehant, V., Foing, B., Grande, M., Guo, L., Hutzler, A., Lasue, J., Lewis, J., Perino, M.A., Rauer, H. (Eds.), 2022a. Planetary Exploration, Horizon 2061: a long-term vision of planetary exploration. Elsevier.

[2] Blanc, M., Lewis, J., Bousquet, P., Dehant, V., Foing, B., Grande, M., Guo, L., Hutzler, A., Lasue, J., Perino, M.A., Rauer, H., Ammannito, E., Capria, M.-T., 2022b. Planetary Exploration, Horizon 2061 Report - Chapter 1: Introduction to the "Planetary Exploration, Horizon 2061" foresight exercise. ScienceDirect, Elsevier.

[3] Dehant, V., Blanc, M., Mackwell, S., Soderlund, K.M., Beck, P., Bunce, E., Charnoz, S., Foing, B., Filice, V., Fletcher, L.N., Forget, F., Griton, L., Hammel, H., Höning, D., Imamura, T., Jackman, C., Kaspi, Y., Korablev, O., Leconte, J., Lellouch, E., Marty, B., Mangold, N., Michel, P., Morbidelli, A., Mousis, O., Prieto-Ballesteros, O., Spohn, T., Schmidt, J., Sterken, V.J., Tosi, N., Vandaele, A.C., Vernazza, P., Vazan, A., Westall, F., 2022. Planetary Exploration, Horizon 2061. Report - Chapter 3: From science questions to Solar System exploration. ScienceDirect, Elsevier.

[4] Foing, B., Lewis, J., Hutzler, A., Plainaki, C., Wedler, A., Heinicke, C., Cinelli, I., Autino, A., Das Rajkakati, P., Blanc, M., 2022. Planetary Exploration, Horizon 2061. Report - Chapter 6: Infrastructures and Services for Planetary Exploration: Report on Pillar 4. ScienceDirect. Elsevier.

[5] Grande, M., Guo, L., Blanc, M., Makaya, A., Asmar, S., Atkinson, D., Bourdon, A., Chabert, P., Chien, S., Day, J., Fairén, A.G., Freeman, A., Genova, A., Herique, A., Kofman, W., Lazio, J., Mousis, O., Ori, G.G., Parro, V., Preston, R., Rodriguez-Manfredi, J.A., Sterken, V.J., Stephenson, K., Vander Hook, J., Waite, J.H., Zine, S., 2022. Planetary Exploration, Horizon 2061. Report - Chapter 5: Enabling Technologies for Planetary Exploration. ScienceDirect, Elsevier.

[6] Lasue, J., Bousquet, P., Blanc, M., André, N., Beck, P., Berger, G., Bolton, S., Bunce, E., Chide, B., Foing, B., Hammel, H., Lellouch, E., Griton, L., Mcnutt, R., Maurice, S., Mousis, O., Opher, M., Sotin, C., Senske, D., Spilker, L., Vernazza, P., Zong, Q., 2022. Planetary Exploration, Horizon 2061. Report - Chapter 4: From Planetary Exploration Goals to Technology Requirements. ScienceDirect, Elsevier.

[7] Naja, G., 2012. L'Espace européen après Lisbonne. Géoéconomie 2 (n 61), 107-114. https://doi.org/10.3917/geoec.061.0107. https://www.cairn.info/revue-geoeconomie-2012-2-page-107.htm.

[8] The Global Exploration Roadmap, 2018. https://www.nasa.gov/sites/default/files/atoms/files/ger_2018_small_mobile.pdf.

附 录

附录一 行星探测领域的典型任务介绍

序号	任务名称	发射时间	探测目标	任务概况
		太阳系内行星探测任务		
1	"比皮科伦坡"（BepiColombo）水星探测任务	已于2018年10月20日由"阿丽亚娜5号"（Ariane-5）运载火箭发射	水星	预计在发射之后7年时间内，将绕地球轨道1次、金星轨道2次、水星轨道6次，计划在2025年12月5日到达水星。该任务主要对水星进行全面探测，重点表征其磁场、磁层以及内部和表面结构
2	金星-D（IKI Venera D）探测任务	不早于2029年11月发射（预计）	金星	这是俄罗斯提议的一项金星探测任务，目前处于论证阶段。该任务的重点是研究金星的大气特快自转、形成和改变地表的地质过程、地表材料的矿物学和元素组成，以及与地表和大气相互作用相关的化学过程
3	"真理号"金星探测任务，即金星发射率、射电科学、InSAR、地形学和光谱学（Venus Emissivity, Radio Science, InSAR, Topography and Spectroscopy, VERITAS）	不早于2031年发射（预计）	金星	"真理号"金星探测任务旨在绘制金星表面的高分辨率地图，地形、近红外光谱和雷达图像数据的结合将提供有关金星的构造和撞击历史、重力、地球化学、火山表面重生的时间和机制以及负责这些过程的地幔过程的知识。此外它将观察火山和其他地质过程是否仍然活跃。VERITAS探测器将使用单通道干涉合成孔径雷达系统（Interferometric Synthetic Aperture Radar, InSAR）完成金星周围的3D测绘
4	"达芬奇"金星探测任务，即金星深层稀有气体、化学和成像调查（Deep Atmosphere Venus Investigation of Noble gases, Chemistry, and Imaging, Plus, DAVINCI+）	2029年6月6日至6月23日（预计）	金星	DAVINCI+任务的主要科学目标是：①了解金星大气层的起源、它是如何演化的，以及它与地球和火星大气层的不同以及为何不同。②研究金星过去存在海洋的可能性以及金星低层大气中的化学过程。③获得金星地质特征的高分辨率图片，这将有助于评估金星是否具有板块构造，并更好地了解类地行星是如何形成的
5	EnVision欧洲的金星探测任务	2031年（预计）	金星	EnVision旨在帮助科学家了解金星地质活动与大气层之间的关系，它将通过补充金星地表图像、偏振测量、辐射测量和光谱学，以及地下探测和重力测绘，提供对地质历史的新见解；它将寻找火山和其他地质活动的热、形态和气体迹象；它将追踪关键挥发性物质的命运，从它们的来源和地表的沉降，通过云层一直到中间层。核心科学测量包括：特定目标的高分辨率测绘、表面变化、地貌、地形、地下、热排放、SO_2、H_2O、D/H比、重力、旋转速率和旋转轴。 EnVision的发射最早预计在2031年左右，发射约15个月后到达金星。通过利用大气实施空气阻力制动，预计16个月后将进入预定轨道

续表

探测器概况	参与国家	外形图
太阳系内行星探测任务		
该探测器由三个航天器组成,一是 ESA 研制的水星行星轨道器（Mercury Planetary Orbiter,MPO）,主要负责绘制水星的表面形貌；二是由 JAXA 研制的水星磁层轨道器（Mercury Magnetospheric Orbiter,MMO）,三是负责提供推进的水星运输模块（Mercury Transfer Module,MTM）,由 ESA 负责研制。在发射和巡航阶段,这三个航天器集成组合在一起,形成水星巡航系统（Mercury Cruise System,MCS）	由欧洲航天局 ESA 与 JAXA 合作联合研制	
按照 2021 年公布的方案,该探测器将包括轨道器和着陆器。轨道器的主要目标是使用雷达进行观测。着陆器能够在金星表面长时间运行约 3 h	由俄罗斯宇航局与美国 NASA 联合研制（已暂停合作）	
VERITAS 旨在生成金星表面的全球高分辨率地形和成像,并生成第一张变形和全球表面成分、热发射率和重力场图。航天器上将配备的科学仪器有金星发射率测绘仪（Venus Emissivity Mapper,VEM）、金星干涉合成孔径雷达（Venus Interferometric Synthetic Aperture Radar,VISAR）,以及深空原子钟-2（Deep Space Atomic Clock-2,DSAC-2）作为辅助载荷	由 NASA/JPL 负责研制	
DAVINCI+ 探测器由下降探测器和轨道探测器两部分组成。下降探测器携带有 4 种科学载荷：金星质谱仪、金星可调谐激光光谱仪、金星大气结构调查仪、金星下降成像仪,重点是在金星高层云层和未探测过的近地表环境中,进行高保真协同测量。轨道探测器主要携带有多光谱相机、宽视场相机。计划在 63 min 的下降过程中传回金星大气的测量结果；着陆器一旦着陆金星表面便不再运行,预计将以 12 m/s 的速度撞击金星表面,最想情况下可以运行长达 17～18 min 的时间	由美国 NASA 主导的,制造商洛克希德马丁公司	
EnVision 轨道探测器的寿命为 4.5 年,发射质量约 2.6 t,干质量约 1.277 t,有效载荷质量约 255 kg。携带的探测载荷包括地下低频雷达（Subsurface Radar Sounder,SRS）,用于探测各种地质地形下的物质边界,包括撞击坑及其填充物、埋藏的陨石坑、平原、熔岩流及其边缘及构造特征等；金星探测 SAR 雷达（VenSAR）,其分辨率达到 10 m 或 30 m,主要用于表征金星地质历史的多尺度过程的结构和地貌证据,表征当前火山、构造和沉积活动；金星光谱组件（VenSpec）,由与观测对象波长不同的 VenSpec-M、VenSpec-H、VenSpec-U 等 3 个通道构成,主要用于搜索表面温度和对流层火山气体浓度随时间的变化,从而预测火山喷发	由 ESA 与 NASA 联合研制	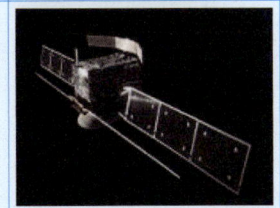

序号	任务名称	发射时间	探测目标	任务概况
6	欧洲大型后勤补给着陆器（EUROPEAN LARGE LOGISTIC LANDER，E3L）任务	E3L 将于 21 世纪 20 年代末开始研制，并在接下来的十年或更长时间内执行任务	月球	E3L 是一项国际计划，旨在充分利用月球轨道空间站，并使用比以前的任务更强大、更轻的新技术向地球上的科学家运送回样本。该着陆器将由"阿丽亚娜 6 号"运载火箭发射，并将科学或后勤有效载荷运送到月球表面的各个位置，其任务可以运送货物以支持人类探险家，或者为科学、技术或其他任务运送独立的机器人。 E3L 将把月球南极附近一个以前从未探索过的区域，作为研究人员感兴趣的区域
7	商业月球载荷服务（Commercial Lunar Payload Services，CLPS）项目	已于 2023 年开始首飞	月球	CLPS 是 NASA 的一项运输服务合同计划，能够将小型机器人着陆器和月球车发送到月球南极地区，其目标是探测月球资源，进行原位资源利用（ISRU）概念验证，并进行月球科学试验以支持阿尔忒弥斯（Artemis）月球项目。 CLPS 打算使用固定价格合同购买地月之间的端到端有效载荷服务。该计划已得到扩展，从 2025 年后开始增加对大型有效载荷的支持
8	曼加里安 2 号（Mangalyaan 2）火星轨道器探测任务	2024 年（预计）	火星	Mangalyaan 2 是印度空间研究组织对其首次火星探测任务的后续任务。 Mangalyaan 1 于 2013 年 11 月发射，并于 2014 年 9 月进入火星轨道，是迄今为止最便宜的火星探测任务。该任务设计工作期为 6 个月，目前已进入第 9 个年头。已向地球发送了数千张照片，总容量超过 2 TB
9	火星卫星探测（Martian Moons Exploration，MMX）任务	2026 年（预计）	火卫一（Phobos）、火卫二（Deimos）	MMX 预计将于 2027 年进入环绕火星轨道，然后对火星的两颗卫星火卫一和火卫二展开探测，并于 2027 年 8 月在火卫一上着陆停留数个小时，采集至少 10 g（0.35 盎司）的样本样品，探测器随后将从火卫一起飞，并多次飞越较小的卫星火卫二，然后将样本返回舱送回地球，预计 2031 年返回地球。该任务旨在帮助确定火星卫星是否是捕获的小行星，还是更大天体撞击火星的结果。 由于火卫二和火卫一的质量太小而无法捕获卫星，因此不可能以通常的方式绕火星卫星运行。MMX 探测器将运行在一种称为准卫星轨道（Quasi-Satellite Orbit，QSO）的特殊类型的轨道上，该轨道足够稳定，允许在火星卫星附近运行月余
10	"隼鸟 2 号"（Hayabusa-2）小行星探测任务	已于 2014 年 12 月 3 日发射	主带小行星龙宫（近地小行星 162173 Ryugu）、小行星 2001 CC21、小行星 1998 KY 26	"隼鸟 2 号"于 2014 年 12 月 3 日发射，并于 2018 年 6 月 27 日与龙宫（近地小行星 162173 Ryugu）会合。它对这颗小行星进行了一年半的探测并采集了样本，于 2019 年 11 月离开小行星，并在 2020 年 12 月 5 日将样本返回地球。 目前"隼鸟 2 号"正在执行它的拓展任务"Hayabusa-2 Sharp"，预计 2026 年 7 月飞掠探测 L 型小行星 2001 CC21，2027 年 12 月和 2028 年 6 月两次掠过地球，2031 年 7 月它将与小型快速旋转的小行星 1998 KY 26 会合
11	起源、光谱解释、资源识别、安全、风化层探索者（Origins, Spectral Interpretation, Resource Identification, Security, Regolith Explorer，OSIRIS-REx）小行星探测任务	已于 2016 年 9 月 8 日发射	主带小行星贝努（Bennu）、小行星阿波菲斯（Apophis，小行星 99942）	OSIRIS-REx 是美国的第一个小行星采样返回探测器。2018 年 12 月 10 日，OSIRIS-REx 探测器在贝努小行星上发现了水痕迹，这些水分被"锁"在贝努小行星的粘土中。2020 年 7 月，OSIRIS-REx 机器臂将接触"贝努"表面，采集 60 g 物质样本并将其收进返回舱。2021 年 3 月，OSIRIS-REx 离开"贝努"，将携带装有样品的返回舱返回。预计 2023 年 9 月 24 日，OSIRIS-REx 将释放样品返回舱在美国犹他州实现软着陆，完成为期 7 年的任务。 随后开始其拓展任务，将更名为 OSIRIS-APEX（Apophis Explorer），重点研究小行星阿波菲斯（Apophis），计划于 2029 年 4 月抵达该小行星

续表

探测器概况	参与国家	外形图
E3L 着陆器内部有月球车、顶部有上升级。在月球轨道空间站（Lunar Gateway）的监视和控制下，月球车将侦察地形，并收集样本。 上升级将从月面起飞，带着月球车采集的样本飞向月球轨道空间站。当携带样本容器的上升级到达时，月球轨道空间站的机械臂将捕获它并提取样本容器。航天员将通过气闸舱接收样品容器，并将其安装在"猎户座"飞船中。航天员携带月球样本着陆，以便在地球上最好的实验室进行进一步的分析	由 ESA 研制	
NASA 希望 CLPS 承包商能够提供安全、集成、容纳、运输和操作 NASA 有效载荷所需的所有活动，包括运载火箭、月球着陆器、探测器、月球表面系统、地球再入返回器和相关资源等。 截至 2023 年年底，该计划已经签订了 8 个任务合同	由美国 NASA 研制	
Mangalyaan 2 为轨道器，利用火星大气制动来降低其初始远火点并进入更适合观测的轨道，探测器携带的科学载荷总质量为 100 kg，将携带一台高光谱相机、一台高分辨率的全色相机和一台雷达，以便更好地了解火星的早期阶段、早期地壳、近期玄武岩以及陨石撞击等活动	由印度 ISRO 研制	
MMX 探测器包括三个模块：推进模块（约 1800 kg）、探测模块（约 150 kg）和返回模块（约 1050 kg）。 MMX 配备了两种采样方法：取芯采样器（Coring Sampler, C-SMP），用于获取距火卫一表面 2 cm 以上深度的风化层；以及气动采样器（Pneumatic Sampler, P-SMP），用于从火卫一表面获取风化层。机械臂将通过发射 C-SMP 机构从火星表面收集风化层。C-SMP 旨在快速执行地下采样，以收集超过 10 g 的风化层。它配备了一个使用特殊形状记忆合金的弹射执行器。安装在着陆段脚垫附近的 P-SMP 使用气枪喷出加压气体，将约 10 g 土壤推入样品容器中。C-SMP 和 P-SMP 都可以快速采集样本，因为整个采样过程仅需 2.5 h。 从着陆点起飞后，配备的机械臂将 C-SMP 和 P-SMP 采集的样品转移到返回舱，然后将样本返回舱带回地球	由日本 JAXA、美国 NASA 及法国 CNES 联合研制	
"隼鸟 2 号"与之前的"隼鸟 1 号"任务相比，该探测器采用了改进的离子发动机、制导和导航技术、天线和姿态控制系统。 "隼鸟 2 号"带有星球车 MINERVA-II-1，包括 Rover-1A 和 Rover-1B，星球车 MINERVA-II-2、吉祥物、可展开摄像机 3（DCAM3）、小型随身携带冲击器（SCI）、目标标记物 A-E 以及样品返回舱。 2020 年 12 月 6 日样本返回舱在澳大利亚被回收，收集到的样品质量为 5.4 g，明显高于原预定目标质量（0.1 g）	由日本 JAXA 研制	
OSIRIS-REx 的主要科学目标包括：返回并分析小行星贝努表面的样本、绘制小行星地图、表征采样地点、测量非重力引起的轨道偏差（雅可夫斯基效应）、将小行星的观测结果与地面观测结果进行比较。 OSIRIS-REx 探测器装有一个机械臂，用来收集小行星表面的样品。OSIRIS-REx 测器携带的载荷有亚利桑那大学的 OSIRIS-REx 相机套件，美国 NASA 戈达德中心的 OSIRIS-REx 可见红外光谱仪，亚利桑那州立大学的 OSIRIS-REx 热发射光谱仪，加拿大航天局的 OSIRIS-REx 激光高度计等	由美国 NASA 及制造商洛克希德-马丁公司研制	

附录 395

序号	任务名称	发射时间	探测目标	任务概况
12	"露西"(Lucy)探测任务	已于2021年10月16日发射	2个主带小行星和6个特洛伊(Trojan)群小行星	Lucy探测器在2022年10月16日获得了来自地球的第一次重力辅助，在2023年飞越小行星152830 Dinkinesh后，它将在2024年获得了来自地球的另一次重力辅助。2025年，它将飞越主带小行星52246；2027年，将到达木星L4特洛伊小天体群，它将在那里飞过四颗特洛伊小行星：3548 Eurybates（及其卫星）、15094 Polymele、11351 Leucus和21900 Orus。之后将于2031年返回地球，再次利用重力协助前往木星L5特洛伊小天体群，在那里它将访问特洛伊小天体群617 Patroclus及Menoetius双星。 2033年任务可能会结束，但此时Lucy将处于L4和L5特洛伊小天体群之间的稳定的6年轨道上，所以有可能任务也会延期
13	"普赛克"(Psyche)探测任务	已于2023年10月13日发射	普赛克(16 Psyche)小行星，已知火木之间主带最重的M型小行星，它的独特之处在于它是一颗早期行星的裸露镍铁芯，平均直径220km，质量约为主带小行星的1%。	Psyche任务的科学目标是：①了解以前未探索过的行星形成的组成部分——铁核；②通过直接检查分化天体的内部来观察包括地球在内的类地行星的内部；③探索由金属构成的新型行星世界。 Psyche已于2023年10月13日搭乘猎鹰9号运载火箭发射，将于2029年8月抵达这颗小行星，巡航阶段5年零10个月，科学载荷在轨运行21个月
14	小行星重定向测试（Double Asteroid Redirection Test，DART）任务	已于2021年11月24日发射	Dimorphos小行星，它是双小行星Didymos的一颗卫星。	DART任务旨在测试针对近地天体(NEO)的行星防御方法，它的目的是评估航天器正面撞击小行星时通过动量转移使小行星偏转的程度。 2022年9月26日，DART成功撞击了Dimorphos，当地时间2022年10月11日，并改变其原有运行轨道，撞击后产生了长达1万km的羽流，并将Dimorphos的轨道周期缩短了32min，大大超过了预先定义的73 s的成功阈值。 DART成功偏转Dimorphos是由于与喷射碎片的反冲相关的动量传递，该动量传递远大于撞击本身引起的动量传递
15	赫拉（Hera）任务	2024年10月发射（预计）	双小行星Didy-mos(65803)系统	主要目标是研究受到DART撞击的Didymos双小行星系统，并有助于验证动力学撞击方法，使近地小行星在与地球相撞的轨道上发生偏转。它将测量人造弹丸撞击小行星所形成的陨石坑的大小和形态以及由其传递的动量，这将有助于测量撞击产生的偏转效率。它还将分析撞击造成的不断扩大的碎片云。 ESA的Hera探测器预计将在2026年抵达小行星，在那里它将用半年的时间对这个小天体进行近距离研究，以确定DART对它产生了什么样的影响
16	彗星拦截器（Comet Interceptor）任务	2029年（预计）	来自奥尔特云的长周期彗星	彗星拦截器可以让研究人员第一次看到太阳辐射范围之外的原始物质，甚至揭开太阳系外世界的化学组成。 它将"停放"在日地L2点的相对稳定的Halo轨道上，目标是找到一颗迄今为止未知的目标（长周期彗星），需要等待2~3年才能抵达一颗方向和速度变化合适的目标，任务周期为5年。一旦无法及时拦截长周期彗星，还可调整目标研究短周期彗星。它的科学目标是征一颗动态新彗星，包括它的表面成分、形状、结构和彗发气体成分等

续表

探测器概况	参与国家	外形图
Lucy 探测器携带的主要科学仪器包括下列遥感载荷：① Lucy 的远程侦察成像仪（Lucy's Long Range Reconnaissance Imager，L'LORRI），覆盖 0.35～0.85 μm 波段，能够为 Lucy 任务提供最高分辨率的图像；② Lucy 的热红外光谱仪（Lucy's Thermal Emission Spectrometer，L'TES），L'TES 通过观察热红外光谱（6～75 μm 波段）来测量特洛伊群小行星的表面温度，帮助了解表面物质的物理性质；③全色和彩色可见光成像仪（L'Ralph），它由两部分组成，分别是线性标准具成像光谱阵列（Linear Etalon Imaging Spectral Array，LEISA，1～3.6 μm 波段）和多光谱可见光成像相机（Multispectral Visible Imaging Camera，MVIC，0.4～0.85 μm 波段），LEISA 作为一种红外成像光谱仪，用来寻找特洛伊小行星表面可能存在的不同硅酸盐、冰和有机物的痕迹。MVIC 将拍摄特洛伊小行星的彩色图像以帮助确定其组成；④终端跟踪相机（Terminal Tracking Camera，TTCAM），用于拍摄小行星的宽视场图像，以更好地表征小行星的形状	由美国 NASA 与加拿大 CSA 联合研制	
Psyche 航天器采用太阳能电推进系统，总重约 2.6 t，其中干质量约 1.6 t，科学有效载荷质量为 30 kg，包括①多光谱成像仪，将使用滤光片提供高分辨率图像来区分金属和硅酸盐成分；②磁力计将测量并绘制小行星的残余磁场；③伽马射线和中子能谱仪将分析并绘制小行星的元素成分图；④ X 波段重力科学调查将利用 X 波段（微波）无线电通信系统测量小行星的重力场并推断其内部结构。除了用于研究小行星的科学仪器外，Psyche 探测器还将携带 NASA 技术演示有效载荷——深空光通信（Deep Space Optical Communication，DSOC），这是一个基于激光通信系统，DSOC 将从火星轨道之外以 2 Mb/s 的速度传输数据，超越目前的无线电通信技术 100 倍之多	由美国 NASA/JPL 与 SSL（前身为 Space Systems/Loral）和亚利桑那州立大学联合研制	
DART 探测器质量为 610 kg，没有安装任何科学有效载荷，近有用于导航的传感器。DART 的导航传感器包括太阳传感器、称为 SMART Nav 软件（小天体机动自主实时导航）的星跟踪器以及 20 cm 孔径的用于小行星 Didymos 的光学侦察和导航的相机（Didymos Reconnaissance and Asteroid Camera for Optical，DRACO），DRACO 在 DART 接近时捕捉到这两颗小行星的图像。DART 还携带了意大利研制的轻型小行星成像立方星（LICIAcube），它在撞击前 15 天与 DART 分离，它的两个光学相机，名为 LUKE 和 LEIA，该卫星负责拍摄和转发撞击的前 100 s 高清图像	由美国 NASA、欧洲 ESA 联合研制	
Hera 探测器的质量为 1128 kg，携带相机、高度计和光谱仪的有效载荷。它还将携带两颗纳卫星，称为 Milani 和 Juventas。它们在抵达小行星系统 Didymos 之前释放，Milani 纳卫星旨在拍摄图像并测量可能存在的灰尘的特征；Juventas 纳卫星旨在确定 Dimorphos 的地球物理特征。Hera 探测器将搭载一套先进的科学设备，包括高光谱成像仪、热红外成像仪和装有望远镜和滤光器的小行星分幅相机、行星高度计及 X 波段无线电科学发射机	由欧洲 ESA 负责研制	
彗星拦截器总重约 850 kg，包括三个探测器：主探测器（探测器 A）由 ESA 研制，携带有可见光/近红外成像仪，近红外/热辐射红外光谱成像仪、尘埃、磁场和等离子体等科学载荷；另两个较小的探测器分别是探测器 B1 和探测器 B2，探测器 B1 由日本 JAXA 研制，携带莱曼-阿尔法氢成像仪、等离子体组件以及广角相机；探测器 B2 由 ESA 研制，携带彗星光学成像仪、彗星中性粒子和离子质谱仪、全天域彗发测绘器、尘埃、磁场和等离子体等科学载荷。三台探测器都将对气体成分、尘埃流、密度、磁场以及等离子体和太阳风相互作用进行取样，以建立彗星周围区域的三维形貌	由欧洲 ESA 和日本 JAXA 联合研制	

序号	任务名称	发射时间	探测目标	任务概况
17	彗星天体生物学采样返回任务（Comet Astrobiology Exploration SAmple Return, CAESAR）	NASA 未选中该任务	丘留莫夫—格拉西缅科（67P/Churyumov-Gerasimenko）彗星	CAESAR 团队选择 67P 彗星而不是其他彗星目标，部分原因是罗塞塔任务在 2014—2016 年间探测了这颗彗星，所收集的数据使航天器能够根据那里的环境条件进行设计，从而增加了任务成功的机会。科学家将通过研究采集的样品，了解其有机化合物构成，对彗星是如何将生命带到地球上作进一步认识。 该任务原定 2024—2025 年发射，并在 2038 年由 CAESAR 将彗星样品送回地球，目标是了解太阳系的形成，以及这些组分如何形成行星并孕育生命
18	彗星交会、样本采集、调查和返回（Comet Rendezvous, Sample Acquisition, Investigation, and Return, CORSAIR）任务	NASA 未选中该任务	彗星 88P/Howell	CORSAIR 的目标是了解彗星作为行星和生命成分的作用。如果选择该项目进行研制，CORSAIR 将与 88P/Howell 彗星会合约 140 天，以进行详细的物理和化学表征，并带着彗核及彗发样本返回地球。 该任务原计划 2024 年发射，巡航到彗星将需要 7 年时间，其中包括经历两次地球重力辅助。与 88P/Howell 的会合将于 2031 年 5 月发生，互动将持续长达 294 天，返回地球大约需要 4.3 年
19	"新视野号（New Horizon）"行星际空间探测任务	已于 2006 年 1 月 19 日成功发射	冥王星及冥卫（Charon）系统，位于柯伊伯带的小天体群	New Horizon 任务的目标是了解冥王星系统、柯伊伯带的形成以及早期太阳系的演变。该探测器不仅收集了冥王星及其卫星的大气、表面、内部和环境的数据，还将研究柯伊伯带中的其他小天体。 New Horizon 探测器于 2015 年 7 月 14 日飞抵冥王星表面，距离太阳 34AU，成为第一个探索矮行星的探测器；2019 年 1 月 1 日，距离太阳 43.3AU，首次访问了柯伊伯带天体 486958 Arrokoth。New Horizon 的扩展任务还要求对 25～35 个不同的柯伊伯带天体周围进行观测并寻找其周围的环系统。 此外，2018 年 8 月，"新视野号"探测器证实了太阳系外边缘存在"氢墙"，这个"墙"在 1992 年曾被"旅行者 1 号"及"旅行者 2 号"探测到
20	木星冰卫星探测（Jupiter Icy Moons Explorer, JUICE）任务	已于 2023 年 4 月 14 日成功发射	木星及其周围的三颗冰卫星（木卫二、木卫三和木卫四）	JUICE 探测器将对木卫三、木卫二和木卫四进行详细勘探并评估其维持生命的潜力。这三颗卫星都被认为拥有地下液态海洋，因此对于了解冰卫星的宜居性至关重要。 木卫三和木卫四的主要科学目标是：表征海洋层和检测假定的地下海洋，地表地形、地质和成分测绘，冰壳物理性质的研究，内部质量分布、动力学和内部演化的表征，对木卫三稀薄大气层的调查，研究木卫三的固有磁场及其与木星磁层的相互作用。 对于木卫二来说，重点是生命所必需的化学成分，包括有机分子，以及了解表面特征的形成和非水冰物质的成分。 此外，JUICE 将提供首次卫星地下探测，包括首次确定最近火山活动区域的冰壳最小厚度。还将对几颗小型不规则卫星和拥有活跃的火山卫星木卫一进行更遥远的空间分辨观测。 JUICE 预计将在 4 次重力辅助和 8 年的深空航行后，于 2031 年 7 月抵达木星系统，2034 年 12 月，进入木卫三轨道，2035 年撞击坠毁在木卫三上
21	"欧罗巴快帆"(Europa Clipper) 木星探测任务	2024 年 10 月 10 日（预计）	木卫二（Europa）	Europa Clipper 最核心的任务是研究木卫二，调查其宜居性并帮助为未来的 Europa Lander 着陆任务选址。这项探测任务的重点是了解形成生命的三个基本因素：液态水、化学物质和能源。 具体目标是研究：①冰壳和海洋：确认可能存在的冰内或冰下海洋并表征其性质，以及地表 - 冰 - 海洋物质交换的过程②成分：关键化合物的分布和化学性质以及与海洋成分的联系③地质学：地表的特征和形成，包括最近或当前活动的地点。 Europa Clipper 计划于 2024 年 10 月搭载"猎鹰重型火箭（FH）"发射，预计该探测器将在 2025 年 2 月使用来自火星的重力辅助，并于 2026 年 12 月借助来自地球的重力辅助，然后于 2030 年 4 月抵达木卫二，共执行 45 次飞越木卫二的探测任务

续表

探测器概况	参与国家	外形图
CAESAR 探测器成功地继承了"黎明"任务所使用的技术。导航和采样等功能依赖六个具有不同视场和焦距的相机：包括窄角相机、中角相机、触摸即走相机、两个导航相机、和一个样品集装箱相机。机械臂和样品采集系统将由 Honeybee Robotics 提供。样本返回舱和隔热罩由日本 JAXA 提供。 CAESAR 将从彗星收集 80~800 g 的风化层，卵石的最大尺寸为 4.5 cm，系统有足够的压缩氮气可用于三次采样，可将挥发物与固体物质分离到单独的容器中，并在回程时将采集到的样品进行冷藏	由美国 NASA、日本 JAXA 联合研制	
CORSAIR 的概念性科学有效载荷包括用于彗核表面的近角和广角成像的双成像系统，用于彗发粉尘通量监测和采样的彗发粉尘采样器，用于采样地点地形测量和近彗星导航的测高激光，用于表征彗核表面的热惯性和矿物学变化的热发射成像系统，用于彗差和挥发性测量的质谱仪，用于近彗星导航和采样事件成像的接近相机，用于确定彗核质量的无线电科学和星载通信系统	由美国 NASA/GSFC、日本等联合研制	
New Horizon 探测器共携带七台仪器：三台光学仪器、两台等离子体仪器、一台灰尘传感器和一台无线电科学接收器/辐射计。这些仪器将用于研究冥王星及其卫星的全球地质、表面成分、表面温度、大气压力、大气温度和逃逸率，额定功率为 21 W，但并非所有仪器同时运行。此外，New Horizon 探测器还有一个超稳定振荡器子系统，可用于在航天器寿命结束时研究和测试先锋异常现象[①]。	由美国 NASA 研制	
JUICE 质量约 6 t，干质量 2.4 t，科学有效载荷质量为 280 kg。带有一个 16 m 长的可展开的天线，使用 X、K 波段，配合地面深空天线可实现 2GB/天的下行链路速率。数据存储容量可达 1.25 Tb。 JUICE 携带了包括光学照相机、红外成像光谱仪、激光高度计、质谱仪、雷达和磁力计等多种科学仪器，将对木星及其冰卫星开展多方面的探测活动。 JUICE 的质谱仪将对木星的三颗卫星的大气表面和内部进行探测。当木星卫星冰壳裂缝中喷出海水时，JUICE 将进行实时取样，分析其中可能存在生命的有机分子。 JUICE 的雷达可以穿透至少 9 km 厚的冰层。如果卫星表面的冰壳足够薄，雷达可能会探测到冰壳下的海洋，或者至少探测到嵌入冰壳中的地下水囊。这些地下水囊的喷发，可能是导致木星卫星出现裂隙景观的原因	由欧洲 ESA/美国及日本联合研制	
Europa Clipper 探测器发射质量约 6 t，干质量 2.6 t，有效载荷的质量为 352 kg。能源系统采用太阳能电池帆板系统，单个帆板面积可达 18 m²，绕木星运行时指向太阳时可连续产生约 150 W 的功率。 针对木卫二可能存在的巨大的地下海洋，Europa Clipper 将携带 9 台科学仪器来研究木卫二，包括热辐射成像系统、测绘成像光谱仪、成像系统、紫外光谱仪、评估和探测雷达——从海洋到近地表仪、使用磁力测量法的内部特征仪、磁探测等离子磁探仪、行星探测质谱仪、表面尘埃分析仪等。此外，还携带 150 kg 重的钛和铝屏蔽罩来保护电子元器件免受强辐射的影响	由美国 NASA 研制	

① 先锋异常现象或先锋效应是指"先锋 10 号"和"先锋 11 号"探测器在其离开太阳轨道后经过约 20 个 AU 后，观察到的与预测的加速度的偏差。多年来，这种明显的异常现象一直备受关注，但随后被探测器热损失引起的各向异性辐射压力所解释。

附录 399

序号	任务名称	发射时间	探测目标	任务概况
22	"蜻蜓"(Dragonfly)土星探测任务	2028年（预计）	土星最大的卫星，土卫六（Titan）	土卫六是一个引人注目的天体生物学目标，因为它的表面含有丰富的复杂的富碳化学物质，并且因为液态水（瞬态）和液态碳氢化合物都可以出现在其表面，可能形成生命起源前的原始物质。 Dragonfly任务是面向土卫六的一项天体生物学任务，旨在评估其微生物的宜居性，并研究其在不同地点的生命起源化学。Dragonfly探测器将在不同地点之间进行受控飞行和垂直起降。该任务将涉及飞往地表多个不同的地点，从而可以对不同地区和地质环境进行采样。 Dragonfly任务预计2028年发射，2034年登陆土卫六
太阳系外行星探测任务（参见附图1）					
23	对流旋转和行星凌日（Convection, Rotation and Planetary Transits, CoRoT）空间望远镜	已于2006年发射，2013年结束	系外行星	CoRoT任务目标有两个：一是寻找轨道周期较短的太阳系外行星，特别是那些具有较大尺寸的行星；二是通过测量恒星中类似太阳的振荡来进行星震学[①]研究。 其中值得注意的发现包括2009年发现的CoRoT-7b，它成为第一颗显示出以岩石或金属为主成分的系外行星。 CoRoT是第一个专门用于探测凌日系外行星的空间望远镜，为开普勒和TESS等更先进的空间望远镜开辟了道路
24	开普勒（Kepler/K2）空间望远镜	已于2009年3月6日发射，2018年结束	截至2023年6月16日，开普勒共观测到了530,506颗恒星，并发现了2,778颗已确认的系外行星	在Kepler空间望远镜之前的其他项目探测到的大多数系外行星都是巨星，相当木星大小甚至更大。而Kepler空间望远镜旨在寻找质量30~600倍及接近地球质量的行星。它搜寻结果表明：位于恒星宜居带内，表面存在液态水且大小和地球相仿的行星，在银河系是普遍存在的。 2014年，Kepler空间望远镜获得了一项重大发现，它探测到系外行星Kepler-452b，被称为"地球2.0"，距离地球1400光年。这颗行星拥有类似地球的轨道，接收的恒星光线照射量类似于地球的阳光照射量，公转一周的时间与地球年相近。但是科学家仍不能确定这颗行星是否能孕育生命
25	盖亚（Gaia）空间望远镜	已于2013年发射，预计运行至2025年	系外行星	Gaia空间望远镜的搜寻目标是以前所未有的精度，对银河系中的10亿颗天体（主要是恒星，但也包括行星、彗星、小行星和类星体等）进行观测，测量其位置，距离和运动，用于获取有关暗物质和暗能量的信息。 2016年9月，Gaia公布了首批数据。2022年6月13日，ESA发布借助Gaia绘制的银河系的三维地图。这是ESA发布的第三批银河系探测数据，也是迄今最详尽的银河系星系图。 目前，Gaia正在继续创建整个银河系天体的精确三维地图并绘制它们的运动图，且对银河系的起源和随后的演化过程进行了编码。分光光度测量提供了所有观测到的恒星的详细物理特性，表征了它们的光度、有效温度、重力和元素组成。这次大规模的恒星普查正在提供基本观测数据，以分析与银河系起源、结构和演化历史相关的一系列重要问题

[①] 星震学（Asteroseismology）：是对恒星振荡的研究。恒星有许多共振模式和频率，声波穿过恒星的路径取决于声速，而声速又取决于当地的温度和化学成分。由于由此产生的振荡模式对恒星的不同区域很敏感，它们可以让天文学家了解恒星的内部结构，否则从亮度和表面温度等整体特性中无法直接获得这些信息。星震学与日震学密切相关，日震学专门研究太阳中的恒星脉动。尽管两者都基于相同的基础物理原理，但由于太阳的表面可以被解析，因此可以为太阳提供更多且性质不同的信息。

续表

探测器概况	参与国家	外形图
Dragonfly 是一种双四旋翼飞行着陆器，设计有 8 个旋翼，每个旋翼长度约 1 m，重约 450 kg，将以 10 m/s 的速度飞行，爬升高度可以达到 4 km，单次飞行距离可达 8 km。 　　Dragonfly 携带的有效载荷包括 8 台科学相机、2 台光谱仪和 1 个用于对复杂有机物进行采样的钻机。此外，Dragonfly 还将携带一个地球物理和气象套件，其中包含 11 种不同的仪器，能够测量气温、气压、风速和风向以及湿度。 　　Dragonfly 由锂离子电池供电，并在夜间由多任务放射性同位素热电发电机（Multi-Mission Radioisotope Thermoelectric Generator，MMRTG）充电	由美国 NASA 研制	
太阳系外行星探测任务（参见附图 1）		
CoRoT 空间望远镜总重约 630 kg，干重约 300 kg。光学系统的设计最大限度地减少了来自地球的杂散光，并提供了 2.7°×3.05° 的视场角。CoRoT 光路由一个直径 27 cm 的离轴无焦望远镜和一个由屈光物镜和焦点盒构成的相机组成，该望远镜安装在专门设计用于阻挡地球反射的阳光的两级不透明挡板中。焦点盒内有一个由四个电荷耦合器件（Charge-Coupled Device，CCD）组成的阵列，通过 10 mm 厚的铝屏蔽来防止辐射。星震学 CCD 向屈光物镜散焦 760 μm，以避免最亮恒星的饱和。CCD 前面的棱镜支持更小波长探测，旨在更强烈地分散蓝色波长	由法国 CNES 与欧洲 ESA 共同主导，联合研制	
Kepler 空间望远镜总重 1.05 t，干质量约 1.04 t，有效载荷总质量为 478 kg。它唯一携带的科学仪器就是分光计，能够探测恒星释放光线最轻微的变化。它能同时监测跟踪固定视场内约 15 万颗主序恒星的亮度，通过"凌星法"检测系外行星，包括观察恒星前面的行星的反复凌星，这会导致恒星的视星等略有减少，对于地球大小的行星来说约为 0.01%。分析亮度减少的程度可以用来推算行星的直径，凌星之间的间隔可以用来推算行星的轨道周期，由此可以估计其轨道半长轴（使用开普勒定律）和它的轨道周期，而温度可以使用恒星辐射模型来估算	由美国 NASA 研制	
Gaia 携带的有效载荷由三个主要仪器组成： ①天体测量仪器（Astro）：通过测量亮度超过 20 星等的恒星的角位置来精确定它们的位置。通过结合五年任务中任何给定恒星的测量结果，将有可能确定其视差，从而确定其距离以及其运动——恒星投射在天空平面上的速度。 ②光度计（BP/RP）：可以获取 320~1000 nm 光谱带内所有亮度超过 20 星等的恒星的光度测量值。蓝色和红色光度计（BP/RP）用于确定恒星的属性，例如温度、质量、年龄和元素组成。多色光度测定由两个低分辨率熔融石英棱镜提供，在检测之前将所有进入视场的光沿扫描方向色散。蓝色光度计（Blue Photometer，BP）的工作波长范围为 330~680 nm；红色光度计（Red Photometer，RP）的波长范围为 640~1 050 nm。 ③径向速度谱仪（Radial-Velocity Spectrometer，RVS）：用于通过采集 847~874 nm 光谱带（钙离子场线）内高达 17 星等的天体高分辨率光谱，来确定天体沿视线的速度。径向速度的测量精度在 1 km/s (V=11.5) 和 30 km/s (V=17.5) 之间。径向速度的测量对于校正由沿视线的运动引起的透视加速度非常重要。RVS 通过测量吸收的多普勒频移，揭示了恒星沿盖亚视线的速度	由欧洲 ESA 研制	

附　录　401

序号	任务名称	发射时间	探测目标	任务概况
26	凌日系外行星巡天卫星（Transiting Exoplanet Survey Satellite, TESS）	2018年4月18日发射；2022年7月4日结束主任务。之后第一次拓展任务于2022年9月结束，现在进入第二次拓展任务，预期持续3年时间	截至2022年11月18日，TESS已确认273颗系外行星，还有4079颗候选行星仍有待科学界的确认	TESS的任务是旨在使用凌星法在比开普勒任务覆盖范围大400倍的区域中搜索系外行星，在为期两年的全天巡天期间，将重点关注附近的G型、K型和M型恒星，其视星等亮度超过12等。 值得一提的是在TESS发射大约一年后，研究人员就确定了首颗与地球大小相仿的系外行星HD 21749c，其与母星的公转轨道距离约52光年，直径为地球的89%，绕K型主序星HD21749运行约8天，它被表征为"可能是岩石"的行星。 TESS还有一个客座研究员计划，允许其他组织的科学家使用TESS进行自己的研究，分配给访客计划的资源允许额外观测20,000个天体
27	系外行星特性探测卫星（Characterising ExoPlanet Satellite, CHEOPS）	2019年12月18日发射，目前该任务已延长至2026年结束	系外行星	CHEOPS主要目标是确定已知太阳系外行星的大小，从而估算出它们的质量、密度、成分和组成。迄今为止，很少能够对系外行星的质量和半径进行高精度测量，这限制了研究体积密度变化的能力，而体积密度的变化可以为了解它们的物质成分及其形成历史提供线索。在CHEOPS计划运营的3.5年期限内，CHEOPS将测量绕明亮恒星和附近恒星运行的已知凌日系外行星的大小，并搜索先前通过径向速度发现的预测的凌日系外行星。该项目背后的科学家预计，这些特征明确的凌日系外行星将成为詹姆斯·韦布空间望远镜（JWST）或超大望远镜等空间望远镜探测的主要目标
28	詹姆斯·韦布空间望远镜（James Webb Space Telescope, JWST）	2021年12月25日发射升空；2022年1月24日顺利进入日地L2点的轨道	系外行星	JWST是专门为红外天文学而设计的空间望远镜，其高分辨率和高灵敏度仪器使其能够观察到哈勃空间望远镜无法观测到的太古老、太远或太微弱的天体。 JWST有四个关键的科学目标：①寻找大爆炸后宇宙中形成的第一批恒星和星系发出的光；②研究星系的形成和演化；③了解恒星形成和行星形成；④研究行星系统和生命起源。 2022年7月8日，JWST拍摄到图像的首批天体名单，包括星系、星云和太阳系外巨行星。2022年7月20日，JWST可能发现了宇宙中已知最早的星系，该星系已经存在135亿年。2022年8月1日，望远镜发现一个几乎没有重元素的奇怪遥远星系。2023年6月，NASA宣布在120亿光年外的一个名为SPT0418-47的星系中探测到有机分子。2023年7月12日，NASA发布了JWST拍摄的位于390光年外的蛇夫座中的一个小型恒星形成区域的图像，庆祝了其运行第一年
29	行星凌日和恒星振荡（Planetary Transits and Oscillations of Stars, PLATO）	2026年发射至日地L2点的轨道（预计）	系外行星	PLATO任务的目标是搜索跨越多达100万颗恒星的凌日行星，并发现和表征围绕黄矮星（如太阳）、亚巨星和红矮星的太阳系外岩质行星。该任务的重点是搜寻类太阳恒星周围宜居带中的类地行星，那里的水可以液态存在；另一个目标是研究恒星的振荡或地震活动，以测量它们的质量、年龄和演化过程。这项任务旨在观察更多的恒星，并提高测量的精确度。 PLATO与CoRoT、TESS、CHEOPS和Kepler太空望远镜的不同之处在于，它将研究相对明亮的恒星（视星等4~11之间），从而能够更准确地确定行星参数，并更容易确认行星并估算它们的质量。使用地面望远镜径向速度测量法来测量质量。它的运营时间将比NASA的TESS任务更长，这使得它对周期较长的行星更敏感

续表

探测器概况	参与国家	外形图
TESS 旨在进行首次星载全天凌日系外行星勘测。它配备了 4 个广角望远镜和相关的电荷耦合器件（CCD）探测器。科学数据每 2 周传输到地球一次。有效曝光时间为 2 h 的全帧图像也被传输，使科学家能够寻找意想不到的瞬态现象，例如伽马射线爆发的光学对应物。 TESS 可以研究距离 30000 光年远的恒星，可筛选的目标亮度较开普勒高 100 倍。它可用上一阶段的三倍速度来捕获图像，每 10 min 捕获一次，并且每 20 s 可测量数千颗恒星的亮度。 TESS 使用一种新颖的绕地球运行的高椭圆轨道，其远地点大约位于月球的距离处，近地点为 108,000 km。在月球绕地球运行一周的时间内，TESS 绕地球运行两圈，与月球的共振率为 2:1。该轨道预计将保持稳定运行至少十年	由美国 NASA 研制	
CHEOPS 总质量约 273 kg，有效载荷质量为 58 kg。携带单个中等大小的 300 mm 有效孔径 1.2 m 长的 Ritchey-chrétien 望远镜，具有超高的光度精度。在望远镜的焦平面上有一个电荷耦合器件（CCD）。 探测器、辅助电子设备、望远镜、后端光学系统、仪器计算机和热调节硬件统称为 CHEOPS 仪器系统（CHEOPS Instrument System, CIS）。CHEOPS 的轨道和刚性光学平台安装允许科学仪器以高精度指向目标物体，同时确保目标在 CCD 探测器上尽可能小地移动。保持在严格的界限内有助于确保测量到的光线变化是系外行星凌日的结果，而不是望远镜运动的变化	由欧洲 ESA 研制	
JWST 空间望远镜的质量为 6.5 t，在轨寿命 10 年。JWST 的主镜由 18 个镀金铍制成的六边形镜块组成，它们组合在一起形成了直径 6.5 m 的镜子，而哈勃的主镜直径为 2.4 m。这使得 JWST 望远镜的聚光面积约为 25 m²，约为哈勃望远镜的 6 倍。与哈勃观测近紫外和可见光（0.1~0.8 μm）以及近红外（0.8~2.5 μm）光谱不同，JWST 观测的是较低频率范围，从长波可见光（红色）到中波红外（0.6~28.3 μm）。 JWST 望远镜必须保持极冷，低于 50 K（即 –223 ℃；–370 ℉），以便望远镜本身发射的红外光不会干扰收集到的光。它部署在日地 L2 点附近的太阳轨道上，距离地球约 150 万千米，其五层遮阳罩可保护其免受太阳、地球和月球的变暖	自 2016 年美国 NASA、欧洲 ESA、加拿大 CSA 进行合作，总共有 15 个国家的数千名科学家、工程师和技术人员参与了 JWST 的研制	
PLATO 有效载荷基于多望远镜方法，总共涉及 26 个望远镜：24 个"正常"望远镜分为 4 组，2 个"快速"望远镜用于亮星。24 个"正常"望远镜以 25 s 的读出节奏工作，监测视星等比 8 等暗的恒星。两台"快速"望远镜以 2.5 s 的节奏工作，观察视星等在 4~8 等之间的恒星。这些相机使用六个镜头的折射望远镜；每个相机都有 1,100 平方度视场和 120 mm 镜头直径。每个望远镜都配备有自己的 CCD 凝视阵列，由 4 个 4510 像素 ×4510 像素的 CCD 组成。 24 个"正常"望远镜将分为四组，每组 6 个望远镜，其视线与 +ZPLM 轴偏移 9.2°。这种特殊的配置允许测量每个指向约 2,250 平方度的瞬时视场。 PLATO 每年将围绕平均视线旋转一次，对同一天区进行连续观测	由欧洲 ESA 与德国 DLR 联合研制	

附 录 403

序号	任务名称	发射时间	探测目标	任务概况
30	南希·格雷斯·罗曼空间望远镜（Nancy Grace Roman Space Telescope，Roman）	2027年5月发射（预计）	系外行星	Roman空间望远镜的科学目标旨在解决宇宙学和系外行星研究中的前沿问题，包括： ①回答有关暗能量的基本问题，包括：宇宙加速是由新的能量成分引起的，还是由宇宙学尺度上广义相对论的崩溃引起的？如果原因是新的能量成分，那么它的能量密度在空间和时间上是恒定的，还是在宇宙的历史中不断演化？罗曼将使用三种独立的技术来探测暗能量：重子声振荡①、遥远超新星的观测、弱引力透镜②。 ②完成系外行星普查，以帮助回答有关宇宙中生命潜力的新问题：像我们所处的太阳系有多常见？行星系统寒冷的外部区域存在哪些类型的行星？是什么决定了类地系外行星世界的宜居性？这次普查利用了一种可以找到质量仅为月球几倍的系外行星的技术：引力微透镜。普查还将包括质量可能低至火星质量的自由漂浮行星样本。 ③提供用于系外行星直接成像的日冕仪，这将获得我们最近邻居行星的第一批直接图像和光谱，类似于太阳系中的巨行星
31	大气遥感红外系外行星大型巡天任务（Atmospheric Remote-sensing Infrared Exoplanet Large-survey mission，ARIEL）	2029年发射（预计），运行在日地L2点区域的轨道上	系外行星	ARIEL探测器是首个完全专注于系外行星大气探测的航天器，将对至少1 000颗已知系外行星的大气进行红外和可见光的探测，从而确认它们的热结构和化学成分，回答有关行星系是如何形成和演化的基本问题。光谱仪可将把光传播成光谱（"彩虹"）并确定行星大气中气体的"化学指纹"。这将使科学家能够了解行星的化学成分如何与其形成环境相联系，以及其形成和演化如何受到母恒星的影响。ARIEL将研究各种环境中的多种系外行星，但它将重点关注靠近恒星轨道的温暖和炙热行星
32	宜居系外行星观测台（Habitable Exoplanet Observatory，HabEx）	2040年发射（预计），运行在日地L2区域的轨道上	系外行星	HabEx是2016年美国NASA考虑的继JWST和Roman空间望远镜之后的下一代旗舰级（即大型战略科学任务）项目之一，参见附图2。 HabEx是一个直接对类太阳恒星周围的行星系统进行成像的空间望远镜。HabEx将对所有类型的行星敏感；然而，其主要目标是直接对地球大小的岩石系外行星进行成像，并表征其大气成分。通过测量这些行星的光谱，HabEx将寻找宜居性的特征，例如水，并对大气中可能表征生物活动的气体敏感，例如氧气或臭氧。 HabEx的对比度比哈勃空间望远镜高1000倍，HabEx可以解析大型尘埃结构，追踪行星的引力效应。通过首次对几个微弱的原行星盘进行成像，HabEx将能够对各种恒星分类的尘埃库和特性进行比较研究。这不仅可以从系外行星的数量，还可以从尘埃带的形态角度来正确看待太阳系
33	大型紫外/光学/红外测量仪（Large Ultraviolet Optical Infrared Surveyor，LUVOIR）	2039年发射（预计），运行在日地L2区域的轨道上	系外行星，寻找可能的宜居行星。	LUVOIR也是2016年美国NASA考虑的继JWST和Roman空间望远镜之后的下一代旗舰级（即大型战略科学任务）项目之一，参见附图2。 LUVOIR的主要目标是研究系外行星、宇宙起源和太阳系。LUVOIR将能够分析系外行星大气和表面的结构和成分。它还可以检测遥远系外行星大气中生命产生的生物特征。感兴趣的大气生物特征包括CO_2、CO、分子氧（O_2）、臭氧（O_3）、水（H_2O）和甲烷（CH_4）。 LUVOIR的多波长能力还将提供关键信息，帮助了解主星的紫外线辐射如何调节宜居行星上的大气光化学。LUVOIR还将观测大量具有广泛特征（质量、主星类型、年龄等）的系外行星，目标是将太阳置于更广泛的行星系统背景中。在为期五年的主要任务中，LUVOIR-A预计将识别和研究54颗可能宜居的系外行星，而LUVOIR-B预计将识别28颗。 此外，LUVOIR面向天体物理学研究的范围包括探索遥远的时空结构、星系的形成和演化、恒星和行星系统的诞生。 在太阳系研究领域，LUVOIR可在木星的可见光下提供高达约25 km的成像分辨率，从而可以长期详细监测木星、土星、天王星和海王星的大气动态

① 重子声振荡（Baryon Acoustic Oscillation，BAO）：在宇宙学中，BAO是宇宙可见重子物质（正常物质）密度的波动，由早期宇宙原初等离子体中的声密度波引起。就像超新星为天文观测提供了"标准灯塔"一样，BAO物质聚类为宇宙学中的长度尺度提供了"标准尺"。这个标准尺的长度是由声波在等离子体冷却并成为中性原子（复合时代）之前的原始等离子体中传播的最大距离给出的，从而停止了等离子体密度波的扩展，将它们"冻结"到位。这个标准尺子的长度（约当今宇宙中的4.9亿光年），可以通过天文观测观察大尺度物质结构来测量。BAO测量通过约束来帮助宇宙学家更多地了解暗能量（导致宇宙加速膨胀）的本质宇宙学参数。

续表

探测器概况	参与国家	外形图
Roman 空间望远镜将携带两个仪器： ① 广域仪器（Wide-Field Instrument，WFI）是一款 300.8 兆像素相机，使用一个宽带和六个窄带滤光片提供多波段可见光到近红外（0.48～2.30 μm）成像。基于 HgCdTe 的焦平面阵列捕获 0.28 平方度的视场，像素尺度为 110 毫弧秒。探测器阵列由 Teledyne 提供的 18 个 H4RG-10 探测器组成。它还携带用于宽视场无缝光谱的高色散棱镜和低色散棱镜组件。 ② 日冕仪（Coronagraphic Instrument，CGI）是一种高对比度日冕仪，覆盖较短波长（575～825 nm），采用双变形镜星光抑制技术。它的目的是实现十亿分之一的星光抑制，从而能够在与主恒星的视觉距离仅 0.15 角秒的情况下对行星进行探测和光谱分析。 Roman 计划不早于 2027 年 5 月发射，它将其彻底改变天文学的力量在于它能够在一张图像中覆盖广阔的天区。作为这种增强观测能力的一个惊人例子，地面模拟验证了 Roman 如何在短短 63 天内拍摄出哈勃空间望远镜需要 85 年才能捕捉到的天域	由美国 NASA 研制	
ARIEL 望远镜的有效载荷模块包括望远镜组件、近红外光谱仪和近红外光度计。其望远镜组件是一个离轴卡塞格伦望远镜，后面是第三个抛物面镜，用于重新准直光束。该望远镜使用椭圆形 1.1 m × 0.7 m 主镜；该系统的成像质量受到波长大于约 3 μm 的衍射的限制，其焦比（f）为 13.4。该系统将采集可见光和近红外光谱中的图像。为了在 1.95 μm 和 7.8 μm 之间操作其红外光谱仪，望远镜将被动冷却至 55 K（−218.2 ℃；−360.7 ℉）的温度	由欧洲航天局（ESA）11 个成员国的各个机构和来自 4 个国家的国际贡献者组成的联盟联合研制	
HabEx 是一台光学、紫外和红外望远镜，也将使用摄谱仪来研究行星大气层和日食星光，无论是内部日冕仪或外部遮光罩。 它的主镜直径为 4 m，绝对最小连续波长范围为 0.4～1 μm，短波长可能延伸至 0.3 μm 以下，近红外延伸至 1.7 μm 甚至 2.5 μm，具体取决于成本和复杂性。 为表征地外大气，需要使用更长的波长，需要一个直径约 52 m 的遮光罩，该遮光罩将搭载在"猎鹰重型"或其他运载能力更强的火箭发射，以减少背景光量。另一种选择是使日冕仪保持较小的尺寸。表征波长短于 350 nm 的系外行星需要完全紫外线敏感的高对比度光学系统来保持吞吐量，并且无论是使用遮光罩还是日冕仪架构，对所有波长要求都将更加严格。 如此高的空间分辨率、高对比度的观测也将为研究恒星和星系的形成和演化提供独特的能力	由美国 NASA 提出的一项概念性任务	
LUVOIR 将配备一台内部日冕仪仪器，称为宜居行星系统极端日冕仪部件（Extreme Coronagraph for Living Planetary System，ECLIPS），以便能够直接观测类地系外行星。 LUVOIR 目前有两种变体：一种是带有直径 15.1 m 的望远镜镜（LUVOIR-A），另一种是带有直径 8 m 的镜子（LUVOIR-B），参见附图 3 所示。 LUVOIR 将能够观察紫外线、可见光和近红外波长的光。对于尺寸较小的 LUVOIR（指 LUVOIR-B），还可以选择外部遮光罩。 论证中的其他候选科学仪器包括：高清成像仪，一种宽视场近紫外、光学和近红外相机；LUVOIR 紫外多目标光谱仪（LUVOIR Ultraviolet Multi-Object Spectrograph，LUMOS）和高分辨率紫外分光光度计（High-Resolution UV Spectropolarimeter，POLLUX）。 为了实现类地系外行星日冕观测所需的极端波前稳定性，LUVOIR 在设计中重点考虑了三个原则：①整个望远镜的振动和机械干扰需最小化。②望远镜和日冕仪都通过主动光学器件结合了多层波前控制。③望远镜被主动加热到精确的 270 K（−3℃；26 ℉）以控制热扰动	由美国 NASA 提出的一项概念性任务	

② 弱引力透镜（Weak Gravitational Lensing）：虽然任何质量的存在都会使经过它附近的光路弯曲，但这种效应很少产生与强引力透镜相关的巨大弧线和多重图像。宇宙中的大多数视线完全处于弱透镜状态，在这种状态下，不可能在单个背景源中检测到偏转。然而，即使在这些情况下，也可以通过围绕透镜质量对背景源的行系统对准来检测前景质量的存在。因此，弱引力透镜本质上是一种统计测量，但它提供了一种测量天文物体质量的方法，而无须对其成分或动态状态进行假设。

序号	任务名称	发射时间	探测目标	任务概况
34	起源空间望远镜（Origins Space Telescope，OST）	2035年发射（预计），运行在日地L2区域的轨道上	系外行星	OST是2016年美国NASA考虑的继JWST和Roman空间望远镜之后的下一代旗舰级（即大型战略科学任务）项目之一，参见附图2。 OST任务的早期和初步科学目标包括研究水以冰和气体的形式从星际介质到行星形成盘的内部区域、从星际云到原行星盘、到地球本身的传输路径，以便了解适合居住的行星的水的丰富性和可用性。在太阳系中，它将通过追踪彗星氘/氢比率的分子遗传来探索彗星在向早期地球输送水方面发挥的作用。 OST任务将提供一系列新工具，利用红外辐射和新的光谱功能来研究恒星形成以及银河系内星际介质的能量和物理状态
35	山猫X射线天文台（Lynx X-ray Surveyor，Lynx）	2036年发射（预计），运行在日地L2区域的轨道上	系外行星，	Lynx是2016年美国NASA考虑的继JWST和Roman空间望远镜之后的下一代旗舰级（大型战略科学任务）项目之一，参见附图2。 Lynx X射线天文台计划在三个天体物理领域取得重大突破：①黑洞的黎明；②星系形成和演化的主导因素；③恒星演化和恒星生态系统的能量特性。这三大"科学支柱"的需求要求Lynx X射线天文台必须大大提高灵敏度、在望远镜视场内稳定的亚角秒点扩散函数，以及成像和光栅光谱的极高光谱分辨率。 如果发射，Lynx将成为迄今为止建造的最强大的X射线天文台，其能力将比当前的钱德拉X射线天文台（Chandra X-ray Observatory，CXO）实现数量级的提升。受到NASA大天文台计划精神的启发，Lynx团队将此次任务的科学能力宣传为"强大、灵活且持久的变革能力"

注：上述各项任务信息均来自维基百科（https://zh.wikipedia.org，更新至2023年12月底）。

续表

探测器概况	参与国家	外形图
OST 望远镜将使用孔径为 9.1 m（概念 1）或 5.9 m（概念 2）的望远镜在中远红外范围内进行天体测量和天体物理学探测。OST 望远镜将需要低温冷却器系统来主动冷却探测器至约 50 mK 以及望远镜光学系统至约 4 K，参见附图 4。它将获得比任何以前的远红外望远镜高 100～1000 倍的灵敏度。 OST 望远镜将针对 3.3～25 μm 波长范围内的系外行星观测，测量宜居温度（约 300 K（27 ℃））的小型温暖行星大气层的温度，寻找生命的基本化学成分，并测量其大气层。这可以通过结合传输光谱学和直接冠状成像来实现。重要的大气探测包括氨的光谱带（NH_4，一种独特的氮示踪剂），9 μm 臭氧带（臭氧，O_3 是一个关键的生物特征），15 μm CO_2 波段（CO_2 是一种重要的温室气体）和许多水波段。 OST 望远镜光谱仪将能够对天区进行 3D 建模，发现并表征最遥远的星系、银河系、系外行星和太阳系外围	由美国 NASA 提出的一项概念性任务	
Lynx X 射线天文台的设计很大程度上借鉴了 CXO 的传统，几乎没有任何移动部件和高难度组件。 Lynx 的有效载荷包括主镜组件和三个科学仪器套件。Lynx 报告指出，每个科学仪器元件都采用最先进的技术，这 4 个有效载荷分别是： ① Lynx X 射线镜组件（Lynx X-ray Mirror Assembly，LMA）：LMA 是天文台的核心元件，由于离轴性能的大幅提高，与 CXO 相比，它在灵敏度、光谱吞吐量、勘测速度方面取得了重大进步，并大大提高了成像质量； ② 高清 X 射线成像仪（High Definition X-ray Imager，HDXI）：HDXI 是 Lynx 的主要成像仪，可在宽视场（Field of View，FOV）上提供高空间分辨率，并在 0.2～10 keV 范围内提供高灵敏度； ③ Lynx X 射线微热量计（Lynx X-ray Microcalorimeter，LXM）：LXM 是一种成像光谱仪，在硬 X 射线和软 X 射线波段均提供高分辨率（R～2 000），并具有高空间分辨率（低至 0.5 in 尺度）； ④ X 射线光栅光谱仪（X-ray Grating Spectrometer，XGS）：XGS 将在点源的软 X 射线波段提供更高的光谱分辨率（R = 5 000，目标为 7 500）。与当前最先进的 CXO 技术相比，XGS 的光谱分辨率提高了 5 倍以上，吞吐量提高了数百倍	由美国 NASA 提出的一项概念性任务	

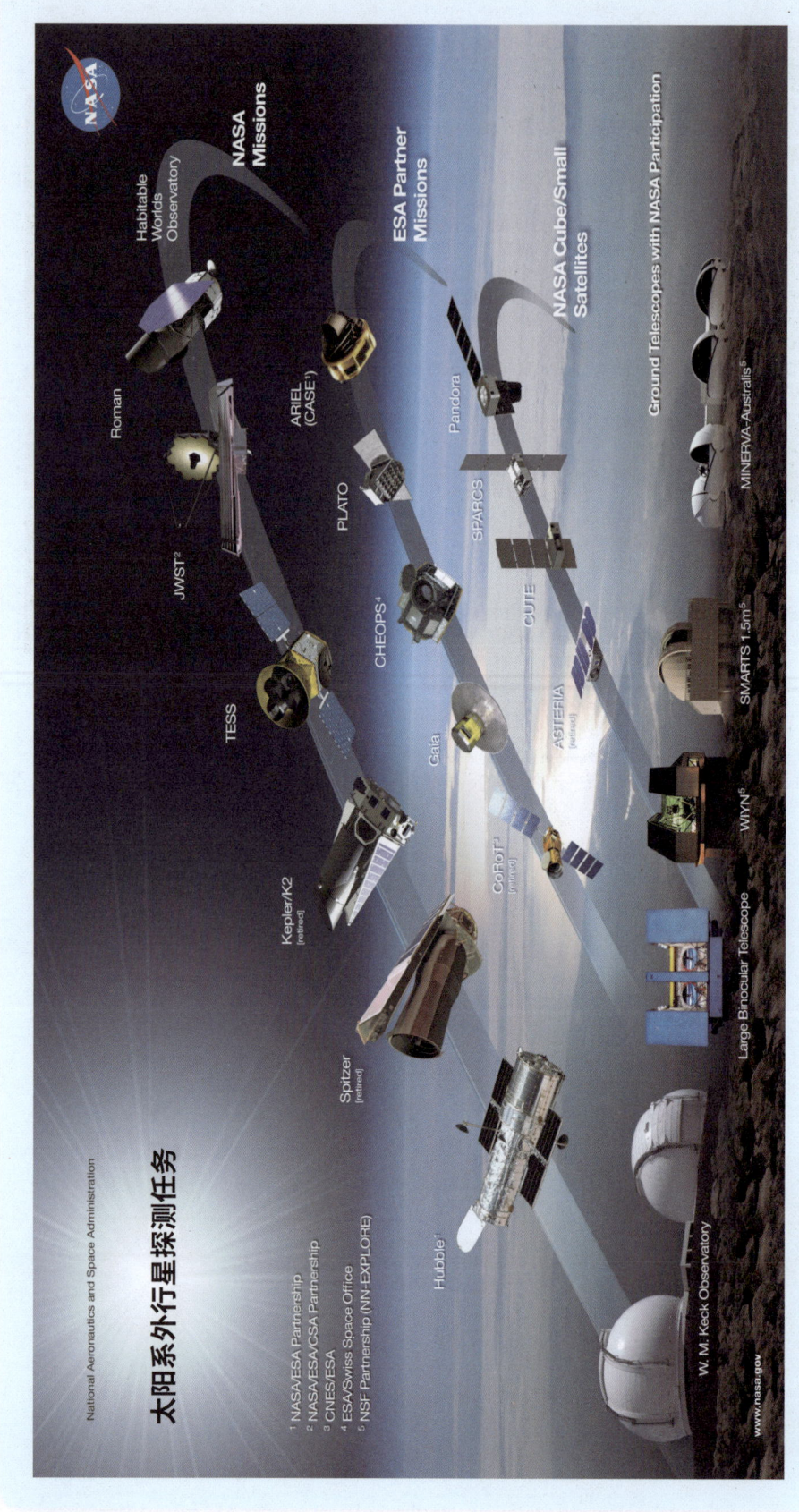

附图 1 欧美的太阳系外行星探测任务发展历程示意图

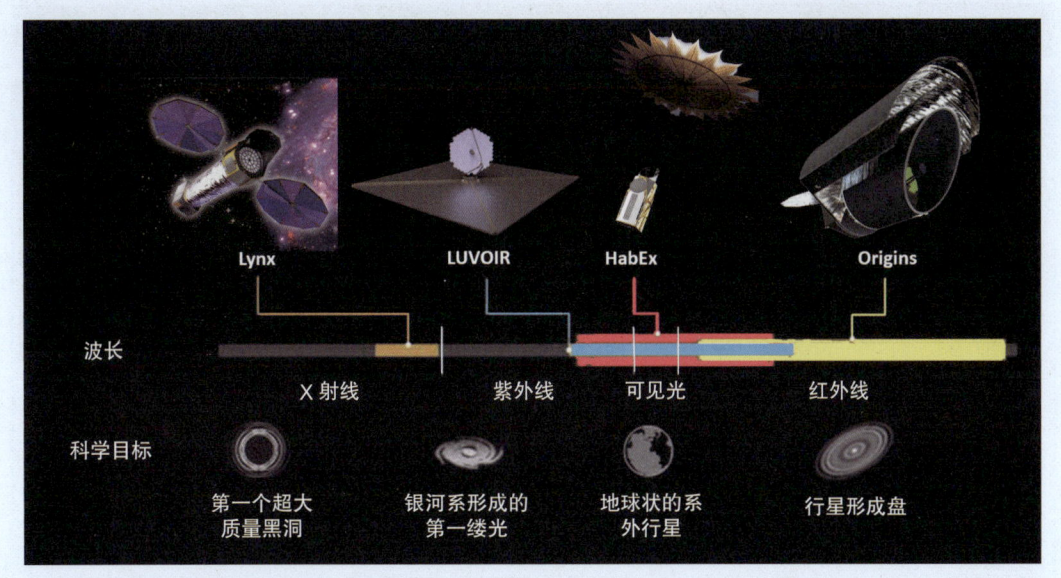

附图 2：美国 NASA 考虑的下一代旗舰级空间望远镜项目示意图

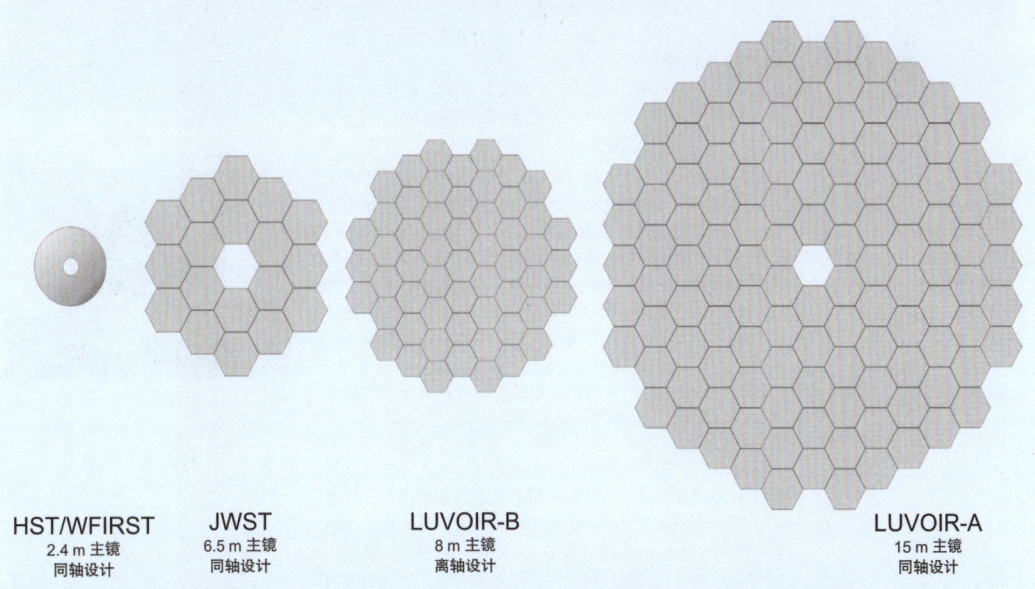

附图 3：HST/WFIRST、JWST、LUVOIR-B、LUVOIR-A 的主镜尺寸大小对比示意图

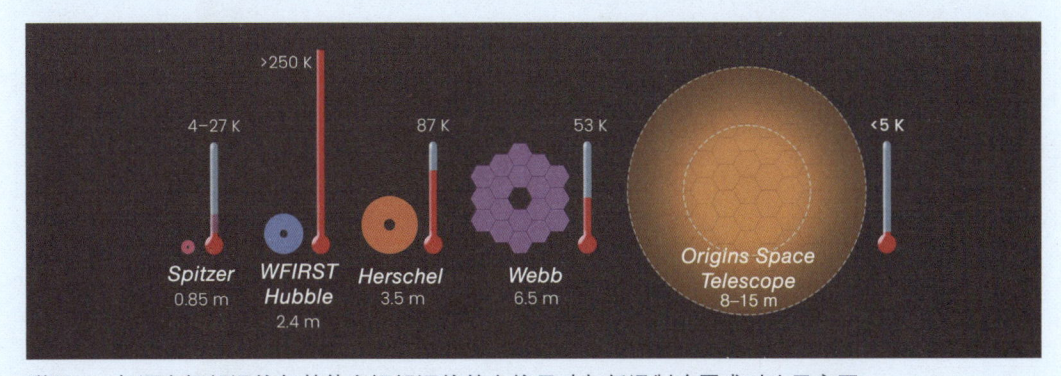

附图 4：起源空间望远镜与其他空间望远镜的主镜尺寸与低温制冷需求对比示意图

附录 409

附录二　地基观测天文台介绍

序号	名称	国家/地址	基本概况	外形图
1	阿塔卡马大型毫米波/亚毫米波阵列（Atacama Large Millimeter/Submillimeter Array, ALMA）	欧洲、日本、美国、智利等/智利阿塔卡马沙漠	ALMA 位于智利北部安第斯山海拔 5 000 m 的阿塔卡马沙漠，2003 年破土动工，2011 年部分投入运营，2013 年正式落成启用。该天文台望远镜包括 66 个高精度天线，工作波长为 3.6~0.32mm（31~1 000 GHz），由 50 座直径 12 m 天线组成的主数组电波望远镜，以及 4 座 12 m 和 12 座 7 m 天线组成的辅数组电波望远镜。通过使用比主阵列更小的天线，可以在给定频率下成像更大的视场，将天线放置得更近可以对更大视场范围的源进行成像。上述两组望远镜协同工作，有效地增强了宽视场成像能力。这 54 座望远镜体积非常大，单机质量就高达 120 t。 ALMA 收集的数据可用于探究宇宙起源等科学问题：ALMA 天文台的一系列观测成果为空间科学发展做出重要贡献，包括 2014 年它拍摄到了一颗年轻恒星周围的原行星盘，提供了关于行星形成时的清晰影像。2019 年它参与 "事件视界望远镜" 组织，合作拍摄人类获得的第一张黑洞照片。ALMA 望远镜在对 20 多个星系进行探索后发现，"星爆" 现象大约发生于 120 亿年前。这一时间要远远早于科学家们的推测。在 ALMA 望远镜探索的这 20 多个星系中，有两个是迄今所知的同类星系中距离地球最为遥远的星系，其中一个星系中还发现存在水资源。此外，还有些遥远星系的亮度相当于 40 万亿颗太阳。 ALMA 是由欧洲、美国、加拿大、日本、韩国、中国台湾和智利等国际合作伙伴共同建造的。它耗资约 14 亿美元，是目前运行中最昂贵的地基天文望远镜	
2	欧洲极大望远镜（Extremely Large Telescope, ELT）	欧洲南方天文台（European Southern Observatory, ESO）十四个成员国和巴西等/智利阿马索内斯山	ELT 是欧洲南方天文台（ESO）正在建的地基光学天文望远镜，它将成为世界上最大的光学/近红外超大望远镜。该天文台由反射望远镜组成，其主镜直径为 39.3 m，由近 800 个六角形小镜片拼接而成；副镜的直径 4.2 m，重 3.5 t，将是光学望远镜史上使用的最大的副镜，也是有史以来生产的最大的凸面镜。该望远镜将由自适应光学系统、6 个激光导星单元和多个大型科学仪器提供支持，可收集比人眼多 1 亿倍的光，并将校正大气失真。 ELT 的光学系统由独创的 5 个镜面组成，前 3 个镜面是弯曲的（非球面），并形成三镜消像散设计，可在 10 弧分视场（满月宽度的三分之一）上提供出色的图像质量。第 4 和第 5 反射镜几乎是平坦的，并分别提供针对大气畸变的自适应光学校正（反射镜 4）和针对图像稳定的倾斜校正（反射镜 5）。第 4 和第 5 个镜子还将光线从侧面发送到望远镜结构两侧的两个 Nasmyth 焦点站之一，从而允许同时安装多个大型仪器。这种先进的自适应光学系统可以减少大气湍流的影响，提高图像的光学质量。它的聚光面积约为哈勃空间望远镜（HST）的 250 倍，所提供的图像比 HST 的图像清晰 16 倍。 ELT 从 2014 年开始建造，将在 2024 年开始配备中红外成像仪和光谱仪、自适应光学成像仪以及高分辨率光学和近红外积分场光谱仪。预计 2028 年可全部完工并首次出光。 ELT 选址智利阿马索内斯山，由欧洲南方天文台（ESO）十四个成员国和巴西等国共同承建，该望远镜对于人类了解暗物质和暗能量，了解宇宙，具有重大的意义。未来 ELT 将关注系外行星的物理和化学特性、原行星盘和行星形成机制、太阳系历史、超大质量黑洞演化和高红移星系的研究等	

续表

序号	名称	国家/地址	基本概况	外形图
3	平方千米阵列（Square Kilometer Array，SKA）	澳大利亚、加拿大、中国、印度、意大利、新西兰、南非、瑞典、荷兰、英国等/澳大利亚（低频）、南非（中频）	SKA 是当前国际射电天文界的最重要的大型望远镜项目，它使用合成孔径的技术，将从分布在半径约 3 000 km 范围内的数千个小型天线接收到的信号结合起来，模拟一个具有极高灵敏度和角分辨率的巨型射电望远镜。SKA 采用三类天线阵列，分别是高频碟状阵列、中频孔径阵列和低频孔径阵列，接收能力可以覆盖 70 MHz～10 GHz（可升级至 25 GHz）的连续频段。这些子阵列具有宽视场（FOV），从而可以同时测量非常大的天域。利用相控阵技术的焦平面阵列来提供多个视场。这将大大提高 SKA 的巡查速度，并使多个用户能够同时观测天域的不同部分，例如对于监测多个脉冲星非常有用。SKA 模拟的全部反射镜面对宇宙信号的接收面积总计达 1 km^2，拥有史上最高的图像分辨率，灵敏度高于任何现有射电望远镜 50 倍以上，并能以高出 1 万倍的扫描速度完成巡天扫视。超大视场与高灵敏度的结合意味着 SKA 将能够比任何其他望远镜更快地完成超大规模的天域巡查。 SKA 项目正在澳大利亚（低频）和南非（中频）建设中，所有子阵列相互之间采用极高性能的计算机和超宽带连接，并设有处理大量数据的"大脑"。SKA 致力于回答人类认识宇宙的一些基本问题，特别是关于第一代天体如何形成、星系演化、宇宙磁场、引力的本质、地外生命与地外文明、暗物质和暗能量等。因此科学家认为，人类开始进入了绘制宇宙地图的新时代。 SKA 是一个政府间国际射望远镜合作项目，它的核心建设在南半球，那里的银河系视野最好，无线电干扰最少。SKA 成员国包括澳大利亚、加拿大、中国、印度、意大利、新西兰、南非、瑞典、荷兰和英国等 10 个国家，除此之外，全世界来自 20 多个国家约 100 个组织已参与到 SKA 的设计研发中	
4	30 m 望远镜（Thirty Meter Telescope，TMT）	美国、加拿大、日本、中国、巴西、印度等/美国夏威夷州莫纳克亚山	TMT 是新一代的地基巨型光学/红外天文台，它工作在近紫外至中红外（0.31～28 μm）波段，核心是一台口径为 30 m 的主镜。该镜被分段，由 492 个较小的独立的六角形镜子组成。每个部分的形状及其相对于临近部分的位置将被主动控制。它采用拼接镜面主动光学、自适应光学以及精密控制等前瞻性技术，将把望远镜灵敏度和空间分辨率等技术指标提高到前所未有的程度。 例如，TMT 的多重共轭自适应光学（Multi-Conjugate Adaptive Optics，MCAO）系统，它将通过观察自然（真实）恒星和人造激光导星的组合来测量大气湍流。根据这些测量结果，一对可变形镜每秒将被调整多次，以纠正由干扰湍流引起的光学波前畸变。MCAO 系统将在 30 角秒直径视场内产生衍射极限图像，这意味着点扩散函数的核心在 2.2 μm 波长下的尺寸为 0.015 角秒，几乎是 10 角秒，比哈勃空间望远镜好几倍。 TMT 强大的洞察宇宙的能力必将引发天文学研究的跨越式发展，并在揭示暗物质和暗能量的本质、探测宇宙第一代天体、理解黑洞的形成与生长、探察地外行星等前沿科学领域做出重大突破性发现。与 ELT、GMT 观测南半球的星空不同的是，TMT 将会观测北半球的广阔星空。 TMT 由美国加州大学和加州理工学院负责研制，但它的建造过程可谓一波三折。2014 年 10 月，在获得夏威夷州土地与自然资源部的许可之后，TMT 在莫纳克亚山破土动工。由于受到夏威夷原住民多次游行反对抗议的影响，2015 年 12 月 2 日，夏威夷最高法院撤回了在莫纳克亚山顶建造 TMT 的建设许可。这座已经动工的超大光学望远镜，从此陷入了进退两难的境地。截至 2023 年 12 月底，TMT 尚未宣布或启动进一步建设。仪器设计、镜面铸造和抛光以及其他关键操作技术方面的持续进展已经完成或正在研究中	

附录 411

续表

序号	名称	国家/地址	基本概况	外形图
5	巨型麦哲伦望远镜（Giant Magellan Telescope, GMT）	美国、澳大利亚等/智利拉斯坎帕纳斯天文台	GMT 是一台 25.4 m 口径的地面超大望远镜，正在智利阿塔卡马沙漠的拉斯坎帕纳斯天文台建造。预计将于 21 世纪 20 年代末投入运行。建成后，GMT 将成为有史以来最大的用于光学和中红外（320～25 000 nm）波段光学观测的地基望远镜。该望远镜的主镜由 7 块直径 8.417 m 的子镜组成，形成了 368 m² 的聚光面积。整个主镜阵列的焦比（焦距除以直径）为 f/0.71。对于单个片段（直径的 1/3），焦比为 f/2.14。整个望远镜的总焦比为 f/8。像所有现代大型望远镜一样，它将利用自适应光学器件。由于非常大的光圈和先进的自适应光学器件，科学家们期望获得非常高质量的图像。图像分辨率预计将是哈勃空间望远镜（HST）的 10 倍，詹姆斯韦布空间望远镜（JWST）的 4 倍。 GMT 担负探寻宇宙中恒星和行星系的生成、暗物质、暗能量和黑洞的奥秘，以及银河系的起源等重任。科学家将利用 GMT 来研究天体物理学的几乎所有方面——从寻找遥远系外行星上的生命迹象到调查化学元素的宇宙起源。 GMT 由美国的华盛顿卡内基研究所等 8 个单位与澳大利亚国立大学合作建造，于 2005 年开始启动铸造主镜，并于 2015 年开始现场施工。截至 2022 年，7 个主镜中的 6 个已经铸造完毕，并开始山顶设施的建设。预计 2025 年可以交付给智利。 GMT 望远镜的安置地点位于智利赛雷纳东北的拉斯坎帕纳斯（Las Campanas）天文台，该地点因其出色的天文视宁度[①]和全年大部分时间晴朗的天气而被选为望远镜所在地。由于人口中心稀疏等有利的地理条件，周边大部分地区的夜空阿塔卡马沙漠地区不仅没有大气污染，而且可能是受光污染影响最小的地方之一，使该地区成为地球上最适合长期天文观测的地点之一。此外南半球位置提供通往银河系中心、最近的超大质量黑洞（接近人马座 A*）、距太阳最近的恒星（比邻星）、麦哲伦星云以及许多最近的星系和星系的通道	
6	甚大望远镜（Very Large Telescope, VLT）	欧洲南方天文台/智利帕瑞纳天文台	VLT 是由 4 台 8.2 m 口径的望远镜组成。这 4 台望远镜通常单独使用，也可以组成光学干涉仪进行高分辨率观测。作为干涉仪工作时，VLT 还配有 4 个孔径为 1.8 m 的可移动辅助望远镜，专用于干涉观测。VLT 能够观测可见光和红外波长。每台望远镜都能探测到比肉眼可见的物体暗约 40 亿倍的物体。当所有望远镜组合在一起时，该设施可以实现约 0.002 角秒的角分辨率。在单望远镜模式下，角分辨率约为 0.05 角秒。VLT 将具有相当于口径 16 m 的望远镜的聚光能力和口径 130 m 的望远镜的角分辨率。 VLT 始于 1986 年。2012 年全部建成开始工作。VLT 的每个主镜重约 22 t。每个望远镜重约 500 t。VLT 的主要科学任务为搜索太阳系旁邻近恒星的行星、研究星云内恒星的诞生、观察活跃星系核内可能隐藏的黑洞以及探索宇宙的边缘等。 VLT 是生产力最高的地面天文学设施之一，在可见光波长设施产生的科学论文数量方面仅次于哈勃空间望远镜（HST）。使用 VLT 进行的一些开创性观测包括第一张系外行星的直接图像、对围绕银河系中心超大质量黑洞运行的恒星的跟踪，以及对已知最远伽马射线的余辉的观测。 2023 年 5 月，法国和意大利科学家携手利用 VLT，首次发现了宇宙中第一批恒星爆炸后留下的"灰烬"：他们探测到 3 个遥远的气体云，其化学成分与科学家对第一批恒星爆炸的预期相匹配	

[①] 天文视宁度（Astronomical Seeing）：在天文学中，视觉是指由于地球大气中的湍流而导致天文物体图像的退化，这种图像可能会变得模糊、闪烁或可变扭曲。这种效应的根源是从物体到检测器的光路中光学折射率的快速变化。视宁度是望远镜天文观测角分辨率的主要限制，否则会受到衍射的限制，由望远镜口径的大小决定。如今，许多大型的地面光学望远镜都配备了自适应光学器件来克服视宁度问题。视宁度的强度通常用恒星长曝光图像（视宁盘）的角直径或弗里德（Fried）参数 r_0 来表征。视宁盘（Seeing Disk）的直径是其光学强度的半高全宽。在这种情况下，几十毫秒的曝光时间可以被认为是长的。Fried 参数描述了假想望远镜孔径的大小，对于该孔径，衍射极限角分辨率等于视见极限分辨率。视宁盘的尺寸和 Fried 参数都取决于光学波长，但通常将其指定为 500 nm。小于 0.4 角秒的视宁盘或者 Fried 参数大于 30 cm 即可认为是视宁度极佳。

续表

序号	名称	国家/地址	基本概况	外形图
7	500 m 口径球面射电望远镜（Five-hundred-meter Aperture Spherical Radio Telescope，FAST）	中国/贵州	FAST 位于中国贵州省黔南布依族苗族自治州境内，是中国国家"十一五"重大科技基础设施建设项目。FAST 拥有一个直径 500 m 的碟形天线，建在喀斯特岩石景观中的自然天坑中。它是世界上最大的全孔径射电望远镜以及第二大的单碟孔径，它设计新颖，采用由 4 500 块金属面板组成的活动表面，实时形成移动的抛物线形状。装有馈电天线的舱室悬挂在碟形天线上方的电缆上，可以通过绞盘自动移动，以操纵仪器接收来自不同方向的信号。它的观测波长为 10 cm～4.3 m。 在 FAST 网站列出了 FAST 射电望远镜的下列科学目标：①大规模中性氢调查；②脉冲星观测；③领先国际甚长基线干涉测量（VLBI）网络；④星际分子探测；⑤探测星际通信信号（寻找外星智慧生命）；⑥脉冲星计时阵列。FAST 望远镜于 2016 年 10 月加入 Breakthrough Listen SETI 项目，寻找宇宙中的智能地外通信。2020 年 2 月，科学家宣布使用该望远镜进行首次 SETI 观测。 FAST 的建设于 2011 年开始。它于 2016 年 9 月首次看到曙光。经过三年的测试和调试，它于 2020 年 1 月 11 日宣布全面投入运行。FAST 于 2017 年 8 月首次发现了两颗新脉冲星。截至 2018 年 9 月，FAST 已发现 44 颗新脉冲星，到 2021 年将发现 500 颗。2022 年 12 月，利用中国天眼 FAST 探测了银河系内气体介质，获得高清图像。2022 年 12 月，通过系统分析 FAST 的快速射电暴观测数据，精细刻画出动态宇宙的射频偏振特征，最新研究揭示圆偏振可能是重复快速射电暴的共有特征	
8	大天区面积多目标光纤光谱天文望远镜（Large Sky Area Multi-Object Fiber Spectroscopy Telescope，LAMOST），也称郭守敬望远镜	中国/中国河北	LAMOST 是由中国科学院国家天文台承担研制的我国自主创新的、世界上口径最大的大视场兼大口径及光谱获取率最高的望远镜。是中国科学院国家天文台的国家重大科技基础设施，为一架视场为 5° 横卧于南北方向的中星仪式反射施密特望远镜。LAMOST 应用主动光学技术控制反射改正板，使它成为大口径兼大视场光学望远镜的世界之最。由于它口径达 4 m，在曝光 1.5 h 内可以观测到暗达 20.5 等的天体。 LAMOST 于 1997 年立项，2001 年动工，2009 年 6 月通过国家验收，2010 年 4 月被冠名为"郭守敬望远镜"。2012 年 9 月启动正式巡天。2021 年 8 月，基于 LAMOST 观测数据，研究人员发现了一颗十分罕见的新型激变变星。依托 LAMOST 的海量光谱数据，中国科学院国家天文台等单位的研究人员新发现了 1 417 个致密星系。截至 2022 年 9 月，郭守敬望远镜已运行 11 年，共发布了约 2 000 万条光谱数据	
9	大型双筒望远镜（Large Binocular Telescope，LBT）	美国/美国亚利桑那州的格雷厄姆山上	LBT 是由两个紧紧相邻的 8.4 m 直径望远镜构成，它们可以分离工作，当合并工作时就像一个单一、更大型的望远镜。LBT 具有与 11.8 m 口径的单个望远镜相同的聚光能力和 22.8 m 口径望远镜的分辨率。LBT 镜子是北美大陆第二大光学望远镜，它拥有光学望远镜中最大的整体式或非分段式镜子。 LBT 第一个望远镜是于 2004 年在美国亚利桑那州格雷厄姆山顶上架设，第二个望远镜是从 2005 年开始安装，直到 2008 年年初，两个望远镜才实现合并式观测。该望远镜可以观测到数百万光年以外的天体，它的聚光能力远超哈勃空间望远镜，拍摄照片的清晰度也要超过哈勃望远镜约 10 倍。 LBT 自 2005 年 10 月 12 日以来开始部分运行，当时仅有一个镜片投入使用，用以观测仙女座中的螺旋星云。2007 年捕获了首批图像。2008 年，当 2 个镜片同时投入使用后，LBT 变得前所未有的强大，天文学家们可以使用新设备以前所未有的精确度探测宇宙的过去。 2008 年，LBT 与 XMM-Newton 一起发现了距离地球超过 70 亿光年的星系团 2XMM J083026+524133；2007 年 LBT 探测到来自伽马射线暴 GRB 070125 的 26 级余辉。最有趣的是，2017 年 LBT 在太空中观测到了小行星采样返回探测器 OSIRIS-REx	

附录 413

续表

序号	名称	国家/地址	基本概况	外形图
10	加那利大型望远镜(Gran Telescopio Canarias, GranTeCan 或 GTC)	西班牙/西班牙拉帕尔玛岛	GTC 是一台口径达 10.4 m 的大型反射望远镜，配有分段主镜。截至 2013 年，GTC 是世界上最大的最先进的单孔径光学和红外望远镜。它的主镜由 36 个六边形的分段，由主动光学控制系统控制，作为反射单元而一起工作。天文学家希望利用它帮助人类在外太空搜寻类似地球的行星，并为解释生命起源提供线索。2023 年利用 GTC，天文学家揭示了有史以来最大的宇宙爆炸，并且发现了一种新型的恒星天体。 任何望远镜装置在科学上取得成功的一个决定性方面是拥有新颖仪器提供尖端数据的能力。GTC 拥有令人兴奋且广泛的科学仪器开发计划。该望远镜目前最多可以在其 Nasmyth 焦点配备两台仪器。进一步的仪器可能会安装在目前正在准备的两个折叠卡塞格伦焦点（Folded-Cassegrain Focus）中，最终也会安装在主卡塞格伦焦点中。GTC 目前的科学仪器研发计划将于 2024 年左右完成。届时，GTC 一大套焦点站将配备六七台科学仪器，将保证该望远镜数年的科学竞争力。未来，还考虑 GTC 将继续成为运行中最大的光学望远镜	
11	凯克天文台(Keck Telescope)	美国/美国夏威夷	凯克天文台是一座拥有 2 台天文望远镜的天文台，坐落在海拔 4 200 多米人迹罕至的莫纳克亚山上。凯克天文台的双望远镜是世界上最具科学生产力的光学和红外望远镜。每台望远镜重 300 吨，运行精度达到纳米级。望远镜的主镜直径为 10 m，每个主镜由 36 个六角形分段组成，这些六角形分段协同工作，就像单孔径反射镜子一样。 1991 年，Keck Ⅰ 建成，1996 年 Keck Ⅱ 建成，刚完工时它是当时世界上口径最大的光学反射天文台，目前是第三和第四大。凯克天文台拥有一套最先进的观测仪器和自适应光学功能，它为天文学家提供了天王星最清晰的地基图像，证实这颗曾被认为平淡无奇没有什么变化的行星，实际上出人意料的活跃。天文学家 2004 年年初用凯克天文台对天王星做了研究，凯克自适应光学系统红外波段拍摄的图像显示了"旅行者 2 号" 1986 年飞掠这颗行星时没有发现的一些细节。2023 年，科学家公布了利用凯克天文台探测到早期宇宙中类星体的宿主星系	
12	阿雷西博天文台（Arecibo Observatory）	美国/波多黎各，阿雷西博，巴里奥埃斯佩兰萨 (Barrio Esperanza, Arecibo, Puerto Rico)	Arecibo Observatory 也称为国家天文学和电离层中心，它隶属于美国国家科学基金会（NSF）。它的主要仪器是阿雷西博望远镜，这是一个内置于天然天坑中的 305 m 球形反射盘，配有电缆安装的可操纵接收器和多个安装在盘上方 150 m 处用于发射信号的雷达发射器。 Arecibo Observatory 于 1963 年竣工，53 年来一直是世界上最大的单口径望远镜，于 2016 年 7 月被中国的 FAST 超越。2020 年中期，支撑接收器平台的电缆发生两次断裂后，NSF 宣布该望远镜退役。2020 年 12 月 1 日，在进行修复或受控拆除之前，望远镜发生全面倒塌。2022 年，NSF 宣布将不再重建该望远镜，并在现场建立教育设施。 Arecibo Observatory 还包括一个直径 12 m 的射电望远镜，用于与主望远镜进行甚长基线干涉测量（Very-Long-Baseline Interferometry，VLBI）；一个激光雷达设施和一个游客中心，该游客中心在望远镜倒塌后仍在运行。小行星 4337 以阿雷西博天文台命名，以表彰该天文台对太阳系天体特征描述的贡献	

续表

序号	名称	国家/地址	基本概况	外形图
13	维拉·鲁宾天文台（Vera C. Rubin Observatory）	智利/安第斯山脉上	Vera Rubin 天文台以前称为大型综合巡天望远镜（Large Synoptic Survey Telescope，LSST），是智利目前正在建设的大型天文台。Vera Rubin 天文台将容纳西蒙尼巡天望远镜，这是一台带有 8.4 m 主镜的宽视场反射望远镜，该望远镜采用新颖的三镜消散散，通过使用三个非球面镜来消除像散。结果是允许紧凑型望远镜在非常宽的 3.5 度直径，即 9.6 平方度视场中，获得清晰的图像，但由于大型三级镜而牺牲了聚光能力。图像将由 32 亿像素 CCD 成像相机记录，这是迄今为止最大的数码相机。 LSST 的主要任务将是进行天文勘测，将成为世界上最强大的光学/红外望远镜之一。它可以帮助科学家们更深入地探索宇宙中未知领域，并寻找暗物质等神秘现象。LSST 的具体科学目标包括：①通过测量弱引力透镜效应、重子声振荡和 Ia 型超新星的光度测定来研究暗能量和暗物质，所有这些都是红移的函数。②绘制太阳系中的小天体地图，特别是近地小行星和柯伊伯带天体。LSST 预计将使编目对象的数量增加 10～100 倍。它还将有助于寻找假设的第九行星。③检测瞬态天文事件，包括新星、超新星、伽马射线暴、类星体变率和引力透镜效应，并提供及时的事件通知以方便后续跟踪。④绘制银河系地图	
14	欧洲非相干散射科学协会 (European Incoherent Scatter Scientific Association，EISCAT) 的 3D 雷达	欧洲/三个接收站分别位于挪威、芬兰、瑞典	EISCAT 3D 是欧洲非相干散射科学协会（EISCAT）的新一代非相干雷达，于 2022 年 11 月开始建设，该雷达主要用于对空间碎片、陨石跟踪，GPS 和无线电流量研究，空间天气、极光、电离层等现象进行研究。EISCAT 3D 不是旧系统的抛物面天线，而是由三个相控阵天线场组成的多基地雷达。它将许多小型天线作为整体一起工作，每个场地将有 5 000～10 000 个交叉偶极子天线，安装在直径 70 m 的接地平面顶部。 EISCAT 3D 雷达由欧洲多国共同建设，在北欧地区拥有三个站点，可以同时监测不同高度范围内的电离层变化情况。EISCAT 3D 的核心站点位于挪威斯基博滕（Skibotn）郊外。该设施将拥有 109 个六角形天线单元作为其主天线，并在主站点周围分布有 10 个天线单元。偶极天线安装在天线单元的顶部。Skibotn 设施将拥有 10 000 个此类小型天线。Skibotn 设施将充当 EISCAT 3D 系统的收发器和接收器。另外两个接收站分别位于芬兰和瑞典，该设施将包括 54 和 55 个天线单元，以及大约 5 000 个偶极天线	
15	低频天线阵列（Low-Frequency Array，LOFAR）射电望远镜	荷兰/	LOFAR 是一台大型射电望远镜，其天线网络主要位于荷兰。LOFAR 采用大量全向无线电天线组成，其中来自单独天线的信号不像大多数阵列天线那样直接连接以充当单个大型天线。相反，LOFAR 偶极天线分布在站点中，其中天线信号可以在模拟电子设备中部分组合，然后数字化，然后在整个站中再次组合。这种逐步方法在设置和快速改变天线站天空方向灵敏度方面提供了极大的灵活性。然后，来自所有站点的数据通过光纤传输到中央数字处理器，并在软件中组合以模拟传统的射电望远镜碟形天线，其分辨率与欧洲天线站之间的最大距离相对应。 LOFAR 使用两种类型的天线在 10～240 MHz 频率范围内进行观测：低频段天线（Low Band Antenna，LBA）和高频段天线（High Band Antenna，HBA），分别针对 10～80 MHz 和 120～240 MHz 进行了优化。来自 LOFAR 站的电信号被数字化，传输到中央数字处理器，并在软件中组合以绘制天区地图。因此，LOFAR 是一个"软件望远镜"。此类望远镜的成本主要由电子设备的成本决定，因此将主要遵循摩尔定律，随着时间的推移变得更便宜，并允许建造越来越大的望远镜。每个天线都相当简单，目前 LOFAR 阵列中有大约 20 000 个天线。 LOFAR 可实现的灵敏度和空间分辨率，使得对宇宙的多项基础性新研究成为可能，并促进对地球环境的独特实际研究	

注：上述各项任务信息均来自维基百科（https://zh.wikipedia.org，更新至 2023 年 12 月底）

附录三 火星地质历史

根据撞击坑定年法和地层叠置交错关系将火星地质年代分为四个阶段：前诺亚纪（Pre-Noachian）、诺亚纪（Noachian）、西方纪（Hesperian）和亚马逊纪（Amazonian）（详见附图 5）。

前诺亚纪距今 4.1～4.6 Ga，撞击与火山事件使早期地表不复存在，因而将最早的数亿年归为前诺亚纪。该时期形成了包括北部低地、乌托邦平原等地质单元，具有全球性磁层，但当时的大气性质、地表挥发分组成仍然是未解之谜。

诺亚纪距今 3.7～4.1 Ga，该时期以海拉斯盆地的形成为底界，分为早、中、晚诺亚纪。诺亚纪的显著特征为高频率的撞击、侵蚀和广泛沟谷地貌的形成，也包括塔尔西斯火山省主体部分的聚集以及大量风化产物（如层状硅酸盐）的形成。诺亚纪大多数火山活动都集中在塔尔西斯区域。大型撞击盆地和北部盆地也可能分布有大量埋藏在较年轻沉积物中的诺亚纪火山岩。撞击高地中暴露的大多数物质可能是原生火山岩或受撞击改造的火山岩，它们主要是富含低钙辉石的玄武岩，以及不同含量的橄榄石。在诺亚纪大部分区域探测到的原生火成岩矿物（特别是橄榄石）表明当时的风化作用十分有限。

西方纪距今 3.0～3.7 Ga，大致与地球的太古代早期处于同一时期。西方纪的主要特征是持续（可能短暂）的火山作用，形成了广泛的熔岩平原。与诺亚纪相比，山谷形成率较低，但有大量的外流河道、湖泊或海洋形成。此外，西方纪侵蚀率极低，形成层状硅酸盐的蚀变作用急剧减弱或停止，并在局部区域富集硫酸盐矿物。火星表面的侵蚀率、风化率和山谷形成率的急剧下降强烈表明西方纪期间气候可能由暖湿向干冷转变，地表和气候条件不利于侵蚀和风化作用的发生。西方纪的火山作用主要表现在脊状平原和一些低矮盾状火山的形成，与脊状平原形成相关的火山喷发的 SO_2 排放可能导致了显著的温室效应，造成早期西方纪火星气候间歇性变暖，随后随着火山作用的减退，SO_2 迅速从大气中消失，地表温度下降。在西半球，熔岩平原主要分布在塔尔西斯火山东部外围区域。在东半球，熔岩平原形成了西方平原、大瑟提斯平原和海拉斯盆地大部分的底部区域。西方纪广泛存在的火山活动使火星约 30% 的区域发生了地表重塑，同时这也可能是该时期硫酸盐大量沉积的原因。

亚马逊纪距今约 3 Ga，并一直持续到现在，其覆盖了火星地质历史的三分之二。尽管亚马逊纪持续的时间相当长，但由撞击作用、构造作用和火山活动造成的地貌变化较小。此外，还持续了晚西方纪极低的侵蚀率和风化率特点。与火星早期相比，亚马逊纪冰川和风的作用对地表的改造更为明显。亚马逊纪最显著的特征是冰川的活动，且在中高纬度地区冰川活动更为明显。火星轨道倾角的变化对冰川的活动与分布会产生强烈的影响，当倾角较大时冰川将会从极区转移到较低纬度并聚集积累。亚马逊纪的火山作用主要集中于塔尔西斯和埃律西昂地区，火星表面的大型盾形火山最终形成，它们附近会形成较大面积的熔岩平原。亚马逊纪也存在地表水的活动，如在塔尔西斯和埃律西昂区域盾状火山的附近形成了外流河道。这一时期最为普遍出现的水流地貌为撞击坑内壁上广泛发育的冲沟，它们可能是由地下冰层融化释放的液态水形成。

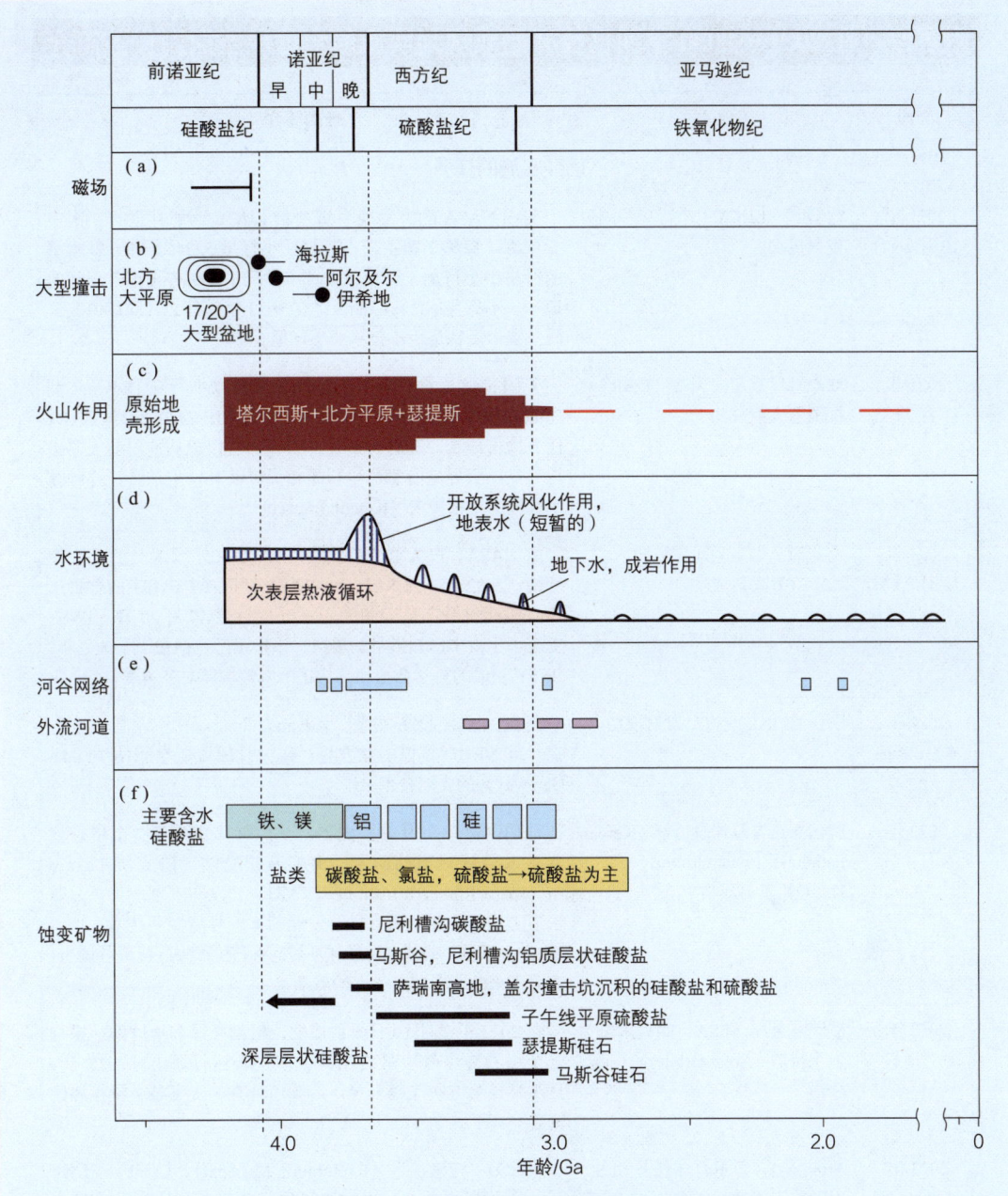

附图 5　火星地质历史主要事件时间线

附录四　在 2021—2030 年间已经开始或规划实施的全球深空探测任务简介

时间	任务名称	任务简介
已经实施的任务		
2021年10月16日	"露西"（LUCY）小行星探测器发射成功	美国 NASA 的"发现"级项目 LUCY 计划共进行 7 次飞掠探测，探测 1 颗主带小行星（小行星 52246）和 6 颗木星的特洛伊小行星。计划 2025 年 4 月 20 日左右飞掠首个目的地——小行星 52246，预计将在 2033 年 3 月 2 日前后探测最后一颗木星特洛伊小行星（小行星 617）
2021年11月24日	双小行星重定向测试（DART）探测器发射成功	美国 NASA 的 DART 任务计划探测双小行星 Didymos 和 Dimorphos。2022 年 9 月 26 日，美国 JHU/APL 宣布 DART 任务撞击成功，随后 NASA 对外宣布可以成功地对航天器进行导航，引导它有意与小行星相撞以使其发生偏转，这种技术被称为动能撞击（Kinetic Impact）
2021年12月25日	詹姆斯·韦布空间望远镜（JWST）发射成功	由 NASA、ESA 和 CSA 联合研发的红外线观测的太空望远镜。2022 年 7 月 8 日，NASA 公布了 JWST 拍摄的首批天体，包括星系、星云和太阳系巨行星；7 月 20 日，JWST 发现了宇宙中已知最早的星系，该星系已经存在了 135 亿年。JWST 获取的科学数据和图像正不断地刷新对宇宙的认知
2022年6月28日	CAPSTONE 立方星发射成功	美国 NASA 投资主管、Advance Space 公司研制，运行在月球 NRHO 轨道的立方星，作为月球轨道空间站（Lunar Gateway）的先期技术验证
2022年8月4日	韩国探路者月球轨道器（Korean Pathfinder Lunar Orbiter，KPLO）发射成功	韩国的第一个月球探测器，从此韩国成为第 7 个将探测器送入月球轨道的国家。由韩国航空航天研究所（Korea Aerospace Research Institute，KARI）开发和管理，将在月球轨道上运行一年，其目标是发展韩国的月球探测技术，展示"太空互联网"技术，对月球环境、地形和资源进行科学调查，并为未来的任务确定潜在的着陆点
2022年9月3日	欧洲航天局（ESA）的太阳轨道飞行器（Solar Orbiter）飞越金星	在 2022 年 2 月 10 日发射成功，借助金星和地球的一系列复杂引力弹弓效应最终飞向太阳进入运行轨道。2022 年 9 月 3 日是第三次飞越金星，后续还将有 3 次飞越金星探测的机会
2022年11月16日	Artemis-1，重返月球任务 SLS 火箭首飞成功	曾称为"探索一号（Exploration Mission-1，EM-1）"任务，Artemis-1 标志着 NASA 在"阿波罗"载人登月工程结束 50 多年后重返月球探索领域。这是"猎户座"飞船和太空发射系统（SLS）火箭的首次综合飞行测试，其主要目的是测试"猎户座"飞船，特别是其隔热罩，并为后续的阿尔忒弥斯任务做准备
2023年3月17日	ExoMars2022 项目停止合作	受俄乌军事冲突的影响，欧洲航天局宣布停止与俄罗斯航天局在 ExoMars 火星任务上的所有合作，不再使用俄罗斯的"质子-M"运载火箭，不再使用俄罗斯研发的火星登陆平台，ExoMars2022 发射再次推迟。俄航天集团总裁随后宣布：ESA 退出 ExoMars 项目，俄方将独立执行火星任务

续表

时间	任务名称	任务简介
2023年 4月14日	"木星冰卫星探测器"（JUICE）发射成功	正式启动欧洲航天局（ESA）对木星系统的探测任务，旨在探测木星及3颗冰卫星，最终成为围绕木卫三探测的轨道器，也是继月球之外的首个绕天然卫星环绕飞行的探测器。
2023年 7月14日	印度"月船3号"（Chandrayaan-3）发射成功	"月船3号"探测器系统包括一个名为"维克拉姆"（Vikram，梵语中意为勇气）的着陆器、推进舱和一辆名为"普拉吉安（Pragyan，梵语中意为智慧）"的月球车，已于2023年8月23日在月球南极附近着陆，进行为期14天的科学活动。"维克拉姆"着陆器携带了4个有效载荷，用于研究月震、月球表面如何允许热量通过、等离子环境，以及更准确地测量地月距离。月球车上的两个载荷将使用X射线和激光研究月球表面的成分
2023年 8月10日	俄罗斯的Luna-25月球南极软着陆探测器发射	俄罗斯航天局的Luna 25着陆器已在2023年8月16日进入月球轨道，8月19日着陆器在轨机动失败后坠毁在月球表面，原计划将在一年任务周期内研究月球极区土壤的成分，以及非常薄的月球外逸层或月球稀薄大气层中所含的等离子体和尘埃
2023年 8月21日	帕克太阳探测器（Parker Solar Probe）第六次飞越金星	NASA的帕克太阳探测器于2023年6月27日完成了一个里程碑——绕太阳运行16圈。其中包括2023年6月22日近距离接近太阳（称为近日点），航天器以每小时364,610英里的速度移动，距离太阳表面530万英里以内。航天器在飞越太阳后状态良好，运行正常。2023年8月21日，帕克太阳探测器将第六次飞越金星，这次飞越将是计划中的七次飞越中的第六次帕克执行主要任务期间的金星
2023年 9月6日	月球勘查智能着陆器（Smart Lander for Investigating the Moon，SLIM）发射	日本计划由H-IIA 47号运载火箭发射SLIM着陆器，它配备了着陆雷达，用于降落到月球表面，并使用图像匹配导航和障碍物检测，着陆时的冲击力可以通过压碎的泡沫铝底座来吸收。携带多波段相机可以评估当地的矿物环境，特别是对有可能起源于月球地幔的橄榄石感兴趣。SLIM还携带有小型激光后向反射器阵列。SLIM于2024年1月19日着陆月球
2023年 9月24日	"起源光谱解释资源识别安全风化层探索者"（Origins, Spectral Interpretation, Resource Identification, Security -Regolith Explorer，OSIRIS-REx）样本舱返回地球	OSIRIS - REx于2016年9月发射。它于2020年10月靠近近地小行星Bennu，然后使用机械臂捕获了大量太空岩石的样本。OSIRIS-REx返回舱于9月24日降落在美国国防部犹他州的着陆场。然后，探测器将前往第2颗小行星，即具有潜在危险的阿波菲斯（Apophis），执行一项名为OSIRIS-APEX的扩展任务。预计探测器将于2029年进入充满岩石世界的轨道

续表

时间	任务名称	任务简介
2023年10月13日	Psyche任务发射	NASA计划向主带小行星16 Psyche发射轨道环绕探测器，预计2029年8月到达，到达后将以不同高度围绕这颗小行星运行26个月，捕捉图像并收集其他信息。16 Psyche小行星的金属含量丰富，科学家认为它可能是星子核心的一部分，对它的探测有助于我们了解内太阳系行星核心和地球自身形成的信息。探测器还将携带革命性的"深空光通信"设备，用来测试未来NASA可能使用的高速率激光通信技术
	Janus作为Psyche任务搭载的次级载荷发射（已被搁置）	原计划研究双小行星（两个相互绕行的小行星）系统，以了解这类天体的形成与演变。Janus探测器原本计划于2022年8月与Psyche探测器一起在SpaceX猎鹰重型火箭上发射。但在Psyche的飞行软件出现问题后，NASA推迟了原计划改在2023年10月份发射，14个月的任务延迟导致原定探测的双小行星已经变得遥不可及，因此直接导致目前Janus任务被搁置
2024年1月8日	"游隼-1号"（Peregrine Mission-1，PM-1）发射	美国NASA商业月球载荷服务（CLPS1）首个项目，PM-1由ASTROBOTIC公司研制，搭乘联合发射联盟（ULA）的火神半人马座（Vulcan Centaur）进行发射，但PM-1在执行任务仅几个小时后遭遇推进异常故障，推进剂严重泄露。PM-1不会抵达月球，而是在1月18日重新进入地球大气层并烧毁
2024年2月15日	"直觉机器-1"（Intuitive Machine-1，IM-1）月球着陆器发射成功	美国NASA商业月球载荷服务（CLPS2）项目，搭乘NASA"猎鹰-9"（Falcon-9）运载火箭进行发射，并着陆在距离月球南极约300 km的陨石坑附近，但在2024年2月22日着陆过程中翻到。但IM-1 Nova-C月球着陆器着陆失败，只完成了预定10个任务目标中的8个。原计划向月球表面运送的有效载荷包括：激光后向反射器阵列、用于精确速度和距离传感（NDL）的导航多普勒激光雷达、月球节点1导航演示器（LN-1）、用于月球羽流表面研究的立体相机（SCALPSS）、近侧月球表面低频射电观测（ROLSES）、EagleCAm、ILO-X国际天文台等
2024年（5月3日）	"嫦娥六号"月球探测器发射	中国的月球探测任务，降落在月球背面，预期采样并返回2 kg的样品。主要科学目标是：①展开着陆点区的描摹探测和地质布景勘测，获得与月球样品相关的现场阐发数据，创建现场探测数据与实行室阐发数据之间的联系；②是对返回地面的月球样品进行系统、长期的实验室研究，分析月壤与月岩的物理特性与结构构造、矿物与化学组成、微量元素与同位素组成、月球岩石形成与演化过程的同位素年龄测定、宇宙辐射与太阳风离子与月球的相互作用、太空风化过程与环境演化过程等，深化月球成因和演化历史的研究

续表

时间	任务名称	任务简介
	**计划实施的任务**	
2024年（预计）	极区水冰资源采矿试验1号（Polar Resources Ice Mining Experiment -1，PRIME-1）发射	美国NASA商业月球载荷服务（CLPS3）项目之一，搭乘Intuitive Machine公司的IM-2月球着陆器到达月球南极。PRIME-1将帮助科学家在月球南极寻找水源，这将是月球上的首次原位资源利用验证试验，它将安装在月球着陆器上，它由两个组件组成，用于探测新地形的风化层和冰钻（TRIDENT），以及观测月球作业的质谱仪（MSolo）
2024年（预计）	谢林月球着陆器（Xelene Lunar Lander，XL-1）月球着陆器发射	美国NASA商业月球载荷服务（CLPS4）项目之一，XL-1月球着陆器将携带NASA的有效载荷前往月球南极，其中包括科学实验仪器，以及来自商业乘客的货物，绕月数圈过程中确定在月球南极的着陆点后，最终在月球南极霍沃斯陨石坑（Haworth Crater）附近软着陆
2024年（预计）	"月球开拓者"（Lunar Trailblazer）发射	计划搭载IM-2任务进行发射。月球开拓者号的目标是了解月球上水的形态、丰度和分布，以及月球水循环。主要科学目标是：①确定阳光照射地形中H_2O和OH的形式、丰度和分布；②评估月球挥发物的时间变化；③确定永久阴影区域（PSR）中冰结合H_2O和OH的形式和丰度；④了解反照率和表面温度的局部梯度如何影响冰和OH/H_2O浓度
2024年8月（预计）	逃逸和等离子体加速和动力学探测器（Escape and Plasma Acceleration and Dynamics Explorer，EscaPADE）	EscaPADE是一项研究火星等离子和溅射逃逸的双探测器任务，该任务的科学目标是：了解控制火星混合磁层结构的过程，以及它如何引导离子流动；了解能量和动量是如何从太阳风传递到火星磁层的；了解控制能量和物质进出碰撞大气的过程。目前ESCAPADE计划作为蓝色起源新格伦（New Glenn）火箭的第一个商业有效载荷发射
2024年9月（预计）	火星卫星探测发射	MMX是日本JAXA主导研制的从火卫一采样返回探测任务，预计2024年9月发射，2025年8月到达火星，进入环绕火卫一探测的准静止轨道，进行一系列观测。2028年8月离开火星，2029年9月返回地球。MMX任务的科学目标是探测火星卫星的起源和太阳系行星形成的过程，解释火星系统（火星、火卫一、火卫二）的演化过程；工程目标是建立地火往返所需的工程技术、先进的地外天体采样技术，以及使用新开发的地面站建立最佳通信系统
2024年10月10日（预计）	"欧罗巴快帆"（Europa Clipper）发射	美国NASA主导的"欧罗巴快帆"项目主要探测目标是木卫二，预期有三个具体的科学目标：确定冰壳的厚度并了解海洋与地表相互作用的程度；分析海洋的成分，以确定它是否确实具有形成和维持生命的成分；绘制木卫二的地质图，寻找近期构造活动、地表重铺或水蒸气可能排出的区域的迹象。目前计划2024年10月10日搭载SpaceX的"猎鹰重型"火箭发射，2025年2月27日进行火星重力辅助返回地球，2026年12月1日进行地球重力辅助变轨，预计2030年4月11日抵达木星，计划围绕木卫二环绕探测50多次

续表

时间	任务名称	任务简介
2024年10月（预计）	赫拉（Hera）发射	Hera 是 ESA 正在开发的一项行星防御任务，其目标是调查 Didymos 双小行星，包括详细表征属于近地小行星群的小型小行星的表面和地下物理和成分特性；测量 Dimorphos 的质量以确定 DART 冲击的动量传递效率；详细研究 DART 产生的弹坑，以提高我们对弹坑过程以及弹坑形成驱动动量传递效率的机制的理解；观察远程观察者难以察觉的细微动态效应（例如 Dimorphos 的撞击、轨道和自旋激发造成的振动）；表征 Dimorphos 的表面和内部，以缩放不同小行星的动量传递效率
2025年9月（预计）	Artemis-2，重返月球任务的第二次发射	NASA 阿尔忒弥斯（Artemis）计划的第二次预定任务，也是 NASA 猎户座飞船的第一次预定载人任务，目前计划于 2024 年 11 月由太空发射系统（SLS）发射。载人猎户座飞船将飞越月球并返回地球。Artemis-2 计划成为自 1972 年"阿波罗 17 号"任务以来第一艘前往月球的载人航天器
2026年9月（预计）	Artemis-3，重返月球任务的第三次发射	NASA 阿尔忒弥斯（Artemis）计划的第三次预定任务，以及载人月球着陆器的首次载人飞行。Artemis-3 计划是第二次载人阿尔忒弥斯任务，也是自 1972 年"阿波罗 17 号"以来的首次载人登月任务。2023 年 8 月，NASA 官员表示：由于载人月球着陆器研发延迟，对不载人着陆的 Artemis-3 飞行持开放态度，因此任务可能会变成载人访问月球轨道空间站（Lunar Gateway）
2026年前后	嫦娥七号（CE-7）月球探测器发射	中国的月球探测任务，降落在月球南极，主要科学目标是对月球极区地形地貌、物质成分、地质构造、空间环境、蕴藏资源等综合性探测，探测器系统包括轨道器、着陆器、中国巡视器、飞越探测器、中继星等部分；其中小型飞越式探测器携带着钻探工具、机械臂和加热炉，用于寻找月球水冰并进行光谱分析
2028年（预计）	"蜻蜓"（Dragonfly）发射	由于土卫六重力低、风小，而且有稠密的大气层，因此"蜻蜓"号设想采用一种改变游戏规则的行星探索方法，利用旋翼飞行着陆器在土卫六的不同地点之间旅行并采样。"蜻蜓"号将探测土卫六环境的宜居性，研究富含碳物质和液态水可能长时间混合的环境中生命起源前化学的进展，甚至寻找水基生命或碳氢化合物生命的曾经存在的化学迹象。
2028年前后	"嫦娥八号"月球探测器发射	中国的月球探测任务，将重点开展月球科研站的月面指挥通信中枢技术验证、远程机器人探测和资源原位利用技术验证。嫦娥七号、嫦娥八号与鹊桥二号将会组成月球南极科研站的基本型
2028年9月（预计）	Artemis-4，重返月球任务的第四次发射	NASA 阿尔忒弥斯（Artemis）的第四次计划任务及第二次登月任务。此次任务的主要目标是组装月球轨道空间站，把由欧洲航天局 ESA 和日本宇宙航空研究开发机构 JAXA 开发的 I-Hab 居住模块运送到月球轨道空间站。该模块将与第一个月球轨道空间站组件、动力和推进元件以及居住和后勤哨站对接。随后，航天员将登上停靠在空间站的载人着陆器，降落到月球表面，执行为期多天的任务

续表

时间	任务名称	任务简介
2029年9月（预计）	Artemis-5，重返月球任务的第五次发射	NASA 阿尔忒弥斯（Artemis）的第四次计划任务及第三次登月任务，也将是"蓝月"（Blue Moon）着陆器的首次载人飞行。此次任务主要是将 4 名航天员及 2 个新的组件运送到月球轨道空间站。载人飞船与月球轨道空间站对接后，2 名航天员将登上"蓝月（Blue Moon）"着陆器，并搭乘月球地形车进入月球南极，2 名航天员预计将在月球表面停留 7 天，并在那里进行科学和探测活动
2029年前后	金星发射率、无线电科学、InSAR、地形学和光谱学（Venus Emissivity, Radio Science, InSAR, Topography, and Spectroscopy，VERITAS）探测器发射	VERITAS 探测器是 NASA/JPL 即将开展的一项任务，旨在以高分辨率绘制金星表面地图。地形、近红外光谱和雷达图像数据的结合将提供有关金星的构造和撞击历史、重力、地球化学、火山表面重生的时间和机制，以及负责这些过程的地幔过程的知识
2029年前后	金星深层稀有气体、化学和成像调查（Deep Atmosphere Venus Investigation of Noble gase, Chemistry, and Imaging, DAVINCI），"达芬奇+"探测器发射	"达芬奇+（DAVINCI+）"探测器将向金星发送轨道器和下降探测器。轨道飞行器将从上方以多个波长对金星进行成像，而下降探测器将研究金星大气层的化学成分并在下降过程中拍照。DAVINCI+ 探测器将穿过金星大气层，对大气层进行采样，并将测量结果返回到金星表面。这些测量对于了解金星大气层的起源、演化，以及它与地球和火星的大气层如何以及为何不同非常重要。DAVINCI+ 进行的探测将有助于研究金星上水的可能历史以及未探索的低层大气中的化学过程
2030年前	中国载人登月工程	中国计划在 2030 年前实现载人登陆月球，开展月球科学考察及相关技术试验，突破掌握载人地月往返、月面短期驻留、人机联合探测等关键技术，完成"登、巡、采、研、回"等多重任务，形成独立自主的载人月球探测能力

附录五　国际重要会议的摘要

5.1　月球探测和利用国际会议（ICEUM）第 11 届会议摘要

在月球探测和利用国际会议（ICEUM）上，参会人员已经同意了来自委员会的建议。2010 年 5 月 30 日—6 月 3 日，在北京举行了第 11 届月球探测和利用国际会议（ICEUM），参会代表认可了北京 ICEUM11 报告："我们特别关注 B 部分：技术和资源；基础设施和人因方面；月球、太空、社会和年轻探险家。我们建议在重要的科学和工程会议上，继续加强有关无人和载人月球探测研发活动和工程实施的研讨。"

目前的无人登月任务大都由各个国家独立实施，并保持一定程度的信息交流和协调。这应该走向真正的合作，适度的竞争会保持过程更活跃、成本更高效和速度更迅捷。来自欧洲、亚洲和美洲的月球着陆器、加压月球车等项目是重要的环境，可以在协调互助的月球村中为国际合作创造机会，把无人探测任务作为载人探测任务的先导和助手。

我们必须考虑现有导航能力的发展和现代化，以提供月球定位、导航和数据中继资产，并支持未来的无人和载人探测活动。月球交通运输的新理念、新方式备受关注，潜力巨大。

（摘自 Arvidson 和 ICEUM 第 11 届会议参与者）

5.2　资源利用和行星社会经济服务摘要

资源利用、原位制造将在行星社会经济服务中起到至关重要的作用。在这一愿景的支持者中，VidBeldavs 说：在未来几十年，基于规则的秩序发展框架的影响，与未来创造国际地球物理年（IGY）转型的影响旗鼓相当。以规则为基础的秩序对于可持续发展是必要的，它可有效地解决冲突。反之，糟糕的冲突解决方案会导致武器研发、军队部署、敌对行动和战争。这是最浪费、最昂贵和最具破坏性的人类活动。我们需要为小国和发展中国家提供机会，在美国的倡议下，欢迎包括俄罗斯、中国、欧空局、印度、日本等航天大国，以及其他已有月球探测活动国家，共同参与创建太空资源经济，积极参与月球探测。基于规则的秩序可以实现共享基础设施和国际融资机制，从而实现基础设施融资和合作，实现知识共享并加速创新应用。我们应该在外层空间建立以规则为基础的秩序，为未来几个世纪的可持续发展提供可能性，同时加强必要的国际合作，以避免未来十年的全球灾难。

我们需要一个法律及制度框架以实现基于规则的秩序（Rules-Based Order），这是成功实现联合国空间 2030（UN Space 2030）目标以及迈向 2060 年所必需的。国际月球十年（International Lunar Decade，ILD）的具体目标是，到 2030 年实现人来在月球上的可持续存在。该框架将有助于制定利用月球资源的政策，以及管理多方在月球上的行动。我们需要有机会推进基于规则的秩序，以管理人类向太阳系的扩张，以实现迄今为止通过联合国谈判达成的太空条约的意图，其愿望在《外层空间条约（Outer Space Treaty）》第一条中进行了总结：探索和利用外层空间，包括月球与其他天体在内，应本着为所有国家谋福利和利益的精神，不论其经济或科学发展的程度如何，这种探索和利用应是全人类的事情。

（摘自 Vid Beldavs，国际月球十年）

5.3 2021年太空复兴大会报告摘要

太空复兴与人类及机器人在太阳系中扩张产生的社会影响

第三届国际太空复兴（Space Renaissance）"民用太空发展"世界大会于6月26日—30日举行：进行了为期5天的激烈讨论，之前自2020年10月开始，已经共举行了7次网络研讨会。大会共有10名主题演讲者，80篇提交的论文，66次现场演讲，15次研讨会和1次海报展。整个大会在Zoom上完成并在YouTube的太空复兴频道进行现场直播。最后一天，也就是第5天，大会通过了一项最终决议，以及关于论文1和论文2的两个动议，即"通过扩张威胁文明和机遇"，以此来巩固未来5年的太空复兴信条，奠定未来行动的理论基础。以下是最终的决议：

"国际太空复兴，民用太空发展"：第三届世界大会最终决议

我们，国际太空复兴组织，在本次第三届世界大会上，讨论了文明的现状、向外层空间扩张的前景，以及在未来几年到2025年启动民用太空发展的最佳战略。经过5天的讨论，我们向地球上善良的人们提出以下建议：

自2016年举行的第二届世界大会以来，与本次主题最相关的事实是可重复使用火箭的开发和整合，到现在已实现了完全可重复使用的太空飞行器，如"星舰"（Starship）。这种划时代的发展将使一个飞船座位的轨道成本降低到100万美元以下，为工业太空定居和民用太空发展开辟了道路。除了继续以各种方式支持和促进这项努力外，我们还将下一个关键里程碑集中在这条进化道路上。

正如我们的协会在《太空复兴宣言》中一直坚持的那样，将文明扩展到外太空，是迄今为止从哲学意义上封闭的世界中克服当前全球多重危机，并重新开启太阳系内人类文明蓬勃发展的唯一途径。

这样辉煌的未来不会自动来临，也不可预知。进化是需要经过反复试验的。在宇宙生命的历史上，我们也不知道我们的物种是成功还是失败。如果我们继续封闭在我们的母星——地球边界内，那么赌注要么是进化成太阳系文明，要么被扔回到石器时代。

上述情况给我们的协会——国际太空复兴，唯一的太空哲学倡导者，在各大洲开展工作并带来了巨大的责任：明确指出优先事项，为支持人类的进化而努力，这将推动2030年之前的第一个重要步骤，以便向平民开放高级疆域，并为下几个世纪持续敞开大门而努力。

为了从太空探索顺利过渡到太空定居模式，我们需要在全球范围内着手各项科学工作，需要巩固和加强更多的能源、资本、技术的投入，同意并追求合作，其核心是要支持有史以来最伟大的事业：我们在外层空间文明的可持续复兴。

这些是我们未来五年的优先事项，我们向地球上的所有人推荐。我们呼吁所有太

空倡导组织加入我们,并以更加响亮地发声:
- **不回头,而是继续向月球前进**:发展适当的工业基础设施,以利用月球和小行星上的物质在太空中生产推进剂,同时开采水、稀土、贵金属和氦-3等资源。
- **空间碎片回收和再利用**:这是必须且早该开展的清除行动。开展空间碎片的回收再利用是地球轨道工业的一个转折点,标志着从一个有价值的公共环境倡议向首个轨道工业业务的转变。
- **加强太空中的生命保护**:太阳辐射和深空银河宇宙射线对人类的健康和繁殖构成了巨大威胁。如果没有适当的保护,人类就无法在太空中进行长时间的旅行和远距离的生活。
- **开始重力模拟试验**:作为一种原始方法,它可以通过旋转连接的模块来完成,我们需要大量了解在不同直径和旋转速度情况下,模拟的重力水平对人类感知、心理和身体状况的影响。
- **瞄准年轻一代**:促进他们的成长,并激励他们走上通往太空的道路。
- **继续支持开发100%可重复使用的航天器**:研发低成本、安全可靠的载人空间运输飞行器。
- **在太空中生产食物**:促进外来农业研究和试验,开始试验大型空间基地和月球基地,培养食物和生产氧气。
- **空间安全**:为太空、月球和火星上的飞行器和居住舱开发辐射防护罩,防止小行星撞击和强烈的太阳风暴,同样的概念也适用于地球保护。
- **支持太空旅游业**:努力发展民用太空旅行和住宿(酒店),将航空体验转化为商业利润。
- **天基太阳能**:在太空中收集取之不尽的能源,为天基工业基础设施提供能源,并研究如何向地球表面提供能源,为清洁能源做出贡献。
- **支持太空相关艺术,将艺术带入太空**:我们寻求更多的合作,呼吁开展比赛,促进艺术家、科学家和所有感兴趣人士之间的对话。
- **增加第18个可持续发展目标,"引导民用太空发展"**:为确保联合国可持续发展目标(Sustainable Development Goals of 2016—2030)的可行性和可持续性。

以上所有观点都是民用太空旅行和定居的初步设想,迫切需要纳入常规太空定居议程。它们不仅仅是科研项目,也不仅仅是私营企业投资的对象。所有这些项目都需要各机构和私人航天工业之间的合作。

我们诚挚邀请地球上所有有远见的企业家、政府、航天机构、联合国、大学以及所有相关方、机构和个人采纳上述建议的议程。

我们还热情地邀请所有的太空倡导兄弟组织,加入我们的行列,共同宣传这一议程,为人类的利益大声而清晰地发出我们的声音。

本议案2021年6月30日获得一致通过。

缩略词

A

AAE：Air and Space Academy，（欧洲）航空航天研究院
ACR：Anomalous Cosmic Ray，反常宇宙射线
AGU：American Geophysical Union，美国地球物理学会
AI：Artifical Intelligence，人工智能
AIDA：Asteroid Impact and Deflection Assessment，小行星撞击和偏转评估
ALMA：Atacama Large Millimetre/submillimeter Array，（智利）阿塔卡马大型毫米波/亚毫米波阵列
ALSEP：Apollo Lunar Surface Experiments Package，"阿波罗"月球表面实验包
AMDA：Automated Mutli-Dataset Analysis，自动化的多数据集分析
AO：Adaptive Optics，自适应光学
AOGS：Asia Oceania Geosciences Society，亚洲大洋洲地球科学学会
ARCHES：Autonomous Robotic Networks to Help Modern Societies，帮助现代社会的自主机器人网络
ARIEL：Atmospheric Remote-sensing Infrared Exoplanet Large-survey mission，大气遥感红外系外行星大型巡天任务
ASA：Australian Space Agency，澳大利亚航天局
ASAN：Advanced Small Analyzer for Neutrals，先进的小型中子分析仪
ASI：Italian Space Agency，意大利航天局
ASIC：Application Specific Integrated Circuit，应用特定集成电路
ASTERIA：Arcsecond Space Telescope Enabling Research in Astrophysics，用于天体物理学研究的角秒空间望远镜
ASTP：Apollo Soyuz Test Project，"阿波罗-联盟"试验项目
AU：Astronomical Unit，天文单位

B

BAO：Baryon Acoustic Oscillation，重子声振荡
BP：Blue Photometer，蓝色光度计
BNSC：British National Space Centre，英国国家航天中心

C

C-SMP：Coring Sampler，取芯采样器
CAI：Calcium-Aluminum Inclusion，钙铝夹杂物
CAESAR：Comet Astrobiology Exploration Sample Return，彗星天体生物学采样返回任务
CASC：China Aerospace Science & Technology Corporation，中国航天科技集团公司
CAST：China Academy of Space Technology，中国空间技术研究院
CCD：Charge-Coupled Device，电荷耦合器件
CC：Carbonaceous Chondrite，碳质球粒陨石
CDA：Cosmic Dust Analyzer，宇宙尘埃分析仪
CDPP：French National Data Center for Natural Plasmas of the Solar System，法国国家太阳系自然等离子体数据中心
CE-5：ChangE-5，嫦娥五号
CETEX：Committee on Contamination by Extraterrestrial Exploration，关于地外探测污染问题委员会
CGI：Coronagraphic Instrument，日冕仪
CMI：Cyclotron-Maser Instability，回旋加速器-微波激射器不稳定性机制
CHEOPS：CHaracterizing Exoplanet Satellite，系外行星特性探测卫星
CKS：California Kepler Survey，（美国）加利福尼亚开普勒调查局
CLPS：Commercial Lunar Payload Service，（美国）商业月球载荷服务
CIS：CHEOPS Instrument System，CHEOPS仪器系统
CNES：Centre National d'Etudes Spatiales，法国国家空间研究中心
CNSA：China National Space Administration，中国国家航天局
COPUOS：Committee on the Peaceful Uses of Outer Space，外层空间和平利用委员会
CoRoT：Convection, Rotation and Planetary Transits，对流、旋转和行星凌日（一项空间望远镜任务）

CORSAIR：Comet Rendezvous, Sample Acquisition, Investigation, and Return，彗星交会、样本采集、调查和返回（任务）
COSPAR：Committee for Space Research，国际空间研究委员会
CP-IDP：Chondritic Porous Interplanetary Dust Particle，颗粒状多孔的行星际尘埃颗粒
CPD：Circum Planetary Disk，圆行星盘
CSA：Canadian Space Agency，加拿大航天局
CXO：Chandra X-ray Observatory，钱德拉 X 射线天文台

D

DARA：Deutsche Agentur fuer Raumfahrtangelegenheiten (German Space Agency)，德国航天局
DART：Double Asteroid Redirection Test，双小行星重定向测试
DAVINCI+：Deep Atmosphere Venus Investigation of Noble Gase, Chemistry, and Imaging，金星深层稀有气体、化学和成像调查（探测器），简称"达芬奇 +"（探测器）
DDA：Destiny+ Dust Analyzer，Destiny+ 尘埃分析仪
DEM：Digital Elevation Model，数字高程模型
DFMI：Dust Flux Monitor Instrument，尘埃通量监视仪器
DLR：Deutsches Zentrum für Luft-und Raumfahrt (German Aerospace Center)，德国航空航天研究中心
DNC：Dynamically New Comet，动态新生彗星
DoE：Department of Energy，（美国）能源部
DPLF：Distributed Planetary Laboratory Facility，分布式行星实验室设施
DPS-AAS：Division of Planetary Sciences of the American Astronomical Society，美国天文学会行星科学部
DRACO：Didymos Reconnaissance and Asteroid Camera for Optical，用于小行星 Didymos 的光学侦察和导航的相机
DSAC-2：Deep Space Atomic Clock-2，深空原子钟 2
DSA：Deep Space Antennas，深空天线
DSOC：Deep Space Optical Communication，深空光通信
DSN：Deep Space Network，深空探测网

E

E3L：European Large Logistics Lander，欧洲大型后勤补给着陆器
ECLIPS：Extreme Coronagraph for Living Planetary System，宜居行星系统极端日冕仪部件
ECLS：Environmental Control and Life Support，环境控制与生命支持
ECOSTRESS：Ecosystem Thermal Radiometer Experiment on Space Station，空间站上的生态系统热辐射计实验
EDA：European Defense Agency，欧洲防务局
EDL：Entry, Descent, Landing，进入、下降、着陆
EDLA：Entry, Descent, Landing and Ascent，进入、下降、着陆及起飞
EDLS：Entry, Descent, Landing System，进入、下降和着陆系统
EGU：European Geosciences Union，欧洲地球科学会
ELT：Extremely Large Telescope，（欧洲）极大望远镜
EMMPOL：Euro Moon Mars Poland，在波兰的欧洲月球火星项目
EMMIHS：Euro Moon Mars IMA HI-SEAS，国际月球联盟的欧洲月球火星项目在 HI-SEAS 进行的模拟任务
EMIT：Earth Surface Mineral Dust Source Investigation，地球表面矿物尘源调查
ENA：Energetic Neutral Atom，高能中性原子
EPFL：École Polytechnique Fédérale de Lausanne，洛桑联邦理工学院
EPSC：European Planetary Science Congress，欧洲行星科学大会
ERM：ESPRIT Refueling Module，ESPRIT 的加注模块
ESA：European Space Agency，欧洲航天局
ESO：European Southern Observatory，欧洲南方天文台
ESTEC：European Space Research and Technology Centre，欧洲的航天研究和技术中心
ESTRACK：European Space Tracking Network，欧空局跟踪站网络
ESOC：European Space Operation Centre，欧洲空间运营中心
ESPRIT：European System Providing Refueling, Infrastructure and Telecommunication，提供加注、基础设施和通信服务的欧洲系统模块
EU：European Union，联盟
EVA：Extravehicular Activity，出舱训练活动

F

FAST：Five-hundred-meter Aperture Spherical Radio Telescope，500 m 口径球面射电望远镜，也称为"天眼"
FLTP：Future Launchers Technologies Programme，未来运载火箭技术项目
FT：Fischer-Tropsch-Type synthesis，费托合成（反应）
FOV：Field of View，宽视场

FUV：Far-Ultraviolet，远紫外

G

GCM：General Circulation Models，大气环流模型
GCR：Galactic Cosmic Ray，银河系宇宙射线
GER：Global Exploration Roadmap，全球探索路线图
GMT：Giant Magellan Telescope，巨型麦哲伦望远镜
GNC：Guidance，Navigation，and Control，制导、导航和控制
GLEX：Global Space Exploration Conference，全球太空探索大会
GIS：Geographic Information System，地理信息系统
GOCE：Gravity Field and Steady-State Ocean Circulation Explorer，重力场和稳态海洋环流探测器
GOE：Great Oxygenation Event，大氧化事件
GRACE：Gravity Recovery and Climate Experiment，重力恢复和气候实验室
GRAIL：Gravity Recovery and Interior Laboratory，月球重力回溯和内部实验室
GSFC：Goddard Space Flight Center，戈达德太空飞行中心
GT 2061：Group de Travail 2061，GT2061 工作组

H

HabEx：Habitable Exoplanet Observatory，宜居系外行星观测台
Hayabusa-2：隼鸟 2 号
HALO：Habitation and Logistics Outpost，居住与后勤站
HDXI：High Definition X-ray Imager，高清 X 射线成像仪
HLCS：Halo Lunar Communication System，Halo 轨道的月球通信系统
HLV/HLLV：Heavy-lift Launch Vehicle，重型运载火箭
HPLA：High Power Large Aperture，高功率大孔径
HP^3：Heat Flow and Physical Properties Package：热流和物理特性组件
HST：Hubble Space Telescope，哈勃空间望远镜
HI-SEAS：Hawaii Space Exploration Analog and Simulation，夏威夷太空探索模拟与仿真（基地）

I

I-Hab：International Habitation Module，国际居住舱
IAA：International Academy of Astronautics，国际宇航协会
IAC：International Astronautical Congress，国际宇航大会
IACG：Inter-Agency Consultative Group，（航天）机构间协调小组
IAM：In-space Assembly and Manufacturing，在轨组装与制造
IAU：International Astronomical Union，国际天文联合会
IBEX：Instellar Boundary Explore，星际边界探测器
ICSU：International Council of Scientific Unions，国际科学联合会理事会
ICEUM：International Conferences on Exploration and Utilization of the Moon，月球探测和利用国际会议
IDEX：Interstellar Dust Experiment，星际尘埃实验
IDP：Interplanetary Dust Particle，行星际尘埃颗粒
IDIS：Integrated and Distributed Information System，集成和分布式信息系统
IGA：Intergovernmental Agreement，政府间协议
IGY：International Geophysical Year，国际地球物理年
IKI：Russian Space Research Institute，俄罗斯空间研究所
ILD：International Lunar Decade，国际月球十年
ILEWG：International Lunar Exploration Working Group，国际月球探测工作组
ILN：International Lunar Network，国际月球网络
ILRS：International Lunar Research Station，国际月球科研站
IM-1：IntuitiveMachine-1，直觉机器 -1（月球着陆器）
IMA：International Moonbase Alliance，国际月球基地联盟
IMAP：Interstellar Mapping and Acceleration Probe，星际粒子测绘和加速探测器
IMF：Interplanetary Magnetic Field，行星际磁场
INCA：Imaging Neutral Camera，成像中性相机
InSAR：Interferometric Synthetic Aperture Radar，干涉合成孔径雷达系统
IPSL：Institut Pierre Simon Laplace，皮埃尔·西蒙·拉普拉斯研究所
IRAP：Institut de Recherche en Astrophysique et Planétologie，（法国）天体物理和行星研究所
ISA：Italian Space Agency，意大利航天局
ISARA：Integrated Solar Array and Reflectarry Antenna，集成太阳能电池阵列和反射天线
ISAS：Institute of Space and Astronautical Science，（日本）航空航天科学研究所
ISC：International Science Council，国际科学理事会
ISD：Interstellar Dust，星际尘埃
ISEB：International Space Education Board，国际空间教育委员会
ISECG：International Space Exploration Coordination Group，国际空间探索协调小组
ISM：Interstellar Medium，星际介质
ISO：Interstellar Object，星际物体
ISRO：Indian Space Research Organization，印度空

间研究组织
ISRU：In-Situ Resource Utility，原位资源利用
ISS：International Space Station，国际空间站
ISSI：International Space Science Institute，国际空间科学研究院
ISU：International Space University，国际空间大学
ISWAT：International Space Weather Action Team，国际空间天气行动小组
ITACCUS：IAF Committee for the Cultural Utilization of Space，IAF 空间文化规划委员会
IUGG：International Union of Geodesy and Geophysics，国际大地测量学和地球物理学联合会
IVO：Io Volcano Observer，木卫一火山观测台
IVOA：International Virtual Observatories Alliance，国际虚拟天文台联盟

J

JAXA：Japan Aerospace Exploration Agency，日本宇宙航空研究开发机构
JEM：Joint Europa Mission，木卫二联合探测任务
JGA：Jupiter Gravity Assist，木星重力辅助加速
JHU/APL：Johns Hopkins University Applied Physics Laboratory，（美国）约翰·霍普金斯大学应用物理实验室
JPL：Jet Propulsion Laboratory，（美国）喷气推进实验室
JSC：Johnson Space Center，约翰逊航天中心
JWST：James Webb Space Telescope，詹姆斯·韦布空间望远镜

K

KABK：Royal Academy of Fine Arts，（海牙）皇家美术学院
KARI：Korea Aerospace Research Institute，韩国航空航天研究所
KBO：Kuiper Belt Object，柯伊伯带天体
KIGAM：Korea Institute of Geoscience and Mineral Resources，韩国地质资源研究院
KLE：Korean Lander Explorer，韩国着陆探测器
KPLO：Korean Pathfinder Lunar Orbiter，韩国探路者月球轨道器

L

L'LORRI：Lucy's Long Range Reconnaissance Imager，Lucy 的远程侦察成像仪
L'TES：Lucy's Thermal Emission Spectrometer，LUCY 的热红外光谱仪
LAM：Laboratoire d'Astrophysique de Marseille，（法国）马赛天体物理研究所
LAMOST：Large Sky Area Multi-Object Fiber Spectroscopy Telescope，大天区面积多目标光纤光谱天文望远镜，也称为郭守敬望远镜
LADEE：Lunar Atmosphere and Dust Environment Explorer，（美国）月球大气与尘埃环境探测器
LBT：Large Binocular Telescope，大型双筒望远镜
LCROSS：Lunar Crater Observation and Sensing Satellite，（美国）月球撞击坑观测与遥感卫星
LCRT：Lunar Crater Radio Telescope，月球陨石坑射电望远镜
LEAG：Lunar Exploration Analysis Group，月球探索分析小组
LEISA：Linear Etalon Imaging Spectral Array，线性标准具成像光谱阵列
LEO：Low Earth Orbit，近地轨道
LHB：Late Heavy Bombardment，晚期重轰炸
LMA：Lynx X-ray Mirror Assembly，Lynx X 射线镜组件
LM-9：Long March 9，长征九号（运载火箭）
LM-10：Long March 10，长征十号（运载火箭）
LISC：Local Interstellar Cloud，本星际云
LIFE：Large Interferometer For Exoplanet，系外行星大型干涉仪
LISM：Local Interstellar Medium，当地星际介质
LLRD：Lunar Laser Ranging Data，月球激光测距数据
LND：Lander Neutrons and Dosimetry，中子与剂量测量仪
LOFAR：Low-Frequency Antenna Array，低频天线阵列
LOLA：Lunar orbiter laser altimeter，月球轨道激光高度计
LRO：Lunar Reconnaissance Orbiter，（美国）月球勘测轨道飞器
LRS：Lunar Radar Sounder，月球雷达声呐仪
LSST：Large Synoptic Survey Telescope，大型综合巡天望远镜
LUMOS：LUVOIR Ultraviolet Multi-Object Spectrograph，LUVOIR 紫外多目标光谱仪
LUVOIR：Large UV/Optical/Infrared Surveyor，大型紫外/光学/红外测量仪
LXM：Lynx X-ray Microcalorimeter，Lynx X 射线微热量计
Lynx：Lynx X-ray Surveyor，山猫 X 射线天文台

M

MagAO：Magellan Adaptive Optics，麦哲伦自适应光学
MarSCoDe：Mars Surface Composition Detection Package，火星表面成分探测装置
MARSIS：Mars Advanced Radar for Subsurface and Ionosphere Sounding，火星先进次地表和电离层

探测雷达
MBA：Main-belt asteroid，主带小行星
MBSE：Model-Based System Engineering，基于模型的系统工程
MCS：Mercury Cruise System，水星巡航系统
MDM：Mercury Dust Monitor，水星尘埃监视仪
ME：Earth masses，地球质量
MELT：Manufacturing of Experimental Layer Technology，实验性层技术制造
MEPAG：Mars Exploration Program Analysis Group，火星探测项目研究小组
MESSENGER：Mercury Surface, Space Environment, Geochemistry and Ranging，水星表面、空间环境、地质化学和测距，也称"信使"号
MHD：Magnetohydrodynamics，磁流体动力学
MLA：Mercury Laser Altimeter，水星激光高度计
MMO：Mercury Magnetospheric Orbiter，水星磁层轨道器
MMRTG：Multi-Mission Radioisotope Thermoelectric Generator，多任务放射性同位素热电发电机
MMS：Magnetospheric Multi-Scale，MMS，磁层多尺度
MMSN：Mininum Mass Solar Nebula，最小质量太阳星云
MMX：Martian Moons Exploration，火星卫星探测任务
MOSIR：Mars Orbiter Scientific Investigation Radio Occultation Receiver，火星轨道科学研究无线电掩星接收机
MOXIE：Mars Oxygen In-Situ Resource Utilization Experiment，火星原位资源利用制氧试验
MOU：Memoranda of Understanding，谅解备忘录
MPO：Mercury Planetary Orbiter，水星行星轨道器
MRO：Mars Reconnaissance Orbiter，火星勘察轨道飞行器
MSR：Mars Sample Return，火星采样返回
MTM：Mercury Transfer Module，水星运输模块
MVA：Moon Village Association，月球村协会
MVIC：Multispectral Visible Imaging Camera，多光谱可见光成像相机
MWR：Microwave Radiometer，微波辐射计

N

NAE：National Academy of Engineering，美国国家工程院
NAIF：Navigational & Ancillary Information Facility，导航与辅助信息设施
NAM：National Academy of Medicine，美国国家医学院
NAS：National Academy of Sciences，美国国家科学院

NASA：National Aeronautics and Space Administration，（美国）国家航空航天局
NASDA：National Space Development Agency，日本宇宙开发事业团
NCLE：Netherlands-China Low-Frequency Explorer，中荷低频探测仪
NC：Noncarbonaceous Chondrite，非碳质球粒陨石
NEOMAP：Near-Earth Object Mission Advisory Panel，近地天体任务咨询小组
NEO：Near-Earth Object，近地天体
NEOSM：Near-Earth Object Surveillance Mission，近地天体监测任务
ngVLA：Next Generation Very Large Array，下一代甚大阵列望远镜
NISAR：NASA-ISRO Synthetic Aperture Radar，NASA 与 ISRO 联合的合成孔径雷达
NPS：Nuclear Power System，核能源系统
NRC：National Research Committee，（美国）国家研究委员会
NRHO：Near-Rectilinear Halo Orbit，近直线 Halo 轨道
NRS：Nuclear Reactor System，核反应堆系统
NSF：National Science Foundation，美国国家科学基金会

O

OCSD：Optical Communication and Sensor Demonstration，光通信和传感器演示
OMP：Observatoire Midi-Pyrénées，（法国）比利牛斯天文台
OPAG：Outer Planets Assessment Group，外太阳系行星评估小组
OST：Origins Space Telescope，起源空间望远镜
OSIRIS-REx：Origins, Spectral Interpretation, Resource Identification, Security, Regolith Explorer，起源、光谱解释、资源识别、安全、风化层探索者

P

P-SMP：Pneumatic Sampler，气动采样器
PDS：Planetary Data System，行星数据系统
PFA：Planetary Field Analogue，行星场地面模拟
PLA：Polylactic Acid，聚乳酸
PLATO：Planetary Transits and Oscillations of Stars，行星凌日和恒星振荡（任务）
PM-1：Peregrine Mission-1，游隼-1 号
PMCS：Planetary Mission Concept Studies，（NASA）的行星任务概念研究
POLLUX：High-Resolution UV Spectropolarimeter，高分辨率紫外分光光度计
PPE：Power and Propulsion Element，动力与推进
PPI：Planetary Plasma Interaction，行星等离子体相

互作用
PRIME-1：Polar Resources Ice Mining Experiment-1，极区水冰资源采矿试验 1 号
PSA：Planetary Science Archive，行星科学档案
PSIA：Position Sensitive Isotopic Analysis，位置敏感同位素分析
PSR：Permanently Shadowed Region，永久阴影区
PSWS：Planetary Space Weather Service，行星空间天气服务
PVOL：Planetary Virtual Observatory and Laboratory，行星虚拟天文台和实验室

Q

QSO：Quasi-Satellite Orbit，准卫星轨道

R

REASON：Radar for Europa Assessment and Sounding: Ocean to Near-surface，木卫二从海洋到近地表的评估和探测雷达
REP：Radioisotope Electric Propulsion，放射性同位素电推进
RHU：Remote Handling Unit，远程操作设备
RHU：Radioisotope Heater Unit，放射性同位素热源装置
RI：Research Infrastructure，研究基础设施
RIME：Radar for Icy Moon Exploration，用于冰卫星探测的雷达
RMS：Ring-Moon System，环－卫星系统
RO：Radio Occultation：无线电掩星
ROB：Royal Observatory of Belgium，比利时皇家天文台
ROBEX：Robotic Exploration of Extreme Environment，极端环境机器人探测
Roscosmos: Russian Federal Space Agency，俄罗斯联邦航天局
ROW：Roadmap to Ocean Worlds，海洋世界路线图
RP：Red Photometer，红色光度计
RPS：Radioisotope Power System，放射性同位素电源系统
RS：Radio Science，无线电科学
RSA：Rwanda Space Agency，卢旺达航天局
RSL：Recurring Slope Lineae，重复出现的斜坡线
RTG：Radioisotope Thermo-electric Generator，放射性同位素热电式发电机
RVS：Radial-Velocity Spectrometer，径向速度谱仪

S

SAME：Solar Flare Monitoring Explorer，太阳耀斑监测探测器
SAR：Synthetic Aperture Radar，合成孔径雷达

SDG：Sustainable Development Goal，可持续发展目标
Security-Regolith Explorer，（美国）起源 / 光谱解释 / 资源识别 / 安全风化层探测器
SEEDS：Space Exploration and Development System，太空探索与发展系统
SEPP：Science Exploitation and Preservation Platform，科学开发利用和存储平台
SGAC：Space Generation Advisory Council，航天新生代咨询委员会
SHARAD：Short for Shallow Radar，浅层雷达
SKA：Square Kilometer Array，平方千米阵列
SLIM：Smart Lander for Investigating the Moon，月球勘查智能着陆器
SLS：Space Launch System，太空发射系统
SMART-1: Small Missions for Advanced Research in Technology，（欧洲）小型先进技术验证任务，也称为智慧 1 号
SNR：Signal-to-Noise Ratio，信噪比
SPHERE：Spectro-Polarimetric High-contrast Exoplanet Research，光谱偏振法高对比度系外行星研究
SPECULOOS：Search for Habitable Planets Eclipsing Ultra-cool Stars，探索宜居性恒星环绕超冷恒星
SRI：Space Renaissance Initiative，空间文艺复兴
SRO：Saturn Ring Observer，土星环观察者
SRS：Saturn Ring Skimmer，土星环飞掠者
SSA：Space Situational Awareness，空间态势感知
STEREO：Solar TErrestrial RElations observatory，日地关系天文台
STDT：Science and Technology Definition Team，科学和技术定义小组
STM：Science Traceability Matrix，科学可追溯矩阵
SUDA：Surface Dust Mass Analyzer，表面尘埃质量分析仪
SWC：Solar Wind Composition Experiment，太阳风成分实验

T

TESS：Transiting Exoplanet Survey Satellite，凌日系外行星巡天探测卫星
TLS：Tunable Laser Spectrometer，可调谐激光光谱仪
TIR-S：Thermal Infrared-Sensor，热红外相机
TMT：Thirty Meter Telescope，30 m 望远镜
TNO：Trans-Neptunian Object，海外天体
TPS：Thermal Protection System，热防护系统
TRAPPIST：Transiting Planets and Planetesimals Small Telescope，过境行星和小型行星望远镜
TRL：Technology Reliability Level，技术成熟度
TSE：Traditional System Engineering，传统的系统

工程
TTCAM：Terminal Tracking Camera，终端跟踪相机
TT&C：Telemetry, Tracking&Command，跟踪、遥测和遥控
TWTA：Traveling-Wave Tube Amplifier，行波管放大器

U

UAE：United Arab Emirates，阿拉伯联合酋长国，简称阿联酋
UCCAM：Ultra-Carbonaceous Antarctic Micrometeorite，超碳质南极微陨石
UNVERSEH：European Space University for Earth and Humanity，欧洲地球与人类空间大学
UNOOSA：United Nations Office for Outer Space Affairs，联合国外层空间事务厅
US-ELTP：US-Extremely Large Telescope Program，美国的极大望远镜项目
USO：Ultrastable Oscillator，超稳定振荡器
UVI：Ultraviolet Imager，紫外成像仪

V

VEM：Venus Emissivity Mapper，金星发射率测绘仪
VenSAR：Venus EnVision SAR，金星探测 SAR 雷达
VERITAS：Venus Emissivity, Radio Science, InSAR, Topography, and Spectroscopy，金星发射率、无线电科学、InSAR、地形学和光谱学（探测器），简称"真理"号（探测器）

VESPA：Virtual European Solar and Planetary Access，欧洲太阳和行星探测门户网站
VLA：Very Large Array，甚大阵望远镜
VLBI：Very-Long-Baseline Interferometry，甚长基线干涉测量
VLISM：Very Local Interstellar Medium，极局域星际介质
VLT：Very Large Telescope，甚大望远镜
VML：Virtual Machine Language，虚拟机语言
VIPER：Volatile Investigating Polar Exploration Rover，极区挥发物勘察月球车
VISAR：Venus Interferometric Synthetic Aperture Radar，金星干涉合成孔径雷达

W

WFI：Wide-Field Instrument，广域仪器
WFC3：Wide Field Camera 3，第三代广域照相机
WFIRST：Wide Field Infrared Survey Telescope，宽视场红外巡天望远镜

X

XGS：X-ray Grating Spectrometer，X 射线光栅光谱仪
XL-1：Xelene Lunar Lander，谢林月球着陆器
XMM：X 射线天文台
XUV：Extreme Ultra-Violet，极紫外

知识链接索引

第 1 章　概述

1. 星周盘：Circumstellar Disk .... 见 P4
2. 希尔球：Hill Sphere .... 见 P5
3. 希尔球半径：Hill Radius .... 见 P6
4. 彗星拦截任务：Comet Interception Mission .... 见 P13
5. 虚拟天文台：Virtual Observatory ...... 见 P14

第 2 章　立足未来数十年，看太阳系／系外行星的科学协同效应

1. 主序星：Main Sequence Star .... 见 P18
2. 恒星物理学：Stellar Physics .... 见 P18
3. 原行星盘：Protoplanetary Disk ...... 见 P18
4. NASA 深空探测任务的分级情况 ..... 见 P20
5. 中国 "探月四期" 任务规划 .... 见 P21
6. PDS 70 .... 见 P22
7. 冰卫星：Ice Moons .... 见 P23
8. 系外行星：Exoplanetary .... 见 P24
9. 亚海王星：Subneptune .... 见 P25
10. 恒星的光谱分类 .... 见 P25
11. 行星凌星法：Planetary Transit Observation .... 见 P26
12. 欧洲极大望远镜：Extremely Large Telescope .... 见 P26
13. 热木星：Hot Jupiter .... 见 P27
14. 超热木星：Super Hot Jupiter .... 见 P27
15. 系外行星的勒夫数：Lover Number ... 见 P30
16. 轨道迁移：Orbital Migration .... 见 P31
17. 共振轨道：Motion Resonance ...... 见 P34
18. 最小质量太阳星云：Mininum Mass Solar Nebula .... 见 P37
19. 第一性原理：First Principle .... 见 P38
20. 逆向工程：Reverse Engineering .... 见 P39
21. "大迁徙" 模型：Grand Tack Model ... 见 P40
22. 光谱偏振法高对比度系外行星研究：Spectro-Polarimetric High-Contrast Exoplanet REsearch .... 见 P42
23. 麦哲伦自适应光学：Magellan Adaptive Optics .... 见 P42
24. 自适应光学：Adaptive Optics .... 见 P42
25. Lya 或 HeI 等信号 .... 见 P44
26. Ly alpha 谱线 .... 见 P44
27. 循环加速器微波放大不稳定性：Cyclotron-Maser Instability .... 见 P44
28. 热液过程：Hydrothermal process ... 见 P46
29. 彗星的 D/H 比 .... 见 P47
30. 默奇森陨石：Murchison Meteorite ... 见 P47
31. 前生物有机分子的内源性来源：Endogenous Sources of Organic Molecules ... 见 P47
32. 费托合成：Fischer-Tropsch-Type Synthesis .... 见 P48
33. 大氧化事件：Great Oxygenation Event ... 见 P48
34. RISTRETTO .... 见 P50
35. 主序列恒星的观测 .... 见 P51
36. 系外行星大型干涉仪：Large Interferometer for Exoplanet ... 见 P51
37. MEARTH .... 见 P52
38. TRAPPIST/SPECULOOS .... 见 P52
39. 天文单位 .... 见 P53
40. 日冕仪：Coronagraphic .... 见 P56

第 3 章　从科学问题看太阳系探测

1. 环形地震学：Ring Seismology .... 见 P72
2. 稳定分层区域：Stably Stratified Region .... 见 P72
3. 行星分化：Planetary Differentiation .... 见 P73
4. 相分离：Phase Separation .... 见 P74
5. α-Ω 行星发电机理论：
   α-Ω planetary Dynamo Theory .... 见 P74
6. 太空风化：Space Weathering .... 见 P77
7. 地幔露头：Outcrop .... 见 P79
8. 比较行星学：Comparative Planetology .... 见 P80
9. 圆冠：Circular Coronae .... 见 P82
10. 行星大气逃逸：Planetary Gas Escape .... 见 P83
11. 流体动力学逃逸：Hydrodynamic Escape ..... 见 P84
12. 准守恒化学示踪剂：Quasi-conserved
    Chemical Tracer .... 见 P88
13. 法雷尔式环流：Ferrel-like Circulation .... 见 P89
14. 难熔相：Refractory Phase .... 见 P94
15. 星掩源：Stellar Occultation .... 见 P95
16. 长千秒：Long Kiloparsec .... 见 P96
17. 洛希极限：Roche Limit .... 见 P99
18. 开普勒剪切：Keplerian Shear .... 见 P101
19. 磁层亚暴：Magnetospheric Substrom .... 见 P103
20. 晚期重轰炸：Late Heavy Bombardment ..... 见 P105
21. 核合成：Nucleosynthetic .... 见 P107
22. 原位分析：Insitu Analysis .... 见 P108
23. 太阳前颗粒：Presolar Grain .... 见 P108
24. 流动不稳定性：Streaming Instability .... 见 P108
25. 太阳前同位素：Presolar Isotope .... 见 P109
26. 尼斯模型：Nice Model .... 见 P110
27. 大迁移模型 .... 见 P110
28. 照射蒸发：Photo Evaporation .... 见 P111
29. 放射性天文钟：Radioactive
    Chronometer .... 见 P111
30. 移动板块构造：Mobile Lid Tectonics .... 见 P112
31. 中微子层析成像技术：
    Neutrino Tomography .... 见 P114
32. 亚固态蠕变：Subsolidus Creep .... 见 P115
33. 行星热化学发动机理论：Planetary
    Thermo-Chemical Engine Theory .... 见 P115
34. 低空磁强计：Low-Altitude Magnetometer .... 见 P117
35. 地震层析成像：Seismic Tomography .... 见 P118
36. 核心—包层结构：
    Core-Envelope Structure
    .... 见 P118
37. 质量分数：Mass Fraction .... 见 P119
38. 热潮汐和行星波：Thermal Tide and
    Planetary Wave .... 见 P120
39. 罗斯贝数：Rossby Number .... 见 P121
40. 行星内部导电层：Conducting Layer .... 见 P124
41. 拉莫尔半径：Larmor Radius .... 见 P128
42. 导中心理论：Guide Center Theory .... 见 P128
43. 磁重联：Magnetic Reconnection .... 见 P128
44. 玻尔兹曼方程：Boltzmann Equation .... 见 P129
45. 磁流体动力学：Magnetohydrodyamics .... 见 P129
46. 当地星际介质：Local Interstellar Medium .... 见 P130
47. 本星际云：Local Interstellar Cloud .... 见 P130
48. G 云（或 G 云复合体）：G Cloud .... 见 P130
49. AQL 云：AQL Cloud .... 见 P130
50. 蓝云：Blue Cloud .... 见 P130
51. 反常宇宙射线：
    Anomalous Cosmic Ray .... 见 P132
52. 高能中性原子：
    Energetic Neutral Atom .... 见 P132
53. 电荷质量比：Charge-to-Mass Ratio .... 见 P132
54. 飞行时间质谱法：
    Time of Flight Spectrometry .... 见 P134
55. 雅可夫斯基效应：Yarkovsky Effect .... 见 P135
56. 碳酸盐—硅酸盐循环：
    Carbonate-Silicate Cycle
    .... 见 P137
57. 双峰高度：Bimodal Hypsometry .... 见 P137
58. 生物初级生产力：
    Biological Primary Productivity .... 见 P138
59. 盖亚规则：Gaian Regulation .... 见 P138
60. 非线性伪塑性流变学：
    Nonlinear Pseudoplastic Rheology .... 见 P140
61. 哈德良壳：Hadean Crustal .... 见 P140
62. 前生命化学：Prebiotic Chemistry .... 见 P143
63. "锁与钥匙"原理：
    Lock-and-Key Principle .... 见 P143
64. 有机前生物分子：
    Organic Prebiotic Molecule
    .... 见 P144
65. 干湿循环：Dry-Wet Cycling .... 见 P144
66. 光合微生物团：Phototrophic
    Microbial Mat .... 见 P145
67. 金发姑娘化学：Goldilocks Chemistry .... 见 P145
68. 化能营养生物：Chemotrophs .... 见 P148
69. 光合营养生物：Phototrophs .... 见 P148
70. 系外行星磁层：Exomagnetosphere .... 见 P151

第4章　从行星探测科学目标到技术需求

1. 黄道带云：Zodiacal Cloud .... 见 P179
2. 木星氧氢元素比：O/H Elemental Ratio .... 见 P181
3. 小行星双星系统：Asteroid Binary System
   .... 见 P183
4. 自适应光学成像观测：
   Adaptive-optics Imaging Observation .... 见 P183
5. Space IL .... 见 P190
6. 国际月球网络：International Lunar Network
   .... 见 P192
7. 月球陨石坑射电望远镜：
   Lunar Crater Radio Telescope .... 见 P193
8. "金星"系列任务 .... 见 P194
9. "金星快车"任务 .... 见 P194
10. "曙光号"任务 .... 见 P194
11. "先锋号"金星轨道飞行器
    （Pioneer Venus Orbiter） .... 见 P194
12. "麦哲伦号"金星探测器 .... 见 P194
13. 中间云层：Intermediate Cloud .... 见 P195
14. 轨道飞行器（按发射年份排列）.................. 见 P197
15. 着陆器（按发射年份排列）........................ 见 P197
16. 火星车（按发射年份排列）........................ 见 P197
17. 失败（按发射年份排列）........................... 见 P197
18. 火星原位资源利用制氧试验：
    Mars Oxygen In-situ Resource Utilization
    Experiment .... 见 P199
19. 诺亚纪时期：Noachian-aged .... 见 P200
20. 尼利河谷（Nili Fossae） .... 见 P200
21. 铂西瓦尔·罗威尔：Percival Lowell .... 见 P202
22. 火星地貌特征：
    Geomorphic Features of Mars .... 见 P203
23. 未压缩密度：Uncompressed Density .... 见 P205
24. 相对论时空曲率：
    Relativistic Space-time Curvature .... 见 P206
25. 大孔隙率：Macroporosity .... 见 P208
26. P/D 主带小行星 .... 见 P212
27. 67P/Churyumov- Gerasimenko 彗星 .... 见 P212
28. 凝聚相：Condensed Phase .... 见 P216
29. 父行星的势阱：Potential Well of
    Parent Planet .... 见 P217
30. 嵌入式质量：Embedded Masses .... 见 P222
31. 女凯龙星：Chariklo .... 见 P222
32. 恢复系数：Coefficient of Restitution .... 见 P223
33. 粒子速度分散度：Particle Velocity Dispersion
    .... 见 P223
34. 自重力尾流：Self-Gravity Wake .... 见 P224
35. 螺旋波：Propeller .... 见 P224
36. 边缘波：Edge Wave .... 见 P224
37. 密度波：Density Wave .... 见 P224
38. 开尔文-赫尔默兹不稳定性：
    Kelvin-Helmholtz Instability .... 见 P228

第5章　行星探测的关键技术

1. 行星保护：Planetary Protection .... 见 P249
2. 中性粒子成像：Neutral Particle Imaging ...... 见 P251
3. 极紫外成像：Extreme Ultra Violet .... 见 P251
4. 自主释义：Autonomous Interpretation .... 见 P252
5. 策展设施：Curation Facilities .... 见 P253
6. 重力异常：Gravity Anomaly .... 见 P254
7. 太阳合相：Solar Conjunction .... 见 P255
8. 合成孔径雷达：Synthetic Aperture Radar ..... 见 P256
9. 火星先进次地表和电离层探测雷达：
   Mars Advanced Radar for Subsurface and
   Ionosphere Sounding .... 见 P257
10. 浅层雷达：Short for Shallow Radar .... 见 P257
11. BIOMASS/ESA 任务 .... 见 P258
12. 双基地雷达：Bistatic Radar .... 见 P258
13. Dimorphos 小行星 .... 见 P259
14. ASIC 组件 .... 见 P259
15. 差分干涉测量：Differential
    Interferometry .... 见 P261
16. 频率偏移：Frequency Offset .... 见 P262
17. 软件定义的无线电：
    Software-Defined Radio .... 见 P262
18. Allan 偏差 .... 见 P262
19. 星际尘埃：Interstellar Dust .... 见 P263
20. 宇宙尘埃分析仪：CDA .... 见 P264
21. 头部回波：Head Echo .... 见 P265
22. PVDF 和压电探测器 .... 见 P266
23. 日地关系天文台：STEREO .... 见 P266
24. 惰性气体：Noble Gase .... 见 P268
25. 二维气相色谱法：Two-Dimensional Gas
    Chromatography .... 见 P269
26. 微毛细管电泳：Microcapillary
    Electrophoresis .... 见 P269

27.	纳米孔测序：Nanopore Sequencing .... 见 P269	38.	月球园艺：Lunar Gardening .... 见 P291
28.	同位素比率：Isotope Ratio .... 见 P271	39.	虚拟机器语言：Virtual Machine Language .... 见 P296
29.	星簇任务 .... 见 P275		
30.	磁层多尺度任务 .... 见 P275	40.	智能协作系统：Intelligent Cooperative System .... 见 P297
31.	动态新彗星：Dynamically New Comet .... 见 P277		
32.	嵌套通道霍尔推进器：Nested-Channel Hall Thruster .... 见 P280	41.	FSSCAT 小卫星 .... 见 P298
		42.	聚乳酸聚合物 .... 见 P305
33.	光学深度：Optical Depth .... 见 P280	43.	实验性层技术制造：Manufacturing of Experimental Layer Technology .... 见 P305
34.	α 衰变同位素：Alpha-Decaying Isotope ..... 见 P284		
35.	单向光时长：Long One-Way Light-Time ... 见 P288	44.	时钟频率：Clock Rate .... 见 P309
36.	自动化手段—目标分析：Automated Means-Ends Analysis .... 见 P290	45.	电磁系绳：Electromagnetic Tether .... 见 P310
		46.	发射即不管式导航：Fire-and-Forget Navigation .... 见 P311
37.	自动化假设生成和检查：Automated Hypothesis Generation and Checking .... 见 P290		

第 6 章 行星探测的基础设施和服务

1.	红外空间天文台 .... 见 P328	4.	极端环境机器人探索项目：Robotic Exploration of Extreme Environments .... 见 P351
2.	牛顿 X 射线天文台 .... 见 P328		
3.	帮助现代社会的自主机器人网络项目：Autonomous Robotic Networks to Help Modern Societies .... 见 P351	5.	低频阵列：Low-Frequency Antenna Array .... 见 P351
		6.	空间文艺复兴组织：Space Renaissance Initiative .... 见 P360

第 7 章 促进国际合作

1.	美国的沃尔夫法案：Wolf Amendment .... 见 P373	3.	日本宇宙开发事业团：NASDA .... 见 P376
2.	COSPAR 更新行星保护政策 .... 见 P376		

附　录

1.	先锋异常现象或先锋效应 .... 见 P399	4.	弱引力透镜：Weak Gravitational Lensing .... 见 P405
2.	星震学：Asteroseismology .... 见 P400		
3.	重子声振荡：Baryon Acoustic Oscillation .... 见 P404	5.	天文视宁度：Astronomical Seeing .... 见 P412

译者后记

我对天文学的憧憬和对航天模糊的认识，起源于大学时代阅读的卡尔萨根《暗淡蓝点》一书。时至今日，我依然清晰地记得在美国《每日新闻》中是这样报道的："卡尔萨根是天文学家，他有三只眼睛，一只眼睛探索星空，一只眼睛探索历史，第三只眼睛，也就是他的思维，探索现实和社会……"我从没想过，在我的职业生涯中，会遇到一群像卡尔萨根这样的人，他们不仅心怀宇宙和太阳系，更对人类文明和当今社会有着深刻的认识和理解。这对我而言，算得上是人生的一种幸运和恩赐！

那是在 2017 年北京举办的 GLEX 大会上，我遇到了 Michel Blanc 先生，当时我做了个大会报告，会后我们一起探讨了月球基地项目中有可能面临的科学问题和工程技术挑战。随后，Michel 先生邀请我两次参加了在欧洲举办的"地平线 2061 综合研讨会"，通过参加这些学术研讨会议，我又相继认识了 Bernard Foing、Manuel Grande、Pierre Bousquet、Maria Antonietta Perino 等人。通过和他们交流和接触，我逐步了解到了太阳系、行星及其卫星、小天体和彗星，我更理解了在太阳系外还有更广阔的系外行星世界。在遇到他们之前，我只是中国普普通通的一名航天工程师，从事着运载火箭和航天器的系统总体设计工作，工作只是为了谋生而已。而在与他们相识之后，我封闭的世界仿佛打开了一扇天窗，不仅让我看到了外面"行星世界"，更震撼了我的内心世界，让我真正地认识到了什么是航天的真义，什么是探索宇宙的情怀。

2019 年，我和 Michel 先生在北京五道口的一家餐厅会面时，我提议能否把"地平线 2061 综合研讨会"中，各国代表们提出的前瞻性宝贵思想撰写成一本书，公开出版，以便让全球更多的读者们能从中受益。Michel 先生非常赞同我的提议，随即我们俩在一张餐巾纸上，掏出笔列出了"地平线 2061：行星探测长期远景预见"项目的四大支柱，即科学问题、典型任务、关键技术、基础设施和服务，并商议以此作为全书的核心大纲。同年，在法国图卢兹召开的由 IRAP 和 OMP 联合主办的"地平线 2061 学术委员会"上，Michel 先生向本书封皮上的 10 位创始人发出了写书的倡议，并得到了热烈的回应。大家都一致认为，在美国和欧洲拥有各自的行星科学"十年规划"之外，应该有更长远的远景预见思维，它会吸纳全球的科学家、工程师、技术人员、管理人员和行政人员来共同参与，实现行星探测的梦想不仅仅是我们这一代人的事情，更需要后面几代人共同的努力！

说干就干，从 2020 年开始，Michel 先生着手组织大家编写这本书，他为每个章节指定了两名具体的负责人，负责协调联系各自章节相关的作者，以及审定各章节的文字，而他本人则亲自负责全书的统稿及定稿工作。但事实上，即便有了在 2017—2019 年期间召开三次国际会议的论文成果，想要系统地整理成一本书也不是件容易的事情。同时受新冠疫情的影响，在 2020—2022 年的这三年里，我们几乎每个月都召开编写组会议，以线上会议参加的方式讨论和推进全书的编写和协调工作。由于编写者所在国家间时区的不同，想把大家协调到一个统一的时间来参会都是十分困难的，那个时候我就暗自地抱怨为什么地球会是个圆的呢，导致协调时差问题这么费力？……后来，Michel 先生不得不把同一项内容分成两次线上会议来组织召开，以适应亚洲、北美和欧洲各国间不同的时区。毫无疑问的是，Michel 先生作为项目主持人和全书编写召集人，这增加了他相当大的工作量。历经三年的艰难时间，终于在 2023 年 1 月这本书正式出版了。事后作者们总结起这段时期的工作，不约而同地想到了一个英文单词 "HUGE"！是的，巨大的工作量！然而，一想到我们这些人，还能给我们的子孙后代还留下些精神财富，这些努力就是值得的。正如 Michel 先生所言，这笔财富不属于某个国家，它应当是全球共享的。因此我们又马不停蹄地正式注册成立了"地平线 2061 行星探测专业委员会"，总部设立在法国图卢兹的国家天文台，本书英文版的内容目前以开放获取的形式挂在"地平线 2061"的网站上，供来自世界各国的读者免费下载使用。

但即便如此，考虑到中国科研工作者所处的现实环境，在 2022 年年底英文版初稿提交给 ElSEVIER 出版社的时候，我就有了把它翻译成中文版的想法。一方面是因为这 20 年来中国在深空探测领域发展得很快，取得了举世瞩目的成就，在月球和火星上都留下了中国制造的痕迹；另一方面是跟美欧行星探测领域取得的卓越成果相比，我们还仅仅是迈出了前几步，无论是在科学认知还是工程技术能力上，存在的差距都是相当显著的。考虑到《地平线 2061：行星探测长期远景预见》这本书的特点，我们组织了中国空间技术研究院神舟学院的研究生进行了初始翻译，然后特意邀请了国家空间科学中心、中国空间技术研究院、北京交通大学的资深同行专家们进行了正文的校对。最后考虑到中国的读者普遍存在天文学及空间科学等基础科学知识薄弱的问题，此外，中国仅仅实施了月球和火星的探测任务，面对本书中介绍的广博的科学知识和技术内容，不仅包括了太阳系内探测，也包括了系外行星探测，我们很担心这本书的专业性和广泛性让读者们难以读懂。另外这本书囊括了世界上 20 多个国家 200 多人智慧，很多内容即便是像我这样的航天专业人士也是首次接触，因此，我们决定增加了近两百条知识链接，并将各章节中提到的天基空间探测典型任务和地基天文台以附表附图的形式列在书后，以方便读者们查阅和理解。如果说参加英文版编写的工作量让我感到 "HUGE"，那么中文版的翻译、校对、编译及最终定稿工作，就是 "SUPER HUGE"，确实是超级巨大的工作量！

然而，让我内心深感自豪的是，我们不仅最终坚持了下来，而且取得了巨大的收获。在"炼狱"般的阅读原文及咬文嚼字的翻译、校对过程中，对照着中国深空探测领域的未来规划设想，也同时引发了我们众多的思考。这里主要分享以下几点体会：

(1) **深空探测任务必须坚持从科学问题出发**。在《地平线2061：行星探测长期远景预见》这本书中，开篇就介绍了六大科学问题与演化：Q1 行星系统天体的多样性，Q2 行星系统结构的多样性，Q3 行星系统的起源，Q4 行星系统的运行机制，Q5 寻找潜在的宜居地，Q6 寻找地外生命。这六大科学问题是解决我们对太阳系及系外行星世界的基本认识问题，是我们提出和设计科学载荷及典型探测任务的出发点。简而言之，科学是解决基本认知的问题，而工程是解决具体实现的问题。工程技术代替不了科学问题，而深空探测任务的灵魂恰恰在于提出恰当的科学问题。然而，在我们目前的深空探测任务论证中，还是以探测器的"到达能力"实现为基础，受限于火箭的运载能力和探测器的设计水平，最终只能是考虑现有科学仪器的能力和质量，能带上什么就是什么了，至于最终取得什么样的科学成果，是不是国际社会最关切的科学问题，暂时还算不是是优先考虑事项。然而，在翻译和学习本书的过程中，我认识到，未来深空探测任务必须坚持"从科学问题出发"的设计理念，能否提出恰当的科学问题、对假定的科学理论进行验证，再推导出相关的探测需求，才是未来中国深空探测任务能够实现重大科学突破，引领世界前沿的根本保障，这也是当前我们最薄弱的环节。

(2) **重视探索系外行星与太阳系探测任务间的协同效应**。《地平线2061：行星探测长期远景预见》这本书与其他同类书不同之处，就在于它把航天和天文放在了同一个视野内。通俗的理解是，探测器能到达的区域我们称之为航天，而探测器不能到达的地方我们称之为天文。航天依靠的是天基探测器和望远镜，天文依靠的是地基天文台。在中国的学科分类中，天文和航天是两个不同的学科，很少有人会把它们放在一起来看协同效应。但是阅读这本书后你会发现，如果我们的视野仅仅局限在太阳系，我们就看不到太阳系的起源和消亡的场景。但如果我们能够放眼更深远的宇宙，通过观测系外行星世界，我们就能既看到刚刚出生的"太阳系"，也能看到进入垂暮之年的"太阳系"。通过观测系外行星世界，能够更好地让我们认识到自身所处的太阳系，以及理解在太阳系宜居带中是如何孕育出生命。我们不仅可以从科学物理模型上修正我们所认识的太阳系，推导预测出太阳系世界的未来，更可以从哲学人文视角上重新反思太阳系和人类。原来，宇宙万物正如我们人类一般，亦有生死，这份神奇又怎会不让人震惊呢？

(3) **重视科学探测目标和优先事项的选择**。在《地平线2061：行星探测长期远景预见》这本书中，我们可以认识到太阳系天体的多样性；同时，若以太阳系天体为"参考模板"，系外行星世界呈现出丰富多彩的天体世界与差异的运行机制。在众多需要解决的科学问题和探测目标中，如果需要选择优先事项，应该集合全球的智慧和力量，进行国际协调，确保科学产出效益的最大化。比如说针对月球南极水冰的探测任务，事实上真的有必要大家一起去卷吗？从人类文明的发展历程来看，团结合作永远胜过竞争冲突。如果能进行合理的协调和科学成果共享，不仅可以避免潜在的冲突，也有助于解决人类面临的终极命运问题。参考在"地平线2061综合研讨会"上，来自日本的代表介绍的未来深空探测的发展路径，日本未来的深空探测任务发展重点除了积极参与 Artemi 重返月球任务外，将会聚焦在小行星和彗星探测任务上，如果世界上有能力的航天国家都能坚持这种差异化发展路径，不仅不会造成竞争和冲突，而且非常有助于补充国际深空探测任务的完整性。同样，在欧洲提出的"彗星拦截器"任务中，目前完全不确定具体会探测到哪个目标，只是因为关注到太阳系边界的长周期彗星的科学问题，所以会涉及让探测器在日地 L2 点等待拦截，探测目标显然是随机的。这种对探测目标和优先科学事项的选择思维，确实令人耳目一新。

(4) **重视建设公用基础设施，比如建设虚拟天文台及行星科学数据库。**在《地平线 2061：行星探测长期远景预见》这本书的英文版扉页上，Michel 先生写了"谨将此书献给 Maria Teresa Capria 女士"的一段话，不仅是因为她在本书写作期间不幸去世了，更是因为她为建设欧洲行星科学数据库做出的巨大贡献。这让我认识到，某个深空探测工程型号取得的伟大成就只是一时的，但是建设行星探测领域的公用基础设施，比如 PDS、DARTS、PSA、CDPP 数据系统及国际虚拟天文台，却是功在当代、利在千秋的事情。像"旅行者 1 号"这样的深空探测任务，通常要跨越几代人的努力，很难想象如果没有可以共享的数据系统和虚拟天文台，获取的这些知识又该如何传承呢？让我略感欣慰的是，现在中国的深空探测实验室已经意识到了这个问题，正在牵头建设中国的月球与行星探测任务数据库。我相信这项工作必将拉近中国与世界的距离，有助于提升中国在国际同行中的国际影响力。

(5) **重视对青年一代和女性的教育和培训。**在参与《地平线 2061：行星探测长期远景预见》这本书编写过程中，多名资深的科学家如 Bernard Foing 先生，曾反复提到对年轻一代和女性的教育和培训问题。在给这本书的致辞中，Michel 先生也提到"每一个人、每一个人才都会在未来的行星探测任务中找到自己的角色"。在我参加"地平线 2061 综合研讨会"期间，我也注意到他们非常重视各国发言代表间男女性别比例的平衡，也非常注重给 35 岁以下的青年一代保留发言的机会或者设置个专场论坛。我还清晰地记得在瑞士 EPFL 举行的那次会议上，一位来自美国的教授担任论坛主席，在会议的最后他请在场的 1990 年后出生的年轻人都站起来，然后大声地向他们说："感谢并致敬，深空探测的未来就靠你们了！"现场那热烈的掌声及他的肺腑之言，让我至今难以忘怀。人类的文明究竟是如何一代代传承下来的，我认为本质就是"以人为本"，体现出对人的根本尊敬，不论性别，不论老幼，都是地球、太阳系及宇宙的一分子。我们从这里来，最终也要回到那里去。

上述五点，是我参加"地平线 2061：行星探测长期远景预见"项目工作五年来，感触最深的地方。此外，如果今日我们所处的地球继续成为一个封闭世界的话，那么随着世界人口的增加及自然资源的消耗，能源危机、气候变化、疾病流行、战争冲突等，这些近年来令我们感受至深的焦虑性事件，终将是不可避免的。正如卡尔萨根的那句名言："每个'最高领袖'，每个劣迹斑斑的刁徒，每个大独裁者，每个你曾经爱过的人，大家都出现在这个暗淡蓝点上。大家斗得血流成河，可争的是什么呢？争的是对一个小点上的一小块地方有片刻的控制权……"那么，究竟该如何解决人类社会面临的根本性问题呢？我想至少本书提供了一个选择，一种思考。放眼太阳系、放眼系外行星

译者后记　441

世界，我们才知道人类的渺小。学会谨慎地使用地球母亲所能提供的资源，学会探索太阳系的资源并谨慎地开发利用，学会认识和理解更广阔的太阳系外世界，学会人与自然的和谐共存，或许才是一条可行之路。

中国拥有五千年的文明智慧，古人们很早就提出了"天人合一"的思想。我相信在阅读完这本书后，结合哲思，必将带给读者们新的启迪和思考！真若如此，那五年来我们的艰辛付出也就有了真正的回报。此外，鉴于本书译者团队及我本人专业所限，以及本书内容磅礴已经大大超越了我们的知识边界，错误和不足在所难免，希望读者们能够批判地参考使用。最后，真诚地向参与本书中文版翻译工作的所有朋友们，表达我最衷心的感谢。

此外，2023年"地平线2061行星探测专业委员会"正式注册成立后，后续还将继续举办各类专题学术研讨会，主席团提议每5年将本书内容更新一版。如果本书的内容也曾让你有"灵魂共振"的感觉，那请不要犹豫，来加入我们吧，为了我们共同的梦想而并肩奋斗！

果琳丽

2023.08.21

附图1　Michel Blanc（地平线2061项目召集人）与果琳丽（中方代表）于2018年前往瑞士洛桑参加第2次"H2061研讨会"的合影

附图2　Michel Blanc（地平线2061项目召集人）与中方代表（果琳丽）2023年参加中国航天大会介绍"地平线2061：行星探测长期远景预见"项目的研究成果

附图3　2022年"地平线2061：行星探测长期远景预见"项目组核心成员讨论成立专业委员会及制定会员章程

附图4　Michel Blanc（地平线2061项目召集人）与本书译者代表（果琳丽、阎梅芝）及北京理工大学出版社代表（李炳泉、国珊）2023年9月讨论中文版样书时的合影留念